华为网络安全技术与实践系列

防火墙和VPN技术与实践

李学昭○主编

Firewall & VPN Technologies and Practices

人民邮电出版社
北京

图书在版编目（CIP）数据

防火墙和VPN技术与实践 / 李学昭主编. -- 北京 :
人民邮电出版社, 2022.11
（华为网络安全技术与实践系列）
ISBN 978-7-115-59472-3

Ⅰ. ①防… Ⅱ. ①李… Ⅲ. ①防火墙技术②虚拟网络
Ⅳ. ①TP393.082②TP393

中国版本图书馆CIP数据核字(2022)第108632号

内 容 提 要

本书以 HCIP-Security 和 HCIE-Security 认证考试大纲为依托，介绍了防火墙和 VPN 的关键技术，包括安全策略、NAT、双机热备、虚拟系统、链路负载均衡、服务器负载均衡、L2TP VPN、IPsec VPN 和 SSL VPN。本书详细介绍了每一种技术的产生背景、技术实现原理、配置方法，旨在帮助读者掌握组建安全通信基础设施的技术，顺利通过认证考试。

本书是学习和了解网络安全技术的实用指南，内容全面，通俗易懂，实用性强，适合网络规划工程师、网络技术支持工程师、网络管理员以及华为安全产品的用户阅读。

◆ 主　　编　李学昭
　责任编辑　邓昱洲
　责任印制　李　东　焦志炜
◆ 人民邮电出版社出版发行　　北京市丰台区成寿寺路 11 号
　邮编　100164　　电子邮件　315@ptpress.com.cn
　网址　https://www.ptpress.com.cn
　北京七彩京通数码快印有限公司印刷
◆ 开本：720×960　1/16
　印张：37.25　　　　2022 年 11 月第 1 版
　字数：648 千字　　　2024 年 12 月北京第 7 次印刷

定价：169.00 元

读者服务热线：(010) 81055410　印装质量热线：(010) 81055316
反盗版热线：(010) 81055315
广告经营许可证：京东市监广登字 20170147 号

华为网络安全技术与实践系列
丛书编委会

丛书序

随着政企数字化转型的不断深入，业务上云、万物互联、万物智联成为网络发展的趋势。网络结构在这一趋势的推动下不断演化，在促进政企业务发展的同时，安全暴露面也呈指数级增长。同时，百年变局和世纪疫情交织叠加，世界进入动荡变革期，不稳定性不确定性显著上升。网络外部环境越来越恶劣，网络空间对抗趋势越来越突出，大规模针对性网络攻击行为不断增加，安全漏洞、数据泄露、网络诈骗等风险持续加剧。

如何在日益严峻复杂的网络安全环境下守住安全底线，为数字化转型战略的顺利实施提供可靠的安全保障，这是整个产业界需要研究和解决的严峻问题。

第一，网络安全是数字中国的基础，法律法规是安全建设的准则。没有网络安全就没有国家安全。为了应对日益增长的网络安全风险，近年来，国家陆续出台了《中华人民共和国网络安全法》《中华人民共和国数据安全法》《关键信息基础设施安全保护条例》《网络安全等级保护条例》等一系列法律法规，对网络安全建设提出了更高的要求，为网络安全产业的发展指明了方向。

第二，网络安全建设应该遵循“正向建、反向查”的思路，提供面向确定性业务的韧性保障。“正向建”，首先是通过供应链可信、硬件可信和软件可信，构建ICT基础设施的“可信基座”；其次是采用SRv6、FlexE切片等IPv6+技术构建确定性网络，确保“网络可信”；最后是基于数字身份和信任评估框架，加强设备和人员的身份验证，确保“身份可信”。“反向查”，首先是通过全域监测，查漏洞、查病毒、查缺陷、查攻击；其次是通过智能防御、基于AI的威胁关联检测、云地联邦学习等技术，大幅提高威胁检出率；最后是以“云—网—端”协同防护构建一体化安全，提升网络韧性。“正向建”以可信的视角打造信任体系，提升系统内部的确定性；“反向查”从攻击者的视角针对性地构建威胁防御体系，消减外部威胁带来的不确定性。

第三，强化网络安全运营和人才培养，改变“重建设、轻运营”的传统观念。部署安全产品只是网络安全建设的第一步，堆砌安全产品并不能提升网络安全实效。产品上线之后的专业运营才是达成网络安全实效的关键保障。部署的很多安全产品因为客户缺乏运营能力，都成了“僵尸”产品，难以发挥出真实的防护能力。我国网络安全专业人才缺口大，具备专业技能和丰富经验的网络安全人才一直供不应求。安全从业者的能力和意识都有待全面提升。

华为在网络安全领域有着20多年的实践，安全的基因已融入华为所有的产品和解决方案中，助力其为全球约1/3的人口提供了服务。在长期的实践中，华为积累和沉淀了特有的安全技术、解决方案和实践经验。

为助力网络安全产业发展、网络安全人才体系建设，我们策划了“华为网络安全技术与实践系列”图书，内容来自华为网络安全专家多年的技术沉淀和经验总结，涉及技术、理论和工程实践，读者范围覆盖管理者、工程技术人员和相关专业师生。

- 面向管理者，回顾安全体系和理论的发展历程，提出韧性架构与技术体系，介绍华为的解决方案架构，并给出场景化方案。
- 面向工程技术人员，总结华为在网络安全产业长期积累的技术知识和实践经验，原理与实践结合，介绍相关安全产品、技术和解决方案。
- 面向相关专业师生，介绍网络安全领域的关键技术和典型应用。

我们力争以朴实、严谨的语言呈现网络安全领域具体的逻辑和思想。衷心希望本丛书对企业用户、网络安全工程师、相关专业师生和技术爱好者掌握网络安全技术有所帮助。欢迎读者朋友提出宝贵的意见和建议，与我们一起不断丰富、完善这些图书，为国家的网络安全建设添砖加瓦。

丛书编委会

2022年10月

前 言

“防火墙”这个名词起源于建筑领域，其作用是隔离火灾，阻止火势从一个区域蔓延到另一个区域。在网络通信领域，防火墙设备的主要作用是阻止恶意流量从一个网络扩散到另一个网络。作为一个产品品类的名称，“防火墙”这个名词非常形象地体现了这一产品的作用。作为安全防护的第一道防线，防火墙在网络中扮演着重要的角色。

显然，防火墙产品最核心、最基础的功能就是访问控制。防火墙要能够根据管理员配置的安全策略，控制网络中的访问行为。具体来说就是，放行合法业务，阻断恶意和高风险的流量。为了使访问控制更精准、策略配置更简便，安全策略不仅要支持根据IP地址、服务接口进行配置，还要支持根据地理位置、用户、应用等更容易感知的管控维度进行配置。安全策略还要能够对合法业务执行深度的安全检查，以防范隐藏在合法业务中的已知威胁和未知威胁。

要完成访问控制，防火墙必须部署在网络边界，如企业网络出口、大型网络内部子网边界、数据中心边界等。这就要求防火墙首先是一个网络设备，要能够跟上下行网络设备互通，并保证网络架构本身的健壮性、稳定性。首先，在设计网络架构时要尽可能清晰地划定网络区域和边界。根据各部门的工作职能、业务需求和所涉及信息的重要程度等因素，合理划分子网网段、VLAN和安全区域。保存有重要业务系统及数据的重要网段不能直接与外部系统连接，必须和其他网段隔离，单独划分区域。为了管理方便，也可以采用虚拟化技术，把物理设备划分为逻辑上隔离的多个虚拟设备，实现路由隔离。其次，网络架构需要具备一定的可靠性，在关键节点规划硬件设备冗余，在关键业务路径上规划通信线路的冗余，包括业务数据链路和带外管理链路。防火墙支持双机热备、链路负载均衡和服务器负载均衡等可靠性技术，可以保障业务的连续。

为了保障数据传输的完整性和保密性，防火墙还需要支持VPN技术。由于网络协议及文件格式均具有标准、开放、公开的特征，数据在网络上传输的过程中，不仅会出现丢失、重复等错误，也会遭遇攻击或欺诈行为，导致数据被篡改或被窃取。因此，在数据传输过程中，应采用校验技术或密码技术保证通信过程中数据的完整性，采用密码技术保证通信过程中数据的保密性。数据传输的完整性和保密性可以通过部署VPN来实现，通过隧道封装为认证用户提供安全可靠的加密传输。华为防火墙具有IPsec VPN、SSL VPN等特性，支持多种软硬件加密算法。

防火墙产品诞生至今已逾30年，自《华为防火墙技术漫谈》出版至2022年10月也已经7年有余。这些年来，网络技术不断发展，攻击手段不断翻新，攻防技术日新月异，推动防火墙产品不断演进。7年来，华为防火墙产品很多特性的实现原理和配置方式已经发生了变化。我们不断收到读者的追问：《华为防火墙技术漫谈》什么时候再版？如今，我们终于可以正面回答这个问题了。本书以华为防火墙产品USG6000E V6R7C20版本为基础，详细介绍了构建安全通信网络的关键技术，旨在给读者呈现每一种关键技术的产生背景、技术实现原理、配置指导等内容。

本书内容

本书共计9章，第1、2章介绍防火墙的基础知识，包括安全策略和NAT技术。第3～6章介绍防火墙的关键组网技术，包括双机热备冗余技术、虚拟系统隔离技术、链路和服务器负载均衡技术。第7～9章介绍VPN技术，包括L2TP VPN、IPsec VPN和SSL VPN。

第1章　安全策略

安全策略是防火墙产品最基础的功能。通过安全策略，防火墙决定哪些流量可以通过，哪些不能通过。本章从安全策略的基础知识讲起，介绍了安全全策略的基本配置方式和配置原则，用常见业务的配置实例展示了分析业务和配置安全策略的思路与方法。此外，本章还提供了配置和管理安全策略的最佳实践和维护手段。

第2章 NAT

NAT是一种地址转换技术，支持转换报文的源地址和目的地址。NAT是解决IPv4地址短缺问题的重要手段。本章介绍了源NAT和目的NAT的基本原理、应用场景和配置方法，说明了双向场景和多出口场景下的配置技巧。

第3章 双机热备

双机热备是最常见的设备冗余技术。在网络的重要节点上部署两台设备，互为备份。当一台设备发生故障时，另一台设备可以自动接替，不用人工干预。本章介绍了防火墙双机热备技术的原理，提供了多种典型场景的实现方案和配置思路，分析了双机热备场景下NAT、IPsec、虚拟系统等特性的应用方案。

第4章 虚拟系统

虚拟系统技术是把一台防火墙从逻辑上划分为多台防火墙，即虚拟系统。每个虚拟系统相当于一台真实的设备，可以拥有自己的接口、路由表等软件和硬件资源。虚拟系统之间默认互相隔离，便于管理，也提高了安全性。本章解释了虚拟系统的基本概念，介绍了虚拟系统的典型部署场景，说明了资源分配、分流、互访等关键技术。

第5章 链路负载均衡

链路负载均衡是网络出口链路冗余的核心技术，是防火墙作为出口网关所必备的常用特性。本章介绍了就近选路、全局选路策略、策略路由的原理和配置方式，并详细阐述了DNS透明代理和智能DNS在链路负载均衡中的作用。这些技术结合在一起，可以实现出站方向的链路负载均衡和入站方向的链路负载均衡。

第6章 服务器负载均衡

服务器负载均衡是计算设备冗余和扩展的支撑技术。防火墙作为负载均衡设备，为用户请求调度服务器集群，保证用户体验。本章介绍了服务器负载均衡的核心功能，七层负载均衡和SSL卸载的应用场景和实现原理，并给出了基本的配置方法。

第7章 L2TP VPN

L2TP是一种标准的二层隧道协议，它本身没有加密能力，但是我们可以使用IPsec加密L2TP报文。L2TP VPN分为NAS-Initiated L2TP VPN、Client-Initiated L2TP VPN和LAC-Auto-Initiated L2TP VPN 3种组网场景，本章围绕这3种组网场景，介绍L2TP VPN的原理和配置方法。

第8章 IPsec VPN

IPsec是IETF制定的一个安全标准框架，为数据安全传输提供了一组安全协议和算法，以保证VPN连接的安全。本章介绍了IPsec的协议框架，说明了以手工方式、ISAKMP方式和模板方式建立IPsec VPN的方法。此外，本章还介绍了NAT穿越、对等体检测、L2TP over IPsec等技术和场景。

第9章 SSL VPN

SSL VPN是一种采用SSL协议来实现远程接入的新型VPN技术。它提供了更简单的技术方案，更丰富的认证手段，更精细的授权粒度。本章从SSL协议框架开始，介绍了基本的技术原理，提供了SSL VPN的配置逻辑和典型业务的配置方法。

读者对象

本书适合具有数据通信和网络安全基础，但需要系统学习网络安全技术的工程师阅读，包括以下几类读者。

（1）数据通信和网络安全从业人员

本书可作为自学用书，帮助从业人员了解网络安全产品的关键技术原理，掌握配置方法和部署技巧，找到解决问题的思路。本书可作为HCIP和HCIE安全方向的培训认证参考书，有助于从业人员快速通过认证考试，提升个人能力和价值。

（2）华为安全产品的用户

本书可作为使用指南，帮助用户循序渐进，更加深入地了解华为安全产品的技术原理、配置方法和排障思路。

致谢

本书由华为技术有限公司数据通信数字化信息和内容体验部组织编写。在写作过程中，华为数据通信产品线的领导给予了很多的指导、支持和鼓励，人民邮电出版社的编辑进行了严格、细致的审核。在此，诚挚感谢相关领导的扶持，感谢本书各位编委和人民邮电出版社各位编辑的辛勤工作！

以下是参与本书编写和技术审校人员名单。

编委：李学昭、刘水、吴兴勇、席友缘、杨晓芬、张娜。

技术审校：边婷婷、陈立健、丁汉吉、方勋、甘佐华、高伟伟、洪李栋、黄国淋、柯立堃、李芳凯、曲金泽、沈懿华、赵桃李、朱清亚。

参与本书编写和审校的老师虽然有多年从业经验，但因时间仓促，错漏之处在所难免，望读者不吝赐教，在此表示衷心的感谢。

本书常用图标

目 录

第1章　安全策略

防火墙的基本目的是保护特定网络免受“不信任”网络的攻击，同时允许合法的通信。用于实现这一目的的就是安全策略。安全策略是管理员配置的业务规则，防火墙根据规则检查经过防火墙的流量。安全策略的配置决定了哪些流量可以通过防火墙，哪些流量应该被阻断。

安全策略是防火墙的核心，防火墙根据安全策略执行安全检查，保障网络安全。通过安全策略，防火墙可控制内网与外网之间的访问、内网不同子网之间的访问，也可以控制对防火墙自身的访问。

1.1 安全策略基础知识

本节首先介绍安全策略的组成和配置方式；然后说明安全策略的匹配规则，同时引出默认策略的概念，澄清本地安全策略与接口访问控制的关系；最后，给出安全策略的基本配置原则。

1.1.1 安全策略的组成

每一条安全策略都是由匹配条件和动作组成的，安全策略的组成如图1-1所示。防火墙接收到报文以后，将报文的属性与安全策略的匹配条件进行匹配。如果所有条件都匹配，则此报文成功匹配安全策略，防火墙按照该安全策略的动作处理这个报文及其后续双向流量。因此，安全策略的核心元素是匹配条件和动作。

1. 匹配条件

安全策略的匹配条件描述了流量的特征，用于筛选出符合条件的流量。安全策略的匹配条件包括以下要素。

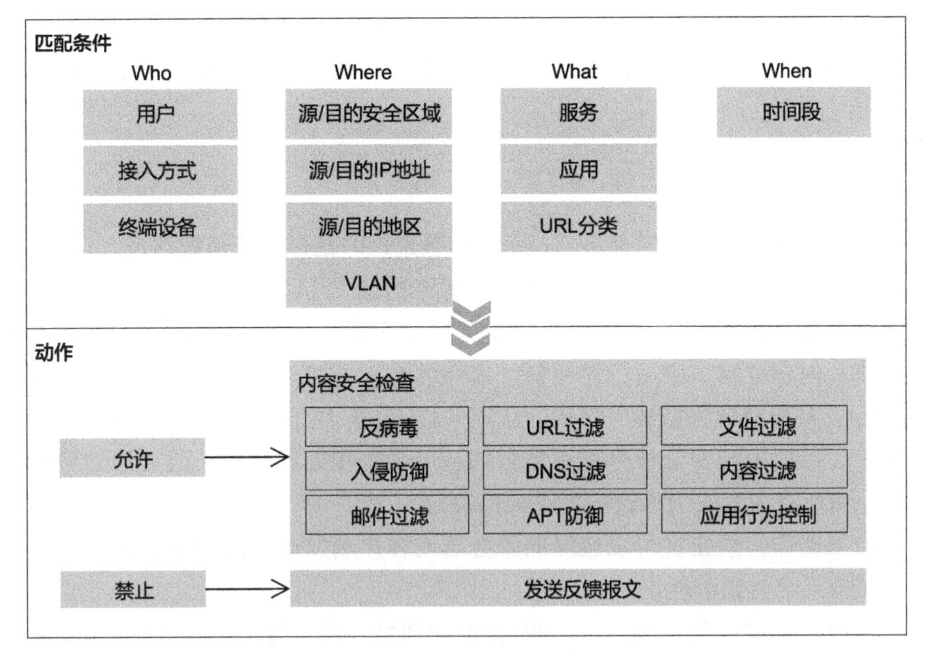

图 1-1 安全策略的组成

Who：谁发出的流量，即用户。在Agile Controller单点登录场景下，还可以指定用户的接入方式、用户使用的终端设备类型。

Where：流量的来源和目的。包括源/目的安全区域、源/目的IP（Internet Protocol，互联网协议）地址、源/目的地区和VLAN（Virtual Local Area Network，虚拟专用网）。

What：访问的服务、应用或者URL（Uniform Resource Locator，统一资源定位符）分类。

When：即时间段。在安全策略中指定时间段，可以控制安全策略的生效时间，进而根据时间指定不同的动作。

以上匹配条件，在一条安全策略中都是可选配置；但是一旦配置了，就必须全部符合才认为匹配，即这些匹配条件之间是“与”的关系。一个匹配条件中如果配置了多个值，多个值之间是“或”的关系，只要流量匹配了其中任意一个值，就认为匹配了这个条件。

一条安全策略中的匹配条件越具体，其所描述的流量越精确。用户可以只使用五元组（源/目的IP地址、源/目的端口、协议）作为匹配条件，也可以利用防火墙的应用识别、用户识别能力，更精确、更方便地配置安全策略。防火墙使用“对象”来定义各种匹配条件，关于如何在安全策略中使用对象，请参考第1.3节。

2. 动作

安全策略的基本动作有两个：允许和禁止，即是否允许流量通过。

如果动作为允许，可以对符合此策略的流量执行进一步的内容安全检查。华为防火墙的内容安全检查功能包括反病毒、入侵防御、URL过滤、文件过滤、内容过滤、应用行为控制、邮件过滤、APT（Advanced Persistent Threat，高级持续性威胁）防御、DNS（Domain Name Service，域名服务）过滤等。每项内容安全检查都有各自的适用场景和处理动作。防火墙如何处理流量，由所有内容安全检查的结果共同决定。

如果动作为禁止，可以选择向服务器或客户端发送反馈报文，快速结束会话，减少系统资源消耗。

用户、终端设备、时间段、源/目的IP地址、源/目的地区、服务、应用、URL分类等匹配条件，在防火墙上都以对象的形式存在。用户可以先创建对象，然后在多个安全策略中引用，具体方法请参考第1.3节。

3. 策略标识

为了便于管理，安全策略还提供了如下属性。

名称：用于唯一标识一条安全策略，不可重复。为每一条安全策略指定一个有意义的名称（如安全策略的目的），能提高维护工作效率。

描述：用于记录安全策略的其他相关信息。例如，可以在这个字段记录触发此安全策略的申请流程序号。这样，在例行审计时可以快速了解安全策略的背景，比如什么时间引入此安全策略，谁提出的申请，其有效期为多久，等等。

策略组：把相同目的的多条安全策略加入一个策略组中，从而简化管理。可以移动策略组，启用/禁用策略组等。

标签：标签是安全策略的另一种标识方式，用户可以给一条安全策略添加多个标签，通过标签可以筛选出具有相同特征的策略。例如，用户可以根据安全策略适用的应用类型，添加高风险应用、公司应用等标签。在为安全策略设置标签时，建议使用固定的前缀，如用“SP_”代表安全策略，并用颜色区分不同的动作。这会使标签更容易理解。

1.1.2 安全策略的配置方式

华为防火墙提供了多种配置方式，用户可以选择命令行、Web界面或者北向接口来配置安全策略。接下来，本书将以一个实例来展示最常用的Web界面和命令行配置。

如图1-2所示，为了保证trust区域内的192.168.1.0/24和192.168.2.0/24网段的设备能够正常上网，需要创建一条表1-1所示的安全策略。

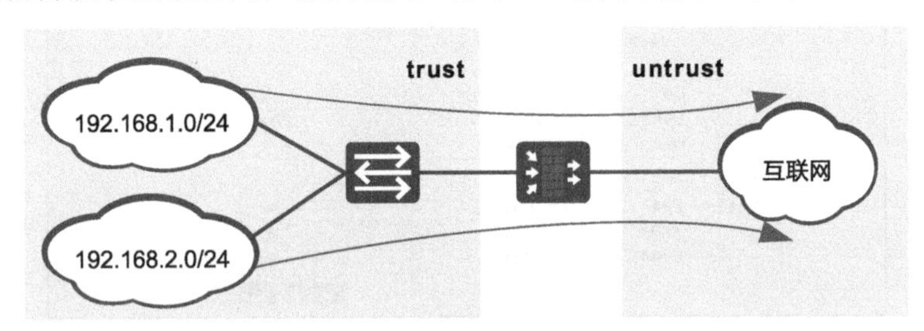

图 1-2 安全策略的配置示例

表 1-1 安全策略示例

序号	名称	源安全区域	目的安全区域	源地址 / 地区	目的地址 / 地区	服务	动作
101	Allow access to the Internet	trust	untrust	192.168.1.0/24 192.168.2.0/24	any	http https	permit

使用Web界面配置安全策略如图1-3所示。

使用命令行配置安全策略如下。

```
<sysname> system-view
[sysname] security-policy
[sysname-policy-security] rule name "Allow access to the Internet"
[sysname-policy-security-rule-Allow access to the Internet] source-zone trust
[sysname-policy-security-rule-Allow access to the Internet] destination-
zone untrust
[sysname-policy-security-rule-Allow access to the Internet] source-address
192.168.1.0 mask 24
[sysname-policy-security-rule-Allow access to the Internet] source-address
192.168.2.0 mask 24
[sysname-policy-security-rule-Allow access to the Internet] service http
https
[sysname-policy-security-rule-Allow access to the Internet] action permit
[sysname-policy-security-rule-Allow access to the Internet] quit
[sysname-policy-security]
```

图 1-3　配置安全策略的界面

1.1.3　状态检测与会话机制

前面介绍了安全策略的组成和配置方式，那么到达防火墙的流量是如何跟安全策略匹配的呢？在介绍匹配规则之前，我们首先介绍一下防火墙的状态检测和会话机制。

早期包过滤防火墙产品采取的是“逐包检测”机制，即对防火墙收到的所有报文都根据包过滤规则逐一检查，以决定是否放行该报文。如图1-4所示，PC（Personal Computer，个人计算机）和Web服务器分别位于防火墙的两侧，其通信由防火墙控制。我们希望PC可以访问Web服务器。

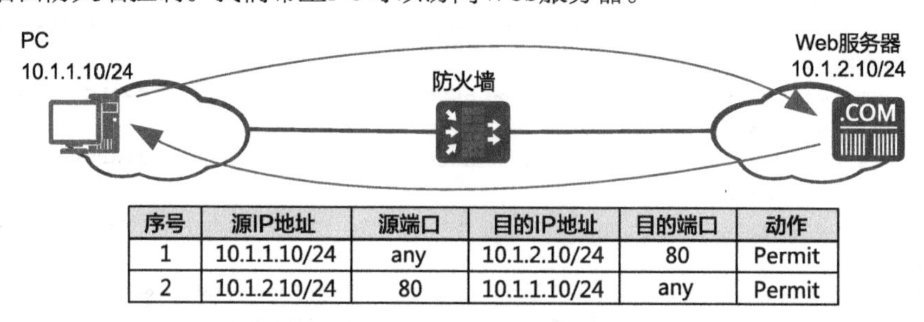

序号	源IP地址	源端口	目的IP地址	目的端口	动作
1	10.1.1.10/24	any	10.1.2.10/24	80	Permit
2	10.1.2.10/24	80	10.1.1.10/24	any	Permit

图 1-4　PC 访问 Web 服务器组网图

当PC向Web服务器发起访问时，防火墙上必须已经配置了序号为1的安全策略，允许符合此条件的报文通过防火墙。PC在访问Web服务器时使用的源端口可能是1024~65535范围内的任意一个端口。这个值是不确定的，所以这里设定为任意端口（any）。有了这条安全策略，PC发出的报文才能顺利通过防火墙，成功到达Web服务器。然后，Web服务器返回的响应报文也要穿过防火墙，才能到达PC。在包过滤防火墙上，用户还需要配置序号为2的安全策略，允许响应报文通过。同样的，由于PC的端口号是不确定的，这里的目的端口只能设置为任意端口。

这就意味着，序号为2的安全策略开放了PC的所有端口。攻击者只要伪装成Web服务器，就可以畅通无阻地穿过防火墙，访问PC上的任意服务。这必然带来极大的安全风险。此外，采用包过滤机制，防火墙要逐个检查每一个通过防火墙的报文，也严重影响了防火墙的转发效率。

为了解决这个问题，“状态检测防火墙”应运而生。我们仍以图1-4所示的组网为例，来看一下何谓“状态检测”。首先，我们还是要在防火墙上配置序号为1的安全策略，允许PC访问Web服务器，当PC访问Web服务器的报文到达防火墙时，防火墙检测安全策略，允许该报文通过。其次，防火墙为本次访问建立一个会话，会话中包含了本次访问的源/目的IP地址和源/目的端口等信息。会话是通信双方建立的连接在防火墙上的具体体现，代表双方的连接状态，一个会话就表示通信双方的一个连接。防火墙上多个会话的集合就是**会话表**（session table）。

```
[sysname] display firewall session table
Current Total Sessions : 1
  http  VPN:public --> public 10.1.1.10:2049-->10.1.2.10:80
```

从上面的会话表中，我们可以清楚地看到，防火墙上有一条HTTP（Hypertext Transfer Protocol，超文本传送协议）会话，会话的源IP地址为10.1.1.10，源端口为2049，目的IP地址为10.1.2.10，目的端口为80。源地址、源端口、目的地址、目的端口和协议这5个元素是会话的重要信息，我们将这5个元素称为**“五元组”**。这5个元素相同的报文即可被认为属于同一条流，在防火墙上通过这5个元素就可以唯一确定一条连接。

当Web服务器回复给PC的响应报文到达防火墙时，防火墙会把响应报文中的信息与会话中的信息进行比对。如果响应报文中的信息与会话中的信息相匹配，并且该报文符合HTTP规范的规定，就认为这个报文属于PC访问Web服务器行为的后续报文，直接允许这个报文通过。PC和Web服务器之间的后续报文都将匹配会话表转发，不再匹配安全策略。

采用状态检测机制以后，我们只需要为业务请求的发起方向配置安全策略，就不需要图1-4中序号为2的安全策略了。当攻击者伪装成Web服务器向PC发起访问时，攻击者发出的报文不属于PC访问Web服务器行为的响应报文，无法匹配会话表。同时防火墙上也没有开放Web服务器访问PC方向的安全策略，防火墙不会允许这些报文通过。这样，既保证了PC可以正常访问Web服务器，也避免了大范围开放端口带来的安全风险。

状态检测防火墙使用基于连接状态的检测机制，将通信双方之间交互的属于同一连接的所有报文都作为整体的数据流来对待。在状态检测防火墙看来，同一个数据流内的报文不再是孤立的个体，而是存在联系的。为数据流的第一个报文建立会话，数据流内的后续报文直接匹配会话转发，不需要再检查安全策略。这种机制极大地提升了安全性和防火墙的转发效率。

会话表是防火墙转发报文的重要依据，会话表中记录的信息也是定位防火墙转发问题的重要参考。在查看会话表的命令中使用verbose参数，可以看到会话的更多信息。

```
<sysname> display firewall session table verbose
  Current total sessions: 1
  HTTP  VPN: public --> public  ID: a387f35dc86d0ca3624361940b0
  Zone: trust --> untrust Slot: 11 CPU: 0  TTL: 00:15:00  Left: 00:14:51
  Recv Interface: XGigabitEthernet0/0/3  Rev Slot: 12 CPU: 0
  Interface: XGigabitEthernet0/0/4  NextHop: 10.1.2.1
  <--packets: 30003 bytes: 4,488,438 --> packets: 15098 bytes: 3,113,948
  10.1.1.10:2049 --> 10.1.2.10:80 PolicyName: No1
  TCP State: fin-1
```

会话表中记录的关键信息如表1-2所示。

表 1-2　会话表信息详解

项目	描述
VPN: public → public	VPN 表示会话的 VPN 实例名称，public → public 表示会话的方向为从根系统到根系统
Zone: trust → untrust	Zone 表示会话的安全区域，trust → untrust 表示源安全区域为 trust 区域，目的安全区域为 untrust 区域
TTL: 00:15:00 Left: 00:14:51	TTL（Time To Live，生存时间）表示会话的老化时间。Left 表示该表项的剩余生存时间
Recv Interface: XGigabitEthernet0/0/3	表示正向报文的入接口，即防火墙连接 PC 所在网络的接口

续表

项目	描述
Interface: XGigabitEthernet0/0/4	表示正向报文的出接口，即防火墙连接 Web 服务器所在网络的接口
NextHop: 10.1.2.1	表示正向报文的下一跳 IP 地址
← packets: 30003 bytes: 4,488,438	报文统计信息，表示会话反方向的报文字节数和个数
→ packets: 15098 bytes: 3,113,948	报文统计信息，表示会话正方向的报文字节数和个数
10.1.1.10:2049 → 10.1.2.10:80	表示会话的源 IP 地址 / 源端口和目的 IP 地址 / 目的端口
PolicyName: No1	表示会话命中的安全策略序号

上述信息中有两个重点信息需要说明一下，首先是会话的老化时间，即TTL。会话是动态生成的，但不是永远存在的。如果长时间没有报文匹配，就说明通信双方已经断开了连接，不再需要这个会话了。此时，为了节约系统资源，防火墙会在一段时间后删除会话，该时间被称为会话的老化时间。

老化时间的取值非常重要。如果某种业务会话的老化时间过长，就会一直占用系统资源，有可能导致其他业务的会话不能正常建立；会话的老化时间过短，有可能导致该业务的连接被防火墙强行中断，影响业务运行。华为防火墙已经针对不同的协议，设置了默认的老化时间，如ICMP（Internet Control Message Protocol，互联网控制报文协议）会话的老化时间是20秒，DNS会话的老化时间是30秒等。通常情况下采用这些默认值就可以保证各个协议正常运行。如果需要调整默认值，可以通过firewall session aging-time命令来设置。例如，将DNS会话的老化时间调整为20秒。

```
[sysname] firewall session aging-time service-set dns 20
```

其次是报文统计信息，会话中“←”和“→”这两个方向上的报文统计信息非常重要，可以帮助我们定位网络故障。通常情况下，如果我们查看会话时发现只有“→”方向有报文的统计信息，“←”方向上的统计信息都是0，那就说明PC发往Web服务器的报文顺利通过了防火墙，而Web服务器回应给PC的报文没有通过防火墙，双方的通信是不正常的。有可能是防火墙丢弃了Web服务器回应给PC的报文，防火墙与Web服务器之间的网络出现故障，或者Web服务器本身出现故障。这样我们就缩小了故障的范围，有利于快速定位故障。

1.1.4 匹配规则与默认策略

通常，防火墙上会配置大量的安全策略。那么，防火墙收到报文时是如何匹配的呢？防火墙接收到业务发起方的第一个报文后，按照安全策略列表的顺序，从上向下依次匹配。一旦某一条安全策略匹配成功，则停止匹配。防火墙按照该安全策略指定的动作处理流量，并使用会话表记录该条流量的连接状态。该流量的后续报文直接根据会话表来处理。

假设客户端访问服务器的首包到达防火墙时，按照安全策略列表顺序匹配，命中ID为3的安全策略，如图1-5所示。防火墙停止策略匹配流程，根据该安全策略指定的动作，放行首包，同时建立会话表，记录会话状态。服务器收到首包以后，返回给客户端的响应报文到达防火墙，首先查找和匹配会话表，根据会话表转发。

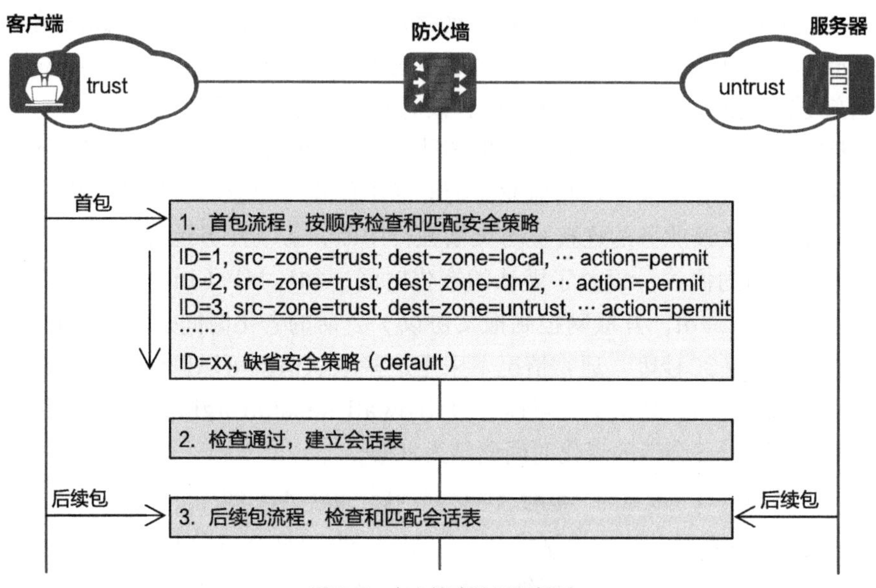

图 1-5　安全策略的匹配规则

防火墙出厂时就存在一条显式的默认策略“default”，默认禁止所有的域间流量。默认策略永远位于策略列表的最底端，且不可删除。用户创建的安全策略，按照创建顺序从上往下排列，新创建的安全策略默认位于策略列表底部，默认策略之前。如果流量跟所有手工创建的安全策略都不匹配，必将命中默认策略，防火墙根据默认策略阻断流量。

基于防火墙的安全策略匹配规则以及默认策略的设计，我们知道：安全策略的顺序至关重要，在创建安全策略之后，还要根据业务需要手动调整安全策略的顺序，以保证策略匹配结果符合预期；建议保持默认策略的动作为禁止，不要修改，默认策略的目的是保证所有未明确允许的流量都被禁止，这是防火墙作为一个安全产品所遵循的基本设计理念。

例如，安全策略列表中已经有一条名为“Block high-risk ports”的101号安全策略，阻断了所有高风险服务。现在，用户要为来自trust区域的管理终端访问位于DMZ（Demilitarized Zone，非军事区）的服务器开放RDP（Remote Desktop Protocol，远程桌面协议）的远程桌面服务，新增了一条名为“Allow RDP for admin”的201号安全策略，如表1-3所示。

表 1-3　安全策略的顺序——新增配置后

序号	名称	源安全区域	目的安全区域	源地址 / 地区	目的地址 / 地区	服务	动作
101	Block high-risk ports	any	any	any	any	自定义服务：High-risk ports	deny
……							
201	Allow RDP for admin	trust	DMZ	自定义地址组：Management terminal	自定义地址组：Server farm	rdp-tcp rdp-udp	permit
202	default	any	any	any	any	any	deny

因为101号安全策略完全包含了201号安全策略的匹配条件，按照安全策略的匹配规则，201号安全策略永远也不会被命中。来自trust区域的远程桌面访问命中101号安全策略，就按照其动作被阻断了。因此，新增201号安全策略之后，用户需要手动调整其顺序，把它放到101号安全策略前面，如表1-4所示。调整后安全策略的序号自动变化。

表 1-4　安全策略的顺序——调整顺序后

序号	名称	源安全区域	目的安全区域	源地址 / 地区	目的地址 / 地区	服务	动作
101	Allow RDP for admin	trust	DMZ	自定义地址组：Management terminal	自定义地址组：Server farm	rdp-tcp rdp-udp	permit
102	Block high-risk ports	any	any	any	any	自定义服务：High-risk ports	deny
……							
202	default	any	any	any	any	any	deny

1.1.5 本地安全策略和接口访问控制

防火墙作为一种安全产品，其基本设计理念就是管理网络中的业务，决定哪些流量可以通过，哪些不能通过。这里说的业务，也包括从防火墙发出的流量、访问防火墙的流量。针对这些流量的安全策略，其源安全区域或目的安全区域为local区域（代表防火墙自身），因此也叫本地安全策略。

如图1-6所示，从管理终端ping防火墙的接口地址，是访问防火墙的流量。从防火墙ping服务器的地址，属于从防火墙发出的流量。为它们开放的安全策略即为本地安全策略（表1-5中101号、102号策略）。为了对比，这里也提供了从管理终端ping服务器的安全策略（103号策略）。

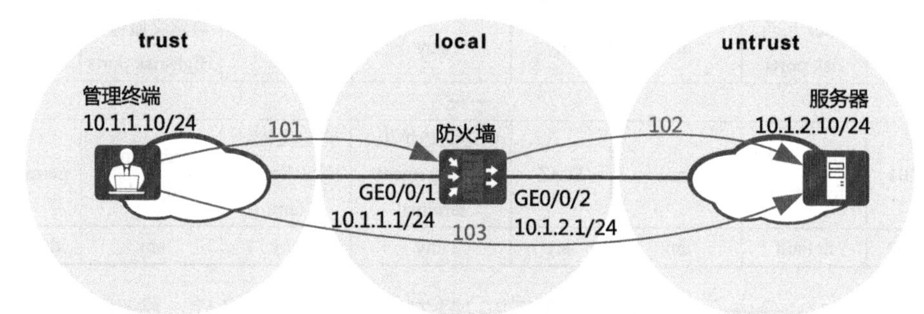

图 1-6 本地安全策略——以 ping 为例

表 1-5 本地安全策略

序号	名称	源安全区域	目的安全区域	源地址 / 地区	目的地址 / 地区	服务	动作
101	Allow Mgt terminal ping firewall	trust	local	10.1.1.10/24	10.1.1.1/24	icmp	permit
102	Allow Firewall ping server	local	untrust	10.1.2.1/24	10.1.2.10/24	icmp	permit
103	Allow Mgt terminal ping server	trust	untrust	10.1.1.10/24	10.1.2.10/24	icmp	permit

为了使用ping功能定位网络问题，用户需要在防火墙上专门开放安全策略。这确实有一点复杂，但是安全。

为了简化管理，防火墙提供了常见管理协议的接口访问控制功能，用来替代101号安全策略这样的访问防火墙设备自身的安全策略。如果用户想ping防火墙的GE0/0/1接口，只需要在这个接口下启用接口访问控制功能，并指定允许的协议（ping）即可。

```
interface GigabitEthernet 0/0/1
 ip address 10.1.1.1 255.255.255.0
 service-manage enable                  //开启接口的访问控制功能
 service-manage ping permit             //允许通过ping访问此接口
```

默认情况下，防火墙带外管理的MGMT接口已经启用接口访问控制功能，并且允许通过HTTP、HTTPS（Hypertext Transfer Protocol Secure，超文本传送安全协议）、ping、SSH（Secure Shell，安全外壳）、Telnet、NETCONF（Network Configuration Protocol，网络配置协议）和SNMP（Simple Network Management Protocol，简单网络管理协议）访问防火墙。其他接口也启用了接口访问控制功能，但是未允许任何协议。

需要注意的是，接口访问控制功能优先于安全策略。举例来说，如果只启用了接口访问控制功能，而未允许通过ping访问此接口，即使配置了101号安全策略，也无法访问防火墙。如果启用了接口下的ping访问功能，不需要配置101号安全策略就可以访问防火墙了。因此，如果需要通过上述协议访问防火墙，用户有两个选择：选择接口访问控制，启用接口访问控制功能，并允许指定的协议；选择安全策略，关闭接口访问控制功能，为访问指定协议的流量开放精细的安全策略。

另外，如果想要从管理终端ping防火墙的GE0/0/2接口，也需要开启GE0/0/1接口的访问控制功能，因为流量是从GE0/0/1接口进入防火墙的。

1.1.6 安全策略的配置原则

在华为防火墙的实现中，并不是所有业务都需要开放安全策略。了解这些配置原则，有助于规避可能的问题。

安全策略仅控制单播报文，用户需要为所有合法的单播报文开放安全策略。默认情况下，组播报文和广播报文不受防火墙的安全策略控制。防火墙直接转发组播报文和广播报文，不需要开放安全策略。

特别值得提醒的是，这个规则同样适用于常见的网络互连互通协议，包括BGP（Border Gateway Protocol，边界网关协议）、BFD（Bidirectional Forwarding Detection，双向转发检测）、DHCP（Dynamic Host Configuration Protocol，动态主机配置协议）、DHCPv6、LDP（Label Distribution Protocol，标签分发协议）、OSPF（Open Shortest Path First，开放最短路径优先）。用

户需要为它们的单播报文配置安全策略。这是防火墙与路由器和交换机最大的不同。如果想要快速接入网络，用户也可以使用undo firewall packet-filter basic-protocol enable命令取消这个策略。取消以后，上述协议的单播报文不受安全策略控制。

对于二层组播报文，用户也可以启用安全策略控制功能。使用firewall l2-multicast packet-filter enable命令启用此功能以后，用户需要为二层组播报文（二层邻居发现组播报文除外）配置安全策略。

对于访问防火墙的管理协议，如果启用了接口访问控制，不需要配置安全策略。接口访问控制适用于常见的管理协议，优先级高于安全策略，具体请参阅第1.1.5节。

对于多通道协议，比如FTP（File Transfer Protocol，文件传送协议），只需要为控制通道配置安全策略。众所周知，多通道协议需要在控制通道中动态协商出数据通道的地址和端口，然后根据协商结果建立数据通道连接。用户需要为多通道协议启用ASPF（Application Specific Packet Filter，应用层包过滤）功能，防火墙从协商报文中记录地址和端口信息，生成Server-map表，并根据Server-map表转发报文。Server-map表相当于一个动态创建的安全策略。

华为防火墙是状态检测防火墙，用户只需要为报文发起方配置安全策略。防火墙收到发起方的报文首包以后，执行安全策略检查，记录会话表。后续报文和回程报文只需要命中会话表即可通过，不再检查安全策略。如果通信双方都可能发起连接，用户需要为双向报文分别配置安全策略。

源地址和目的地址在同一个安全区域内的域内流量，默认不需要配置安全策略。按照安全区域的设计理念，域内的设备具有相同的安全等级，域内流量默认直接转发，不需要安全检查。用户可以为某些域内（源/目的安全区域为同一个）流量配置安全策略，阻断特定的流量，或者为某些放行的流量添加内容安全检查。如果用户有更高的安全需求，也可以使用default packet-filter intrazone enable命令，让域内流量受默认安全策略控制。在这种情况下，需要为所有域内流量配置安全策略。

防火墙转发流程中跳过安全策略检查的业务，不需要配置安全策略。例如，当防火墙配置了认证策略，且用户访问请求触发Portal认证时，不需要为Portal认证开放安全策略。再如，防火墙双机热备组网中，不用为两台防火墙之间的HRP（Huawei Redundancy Protocol，华为冗余协议）报文配置安全策略。

毋庸置疑的是，防火墙的安全性带来了一定的复杂性，而配置和管理的复杂性也会破坏安全性。用户需要熟悉并理解这些规则和配置开关，并根据自己的业务需求和安全需求，找到中间的平衡点。

1.2 配置安全策略

深刻理解和掌握业务内部的协议交互流程，对配置安全策略至关重要。开放安全策略的前提是足够了解业务，包括业务本身的基本原理（协议、端口、报文交互过程）、业务在网络中的访问关系（源/目的IP地址、源/目的安全区域）。本节提供了常见业务的配置指导，以此展示分析业务和配置安全策略的思路与方法。更多业务的安全策略配置，需要用户结合业务的实际情况自行分析。本书在介绍其他特性时，也会同步提供安全策略的配置方法。

1.2.1 为管理协议开放安全策略

管理协议指的是用于管理网络设备的协议，根据业务目的的不同，可以用于管理防火墙，也可以通过防火墙管理其他网络设备。对于管理防火墙的流量，大部分常用的管理协议都可以通过开启接口访问控制来放行。但是，接口访问控制不能控制流量来源，而管理协议直接关系到网络设备本身的安全。因此，强烈建议关闭接口访问控制功能，设置精确的安全策略，仅向特定发起方开放访问。

1. Telnet

常见的管理协议，如Telnet、SSH、FTP，具有相似的业务模型。图1-7以Telnet为例，展示了网络中可能存在的3种业务访问关系。

入方向（Inbound）流量： 从管理终端Telnet防火墙的接口地址，是访问防火墙的流量。

出方向（Outbound）流量： 从防火墙Telnet服务器的地址，属于从防火墙发出的流量。

穿墙（Transmit）流量：从管理终端Telnet服务器的地址，是经过防火墙的穿墙流量。

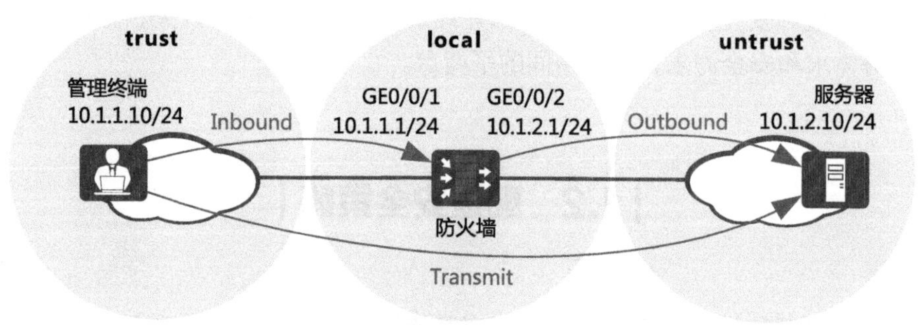

图 1-7　3 种业务访问关系——以 Telnet 为例

3种流量对应的安全策略如下。请注意源/目的安全区域、源/目的地址所体现出来的访问关系差异。

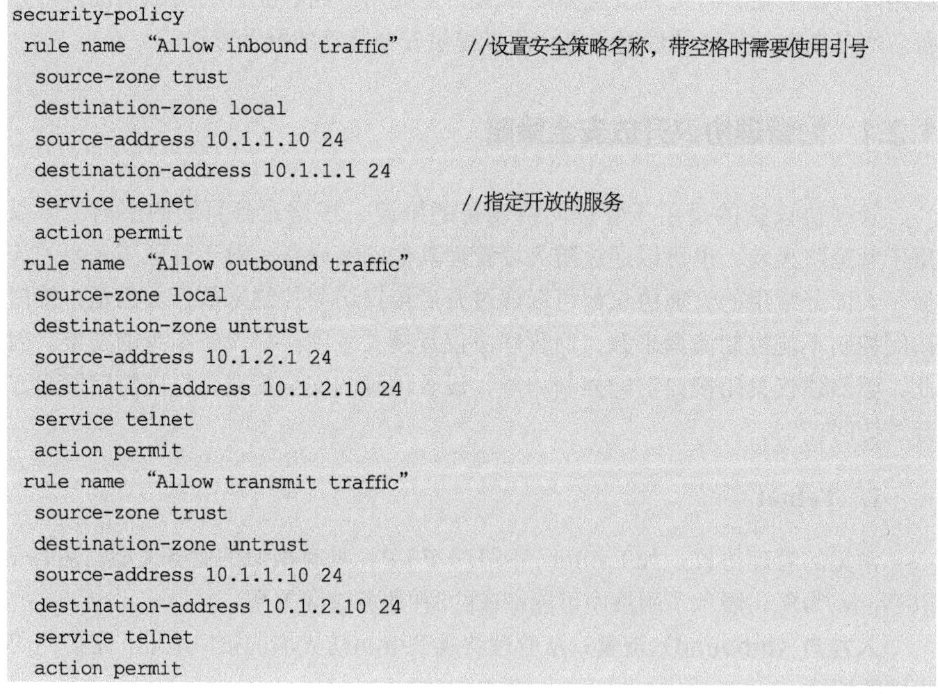

```
security-policy
 rule name "Allow inbound traffic"        //设置安全策略名称，带空格时需要使用引号
  source-zone trust
  destination-zone local
  source-address 10.1.1.10 24
  destination-address 10.1.1.1 24
  service telnet                          //指定开放的服务
  action permit
 rule name "Allow outbound traffic"
  source-zone local
  destination-zone untrust
  source-address 10.1.2.1 24
  destination-address 10.1.2.10 24
  service telnet
  action permit
 rule name "Allow transmit traffic"
  source-zone trust
  destination-zone untrust
  source-address 10.1.1.10 24
  destination-address 10.1.2.10 24
  service telnet
  action permit
```

上述安全策略可以用表1-6的形式表示。为了节省篇幅，后续安全策略示例均采用表格形式介绍。

表 1-6　安全策略示例——Telnet

序号	名称	源安全区域	目的安全区域	源地址 / 地区	目的地址 / 地区	服务	动作
101	Allow inbound traffic	trust	local	10.1.1.10/24	10.1.1.1/24	telnet (TCP: 23)	permit
102	Allow outbound traffic	local	untrust	10.1.2.1/24	10.1.2.10/24	telnet (TCP: 23)	permit
103	Allow transmit traffic	trust	untrust	10.1.1.10/24	10.1.2.10/24	telnet (TCP: 23)	permit

2. FTP

FTP是多通道协议，客户端首先向服务器的端口21发起连接请求，建立控制通道。开放FTP控制通道的安全策略如表1-7所示。

表 1-7　安全策略示例——FTP

序号	名称	源安全区域	目的安全区域	源地址 / 地区	目的地址 / 地区	服务	动作
101	Allow inbound traffic	trust	local	10.1.1.10/24	10.1.1.1/24	ftp (TCP: 21)	permit
102	Allow outbound traffic	local	untrust	10.1.2.1/24	10.1.2.10/24	ftp (TCP: 21)	permit
103	Allow transmit traffic	trust	untrust	10.1.1.10/24	10.1.2.10/24	ftp (TCP: 21)	permit

建立控制通道以后，客户端和服务器通过协商来确定数据通道的端口。根据FTP工作模式的不同，其协商过程也不同。

主动模式：客户端随机选择一个端口，发起PORT命令，通知服务器自己使用该端口来接收数据。服务器从端口20向该端口发起新的连接。

被动模式：客户端发起PASV命令，服务器随机选择一个端口，通知客户端向该端口发起数据请求。

不管是哪种工作模式，数据通道使用的端口都是随机的，用户无法为数据通道配置精确的安全策略。这个时候，用户需要在安全区域之间启用ASPF功能来解决这个问题。

```
firewall interzone trust untrust
 detect ftp
 quit
```

以FTP服务器（10.1.2.10）工作于主动模式为例，客户端（10.1.1.10）和服务器之间会建立两个会话。如下所示，ftp表示控制通道会话，客户端主动访问服务器；ftp-data表示数据通道会话，服务器主动访问客户端。

```
<sysname> display firewall session-table
Current Total Sessions : 2
  ftp  VPN:public --> public 10.1.1.10:64752+->10.1.2.10:21
                    //ftp表示此会话为ftp控制通道，+->表示该会话进入ASPF流程
  ftp-data  VPN:public --> public 10.1.2.10:20-->10.1.1.10:31050
                    //ftp-data表示此会话为FTP数据通道
<sysname> display firewall server-map
Type: ASPF, 10.1.2.10 --> 10.1.1.10:31050, Zone: ---
   Protocol: tcp(Appro: ftp-data), Left-Time: 00:00:15
                    //ftp-data表示防火墙通过ASPF流程识别此数据流为FTP数据流
   VPN: public --> public
```

3. TFTP

TFTP（Trivial File Transfer Protocol，简单文件传送协议）与FTP的主要不同之处在于：TFTP基于UDP（User Datagram Protocol，用户数据报协议）传输；使用端口69建立控制通道，因此，需要在安全策略中指定服务为tftp（UDP：69）；TFTP跟FTP一样动态协商数据通道端口，但不是ASPF默认支持的协议，需要自定义配置。

```
acl 3000
 rule permit udp destination-port eq 69
 quit
firewall interzone trust untrust
 detect user-defined 3000 outbound
 quit
```

其中，**detect user-defined 3000 outbound**命令中，outbound表示客户端从高优先级的安全区域访问位于低优先级的安全区域的服务器，反之则为inbound。

4. SSH

Telnet、FTP、TFTP存在安全风险，建议使用SSH协议执行远程登录和文件传送。SSH是一种在不安全的网络环境中，通过加密机制和认证机制，实现安全的远程访问以及文件传送等业务的网络安全协议。STelnet是华为对SSH远程登录功能的叫法，以突出其相对于Telnet的安全性。SCP（Secure

Copy，安全复制）协议和SFTP（Secure File Transfer Protocol，安全文件传送协议）都是基于SSH协议的文件传送协议。

SSH默认使用TCP端口22建立连接，也支持自定义端口，表1-8的安全策略以默认端口为例。

表 1-8　安全策略示例——SSH

序号	名称	源安全区域	目的安全区域	源地址 / 地区	目的地址 / 地区	服务	动作
101	Allow inbound traffic	trust	local	10.1.1.10/24	10.1.1.1/24	ssh (TCP: 22)	permit
102	Allow outbound traffic	local	untrust	10.1.2.1/24	10.1.2.10/24	ssh (TCP: 22)	permit
103	Allow transmit traffic	trust	untrust	10.1.1.10/24	10.1.2.10/24	ssh (TCP: 22)	permit

5. SNMP

SNMP是使用最广泛的网络管理协议。网管软件作为SNMP管理者，向被管设备中的SNMP代理发出管理操作的请求。被管设备在检测到异常时，也会通过SNMP代理主动向SNMP管理者发送Trap信息。也就是说，网管软件和被管设备都会主动发起连接，如图1-8所示。

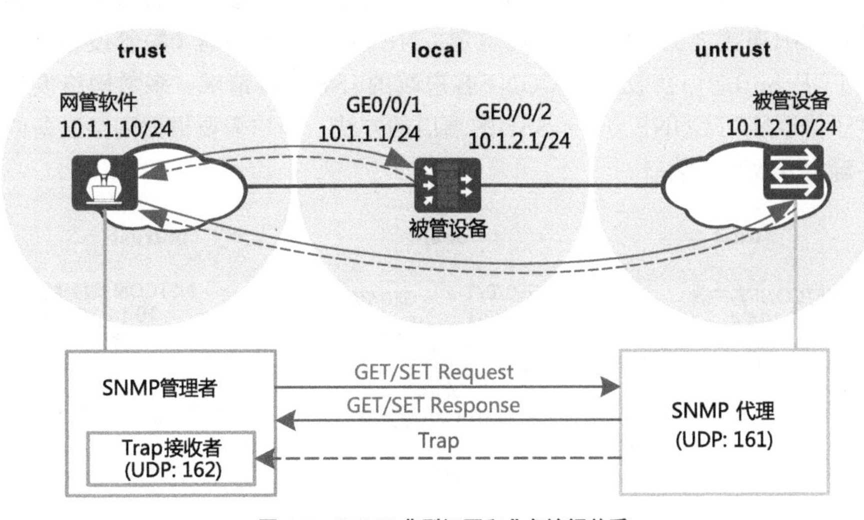

图 1-8　SNMP 典型组网和业务访问关系

因此，用户需要开放两条安全策略，让网管软件可以主动管理设备，设备可以主动向网管软件发送Trap信息，设备上需要配置的安全策略如表1-9所示。

表 1-9　安全策略示例——SNMP

序号	名称	源安全区域	目的安全区域	源地址 / 地区	目的地址 / 地区	服务	动作
101	Allow NMS manage firewall	trust	local	10.1.1.10/24	10.1.1.1/24	snmp (UDP: 161)	permit
102	Allow firewall send trap to NMS	local	trust	10.1.1.1/24	10.1.1.10/24	snmptrap (UDP: 162)	permit
103	Allow NMS manage switch	trust	untrust	10.1.1.10/24	10.1.2.10/24	snmp (UDP: 161)	permit
104	Allow switch send trap to NMS	untrust	trust	10.1.2.10/24	10.1.1.10/24	snmptrap (UDP: 162)	permit

6. NETCONF

NETCONF是一种基于XML（eXtensible Markup Language，可扩展标记语言）的网络管理协议，它提供了一种对网络设备进行配置和管理的可编程方法。

图1-9是NETCONF的典型组网。网管软件作为NETCONF客户端，向作为NETCONF服务器的设备发起连接请求，建立SSH连接，NETCONF会话就承载在SSH连接之上。RFC 6242规定，NETCONF服务器（被管设备）默认使用TCP 830端口接收NETCONF客户端的SSH连接请求。多数网络设备都提供了修改NETCONF over SSH的端口的方法，用户需要根据网络设备的配置，确定开放哪些端口。

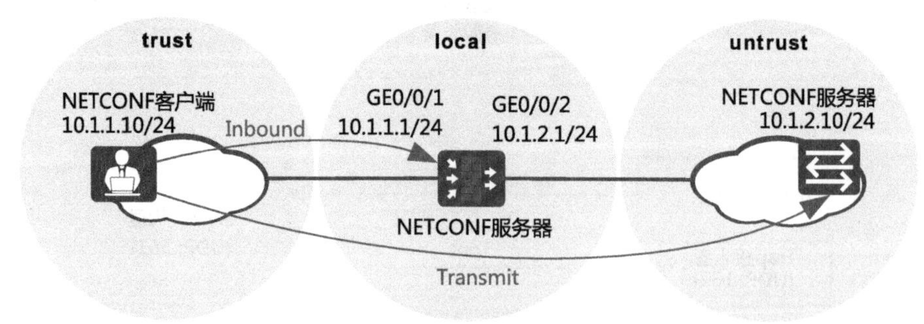

图 1-9　NETCONF 典型组网图

另外，在某些场景中，被管设备需要主动向网管软件注册，即call-home。此时，被管设备主动向网管软件发起连接，需要开放相应方向的安全策略。NETCONF的安全策略示例如表1-10所示。

表1-10 安全策略示例——NETCONF

序号	名称	源安全区域	目的安全区域	源地址 / 地区	目的地址 / 地区	服务	动作
101	Allow NMS to firewall	trust	local	10.1.1.10/24	10.1.1.1/24	netconf (TCP: 830)	permit
102	Allow NMS to switch	trust	untrust	10.1.1.10/24	10.1.2.10/24	netconf (TCP: 830)	permit
103	Allow switch call-home	untrust	trust	10.1.2.10/24	10.1.1.10/24	TCP: 10020	permit

NETCONF使用不同传输协议时，采用不同的通信端口。当网络中有异构设备组网时，请务必确认其与网管软件（NETCONF客户端）通信的端口。

1.2.2 为路由协议开放安全策略

不同于路由器和交换机产品，默认情况下，防火墙的路由协议（包括OSPF和BGP）的单播报文受安全策略控制，用户需要为它们的单播报文配置安全策略。如果想要快速接入网络，用户也可以使用**undo firewall packet-filter basic-protocol enable**命令取消这个控制。不同型号、不同版本的防火墙产品，其基础协议控制开关的默认情况不同，控制的协议种类也不同。具体情况请参考产品文档。

1. OSPF

OSPF邻接关系的建立过程如图1-10所示。

OSPF根据链路层协议类型，将网络分为4种类型。在不同类型网络中，建立邻接关系的过程中发送OSPF报文的方式也不同，如表1-11所示。对某一种网络类型来说，只要建立邻接关系的任何一个环节使用了单播报文，就需要开放安全策略。因此，当网络类型是Broadcast、NBMA（Non-Broadcast Multiple Access，非广播多路访问）和P2MP（Point-to-Multipoint，点到多点）时，都需要开放安全策略。

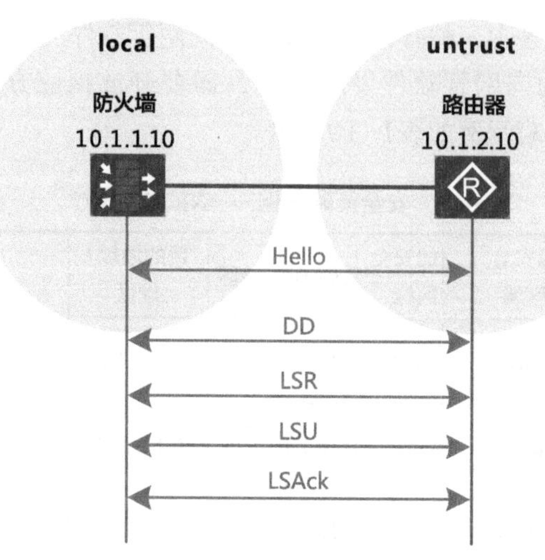

图 1-10　OSPF 邻接关系建立过程

表 1-11　OSPF 报文发送方式

网络类型	不同报文的发送方式					需要安全策略
	Hello	DD	LSR	LSU	LSAck	
Broadcast	组播	单播	单播	组播	组播	是
P2P（Peer-to-Peer，对等网络）	组播	组播	组播	组播	组播	否
NBMA	单播	单播	单播	单播	单播	是
P2MP	组播	单播	单播	单播	单播	是

考虑到OSPF邻接关系建立的过程中，邻接双方都需要主动发出OSPF报文，因此，用户需要开放双向安全策略，如表1-12所示。在防火墙参与路由计算的场景下，安全策略的源/目的安全区域是local区域（设备自身）和接口所连接的区域。OSPFv3跟OSPF类似，两者的协议号都是89。

表 1-12　安全策略示例——OSPF

序号	名称	源安全区域	目的安全区域	源地址 / 地区	目的地址 / 地区	服务	动作
101	Allow ospf out	local	untrust	10.1.1.10/24	10.1.2.10/24	ospf (89)	permit
102	Allow ospf in	untrust	local	10.1.2.10/24	10.1.1.10/24	ospf (89)	permit

如果未配置安全策略，或者安全策略配置错误，则不能成功交换DD报文、不能建立OSPF邻接关系，邻接状态将停留在ExStart状态。

2. BGP

BGP的运行是通过消息驱动的，共有Open、Update、Notification、Keepalive和Route-refresh等5种消息类型。邻接设备之间首先建立TCP连接，然后通过Open消息建立BGP对等体之间的连接关系，并通过Keepalive消息确认和保持连接的有效性。对等体之间通过Update、Notification和Route-refresh消息交换路由信息、错误信息和路由刷新能力信息。

BGP所有消息交互都使用单播报文，需要开放双向安全策略，如表1-13所示。BGP使用TCP端口179。

表 1-13 安全策略示例——BGP

序号	名称	源安全区域	目的安全区域	源地址 / 地区	目的地址 / 地区	服务	动作
101	Allow bgp out	local	untrust	10.1.1.10/24	10.1.2.10/24	bgp (TCP: 179)	permit
102	Allow bgp in	untrust	local	10.1.2.10/24	10.1.1.10/24	bgp (TCP: 179)	permit

1.2.3 为 DHCP 开放安全策略

同路由协议一样，DHCP默认情况下也受安全策略控制。如果想要快速接入网络，用户也可以使用**undo firewall packet-filter basic-protocol enable**命令取消这个控制。

DHCP组网中有3种角色：DHCP客户端、DHCP服务器和DHCP中继。当DHCP客户端和DHCP服务器位于不同网段时，需要部署DHCP中继。在不同的组网场景中，DHCP报文交互的流程略有不同，下面分别来看。

1. 同网段无 DHCP 中继场景

在同网段无DHCP中继场景中，DHCP报文交互过程如图1-11所示。

DHCP报文采用UDP封装。以DHCP客户端首次接入网络为例，其IP地址分配流程如下。

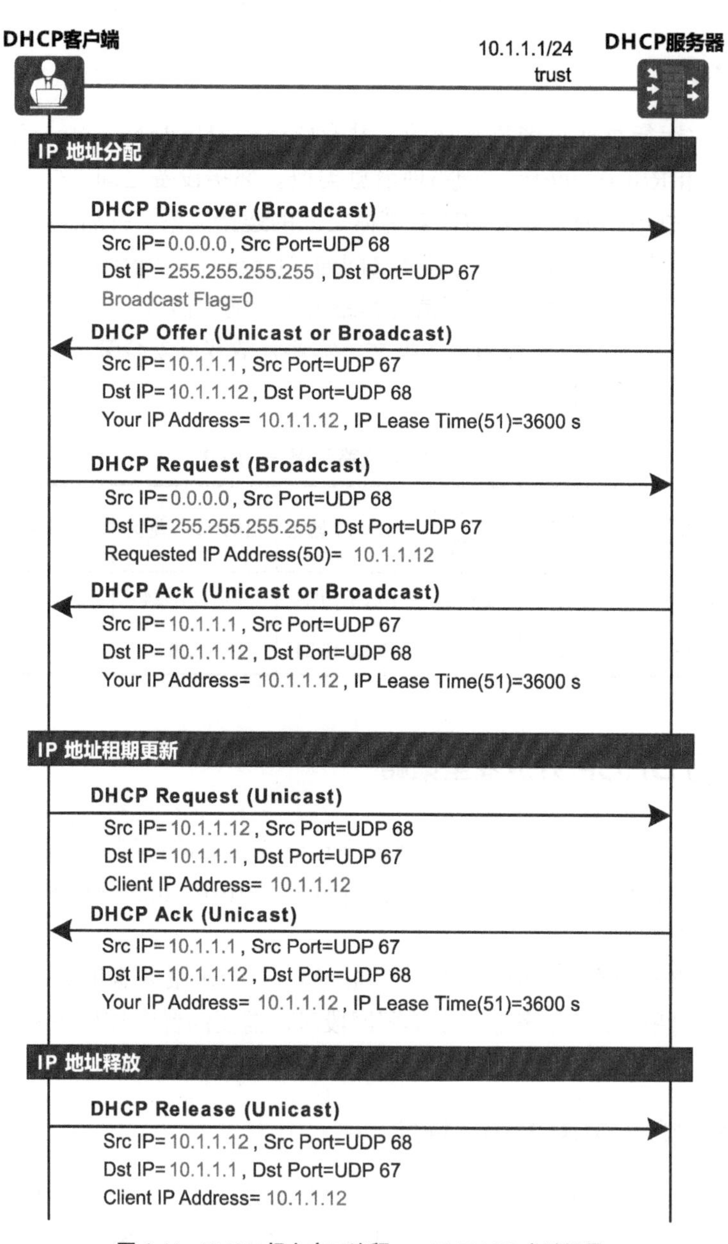

图 1-11　DHCP 报文交互流程——无 DHCP 中继场景

（1）DHCP Discover

DHCP客户端以广播方式发送DHCP Discover报文，源/目的地址分别为0.0.0.0和255.255.255.255，源/目的端口分别为68和67。DHCP客户端首次接入网络时，还没有获得过IP地址，也不知道DHCP服务器的地址，因此只能采用广播方式。在DHCP Discover报文中有一个Flag标志位，决定服务器以单播或广播方式发送响应报文，一般是单播方式（Broadcast Flag=0）。

（2）DHCP Offer

DHCP服务器收到DHCP Discover报文后，选择一个可用地址，通过DHCP Offer单播报文发送给DHCP客户端。此时报文中封装的目的IP地址是DHCP服务器提议分配给DHCP客户端的IP地址。

（3）DHCP Request

DHCP客户端仍然以广播方式发送DHCP Request报文，向选中的DHCP服务器请求使用的IP地址。报文中带有其选择的DHCP服务器标识符。当网络中有多个DHCP服务器时，广播DHCP Request可以通知所有DHCP服务器，未被选中的DHCP服务器也就可以更新提议的IP地址状态了。

（4）DHCP Ack

DHCP服务器通过DHCP Ack单播报文通知DHCP客户端，确认地址分配。

如果DHCP客户端非首次接入网络，可以申请曾经使用过的IP地址，则地址分配过程只有DHCP Request和DHCP Ack两个阶段。DHCP Request报文的源地址为当前IP地址。

当租期更新定时器到期时（租期的一半，即1800秒），DHCP客户端向DHCP服务器发送单播报文，申请更新租期。如果DHCP客户端不再使用当前地址，则发送DHCP Release单播报文，释放该IP地址。

在这个场景中，DHCP服务器和DHCP客户端都可能会主动发送单播报文。防火墙作为DHCP服务器时，安全策略配置示例如表1-14所示。

表 1-14 安全策略示例——防火墙作为 DHCP 服务器

序号	名称	源安全区域	目的安全区域	源地址/地区	目的地址/地区	服务	动作
101	Allow DHCP Client to Firewall	trust	local	10.1.1.0/24	10.1.1.1/24	bootps (UDP: 67)	permit
102	Allow Firewall to DHCP Client	local	trust	10.1.1.1/24	10.1.1.0/24	bootpc (UDP: 68)	permit

2. 不同网段带 DHCP 中继场景

DHCP客户端的广播报文不能穿越不同网段。当网络中有多个网段时，通常使用DHCP中继来解决这个问题，其报文交互过程如图1-12所示。

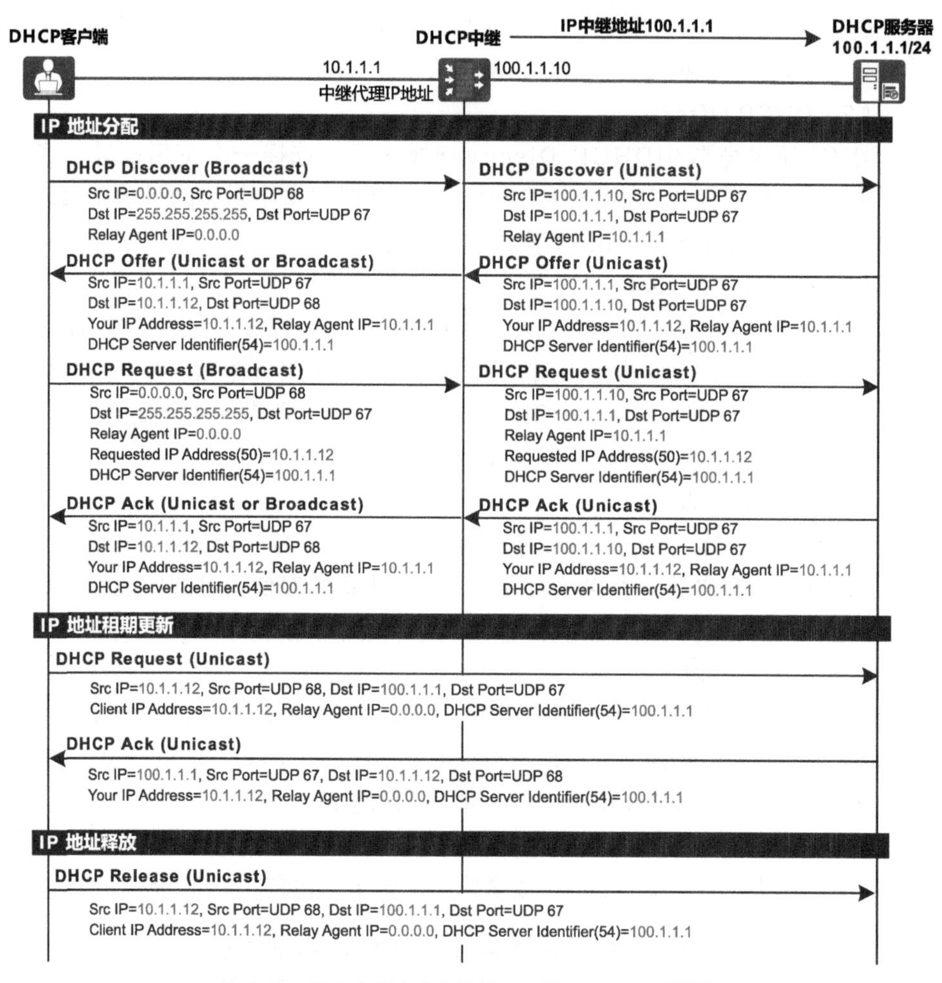

图 1-12　DHCP 报文交互流程——带 DHCP 中继场景

在地址分配阶段，DHCP客户端广播DHCP Discover和DHCP Request请求。DHCP中继接收到报文以后，修改报文的源/目的地址为出接口地址和DHCP服务器的地址，并填充IP中继地址，然后单播转发给DHCP服务器。DHCP服务器向DHCP中继单播发送DHCP Offer和DHCP Ack报文。DHCP中继与DHCP服务器通信时，源/目的端口都使用UDP端口67。

DHCP客户端在地址分配阶段已经获得DHCP服务器的地址。在后续的租期更新和地址释放过程中，DHCP客户端以单播报文直接向DHCP服务器发起连接，不需要DHCP中继代理。防火墙作为DHCP中继时，安全策略配置如表1-15所示。

表 1-15 安全策略示例——防火墙作为 DHCP 中继

序号	名称	源安全区域	目的安全区域	源地址 / 地区	目的地址 / 地区	服务	动作
101	Allow Firewall to DHCP Server	local	untrust	100.1.1.10/24	100.1.1.1/24	bootps (UDP: 67)	permit
102	Allow DHCP Client to DHCP Server	trust	untrust	10.1.1.0/24	100.1.1.1/24	bootps (UDP: 67)	permit
103	Allow Firewall to DHCP Client	local	trust	10.1.1.1/24	10.1.1.0/24	bootpc (UDP: 68)	permit

1.3 在安全策略中应用对象

在防火墙产品中，不仅配置安全策略会使用IP地址、服务等作为匹配条件，配置NAT（Network Address Translation，网络地址转换）策略、代理策略、认证策略、策略路由等，都会使用它们。为了简化配置操作，华为防火墙产品中引入了“对象”的概念。对象是通用元素（如IP地址、服务、应用等）的集合。创建了集合形式的对象，用户就可以在各种业务策略中直接引用该对象，而不需要一次次重复输入或选择。当需要修改多个业务策略的适用范围时，只需要修改其引用的对象，就可以快速完成多个策略的调整。使用对象，可以显著降低管理成本，提高维护效率。

1.3.1 地址对象和地址组

IP地址是最常用的安全策略匹配条件，地址对象和地址组是最广泛使用的对象。通常，在创建对象时，要将具有相同特征、需要相同访问权限的对象加入同一个集合。例如，所有的数据库服务器部署在同一个安全区域、占用一个连续的IP地址段，则可以将这个IP地址段加入一个地址对象，并在安全策略中引用此地址对象。

1. 地址对象

地址对象是地址的集合，可以包含一个或多个IPv4地址、IPv6地址、MAC（Medium Access Control，介质访问控制）地址。地址对象可以被各种业务策略直接引用，也可以加入一个或多个地址组中。

创建一个名为“Research_Dept”的地址对象，并指定起止范围。

```
ip address-set Research_Dept type object      //object表示地址对象
 address 10 range 192.168.1.1 192.168.1.120  //指定IPv4地址段的起止地址
```

使用起止地址指定地址对象范围是最常用的做法。用户也可以使用通配符或掩码、掩码长度来指定地址范围。

使用通配符指定地址范围。通配符为点分十进制，其二进制形式中的“0”位是匹配值，“1”位表示不需要关注。例如，192.168.1.1/0.0.0.255表示所有“192.168.1.*”形式的地址。

```
ip address-set Research_Dept type object
 address 11 192.168.1.1 0.0.0.255  //使用通配符指定地址范围
```

使用掩码指定地址范围。掩码为点分十进制，其二进制形式中的“1”位是匹配值，“0”位表示不需要关注。例如，192.168.1.1/255.255.255.0表示所有“192.168.1.*”形式的地址。

```
ip address-set Research_Dept type object
 address 11 192.168.1.1 mask 255.255.255.0  //使用掩码指定地址范围
```

使用掩码长度指定地址范围。

```
ip address-set Research_Dept type object
 address 11 192.168.1.1 mask 24  //使用掩码长度指定地址范围
```

在地址对象中添加MAC地址时，其格式可以为XXXX-XXXX-XXXX、XX:XX:XX:XX:XX:XX或XX-XX-XX-XX-XX-XX（其中X是1位十六进制数）。

```
ip address-set Research_Dept type object
 address 12 68-05-CA-90-A1-C9
```

2. 地址组

地址组也是地址的集合。跟地址对象不同的是，地址组中不仅可以添加各种地址，也可以添加地址对象、地址组。这样，就可以更加方便地管理各种地址对象和地址组。

向地址组中添加地址的操作，跟向地址对象中添加地址的方法是一样的。下面重点介绍如何向地址组中添加地址对象和地址组。

```
ip address-set R&D_Dept type group  //group表示地址组
 address address-set Research_Dept    //将地址对象Research_Dept加入地址组R&D_Dept
 address address-set Test_Dept
ip address-set Product type group
 address address-set R&D_Dept      //将地址组R&D_Dept加入地址组Product
```

3. 在安全策略中应用地址组

下面以禁止研发部R&D_Dept访问DMZ的财务服务为例，展示地址组的应用方法。

```
security-policy
 rule name "Deny R&D_Dept to Finance"
  source-zone trust
  destination-zone dmz
  source-address address-set R&D_Dept    //以地址组方式指定源地址
  service FinanceService                 //自定义的财务服务
  action deny
```

4. 地址排除

在安全策略中应用地址组的时候，还可以根据业务需要，排除该地址组中的某些特殊IP地址。以禁止研发部访问DMZ的财务服务为例，地址组R&D_Dept（192.168.1.1/24）中的192.168.1.66不受此安全策略控制，则可以在前述配置中排除该IP地址。

```
security-policy
 rule name "Deny R&D_Dept to Finance"
  source-zone trust
  destination-zone dmz
  source-address address-set R&D_Dept
                              //以地址集方式指定源地址（192.168.1.1/24）
  source-address-exclude 192.168.1.66 32      //排除此地址
  service FinanceService                      //自定义财务服务
  action deny
```

1.3.2 地区和地区组

地区是公网IP地址在地理位置上的映射，地区组是地区的集合，因此，地区和地区组在本质上是IP地址组。使用地区和地区组，可以根据地理位置配置安全策略。例如，某企业对外提供Web服务，出于安全考虑，不允许A国家的用户访问。此时，可以配置源地址为“A国家”、动作为“禁止”的安全策略，禁止A国家的用户访问该Web服务。

为了简化用户操作，华为防火墙提供了地区识别特征库，即预定义地区。目前，国内的预定义地区支持到省和城市级别，国外支持到国家（地区）级别。

地区识别特征库是按照国家（地区）划分的IP地址组，由华为收集和维护，可以通过升级中心定期更新或者手动更新。由于地区识别特征库的更新有一定的滞后性，防火墙还提供了3种自定义配置手段。自定义配置的优先级高于预定义地区。

自定义地区：手动创建新的地区，并指定符合条件的IP地址。

向预定义地区中添加IP地址：当发现某地区中缺少某IP地址时，可以向预定义地区中添加。

排除预定义地区中的IP地址：当发现某地区中的IP地址归属错误时，可以将该地址加入正确的地区或者未知区域，以排除该地址。

1. 自定义地区

自定义地区是孤立的，跟预定义地区没有归属关系。私网IP地址用于本地局域网，不属于任何地理意义上的国家（地区），默认归属为“未知区域”。如果需要从地区维度来管理和展示本地局域网的业务，可以为局域网的私网IP地址创建自定义地区。

创建自定义地区HangZhouBranch，并添加本地局域网地址段。

```
location
 geo-location user-defined HangZhouBranch
  description Hangzhou branch
  add address 10.10.1.0 mask 24
```

2. 向预定义地区中添加 IP 地址

IP地址的缺失可能会影响正常的业务访问。例如，管理员配置了允许A地区访问Web服务的安全策略，结果A地区的某个PC无法访问Web服务。如果安全策略配置正确，说明此PC的IP地址错误地划入了其他地区，此时可以将此IP地址加入A地区。

在预定义地区HangZhou中添加IP地址段10.20.20.20～10.20.20.30。

```
location
 geo-location pre-defined HangZhou
  add address range 10.20.20.20 10.20.20.30
```

3. 排除预定义地区中的IP地址

排除IP地址是通过在其他地区中添加IP地址来实现的，不能通过命令在当前地区中直接删除IP地址。如果用户清楚这些IP地址所属的真实地区，可以参照上一步，将这些IP地址添加到对应地区。如果不清楚，可以将这些IP地址添加到“未知区域”。

排除预定义地区HangZhou中的IP地址段10.10.10.1～10.10.10.20到未知区域。

```
location
 geo-location pre-defined unknown-zone
  add address range 10.10.10.1 10.10.10.20
```

4. 在安全策略中应用地区组

下面以禁止某些国家（地区）访问DMZ的HTTPS服务为例，展示地区组的应用方法。

创建地区组Five。在命令行中添加国家（地区）时可以使用ISO标准定义的两位国家（地区）代码，或者直接输入国家（地区）名称。

```
location
 geo-location-set Five
  add geo-location AU               //以两位国家（地区）代码形式添加
  add geo-location CA
  add geo-location NewZealand       //直接输入国家（地区）名称，注意大小写并去掉空格
  add geo-location UnitedKingdom
  add geo-location UnitedStates
```

由于国家（地区）很多，且命令行严格限制了国家（地区）的输入规范，使用命令行配置地区组不方便，推荐在Web界面上操作，如图1-13所示。在“可选”区域的搜索框输入国家（地区）名，可以快速定位并选择该国家（地区）。

图 1-13　新建地区组

配置安全策略，禁止源地址为Five的流量访问HTTPS服务。

```
security-policy
  rule name  "Deny Five"
    source-zone untrust
    destination-zone dmz
    source-address geo-location Five    //以地区组方式指定源地址
    service protocol https
    action deny
```

1.3.3　域名组

顾名思义，域名组是域名的集合。域名组的本质也是IP地址组。

在动态网络环境中，IP地址不断变化，网络管理员很难及时跟踪到IP地址的变化并更新安全策略。在这种情况下，可以使用域名组代替IP地址，作为安全策略的匹配条件。常见的场景如下。

① 放行或阻断所有去往指定域名的流量。例如，数据中心的Web服务器www.example.com要访问图片服务器img.hi4example.com。

② 阻断去往某个指定域名的流量，但是放行去往其子域名的流量。例如，禁止员工访问salesforce.com，但是允许访问公司站点huawei.my.salesforce.com。

③ 禁止员工访问外网，但是允许软件自动更新。例如，Windows系统要

经常从WSUS（Windows Server Update Services，Windows Server更新服务）服务器下载补丁，杀毒软件要定期更新病毒库。

1. 域名组的工作原理

客户端以域名形式访问指定服务，首先需要向DNS服务器发起DNS请求。防火墙从DNS服务器的响应报文中解析出域名和IP地址的映射关系，确认该域名归属于某域名组，并记录到域名映射表中。在客户端向服务器发起业务访问时，防火墙根据域名映射表检查安全策略。在这种场景下，客户端的DNS请求报文必须经过防火墙，如图1-14所示。

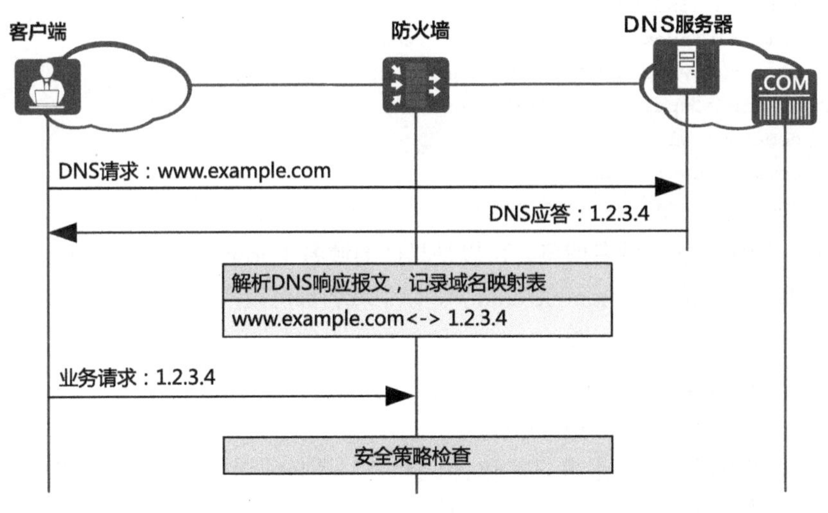

图1-14　域名组的基本原理

如果客户端的DNS请求不经过防火墙，防火墙无法从DNS响应报文中解析域名和IP地址的映射关系。此时，需要在防火墙上配置DNS服务器，由防火墙主动发起DNS请求来获得域名映射关系。当TTL小于7分钟时，防火墙每隔3分钟主动发起一次DNS请求，以刷新域名映射表。受地理位置、时区、负载均衡配置等的影响，不同DNS服务器的域名解析结果可能不同。因此，在防火墙上配置的DNS服务器，必须与客户端使用的DNS服务器保持一致。

域名映射表存储在防火墙的内存中，当防火墙重启时，会清空域名映射表。此时，客户端已经记录了DNS缓存，不会再次发起DNS请求，防火墙也就不能再次获得域名映射表。在这种情况下，也需要在防火墙上配置DNS服务器。

考虑到防火墙重启的可能性，不管客户端DNS请求是否经过防火墙，都建议在防火墙上配置DNS服务器。

2. 域名组的配置方法

以Windows系统更新场景为例，域名组的完整配置包括3个步骤。

步骤一，配置域名组。Windows系统更新使用的域名较多，具体请以微软官方文档为准，此处仅为示例，不保证域名列表完整。

```
system-view
 domain-set name WindowsUpdate
  description WindowsUpdate
  add domain windowsupdate.microsoft.com
  add domain *.windowsupdate.microsoft.com
  add domain *.update.microsoft.com
  add domain *.windowsupdate.com
  add domain download.microsoft.com
  add domain wustat.windows.com
```

域名组中添加的域名信息，可以是具体的域名（download.example.com），也可以使用通配符（*.example.com）。以下域名都可以匹配*.example.com。

- www.example.com
- news.example.com
- www.news.example.com

如果使用通配符，最多只能包含1个“*”且必须以“*”开头，其格式只能是表1-16支持的类型。

表 1-16 使用通配符的域名格式

支持的域名格式	不支持的域名格式
*.example.com *.a.example.com *.a.b.example.com	*.com 或 *.net（太多域名，无法处理） *.*.example.com（可以使用 *.example.com） *.example.*.com（只能包含 1 个通配符） example.*.com（通配符必须位于开头） *example.com 或 example*.com（通配符必须是域名空间的一个节点） *.a.b.c.example.com（最多支持 5 级域名空间）

步骤二，在防火墙上配置DNS服务器，该DNS服务器必须与客户端使用的DNS服务器保持一致，此处以114DNS为例。

```
system-view
 dns resolve
 dns server 114.114.114.114
 dns server 114.114.115.115
```

步骤三，在安全策略中引用域名组的配置如下。注意，请务必为DNS请求报文配置安全策略。

```
security-policy
 rule name "Allow Windows update"
  source-zone trust
  destination-zone untrust
  source-address 10.1.1.10 24
  destination-address domain-set WindowsUpdate     //引用已创建的域名组
  action permit
 rule-name "Allow DNS"
  source-zone trust    //允许客户端DNS请求经过防火墙
  source-zone local    //允许防火墙发送DNS请求报文
  destination-zone untrust    //DNS服务器所在区域
  destination-address address-set 114DNS    //目的地址是114DNS的地址
  service dns
  action permit
```

配置完成后，从客户端ping域名组中的域名，触发DNS解析，然后使用**display domain-set verbose** *domain-name*命令查看解析出来的IP地址。

```
<sysname> display domain-set verbose WindowsUpdate
Domain-set: WindowsUpdate
Description: WindowsUpdate
Reference number(s): 1
Item number(s): 6
Item(s):
 Domain: windowsupdate.microsoft.com
 ID     : 0
 Total IP Address: 1
  IP Address: 52.185.71.28
  TTL        : 38400 seconds
  Left Time : 38400 seconds
  Hit Times : 1
 Domain: *.windowsupdate.microsoft.com
 ID     : 1
 Total IP Address: 0
 Domain: *.update.microsoft.com
 ID     : 2
 Total IP Address: 0
 Domain: *.windowsupdate.com
 ID     : 3
 Total IP Address: 0
```

```
Domain: download.microsoft.com
ID    : 4
Total IP Address: 0
Domain: wustat.windows.com
ID    : 5
Total IP Address: 0
```

3. 域名解析失败的常见原因

域名解析失败的常见原因如下。

① 客户端的DNS请求不经过防火墙。请在防火墙上配置相同的DNS服务器。

② 客户端已有DNS缓存，未主动发起DNS请求。请在客户端或者防火墙上清除DNS缓存，命令如下：Windows客户端上的命令为ipconfig /flushdns；防火墙上的命令为reset dns dynamic-host。

③ 客户端的Hosts文件中配置了本地域名解析。请删除本地域名。

④ 域名组中指定的域名为别名。早期版本的防火墙仅支持type A，当域名组中使用别名时，DNS响应报文为type CNAME，防火墙不能解析出最终的IP地址。最新版本的防火墙同时支持type A和type CNAME，请将防火墙升级到最新版本。

1.3.4 用户和用户组

用户是访问网络资源的主体，表示“谁”在进行访问，是网络访问行为的重要标识，自然也是防火墙进行网络访问控制的重要维度。

在防火墙上部署用户管理与认证，可以将网络流量的IP地址识别为用户，并将用户与IP地址的对应关系记录在在线用户表中。基于用户配置安全策略，本质上就是针对该用户对应的IP地址应用安全策略。基于用户的安全策略可以提高访问控制的易用性和准确性：用户和用户组反映了真实的组织结构，基于用户的访问控制符合真实的业务需求，易于理解，提高了策略的易用性；在线用户表记录了用户当前登录状态下使用的IP地址，避免了IP地址动态变化场景下的访问控制问题，以不变的用户应对变化的IP地址。

1. 用户组织结构

防火墙中的用户组织结构是现实中的组织结构的映射，是基于用户进行访问控制的基础。用户组织结构有两种维度，体现为两种用户对象，如表1-17所示。

表 1-17 两种用户组织结构

维度	现实意义	用户对象	适用场景
纵向	真实的组织结构	用户组 / 用户	用户隶属于用户组（部门），是典型的树形结构，体现了从属关系。管理员可以根据组织结构来创建用户组（部门）和用户，易于查询和定位
横向	逻辑上的分组	安全组	按照安全等级或业务访问权限划分的逻辑群组，横跨多个部门，体现了管理的需要。一些第三方认证服务器上存在类似的横向群组，安全组与之对应，以便对接

用户组/用户是“纵向”的组织结构，体现了用户的所属关系；安全组是“横向”的逻辑结构，体现了安全等级和业务访问权限。安全组有两种典型的应用场景：基于项目维度，组建跨部门的群组，可以把不同部门的用户划分到同一个安全组，从新的管理维度来设置访问控制策略；企业已经采用第三方认证服务器，且启用了横向群组（如AD服务器上的安全组、SUN ONE LDAP服务器上的静态组和动态组），为了基于这些群组配置策略，管理员需要创建安全组，与认证服务器上的组织结构保持一致。

有关用户组/用户、安全组的具体原理和配置方法，请参考产品文档。

2. 在安全策略中引用用户组 / 用户、安全组

在安全策略中引用用户组/用户、安全组作为安全策略的匹配条件，用户获得的访问权限是其所属用户组和安全组的权限的并集。值得注意的是，在安全策略中引用用户组/用户和安全组，组内用户的策略继承关系略有区别。

用户组/用户：用户组内的直属用户、所有下级子用户组内的用户都继承该用户组的安全策略和访问权限。

安全组：只有安全组内的直属用户继承该安全组的安全策略和访问权限，安全组内的子安全组的用户不继承上级安全组的安全策略和访问权限。

但是，当需要为某个用户组/用户配置继承策略之外的特殊权限时，用户组/用户策略的继承关系将失去意义。以图1-15为例，假设“研发部”所有员工都拥有相同的基础权限（资源A），同时“研发1部”还拥有特有权限（资源B）。

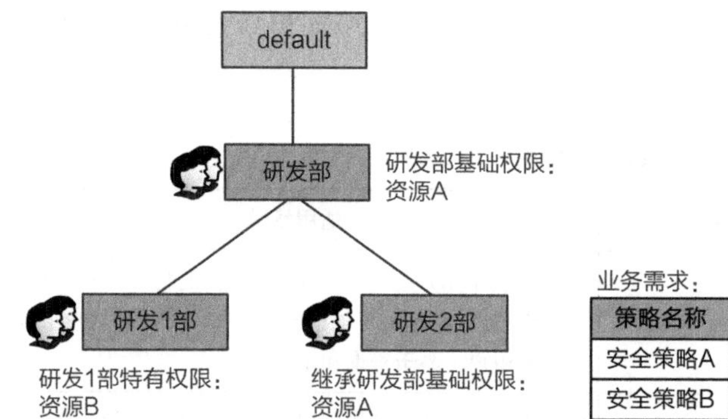

图 1-15 用户组的权限继承关系与特殊需求

在这个场景中，针对研发部的基础权限，需要配置1条安全策略A，允许研发部员工访问资源A。那么针对研发1部的特有权限，这条安全策略B应该怎么配置呢？

首先，根据安全策略的匹配规则，针对研发1部的安全策略B必须置于安全策略A之前。否则，研发1部用户的访问请求会命中安全策略A，并不再继续向下匹配，因此只能获得访问资源A的权限。

其次，安全策略B中必须同时指定资源A和资源B。同样是因为安全策略的匹配规则，研发1部用户的访问请求命中安全策略B，并不再向下匹配，只能获得安全策略B指定的访问权限。也就是说，在这种场景下，子组无法继承父组的访问权限。

正确的安全策略配置方法如表1-18所示。

表 1-18 安全策略配置方法

策略名称	用户组 / 部门	可访问资源 / 目的地址
安全策略 B	研发 1 部	资源 A+ 资源 B
安全策略 A	研发部	资源 A

1.3.5 服务和服务组

服务是一个或多个应用协议的集合，由协议类型、源端口、目的端口等信息来指定。服务组是服务的集合，服务组的成员可以是服务，也可以是服务组。

防火墙可以根据服务和服务组识别常用的应用协议。如果数据流量的协议类型和端口号符合服务的条件，就会被认为是指定应用协议的流量。在安全策略中，指定服务或服务组是非常常见和必要的。

1. 自定义服务

防火墙默认提供了常见的服务，即预定义服务，例如HTTP、FTP、Telnet、DNS等。在现实网络中，如果协议使用端口与预定义服务的端口不同，需要创建自定义服务。例如，预定义服务ILS（Internet Locator Server，互联网定位器服务器）的端口号为1002，但是某些旧版软件可能使用端口389来接收ILS报文。此时，用户需要自定义一个端口号为389的服务，才能在安全策略中引用。

```
system-view
 ip service-set new_ils type object                      //object表示自定义服务
  service protocol tcp destination-port 389       //以目的端口指定ILS服务
```

对于TCP、UDP和SCTP（Stream Control Transmission Protocol，流控制传输协议）服务，可以通过源端口和目的端口来定义，通常只定义目的端口即可。

对于ICMP和ICMPv6服务，需要使用类型号和消息码来定义。ICMP服务常用于ping和Tracert，一般直接使用预定义的ICMP服务即可。但是，ICMP服务也经常被攻击者用来窥测网络或建立隐蔽通道。因此，如果用户对安全性有更高的要求，可以自定义服务，仅开放特定类型的ICMP报文。

以ping为例，如图1-16所示，ping需要使用两种类型的ICMP报文：Echo Request（Type 8）和Echo Reply（Type 0）。源端连续发送几个Echo Request报文，目的端收到之后，回送响应报文Echo Reply报文。如果在超时时间之内，响应报文到达源端，说明目的端可达。防火墙收到源端发出的Echo Request报文后，创建会话并转发报文，目的端返回的Echo Reply报文命中会话表转发。

在这种情况下，用户可以自定义一个ICMP Echo Request服务，用于安全策略。关于ICMP类型和消息代码更详细的说明可以参考RFC792。

```
system-view
 ip service-set ICMP_Echo_Request type object
  service protocol icmp icmp-type 8   //自定义ICMP type 8
```

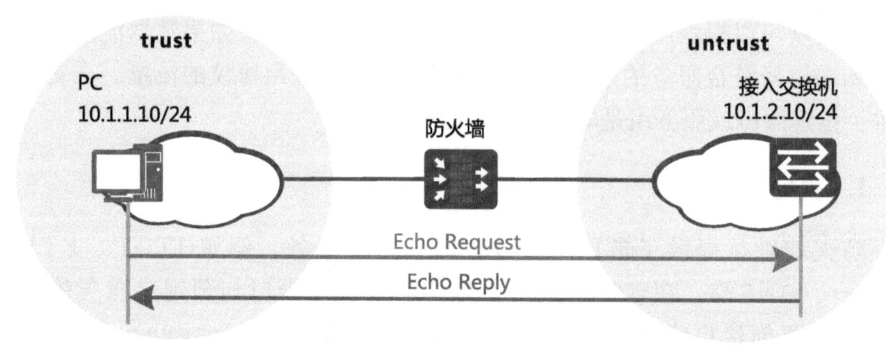

图 1-16　ping 的基本工作原理

trust区域的PC要ping untrust区域的交换机，安全策略配置如下。

```
security-policy
 rule name “Allow Ping”
  source-zone trust
  destination-zone untrust
  source-address 10.1.1.10 24
  destination-address 10.1.2.10 24
  service ICMP_Echo_Request
  action permit
```

2. 配置服务组

服务组中可以添加预定义服务（动态端口除外）和自定义服务，也可以添加服务组，其配置命令相同。

```
system-view
 ip service-set MgtProt4 type group          //group表示自定义服务组
  service service-set ftp                   //添加预定义服务
  service service-set ICMP_Echo_Request     //添加自定义服务
 ip service-set MgtProt type group
  service service-set MgtProt4              //添加服务组
```

1.3.6　应用和应用组

经过多年的发展，互联网已经渗透到工作和生活的方方面面，互联网上承载的服务已经发生了深刻的变化，丰富多彩的应用成为互联网的主流。面对层出不穷的应用，如何对其进行精细化管控，是管理员面临的最大问题，而管控的前提是首先识别出各类应用。

前一节提到，防火墙可以根据服务和服务组识别常用的应用协议。不过，识别服务依赖端口识别技术，其主要依据的是端口号，因此只能用于识别FTP、HTTP等基础协议。然而，大量应用承载在HTTP之上，仅识别出服务已经不能解决应用管控的问题了。

1. 业务感知技术

防火墙采用业务感知技术来精确识别应用。既然传统的端口识别技术只检测报文五元组信息，不能识别应用，那业务感知技术就费点力，继续检测报文的应用层数据。不同的应用软件发出的流量自有其特征，这些特征可能是特定的命令字或者特定的比特序列。这些特征就相当于应用软件的"指纹"，只要我们提取了能够唯一确认各种应用软件的指纹，建立一个指纹库，就可以用来跟流量进行比对。

华为安全能力中心采用业务感知技术，分析并提取大量互联网应用的流量特征，形成了超过6000种应用的特征库，分为5个大类57个小类。用户可以访问华为安全中心网站，在应用百科中查询当前的应用识别能力。在应用百科中，可以按照类别、子类别、标签、数据传输方式和风险级别筛选应用，也可以直接输入应用名称搜索。针对每一个应用，应用识别特征库还提供了多维度的描述信息，可以帮助用户制定有针对性的管控策略。

2. 预定义应用和应用组

应用识别特征库加载到防火墙上，即为预定义应用。互联网上新的应用层出不穷，已有应用的特征也会发生变化，所以必须定期升级应用识别特征库，才能够保证更好的识别效果。

应用组是应用的集合，是为了管理方便而引入的概念。用户可以为具有相同访问策略的应用创建一个应用组，并在安全策略中引用。以创建一个"网盘"应用组为例，可以选择基于列表添加应用，或者基于树结构添加应用，如图1-17所示。

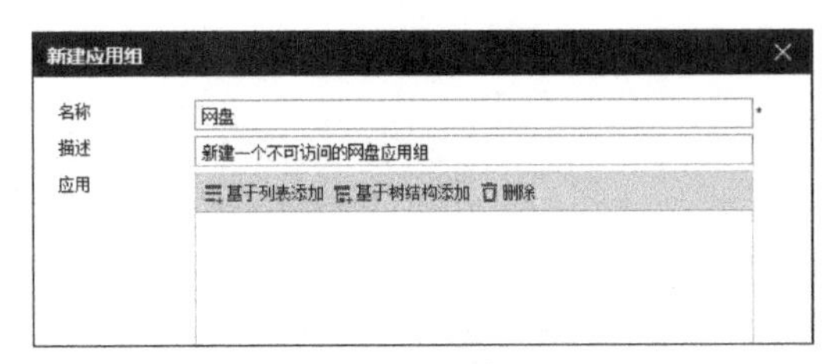

图 1-17 新建应用组

（1）基于列表添加应用

调出的界面如图1-18所示，用户可以根据类别、子类别、标签、数据传输方式和风险级别筛选应用，也可以直接输入应用名称来模糊查询。

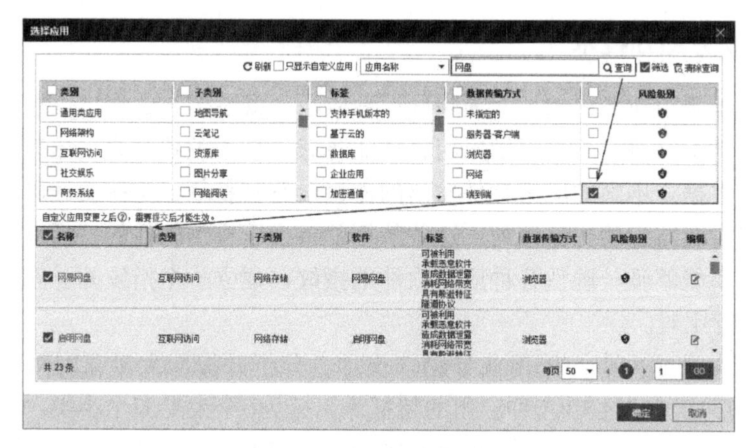

图 1-18　基于列表添加应用

（2）基于树结构添加应用

树结构是一种新的应用组织形式，如图1-19所示。用户可以直接按照应用类别和子类别的树形结构选择应用，也可以先按照标签/软件筛选出一类应用，再使用模糊搜索。

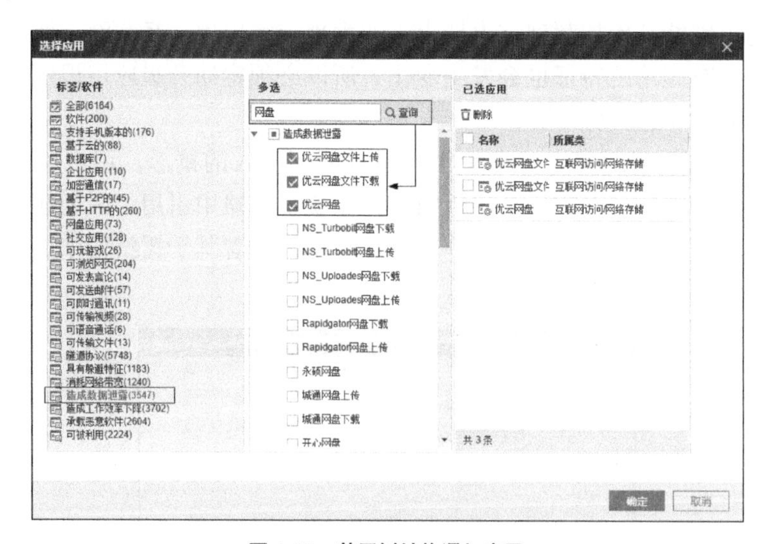

图 1-19　基于树结构添加应用

3. 在安全策略中引用一组应用

在安全策略中引用一组应用是常规操作，可以根据应用类别、子类别、标签、软件、自定义的应用组来选择应用，其操作界面和操作方法与基于树结构向应用组中添加应用类似。唯一不同的是，在安全策略中，用户可以直接选择已经创建的应用组。

4. 在安全策略中引用单个应用

在安全策略中引用单个应用时，需要考虑该应用的依赖应用和关联应用。

依赖应用是该应用的底层应用，相应的，该应用为其依赖应用的上层应用。在应用识别过程中，防火墙首先识别出依赖应用，然后才能识别出上层应用。在安全策略检查过程中，防火墙首先根据依赖应用查找安全策略。仅当依赖应用匹配的安全策略动作为允许时，才会继续识别上层应用、根据上层应用查找安全策略。因此，当需要放行某个应用时，需要同步放行该应用的依赖应用。

关联应用是与该应用具有关联关系的其他应用，通常为同一个公司开发的多款相近应用。它们具有相近的流量特征，当需要阻断某个应用时，需要在安全策略中同步阻断关联应用，以确保该应用被完全阻断。

在安全策略中引用单个应用时，依赖应用和关联应用的同步配置要求如表1-19所示，请关注防火墙提供的提示信息。

表 1-19 同步配置依赖应用和关联应用

安全策略的动作	匹配条件中指定单个应用	匹配条件中指定单个应用，并配置内容安全配置文件
允许	不需要用户配置依赖应用，当未识别出上层应用时会优先放行流量	当该应用有依赖应用时，防火墙提示用户配置依赖应用。 例如，“百度网盘”的依赖应用包括HTTP、HTTPS、SSL（Secure Socket Layer，安全套接字层），在允许访问“百度网盘”，且对访问行为执行内容安全检查时，需要同步配置这些依赖应用
禁止	当该应用有关联应用时，防火墙提示用户配置关联应用。 例如，“QQ 文件传输”有关联应用“QQ 文件中转协议”，要完全阻断用户使用“QQ 文件传输”，必须同步配置“QQ 文件中转协议”	不涉及

图1-20以“允许访问百度网盘，并执行反病毒检查和文件过滤”为例，展示防火墙的提示信息和配置界面。在安全策略中，设置应用为“百度网盘”，动作为“允许”，反病毒和文件过滤配置文件选择默认配置文件“default”。在配置下发的时候，防火墙会校验配置，并提示用户选择依赖应用。

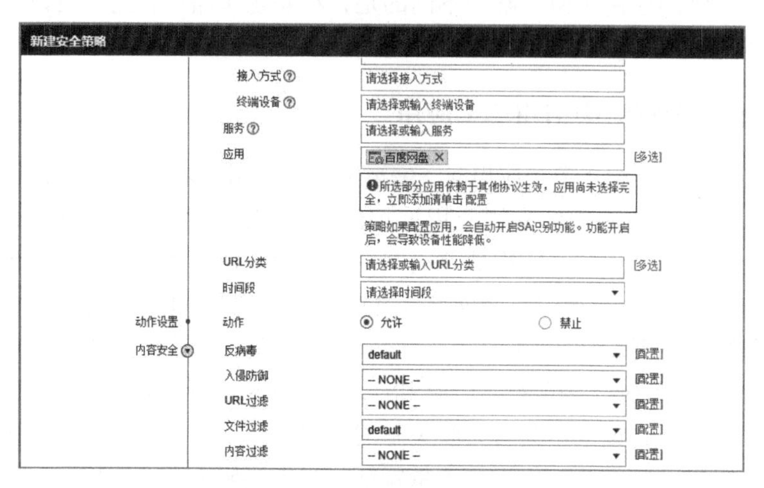

图 1-20　选择依赖应用的提示信息

单击提示信息中的“配置”链接，可以看到百度网盘的依赖应用包括HTTP、HTTPS、SSL，如图1-21所示。选择所有依赖应用，安全策略配置可以正常下发。

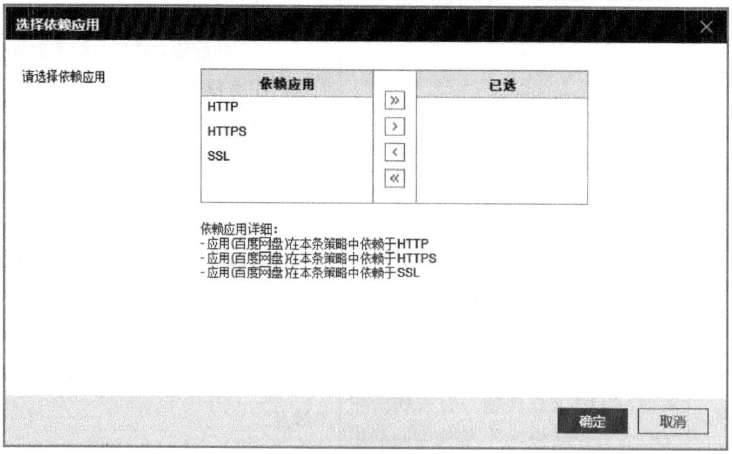

选择依赖应用

请选择依赖应用

依赖应用	已选
HTTP	
HTTPS	
SSL	

依赖应用详细：
- 应用(百度网盘)在本条策略中依赖于HTTP
- 应用(百度网盘)在本条策略中依赖于HTTPS
- 应用(百度网盘)在本条策略中依赖于SSL

确定　取消

图 1-21　选择依赖应用

5. 策略未决

在安全策略中配置完成以后，需要向内容安全引擎发送流量进行应用识别。防火墙需要获取多个报文才能识别出应用。因此，在应用识别完成之前，防火墙不能确定命中的安全策略，即处于策略未决状态。防火墙会先根据首包匹配安全策略中应用以外的条件（主要是五元组），暂时放行流量并建立一条会话，其中应用信息保留为空。在应用识别完成后，重新匹配安全策略，并刷新会话信息。

1.3.7 URL分类

URL分类是根据网页内容划分URL地址类型的结果。华为采用机器学习和人工智能技术，扫描海量网页内容，划分URL地址类型。利用URL分类，可以控制用户的上网行为。

方法1：在安全策略中添加URL过滤配置文件，可以利用URL分类、URL黑白名单等功能，精确地控制网站访问。关于URL过滤的详细内容，请参考产品文档。

方法2：在安全策略中应用URL分类，实现简单的、基于URL分类的访问控制。在安全策略中应用URL分类以后，可以基于URL分类指定内容安全配置文件。例如，只为访问高风险URL分类的流量附加反病毒检查和文件过滤。

下面展示两个在安全策略中应用URL分类的配置实例。

场景1：限制访问特定类型的网站。

假设防火墙上已经配置了一条安全策略inside-out，允许所有人访问互联网，未做任何限制，如图1-22所示。

序号	名称	源安全区域	目的安全区域	源地址/地区	目的地址/地区	服务	URL分类	动作
☐ 1	inside-out	trust	untrust	any	any	any	any	允许

图1-22 初始安全策略

现在要禁止公司员工在工作期间访问社交网络和求职招聘类的网站。用户可以复制安全策略inside-out，修改其名称，指定URL分类，并将动作修改为禁止，如图1-23所示。

复制完成后，需要把inside-out-exclude调整到inside-out前面，如图1-24所示。

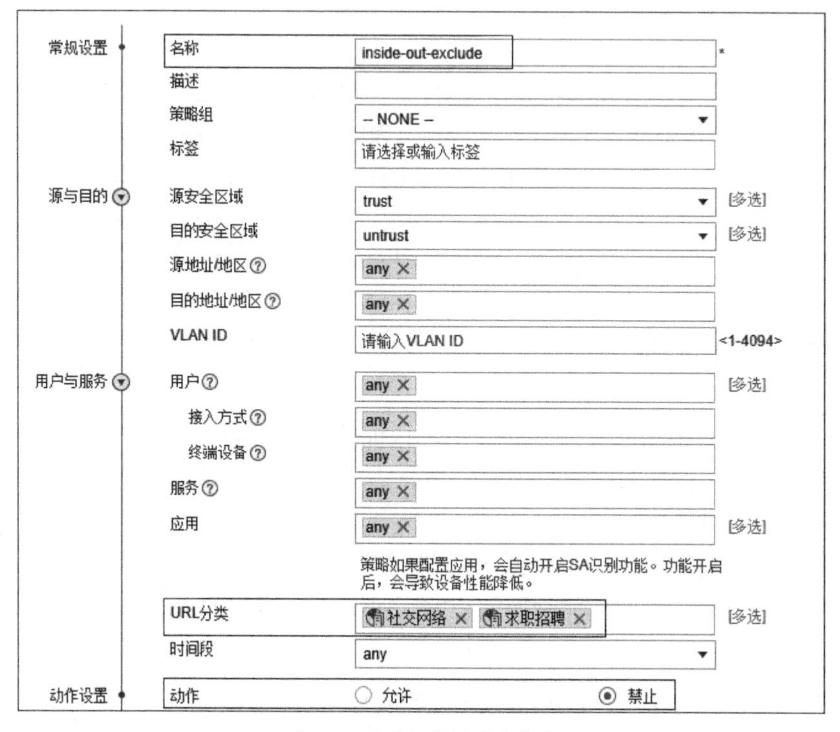

图 1-23　复制并修改安全策略

序号	名称	源安全区域	目的安全区域	源地址/地区	目的地址/地区	服务	URL分类	动作
1	inside-out-exclude	trust	untrust	any	any	any	社交网络 求职招聘	禁止
2	inside-out	trust	untrust	any	any	any	any	允许

图 1-24　调整安全策略的顺序

场景2：仅特定员工可以访问特定类型的网站。

根据某公司的信息安全政策，普通员工可以访问常用网站，并使用URL配置文件设置了详细的访问控制。同时，为了工作需要，允许IT员工访问IT相关网站。在这个场景中，用户需要配置两条安全策略，如图1-25所示。

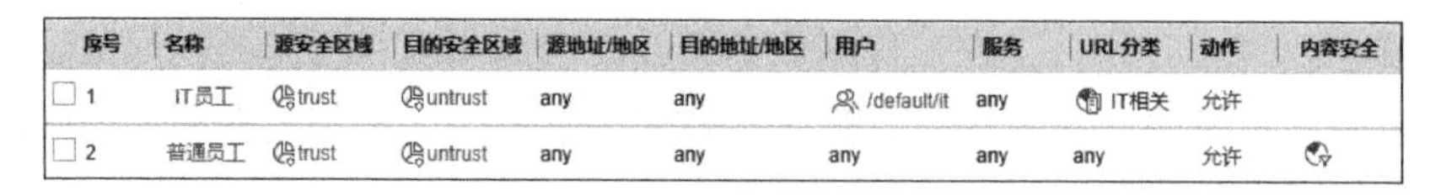

序号	名称	源安全区域	目的安全区域	源地址/地区	目的地址/地区	用户	服务	URL分类	动作	内容安全
1	IT员工	trust	untrust	any	any	/default/it	any	IT相关	允许	
2	普通员工	trust	untrust	any	any	any	any	any	允许	

图 1-25　特定访问需求

策略1：允许IT员工（用户it）访问URL分类为“IT相关”的网站。

策略2：允许普通员工（不指定用户）访问常用网站。常用网站的范围由内容安全部分的URL过滤配置文件指定，其中不包含"IT相关"URL分类。

注意策略1必须位于策略2的前面。因为安全策略是按照顺序从上向下依次匹配的，当IT员工试图访问IT相关网站时，命中策略1并被允许访问。当其他员工（普通员工）试图访问IT相关网站时，命中策略2，并继续检查URL过滤配置文件。因为允许访问的常用网站范围中不包含"IT相关"URL分类，其他员工的访问请求被阻断。

防火墙需要先识别出HTTP应用，再识别URL分类，然后才能将识别结果反馈给安全策略模块去匹配。在识别出URL分类之前，此安全策略处于未决状态。防火墙会先根据URL分类以外的匹配条件建立一个会话，放行流量并继续检测。识别出URL分类之后，流量重新匹配安全策略。对于采用HTTPS的网站，需要配合SSL解密功能使用。

1.4 安全策略的最佳实践

防火墙的管理员面临着巨大的挑战。业务要求网络提供快速的连接，日益活跃的网络犯罪威胁着业务的安全，管理员需要在性能与安全之间寻求平衡。安全策略的配置和管理，无疑是一个关键的问题。根据咨询公司Gartner的报告，99%的防火墙问题是由误配置导致的。遵循这些最佳实践，不仅是为了保证正确配置安全策略，还可以为后续的管理和维护提供方便。

1.4.1 建立完善的安全策略管理流程

安全策略管理流程是信息安全策略的组成部分。它并不是具体的技术指导，而是保证技术为业务服务的管理方法。开始的时候，每一台防火墙的安全策略都比较简单。然而，新的服务、新的设备，都可能需要新的安全策略。安全策略列表日益庞大，变更和管理的复杂度都大幅提升。组织需要建立一个审核和测试所有策略申请的流程，并严格执行。策略管理流程可以根据业务需要来微调，通常应该考虑以下内容，以确保新增和修改是合理的、有据可查的。

① 业务方申请人发起新增安全策略请求，说明需要添加什么样的安全策

略。业务主管评估安全策略的必要性以后，提交给安全团队。通常，业务方要提供如下信息：访问哪些服务、端口或应用；从哪里访问（通常是指某个子网，如果是从服务器侧发起访问，需要指定具体的IP地址）；新增安全策略的用途和目的是什么；安全策略的有效期为多久（未注明则为长期策略）。

② 安全团队评估业务请求的风险，确定具体的安全策略实施方案。必要时，请跟业务方沟通。跟业务主管或申请人就新增安全策略申请进行沟通，可以帮助用户确认新的安全策略是否满足业务需求，也让业务方了解安全策略的复杂性和风险。

③ 部署和验证，确认安全策略达到了预期的效果。应请业务方和数据所有者（被访问的目的服务或应用）等关键角色参与验证，以确认配置是否正确，保证没有引入错误的安全策略。通过充分的验证，可以及时发现问题，避免问题长时间累积后难以处理。

④ 所有安全策略都应该记录在案。某些行业规范要求记录所有的申请和审批文档，并要求定期审计安全策略。虽然从执行上来说略显烦琐，但是长远来看，这种做法是合理且高效的。安全团队中的任何人都可以通过查看记录来了解每条安全策略的意图，并建立起安全策略与申请流程之间的关联。这对于审计和问题定位都大有裨益。建议安全策略记录至少要包含以下内容：业务方提供的安全策略申请的内容；业务方申请人和审批人；添加的日期和时间；安全团队的具体操作人。

如果组织具有完善的IT系统，则上述内容通常会记录在业务请求流程中，可以大大简化安全策略记录的工作。IT流程与防火墙的具体配置相结合，可以让策略管理工作更简单。例如，在安全策略的描述字段中记录创建时间、操作人或IT流程的编号，可以建立起安全策略和申请流程之间的联系，便于追溯和审计。

此外，网络变动也需要提前通知安全团队，以提前评估影响，同步制定安全策略调整方案。

1.4.2 使用安全区域划分网络

安全区域指的是具有类似安全要求和安全等级的子网。虽然安全区域是防火墙产品的一个特有概念，但是其根源于网络分段设计思想，在数据通信网络中具有普遍意义。网络分段是指将以太网按照一定的规则划分为若干个子网络（子网），不同子网之间互相隔离。数据报文仅在约定的子网内传播，而不是发送给网络中的所有设备。网络分段提升了网络性能，并提供了一定的安全性。防火墙部署在分段网络中，自然继承了网络分段的思想，并使用安全区域来增强其安全性。

防火墙默认提供untrust区域、trust区域、DMZ 3个安全区域，通常分别用于连接外网、内网和具有中间状态的DMZ。默认情况下，同一个安全区域内的设备可以互相访问，不同安全区域内的设备互访需要开放安全策略。这种设计在性能和安全性之间取得了良好的平衡。如果网络被入侵，攻击者只能访问同一个安全区域内的资源。攻击者必须突破安全区域和安全策略的控制，才能访问其他资源。这就把损失控制在一个比较小的范围内。

合理规划安全区域和部署资源，有助于提高网络的安全性和韧性。一些原则性的建议如下。

- 安全区域越多，网络访问控制越精确，网络越安全。但是管理复杂度也会相应提高。
- 对于彼此之间没有交互的系统，不要将它们置于同一子网中。否则，攻击者只要突破外围防御措施，就可以更轻松地访问所有内容。
- 把具有相同安全级别的设备和业务资源部署在同一个安全区域中。然后，根据安全区域来为设备分配地址。地址集可以反映出网络分段情况，也表示具有相同业务属性和安全等级的一组设备。在安全策略中使用地址集，可以使安全策略更易理解，简化安全策略的管理。
- 对于需要交互的不同安全等级的系统，请部署在不同安全区域，并开放严格的安全策略。例如，所有对外提供服务的服务器（如Web服务器、邮件服务器）应该部署在一个专用区域（通常为DMZ），不应该被外网直接访问的服务器（如数据库）必须部署在内部服务器区。

下面将通过图1-26所示的例子来解释安全区域划分和资源部署的最佳实践。

在这个例子中，防火墙把网络划分为4个安全区域。除了默认的trust区域、DMZ和untrust区域，新增了一个isolated区域。箭头表示允许的流量方向。

- Web服务器前端、代理服务器等部署在DMZ。这些服务器需要面向互联网提供服务，因此需要在防火墙上开放相应的策略。面向互联网的服务器最容易受到攻击，需要与其他服务器隔离。
- Web服务器后端，通常包括应用服务器、数据库服务器等，存储重要数据，部署在专门的isolated区域内。DMZ的服务器可以访问isolated区域的特定服务。

- DHCP服务器、DNS服务器、AD服务器等不需要面向互联网的网络基础设施，需要接收来自内网客户端的访问，把它们部署在trust区域，默认可以互相通信。内网客户端需要通过代理服务器访问互联网。

这样，即使面向互联网的服务器受到攻击，也能把威胁控制在DMZ内，把损害降到最低。

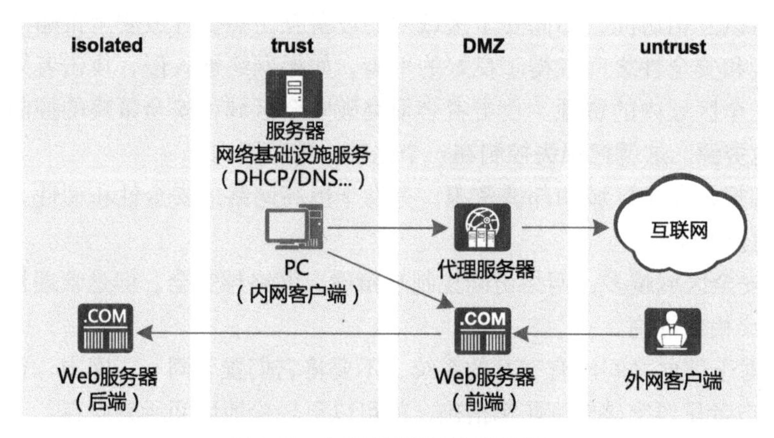

图 1-26 安全区域划分和资源部署

1.4.3 遵循最小授权原则

防火墙默认禁止所有的域间流量，所有未被明确允许的流量都被禁止。这是在防火墙上落实最小授权原则的基础。在此基础上，仅为合法流量开放安全策略，可以有效减小攻击面。

第一，为合法流量开放安全策略时，请谨慎使用any作为匹配条件，建议设置尽可能精确的匹配条件。所谓精确的匹配条件，包括两个方面：限制到具体的源/目的IP地址、服务；设置尽可能多的匹配条件，如用户、应用等。

如果组织需要对互联网开放某些服务（例如Web服务），则安全策略的源IP地址设置为any是合理的，其目的IP地址必须明确指定为对外开放的服务器/服务器组的地址，同时指定服务或端口。如果开放所有服务或端口，攻击者就可能利用字典攻击来实施暴力破解。

对于非公开服务，必须同时限定源IP地址范围。不能允许任意源IP地址访问数据库服务器等关键信息资产、服务器的管理服务（如SSH、RDP远程桌面服务）等敏感业务。建议同时指定可访问此类服务的用户。

应用识别是防火墙的关键能力，可以实现精细化的管控。分析网络中的流量，识别出合法应用是一个比较复杂的工作。用户也可以根据应用类型或者应用标签来设置安全策略的匹配条件，如允许带有“企业应用”标签的应用流量通过。

第二，请为临时安全策略设置时间段。例如，第三方合作伙伴需要访问某服务，除了限制访问具体的目的IP地址和服务，还应该设置安全策略的时间段。当合作结束时，安全策略自动失效，在序号前会有图标（❗）提示。另外，组织通常不能为了安全性而影响业务的正常运行，因此，如果不能确认业务的所有匹配条件，也可能要开放临时安全策略。如果在安全策略中设置了时间段，请确保系统时间准确，推荐使用网络时间协议同步时间。

第三，请关注安全策略的方向。华为防火墙都是状态检测防火墙，只要允许业务的主动发起方建立连接，回程流量就可以顺利通过。只有在通信双方都需要主动发起连接的情况下，才需要配置双向安全策略。以Web服务器为例，通常情况下，Web服务器只要被动响应来自互联网的连接请求即可，并不需要主动访问互联网。服务器的系统和软件更新应通过统一的中央服务器获取，并在安全策略中限制到具体的域名或应用（如Windows更新）。

最小授权原则是最重要的安全原则。用户也许不能做到绝对精确的最小授权，但是必须向着这个方向努力。

1.4.4 注意安全策略的顺序

收到报文以后，防火墙按照安全策略列表的顺序来匹配。一旦匹配到某一条安全策略就不再向下匹配，否则会一直检查到策略列表底部，命中默认策略。因此，安全策略的顺序非常重要，相同的安全策略、不同的排列顺序，可能会导致不同的结果，还可能影响设备性能。

首先，精确的安全策略优先。在安全策略列表的顶部，应该是按照最小授权原则配置的、最精确的策略。请始终把更精确的安全策略放在前面，把更宽泛的安全策略放在后面。对于这些宽泛的安全策略，要持续分析，逐渐精确化，或者停用。

另一个经验法则是：把频繁命中的安全策略放在更前面。命中次数越多，说明匹配此安全策略的流量越多。让网络中主要的流量快速完成安全策略匹配，能显著提高性能。这样的好处在高负载环境中尤为明显。当然，把高命中率的安全策略放在更前面，并不等于按照命中率设置安全策略的顺序。用户需要评估对业务的影响，不能让高命中率的安全策略覆盖低命中率的安全策略（这样低命中率的安全策略就永远不会被命中了）。

关于安全策略的顺序，推荐参考以下顺序。

① 防欺骗的安全策略。如果来自公网的访问使用了私网地址，说明其有意伪装成内部设备发起的流量，需要禁止此类流量。华为防火墙提供了IP欺骗攻击防范功能（firewall defend ip-spoofing enable），但是应用场景受限，可使用安全策略规避。

② 允许合法的用户业务的安全策略。例如，允许内网用户访问外部Web服务的HTTP流量。

③ 允许合法的管理业务的安全策略。例如，防火墙与网管之间的SNMP流量，防火墙向网管发送SNMP Trap报文等。

④ 阻断非法流量的安全策略。对于明确需要禁止的非法业务，配置阻断策略，用于快速丢弃，以提高匹配速度。

⑤ 阻断可疑流量的安全策略。可疑流量通常需要管理员及时关注，因此需要在阻断的同时记录日志，以便分析和调整安全策略的动作。

有必要说明的是，虽然防火墙会默认阻断所有未被明确允许的报文，但是，让流量被默认策略阻断是非常不明智的。安全策略的匹配需要时间和设备系统资源，让每一条流量都完成整个安全策略列表的匹配，会严重影响设备性能。因此，请务必为已知的、需要被阻断的流量设置明确的禁止策略。

有两种调整安全策略顺序的方法。第一种方法是使用安全策略列表顶部的“移动”菜单，如图1-27所示。其对应的CLI（Call Level Interface，调用级接口）操作命令是**rule move** *rule-name1* { { **after** | **before** } *rule-name2* | **up** | **down** | **top** | **bottom** }。

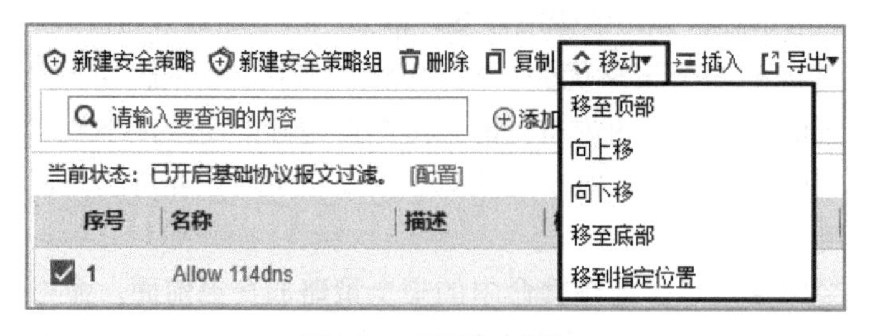

图 1-27　使用移动菜单

第二种方法是拖曳。选中一条安全策略，按住鼠标左键，可以把该安全策略拖曳到任意位置，如图1-28所示。

序号	名称	描述	标签	VLAN ID
☑ 1	Allow 114dns			any
☐ 2	dga_CC	已经选择1条记录。		any

图 1-28　选中后拖曳

1.4.5　识别和控制出入方向的流量

很多组织的安全人员存在一个认识上的误区，以为只要考虑如何保护内网资源免受外部攻击就万事大吉了。

攻击者可能主动从外网发起攻击，也可能在受害者经常访问的网站上挂马或设置陷阱，实施路过式下载或水坑攻击。这些守株待兔式的攻击手法，使得恶意软件隐藏在合法流量中进入内网。此外，攻击者渗透成功以后，通常还要继续下载恶意软件、连接C&C（Command and Control，命令控制）服务器、通过隐蔽通道向外传输数据等。另外，组织内部资产也可能被攻击者挟持，去攻击其他网络，无形中成为网络犯罪的“帮凶”。安全人员必须同时关注由内而外的安全威胁，保护自己，也避免攻击别人。

例如，用户需要建立一个合法网站和应用的白名单，只允许访问特定网站和应用的出站流量。攻击者需要下载恶意软件到内网，才能完全控制系统。限制用户上网行为可以极大地减小攻击面。

实施严格的出入方向流量控制是保证网络安全的关键手段。为了达成这个目标，安全人员需要了解攻击者常用的攻击手段，有针对性地设计和调整业务方案。在此基础上，通过安全策略来管控出入方向的流量。例如，渗透到内网的恶意软件通常都通过DNS隐蔽通道来建立C&C连接、窃取数据。一个最有效的办法就是限制DNS请求的目的地址为组织自建的DNS服务器，或者组织验证可信的DNS服务器。表1-20是限制DNS请求的例子。首先，允许内网所有设备向114DNS发起DNS解析请求，通常使用基于UDP的DNS服务就可以了；然后，禁止内网设备通过UDP和TCP方式访问其他DNS服务器。相应的，用户需要使用DHCP服务器为客户端分配114DNS服务器。

表 1-20　限制 DNS 请求

序号	名称	源安全区域	目的安全区域	源地址 / 地区	目的地址 / 地区	服务	应用	动作
201	Trusted DNS server	any	untrust	any	114.114.114.114 114.114.114.115	dns (UDP: 53)	any	permit
202	Other DNS server	any	untrust	any	any	dns (UDP: 53) dns-tcp (TCP: 53)	any	deny

1.4.6 记录日志

日志记录了网络中的业务运行状态、流量分布、应用分布等信息，是获得网络可视性的基础。记录日志有助于问题定位、回溯取证和策略优化。与安全策略强相关的日志如表1-21所示。

表 1-21　与安全策略强相关的日志

日志类型	说明	配置建议	配置方法
流量日志	流量日志记录了到达或通过防火墙的流量信息，用户可以从流量日志了解指定安全策略相关的所有流量信息。基于流量日志生成的流量报表中，还从源地址、应用、用户、安全策略等维度提供了流量趋势和 TOP 排行。流量日志和流量报表有助于分析网络流量组成，为进一步调整安全策略提供参考	防火墙提供了全局和安全策略两级流量日志开关，默认不记录流量日志。 建议在指定安全策略下开启记录流量日志功能。当会话老化时，记录流量日志	Web 界面：在安全策略编辑界面中，设置“记录流量日志”为“启用”。 命令行：在安全策略规则视图中，执行命令 **traffic logging enable**。如须记录默认安全策略的流量日志，执行命令 **default traffic logging enable**
会话日志	会话日志记录了防火墙上所有的网络活动，包括安全策略允许和禁止的流量，主要用于故障定位和溯源。会话日志必须输出到日志服务器上查看	会话日志分为会话老化日志、会话新建日志、定期会话日志 3 种，防火墙默认记录会话老化日志。会话老化日志仅在会话结束时记录日志，且包含会话的详细信息，有助于诊断定位	Web 界面：在安全策略编辑界面中，设置“记录会话日志”为“启用”。 命令行：在安全策略规则视图中，执行命令 **session logging**

续表

日志类型	说明	配置建议	配置方法
策略命中日志	策略命中日志记录了命中安全策略的业务情况。用户可以从策略命中日志中了解哪些流量命中了指定的安全策略，从而验证安全策略是否达到了预想的效果。策略命中日志是评估安全策略有效性的重要参考	防火墙提供了全局和安全策略两级策略命中日志开关，记录全局策略命中日志功能默认启用。建议启用安全策略下的记录策略命中日志功能	Web 界面：在安全策略编辑界面中，设置“记录策略命中日志”为“启用”。 命令行：在安全策略规则视图中，执行命令 **policy logging**

请确保日志的保留时间足够长，以满足管理需要或必须遵从的法规。建议将日志转发到eLog或其他专业的日志管理系统中集中存储。

1.4.7　谨慎选择变更时机

建议在业务使用率低的时间窗口内实施安全策略变更，以最大程度减轻对防火墙性能和已建立会话的影响。这对高负载防火墙尤为重要。

为了提高安全策略的匹配速度，防火墙为安全策略建立索引，并采用加速查询方法（即索引匹配）来进行策略匹配（即策略加速）。当变更安全策略时，新的安全策略会立即生效。但是，防火墙需要等待一段时间（加速延迟时间，默认是60秒），确认本次变更已结束，才重新建立索引。在索引更新完成之前，防火墙采用常规匹配方法来进行策略匹配，速度大幅下降。为了解决这个问题，可以启用策略备份加速功能。当变更安全策略时，防火墙备份索引，并使用备份的索引来进行策略匹配。当防火墙重新建立了索引之后，使用新的索引来匹配，新的安全策略开始生效。

请根据网络业务情况，参考表1-22选择是否启用策略备份加速功能。

表 1-22　策略备份加速选择指导

策略备份加速	正常运行时	策略变更时	适用场景和影响
启用 **policy accelerate standby enable**	采用加速查询方法（索引匹配）	采用加速查询方法（索引匹配，使用备份的索引）。新索引生成以后，安全策略变更才生效	防火墙业务量大，安全策略数量较多（高于 100 条）。 安全策略变更会延迟生效（约 2 分钟）。请待安全策略生效后再验证

续表

策略备份加速	正常运行时	策略变更时	适用场景和影响
关闭 **undo policy accelerate standby enable**	采用加速查询方法（索引匹配）	先采用常规匹配方法，新索引生成以后，再使用加速查询方法。 安全策略变更立即生效	安全策略数量较少。 策略变更期间性能下降

1.4.8 定期审计和优化安全策略

企业的网络不断变化，不断添加新用户、新设备、新服务和新应用，意味着企业需要新的安全策略。在网络环境的不断变化中，曾经热门的应用可能已经不再流行，安全策略也会过时。随着安全策略列表不断变长，管理复杂度飞速增加，安全风险可能被隐藏，防火墙的性能也开始受到影响。定期审计是解决这个难题的一个有效方法。表面上，审计工作带来了额外的投入，但是定期审计是在事情变得糟糕之前解决问题的好办法。一些行业法规要求组织必须定期审计安全策略，如PCI DSS（Payment Card Industry Data Security Standard，支付卡行业数据安全标准）要求组织每半年审计1次。

建议定期检查防火墙的安全策略。通过定期审计精简和优化安全策略，帮助防火墙在性能和安全性之间实现相对理想的平衡。

- 首先花点时间理解当前的安全策略，了解其意图和背景。如果为安全策略设置了语义化的名称、在描述字段记录了策略变更请求的历史信息，这项工作并不难。如果可能，跟业务方确认该安全策略是否还有必要保留。
- 检查描述字段为空的安全策略。虽然描述字段为空本身不是问题，但是这确实增加了安全策略的管理复杂度。
- 检查临时安全策略，删除过期失效的安全策略。序号前的❗图标表示临时安全策略已经过期。
- 检查禁用的安全策略，删除禁用期满的安全策略。
- 检查是否有未使用、重复或过时的安全策略。如果多人维护防火墙安全策略，就很有可能出现重复策略。如果网络中有设备或资产退役，防火墙上必然会出现过时策略。这些安全策略不会被流量命中，因此可以集中分析命中次数为0的安全策略。请根据分析结果，删除冗余策略。
- 检查是否有匹配条件交叉的安全策略。如果交叉策略的动作相同，请合并它们。如果交叉策略的动作不同，请确认合理的动作，并调整配置。

- 检查匹配条件中带有any的策略。要确认此安全策略是否是必要的，是否可以限制该匹配条件的范围。通常情况下，服务不应该设置为any。
- 检查是否放行了不安全的服务，如FTP、Telnet等。这些服务明文传输流量，存在安全风险。
- 检查命中次数最多的那些安全策略。在不影响策略匹配结果的前提下，把频繁命中的安全策略调整到更前面的位置。这能显著提高匹配速度。
- 检查日志，根据会话日志、策略命中日志等优化和完善安全策略配置。

删除策略之前，建议先禁用策略，确认不影响业务之后再删除。一旦删除了安全策略，就很难恢复具体配置及其在策略列表中的位置了。禁用后，如果发现该安全策略还是必要的，可以快速启用。

安全策略的审计和优化是一项非常复杂的工作，其中，安全策略的分析尤其困难。华为防火墙提供了Smart Policy功能，可以实现单台设备的策略冗余分析、策略命中分析和应用风险调优。

1.5 安全策略的常用维护手段

安全策略决定了报文是否能够通过防火墙，在业务不通的时候，首先应考虑安全策略配置是否正确。本节提供了几种常用的安全策略维护手段。

1. 查看安全策略丢包统计

在现实的网络环境中，安全策略是一个非常常见的故障点，很多时候都是由于安全策略拒绝报文通过而导致业务不通。常用的手段是通过**display firewall statistic system discard**命令查看防火墙的丢包统计信息，根据显示信息来判断是否涉及安全策略，如下所示。

```
[sysname] display firewall statistic system discard
  Discard statistic information:
                          Packet filter packets discarded: 2358
                     Packet default filter packets discarded: 5870
                       IPv6 packet filter packets discarded: 1106
                 IPv6 packet default filter packets discarded: 3721
```

其中，“Packet filter packets discarded”表示安全策略丢弃报文的数量，“Packet default filter packets discarded”表示默认策略丢弃报文的数量。如果防火墙丢包统计信息中出现上述显示信息，就说明安全策略导致丢包，此时就应该从安全策略入手排除故障。

2. 查看报文示踪

防火墙提供了数据平面的报文示踪功能，可以展示数据报文的转发处理过程。当确认安全策略导致丢包时，可以启用报文示踪，查看导致丢包的安全策略是哪一条。

```
<sysname> debugging dataplane trace
... ...
# <11:0> 132601239 interface:GigabitEthernet0/0/0 zone:trust VRF:
public -> public
TCP flag:SYN 192.168.1.11:1000 -> 192.168.1.225:2003 pkt-id:0
Layer 3 process
packet filter recv packet           //收到报文

# <11:0> 132601239 interface:GigabitEthernet0/0/0 zone:trust VRF:
public -> public
TCP flag:SYN 192.168.1.11:1000 -> 192.168.1.225:2003 pkt-id:0
packet filter process
DROP: packet filter test deny           //报文命中安全策略test，被丢弃

# <11:0> 132601239 interface:GigabitEthernet0/0/0 zone:trust VRF:
public -> public
TCP flag:SYN 192.168.1.11:1000 -> 192.168.1.225:2003 pkt-id:0
Layer 3 process
DROP: Packet drop reason: PACKET FILTER           //丢包原因为安全策略
```

以上命令中从192.168.1.11访问192.168.1.225的报文命中安全策略test，被丢弃。

3. 查看安全策略规则信息

查看安全策略的概要信息，根据安全策略的命中计数，可以大致判断出策略匹配是否正确。

```
<sysname> display security-policy rule all
RULE ID RULE NAME                       STATE      ACTION     HITS
-------------------------------------------------------------------
1       first                           enable     permit      53
2       second                          enable     permit      0
5       five                            enable     permit      0
6       six                             enable     deny        5051
0       default                         enable     deny        0
-------------------------------------------------------------------
```

当安全策略的HITS值为0，说明没有报文命中此安全策略。接下来可以指定安全策略的名字，查看该安全策略的匹配条件是否配置无误。

```
<sysname> display security-policy rule name five
   (0 times matched)
   rule name five
   source-zone trust
   destination-zone untrust
   application app QQLive
   action permit
```

4. 查看会话命中的安全策略

防火墙的会话表中记录了该会话命中的安全策略名称。检查会话表，可以确认业务是否命中了预期的安全策略。

```
<sysname> display firewall session table verbose
 Current Total Sessions : 1
 udp  VPN: public --> public  ID: b581fa1ceac4a0a1ea359236b23022
 Zone: trust --> untrust Slot: 2 CPU: 2  TTL: 00:02:00  Left: 00:01:44*
 Recv Interface: 40GigabitEthernet 0/0/1  Rev Slot: 2 CPU: 2
 Interface: 40GE1/1/0  NextHop: 172.16.2.1
 <--packets: 0 bytes: 0 --> packets: 3782387 bytes: 211,813,672
 172.16.1.1:1025 --> 172.16.2.1:1026 PolicyName: test
```

会话表中，每个会话信息的最后一行记录了命中的安全策略。上例中，该会话命中的安全策略是test。当该字段显示为“---”时，表示该会话处于策略未决状态，或者不用进行安全策略检查。

策略未决是指策略中引用了应用或者URL分类作为匹配条件，防火墙正在对报文进行应用识别或者URL分类查询，尚未确定命中的安全策略。应用识别或者URL分类查询完成后，该字段会显示命中的安全策略名称。

不用进行安全策略检查的情况很多，例如，启用接口访问管理后，访问防火墙自身的报文会跳过安全策略检查。

如果业务未命中预期的安全策略，请先检查安全策略的匹配条件。在匹配条件无误的情况下，应进一步检查和调整安全策略的顺序。

1.6 习题

第2章　NAT

随着互联网规模的逐渐扩大，大量私网用户需要通过公网IPv4地址访问互联网，IPv4地址空间已经枯竭，公网地址短缺情况日益严重。虽然引入IPv6技术可以从根本上解决地址耗尽问题，但目前大部分服务和应用还是基于IPv4，短时间内无法全面切换到IPv6。通过NAT技术可以对目前公网IPv4地址进行统计复用，从而在相当长的时间内缓解IPv4地址短缺问题。本章将介绍NAT技术在华为防火墙上的实现原理和配置方法。

2.1 NAT基本原理

NAT的本质就是转换报文的IP地址。防火墙既可以单独转换IP报文的源地址或目的地址，也可以同时转换IP报文的源地址和目的地址。因此，NAT可以分为源NAT、目的NAT和双向NAT。为了灵活配置和使用NAT功能，防火墙支持基于NAT策略配置源NAT和目的NAT，也支持通过独立的NAT Server命令配置目的NAT。

在介绍NAT策略前，先来介绍一下NAT地址池。NAT地址池是一个虚拟的概念，它形象地把IP地址的集合比喻成一个存放IP地址的池子，防火墙在进行地址转换时就是从NAT地址池中挑选出一个IP地址，作为转换后的IP地址。**挑选哪个IP地址是随机的，和配置时的顺序、IP地址大小等因素都没有关系。**

NAT策略由匹配条件、动作、转换后的地址（地址池地址或者出接口地址）3部分组成，如图2-1所示。

匹配条件包括源地址、目的地址、源安全区域、目的安全区域、出接口、服务、时间段。匹配条件定义了需要转换的流量。用户可以根据需求配置不同的匹配条件，对匹配上条件的流量进行NAT。

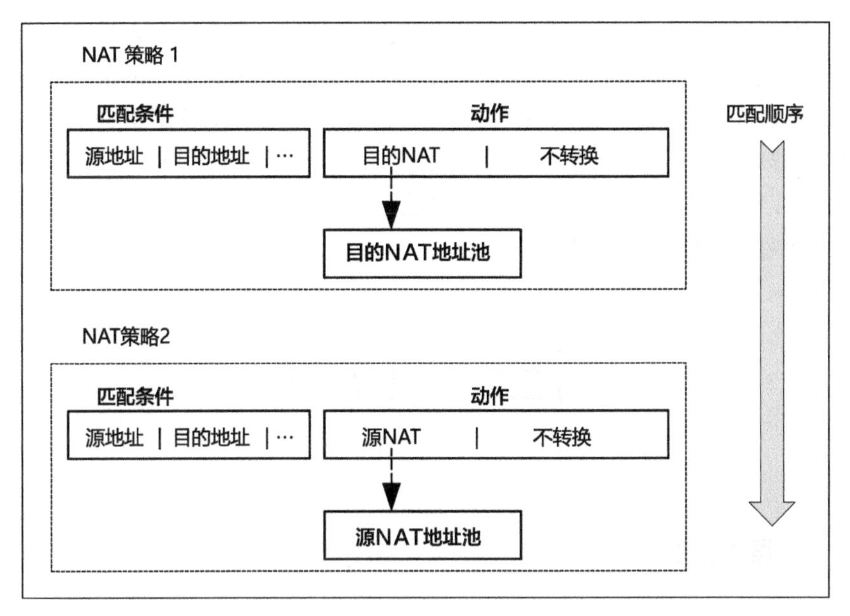

图 2-1　NAT 策略组成

动作包括源NAT、目的NAT和不转换。源NAT和目的NAT的转换方式有多种，将在接下来展开介绍。不转换动作利用了NAT策略的匹配规则，用于排除那些不需要转换地址的流量。

地址池分为源NAT地址池和目的NAT地址池两种。源NAT可以从源NAT地址池中选择转换后的IP地址，也可以直接使用出接口地址作为转换后的IP地址。目的NAT必须从目的NAT地址池中选择转换后的地址。

考虑到NAT策略有多种类型，实际上，防火墙在存储多条NAT策略时是分段存储的。双向NAT策略和目的NAT策略作为一组排在前面，源NAT策略作为一组，排在所有双向NAT策略和目的NAT策略后面。双向NAT策略和目的NAT策略之间按配置先后顺序排列，源NAT策略同样按配置先后顺序排列。新增的和被修改了动作的NAT策略都会被调整到同组NAT策略的最后面。

多条NAT策略之间存在匹配顺序，如果报文命中了某一条NAT策略，就会按照该NAT策略引用的地址来进行地址转换；如果报文没有命中NAT策略，则会向下继续查找。

利用这个查找和匹配的规则，通过配置多条NAT策略，可以灵活处理用户的业务需求。例如，内部网络中有两个用户群，用户群1（192.168.0.2～192.168.0.5）和用户群2（192.168.0.6～192.168.0.10）要求使用不同的公网

IP地址访问互联网。如果将公网IP地址都放在一个NAT地址池内，由于地址转换是随机地从NAT地址池中选取公网IP地址，所以无法满足此需求。此时可以将公网IP地址分别放在两个不同的NAT地址池内，然后配置两条分别以用户群1和用户群2源地址为条件的NAT策略，并指定用户群1使用NAT地址池1进行地址转换，用户群2使用地址池2进行地址转换。这样，两个用户群进行NAT转换后的公网IP地址就是不同的了。

|2.2 源NAT|

2.2.1 源NAT简介

源NAT技术就是对IP报文的源地址进行转换的技术。源NAT常用于将私网IP地址转换为公网IP地址，使大量私网用户只利用少量公网IP地址就可以访问互联网，大大减少了对公网IP地址的消耗。

源NAT的过程如图2-2所示，当私网用户访问互联网的报文到达防火墙时，防火墙将报文的源地址由私网地址转换为公网地址；当回程报文返回至防火墙时，防火墙再将报文的目的地址由公网地转换为私网地址。整个NAT过程对于内部网络中的用户和互联网上的主机来说是完全透明的。

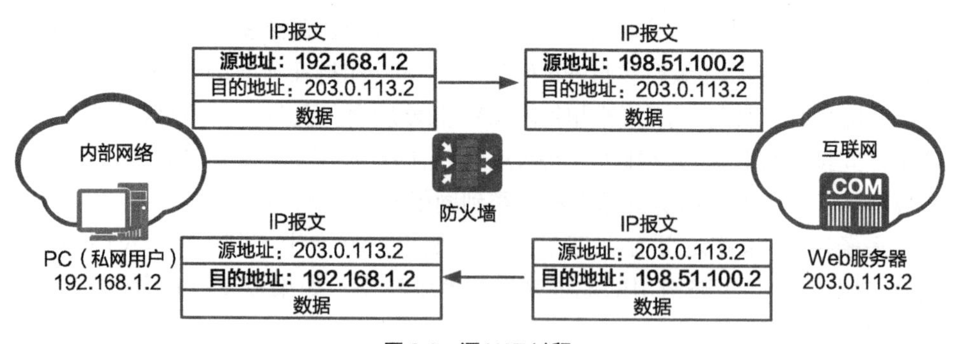

图2-2 源NAT过程

源NAT包括很多种转换方式，华为防火墙支持的源NAT方式和应用场景如表2-1所示。

表 2-1 华为防火墙支持的源 NAT 方式和应用场景

源 NAT 方式	含义	应用场景
NAT No-PAT	只转换报文的 IP 地址，不转换端口	需要上网的私网用户数量少，公网 IP 地址数量与同时上网的最大私网用户数量基本相同
NAPT（Network Address and Port Translation，网络地址和端口转换）	同时转换报文的 IP 地址和端口	公网 IP 地址数量少，需要上网的私网用户数量大
出接口地址方式（Easy-IP）	同时转换报文的 IP 地址和端口，但转换后的 IP 地址只能为出接口的 IP 地址	只有一个公网 IP 地址，并且该公网地址在接口上是动态获取的
Smart NAT	预留一个公网 IP 地址进行 NAPT，其他公网 IP 地址进行 NAT No-PAT	平时上网的用户数量少，公网 IP 地址数量与此时上网的最大用户数量基本相同；个别时间段的上网用户数量激增，公网 IP 地址数量远远小于此时上网的用户数量
三元组 NAT	将私网源 IP 地址和端口转换为固定的公网 IP 地址和端口，解决 NAPT 方式随机转换地址和端口带来的问题	用于外网用户主动访问私网用户的场景，例如 P2P 业务的场景

接下来我们将详细介绍每种源NAT的原理和配置方法。

2.2.2 NAT No-PAT

PAT即Port Address Translation，端口地址转换。“No-PAT”则表示不进行端口转换。所以，NAT No-PAT方式只转换IP地址，故也称为“一对一地址转换”。下面以图2-3所示的组网环境为例，介绍No-PAT方式的转换过程和配置方法。

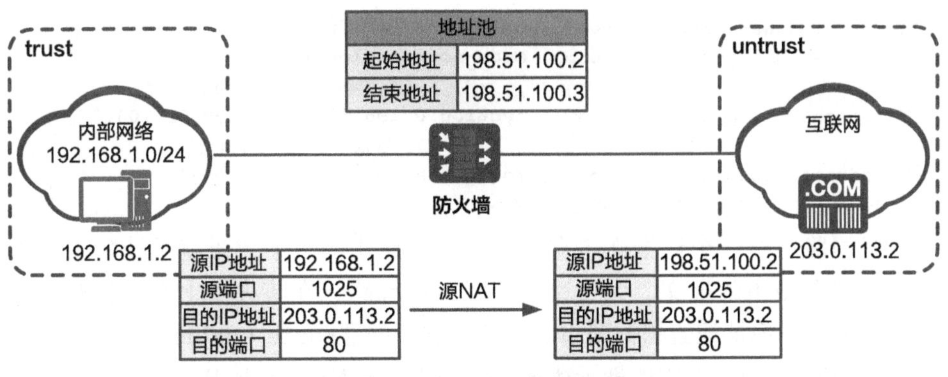

图 2-3 NAT No-PAT 方式组网图

防火墙收到私网用户访问Web服务器的报文后，首先判断是否需要转换目的地址，然后进行安全策略检查。报文通过安全策略检查以后，开始查找源NAT策略。当报文命中源NAT策略时，防火墙认为需要对该报文的源IP地址进行地址转换。防火墙根据轮询算法，从NAT地址池中选择一个空闲的公网IP地址，替换报文的源IP地址，并建立Server-map表和会话表，然后将报文发送至互联网。

当服务器的响应报文到达防火墙时，防火墙查找会话表，匹配到已经建立的会话表项，将报文的目的地址替换为内网PC的私网IP地址，然后将报文发送至内部网络。No-PAT方式下，公网地址和私网地址属于一对一转换。如果地址池中的地址已经全部分配出去了，则剩余的内网主机访问外网时不会进行NAT，直到地址池中有可用的空闲地址。

这里需要介绍一下Server-map表。防火墙上生成的Server-map表中存放PC的私网IP地址与公网IP地址的映射关系。正向Server-map表项保证特定私网用户访问互联网时，快速转换地址，提高了设备处理效率。反向Server-map表项允许互联网上的用户主动访问私网用户，将报文进行地址转换。

在防火墙上，NAT No-PAT分为本地（Local）No-PAT和全局（Global）No-PAT两种。本地No-PAT生成的Server-Map表中包含安全区域参数，只有此安全区域的用户可以访问内网用户。全局No-PAT生成的Server-Map表中不包含安全区域参数，一旦建立，所有安全区域的用户都可以访问内网用户。

NAT No-PAT方式的配置过程如下。

（1）配置源NAT地址池

在配置源NAT地址池时，需要指定转换模式，并开启黑洞路由。

```
[FW] nat address-group addressgroup1        //创建源NAT地址池
[FW-address-group-addressgroup1] mode no-pat global
                                            //指定转换方式为全局No-PAT
[FW-address-group-addressgroup1] section 0 198.51.100.2 198.51.100.3
                                            //地址池中有两个公网地址
[FW-address-group-addressgroup1] route enable       //开启黑洞路由
[FW-address-group-addressgroup1] quit
```

黑洞路由是一个让报文“有去无回”的路由，它的效果就是让防火墙丢弃命中黑洞路由的报文。为了避免产生路由环路，在防火墙上必须针对地址池中的公网IP地址配置黑洞路由。注意，这里配置**route enable**命令后，防火墙将会为NAT地址池中的地址生成UNR（User Network Route，用户网络路由），其作用与黑洞路由的作用相同，可以防止路由环路，同时也可以引入OSPF等动态路由协议发布出去。这里我们先给出配置，关于黑洞路由产生的原因我们将在后文中介绍。

（2）配置NAT策略

NAT策略中指定了报文的匹配条件，即哪些报文需要执行NAT。转换后的动作中引用上一步创建的NAT地址池。

```
[FW] nat-policy
[FW-policy-nat] rule name policy_nat1
[FW-policy-nat-rule-policy_nat1] source-zone trust
[FW-policy-nat-rule-policy_nat1] destination-zone untrust
[FW-policy-nat-rule-policy_nat1] source-address 192.168.1.0 24
[FW-policy-nat-rule-policy_nat1] destination-address 203.0.113.2 32
                                       //以上为匹配条件
[FW-policy-nat-rule-policy_nat1] action source-nat address-group addressgroup1
                                       //动作为进行源NAT并引用NAT地址池
[FW-policy-nat-rule-policy_nat1] quit
[FW-policy-nat] quit
```

完成NAT的相关配置后，接下来还要强调一下NAT场景下的安全策略配置。

（3）配置安全策略

安全策略和NAT策略从字面上看都是策略，但是二者各司其职：安全策略的作用是控制报文能否通过防火墙，而NAT策略的作用是对报文进行地址转换，因此配置NAT策略的时候也需要配置安全策略允许报文通过。由于防火墙对报文进行安全策略处理发生在进行源NAT策略处理之前，所以**如果要针对源地址设置安全策略，则源地址应该是进行NAT之前的私网地址。**

```
[FW] security-policy
[FW-policy-security] rule name policy1
[FW-policy-security-rule-policy1] source-zone trust
[FW-policy-security-rule-policy1] destination-zone untrust
[FW-policy-security-rule-policy1] source-address 192.168.1.0 24
[FW-policy-security-rule-policy1] action permit
[FW-policy-security-rule-policy1] quit
[FW-policy-security] quit
```

完成上述配置后，私网用户访问Web服务器，在防火墙上可以查看到会话表信息。

```
[FW] display firewall session table
 Current Total Sessions : 2
  http  VPN:public --> public 192.168.1.2:2050[198.51.100.2:2050]-->203.0.113.2:80
  http  VPN:public --> public 192.168.1.3:2050[198.51.100.3:2050]-->203.0.113.2:80
```

从会话表中可以看到，两个私网用户的IP地址已经分别转换为两个不同的公网IP地址（**[]内的是经过地址转换后的IP地址和端口**），而源端口没有进行转换。

大家还记得我们在前文中提到过的Server-map表吧，通过下面的命令可以查看NAT No-PAT转换生成的正向和反向两个表项。

```
[FW] display firewall server-map
Current Total Server-map : 4
Type: No-Pat, 192.168.1.2[198.51.100.2] --> any, Zone: ---
   Protocol: any, Pool: 1, Section: 0, Left-Time: 00:10:20
   VPN: public --> public

Type: No-Pat Reverse, any --> 198.51.100.2[192.168.1.2], Zone: ---
   Protocol: any, Pool: 1, Section: 0, Left-Time: 00:10:20
   VPN: public --> public

Type: No-Pat, 192.168.1.3[198.51.100.3] --> any, Zone: ---
   Protocol: any, Pool: 1, Section: 0, Left-Time: 00:05:11
   VPN: public --> public

Type: No-Pat Reverse, any --> 198.51.100.3[192.168.1.3], Zone: ---
   Protocol: any, Pool: 1, Section: 0, Left-Time: 00:05:11
   VPN: public --> public
```

这里生成的正向Server-map表项的作用是保证特定私网用户访问互联网时，可以快速转换地址。因为转换方式是No-PAT，一个私网用户就对应一个公网IP地址，那么在一段时间之内，私网用户访问互联网的报文直接命中Server-map表进行地址转换，提高了处理效率。同理，互联网上的用户主动访问私网用户的报文，也可以命中反向Server-map表项直接进行地址转换。但有一点需要注意，命中Server-map表后还需要进行安全策略的检查，只有安全策略允许报文通过，报文才能通过防火墙。

此时，内部网络中的其他私网用户是无法访问Web服务器的，因为NAT地址池中只有两个公网IP地址，已经被两个私网用户占用了，其他私网用户必须等待公网地址被释放后才能访问Web服务器。可见，在NAT No-PAT的转换方式中，一个公网IP地址不能同时被多个私网用户使用，其实并没有起到节省公网IP地址的效果。

2.2.3 NAPT

下面我们就来介绍真正可以节省公网IP地址的NAPT方式。顾名思义，NAPT表示同时转换IP地址和端口，也可称为PAT。PAT不是只转换端口的意思，而是IP地址和端口同时转换（与之相对应的当然就是前面讲过的No-PAT）。NAPT是一种应用最广泛的地址转换方式，可以利用少量的公网IP地址来满足大量私网用户访问互联网的需求。不同于No-PAT，NAPT方式在转换时不会生成Server-map表。

在配置上的区别仅在于：在配置NAT地址池时，地址池模式配置为“pat”，其他的配置都是一样的。我们还是以图2-3所示的组网环境为例给出NAPT方式的配置过程。

（1）配置NAT地址池和黑洞路由

```
[FW] nat address-group addressgroup1
[FW-address-group-addressgroup1] mode pat      //指定转换方式为PAT
[FW-address-group-addressgroup1] section 0 198.51.100.2 198.51.100.3
[FW-address-group-addressgroup1] route enable
[FW-address-group-addressgroup1] quit
```

（2）配置NAT策略

```
[FW] nat-policy
[FW-policy-nat] rule name policy_nat1
[FW-policy-nat-rule-policy_nat1] source-zone trust
[FW-policy-nat-rule-policy_nat1] destination-zone untrust
[FW-policy-nat-rule-policy_nat1] source-address 192.168.1.0 24
[FW-policy-nat-rule-policy_nat1] destination-address 203.0.113.2 32
[FW-policy-nat-rule-policy_nat1] action source-nat address-group addressgroup1
[FW-policy-nat-rule-policy_nat1] quit
[FW-policy-nat] quit
```

（3）配置安全策略

```
[FW] security-policy
[FW-policy-security] rule name policy1
[FW-policy-security-rule-policy1] source-zone trust
[FW-policy-security-rule-policy1] destination-zone untrust
[FW-policy-security-rule-policy1] source-address 192.168.1.0 24
[FW-policy-security-rule-policy1] action permit
[FW-policy-security-rule-policy1] quit
[FW-policy-security] quit
```

完成上述配置后，私网用户访问Web服务器，在防火墙上可以查看到会话表信息。

```
[FW] display firewall session table
 Current Total Sessions : 2
  http  VPN:public --> public 192.168.1.2:2053[198.51.100.2:2048]-->203.0.113.2:80
  http  VPN:public --> public 192.168.1.3:2053[198.51.100.3:2048]-->203.0.113.2:80
```

从会话表中可以看到，两个私网用户的IP地址已经分别转换为两个不同的公网IP地址，同时端口也转换为新的端口。

此时内部网络中的其他私网用户也能够成功访问Web服务器，防火墙上可以查看到会话信息。

```
[FW] display firewall session table
 Current Total Sessions : 3
  http  VPN:public --> public 192.168.1.2:2053[198.51.100.2:2048]-->203.0.113.2:80
  http  VPN:public --> public 192.168.1.3:2053[198.51.100.3:2048]-->203.0.113.2:80
  http  VPN:public --> public 192.168.1.4:2051[198.51.100.2:2049]-->203.0.113.2:80
```

从会话表中可以看到，新的私网用户与原有的私网用户共用了同一个公网IP地址，但是端口不一样。两者在转换后的公网IP地址是一样的，但转换后的端口不同，这样就不用担心转换冲突的问题。

2.2.4 出接口地址方式（Easy-IP）

出接口地址方式指的是利用出接口的公网IP地址作为转换后的地址的NAT方式。出接口地址方式也是同时转换地址和端口，一个公网IP地址可以同时被多个私网用户使用，可以看成是NAPT方式的一种“变体”。

出接口地址方式的应用场景比较特殊。当防火墙上的公网端口通过拨号方式动态获取公网IP地址时，如果只想使用这一个公网IP地址来进行地址转换，就不能在NAT地址池中配置固定的地址，因为公网IP地址是动态变化的。此时可以使用出接口地址方式，即使出接口上获取的公网IP地址发生变化，防火墙也会按照新的公网IP地址来进行地址转换。出接口地址方式简化了配置过程，所以也叫Easy-IP方式。

采用Easy-IP方式时，不用配置NAT地址池，也不用配置黑洞路由，只需在NAT策略中指定转换方式为Easy-IP即可。下面以图2-4所示的组网环境为例介绍Easy-IP方式的配置过程。

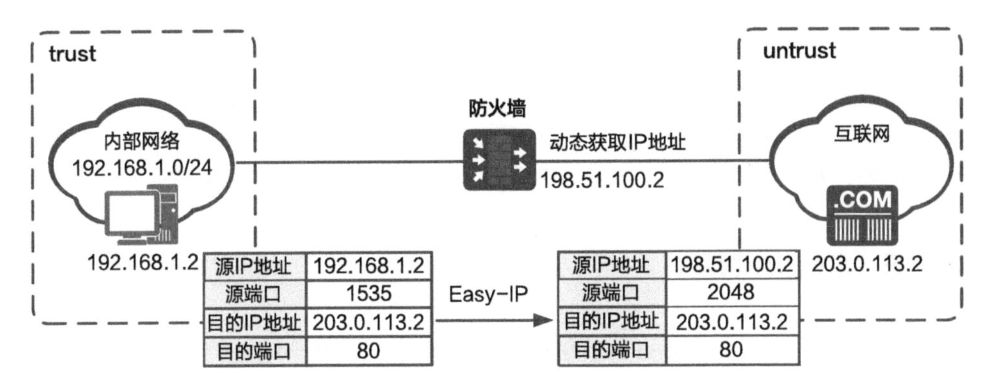

源IP地址	192.168.1.2
源端口	1535
目的IP地址	203.0.113.2
目的端口	80

源IP地址	198.51.100.2
源端口	2048
目的IP地址	203.0.113.2
目的端口	80

图 2-4　Easy-IP 方式组网图

Easy-IP方式的配置过程如下。

（1）配置NAT策略，动作为Easy-IP方式

```
[FW] nat-policy
[FW-policy-nat] rule name policy_nat1
[FW-policy-nat-rule-policy_nat1] source-zone trust
[FW-policy-nat-rule-policy_nat1] destination-zone untrust
                                              //指定报文的目的安全区域
[FW-policy-nat-rule-policy_nat1] source-address 192.168.1.0 24
[FW-policy-nat-rule-policy_nat1] destination-address 203.0.113.2 32
[FW-policy-nat-rule-policy_nat1] action source-nat easy-ip
                                              //指定转换方式为Easy-IP
[FW-policy-nat-rule-policy_nat1] quit
[FW-policy-nat] quit
```

（2）配置安全策略

```
[FW] security-policy
[FW-policy-security] rule name policy1
[FW-policy-security-rule-policy1] source-zone trust
[FW-policy-security-rule-policy1] destination-zone untrust
[FW-policy-security-rule-policy1] source-address 192.168.1.0 24
[FW-policy-security-rule-policy1] action permit
[FW-policy-security-rule-policy1] quit
[FW-policy-security] quit
```

私网用户访问Web服务器，在防火墙上可以查看到会话表信息。

```
[FW] display  firewall session table
 Current Total Sessions : 2
  http  VPN:public --> public 192.168.1.2:2053[198.51.100.2:2048]-->203.0.113.2:80
  http  VPN:public --> public 192.168.1.3:2053[198.51.100.2:2049]-->203.0.113.2:80
```

可见，两个私网用户的IP地址已经转换为出接口的公网IP地址（这里是

198.51.100.2），同时端口也转换为新的端口。如果内部网络中的其他私网用户也访问Web服务器，防火墙同样会对其报文进行地址转换，转换后的公网地址还是198.51.100.2，端口是一个新的端口。

此外，和NAPT一样，Easy-IP方式也不会生成Server-map表。

2.2.5 Smart NAT

前面介绍过NAT No-PAT方式，它是一种“一对一地址转换”，NAT地址池中的公网IP地址被私网用户占用后，其他私网用户就无法再使用该公网IP地址，也就无法访问互联网。在这种情况下，如何使其他私网用户也能访问互联网呢？这就要提到Smart NAT方式了。

Smart NAT方式也叫“聪明的NAT”，这是因为它融合了NAT No-PAT方式和NAPT方式的特点，下面我们简单介绍一下它的实现原理。

假设Smart NAT方式使用的地址池中包含*N*个IP地址，其中一个IP地址被指定为预留地址，另外（*N*-1）个地址构成地址段1（Section 1）。进行NAT时，Smart NAT会先使用地址段1进行NAT No-PAT方式的转换，即一对一的地址转换。当地址段1中的IP地址都被占用后，Smart NAT使用预留地址进行NAPT方式的转换，即多对一的地址转换。

我们可以把Smart NAT方式理解成是对NAT No-PAT功能的增强，它克服了NAT No-PAT的缺点。使用Smart NAT方式后，即使某一时刻私网用户数量激增，Smart NAT也留有后手，即预留一个公网IP地址进行NAPT方式的地址转换，这样就可以满足大量新增的私网用户访问互联网的需求。

接下来我们结合图2-5所示的组网环境，给出Smart NAT方式的配置过程。

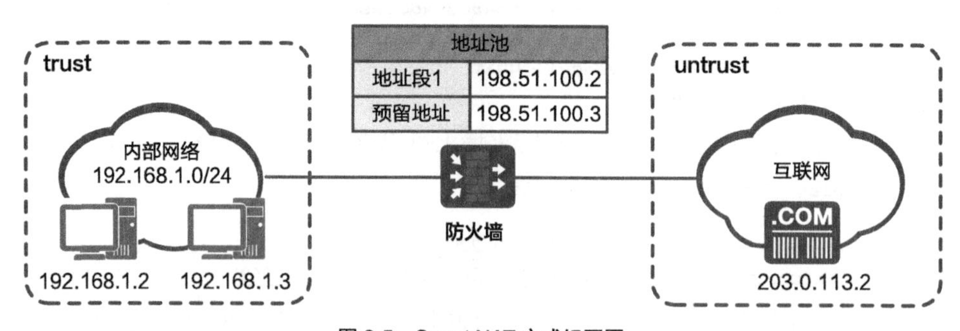

图 2-5　Smart NAT 方式组网图

Smart NAT方式的配置过程如下。

（1）配置NAT地址池并开启黑洞路由功能

```
[FW] nat address-group addressgroup1
[FW-address-group-addressgroup1] mode no-pat global
                                        //指定转换方式为No-PAT
[FW-address-group-addressgroup1] section 1 198.51.100.2 198.51.100.2
                                        //地址段中不能包含预留地址
[FW-address-group-addressgroup1] smart-nopat 198.51.100.3 //指定预留地址
[FW-address-group-addressgroup1] route enable
[FW-address-group-addressgroup1] quit
```

（2）配置NAT策略，引用前面配置的NAT地址池

```
[FW] nat-policy
[FW-policy-nat] rule name policy_nat1
[FW-policy-nat-rule-policy_nat1] source-zone trust
[FW-policy-nat-rule-policy_nat1] destination-zone untrust
[FW-policy-nat-rule-policy_nat1] source-address 192.168.1.0 24
[FW-policy-nat-rule-policy_nat1] destination-address 203.0.113.2 32
[FW-policy-nat-rule-policy_nat1] action source-nat address-group addressgroup1
[FW-policy-nat-rule-policy_nat1] quit
[FW-policy-nat] quit
```

（3）配置安全策略

```
[FW] security-policy
[FW-policy-security] rule name policy1
[FW-policy-security-rule-policy1] source-zone trust
[FW-policy-security-rule-policy1] destination-zone untrust
[FW-policy-security-rule-policy1] source-address 192.168.1.0 24
[FW-policy-security-rule-policy1] action permit
[FW-policy-security-rule-policy1] quit
[FW-policy-security] quit
```

完成上述配置后，内部网络中的一个私网用户访问Web服务器，在防火墙上可以查看到如下会话表信息。

```
[FW] display firewall session table
 Current total sessions: 1
   http  VPN:public --> public 192.168.1.2:2053[198.51.100.2:2053]-->203.0.113.2:80
```

从会话表中可以看到，该私网用户的IP地址已经转换为地址段1中的公网IP地址，端口没有转换。

此时内部网络中的其他私网用户也能够成功访问Web服务器，防火墙上可以查看到如下会话信息。

```
[FW] display firewall session table
Current total sessions: 3
  http  VPN:public --> public 192.168.1.2:2053[198.51.100.2:2053]-->203.0.113.2:80
  http  VPN:public --> public 192.168.1.3:2053[198.51.100.3:2048]-->203.0.113.2:80
  http  VPN:public --> public 192.168.1.4:2053[198.51.100.3:2049]-->203.0.113.2:80
```

从会话表中可以看到，两个私网用户的IP地址已经都转换为预留的公网IP地址，同时端口也转换为新的端口，说明防火墙对这两个私网用户进行了NAPT方式的地址转换。**即只有公网IP地址（除预留IP地址）被NAT No-PAT转换用尽了的时候才会进行NAPT转换。**

因为Smart NAT方式中包括了NAT No-PAT方式的地址转换，所以防火墙上生成了相应的Server-map表。

```
[FW] display firewall server-map
server-map 2 item(s)
------------------------------------------------------------------------------
Type: No-Pat, 192.168.1.2[198.51.100.2] --> any, Zone: ---
   Protocol: any, Pool: 1, Section: 1, Left-Time: 00:10:11
   VPN: public --> public

Type: No-Pat Reverse, any --> 198.51.100.2[192.168.1.2], Zone: trust
   Protocol: any, Pool: 1, Section: 1, Left-Time: 00:10:20
   VPN: public --> public
```

2.2.6 三元组 NAT

前面我们介绍了4种源NAT方式，其中NAPT应用最广泛。NAPT不但解决了公网IP地址短缺的问题，还隐藏了内部主机的私网IP地址，提高了安全性。但是NAT技术与目前广泛应用于文件共享、语音通信、视频传输等方面的P2P技术不能很好地共存，当P2P业务遇到NAT的时候，产生的不是完美的“NAT-P2P”，而是你可能无法下载最新的影视资源、无法进行视频聊天。

为了解决P2P业务和NAT共存的问题，就要用到一种新的地址转换方式：三元组NAT。在介绍三元组NAT方式之前，我们先来看一下P2P业务的交互过程，以及在NAPT方式下P2P业务会遇到什么问题。

如图2-6所示，PC1和PC2是两台运行P2P业务的客户端，它们运行P2P应用时首先会和P2P服务器进行交互（登录、认证等操作），P2P服务器会记录客户端的地址和端口。当PC2需要下载文件时，服务器会将拥有该文件的客户端的地址和端口发送给PC2（例如PC1的地址和端口），然后PC2会向PC1发送请求，并从PC1上下载文件。

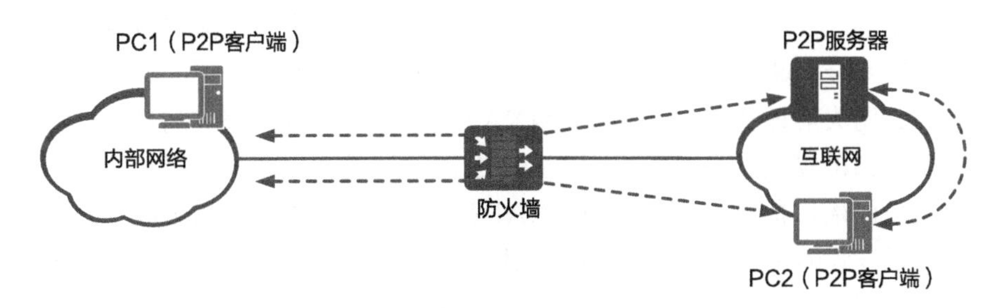

图 2-6 P2P 业务交互过程

上述交互过程看起来似乎很顺畅，但是，当PC1位于内部网络时，防火墙会对PC1访问P2P服务器的报文进行NAPT方式的转换，这样P2P服务器上记录的就是转换后的公网地址和端口。对于P2P业务来说，这种地址转换会导致两个问题。

首先，为了保持联系，PC1会定期向P2P服务器发送报文。NAPT方式决定了转换后的端口并不是固定的，会动态变化。这样的话，P2P服务器记录的PC1的地址和端口的信息也要经常刷新，会影响P2P业务正常运行。

其次，根据防火墙的转发原理，只有P2P服务器返回给PC1的报文命中会话表后才能通过防火墙，其他主机如PC2不能通过转换后的地址和端口来主动访问PC1。默认情况下，防火墙上的安全策略不允许这一类的访问报文通过。

三元组NAT可以完美地解决上述两个问题，因为三元组NAT方式在进行转换时有以下两个特点。

① 对外呈现端口一致性

PC1访问P2P服务器后，在一段时间内，PC1再次访问P2P服务器或者访问互联网上的其他主机时，防火墙都会将PC1的端口转换成相同的端口，这样就保证了PC1对外所呈现的端口的一致性，不会动态变化。

② 支持外网主动访问

无论PC1是否访问过PC2，只要PC2获取PC1经过转换后的地址和端口，就可以主动向该地址和端口发起访问。防火墙上即使没有配置相应的安全策略，也允许此类访问报文通过。

正是由于三元组NAT的这两个特点，使得P2P业务可以正常运行。与NAT No-PAT一样，三元组NAT也可以生成Server-map表，也分为本地（Local）三元组NAT和全局（Global）三元组NAT两种。本地三元组NAT生成的Server-map表中包含安全区域参数，只有此安全区域的用户可以访问内网用户。全局三元组NAT生成的Server-map表中不包含安全区域参数，一旦建立，所有安全区域的用户都可以访问内网用户。

此外，防火墙还支持Smart三元组NAT功能，可以根据报文的目的端口来选择分配端口的模式，在一定程度上提高公网地址的利用率。当报文的目的端口属于设置的端口范围之内，就采用NAPT模式来分配端口，如果报文的目的端口不属于设置的端口范围之内，则采用三元组NAT模式来分配端口。

下面我们结合图2-7所示的组网环境，给出三元组NAT的配置方法。

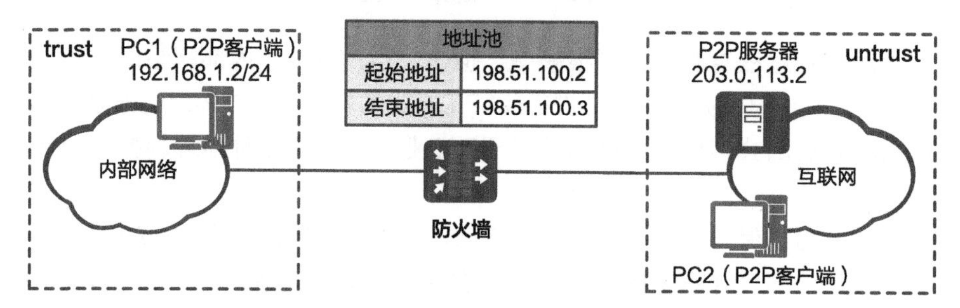

图 2-7　三元组 NAT 方式组网图

三元组NAT方式的配置过程如下。

（1）配置NAT地址池

```
[FW] nat address-group addressgroup1
[FW-address-group-addressgroup1] mode full-cone local
[FW-address-group-addressgroup1] route enable //指定转换方式为三元组NAT
[FW-address-group-addressgroup1] section 0 198.51.100.2 198.51.100.3
[FW-address-group-addressgroup1] quit
```

（2）配置NAT策略

```
[FW] nat-policy
[FW-policy-nat] rule name policy_nat1
[FW-policy-nat-rule-policy_nat1] source-zone trust
[FW-policy-nat-rule-policy_nat1] destination-zone untrust
[FW-policy-nat-rule-policy_nat1] source-address 192.168.1.0 24
[FW-policy-nat-rule-policy_nat1] destination-address 203.0.113.2 32
[FW-policy-nat-rule-policy_nat1] action source-nat address-group addressgroup1
[FW-policy-nat-rule-policy_nat1] quit
[FW-policy-nat] quit
```

（3）配置安全策略

```
[FW] security-policy
[FW-policy-security] rule name policy1
[FW-policy-security-rule-policy1] source-zone trust
[FW-policy-security-rule-policy1] destination-zone untrust
[FW-policy-security-rule-policy1] source-address 192.168.1.0 24
[FW-policy-security-rule-policy1] action permit
[FW-policy-security-rule-policy1] quit
[FW-policy-security] quit
```

完成上述配置后，内部网络中的P2P客户端访问P2P服务器，在防火墙上可以查看到如下会话表信息。从会话表中可以看到，P2P客户端的IP地址已经转换为公网IP地址，端口也进行了转换。

```
[FW] display firewall session table
 Current total sessions: 1
  tcp VPN: public --> public 192.168.1.2:4661[198.51.100.2:3536] --> 203.0.113.2:4096
```

下面我们重点来看一下在这个过程中防火墙上生成的Server-map表。

```
[FW] display firewall server-map
Current Total Server-map : 2
Type: FullCone Src,  192.168.1.2:4661[198.51.100.2:3536] --> any,  Zone: Untrust
 Protocol: tcp(Appro: ---), Pool: 1, Section: 0, Left-Time: 00:05:11
 Vpn: public --> public

Type: FullCone Dst,  any --> 198.51.100.2:3536[192.168.1.2:4661],  Zone: Untrust
 Protocol: tcp(Appro: ---), Pool: 1, Section: 0, Left-Time: 00:05:11
 Vpn: public --> public
```

从Server-map表中可以看到，防火墙为三元组NAT生成了两个Server-map表项，分别是源Server-map表项（FullCone Src）和目的Server-map表项（FullCone Dst），这两个Server-map表项的作用如下。

源Server-map表项（FullCone Src）：表项老化之前，PC1访问untrust区域内的任意主机（any）时，转换后的地址和端口都是198.51.100.2:3536，端口不会变化，这样就保证了PC1对外所呈现的端口的一致性。

目的Server-map表项（FullCone Dst）：表项老化之前，untrust区域内的任意主机（any）都可以通过198.51.100.2的3536端口来访问PC1的端口4661，这样就保证了互联网上的P2P客户端可以主动访问PC1。

说明： Server-map表中的“untrust”区域因**mode full-cone local**命令中的local参数而产生。如果命令是**mode full-cone global**的话，Zone为空，表示不对安全区域进行限制。

由此可知，三元组NAT方式通过源和目的Server-map表项解决了P2P业务与NAT共存的问题。从源和目的Server-map表项中还可以看出，三元组NAT在进行转换时，仅和**源IP地址**、**源端口**和**协议类型**这3个元素有关，这也正是三元组NAT名字的由来。

上面我们说过，通过目的Server-map表项，互联网上的P2P客户端可以主动访问PC1，那么三元组NAT生成的Server-map表项是不是就像ASPF功能生成的Server-map表项那样，报文命中表项之后就不受安全策略的控制了呢？

其实，这里还有额外的控制机制，防火墙上针对三元组NAT还支持“端点无关过滤”功能，配置命令如下。

```
[FW] firewall endpoint-independent filter enable
```

命令中参数endpoint-independent的原意是“不关心对端地址和端口转换模式”，表示一种NAT方式，其实可以看成是三元组NAT方式的另一种叫法。华为防火墙使用了这个词作为命令的关键字，刚好代表该条命令的作用是在三元组NAT方式下控制报文是否进行安全策略检查。

开启端点无关过滤功能后，报文只要命中目的Server-map表项就可以通过防火墙，不受安全策略控制；关闭端点无关过滤功能后，报文命中目的Server-map表项后也要受安全策略的控制，那么就需要配置相应的安全策略允许报文通过。默认情况下，防火墙上是开启了端点无关过滤功能的，所以我们在前面说互联网上的P2P客户端可以主动访问内部网络中的PC1。

2.2.7 源NAT场景下的黑洞路由

在介绍源NAT的配置时，我们提到过黑洞路由，接下来将简单介绍黑洞路由的形成原理和影响。首先我们搭建一个典型的源NAT组网环境，如图2-8所示。

我们首先在防火墙上配置一个NAT地址池，但是不开启黑洞路由功能（不配置route enable命令）。然后正常配置NAT策略和安全策略。

```
[FW] nat address-group addressgroup1
[FW-address-group-addressgroup1] mode pat
[FW-address-group-addressgroup1] section 0 198.51.100.2 198.51.100.2
[FW-address-group-addressgroup1] quit
```

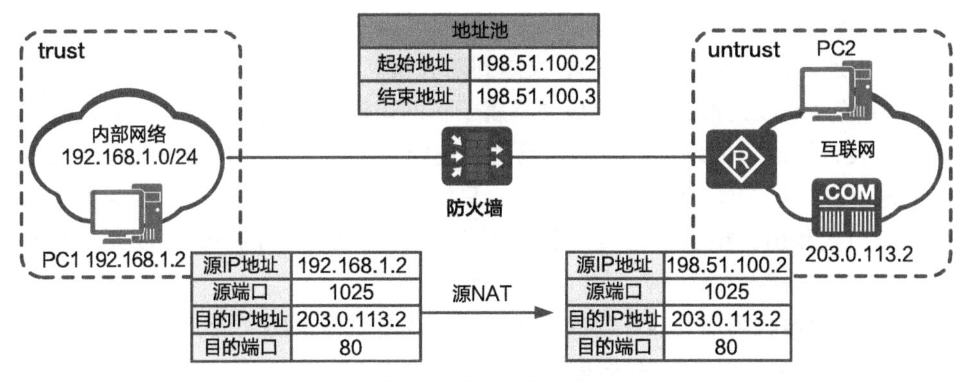

图 2-8 源 NAT 组网图

另外，防火墙上还配置了一条默认路由，下一跳指向路由器接口的地址192.0.2.1。

```
[FW] ip route-static 0.0.0.0 0 192.0.2.1
```

NAT地址池地址是198.51.100.2，防火墙与路由器相连接口的地址是192.0.2.2，NAT地址池地址与防火墙公网端口地址**不在同一网段**。正常情况下，私网PC1访问公网Web服务器，生成会话表，源地址也进行了转换，一切都没有问题。

```
[FW] display firewall session table
Current Total Sessions : 1
  http  VPN:public --> public 192.168.1.2:2050[198.51.100.2:2049]-->203.0.113.2:80
```

此时，如果公网上的一台PC2主动访问防火墙上NAT地址池的地址，结果会怎样呢？因为NAT地址池只有在转换私网地址的时候才会用到，也就是说，私网PC必须先发起访问请求，防火墙收到该请求后才会为其转换地址，NAT地址池地址并不对外提供任何单独的服务。所以，当公网PC主动访问NAT地址池地址时，报文无法穿过防火墙到达私网PC，结果肯定不通。

但实际情况远没有这么简单，当PC2执行ping操作时，在防火墙和路由器之间将会反复转发ICMP报文，报文的TTL值逐次递减。我们都知道，TTL是报文的生存时间，每经过一台设备的转发，TTL的值减1，当TTL的值为0时，就会被设备丢弃。这说明公网PC主动访问NAT地址池地址的报文，在防火墙和路由器之间相互转发，直到TTL变成0之后，被最后收到该报文的设备丢弃。

我们来梳理一下整个过程。

① 路由器收到公网PC访问NAT地址池地址的报文后，发现目的地址不是自己的直连网段，因此查找路由，发送到防火墙。

② 防火墙收到报文后，该报文不属于私网访问公网的回程报文，无法匹配到会话表，同时目的地址也不是自己的直连网段（防火墙没有意识到该报文的目的地址是自己的NAT地址池地址），只能根据默认路由来转发。因为报文从同一接口入和出，相当于在同一个安全区域流动，默认情况下也不受安全策略的控制，就这样报文又从公网端口发送到路由器。

③ 路由器收到报文后，再次查找路由，还是发送至防火墙，如此反复。报文像皮球一样被两台设备踢来踢去，最终被丢弃。

虽然报文最终被丢弃了，但是，如果攻击者利用公网上的PC主动向NAT地址池地址发起大量访问，就会有无数的报文在防火墙和路由器之间循环转发，既占用链路带宽资源，同时又将消耗防火墙和路由器的系统资源来处理这些报文，就可能导致无法处理正常的业务。所以，**当防火墙上NAT地址池地址和公网端口地址不在同一网段时，必须配置黑洞路由，避免在防火墙和路由器之间产生路由环路。**

配置了黑洞路由后（在配置地址池时开启黑洞路由功能，或者使用ip route-static 198.51.100.2 32 NULL 0 命令配置一条黑洞路由），防火墙收到路由器发送过来的报文后，匹配到了黑洞路由，直接将报文丢弃。此时就不会在防火墙和路由器之间产生路由环路，即使防火墙收到再多的同类型报文，都会送到黑洞中，让报文一去不复返。并且，这条黑洞路由不会影响正常业务，私网PC还是可以正常访问公网Web服务器。

当NAT地址池地址和公网端口地址在同一网段时，上述流程将会是这样的。

① 路由器收到公网PC访问NAT地址池地址的报文后，发现目的地址属于自己的直连网段，发送ARP（Address Resolution Protocol，地址解析协议）请求，防火墙会回应这个ARP请求。然后路由器使用防火墙告知的MAC地址封装报文，发送至防火墙。

② 防火墙收到报文后，发现报文的目的地址和自己的公网端口在同一网段，直接发送ARP请求报文，寻找该地址的MAC地址（防火墙依然没有意识到该报文的目的地址是自己的NAT地址池地址）。但是网络中其他设备都没有配置这个地址，肯定就不会回应，最终防火墙将报文丢弃。

所以说，在这种情况下不会产生路由环路。但是如果攻击者从公网上发起大量访问，防火墙将发送大量的ARP请求报文，也会消耗系统资源。所以，当

防火墙上NAT地址池地址和公网端口地址在同一网段时，建议也配置黑洞路由，避免防火墙发送ARP请求报文，节省防火墙的系统资源。

还有一种极端情况，我们配置源NAT时，可以直接把公网端口地址作为转换后的地址（Easy-IP方式），也可以把公网端口地址配置成地址池地址。这样，NAT使用的地址和公网端口地址就是同一个地址。在这种情况下，防火墙收到公网PC的报文后，发现是访问自身的报文，这时候防火墙的处理方式就取决于公网端口所属安全区域和本地安全区域之间的安全策略：安全策略允许通过，就处理；安全策略不允许通过，就丢弃。不会产生路由环路，也不需要配置黑洞路由。

2.3 目的NAT

2.3.1 目的NAT简介

学校或公司经常会对公网用户提供一些可访问的服务。但是部署网络时，这些服务器的地址一般都会被配置成私网地址，而公网用户是无法直接访问私网地址的。那么，防火墙作为学校或企业的出口网关时，是如何应对这个问题的呢？防火墙是不是也可以将服务器的私网地址转换成公网地址来提供对外的服务呢？

的确，防火墙可以提供上述功能。不过，防火墙提供的源NAT是对私网用户访问公网的报文的源地址进行转换，而服务器对公网提供服务时，是公网用户向私网发起访问，方向正好反过来了。于是，NAT的目标也由报文的源地址变成了目的地址。这就是目的NAT技术，即对IP报文的目的地址进行转换，将公网IP地址转换成私网IP地址，使公网用户可以利用公网地址访问内部服务器。

目的NAT过程如图2-9所示。当外网用户访问内网服务的报文到达防火墙时，防火墙将报文的目的IP地址由公网地址转换为私网地址。当回程报文返回至防火墙时，防火墙再将报文的源地址由私网地址转换为公网地址。

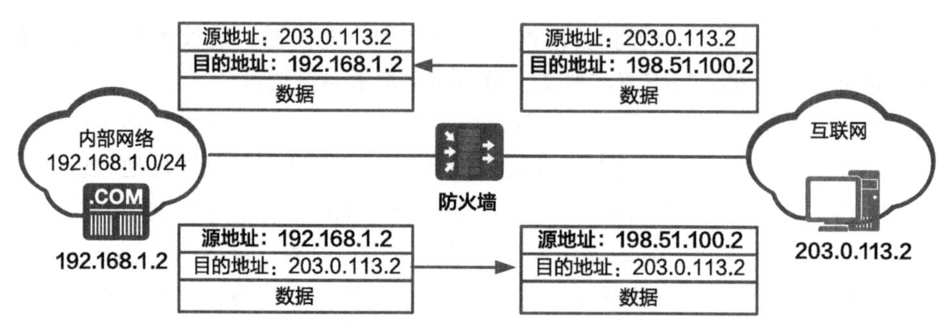

图 2-9　目的 NAT 过程

华为防火墙支持灵活的目的NAT配置方法，可以通过配置NAT策略完成，也可以通过配置单独的NAT Server命令完成，从而适应各种可能存在的目的IP地址转换场景。接下来我们将详细介绍这两种目的NAT的原理和配置方法。

2.3.2　基于策略的目的 NAT

基于策略的目的NAT指报文命中NAT策略后，转换报文的目的IP地址，且转换前后的地址存在一定的映射关系。通常情况下，出于安全考虑，我们不允许外部网络主动访问内部网络。但是在某些情况下，还是希望能够为外部网络访问内部网络提供一种途径。例如，公司需要将内部网络中的资源提供给外部网络中的客户和出差员工访问。

下面以图2-10所示的组网环境为例，介绍目的NAT的转换过程和基于策略的目的NAT的配置方法。

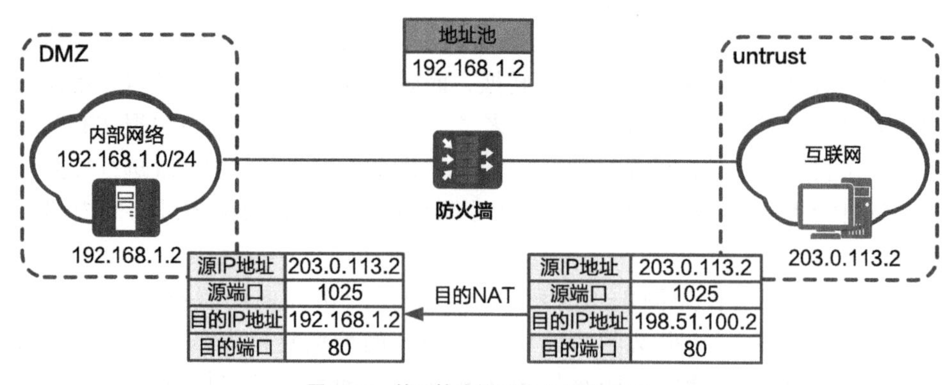

图 2-10　基于策略的目的 NAT 组网图

当公网用户访问服务器时，防火墙处理流程如下。

① 防火墙收到用户访问服务器198.51.100.2的第一个报文后，匹配NAT策略。

② 匹配到NAT策略后，防火墙从目的NAT地址池中选择一个私网IP地址，替换报文的目的地址，同时可以选择使用新的端口替换目的端口或者端口保持不变。

③ 报文通过安全策略后，会在防火墙上建立会话表，然后将报文发送至内网服务器。

④ 防火墙收到服务器响应报文后，匹配会话表，并将响应报文的源地址转换成服务器对外提供服务的公网地址，然后将报文转发至用户。

⑤ 对于该用户继续发送给服务器的报文，防火墙都会直接根据会话表的记录对其进行转换。

基于策略的目的NAT不会生成Server-map表。但如果转换前的地址没有变化，转换后的目的地址也不会改变，转换前后的目的地址依然会存在固定的映射关系。防火墙在进行地址转换的过程中还可以选择是否将多个地址转换为同一个目的地址，是否选择端口转换，以满足不同场景的需求。

基于策略的目的NAT配置过程如下。

（1）配置目的NAT地址池

```
[FW] destination-nat address-group addressgroup1  //创建目的NAT地址池
[FW-dnat-address-group-addressgroup1] section 0 192.168.1.2 192.168.1.2
                                                //地址池中有一个私网地址
[FW-dnat-address-group-addressgroup1] quit
```

（2）配置NAT策略

```
[FW] nat-policy
[FW-policy-nat] rule name policy_nat1
[FW-policy-nat-rule-policy_nat1] source-zone untrust  //仅支持配置源安全区域，
不支持配置目的安全区域
[FW-policy-nat-rule-policy_nat1] destination-address 198.51.100.2 32
[FW-policy-nat-rule-policy_nat1] service http     //以上为匹配条件
[FW-policy-nat-rule-policy_nat1] action destination-nat static address-to-
address address-group addressgroup1
[FW-policy-nat-rule-policy_nat1] quit
[FW-policy-nat] quit
```

在这个例子中，address-to-address表示我们配置的是公网地址与私网地址一对一的映射，即一个公网地址映射为一个私网地址。当有多台服务器需要对外提供服务时，可以在目的NAT地址池中添加多台服务器的私网地址，然后在

NAT策略中指定多个destination-address。在公网地址与私网地址一对一映射的场景下，公网地址与目的地址池地址按顺序一对一进行映射，设备从地址池中依次取出私网IP地址，替换报文的目的地址。因此，目的NAT地址池的私网地址顺序，必须跟destination-address命令指定的公网地址顺序保持一致。

此外，防火墙还支持另外3种转换动作。

port-to-port，公网地址的端口与私网地址的端口一对一映射，适用于通过一个公网地址的多个端口访问一个私网地址的多个端口的场景。

port-to-address，公网地址的多个端口与多个私网地址一对一映射，适用于通过一个公网地址的多个端口访问多个私网地址的场景。

address-to-port，多个公网地址与私网地址的多个端口一对一映射，适用于通过多个公网地址访问一个私网地址的多个端口的场景。

完成NAT的相关配置后，接下来还要强调一下目的NAT场景下的安全策略配置和黑洞路由配置。

（3）配置安全策略

由于防火墙对报文进行安全策略处理发生在对目的NAT策略处理之后，所以如果要针对目的地址设置安全策略，则目的地址应该是进行NAT之后的私网地址。

```
[FW] security-policy
[FW-policy-security] rule name policy1
[FW-policy-security-rule-policy1] source-zone untrust
[FW-policy-security-rule-policy1] destination-zone dmz
[FW-policy-security-rule-policy1] destination-address 192.168.1.2 32
[FW-policy-security-rule-policy1] action permit
[FW-policy-security-rule-policy1] quit
[FW-policy-security] quit
```

（4）配置黑洞路由

```
[FW] ip route-static 198.51.100.2 32 NULL 0
```

完成上述配置后，公网用户访问Web服务器，在防火墙上可以查看到如下会话表信息。

```
[FW] display firewall session table
 Current Total Sessions : 1
  http  VPN:public --> public 203.0.113.2:1025-->198.51.100.2:80[192.168.1.2:80]
```

从会话表中可以看到，服务器的公网IP地址已经转换为其对应的私网IP地址（**[]内的是经过地址转换后的IP地址和端口**），而端口没有转换。

2.3.3 基于NAT Server的目的NAT

前面我们介绍了如何通过NAT策略灵活配置目的NAT功能。在实际应用中，针对服务器的地址转换，防火墙还提供了一种更为简洁的目的NAT配置方法，我们赋予了它一个形象的名字——NAT Server，俗称服务器映射。

下面我们结合图2-11所示的组网环境来看下防火墙上的NAT Server是如何进行配置和实现的。NAT Server也需要用到公网IP地址，与基于策略的目的NAT不同的是，NAT Server的公网IP地址不需要放到NAT地址池这个容器中，直接使用即可，这里我们假设公网地址是198.51.100.2。

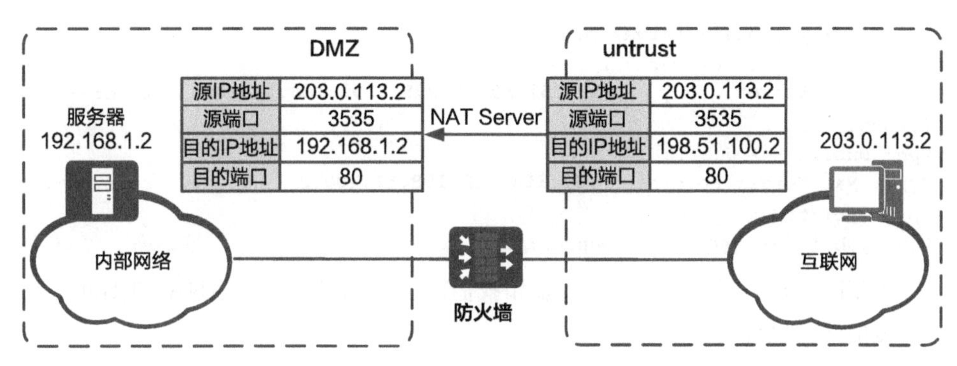

图2-11 基于NAT Server的目的NAT的组网图

说明：建议不要把防火墙公网端口的IP地址配置为NAT Server的公网IP地址，如果确实需要这样操作，那么请配置指定协议和端口的NAT Server，避免NAT Server与访问防火墙的Telnet、Web等管理协议相冲突。

NAT Server的配置过程如下。

（1）配置NAT Server

在防火墙上配置下面这一条命令就能将服务器的私网地址192.168.1.2映射成公网地址198.51.100.2。

```
[FW] nat server global 198.51.100.2 inside 192.168.1.2
```

如果一台服务器同时存在多种协议和端口的服务项，按照上述配置会将服务器上所有服务项都发布到公网，这无疑会带来很大的安全风险。华为防火墙支持配置指定协议的NAT Server，可以只将服务器上特定的服务项对公网发布，从而避免服务项全发布带来的风险。例如，我们可以按如下方式配置，将服务器上端口80的服务项映射到端口9980供公网用户访问。

说明： 这里我们将端口80转换为端口9980而不是直接转换成端口80，是因为一些地区的运营商会阻断新增的端口80、8000、8080的业务，从而导致服务器无法访问。

```
[FW] nat server protocol tcp global 198.51.100.2 9980 inside 192.168.1.2 80
```

配置完NAT Server之后，防火墙上也会生成Server-map表。不过与源NAT生成的Server-map表不同的是，**NAT Server的Server-map表是静态的**，不需要报文来触发，配置了NAT Server后就会自动生成。只有当NAT Server配置被删除时，对应的Server-map表项才会被自动删除。NAT Server的Server-map表如下。

```
[FW] display firewall server-map
Current Total Server-map : 2
 Type: Nat Server,  any --> 198.51.100.2:9980[192.168.1.2:80],  Zone:---,
protocol:tcp
 Vpn: public --> public
 Type: Nat Server Reverse,  192.168.1.2[198.51.100.2] --> any,  Zone:---,
  protocol:tcp
 Vpn: public --> public,  counter: 1
```

NAT Server的Server-map表和我们前面介绍过的三元组NAT的Server-map表相同，也包含了两个表项。

“Nat Server, any --> 198.51.100.2:9980[192.168.1.2:80]”为正向Server-map表项，记录着服务器私网地址端口和公网地址端口的映射关系。[ ]内为服务器私网地址和端口，[ ]外为服务器公网地址和端口。我们将表项翻译成文字就是：任意客户端（any）向（-->）198.51.100.2:9980发起访问时，报文的目的地址和端口都会被转换成192.168.1.2:80。其作用是在公网用户访问服务器时对报文的目的地址做转换。

“Nat Server Reverse, 192.168.1.2[198.51.100.2] --> any”为反向Server-map表项。当私网服务器主动访问公网时，可以直接使用这个表项将报文的源地址由私网地址转换为公网地址，而不用再单独为服务器配置源NAT策略。这就是防火墙NAT Server做得非常贴心的地方了，一条命令同时打通了私网服务器和公网之间出入两个方向的地址转换通道。

这里反复提到“**转换**”二字。没错，不论是正向还是反向Server-map表项都仅能实现地址转换而已，并不能像ASPF的Server-map表项一样打开一个可以绕过安全策略检查的通道。因此，无论是公网用户访问私网服务器，还是私网服务器访问公网用户，都需要配置相应的安全策略允许报文通过。

（2）配置安全策略

在NAT Server场景下，为了让公网用户能够访问私网服务器，配置安全策略时策略的目的地址是服务器的私网地址还是公网地址？我们先回顾一下公网用户访问私网服务器时防火墙的处理流程。

当公网用户通过198.51.100.2:9980访问私网服务器时，防火墙收到报文的首包后，首先是查找并匹配Server-map表项，将报文的目的地址和端口转换为198.51.100.2:80；然后根据目的地址查找路由，找到出接口。根据入接口和出接口所处的安全区域，判断出报文在哪两个安全区域间流动，进行安全策略检查。因此，**配置安全策略时需要注意，策略的目的地址应配置为服务器私网地址，而不是服务器对外映射的公网地址**。本例中，安全策略配置如下。

```
[FW] security-policy
[FW-policy-security] rule name policy1
[FW-policy-security-rule-policy1] source-zone untrust
[FW-policy-security-rule-policy1] destination-zone dmz
[FW-policy-security-rule-policy1] destination-address 192.168.1.2 32
[FW-policy-security-rule-policy1] service http
[FW-policy-security-rule-policy1] action permit
[FW-policy-security-rule-policy1] quit
[FW-policy-security] quit
```

报文通过安全策略检查后，防火墙会建立如下的会话表，并将报文转发到私网服务器。

```
[FW] display firewall session table
 Current Total Sessions : 1
  http VPN:public --> public 203.0.113.2:2049-->198.51.100.2:9980[192.168.1.2:80]
```

之后，服务器对公网用户的请求做出响应。响应报文到达防火墙后匹配到上面的会话表，防火墙将报文的源地址和端口转换为198.51.100.2:9980，然后发送至公网。对于公网用户和私网服务器交互的后续报文，防火墙都会直接根据会话表对其进行地址和端口转换，而不会再去查找Server-map表了。

（3）配置黑洞路由

为了避免路由环路，NAT Server也需要配置黑洞路由。

```
[FW] ip route-static 198.51.100.2 32 NULL 0
```

2.3.4 NAT Server 场景下的黑洞路由

和源NAT一样，NAT Server也存在路由环路的问题，不过发生路由环路的前提条件比较特殊，要看NAT Server是怎样配置的。我们先来看一下NAT Server的全局地址和公网的接口地址不在同一网段的情况，如图2-12所示。假设接口地址、安全区域、安全策略、路由都已经配置完整，此处不再赘述。

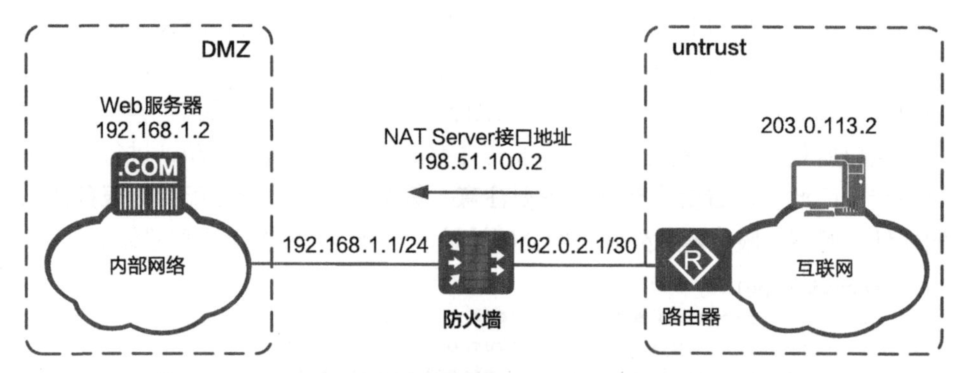

图 2-12　NAT Server 全局地址和公网的接口地址不在同一网段的组网图

如果我们在防火墙上配置了一个粗犷型的NAT Server，将私网Web服务器的地址发布到公网。

```
[FW] nat server global 198.51.100.2 inside 192.168.1.2
```

公网PC访问198.51.100.2的报文，目的地址都会被转换成192.168.1.2，然后发送给私网Web服务器，这个时候自然不会产生路由环路。

但是，如果我们配置了一个精细化的NAT Server，只把私网Web服务器特定的端口发布到公网上，配置如下。

```
[FW] nat server protocol tcp 198.51.100.2 9980 inside 192.168.1.2 80
```

此时，如果公网PC没有访问198.51.100.2的端口80，而是使用ping命令访问198.51.100.2，防火墙收到该报文后，既无法匹配Server-map表，也无法匹配会话表，就只能查找路由表转发，从与公网相连的端口发送出去。而路由器收到报文后，还是要发送到防火墙，这样依然会产生路由环路。所以，**当防火墙上配置了特定协议和端口的NAT Server，并且NAT Server的全局地址和公网端口地址不在同一网段时，必须配置黑洞路由，避免在防火墙和路由器之间产生路由环路。**

如果NAT Server的全局地址和公网端口地址在同一网段，防火墙收到公网PC的ping报文后，会发送ARP请求报文，这个过程就和前面讲过的源NAT的情况是一样的。同理，**当防火墙上配置了特定协议和端口的NAT**

Server，并且NAT Server的全局地址和公网端口地址在同一网段时，建议也配置黑洞路由，避免防火墙发送ARP请求报文，节省防火墙的系统资源。

同样，我们配置NAT Server时，也可以把公网端口地址配置成全局地址。此时，防火墙收到公网PC的报文后，如果能匹配上Server-map表，就转换目的地址，然后转发到私网；如果不能匹配上Server-map表，就会**认为是访问自身的报文**，由公网端口所属安全区域和本地安全区域之间的安全策略决定如何处理，不会产生路由环路，也不需要配置黑洞路由。

2.4 双向NAT

经过前面几节的介绍，相信大家已经对源NAT和目的NAT有了基本的认识。其实NAT功能不仅可以单独对报文的源或目的IP地址进行转换，还支持同时对报文的源和目的IP地址进行转换。

如果需要同时改变报文的源地址和目的地址，就可以配置“源NAT+目的NAT”，我们称此类NAT技术为双向NAT。这里需要注意，双向NAT不是一个单独的功能，而是源NAT和目的NAT的组合。这里“组合”的含义是针对同一条流（例如公网用户访问私网服务器的报文），在其经过防火墙时同时转换报文的源地址和目的地址。千万不能理解为“防火墙上同时配置了源NAT和目的NAT就是双向NAT”，这是不对的，因为源NAT和目的NAT可能是为不同流配置的。

双向NAT从技术和实现原理上讲并无特别之处，但是它的应用场景很特殊。究竟什么时候需要配置双向NAT？配置后有什么好处？不配置双向NAT行不行？这都是实际规划和部署网络时需要思考的问题。

接下来我们介绍两个典型的需要使用双向NAT的场景。

1. 公网用户访问内部服务器

图2-13所示为一个最常见的场景——公网用户访问私网服务器，这个场景也是NAT Server的典型场景，但是下面要讲的是如何在这个场景中应用双向NAT以及这么做的好处。

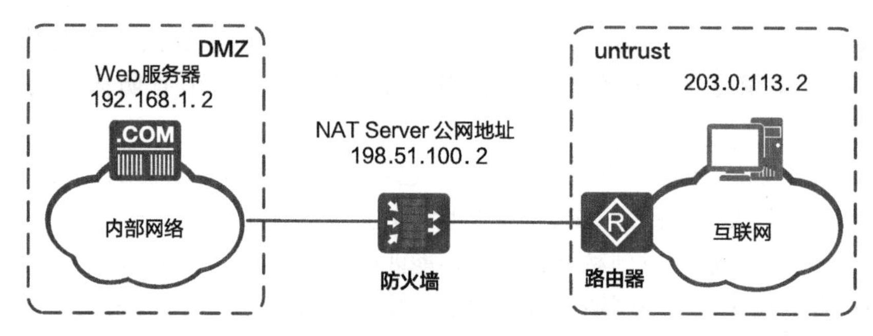

图 2-13 公网用户访问私网服务器组网图

下面是NAT Server和源NAT的配置，安全策略和黑洞路由的配置与前面介绍过的内容没有区别，这里就不给出具体配置了。先来看NAT Server的配置。

```
[FW] nat server protocol tcp global 198.51.100.2 9980 inside 192.168.1.2 80
```

相信大家对NAT Server的配置没有疑问。配置完成后，防火墙上生成的Server-map表如下。

```
[FW] display firewall server-map
Current Total Server-map : 2
 Type: Nat Server,  any --> 198.51.100.2:9980[192.168.1.2:80],  Zone:---,protocol:tcp
 Vpn: public --> public
 Type: Nat Server Reverse,  192.168.1.2[198.51.100.2] --> any,  Zone:---,protocol:tcp
 Vpn: public --> public,  counter: 1
```

下面来看一下源NAT的配置。

```
[FW] nat address-group addressgroup1
[FW-address-group-addressgroup1] mode pat
[FW-address-group-addressgroup1] section 0 192.168.1.5 192.168.1.10
[FW-address-group-addressgroup1] quit
[FW] nat-policy
[FW-policy-nat] rule name policy_nat1
[FW-policy-nat-rule-policy_nat1] source-zone untrust
[FW-policy-nat-rule-policy_nat1] destination-zone dmz
[FW-policy-nat-rule-policy_nat1] destination-address 192.168.1.2 32
//由于先进行NAT Server，再进行源NAT，所以此处的目的地址是转换后的地址，即服务器的私网地址
[FW-policy-nat-rule-policy_nat1] action source-nat address-group addressgroup1
[FW-policy-nat-rule-policy_nat1] quit
[FW-policy-nat] quit
```

上面的源NAT的配置和前面介绍过的不太一样，前面介绍过的NAT地址池中配置的都是公网地址，而这里配置的却是私网地址。

配置完成后，公网用户访问私网服务器，在防火墙上查看会话表，可以清楚地看到报文的源地址和目的地址都进行了转换。

```
[FW] display firewall session table
Current Total Sessions : 1
  http  VPN:public --> public 203.0.113.2:2049[192.168.1.5:2048]-->
198.51.100.2:9980[192.168.1.2:80]
```

我们通过图2-14再来看一下报文的转换过程：公网用户访问私网服务器的报文到达防火墙时，目的地址（私网服务器的公网地址）经过NAT Server转换为私网地址，然后源地址经过源NAT也转换为私网地址，且和私网服务器属于同一网段。这样报文的源地址和目的地址就同时进行了转换，即完成了双向NAT。当私网服务器的响应报文经过防火墙时，再次进行双向NAT，报文的源地址和目的地址均转换为公网地址。

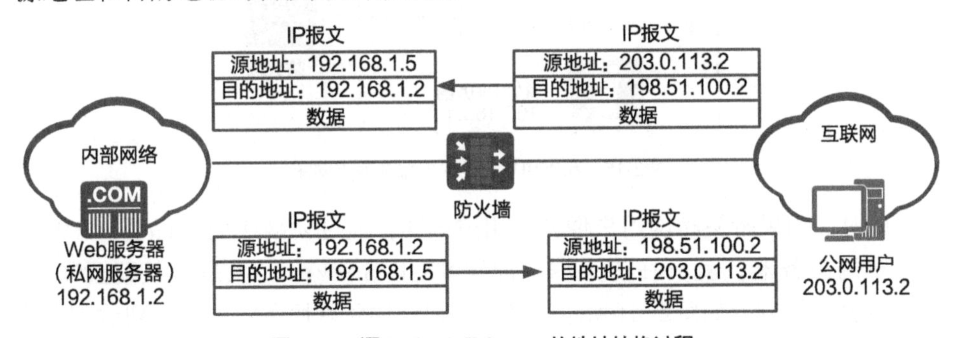

图 2-14　源 NAT+NAT Server 的地址转换过程

配置完NAT Server，公网用户就可以访问私网服务器了。那么，配置了源NAT的意义在哪里呢？秘密就在于私网服务器对响应报文的处理方式上。

从前面的配置可以看到，NAT地址池中的地址和私网服务器在同一网段。公网用户的访问请求到达防火墙，报文的源IP地址经过源NAT，变成了私网地址（如192.168.1.5）。私网服务器收到转换后的报文时，发现报文的源地址跟自己的地址在同一网段。那么，私网服务器回应时，就不会去查找路由表，而是发送ARP广播报文询问此地址对应的MAC地址。防火墙会将连接私网服务器接口的MAC地址发给私网服务器，所以私网服务器将响应报文发送至防火墙，防火墙再对其进行后续处理。

既然私网服务器上省去了查找路由的环节，那就**不用设置网关了**，这就是配置源NAT的好处。如果只有一台私网服务器，的确感受不到有什么便捷。如果有几十台甚至上百台服务器需要配置或修改网关时，我们就会发现配置源

NAT是多么方便。

当然，在这个场景中应用双向NAT时还有一个前提条件，那就是**私网服务器与防火墙源NAT地址池必须在同一个网段**，否则就不能应用这个功能了。

2. 私网用户访问内部服务器

私网用户通过公网地址访问内部服务器的场景多见于小型网络，如图2-15所示，管理员在规划网络时将私网用户和私网服务器规划到同一个网络中，并将二者置于同一个安全区域。

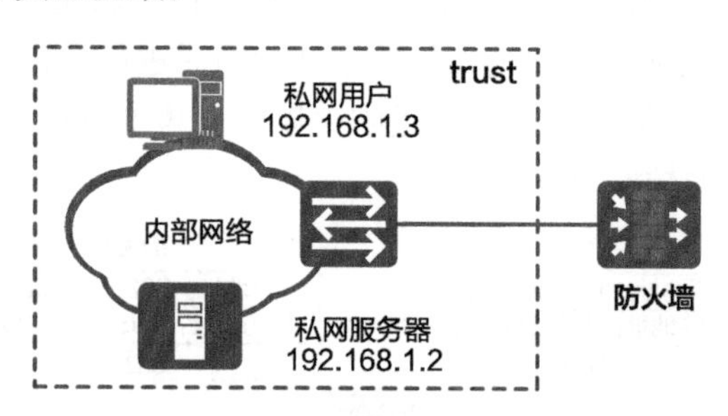

图 2-15 私网用户访问内部服务器组网图

此时，如果希望私网用户像公网用户一样，通过公网IP地址198.51.100.2访问私网服务器，就要在防火墙上配置NAT Server。但是仅仅配置NAT Server会有问题，如图2-16所示，私网用户访问私网服务器的报文到达防火墙后进行目的NAT（198.51.100.2→192.168.1.2），私网服务器响应报文时发现目的地址和自己的地址在同一网段，响应报文经交换机直接转发到私网用户，不会经过防火墙转发。

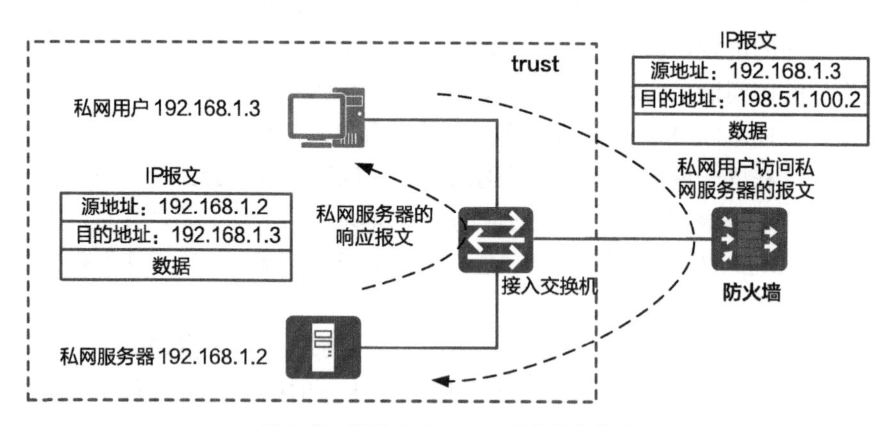

图 2-16 配置 NAT Server 后的报文转发

如果希望提高内部网络的安全性，使私网服务器的响应报文也经过防火墙处理，就需要配置源NAT，将私网用户访问私网服务器的报文的源地址进行转换。转换后源地址可以是公网地址也可以是私网地址，只要不和私网服务器的地址在同一网段即可，这样私网服务器的响应报文就会被发送到防火墙。

下面是NAT Server和源NAT的配置，黑洞路由的配置与前面介绍过的内容没有区别，这里就不给出具体配置了。先来看NAT Server的配置。

```
[FW] nat server protocol tcp global 198.51.100.2 9980 inside 192.168.1.2 80
```

配置完成后，防火墙上生成的Server-map表如下。

```
[FW] display firewall server-map
Current Total Server-map : 2
 Type: Nat Server,  any --> 198.51.100.2:9980[192.168.1.2:80],  Zone:---,
protocol:tcp
 Vpn: public --> public
 Type: Nat Server Reverse,  192.168.1.2[198.51.100.2] --> any,  Zone:---,
protocol:tcp
 Vpn: public --> public,  counter: 1
```

下面来看一下源NAT的配置。

```
[FW] nat address-group addressgroup1
[FW-address-group-addressgroup1] mode pat
[FW-address-group-addressgroup1] section 0 192.168.0.5 192.168.0.10
//可以是公网地址，也可以是私网地址，只要不和私网服务器的地址在同一网段即可
[FW-address-group-addressgroup1] quit
[FW] nat-policy
[FW-policy-nat] rule name policy_nat1
[FW-policy-nat-rule-policy_nat1] source-zone trust
[FW-policy-nat-rule-policy_nat1] destination-zone trust
[FW-policy-nat-rule-policy_nat1] destination-address 192.168.1.2 32
//由于先进行NAT Server，再进行源NAT，所以此处的目的地址是转换后的地址，即服务器的私网
地址
[FW-policy-nat-rule-policy_nat1] action source-nat address-group addressgroup1
[FW-policy-nat-rule-policy_nat1] quit
[FW-policy-nat] quit
```

上面没有给出安全策略的配置，这是因为默认情况下防火墙不对同一安全区域内流动的报文进行控制。当然，管理员也可以根据实际需要配置恰当的安全策略。

配置完成后，私网用户使用198.51.100.2访问私网服务器，在防火墙上查看会话表，可以清楚地看到报文的源地址和目的地址都进行了转换。

```
[FW] display firewall session table
Current Total Sessions : 1
  http  VPN:public --> public 192.168.1.3:2049[192.168.0.5:2048]-->
198.51.100.2:9980[192.168.1.2:80]
```

如果我们在这个组网环境的基础上做一个变化，将私网用户和私网服务器通过不同的接口连接到防火墙，此时私网用户和私网服务器交互的所有报文都需要经过防火墙转发，所以只配置NAT Server也是可以的。

双向NAT的原理和配置其实并不复杂，关键是要明确NAT的方向和转换后地址的作用，而不要纠结于转换后是公网地址还是私网地址。双向NAT并不是必配的功能，有时只配置源NAT或目的NAT就可以达到同样的效果，但是灵活应用双向NAT可以起到简化网络配置、方便网络管理的作用，也就达到了一加一大于二的效果。

2.5 多出口场景下的 NAT

2.5.1 多出口场景下的源 NAT

前文中我们已经详细介绍了各种源NAT的原理和配置方法，看似能解决各种源地址转换的问题，但实际上把这些源NAT理论应用到现实网络中很快就会出现新的问题：在多出口网络中，源NAT该如何处理？

首先，我们以防火墙通过两个出口连接互联网为例，探讨源NAT的配置方法，防火墙通过更多出口连接互联网的情况与之类似，大家可以举一反三自行处理。

如图2-17所示，某企业在内部网络的出口处部署了防火墙作为出口网关，通过ISP1和ISP2两条链路连接到互联网，企业内部网络中的PC有通过公网地址访问互联网的需求。

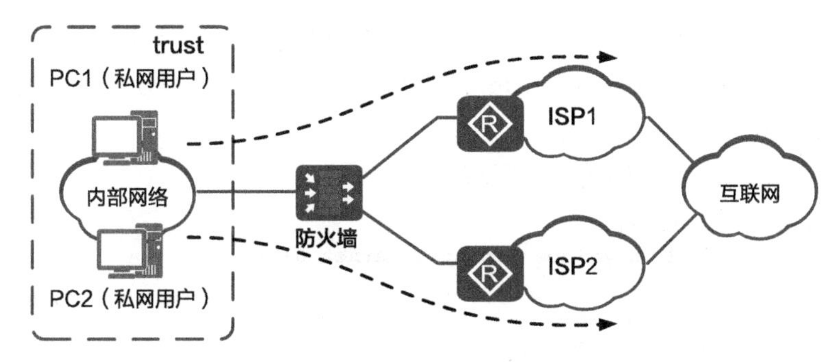

注：ISP 即 Internet Service Provider，互联网服务提供商。

图 2-17 双出口环境下的源 NAT 组网图

该场景中，防火墙面临的主要问题是在转发内部网络访问互联网的报文时如何进行出口选路。如果本应该从ISP1的链路发出的报文却从ISP2的链路发出，可能会导致报文“绕路”到达目的地，影响转发效率和用户体验。

选路的方式有多种，如果根据报文的目的地址进行选路，我们可以配置两条默认路由（等价路由）或者配置明细路由；如果根据报文的源地址进行选路，我们还可以配置策略路由。这些选路方式不是本节的重点。

其实对于源NAT功能来说，无论使用了哪种选路方式，结果无非就是两种：报文走ISP1的链路出去，或者走ISP2的链路出去。不管是走哪条链路，只要在报文发出去之前把报文中私网地址转换成相应的公网地址，源NAT的作用就完成了。

在通常情况下，我们会把防火墙与ISP1和ISP2相连的两个接口分别加入不同的安全区域，然后基于内部网络所在安全区域（通常是trust区域）与这两个接口所在安全区域之间配置源NAT策略，如图2-18所示。

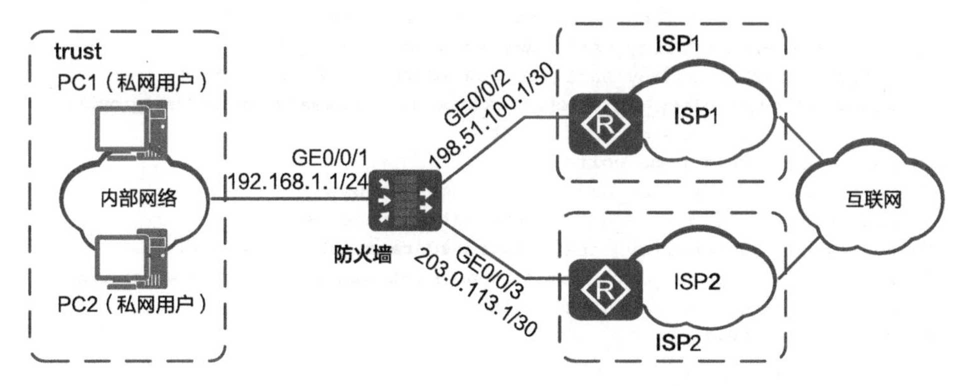

图 2-18 双出口环境下的源 NAT 组网配置

下面给出了NAPT方式的源NAT的配置样例，这里假设ISP1为我们分配的公网地址是198.51.100.10~198.51.100.12，ISP2为我们分配的公网地址是203.0.113.10~203.0.113.12。

将接口分别加入不同的安全区域。

```
[FW] firewall zone trust
[FW-zone-trust] add interface GigabitEthernet 0/0/1
[FW-zone-trust] quit
[FW] firewall zone name isp1
[FW-zone-isp1] set priority 10
[FW-zone-isp1] add interface GigabitEthernet 0/0/2
[FW-zone-isp1] quit
[FW] firewall zone name isp2
[FW-zone-isp2] set priority 20
[FW-zone-isp2] add interface GigabitEthernet 0/0/3
[FW-zone-isp2] quit
```

配置两个NAT地址池。

```
[FW] nat address-group addressgroup1
[FW-address-group-addressgroup1] mode pat
[FW-address-group-addressgroup1] section 0 198.51.100.10 198.51.100.12
[FW-address-group-addressgroup1] route enable
[FW-address-group-addressgroup1] quit
[FW] nat address-group addressgroup2
[FW-address-group-addressgroup2] mode pat
[FW-address-group-addressgroup2] section 1 203.0.113.10 203.0.113.12
[FW-address-group-addressgroup2] route enable
[FW-address-group-addressgroup2] quit
```

配置两条NAT策略。

```
[FW] nat-policy
[FW-policy-nat] rule name policy_nat1
[FW-policy-nat-rule-policy_nat1] source-zone trust
[FW-policy-nat-rule-policy_nat1] destination-zone isp1
[FW-policy-nat-rule-policy_nat1] source-address 192.168.1.0 24
[FW-policy-nat-rule-policy_nat1] action source-nat address-group addressgroup1
[FW-policy-nat-rule-policy_nat1] quit
[FW-policy-nat] rule name policy_nat2
[FW-policy-nat-rule-policy_nat2] source-zone trust
[FW-policy-nat-rule-policy_nat2] destination-zone isp2
[FW-policy-nat-rule-policy_nat2] source-address 192.168.1.0 24
[FW-policy-nat-rule-policy_nat2] action source-nat address-group addressgroup2
[FW-policy-nat-rule-policy_nat2] quit
[FW-policy-nat] quit
```

配置两条安全策略。

```
[FW] security-policy
[FW-policy-security] rule name policy1
[FW-policy-security-rule-policy1] source-zone trust
[FW-policy-security-rule-policy1] destination-zone isp1
[FW-policy-security-rule-policy1] source-address 192.168.1.0 24
[FW-policy-security-rule-policy1] action permit
[FW-policy-security-rule-policy1] quit
[FW-policy-security] rule name policy2
[FW-policy-security-rule-policy2] source-zone trust
[FW-policy-security-rule-policy2] destination-zone isp2
[FW-policy-security-rule-policy2] source-address 192.168.1.0 24
[FW-policy-security-rule-policy2] action permit
[FW-policy-security-rule-policy2] quit
[FW-policy-security] quit
```

如果我们把防火墙与ISP1和ISP2相连的两个接口加入同一个安全区域，如untrust区域，那么无论报文走ISP1的链路还是走ISP2的链路，报文的流动都是trust区域→untrust区域，基于相同的安全区域配置的NAT策略就无法区分两条链路。为了便于大家理解这种情况，下面给出了一段配置脚本，基于相同的安全区域配置了两条NAT策略policy_nat1和policy_nat2。

```
#
nat-policy
  rule name policy_nat1
    source-zone trust
    destination-zone untrust
    source-address 192.168.1.0 24
    action source-nat address-group addressgroup1
  rule name policy_nat2
    source-zone trust
    destination-zone untrust
    source-address 192.168.1.0 24
    action source-nat address-group addressgroup2
#
```

由于policy_nat1的匹配顺序高于policy_nat2，此时就会导致内部网络访问互联网的报文都匹配了policy_nat1，都从ISP1的链路发出去了，不会再向下继续匹配policy_nat2。所以我们要将防火墙上连接不同ISP的出接口加入不同的安全区域，然后基于不同的安全区域之间的关系来配置源NAT策略。

此外，防火墙还支持在NAT策略中使用出接口作为匹配条件。我们也可以通过出接口来区分不同的链路，让经过不同出口上网的报文转换成不同的公网IP地址。下面给出出接口方式的NAT策略配置脚本。

```
#
nat-policy
  rule name policy_nat1
    source-zone trust
    egress-interface GigabitEthernet 0/0/2   //出接口为GE0/0/2则转换为ISP1
的公网地址
    source-address 192.168.1.0 24
    action source-nat address-group addressgroup1
  rule name policy_nat2
    source-zone trust
    egress-interface GigabitEthernet 0/0/3    //出接口为GE0/0/3则转换为ISP2
的公网地址
    source-address 192.168.1.0 24
    action source-nat address-group addressgroup2
#
```

2.5.2 多出口场景下的 NAT Server

与源NAT相同，NAT Server也要面临多出口的问题，接下来我们还是以防火墙通过两个出口连接互联网为例，介绍NAT Server的配置方法。

1. 配置 NAT Server

如图2-19所示，某企业在内部网络的出口处部署了防火墙作为出口网关，通过ISP1和ISP2两条链路连接到互联网，企业需要将私网服务器提供给互联网上的用户访问。

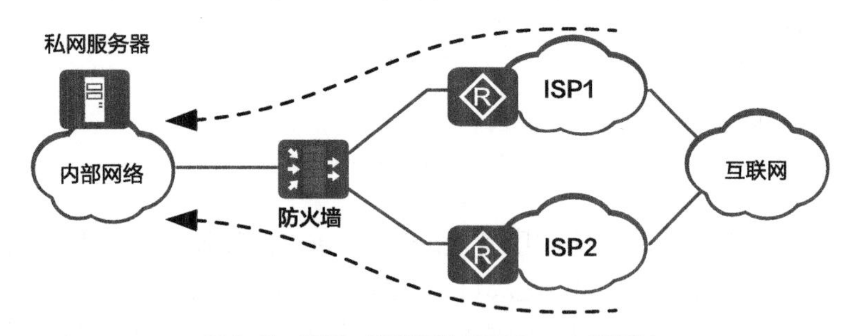

图 2-19　双出口环境下的 NAT Server 组网图

防火墙作为出口网关，双出口、双ISP接入公网时，NAT Server的配置通常需要一分为二，让一个私网服务器向两个ISP发布两个不同的公网地址供公网用户访问。一分为二的方法有两种。

方法1：将接入不同ISP的公网端口规划在不同的安全区域中，配置NAT Server时，带上zone参数，使同一台服务器向不同安全区域发布不同的公网地址，如图2-20所示。

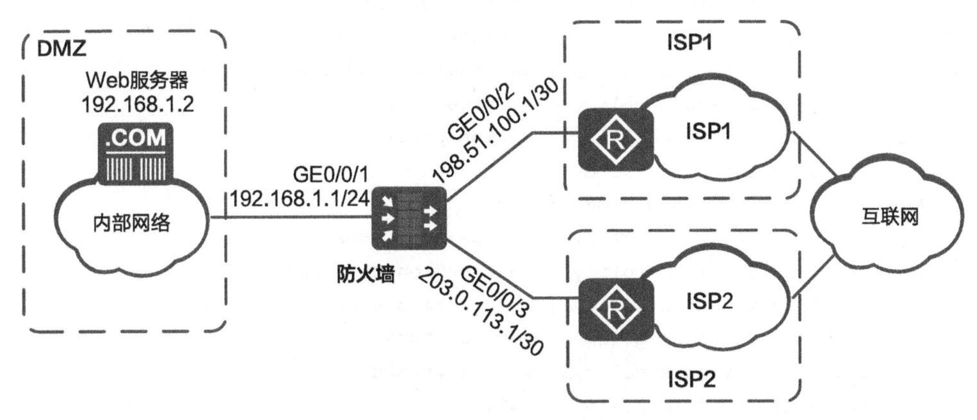

图2-20 双出口环境下的NAT Server组网图 （两个出口属于不同安全区域）

下面给出了该场景的配置过程，这里假设私网服务器对ISP1发布的公网地址是198.51.100.2，对ISP2发布的公网地址是203.0.113.2。

将接口分别加入不同的安全区域。

```
[FW] firewall zone dmz
[FW-zone-dmz] add interface GigabitEthernet 0/0/1
[FW-zone-dmz] quit
[FW] firewall zone name isp1
[FW-zone-isp1] set priority 10
[FW-zone-isp1] add interface GigabitEthernet 0/0/2
[FW-zone-isp1] quit
[FW] firewall zone name isp2
[FW-zone-isp2] set priority 20
[FW-zone-isp2] add interface GigabitEthernet 0/0/3
[FW-zone-isp2] quit
```

配置带有zone参数的NAT Server，注意“unr-route”参数表示下发UNR，其作用与黑洞路由相同，可以防止路由环路，同时也可以引入OSPF等动态路由协议发布出去，上下行路由器可以接收到公网地址的路由。

```
[FW] nat server zone isp1 protocol tcp global 198.51.100.2 9980 inside
192.168.1.2 80 unr-route
[FW] nat server zone isp2 protocol tcp global 203.0.113.2 9980 inside
192.168.1.2 80 unr-route
```

配置两条安全策略。

```
[FW] security-policy
[FW-policy-security] rule name policy1
[FW-policy-security-rule-policy1] source-zone isp1
[FW-policy-security-rule-policy1] destination-zone dmz
[FW-policy-security-rule-policy1] destination-address 192.168.1.2 32
[FW-policy-security-rule-policy1] service http
[FW-policy-security-rule-policy1] action permit
[FW-policy-security-rule-policy1] quit
[FW-policy-security] rule name policy2
[FW-policy-security-rule-policy2] source-zone isp2
[FW-policy-security-rule-policy2] destination-zone dmz
[FW-policy-security-rule-policy2] destination-address 192.168.1.2 32
[FW-policy-security-rule-policy2] service http
[FW-policy-security-rule-policy2] action permit
[FW-policy-security-rule-policy2] quit
[FW-policy-security] quit
```

配置完成后，防火墙上生成了如下的Server-map表项。

```
[FW] display firewall server-map
Current Total Server-map : 4
 Type: Nat Server,  any --> 198.51.100.2:9980[192.168.1.2:80],  Zone:---,  protocol:tcp
 Vpn: public --> public
 Type: Nat Server Reverse,  192.168.1.2[198.51.100.2] --> any,  Zone:---,  protocol:tcp
 Vpn: public --> public,  counter: 1
 Type: Nat Server,  any --> 203.0.113.2:9980[192.168.1.2:80],  Zone:---,  protocol:tcp
 Vpn: public --> public
 Type: Nat Server Reverse,  192.168.1.2[203.0.113.2] --> any,  Zone:---,
protocol:tcp   cfdsav
 Vpn: public --> public,  counter: 1
```

从Server-map表项中可以看到，正向和反向的Server-map表项都已经生成，互联网上的公网用户通过正向Server-map表项就可以访问私网服务器；私网服务器通过反向Server-map表项也可以主动访问互联网。

所以我们推荐在网络规划的时候就把防火墙与ISP1和ISP2相连的两个接口分别加入不同的安全区域，然后配置带有zone参数的NAT Server功能。如果这两个接口已经加入同一个安全区域（如untrust区域），并且无法调整，那么我们还有另一种配置方法。

方法2：配置NAT Server时带上no-reverse参数，使同一台服务器向外发布两个不同的公网地址，如图2-21所示。

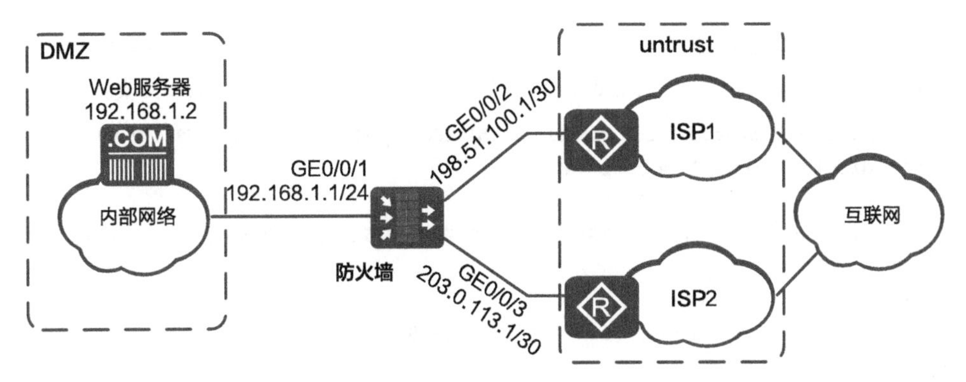

图 2-21　双出口环境下的 NAT Server 组网图　（两个出口属于同一个安全区域）

该场景中为了保证可以正常配置NAT Server功能，我们必须使用no-reverse参数，下面给出了NAT Server的配置，其他配置与第一种方法相同，不再赘述。

配置带有no-reverse参数的NAT Server。

```
[FW] nat server protocol tcp global 198.51.100.2 9980 inside 192.168.1.2 80
no-reverse unr-route
[FW] nat server protocol tcp global 203.0.113.2 9980 inside 192.168.1.2 80
no-reverse unr-route
```

配置完成后，防火墙上生成了如下的Server-map表项。

```
[FW] display firewall server-map
Current Total Server-map : 2
 Type: Nat Server,  any --> 198.51.100.2:9980[192.168.1.2:80],  Zone:---,
protocol:tcp
 Vpn: public --> public
 Type: Nat Server,  any --> 203.0.113.2:9980[192.168.1.2:80],  Zone:---,
protocol:tcp
 Vpn: public --> public
```

从Server-map表项中可以看到，只生成了正向的Server-map表项，互联网上的公网用户通过正向Server-map表项就可以访问私网服务器；但是如果私网服务器想要主动访问互联网，因为没有了反向Server-map表，所以必须配置源NAT策略。

看到这里大家就要问了，不带no-reverse参数直接配置上面两条nat server命令会怎样？答案是不带no-reverse参数时这两条命令根本无法同时下发。

```
[FW] nat server protocol tcp global 198.51.100.2 9980 inside 192.168.1.2 80
[FW] nat server protocol tcp global 203.0.113.2 9980 inside 192.168.1.2 80
  Error: This inside address has been used!
```

我们尝试着逆向思考，假如这两条命令能同时下发会发生什么？将上面的两条命令分别在两台防火墙上配置，然后查看各自生成的Server-map表项。

```
[FW1] nat server protocol tcp global 198.51.100.2 9980 inside 192.168.1.2 80
[FW1] display firewall server-map
Current Total Server-map : 2
 Type: Nat Server,  any --> 198.51.100.2:9980[192.168.1.2:80],  Zone:---,
protocol:tcp
 Vpn: public --> public
 Type: Nat Server Reverse,  192.168.1.2[198.51.100.2] --> any,  Zone:---,
protocol:tcp
 Vpn: public --> public,  counter: 1

[FW2] nat server protocol tcp global 203.0.113.2 9980 inside 192.168.1.2 80
[FW2] display firewall server-map
Current Total Server-map : 2
 Type: Nat Server,  any --> 203.0.113.2:9980[192.168.1.2:80],  Zone:---,
protocol:tcp
 Vpn: public --> public
 Type: Nat Server Reverse,  192.168.1.2[203.0.113.2] --> any,  Zone:---,
protocol:tcp
 Vpn: public --> public,  counter: 1
```

很容易看出来，一台防火墙上的反向Server-map表项是将报文的源地址由192.168.1.2转换为198.51.100.2，另一台防火墙上的反向Server-map表项是将报文的源地址由192.168.1.2转换为203.0.113.2。试想一下，如果这两个反向Server-map表项同时出现在一台防火墙上会发生什么？防火墙既可以将报文的源地址由192.168.1.2转换为198.51.100.2，又可以转换为203.0.113.2。此时，防火墙就无法处理了。这就是两条**nat server**命令不带**no-reverse**参数同时下发会带来的问题。如果配置时带上**no-reverse**参数，就不会生成反向Server-map表项。没有了反向Server-map表项，上述的问题也就不复存在了。

2. 配置源进源出

上面介绍了NAT Server一分为二的配置方法，我们可以根据防火墙与ISP1和ISP2相连的两个接口是否加入不同安全区域，酌情选择带有**zone**参数或带有**no-reverse**参数来配置NAT Server。除此之外，双出口的环境中，还需要考虑两个ISP中的公网用户使用哪个公网地址访问私网服务器的问题。

例如，ISP1网络中的公网用户如果通过防火墙向ISP2发布的公网地址来访问私网服务器，这个访问本身就“绕路”了，而且两个ISP之间由于利益冲突可能会存在无法互通的情况，就会导致访问过程很慢或者干脆就不能访问。

此时要求我们向两个ISP中的公网用户告知公网地址时，避免两个ISP中的公网用户使用非本ISP的公网地址访问私网服务器。即对于ISP1的用户，就让其使用防火墙发布给ISP1的公网地址来访问私网服务器；对于ISP2的用户，就让其使用防火墙发布给ISP2的公网地址来访问。

另外，防火墙在处理私网服务器响应报文时，可能也会由于出口选路有误带来问题。如图2-22所示，ISP1中的公网用户通过防火墙向ISP1发布的公网地址访问私网服务器，报文从防火墙的GE1/0/2接口进入。私网服务器的响应报文到达防火墙后，虽然匹配了会话表并进行了地址转换，但还是要根据目的地址查找路由来确定出接口。如果防火墙上没有配置到该公网用户的明细路由，只配置了默认路由，就可能会导致响应报文从连接ISP2的链路即GE1/0/3接口发出。该报文在ISP2的网络中传输时就会出现问题，很有可能回不到ISP1中，访问就会中断。

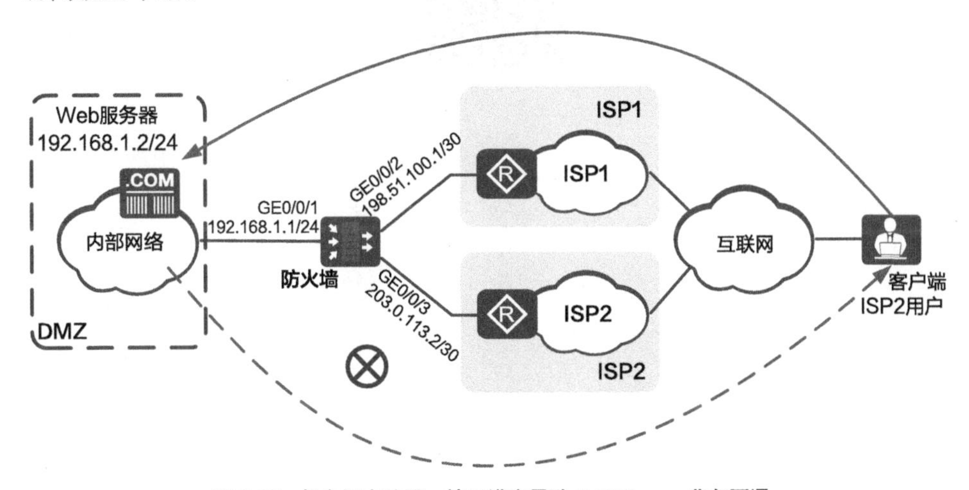

图2-22 报文没有从同一接口进出导致 NAT Server 业务不通

为了解决这个问题，我们可以在防火墙上配置明细路由，让防火墙严格按照ISP1和ISP2各自的公网地址来选路。但ISP1和ISP2的公网地址数量很大，配置起来工作量大，不太现实。为此，防火墙提供了源进源出功能，即请求报文从某条路径进入，响应报文依然沿着同样的路径返回，而不用查找路由表来确定出接口，保证了报文从同一个接口进出。

防火墙连接ISP1和ISP2的两个接口上都需要配置源进源出功能。下面给出了在GE0/0/2接口上开启源进源出功能的配置命令，这里假设ISP1提供的下一跳地址是198.51.100.254。

```
[FW] interface GigabitEthernet 0/0/2
[FW-GigabitEthernet0/0/2] redirect-reverse nexthop 198.51.100.254
[FW-GigabitEthernet0/0/2] gateway 198.51.100.254
[FW-GigabitEthernet0/0/2] quit
```

2.6 习题

第3章 双机热备

防火墙通常直路部署在企业网络的出口或者内网边界，内外网之间的流量、跨越内网边界的流量都要经过防火墙转发。因此，防火墙设备必须稳定可靠地运行。为了避免单台防火墙发生故障影响业务正常运行，双机热备技术应运而生。双机热备技术不仅要实现故障监控和状态切换，还要考虑配置和状态备份，并跟上下行设备配合，完成流量引导。这就导致防火墙的双机热备技术比路由器的同类技术更加复杂。

本章从大家熟悉的VRRP（Virtual Router Redundancy Protocol，虚拟路由器冗余协议）开始，首先介绍路由器的双机部署方案，然后从VRRP面临的问题引出防火墙双机热备的技术方案。本章将详细讲解VGMP（VRRP Group Management Protocol，VRRP组管理协议）和HRP（Huawei Redundancy Protocol，华为冗余协议）的工作原理，介绍双机热备的典型组网应用，以及双机热备与其他特性结合使用的方法。

3.1 双机热备概述

随着移动办公、网上购物、即时通信、互联网金融、互联网教育等业务蓬勃发展，网络承载的业务越来越多、越来越重要。如何保证网络的不间断传输，成为网络发展过程中亟待解决的一个问题。

如图3-1中的左图所示，防火墙部署在企业网络出口处，内外网之间的业务都会通过防火墙转发。如果防火墙出现故障，便会导致内外网之间的业务全部中断。由此可见，在这种网络关键位置上如果只部署一台设备的话，无论其可靠性多高，我们都必然要承受因设备单点故障而导致网络中断的风险。

于是，我们在设计网络架构时，通常会在网络的关键位置部署两台防火墙（双机），以提升网络的可靠性。如图3-1中的右图所示，当一台防火墙出现故障时，流量会通过另外一台防火墙所在的链路转发，保证内外网之间业务正常运行。

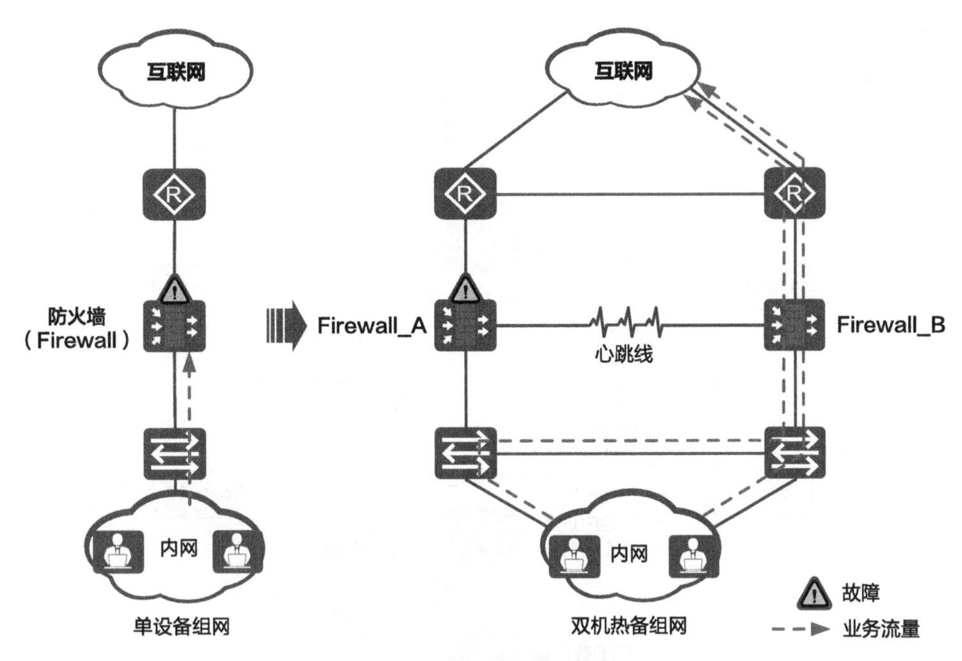

图 3-1　双机热备提升网络可靠性

3.1.1　路由器的双机部署

如果是传统的网络转发设备（如路由器、三层交换机），只需要在两台网络转发设备上做好路由表的备份就可以保证业务的可靠性。因为普通的路由器、交换机不会记录报文的交互状态和应用层信息，只是根据路由表进行报文转发，下面举个例子来说明。

如图3-2所示，两台路由器Router_A和Router_B与上下行设备Router_C和Router_D之间运行OSPF（Open Shortest Path First，开放式最短路径优先）协议。正常情况下，由于以太网接口的OSPF Cost值默认为1，所以在Router_C上看Router_A所在链路（Router_C→Router_A→Router_D→FTP服务器）的Cost值为3。而由于我们在Router_B链路（Router_C→Router_B→Router_D→FTP服务器）的各接口上将OSPF Cost值设置为10，所以在Router_C上看Router_B所在链路的Cost值为21。

由于OSPF协议只会选择最优的路由加入路由表，所以在下面Router_C的路由表中只能看到Cost值较小的路由。这样去往FTP服务器（目的地址在

1.1.1.0/24网段）的报文只能通过Router_A（下一跳10.1.1.2）转发。

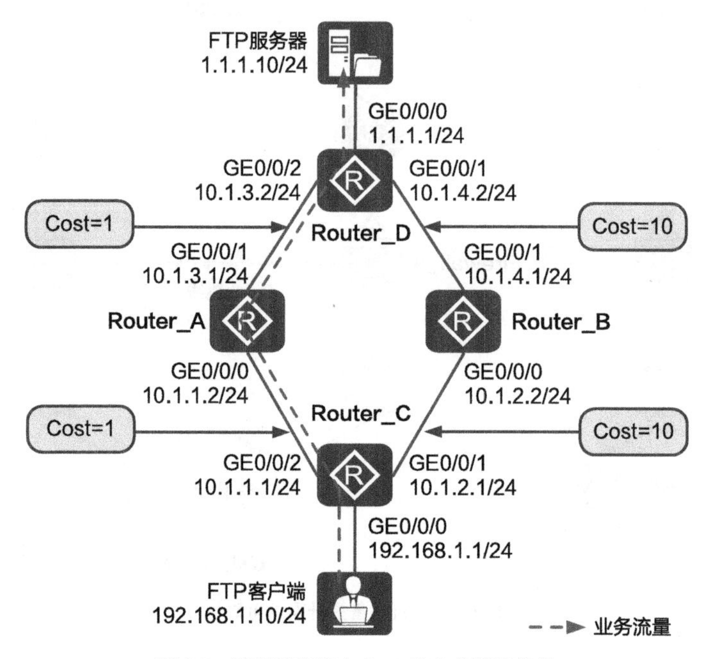

图 3-2　流量选择路由 Cost 值小的链路转发

```
<Router_C> display ip routing-table
Route Flags: R - relay, D - download to fib
------------------------------------------------------------------------------
Routing Tables: Public
         Destinations : 11        Routes : 11

Destination/Mask    Proto   Pre  Cost   Flags  NextHop       Interface

        1.1.1.0/24  OSPF    10   3        D    10.1.1.2      GigabitEthernet0/0/2
       10.1.1.0/24  Direct  0    0        D    10.1.1.1      GigabitEthernet0/0/2
       10.1.1.1/32  Direct  0    0        D    127.0.0.1     GigabitEthernet0/0/2
       10.1.2.0/24  Direct  0    0        D    10.1.2.1      GigabitEthernet0/0/1
       10.1.2.1/32  Direct  0    0        D    127.0.0.1     GigabitEthernet0/0/1
       10.1.3.0/24  OSPF    10   2        D    10.1.1.2      GigabitEthernet0/0/2
       10.1.4.0/24  OSPF    10   12       D    10.1.1.2      GigabitEthernet0/0/2
      127.0.0.0/8   Direct  0    0        D    127.0.0.1     InLoopBack0
      127.0.0.1/32  Direct  0    0        D    127.0.0.1     InLoopBack0
    192.168.1.0/24  Direct  0    0        D    192.168.1.1   GigabitEthernet0/0/0
    192.168.1.1/32  Direct  0    0        D    127.0.0.1     GigabitEthernet0/0/0
```

当Router_A出现故障时，Router_A所在链路的Cost值变成无穷大，而在Router_C上看Router_B所在链路的Cost值仍为21，如图3-3所示。这时网络的路由会重新收敛，流量会根据新的路由被转发到Router_B，所以Router_B会接替Router_A处理业务。业务从Router_A切换到Router_B的时间就是网络的路由收敛时间。如果路由收敛时间较短，则正在传输的业务流量不会中断。

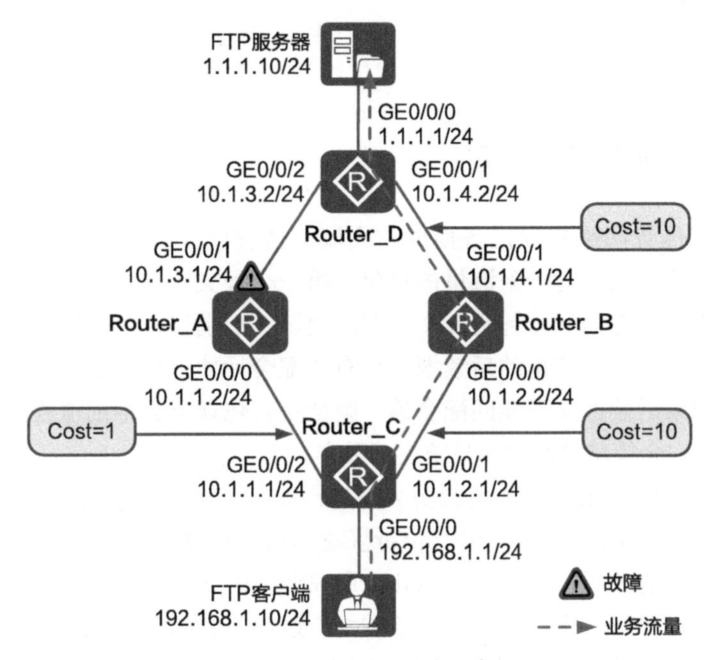

图 3-3　路由备份保证业务不中断

从下面Router_C上的路由表可知，当Router_A的GE0/0/1接口发生故障时，去往FTP服务器（目的地址在1.1.1.0/24网段）的报文只能通过Router_B（下一跳10.1.2.2）转发。

```
<Router_C> display ip routing-table
Route Flags: R - relay, D - download to fib
----------------------------------------------------------------------
Routing Tables: Public
       Destinations : 10        Routes : 10

Destination/Mask    Proto  Pre  Cost  Flags  NextHop    Interface

        1.1.1.0/24  OSPF   10   21       D   10.1.2.2   GigabitEthernet0/0/1
```

```
    10.1.1.0/24  Direct  0    0     D   10.1.1.1     GigabitEthernet0/0/2
    10.1.1.1/32  Direct  0    0     D   127.0.0.1    GigabitEthernet0/0/2
    10.1.2.0/24  Direct  0    0     D   10.1.2.1     GigabitEthernet0/0/1
    10.1.2.1/32  Direct  0    0     D   127.0.0.1    GigabitEthernet0/0/1
    10.1.4.0/24  OSPF    10   20    D   10.1.2.2     GigabitEthernet0/0/1
   127.0.0.0/8   Direct  0    0     D   127.0.0.1    InLoopBack0
  127.0.0.1/32   Direct  0    0     D   127.0.0.1    InLoopBack0
 192.168.1.0/24  Direct  0    0     D   192.168.1.1  GigabitEthernet0/0/0
 192.168.1.1/32  Direct  0    0     D   127.0.0.1    GigabitEthernet0/0/0
```

3.1.2 防火墙的双机部署

如果将传统网络转发设备换成防火墙，情况就大不一样了。防火墙是基于连接状态的，它会对一条流量的首包（第一个报文）进行检测，并建立会话来记录报文的状态信息（包括报文的源IP地址、源端口、目的IP地址、目的端口、协议等）。这条流量的后续报文只有匹配会话才能够通过防火墙并完成报文转发。如果后续报文不能匹配会话，则会走首包建立会话的流程，可能会因为不匹配的安全策略等原因而被防火墙丢弃。

下面举个例子来说明。两台防火墙Firewall_A和Firewall_B部署在网络中，与上下行设备Router_D和Router_C之间运行OSPF协议。如图3-4中的左图所示，正常情况下，由于Firewall_A所在链路的OSPF Cost值较小，所以业务报文都会根据路由通过Firewall_A转发。这时Firewall_A上会建立会话，业务的后续报文都能够匹配会话并转发。

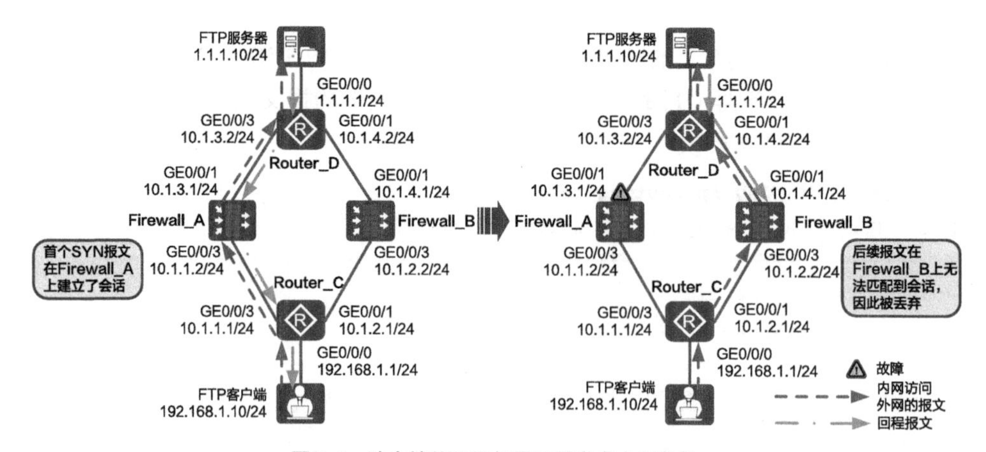

图 3-4　防火墙的双机部署还需考虑会话备份

如图3-4中的右图所示，当Firewall_A出现故障时，业务会被上下行设备上的路由信息引导到Firewall_B上。但由于Firewall_B上没有会话，业务报文因为找不到会话而被Firewall_B丢弃，从而导致业务中断。这时用户需要重新发起访问请求（例如重新进行FTP下载），触发Firewall_B重新建立会话，这样用户的业务才能继续进行。

Firewall_A上存在会话，而Firewall_B上不存在会话，二者的会话表如下所示。

```
<Firewall_A> display firewall session table
  Current Total Sessions : 1
  ftp  VPN: public --> public  192.168.1.10:2050 --> 1.1.1.10:21

<Firewall_B> display firewall session table
  Current Total Sessions : 0
```

那么如何解决两台防火墙会话备份的问题，使两台防火墙主备状态切换时保证已经建立的业务不中断呢？为了解决这个问题，防火墙双机热备的HRP功能就该出手相助了！

防火墙双机热备功能最大的特点在于提供一条专门的备份通道（也被称为心跳线），用于两台防火墙之间协商主备状态，以及备份会话、Server-map表等重要的状态信息和配置信息。正常情况下，启用双机热备功能后，两台防火墙会根据管理员的配置分别成为主用设备和备用设备，如图3-5中的左图所示。成为主用设备的防火墙Firewall_A会处理业务，并将设备上的会话、Server-map表等重要状态信息和配置信息通过备份通道实时同步给备用设备Firewall_B。成为备用设备的防火墙Firewall_B不会处理业务，只是通过备份通道接收来自主用设备Firewall_A的状态信息和配置信息。

当主用设备Firewall_A的链路发生故障时，两台防火墙会利用备份通道交互报文，重新协商主备状态，如图3-5中的右图所示。这时Firewall_B会协商成为新的主用设备，处理业务；而Firewall_A会协商成为备用设备，不处理业务。与此同时，业务流量也会被上下行设备的路由信息引导到新的主用设备Firewall_B上。由于Firewall_B在作为备用设备时已经备份了主用设备上的会话和配置等信息，因此业务报文能够顺利地匹配到会话从而被正常转发。

路由、状态信息和配置信息都能够备份就保证了备用设备Firewall_B能够成功接替原主用设备Firewall_A处理业务流量，成为新的主用设备，避免了网络业务中断。

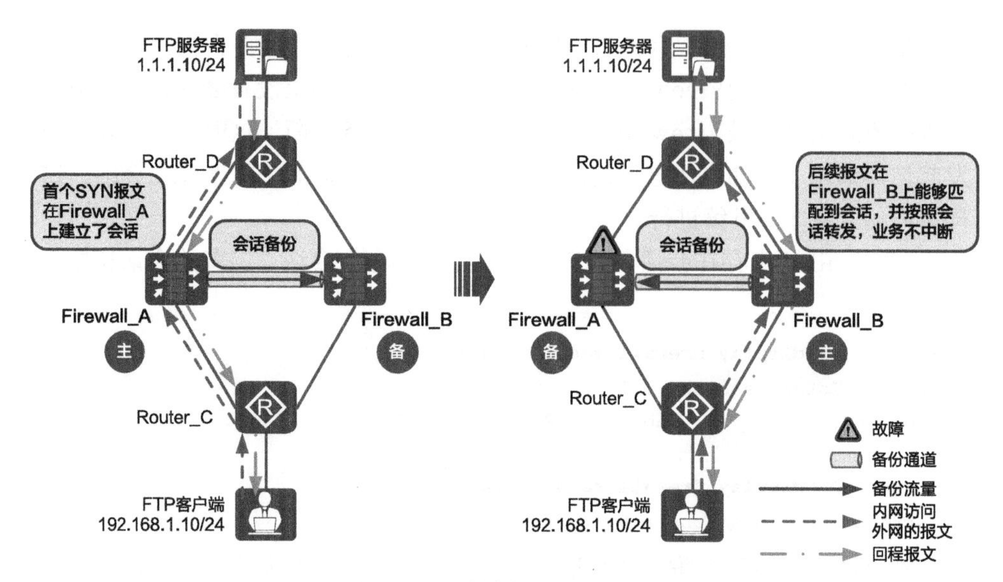

图 3-5　双机热备保证业务不中断

Firewall_A和Firewall_B上都存在会话，Firewall_B上的会话带有Remote标识，表示该会话是从对端设备备份过来的，会话表如下所示。

```
HRP_M<Firewall_A> display firewall session table
  Current Total Sessions : 1
  ftp  VPN: public --> public  192.168.1.10:2050 --> 1.1.1.10:21

HRP_S<Firewall_B> display firewall session table
  Current Total Sessions : 1
  ftp  VPN: public --> public Remote 192.168.1.10:2050 --> 1.1.1.10:21
```

上面介绍的是主备备份方式的双机热备。在主备备份场景中，正常情况下备用防火墙不处理业务流量，处于闲置状态。如果不希望买来的设备闲置，或者只有一台设备处理流量时压力较大，可以选择负载分担方式的双机热备。

在负载分担场景下，两台防火墙均为主用设备，都建立会话，都处理业务流量。同时两台防火墙又都相互作为对方的备用设备，接受对方备份的状态信息和配置信息，如图3-6中的左图所示。当其中一台防火墙发生故障后，另一台防火墙会负责处理全部业务流量，如图3-6中的右图所示。由于这两台防火墙的会话信息是相互备份的，因此全部业务流量的后续报文都能够在其中一台防火墙上匹配到会话从而正常转发，这就避免了网络业务的中断。

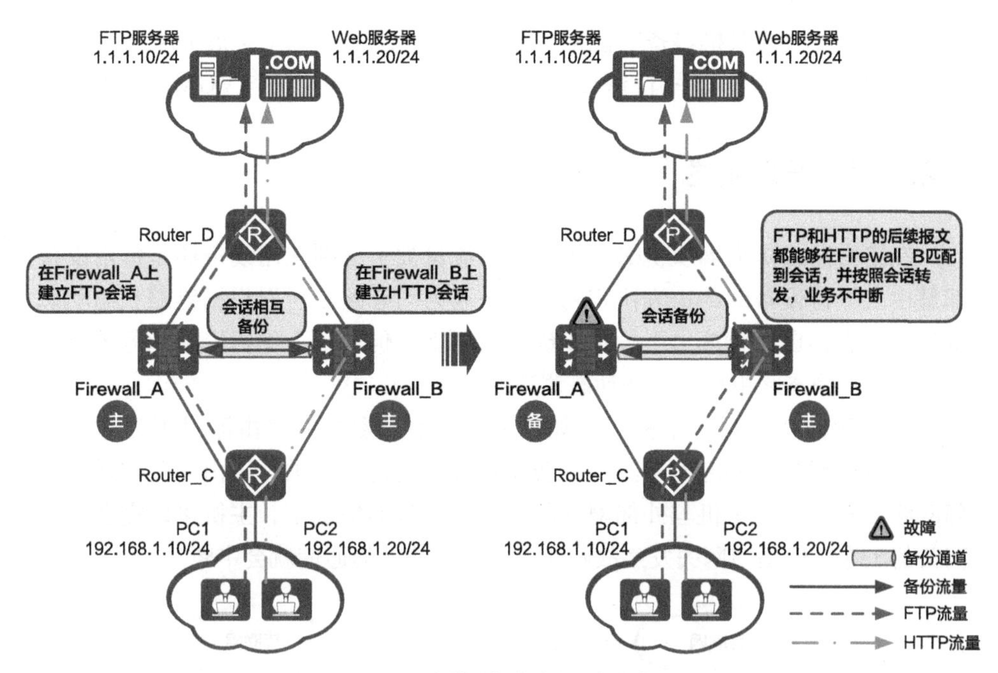

图 3-6 负载分担方式的双机热备

Firewall_A上存在FTP和HTTP会话，Firewall_B上也存在FTP和HTTP会话，二者的会话表如下所示。

```
HRP_M<Firewall_A> display firewall session table
 Current Total Sessions : 2
 ftp  VPN: public --> public  192.168.1.10:2050 --> 1.1.1.10:21
 http VPN: public --> public Remote 192.168.1.20:2080 --> 1.1.1.20:80

HRP_S<Firewall_B> display firewall session table
 Current Total Sessions : 2
 ftp  VPN:public --> public Remote 192.168.1.10:2050 --> 1.1.1.10:21
 http VPN:public --> public  192.168.1.20:2080 --> 1.1.1.20:80
```

以上是关于HRP和会话备份功能的简单介绍，更多内容请参考第3.4节。

| 3.2 VRRP与VGMP |

熟悉路由器和交换机的读者一听到网络双机部署，首先想到的肯定是

VRRP。防火墙的双机热备功能最初也是在VRRP的基础上扩展而来的。所以本节我们会从VRRP入手引出VGMP，并一步步讲解VRRP与VGMP的故事。

3.2.1 VRRP 概述

在路由器或防火墙双机热备组网中，流量被引导到主用设备还是备用设备都是由上下行设备的路由表决定的。这是因为动态路由可以根据链路状态动态调整路由表，自动将流量引导到正确的设备上。但如果上下行设备运行的是静态路由呢？静态路由可是无法动态调整的。

下面我们就来看一个例子。如图3-7所示，主机将路由器设置为默认网关，当主机想访问外部网络时，就会先将报文发送给网关，再由网关传递给外部网络，从而实现主机与外部网络的通信。正常的情况下，主机可以完全信赖网关的工作，但是当网关发生故障时，主机与外部的通信就会中断。

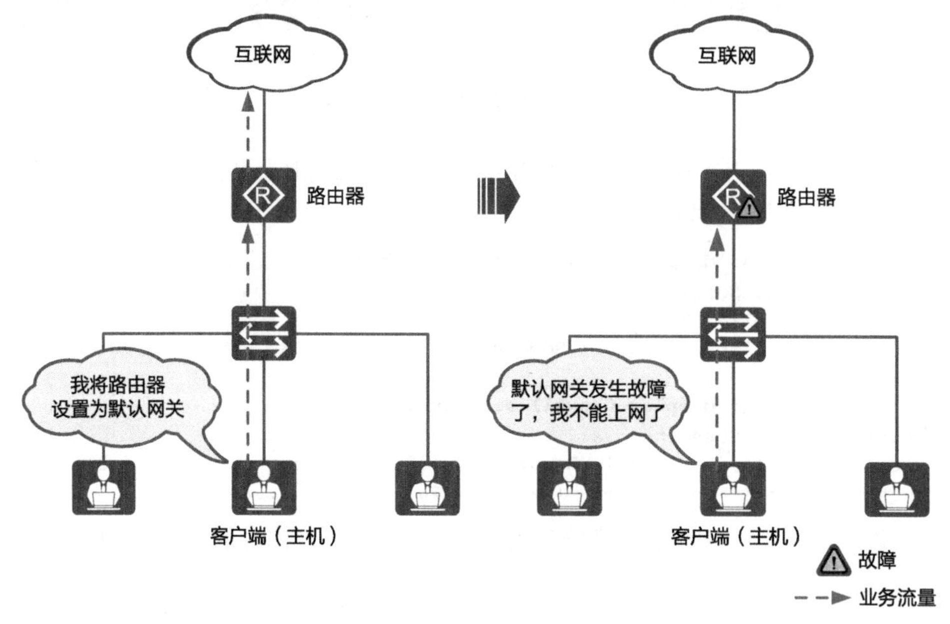

图 3-7 单个网关发生故障导致业务中断

如图3-8所示，如果想要解决单个网关发生故障引发的网络中断的问题，我们就需要添加多个网关（Router_A和Router_B）。但一般情况下，主机不能配置动态路由，只会配置一个默认网关。如果我们把Router_A设置成默认网关，那么当Router_A出现故障时，流量无法被自动引导到Router_B上。这时只有手工调整主机的默认网关为Router_B，才能将主机的流量引导到Router_B上。但是，这样必然会导致主机访问外网的流量中断一段时间，从而影响用户业务的正常运行。而且大型网络中的主机数量成百上千，通过手动调整主机配置来实现网关备份显然是不切实际的。

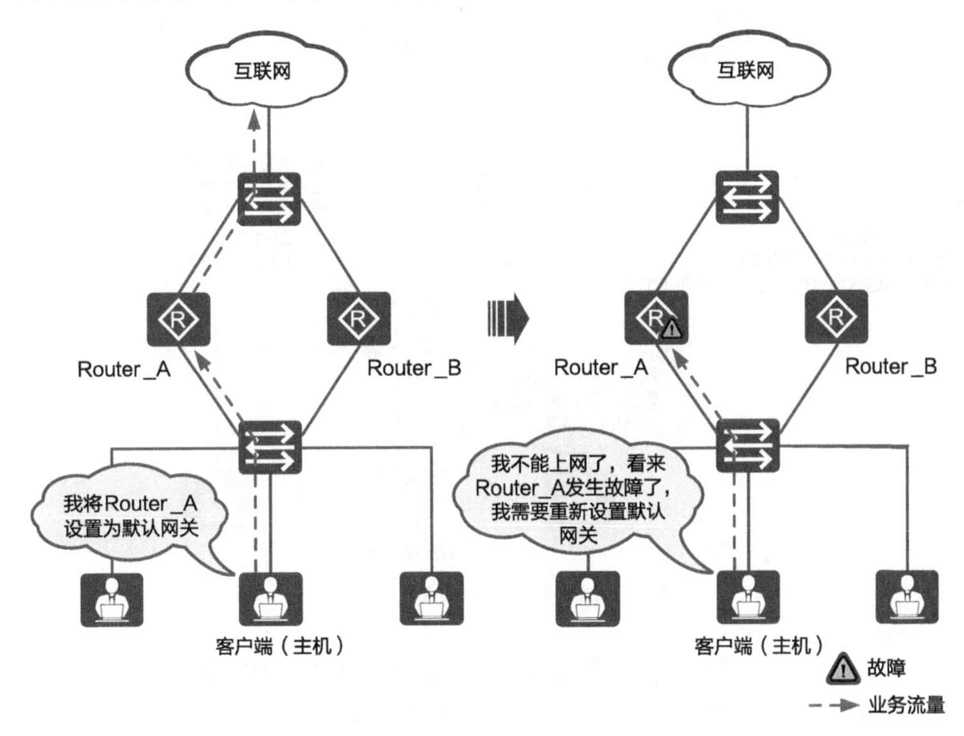

图3-8　多个网关也不能保证业务不中断

为了更好地解决由于单个网关发生故障引起的网络中断问题，网络开发者设计了VRRP。VRRP是一种容错协议，它保证当主机的下一跳路由器（默认网关）出现故障时，由备份路由器自动代替出现故障的路由器完成报文转发任务，从而保持网络通信的连续性和可靠性。

如图3-9所示，我们将局域网内的一组路由器（实际上是路由器的下行接口）划分在一起，形成一个VRRP备份组。VRRP备份组相当于一台虚拟路由器，这台虚拟路由器有自己的虚拟IP地址和虚拟MAC地址（格式为00-00-5E-00-01-{VRID}，VRID是VRRP备份组的ID）。所以，局域网内的主机可以将默认网关设置为VRRP备份组的虚拟IP地址。在局域网内的主机看来，它们是先与虚拟路由器进行通信，然后通过虚拟路由器与外部网络进行通信。

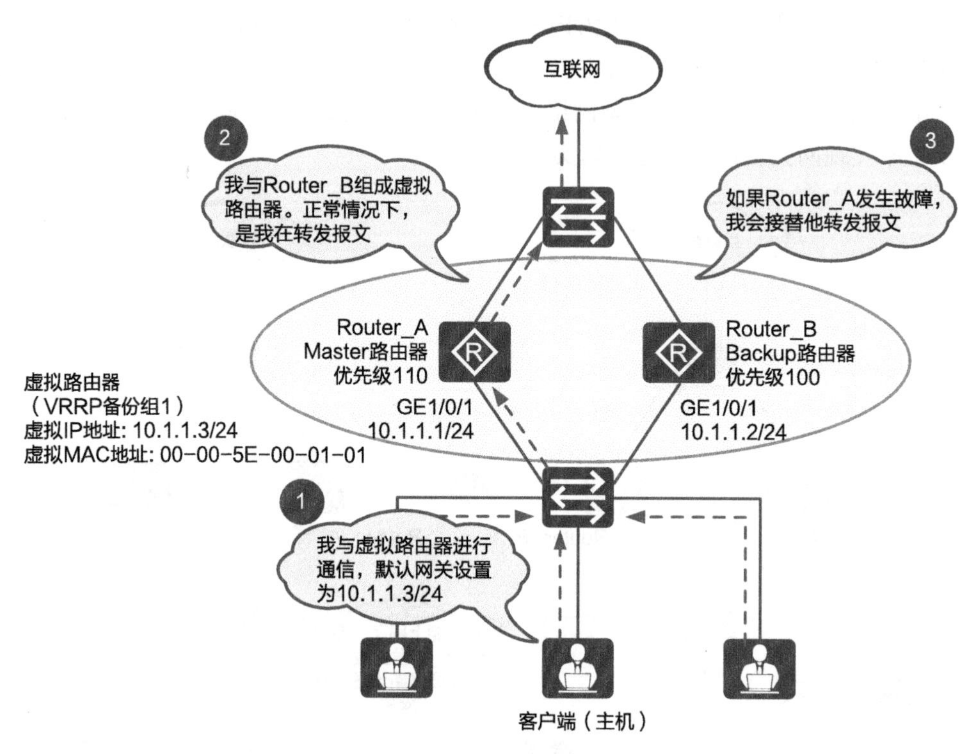

图 3-9　VRRP 基本概念

VRRP中定义的状态机有3种状态：Initialize、Master和Backup。

Initialize：初始化状态。当设备的状态为Initialize时，该设备处于不可用状态，设备不会对VRRP通告报文做任何处理。通常设备启动时或设备检测到故障时会进入Initialize状态。

Master：活动状态。状态为Master的设备被称为Master设备。Master设备拥有VRRP备份组的虚拟IP地址和虚拟MAC地址。Master设备收到目的IP地址是虚拟IP地址的ARP请求时会响应这个ARP请求。

Backup：备份状态。状态为Backup的设备被称为Backup设备。Backup设备不会响应目的IP地址为虚拟IP地址的ARP请求。

VRRP备份组中的多个路由器会根据管理员指定的VRRP备份组优先级确定各自的设备状态。优先级最高的设备状态为Master，其余设备状态为Backup。VRRP备份组状态决定了路由器的主备状态。当Master路由器正常工作时，局域网内的主机通过Master路由器与外界通信。当Master路由器出现故障时，一台Backup（VRRP优先级次高的）路由器将成为新的Master路由器，接替转发报文的工作，保证网络不中断。

3.2.2 VRRP的工作原理

本节将采取图解的方式来呈现VRRP工作的全流程，借此帮助读者们来理解VRRP的实现原理。大家只要看完并记住本节的图，就一定能理解VRRP。

管理员在路由器上配置完VRRP备份组和优先级后，路由器会短暂地工作在Initialize状态。如图3-10所示，当设备收到接口up的消息后，会切换成Backup状态，等待定时器超时后再切换至Master状态。

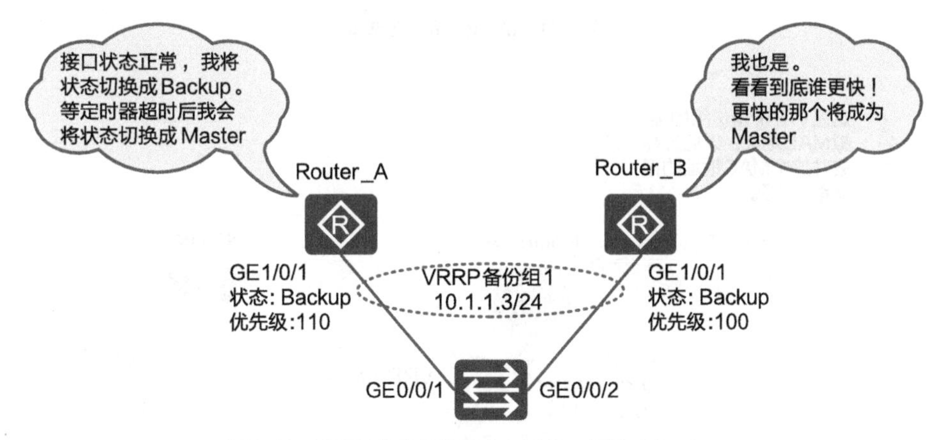

图3-10 VRRP备份组状态由Initialize切换到Backup

如图3-11所示，在VRRP备份组的多个路由器中，率先将VRRP备份组状态切换成Master的路由器将成为Master路由器。VRRP优先级越高的路由器，它的定时器时长越短，越容易成为Master路由器。这个根据VRRP优先级确定Master路由器的过程称为Master路由器选举。完成选举后，Master路由器会立即周期性地（默认为1秒）向VRRP备份组中内的所有Backup路由器发送VRRP报文，以通告自己的Master状态和优先级。

同时，Master路由器会发送免费ARP报文，将VRRP备份组的虚拟MAC地址和虚拟IP地址通知给它所连接的交换机，如图3-12所示。下行的交换机的MAC地址表项会记录虚拟MAC地址与GE0/0/1接口的对应关系。

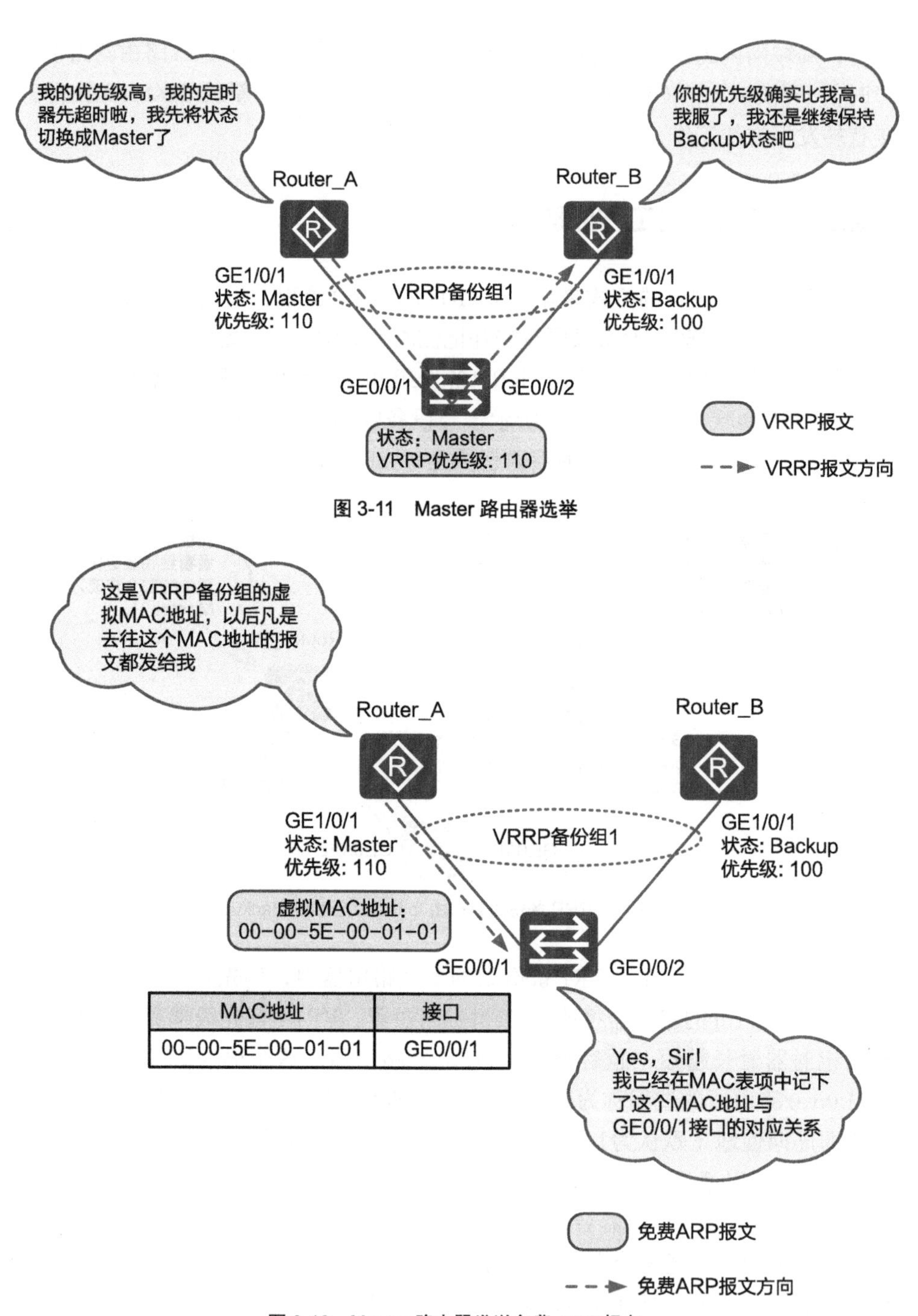

图 3-11 Master 路由器选举

图 3-12 Master 路由器发送免费 ARP 报文

如图3-13所示，由于内网PC将网关设置为VRRP备份组1的虚拟IP地址，所以当内网PC访问互联网时，首先会在广播网络中广播ARP报文，请求虚拟IP地址对应的虚拟MAC地址。这时，只有Master路由器会回应此ARP报文，将虚拟MAC地址回复给PC。

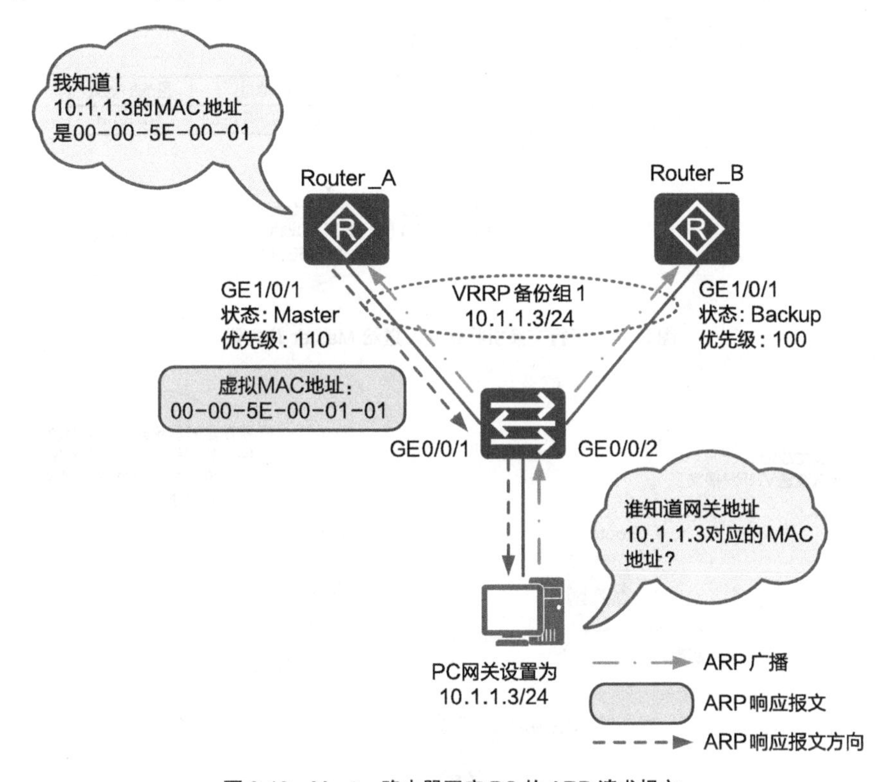

图3-13 Master路由器回应PC的ARP请求报文

如图3-14所示，PC使用虚拟MAC地址作为目的MAC地址的封装报文，然后将其发送至交换机。交换机根据MAC地址表记录的MAC地址与接口的关系，将PC发送的报文通过GE0/0/1接口转发给Router_A。

以上讲的是正常情况下，Master路由器和Backup路由器的状态建立和运行的过程。下面介绍Master路由器和Backup路由器的状态切换过程。

如图3-15所示，当Master路由器发生故障（Router_A整机或GE1/0/1接口发生故障）时，它将无法发送VRRP报文通知Backup路由器。如果Backup路由器在定时器超时后仍不能收到Master路由器发送的VRRP报文，则认为Master路由器发生故障，从而将自身状态切换为Master。

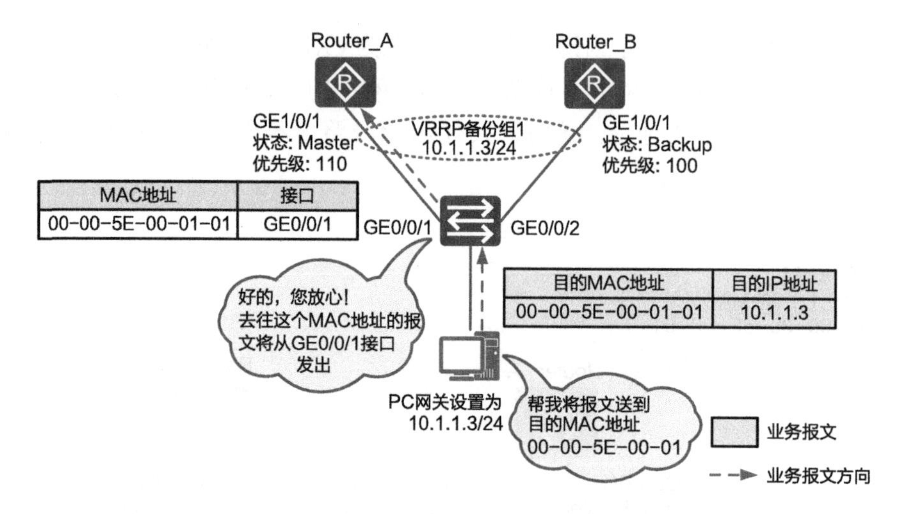

图 3-14　下行交换机将报文发送给 Master 路由器

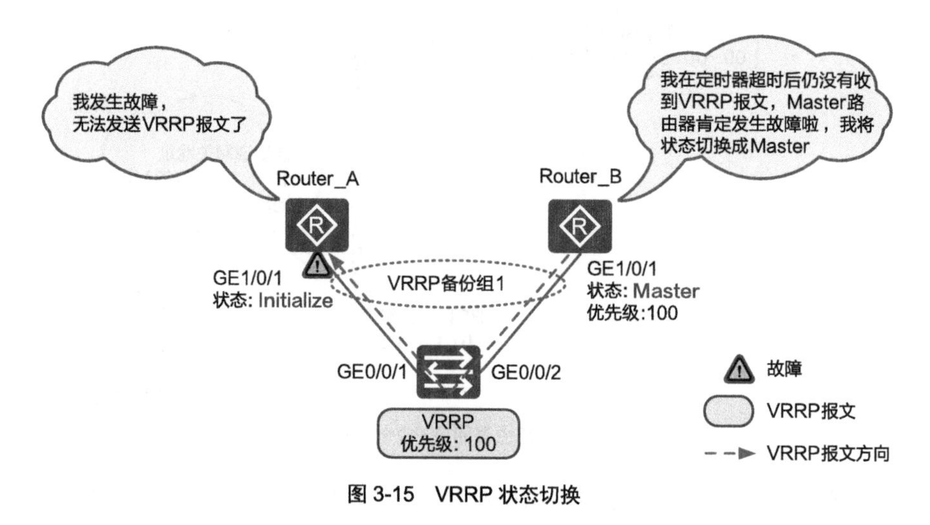

图 3-15　VRRP 状态切换

还有一种情况，当Master路由器主动放弃Master地位（如Master路由器退出VRRP备份组）时，会立即发送优先级为0的VRRP报文，使Backup路由器快速切换成Master路由器。

如图3-16所示，当VRRP备份组状态切换完成后，新的Master路由器会立即发送携带VRRP备份组虚拟MAC地址和虚拟IP地址信息的免费ARP报文，刷新它所连接的设备（下行交换机）中的MAC地址表。下行的交换机的MAC地址表会记录虚拟MAC地址与新的GE0/0/2接口的对应关系。

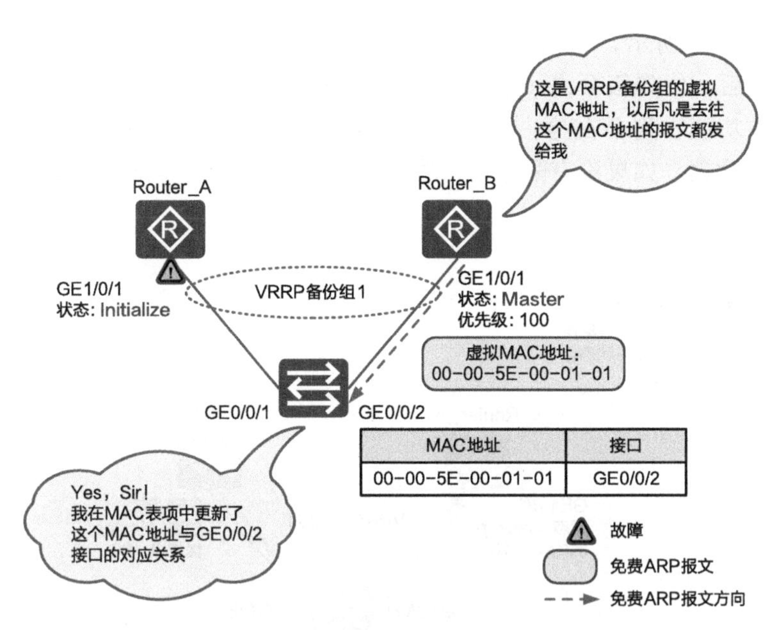

图 3-16　新的 Master 路由器发送免费 ARP 报文

如图3-17所示，当内网PC将报文发送给交换机后，交换机会将PC发送的报文通过GE0/0/2接口转发给Router_B。这样内网PC的流量就都通过新的Master路由器Router_B转发了。这个过程对用户是完全透明的，内网PC感知不到Master路由器已经由Router_A切换成Router_B。

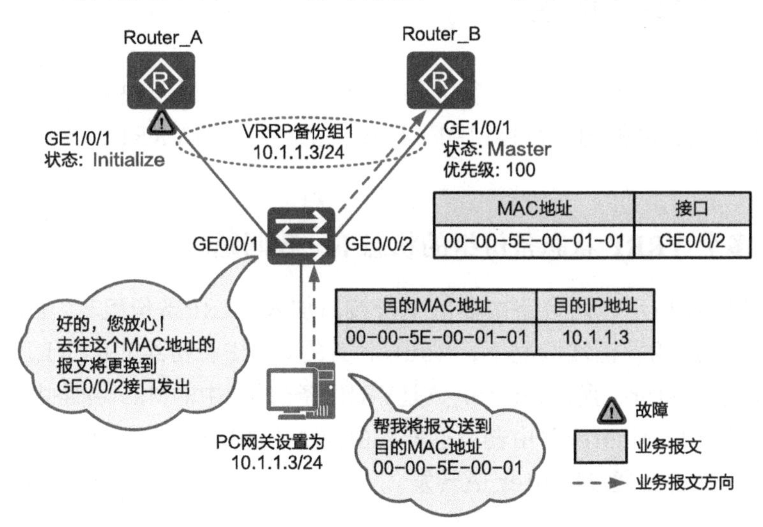

图 3-17　下行交换机将报文发送到新的 Master 路由器

如图3-18所示，当原Master路由器（现Backup路由器）Router_A的故障恢复后，优先级会高于现在的Master路由器，如果原Master路由器配置了抢占功能，则会在抢占定时器超时后将状态切换成Master，重新成为Master路由器。如果没有配置抢占功能，原Master路由器将仍然保持Backup状态。

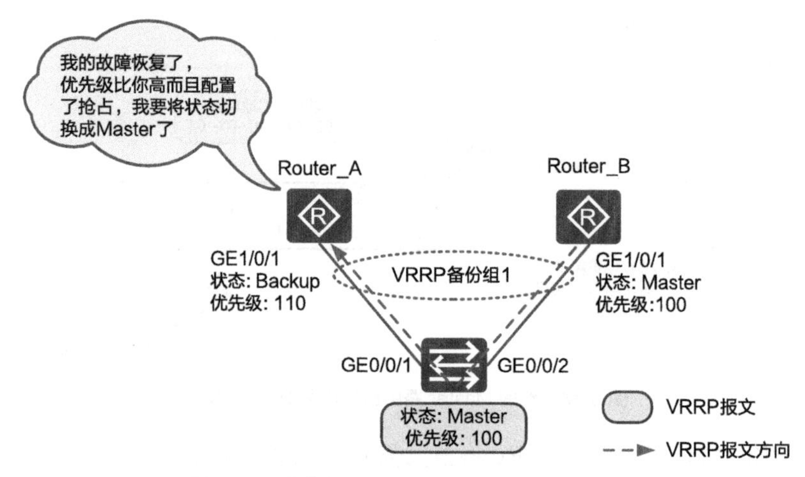

图 3-18 故障恢复后原 Master 路由器进行抢占

3.2.3 VGMP 的产生

上节讲到通过在网关的下行接口运行VRRP，可以解决网关的可靠性问题。如果我们在网关的上行接口和下行接口上同时运行VRRP，会有怎样的情况呢?

1. 多个 VRRP 状态备份组的状态不一致问题

如图3-19所示，两台路由器的下行接口加入VRRP备份组1，上行接口加入VRRP备份组2。正常情况下，Router_A的VRRP备份组1和VRRP备份组2的状态均为Master，所以Router_A是VRRP备份组1中的Master路由器，也是VRRP备份组2的Master路由器。这样，由前文讲的VRRP原理可知，内外网之间的业务报文都会通过Router_A转发。

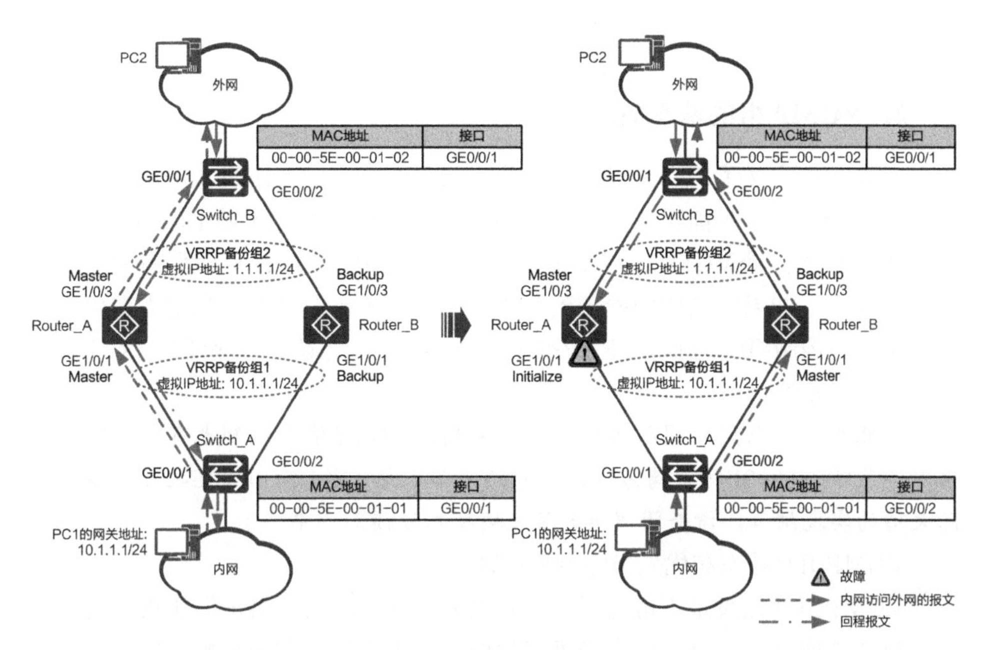

图 3-19 多个 VRRP 共同运行

当Router_A的GE1/0/1接口发生故障时，VRRP备份组1发生状态切换：Router_A在VRRP备份组1的状态切换成Initialize，Router_B在VRRP备份组1的状态切换成Master。这样，Router_B成为VRRP备份组1中的Master路由器，并向Switch_A发送免费ARP报文，刷新Switch_A中的MAC地址表。这时PC1访问PC2的报文就通过Router_B转发了。但是由于Router_A与Switch_B之间的链路是正常的，所以VRRP备份组2的状态是不变的，Router_A仍然是VRRP备份组2中的Master路由器，而Router_B仍是VRRP备份组2中的Backup路由器。因此PC2返回给PC1的回程报文依然会转发给Router_A，而Router_A的下行接口GE1/0/1接口是故障的，所以Router_A只能丢弃此回程报文，这就导致了业务流量的中断。

看完这个过程后，读者们一定会发现VRRP问题的所在了：VRRP备份组之间是相互独立的，当一台设备属于多个VRRP备份组时，它们之间的状态无法同步。在解决VRRP这个问题的方法上，华为防火墙与路由器、交换机等普通网络设备走上了一条截然不同的道路。

为了解决多个VRRP备份组状态不一致的问题，华为防火墙引入VGMP。VGMP中定义了VGMP组，以统一管理VRRP备份组，保证多个VRRP备份组状态的一致性。

2. VGMP组的基本概念

VGMP中定义了VGMP组，每台防火墙只有一个VGMP组，用户不能删除这个VGMP组，也不能再创建其他的VGMP组。我们将防火墙上的所有VRRP备份组都加入这个VGMP组中，由VGMP组来集中监控并管理所有的VRRP备份组状态。如果VGMP组检测到其中一个VRRP备份组的状态发生变化，则VGMP组会控制组中的所有VRRP备份组统一进行状态切换，保证各VRRP备份组状态的一致性。

说明：不同系列不同版本的华为防火墙的VGMP实现机制也有所不同，本书以华为USG6000E防火墙为例进行介绍，如果想了解USG6000E之外更多华为防火墙的实现细节，请查阅《华为防火墙技术漫谈》一书。

VGMP组有状态和优先级两个基本属性。

VGMP组优先级是不可配置的。防火墙正常启动后，会根据防火墙的硬件配置自动生成一个VGMP组优先级，我们将这个优先级称为初始优先级。对于USG6000E这类盒式防火墙来说，初始优先级与CPU（Central Processing Unit，中央处理器）数量有关：如果是单CPU机型，初始优先级为45000；如果是双CPU机型，初始优先级为45002。

VGMP组有4种状态。

① initialize：双机热备功能未启用时VGMP组的状态。

② load-balance：当防火墙本端的VGMP组与对端的VGMP组优先级相等时，两端的VGMP组都处于load-balance状态。

③ active：当本端的VGMP组优先级高于对端时，本端的VGMP组处于active状态。

④ standby：当本端的VGMP组优先级低于对端时，本端的VGMP组处于standby状态。

防火墙双机热备要求两台防火墙的硬件型号、单板的类型和数量都要相同。因此，正常情况下两台防火墙的VGMP组优先级是相等的，VGMP组状态为load-balance。如果某一台防火墙发生了故障，该防火墙的VGMP组优先级会降低。故障防火墙的VGMP组优先级小于无故障防火墙的VGMP组优先级，故障防火墙的VGMP组状态会变成standby，无故障防火墙的VGMP组状态会变成active。

3. VGMP组控制VRRP备份组的状态

华为交换机或路由器设备上，VRRP备份组状态是由VRRP优先级大小决定的。同一个VRRP备份组中，VRRP优先级最大的设备的VRRP备份组状态为Master，其他设备的VRRP备份组状态为Backup。不同于华为交换机或路由器设备，华为防火墙的VRRP优先级是不可配置的。华为防火墙启用双机热备功能后，VRRP优先级固定为120。

在防火墙上，接口发生故障时，接口的VRRP备份组状态为Initialize。接口无故障时，接口的VRRP备份组状态由VGMP组的状态决定，具体如下。

当VGMP组状态为**active**时，VRRP备份组状态都是**Master**。

当VGMP组状态为**standby**时，VRRP备份组状态都是**Backup**。

当VGMP组状态为**load-balance**时，VRRP备份组状态由VRRP备份组的配置决定。

VRRP备份组的配置命令如下：

```
vrrp vrid virtual-router-id virtual-ip virtual-address { active | standby }
```

其中，active表示指定VRRP备份组状态为Master，standby表示指定VRRP备份组状态为Backup。

3.2.4 VGMP控制VRRP备份组状态

本节我们将详细介绍华为防火墙基于VRRP的双机热备是如何实现的：正常情况下，状态是如何形成？异常情况下，两台防火墙如何进行状态切换，保证业务不中断？

在第3.1.2节中，我们已了解到防火墙的主备备份和负载分担两种工作模式。本小节开始前，我们先回顾一下防火墙的这两种工作模式的特点，如表3-1所示。

表3-1　双机热备工作模式

运行模式	说明	对比
主备备份	两台防火墙一主一备。正常情况下业务流量由主用防火墙处理。当主用防火墙发生故障时，备用防火墙接替主用防火墙处理业务流量，保证业务不中断	流量由单台防火墙处理，相较于负载分担模式，路由规划和故障定位相对简单

续表

运行模式	说明	对比
负载分担	两台防火墙互为主备。正常情况下两台防火墙共同分担整网的业务流量。当其中一台防火墙发生故障时，另一台防火墙会承担其业务，保证原本通过该防火墙转发的业务不中断	相较于主备备份模式，组网方案和配置相对复杂。 负载分担组网中使用入侵防御、反病毒等内容安全检查功能时，可能会因为流量来回路径不一致导致内容安全检查功能失效。 负载分担组网中配置 NAT 时，需要额外的配置来防止两台防火墙 NAT 资源分配冲突。 负载分担组网中流量由两台防火墙共同处理，可以比主备备份组网承担更大的峰值流量。 负载分担组网中设备发生故障时，只有一半的业务需要切换，故障切换的速度更快

1. 基于 VRRP 的主备备份双机热备

主备备份方式的双机热备是目前较常用的双机部署方式，配置也比较简单，容易理解，因此我们先从主备备份双机热备状态形成和切换过程来讲解。为了让大家能够真实地感受到VRRP和VGMP在防火墙上的存在形式，我们下面会先给出防火墙主备备份双机热备的配置，然后描述配置完成后双机热备状态的形成和切换过程。

如图3-20所示，为了实现主备备份的双机热备，我们需要将Firewall_A上的VRRP备份组状态都配置为**active**；将Firewall_B上的VRRP备份组状态都配置为**standby**。

实现此操作的命令为**vrrp vrid** *virtual-router-id* **virtual-ip** *virtual-address* [*ip-mask* | *ip-mask-length*] { **active** | **standby** }。这条命令看似简单，但功能很强大，一条命令配置下去轻松搞定两件事。

① 将接口加入VRRP备份组，同时指定了虚拟IP地址和掩码。虚拟IP地址和所在接口的实际IP地址可以在同一个网段，也可以不在同一个网段，当两者不在同一网段时，必须配置虚拟IP地址的掩码。

② 通过“**active** | **standby**”参数将VRRP备份组的状态设置为**active**或**standby**。

两台防火墙基于VRRP的主备备份双机热备的关键配置如表3-2所示。

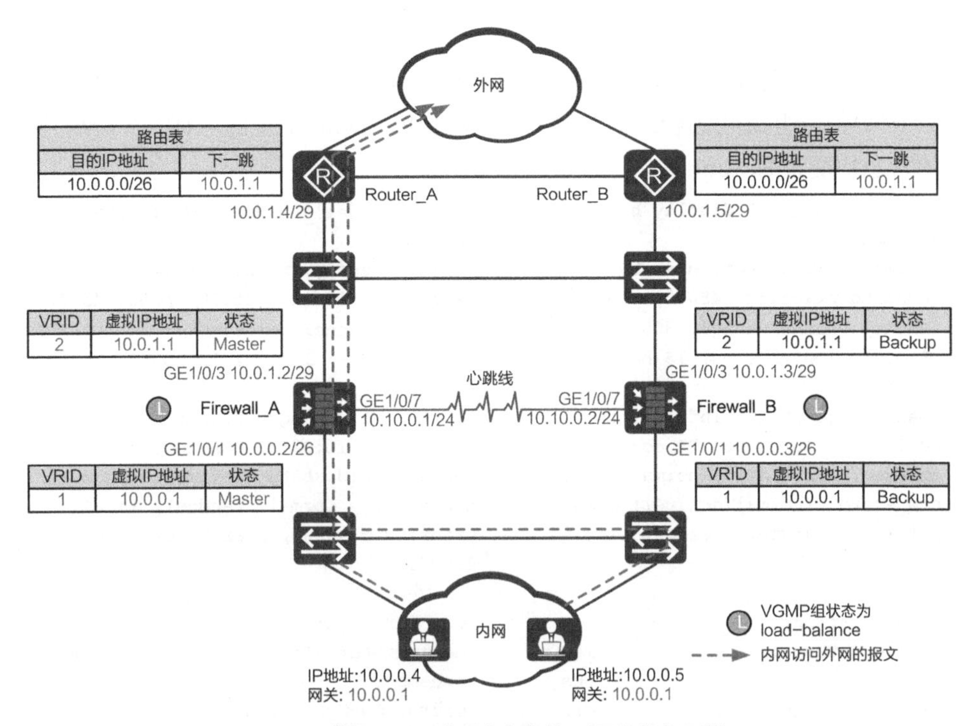

图 3-20 基于 VRRP 实现主备备份 （双机状态正常）

表 3-2 基于 VRRP 的主备备份双机热备的关键配置

配置项	Firewall_A 的配置	Firewall_B 的配置
配置 VRRP 备份组 1	interface GigabitEthernet 1/0/1 ip address **10.0.0.2** 255.255.255.192 vrrp vrid 1 virtual-ip 10.0.0.1 **active**	interface GigabitEthernet 1/0/1 ip address **10.0.0.3** 255.255.255.192 vrrp vrid 1 virtual-ip 10.0.0.1 **standby**
配置 VRRP 备份组 2	interface GigabitEthernet 1/0/3 ip address **10.0.1.2** 255.255.255.248 vrrp vrid 2 virtual-ip 10.0.1.1 **active**	interface GigabitEthernet 1/0/3 ip address **10.0.1.3** 255.255.255.248 vrrp vrid 2 virtual-ip 10.0.1.1 **standby**
配置心跳接口	hrp interface GigabitEthernet 1/0/7 remote **10.10.0.2**	hrp interface GigabitEthernet 1/0/7 remote **10.10.0.1**
启用双机热备	hrp enable	hrp enable

配置完成后，我们在Firewall_A和Firewall_B上分别执行**display hrp state verbose**命令检查两台防火墙的VGMP组优先级和状态，可以看到

Firewall_A为主用防火墙（Role: active），Firewall_B为备用防火墙（Role: standby），两台防火墙的VGMP组优先级相等，均为45000。Firewall_A上的VRRP备份组1和2的状态均配置为active，Firewall_B上的VRRP备份组1和2的状态均配置为standby。

```
HRP_M<Firewall_A> display hrp state verbose
 Role: active, peer: standby
 Running priority: 45000, peer: 45000
 Backup channel usage: 30%
 Stable time: 1 days, 13 hours, 35 minutes
 Last state change information: 2021-12-17 16:01:56 HRP core state changed, old_state = normal(standby), new_state = normal(active), local_priority = 45000, peer_priority = 45000.

 Configuration:
 hello interval:                1000ms
 preempt:                       60s
 mirror configuration:          off
 mirror session:                off
 track trunk member:            on
 auto-sync configuration:       on
 auto-sync connection-status:   on
 adjust ospf-cost:              on
 adjust ospfv3-cost:            on
 adjust bgp-cost:               on
 nat resource:                  off

 Detail information:
        GigabitEthernet1/0/1 vrrp vrid 1: active
        GigabitEthernet1/0/3 vrrp vrid 2: active
```

```
HRP_S<Firewall_B> display hrp state verbose
 Role: standby, peer: active
 Running priority: 45000, peer: 45000
 Backup channel usage: 30%
 Stable time: 1 days, 13 hours, 35 minutes
 Last state change information: 2021-12-17 16:03:56 HRP core state changed, old_state = normal(standby), new_state = normal(standby), local_priority = 45000, peer_priority = 45000.

 Configuration:
 hello interval:                1000ms
 preempt:                       60s
 mirror configuration:          off
 mirror session:                off
 track trunk member:            on
 auto-sync configuration:       on
 auto-sync connection-status:   on
 adjust ospf-cost:              on
 adjust ospfv3-cost:            on
 adjust bgp-cost:               on
 nat resource:                  off

 Detail information:
        GigabitEthernet1/0/1 vrrp vrid 1: standby
        GigabitEthernet1/0/3 vrrp vrid 2: standby
```

熟悉华为交换机和路由器的读者，想必非常好奇华为防火墙上的VRRP备份组的详细信息怎么查看吧？在Firewall_A和Firewall_B上分别执行**display vrrp**命令，我们可以看到Firewall_A上的VRRP备份组1和2的状态均为Master，与配置项**vrrp vrid active**对应；Firewall_B上的VRRP备份组1和2的状态均为Backup，与配置项**vrrp vrid standby**对应；两台防火墙的VRRP优先级（PriorityRun）都一样，均为120。华为防火墙的VRRP优先级始终为

120，不可修改，这也是华为防火墙不同于华为交换机和路由器设备的地方。

```
HRP_M<Firewall_A> display vrrp
 GigabitEthernet1/0/1 | Virtual Router 1
    State : Master
    Virtual IP : 10.0.0.1
    Master IP : 10.0.0.2
    PriorityRun : 120
    PriorityConfig : 100
    MasterPriority : 120
    Preempt : YES   Delay Time : 0 s
    TimerRun : 60 s
    TimerConfig : 60 s
    Auth type : NONE
    Virtual MAC : 0000-5e00-0101
    Check TTL : YES
    Config type : vgmp-vrrp
    Backup-forward : disabled
    Create time : 2021-12-17 17:35:54 UTC+08:00
    Last change time : 2021-12-17 16:01:56 UTC+08:00

 GigabitEthernet1/0/3 | Virtual Router 2
    State : Master
    Virtual IP : 10.0.1.1
    Master IP : 10.0.1.2
    PriorityRun : 120
    PriorityConfig : 100
    MasterPriority : 120
    Preempt : YES   Delay Time : 0 s
    TimerRun : 60 s
    TimerConfig : 60 s
    Auth type : NONE
    Virtual MAC : 0000-5e00-0102
    Check TTL : YES
    Config type : vgmp-vrrp
    Backup-forward : disabled
    Create time : 2021-12-17 17:35:54 UTC+08:01
    Last change time : 2021-12-17 16:01:56 UTC+08:01
```

```
HRP_S<Firewall_B> display vrrp
 GigabitEthernet1/0/1 | Virtual Router 1
    State : Backup
    Virtual IP : 10.0.0.1
    Master IP : 10.0.0.2
    PriorityRun : 120
    PriorityConfig : 100
    MasterPriority : 120
    Preempt : YES   Delay Time : 0 s
    TimerRun : 60 s
    TimerConfig : 60 s
    Auth type : NONE
    Virtual MAC : 0000-5e00-0101
    Check TTL : YES
    Config type : vgmp-vrrp
    Backup-forward : disabled
    Create time : 2021-12-17 17:37:54 UTC+08:00
    Last change time : 2021-12-17 16:03:56 UTC+08:00

 GigabitEthernet1/0/3 | Virtual Router 2
    State : Backup
    Virtual IP : 10.0.1.1
    Master IP : 10.0.1.2
    PriorityRun : 120
    PriorityConfig : 100
    MasterPriority : 120
    Preempt : YES   Delay Time : 0 s
    TimerRun : 60 s
    TimerConfig : 60 s
    Auth type : NONE
    Virtual MAC : 0000-5e00-0102
    Check TTL : YES
    Config type : vgmp-vrrp
    Backup-forward : disabled
    Create time : 2021-12-17 17:37:54 UTC+08:01
    Last change time : 2021-12-17 16:03:56 UTC+08:01
```

配置完成后，主备备份方式的双机热备状态形成过程如下。

① 两台防火墙启用双机热备功能之后，都会短暂地处于**standby**状态，并向对端发送VGMP报文，相互告知自己的优先级和状态。两台防火墙的VGMP组收到对端的VGMP报文后，会与对端比较优先级。它们都会发现本端与对端优先级相等，因此均将自身状态切换成**load-balance**。

② 由于Firewall_A的VRRP备份组都被管理员配置为**active**，所以Firewall_A的VRRP备份组1和VRRP备份组2的状态都为Master。同理Firewall_B的VRRP备份组1和VRRP备份组2的状态都为Backup。

③ 这时Firewall_A的VRRP备份组1和2会分别向下行和上行交换机发送免费ARP报文，将VRRP备份组的虚拟MAC地址通知给它们。其中00-00-5E-00-01-01是VRRP备份组1的虚拟MAC地址，00-00-5E-00-01-02是VRRP备份组2的虚拟MAC地址。

④ 上下行交换机的MAC地址表会分别记录虚拟MAC地址与端口的对应关系。这样当上下行的业务报文到达交换机后，交换机会将报文转发到Firewall_A上，Firewall_A成为主用设备，Firewall_B成为备用设备。

⑤ 同时Firewall_A和Firewall_B的VGMP组还会通过心跳线定时互相通告VGMP报文。

如图3-21所示，Firewall_A的上行业务接口发生故障，Firewall_A的VRRP备份组2的状态变为**Initialize**。同时，Firewall_A和Firewall_B的VGMP组状态也发生了变化。Firewall_A的VGMP组状态变为**standby**，Firewall_B的VGMP组状态变为**active**。Firewall_A和Firewall_B基于VGMP组状态对VRRP备份组状态进行调整。Firewall_A上VRRP备份组1的状态被调整为**Backup**。Firewall_B上VRRP备份组1和2的状态都被调整为**Master**。

Firewall_B上VRRP备份组状态由**Backup**变为**Master**时会广播免费ARP报文，报文中携带VRRP备份组的虚拟IP地址和接口的MAC地址。免费ARP报文会刷新交换机的MAC地址表、主机和路由器的ARP缓存表。这样，内外部网络之间的流量都会被引导到Firewall_B上转发。

综上所述，正常情况下，只有Firewall_A在处理内外部网络之间的流量，Firewall_B不处理流量。Firewall_A和Firewall_B之间形成主备备份模式的双机热备，Firewall_A为主用设备，Firewall_B为备用设备。当Firewall_A发生故障时，Firewall_B能自动接替Firewall_A继续处理内外部网络之间的流量，保证业务不中断。

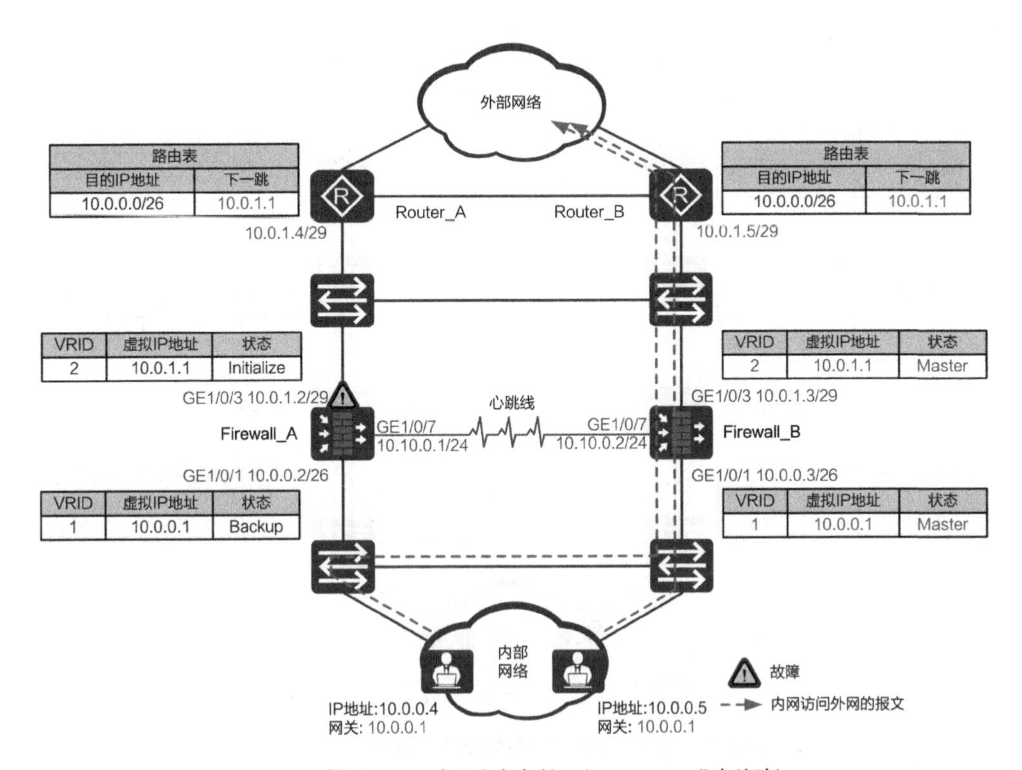

图3-21　基于VRRP实现主备备份　（Firewall_A发生故障）

2. 基于VRRP的负载分担双机热备

如果要两台防火墙工作在负载分担模式，两台防火墙上都要配置状态为active的VRRP备份组，这样就需要在两台防火墙上分别配置4个VRRP备份组。

如图3-22所示，为了实现负载分担方式的双机热备，我们需要在两台防火墙上配置状态为active的VRRP备份组，即Firewall_A的VRRP备份组1和3状态配置成active，VRRP备份组2和4状态配置成standby。Firewall_B的VRRP备份组2和4状态配置成active，VRRP备份组1和3状态配置成standby。正常情况下，两台防火墙的VGMP组状态都是load-balance，VRRP备份组的运行状态由配置决定。因此，Firewall_A的VRRP备份组1和3运行状态是Master，VRRP备份组2和4运行状态是Backup。Firewall_B的VRRP备份组2和4运行状态都是Master，VRRP备份组1和3运行状态是Backup。

两台防火墙基于VRRP的负载分担双机热备的关键配置如表3-3所示。

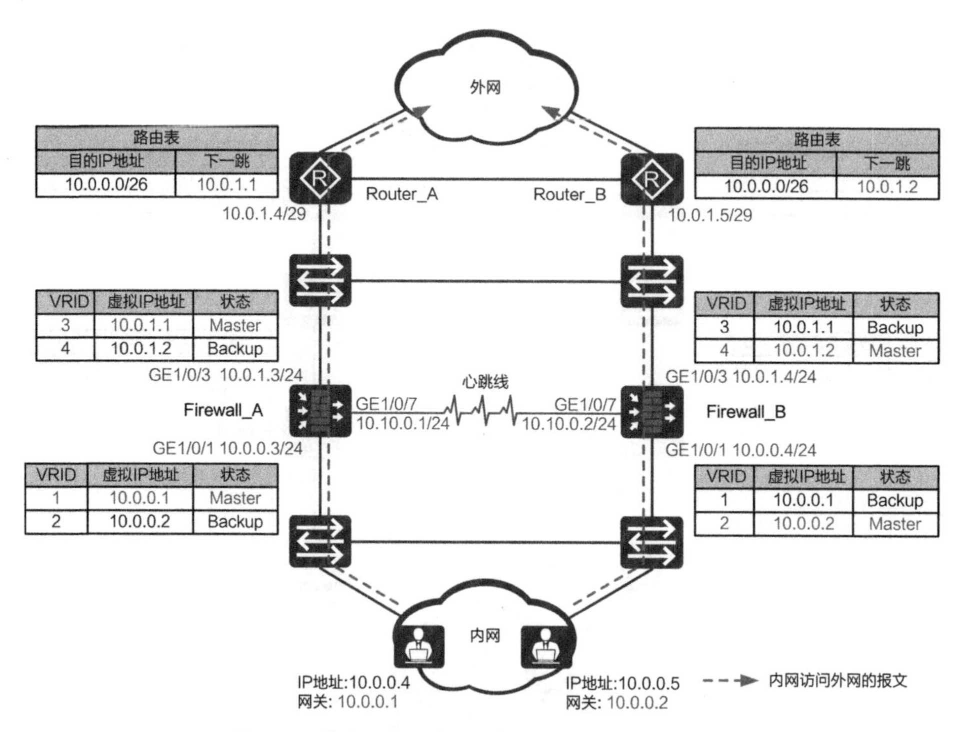

图 3-22　基于 VRRP 实现负载分担（双机状态正常）

表 3-3　基于 VRRP 的负载分担双机热备的关键配置

配置项	Firewall_A 的配置	Firewall_B 的配置
在 GE1/0/1 接口上同时配置两个 VRRP 备份组，分别配置状态为 active 和 standby	interface GigabitEthernet 1/0/1 ip address **10.0.0.3** 255.255.255.0 vrrp vrid 1 virtual-ip 10.0.0.1 **active** vrrp vrid 2 virtual-ip 10.0.0.2 **standby**	interface GigabitEthernet 1/0/1 ip address **10.0.0.4** 255.255.255.0 vrrp vrid 1 virtual-ip 10.0.0.1 **standby** vrrp vrid 2 virtual-ip 10.0.0.2 **active**
在 GE1/0/3 接口上同时配置两个 VRRP 备份组，分别配置状态为 active 和 standby	interface GigabitEthernet 1/0/3 ip address **10.0.1.3** 255.255.255.0 vrrp vrid 3 virtual-ip 10.0.1.1 **active** vrrp vrid 4 virtual-ip 10.0.1.2 **standby**	interface GigabitEthernet 1/0/3 ip address **10.0.1.4** 255.255.255.0 vrrp vrid 3 virtual-ip 10.0.1.1 **standby** vrrp vrid 4 virtual-ip 10.0.1.2 **active**
配置心跳接口	hrp interface GigabitEthernet 1/0/7 remote **10.10.0.2**	hrp interface GigabitEthernet 1/0/7 remote **10.10.0.1**
启用双机热备	hrp enable	hrp enable

由表3-3可以看出：在负载分担场景下，每个业务接口需要加入两个VRRP备份组，且这两个VRRP备份组要分别配置状态为**active**和**standby**。例如GE1/0/1接口加入了备份组1和2，备份组1和2分别配置状态为**active**和**standby**。两台防火墙的相同编号的VRRP备份组需分别配置状态为**active**和**standby**。例如Firewall_A的VRRP备份组1的状态配置为**active**，Firewall_B的VRRP备份组1的状态配置为**standby**。

配置完成后，我们在Firewall_A和Firewall_B上分别执行**display hrp state verbose**命令检查两台防火墙的VGMP组优先级和状态，可以看到Firewall_A和Firewall_B均为主用防火墙（Role：active），两台防火墙的VGMP组优先级相等，均为45000。Firewall_A上的VRRP备份组1和3的状态配置为active，VRRP备份组2和4的状态配置为standby；Firewall_B上的VRRP备份组1和3的状态standby，VRRP备份组2和4的状态配置为active。

HRP_M<Firewall_A> **display hrp state verbose** **Role: active, peer: active** **Running priority: 45000, peer: 45000** Backup channel usage: 30% Stable time: 1 days, 13 hours, 35 minutes Last state change information: 2021-12-17 16:01:56 HRP core state changed, old_state = normal(standby), new_state = normal(active), local_priority = 45000, peer_priority = 45000. Configuration: hello interval: 1000ms preempt: 60s mirror configuration: off mirror session: on track trunk member: on auto-sync configuration: on auto-sync connection-status: on adjust ospf-cost: on adjust ospfv3-cost: on adjust bgp-cost: on nat resource: off	HRP_S<Firewall_B> **display hrp state verbose** **Role: active, peer: active** **Running priority: 45000, peer: 45000** Backup channel usage: 30% Stable time: 1 days, 13 hours, 35 minutes Last state change information: 2021-12-17 16:03:56 HRP core state changed, old_state = normal(standby), new_state = normal(active), local_priority = 45000, peer_priority = 45000. Configuration: hello interval: 1000ms preempt: 60s mirror configuration: off mirror session: on track trunk member: on auto-sync configuration: on auto-sync connection-status: on adjust ospf-cost: on adjust ospfv3-cost: on adjust bgp-cost: on nat resource: off

```
Detail information:
        GigabitEthernet1/0/1 vrrp vrid
1: active
        GigabitEthernet1/0/1 vrrp vrid
2: standby
        GigabitEthernet1/0/3 vrrp vrid
3: active
        GigabitEthernet1/0/3 vrrp vrid
4: standby
```

```
Detail information:
        GigabitEthernet1/0/1 vrrp vrid
1: standby
        GigabitEthernet1/0/1 vrrp vrid
2: active
        GigabitEthernet1/0/3 vrrp vrid
3: standby
        GigabitEthernet1/0/3 vrrp vrid
4: active
```

在Firewall_A和Firewall_B上分别执行**display vrrp**命令，我们可以看到Firewall_A上的VRRP备份组1和3的状态均为Master，与配置项**vrrp vrid active**对应，Firewall_A上的VRRP备份组2和4的状态均为Backup，与配置项**vrrp vrid standby**对应；Firewall_B上的VRRP备份组1和3的状态均为Backup，与配置项**vrrp vrid standby**对应，Firewall_B上的VRRP备份组2和4的状态均为Master，与配置项**vrrp vrid active**对应；两台防火墙的VRRP优先级（PriorityRun）都一样，均为120。该场景下**display vrrp**的输出信息，请参考前文的介绍，这里不再赘述。

配置完成后，负载分担方式的双机热备状态形成过程如下。

① 两台防火墙启用双机热备功能之后，都会短暂地处于**standby**状态，并向对端发送VGMP报文，相互告知自己的优先级和状态。两台防火墙的VGMP组收到对端的VGMP报文后，会与对端比较优先级。它们都会发现本端与对端优先级相等，因此均将自身状态切换成**load-balance**。

② 由于Firewall_A的VRRP备份组1和3的状态都被管理员设置为active，所以Firewall_A的VRRP备份组1和VRRP备份组3的状态都为Master；由于Firewall_A的VRRP备份组2和4都被管理员设置为standby，所以Firewall_A的VRRP备份组2和VRRP备份组4的状态都为Backup；同理，Firewall_B的VRRP备份组1和VRRP备份组3的状态都为Backup，VRRP备份组2和VRRP备份组4的状态都为Master。

③ 这时Firewall_A的VRRP备份组1和3会分别向下行和上行交换机发送免费ARP报文，将VRRP备份组1和3的虚拟MAC地址通知给它们；Firewall_B的VRRP备份组2和4会分别向下行和上行交换机发送免费ARP报文，将VRRP备份组2和4的虚拟MAC地址通知给它们。

④ 下行交换机的MAC地址表会记录VRRP备份组1的虚拟MAC地址与端口的对应关系，以及VRRP备份组2的虚拟MAC地址与端口的对应关系。这样

当业务报文到达下行交换机时，交换机会根据目的MAC地址不同将报文分别送到Firewall_A或Firewall_B上。内部网络中部分主机的网关被设置成了VRRP备份组1的虚拟IP地址10.0.0.1。这些主机在访问外部网络时，会广播一个ARP请求报文，请求10.0.0.1的MAC地址。Firewall_A的VRRP备份组1状态为**Master**，会响应内网主机的ARP请求。Firewall_B的VRRP备份组1状态为**Backup**，不会响应内网主机的ARP请求。Firewall_A响应的ARP报文会刷新交换机的MAC地址表和主机的ARP缓存表，使这部分主机发往外部网络的流量都被引导到Firewall_A上处理。而另一部分主机的网关被设置成了VRRP备份组2的虚拟IP地址10.0.0.2。这些主机在访问外部网络时，同样会广播一个ARP请求报文，请求10.0.0.2的MAC地址。此时，只有Firewall_B会响应这个ARP请求。因此，这部分主机的流量都被引导到Firewall_B上转发。同理，路由器Router_A到内部网络路由的下一跳地址被设置成了VRRP备份组3的虚拟IP地址10.0.1.1，路由器Router_A发往内部网络的流量会被引导到Firewall_A上处理。路由器Router_B到内部网络路由的下一跳被设置成了VRRP备份组4的虚拟IP地址10.0.1.2，路由器Router_B发往内部网络的流量会被引导到Firewall_B上处理。

这样Firewall_A和Firewall_B都会转发业务报文，所以Firewall_A和Firewall_B都是主用设备，形成负载分担状态。

⑤ 负载分担状态形成后，同时Firewall_A和Firewall_B的VGMP组还会通过心跳线定时互相通告VGMP报文。

如图3-23所示，Firewall_A的上行业务接口发生故障，Firewall_A的VRRP备份组3和4的状态变为**Initialize**。同时，Firewall_A和Firewall_B的VGMP组状态也发生了变化。Firewall_A的VGMP组状态变为**standby**，Firewall_B的VGMP组状态变为**active**。Firewall_A和Firewall_B基于VGMP组状态对VRRP备份组状态进行调整。Firewall_A上VRRP备份组1和2的状态被调整为**Backup**。Firewall_B上所有VRRP备份组的状态都被调整为**Master**。

Firewall_B上VRRP备份组状态由**Backup**变为**Master**时会广播免费ARP报文，报文中携带VRRP备份组的虚拟IP地址和接口的MAC地址。免费ARP报文会刷新交换机的MAC地址表、主机和路由器的ARP缓存表。这样，内外部网络之间的流量会被引导到Firewall_B上转发。

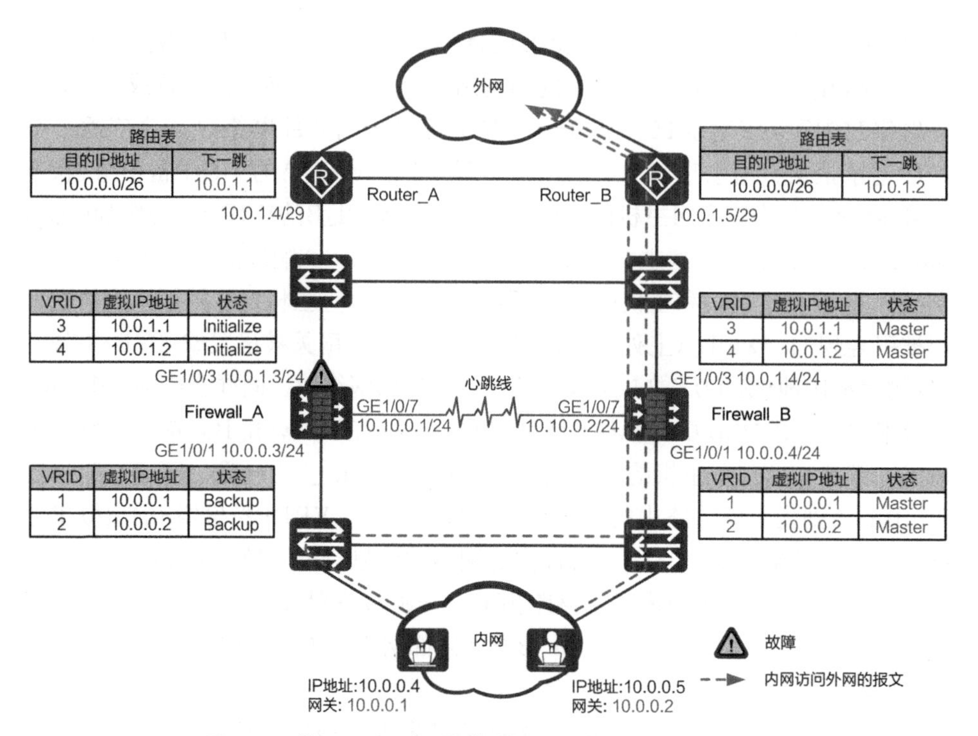

图 3-23 基于 VRRP 实现负载分担 （Firewall_A 发生故障）

同理，如果Firewall_B发生故障，Firewall_A无故障，内外部网络之间的流量会被引导到Firewall_A上转发。

综上所述，正常情况下，Firewall_A和Firewall_B都会处理内外部网络之间的流量。Firewall_A和Firewall_B之间形成负载分担模式的双机热备。Firewall_A和Firewall_B中任意一台发生故障时，流量都会自动切换到未发生故障的防火墙上处理，保证业务不中断。

3.3 VGMP 的协议详解

VGMP与VRRP的配合只适用于防火墙连接二层设备的组网。那么当防火墙连接路由器或防火墙透明接入网络（业务接口工作在二层）时，VGMP组是如何来应对的呢？本节将为您深入解析VGMP组工作原理和典型场景。

3.3.1 VGMP的工作原理

VGMP的核心原理就在于通过设定不同的触发条件，对不同的故障事件进行监控，当发生故障时，能及时触发故障切换，保证业务不中断。我们先来了解一下防火墙支持监控哪些故障事件，不同故障事件下，故障设备和非故障设备的行为又是怎样的。

1. 故障切换触发条件

双机热备组网的情况下，两台防火墙故障切换的触发条件包括心跳丢失和VGMP组状态变化。

（1）心跳丢失

防火墙通过监控对端防火墙的心跳报文来判定对端防火墙是否存活，是否要进行故障切换。双机热备组网中的两台防火墙会通过心跳线互相发送心跳报文。心跳报文的发送周期默认为1000毫秒。如果防火墙连续5个心跳周期没有收到对端的心跳报文，就判断对端防火墙发生故障并触发故障切换。

（2）VGMP组状态变化

防火墙通过心跳线接收对端设备的VGMP报文，了解对端设备的VGMP组优先级，并通过比较本端和对端VGMP组优先级大小来确定是否要进行故障切换。当防火墙的接口或链路发生故障时，VGMP组优先级会降低，具体如表3-4所示。如果本端的VGMP组优先级低于对端，本端的VGMP组状态会切换为standby。同时，防火墙会向对端设备发送一个VGMP报文，通知对端进行故障切换。

表3-4 不同故障事件对VGMP组优先级的影响

故障事件	故障场景	对VGMP组优先级的影响
从CPU故障	—	仅涉及双CPU机型。当从CPU出现未注册、核失效或关键进程（转发和IPsec[①]）异常等故障时，VGMP组优先级降低2
VGMP组监控的接口故障[②]	场景1：接口上配置了VRRP备份组	该接口down时，VGMP组优先级降低2× 接口上VRRP备份组数
	场景2：使用 **hrp track interface** 命令配置VGMP组监控物理接口状态	每一个物理接口down时，VGMP组优先级降低2

续表

故障事件	故障场景	对 VGMP 组优先级的影响
VGMP 组监控的接口故障[2]	场景 3：使用 **hrp track interface** 命令配置 VGMP 组监控 Eth-Trunk 接口状态	默认情况下，防火墙会同时监控所有成员接口。成员接口 down，VGMP 组优先级降低 2× 故障成员接口个数。Eth-Trunk 接口的所有成员接口 down，即 VGMP 组优先级降低 2×（1+ 成员接口个数）。 如果防火墙上配置了 **undo hrp track trunk-member enable** 命令，则 Eth-Trunk 接口的部分成员接口发生故障不影响 VGMP 组优先级
	场景 4：接口上配置了 VRRP 备份组，同时又使用 **hrp track interface** 命令配置 VGMP 组监控接口的状态	该接口发生故障时，VGMP 组优先级降低值会叠加计算。例如，GE1/0/1 接口上配置了 2 个 VRRP 备份组，同时又配置了 **hrp track interface GigabitEthernet 1/0/1** 命令，当 GE1/0/1 接口发生故障时，VGMP 组优先级降低 6
	场景 5：使用 **hrp track vlan** 监控 VLAN 状态	加入该 VLAN 的接口发生故障时，VGMP 组优先级会降低。每一个接口发生故障，VGMP 组优先级降低 2。如果同时配置了监控该 VLAN 所在的物理接口，VGMP 组优先级降低值会叠加计算
VGMP 组监控的链路故障	场景 1：监控 IP-Link 的状态来间接监控链路的状态	每一个 IP-Link down 时，VGMP 组优先级降低 2
	场景 2：监控 BFD 的状态来间接监控链路的状态	每一个 BFD 会话 down 时，VGMP 组优先级降低 2
	场景 3：监控 OSPF 邻居的状态来间接监控链路的状态	每一个 OSPF 邻居状态从 Full 变为非 Full 时，VGMP 组优先级降低 2
	场景 4：监控 BGP 邻居的状态来间接监控链路的状态	每一个 BGP 邻居状态从 Established 变为非 Established 时，VGMP 组优先级降低 2

注：① IPsec 即 Internet Protocol Security，互联网络层安全协议。

② 防火墙上有很多接口，只有被监控的接口物理状态 down（非协议 down）时，才会影响 VGMP 组优先级。

2. 故障切换行为

发生不同故障事件时，防火墙故障切换行为如表3-5所示。

表 3-5 防火墙故障切换行为

故障事件	是否切换	故障设备行为	未故障设备行为	说明
整机故障	是	N/A	等待5个心跳周期后，VGMP组状态切换为active	VGMP组状态切换为**active**时，防火墙会进行如下调整，将网络流量引导到自身转发： • 将设备上所有状态为Backup的VRRP备份组调整为**Master**状态，开始发送VRRP通告报文和虚拟IP地址的免费ARP报文。 • 按动态路由（OSPF、OSPFv3和BGP）的配置正常发布路由。 • 将VGMP组监控的VLAN状态调整为启用状态。 • 如果设备工作在镜像模式，业务接口会被调整为“非静默状态”，业务接口开始收发报文
心跳线故障	是	等待5个心跳周期后，VGMP组状态切换为**active**	等待5个心跳周期后，VGMP组状态切换为**active**	
主CPU故障	是	整机重启	等待5个心跳周期后，VGMP组状态切换为**active**	
从CPU故障（仅涉及双CPU机型）	是	仅涉及双CPU机型，VGMP组优先级降低，VGMP组状态切换为**standby**，发送VGMP报文通知对端进行故障切换	收到对端设备通知故障切换的VGMP报文后，VGMP组状态切换为**active**	
VGMP组监控的接口故障	是	VGMP组优先级降低，VGMP组状态切换为**standby**，发送VGMP报文通知对端进行故障切换	收到对端设备通知故障切换的VGMP报文后，VGMP组状态切换为**active**	VGMP组状态切换为**standby**时，防火墙会进行如下调整，将网络流量引导到对端设备转发： • 将设备上所有状态为**Master**的VRRP备份组调整为**Backup**状态，停止发送VRRP通告报文和虚拟IP地址的免费ARP报文。 • 发布的动态路由（OSPF、OSPFv3和BGP)开销值被调大。 • 将VGMP组监控的VLAN状态调整为禁用状态。 • 如果设备工作在镜像模式，业务接口会被调整为“静默状态”，业务接口停止收发报文（LACP[①]、LLDP[②]报文除外）
VGMP组监控的链路故障	是	VGMP组优先级降低，VGMP组状态切换为**standby**，发送VGMP报文通知对端进行故障切换	收到对端设备通知故障切换的VGMP报文后，VGMP组状态切换为**active**	

注：① LACP即Link Aggregation Control Protocol，链路聚合控制协议。

② LLDP即Link Layer Discovery Protocol，链路层发现协议。

各种典型双机热备组网与VGMP故障监控和流量引导招式的关系如表3-6所示。

表 3-6 各种典型双机热备组网与 VGMP 故障监控和流量引导招式

双机热备的组网	支持工作模式	故障监控招式	流量引导招式
防火墙业务接口工作在三层，连接二层交换机	主备备份和负载分担	• 通过 VRRP 备份组监控设备自身接口 • 通过 IP-Link 监控远端接口（可选） • 通过 BFD 监控远端接口（可选）	主用设备会向连接的交换机发送免费 ARP 报文，更新交换机的 MAC 转发表
防火墙业务接口工作在三层，连接路由器	主备备份和负载分担	• 直接监控设备自身接口 • 通过 IP-Link 监控远端接口（可选） • 通过 BFD 监控远端接口（可选） • 通过 OSPF 监控邻居（可选） • 通过 BGP 监控邻居（可选）	主用设备正常对外发布路由，备用设备发布的路由开销增加（OSPF Cost 值增加 65500，BGP MED①值增加 100）
防火墙业务接口工作在二层（透明模式），连接二层交换机	推荐主备备份	通过 VLAN 监控设备自身接口	主用设备的 VLAN 能够转发流量，备用设备的 VLAN 被禁用。当主用设备切换成备用设备时，主用设备的 VLAN 中的接口会 down 然后 up 一次，触发上下行二层设备更新 MAC 转发表
防火墙业务接口工作在二层（透明模式），连接路由器	主备备份和负载分担	通过 VLAN 监控设备自身接口	主用设备的 VLAN 能够转发流量，备用设备的 VLAN 被禁用。当主用设备切换成备用设备时，主用设备的 VLAN 中的接口会 down 然后 up 一次，触发上下行三层设备的路由收敛

注：① MED 即 Multi-Exit Discriminator，多出口区分。

说明：当防火墙业务接口工作在三层时，经常会存在上下行连接不同设备的组网，例如上行连接路由器，下行连接交换机。这其实没有什么特殊之处，只需要在上行按照连接路由器的组网进行部署，下行按照连接交换机的组网进行部署即可。

VGMP组监控接口状态是最基本的故障监控招式，而VGMP监控链路状态（包括监控远端接口和路由邻居）是可选配置，可以叠加使用。我们将在第

3.3.2节按照双机热备的组网介绍VGMP组监控接口的招式，然后在第3.3.3节介绍VGMP组监控链路的招式。

3.3.2 VGMP组监控接口的招式

1. 防火墙业务接口工作在三层，连接路由器

如图3-24所示，两台防火墙Firewall_A和Firewall_B业务接口工作在三层，连接路由器。防火墙与路由器之间运行OSPF协议。由于上下行设备不是二层交换机，所以VGMP组无法使用VRRP备份组。这时VGMP组使用的故障监控招式是**直接监控接口状态**。当VGMP组中的接口发生故障时，VGMP组会直接感知到接口状态的变化，从而降低自身的优先级。

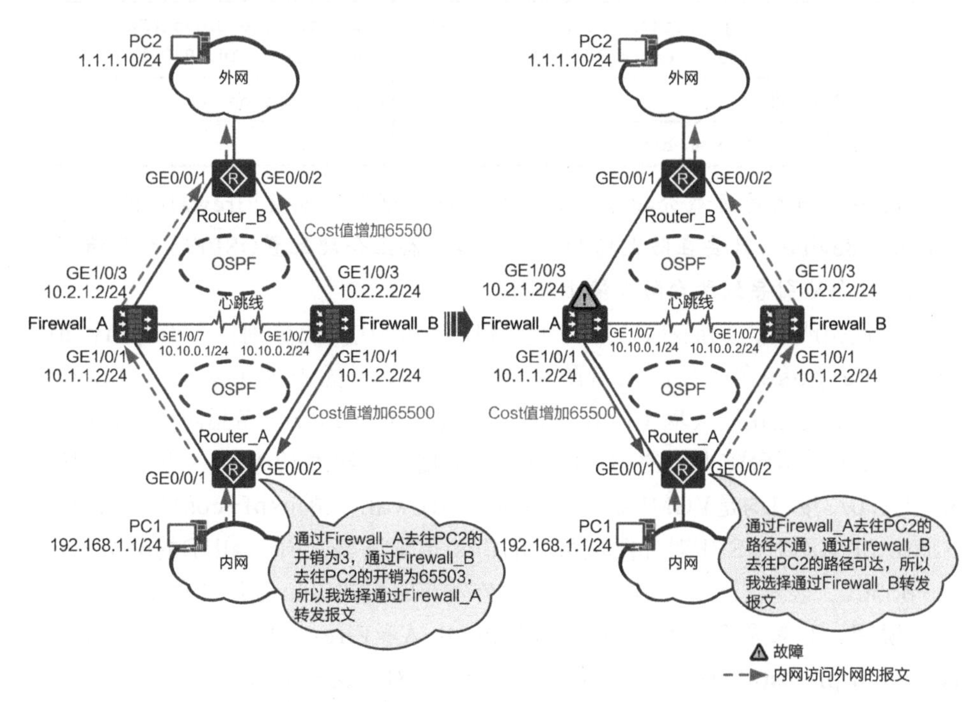

图3-24 防火墙业务接口工作在三层，连接路由器的双机热备组网

VGMP组直接监控接口状态的关键配置如表3-7所示（以主备备份方式的双机热备为例）。

表 3-7 VGMP 组直接监控接口状态的关键配置

配置项	Firewall_A 的配置	Firewall_B 的配置
配置 VGMP 组直接监控 GE1/0/1 接口	interface GigabitEthernet 1/0/1 ip address **10.1.1.2** 255.255.255.0 hrp track interface GigabitEthernet 1/0/1	interface GigabitEthernet 1/0/1 ip address **10.1.2.2** 255.255.255.0 hrp track interface GigabitEthernet 1/0/1
配置 VGMP 组直接监控 GE1/0/3 接口	interface GigabitEthernet 1/0/3 ip address **10.2.1.2** 255.255.255.0 hrp track interface GigabitEthernet 1/0/3	interface GigabitEthernet 1/0/3 ip address **10.2.2.2** 255.255.255.0 hrp track interface GigabitEthernet 1/0/3
配置自动调整 Cost 值功能	hrp adjust ospf-cost enable	hrp adjust ospf-cost enable
配置心跳接口	hrp interface GigabitEthernet 1/0/7 remote **10.10.0.2**	hrp interface GigabitEthernet 1/0/7 remote **10.10.0.1**
指定设备角色为备机		hrp standby-device
启用双机热备功能	hrp enable	hrp enable

说明：如果是负载分担方式的双机热备，则不必配置Firewall_B上的**hrp standby-device**，只要在防火墙和上下行路由器上合理配置OSPF路由开销值，将流量均匀地引导到两台防火墙上处理。

配置完成后，我们在Firewall_A和Firewall_B上分别执行**display hrp state verbose**命令检查两台防火墙的VGMP组优先级和状态，可以看到Firewall_A为主用防火墙（Role: active），Firewall_B为备用防火墙（Role: standby），两台防火墙的VGMP组优先级相等，均为45000。GE1/0/1接口和GE1/0/3接口均是VGMP组的监控项，Firewall_A的**ospf-cost**为**+0**，表示Firewall_A不对OSPF对外发布路由的Cost值做调整，Firwall_B的**ospf-cost**为**+65500**，表示Firewall_B将OSPF对外发布路由的Cost值调整为65500。

说明：如果是负载分担组网，Firewall_A和Firewall_B的角色均为Role: active，**ospf-cost**均为+0，两台防火墙都会正常对外发布路由。

```
HRP_M<Firewall_A> display hrp state verbose
 Role: active, peer: standby
 Running priority: 45000, peer: 45000
 Backup channel usage: 30%
```

```
HRP_S<Firewall_B> display hrp state verbose
 Role: standby, peer: active
 Running priority: 45000, peer: 45000
 Backup channel usage: 30%
```

```
 Stable time: 1 days, 13 hours, 35
minutes
 Last state change information: 2021-
12-22 16:01:56 HRP core state changed,
old_state = normal(standby), new_state =
normal(active), local_priority = 45000,
peer_priority = 45000.

 Configuration:
 hello interval:              1000ms
 preempt:                     60s
 mirror configuration:        off
 mirror session:              off
 track trunk member:          on
 auto-sync configuration:     on
 auto-sync connection-status: on
 adjust ospf-cost:            on
 adjust ospfv3-cost:          on
 adjust bgp-cost:             on
 nat resource:                off

 Detail information:
          GigabitEthernet1/0/1: up
          GigabitEthernet1/0/3: up
          ospf-cost: +0
```

```
 Stable time: 1 days, 13 hours, 35
minutes
 Last state change information: 2021-
12-22 16:01:56 HRP core state changed,
old_state = normal(standby), new_state =
normal(standby), local_priority = 45000,
peer_priority = 45000.

 Configuration:
 hello interval:              1000ms
 preempt:                     60s
 mirror configuration:        off
 mirror session:              off
 track trunk member:          on
 auto-sync configuration:     on
 auto-sync connection-status: on
 adjust ospf-cost:            on
 adjust ospfv3-cost:          on
 adjust bgp-cost:             on
 nat resource:                off

 Detail information:
          GigabitEthernet1/0/1: up
          GigabitEthernet1/0/3: up
          ospf-cost: +65500
```

如果我们希望PC1访问PC2的流量通过Firewall_A转发，那么我们就需要手工将Firewall_B所在链路（Router_A→Firewall_B→Router_B）的OSPF Cost值调大。但是如果我们不方便或不能配置上下行的路由器Router_A或Router_B时怎么办呢？这就需要用到防火墙VGMP组的流量引导功能，将流量自动引导到主用设备上来。这种组网采用的VGMP流量引导招式为通过自动调整Cost值实现流量引导，即防火墙会根据VGMP组的状态自动调整OSPF的Cost值（命令为**hrp adjust ospf-cost enable**）。启用此功能后，防火墙能根据VGMP组状态动态调整OSPF发布路由的开销值，具体如下。

- VGMP组状态为**active**时，防火墙按照OSPF路由的配置正常发布路由。
- VGMP组状态为**standby**时，防火墙会将OSPF发布路由的开销值调整为一个指定数值。默认是将开销值调整为65500，可以使用**hrp adjust ospf-cost enable** *slave-cost*命令修改这个数值。
- VGMP组状态为**load-balance**时，防火墙默认按照OSPF路由的配置正常发布路由。如果用户在防火墙上配置了**hrp standby-device**命令指定防火墙为备机或者将防火墙的所有VRRP备份组状态参数都配置为standby时，防火墙会调整OSPF发布路由的开销值，调整的方法与VGMP组状态为standby时相同。

如图3-24所示，主用设备Firewall_A会正常对外发布路由，备用设备Firewall_B会在对上下行设备发布路由时将Cost值增加65500。这样在Router_A上来看，通过Firewall_A去往PC2的OSPF Cost值为1+1+1=3，通过Firewall_B去往PC2的OSPF Cost值为65501+1+1=65503。因为路由器在转发流量时会选择开销（Cost值）更小的路径（Router_A→Firewall_A→Router_B），所以内网PC1访问外网PC2的流量会通过主用设备Firewall_A转发。

此时，在Router_A的路由表中我们也可以看到，去往目的网段1.1.1.0的报文的下一跳是Firewall_A的GE1/0/1接口的地址10.1.1.2。

```
[Router_A] display ip routing-table
Route Flags: R - relay, D - download to fib
------------------------------------------------------------------------------
Routing Tables: Public
       Destinations : 11        Routes : 11

Destination/Mask    Proto  Pre  Cost  Flags  NextHop   Interface

      1.1.1.0/24  OSPF   10   3     D      10.1.1.2  GigabitEthernet0/0/1
```

当Firewall_A的业务接口发生故障后，两台防火墙的VGMP组会进行状态切换。状态切换后，Firewall_B的VGMP组状态切换成active，Firewall_B成为主用设备；Firewall_A的VGMP组状态切换成standby，Firewall_A成为备用设备。这时Firewall_B正常对外发布路由（不增加Cost值），Firewall_A发布的路由Cost值增加65500。而在Router_A上来看，通过Firewall_A去往PC2的路径不通（因为Firewall_A的上行接口发生故障），通过Firewall_B去往PC2的路径可达且Cost值为3，所以内网PC1访问外网PC2的流量会通过新的主用设备Firewall_B转发。

在Router_A的路由表中我们也可以看到，去往目的网段1.1.1.0的报文的下一跳变为Firewall_B的GE1/0/1接口的地址10.1.2.2。

```
[Router_A] display ip routing-table
Route Flags: R - relay, D - download to fib
```

```
------------------------------------------------------------------------------
Routing Tables: Public
      Destinations : 11        Routes : 11

Destination/Mask    Proto  Pre  Cost  Flags  NextHop       Interface

      1.1.1.0/24   OSPF   10   3      D      10.1.2.2     GigabitEthernet0/0/2
```

以上我们以OSPF为例介绍了VGMP组如何控制OSPF发布路由开销值，实现基于动态路由的双机热备。除了OSPF路由协议，防火墙还支持根据VGMP组状态动态调整OSPFv3发布路由的开销值和BGP发布路由的MED值，实现原理同OSPF类似，具体如下。

VGMP组状态为**active**时，本端防火墙按照OSPF/OSPFv3/BGP路由的配置正常发布路由。

VGMP组状态为**standby**时，本端防火墙会按照如下方法调整OSPF、OSPFv3发布路由的开销值和BGP发布路由的MED值。

OSPF：将OSPF发布路由的开销值调整为一个指定数值。默认是将开销值调整为65500，可以使用**hrp adjust ospf-cost enable** *slave-cost*命令修改这个数值。

OSPFv3：将OSPFv3发布路由的开销值调整为一个指定数值。默认是将开销值调整为65500，可以使用**hrp adjust ospfv3-cost enable** *slave-cost*命令修改这个数值。

BGP：在用户配置的BGP MED值基础上增加一定数值作为BGP发布路由时的MED值。默认增加100，可以使用**hrp adjust bgp-cost enable** *slave-cost*命令修改这个数值。

说明：与OSPF和OSPFv3不同，在设备上执行display bgp routing-table命令查看到的BGP MED值为本地的配置值，不是调整后的BGP MED值，但设备实际会按调整后的BGP MED值发布路由。而OSPF和OSPFv3，通过display命令查看到的开销值与实际发布路由的开销值一致。

VGMP组状态为**load-balance**时，防火墙默认按照OSPF/OSPFv3/BGP路由的配置正常发布路由。如果用户指定某防火墙为备用设备或者将某防火墙的所有VRRP备份组状态参数都配置为**standby**时，设备会调整OSPF、OSPFv3发布路由的开销值和BGP发布路由的MED值，调整的方法与本端VGMP组优先级比对端低时相同。

2. 防火墙业务接口工作在二层（透明接入），连接二层交换机

如图3-25所示，两台防火墙业务接口都工作在二层，连接二层交换机。由于防火墙的业务接口工作在二层，没有IP地址，所以VGMP组无法使用VRRP备份组或者直接监控接口的状态。这时VGMP组使用的故障监控招式是**通过VLAN监控接口状态。**方法是将二层业务接口加入VLAN，VGMP组监控VLAN。当VGMP组中的接口发生故障时，VGMP组会通过VLAN感知到其中接口状态的变化，从而降低自身的优先级。

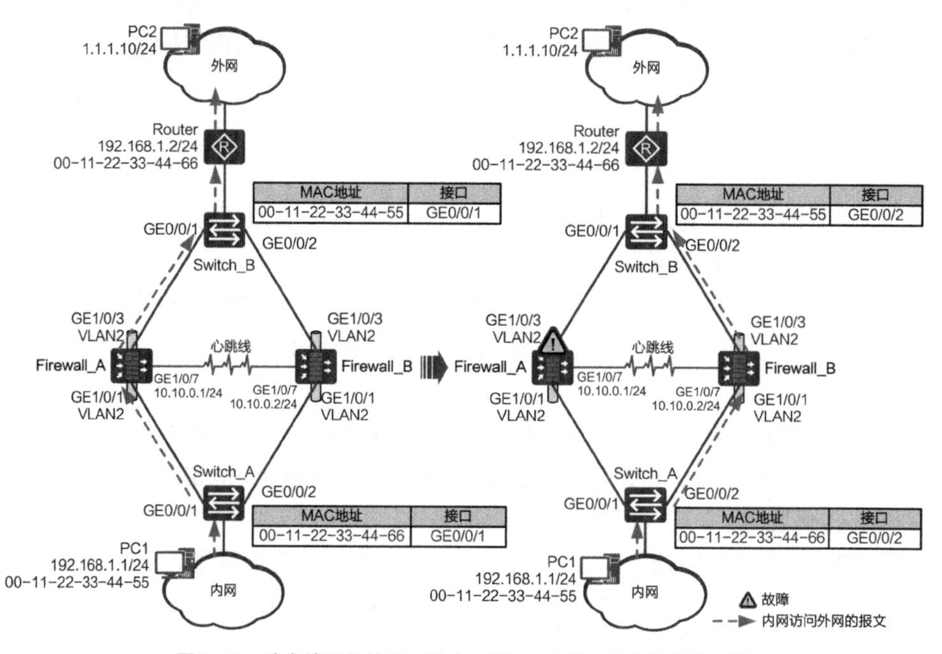

图 3-25　防火墙业务接口工作在二层，连接二层交换机的组网

VGMP组通过VLAN监控接口状态的关键配置（主备备份）如表3-8所示。

表 3-8　VGMP 组通过 VLAN 监控接口状态的关键配置（主备备份）

配置项	Firewall_A 的配置	Firewall_B 的配置
将二层业务接口加入同一个 VLAN	interface GigabitEthernet 1/0/1 portswitch port link-type trunk port trunk allow-pass vlan 2 undo port trunk allow-pass vlan 1 interface GigabitEthernet 1/0/3 portswitch port link-type trunk port trunk allow-pass vlan 2 undo port trunk allow-pass vlan 1	interface GigabitEthernet 1/0/1 portswitch port link-type trunk port trunk allow-pass vlan 2 undo port trunk allow-pass vlan 1 interface GigabitEthernet 1/0/3 portswitch port link-type trunk port trunk allow-pass vlan 2 undo port trunk allow-pass vlan 1

续表

配置项	Firewall_A 的配置	Firewall_B 的配置
配置 VGMP 组监控 VLAN	hrp track vlan 2	hrp track vlan 2
指定设备角色为备机		hrp standby-device
配置心跳接口	hrp interface GigabitEthernet 1/0/7 remote **10.10.0.2**	hrp interface GigabitEthernet 1/0/7 remote **10.10.0.1**
启用双机热备功能	hrp enable	hrp enable

说明：当防火墙的业务接口工作在二层，连接二层交换机时，不建议配置负载分担方式的双机热备，因为如果采用负载分担方式，则两台防火墙上的VLAN都被启用，都能够转发流量，整个网络就会形成环路。此时，需要在交换机上配置破环协议，才能达到消除二层环路的目的。

配置完成后，我们在Firewall_A和Firewall_B上分别执行**display hrp state verbose**命令检查两台防火墙的VGMP组优先级和状态，可以看到Firewall_A为主用防火墙（Role：active），Firewall_B为备用防火墙（Role：standby），两台防火墙的VGMP组优先级相等，均为45000。GE1/0/1接口和GE1/0/3接口均是VGMP组的监控项，Firewall_A的**vlan 2**为**enabled**，Firwall_B的**vlan 2**为**disabled**。

```
HRP_M<Firewall_A> display hrp state verbose
 Role: active, peer: standby
 Running priority: 45000, peer: 45000
 Backup channel usage: 30%
 Stable time: 1 days, 13 hours, 35 minutes
 Last state change information: 2021-12-22 16:01:56 HRP core state changed, old_state = normal(standby), new_state = normal(active), local_priority = 45000, peer_priority = 45000.

 Configuration:
 hello interval:              1000ms
 preempt:                     60s
 mirror configuration:        off
 mirror session:              off
 track trunk member:          on
```

```
HRP_S<Firewall_B> display hrp state verbose
 Role: standby, peer: active
 Running priority: 45000, peer: 45000
 Backup channel usage: 30%
 Stable time: 1 days, 13 hours, 35 minutes
 Last state change information: 2021-12-22 16:01:56 HRP core state changed, old_state = normal(standby), new_state = normal(standby), local_priority = 45000, peer_priority = 45000.

 Configuration:
 hello interval:              1000ms
 preempt:                     60s
 mirror configuration:        off
 mirror session:              off
 track trunk member:          on
```

```
auto-sync configuration:        on
auto-sync connection-status: on
adjust ospf-cost:               on
adjust ospfv3-cost:             on
adjust bgp-cost:                on
nat resource:                   off

Detail information:
       GigabitEthernet1/0/1: up
       GigabitEthernet1/0/3: up
                    vlan 2: enabled
```

```
auto-sync configuration:        on
auto-sync connection-status: on
adjust ospf-cost:               on
adjust ospfv3-cost:             on
adjust bgp-cost:                on
nat resource:                   off

Detail information:
       GigabitEthernet1/0/1: up
       GigabitEthernet1/0/3: up
                    vlan 2: disabled
```

在这种场景中，VGMP组如何来实现流量引导呢？下面我们一起来学习一下VGMP组的招式——VGMP组通过控制VLAN转发流量来保证将流量引导到指定防火墙上，具体如下。

- 防火墙默认情况下不会根据VGMP组状态调整任何VLAN的状态。使用**hrp track vlan** *vlan-id*命令配置VGMP组监控VLAN状态后，防火墙才会根据VGMP组的状态调整VLAN的状态。
- 当VGMP组状态为**active**时，防火墙将VGMP组监控的VLAN状态调整为启用状态，该VLAN可以转发报文。
- 当VGMP组状态为**standby**时，防火墙将VGMP组监控的VLAN状态调整为禁用状态，该VLAN不能转发报文。
- 当VGMP组状态为**load-balance**时，防火墙默认将VGMP组监控的VLAN状态调整为启用状态。如果该防火墙上同时配置了**hrp standby-device**命令被指定为备用设备或者将该防火墙的所有VRRP备份组状态参数都配置为**standby**时，则该防火墙会将VGMP组监控的VLAN状态调整为禁用状态。

由此可见，在图3-25中，Firewall_B上有**hrp standby-device**配置，被指定为备用设备，两台防火墙形成了主备备份组网。当Firewall_A和Firewall_B都没有任何故障时，VGMP组优先级相等，VGMP组的状态都是**load-balance**。Firewall_A的VLAN2处于启用状态（**vlan 2: enabled**），能够转发流量。Firewall_B的VLAN2处于禁用状态（**vlan 2: disabled**），不能转发流量。上下行交换机只能从连接Firewall_A的接口上学习到MAC地址，流量都被引导到Firewall_A上处理。

当Firewall_A的上行业务接口出现故障后，两台防火墙的VGMP组会进行状态切换，Firewall_A的VGMP组状态从**load-balance**变为**standby**，Firewall_B的VGMP组状态从**load-balance**变为**active**。Firewall_A和Firewall_B根据VGMP组状态调整VLAN的状态：Firewall_A的VLAN2被禁用，Firewall_B的VLAN2被启用。同时，Firewall_A上加入VLAN2的所有接口都会down然后up一次，触发上下行交换机删除MAC地址表。当报文到达交换机时，由于没有MAC地址表，报文会在VLAN2内泛洪。报文泛洪一次后，上下行交换机从连接Firewall_B的接口学习到MAC地址表，后续流量被引导到Firewall_B上处理。

3. 防火墙业务接口工作在二层（透明接入），连接路由器

前面我们介绍了防火墙业务接口工作在二层，连接二层交换机时的VGMP招式。如果两台防火墙业务接口都工作在二层，连接路由器，防火墙又有何招式呢？事实上，在此种组网中防火墙的VGMP组采用的故障监控和流量引导方式与“防火墙透明接入，连接二层交换机时的VGMP招式”基本相同，即通过VLAN监控接口状态实现故障监控，通过控制VLAN转发流量实现流量引导。

区别在于，如果要让两台防火墙形成主备备份组网，不是通过**hrp standby-device**命令选取备用设备，而是需要在上下行路由器上合理配置OSPF路由开销值，让流量只通过一台防火墙转发。因为如果通过**hrp standby-device**命令来选取备用设备，备用防火墙上的VLAN被禁用，它的上下行路由器就无法进行通信，无法建立路由。这样主备切换时，备用防火墙就无法及时接替主用防火墙处理业务，导致业务中断。

两台防火墙业务接口工作在二层，均加入VLAN2，分别连接路由器。两台路由器之间运行OSPF协议，防火墙透传路由器的OSPF报文。为了让两台防火墙形成主备备份组网，在上下行路由器上配置OSPF路由开销值如图3-26所示。这样，对于路由器Router_B而言，有两条路径可以到达外部网络。

① Router_B→Firewall_B→Router_D。

② Router_B→Router_A→Firewall_A→Router_C。

路径①的开销值为200，路径②的开销值为110，路径②开销值更小。也就是说，路由器Router_B到达外部网络的两条路径中，Firewall_A所在的这条路径更优。同理，对于其他路由器而言，也都是Firewall_A所在路径更优。这样，内外部网络之间的流量都被引导到Firewall_A上处理。Firewall_A和Firewall_B形成主备备份组网，Firewall_A为主机，Firewall_B为备机。

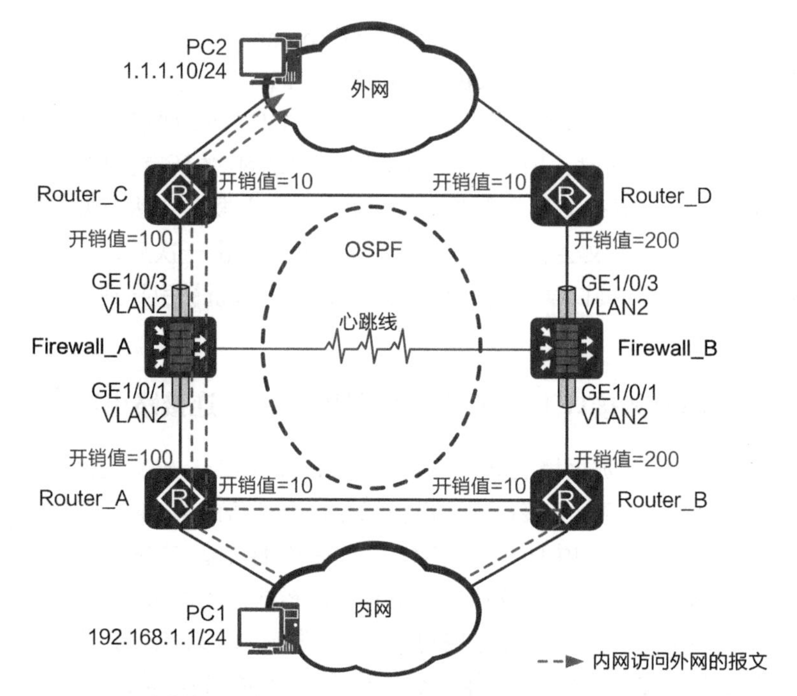

图 3-26　防火墙业务接口工作在二层，连接路由器的主备备份双机热备组网

如果要让两台防火墙形成负载分担组网，需要在上下行路由器上合理配置OSPF路由开销值，将流量均匀地引导到两台防火墙上处理。如图3-27所示，路由器的OSPF路由开销值都被设置成10。对于路由器Router_B而言，有两条路径可以到达外部网络。

① Router_B→Firewall_B→Router_D。

② Router_B→Router_A→Firewall_A→Router_C。

路径①的开销值为10，路径②的开销值为20，路径①开销值更小。也就是说，路由器Router_B到达外部网络的两条路径中，Firewall_B所在的这条路径更优。路由器Router_A到达外部网络的两条路径（Router_A→Firewall_A→Router_C和Router_A→Router_B→Firewall_B→Router_D）中，Firewall_A所在的这条路径更优。这样，内部网络访问外部网络的流量将会由Firewall_A和Firewall_B共同处理。同理，外部网络访问内部网络的流量也是由Firewall_A和Firewall_B共同处理。Firewall_A和Firewall_B之间形成负载分担模式的双机热备。

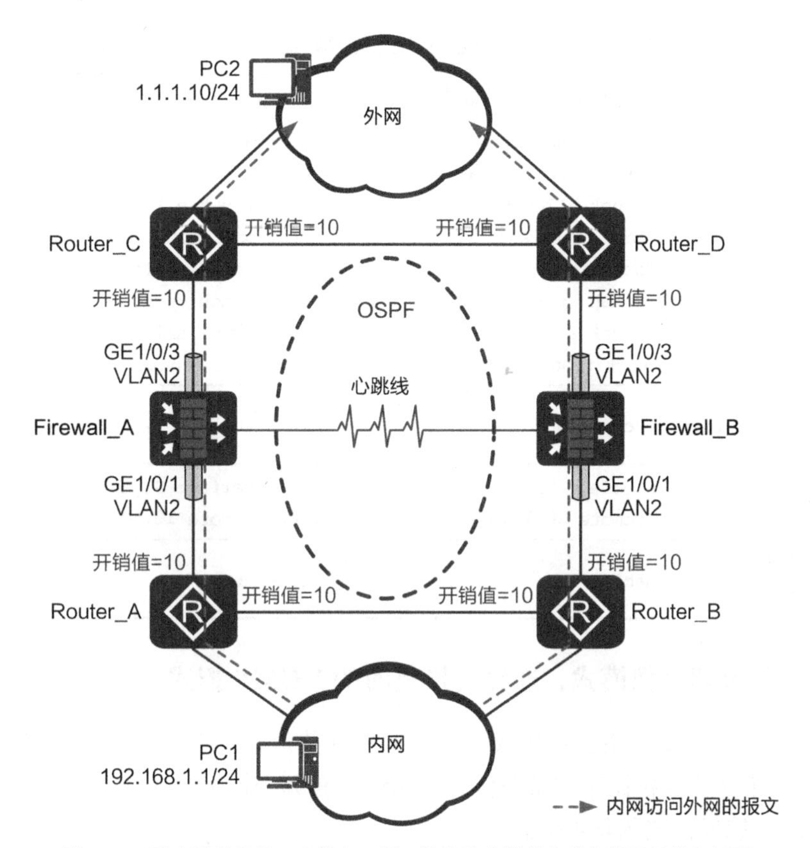

图 3-27　防火墙业务接口工作在二层，连接路由器的负载分担双机热备组网

在这种组网环境中，防火墙上是否还需要使用**hrp track vlan**命令配置VGMP组监控接口加入的VLAN呢？答案是需要，因为使用**hrp track vlan**命令配置VGMP组监控接口加入的VLAN后，当VLAN内的一个接口发生故障时，VLAN内的其他接口都会down然后up一次。这种机制能加快上下行路由器的路由收敛速度。例如，Firewall_A上行业务接口GE1/0/3接口发生故障时，下行业务接口GE1/0/1接口会立即down然后up一次。路由器Router_A能立即感知到网络拓扑的变化，开始路由重收敛。

由此可见，当防火墙透明接入，连接路由器时，主备备份和负载分担双机热备组网中关于VGMP组通过VLAN监控接口状态的关键配置是一致的，差异点在于上下游路由器的配置，具体双机热备相关的关键配置如表3-9所示。

表 3-9 VGMP 组通过 VLAN 监控接口状态的关键配置 （透明接入，连接路由器时）

配置项	Firewall_A 的配置	Firewall_B 的配置
将二层业务接口加入同一个VLAN	interface GigabitEthernet 1/0/1 portswitch port link-type trunk port trunk allow-pass vlan 2 undo port trunk allow-pass vlan 1 interface GigabitEthernet 1/0/3 portswitch port link-type trunk port trunk allow-pass vlan 2 undo port trunk allow-pass vlan 1	interface GigabitEthernet 1/0/1 portswitch port link-type trunk port trunk allow-pass vlan 2 undo port trunk allow-pass vlan 1 interface GigabitEthernet 1/0/3 portswitch port link-type trunk port trunk allow-pass vlan 2 undo port trunk allow-pass vlan 1
配置 VGMP 组监控 VLAN	hrp track vlan 2	hrp track vlan 2
配置心跳接口	hrp interface GigabitEthernet 1/0/7 remote **10.10.0.2**	hrp interface GigabitEthernet 1/0/7 remote **10.10.0.1**
启用双机热备功能	hrp enable	hrp enable

4. 防火墙镜像模式，连接交换机时的 VGMP 招式

镜像模式是实现主备备份双机热备的一种特殊技术手段。下面我们一起来学习一下镜像模式相比于主备备份方式来说，有哪些特殊之处。

（1）镜像模式的基本信息

运行于镜像模式的两台防火墙，跟主备备份模式一样，也是一主一备的关系，正常情况下业务流量由主用防火墙处理。当主用防火墙发生故障时，备用防火墙接替主用防火墙处理业务流量，保证业务不中断。但与主备备份模式明显的区别在于，镜像模式的两台防火墙有着相同的业务接口地址，相同的路由配置，可以被看成是一台设备，多了个镜像模式管理接口的概念。

在部署镜像模式双机热备前，我们需要了解一下镜像模式的基本信息。

默认情况下，镜像模式的备机除了MEth0/0/0管理接口和心跳接口，其他的接口是不能接收和发送报文的。但是部分场景下，备机是需要接收和发送报文的。例如，向日志服务器发送日志或者与网管服务器通信。此时，可以在备机上使用**hrp mgt-interface**命令指定镜像模式管理接口，使用这些接口发送日志、与网管服务器通信。镜像模式管理接口和心跳接口、业务接口不能复用。即接口配置为镜像模式管理接口后，该接口及其子接口就不能作为心跳接口或业务接口使用。

基于镜像模式实现双机热备时，两台防火墙只能形成主备备份组网，不能形成负载分担组网。镜像模式主要用于数据中心网络解决方案。

基于镜像模式实现双机热备时，两台防火墙上编号相同的业务接口使用相同的IP地址。此处的业务接口是指除MEth0/0/0管理接口、镜像模式管理接口和心跳接口以外的接口。

基于镜像模式实现IPv6双机热备时，两台防火墙上编号相同的业务接口使用相同的IPv6地址和IPv6链路本地地址。需要手工配置IPv6链路本地地址，不要为接口配置自动生成的链路本地地址，以免产生不一致的情况。

启用镜像模式后，两台防火墙之间支持备份的配置会比主备备份和负载分担模式下增多。例如，接口IP地址配置命令在未启用镜像模式时不支持备份，启用镜像模式后支持备份。

（2）镜像模式的流量引导和故障切换机制

如图3-28所示，Firewall_A和Firewall_B工作在镜像模式，上下行业务接口使用相同的IP地址。为了让Firewall_A和Firewall_B形成主备备份组网，需要在一台设备上配置**hrp standby-device**命令，将其指定为备机。

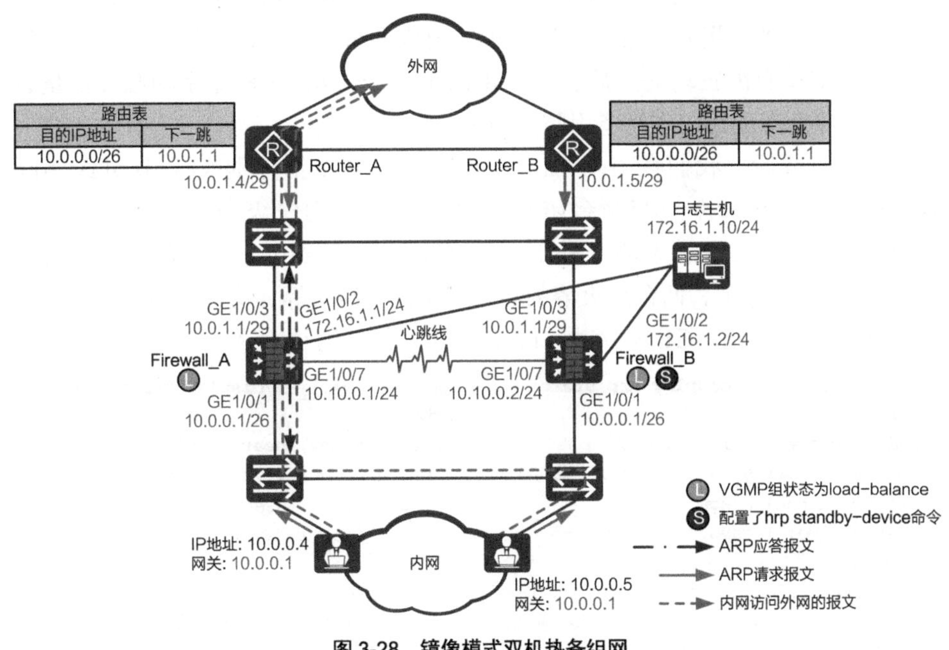

图3-28　镜像模式双机热备组网

镜像模式双机热备的关键配置如表3-10所示。

表 3-10　镜像模式双机热备的关键配置

配置项	Firewall_A 的配置	Firewall_B 的配置
配置 VGMP 组直接监控 GE1/0/1 接口	hrp track interface GigabitEthernet 1/0/1	hrp track interface GigabitEthernet 1/0/1
配置 VGMP 组直接监控 GE1/0/3 接口	hrp track interface GigabitEthernet 1/0/3	hrp track interface GigabitEthernet 1/0/3
指定设备角色为备机		hrp standby-device
配置心跳接口	hrp interface GigabitEthernet 1/0/7 remote **10.10.0.2**	hrp interface GigabitEthernet 1/0/7 remote **10.10.0.1**
启用双机热备功能	hrp enable	hrp enable
启用镜像模式	hrp mirror config enable	
配置镜像模式管理接口	hrp mgt-interface GigabitEthernet 1/0/2	
配置业务（接口、路由等）	根据业务需要配置	
手工批量备份	hrp sync config	

使用**hrp enable**命令启用双机热备功能后，两台防火墙建立双机关系。此后，只需要在主用防火墙上启用镜像模式、配置管理接口和业务接口，这些配置会自动同步到备用防火墙上。镜像模式要求两台防火墙的配置完全一致，等主用防火墙所有配置均完成后，再使用**hrp sync config**命令手动触发批量备份，即可将所有配置同步到备用防火墙上。

配置完成后，我们在Firewall_A和Firewall_B上分别执行**display hrp state verbose**命令检查两台防火墙的VGMP组优先级和状态，可以看到Firewall_A为主用防火墙（Role: active），Firewall_B为备用防火墙（Role: standby），两台防火墙的VGMP组优先级相等，均为45000，**mirror configuration**为**on**。GE1/0/1接口和GE1/0/3接口均是VGMP组的监控项。

```
HRP_M<Firewall_A> display hrp state verbose
 Role: active, peer: standby
 Running priority: 45000, peer: 45000
 Backup channel usage: 30%
 Stable time: 1 days, 13 hours, 35 minutes
 Last state change information: 2021-12-22 16:01:56 HRP core state changed, old_state = normal(standby), new_state = normal(active), local_priority = 45000, peer_priority = 45000.
```

```
HRP_S<Firewall_B> display hrp state verbose
 Role: standby, peer: active
 Running priority: 45000, peer: 45000
 Backup channel usage: 30%
 Stable time: 1 days, 13 hours, 35 minutes
 Last state change information: 2021-12-22 16:01:56 HRP core state changed, old_state = normal(standby), new_state = normal(standby), local_priority = 45000, peer_priority = 45000.
```

```
Configuration:
hello interval:                  1000ms
preempt:                         60s
mirror configuration:            on
mirror session:                  off
track trunk member:              on
auto-sync configuration:         on
auto-sync connection-status:     on
adjust ospf-cost:                on
adjust ospfv3-cost:              on
adjust bgp-cost:                 on
nat resource:                    off

Detail information:
        GigabitEthernet1/0/1: up
        GigabitEthernet1/0/3: up
```

```
Configuration:
hello interval:                  1000ms
preempt:                         60s
mirror configuration:            on
mirror session:                  off
track trunk member:              on
auto-sync configuration:         on
auto-sync connection-status:     on
adjust ospf-cost:                on
adjust ospfv3-cost:              on
adjust bgp-cost:                 on
nat resource:                    off

Detail information:
        GigabitEthernet1/0/1: up
        GigabitEthernet1/0/3: up
```

下面我们一起学习一下，在图3-28这样的组网情况下，防火墙的VGMP组是使用什么招式来实现流量引导和故障切换的？这一招式的关键命令就是**hrp mirror config enable**。当防火墙启用镜像模式后，会根据VGMP组状态调整业务接口的状态。

当VGMP组状态为**load-balance**时，业务接口的状态由配置决定。如果在其中一台防火墙上配置了**hrp standby-device**命令被指定为备机时，则该防火墙的业务接口被调整为“静默状态”，不能接收和发送除LLDP报文、LACP报文以外的其他报文，包括ARP报文、路由协议报文等。

当VGMP组状态为**active**时，业务接口被调整为“非静默状态”，业务接口可以正常收发报文。

当VGMP组状态为**standby**时，业务接口被调整为“静默状态”，业务接口不会接收和发送除LLDP报文、LACP报文以外的其他报文，包括ARP报文、路由协议报文等。

在图3-28中，由于内部网络中主机的网关都被设置成了Firewall_A和Firewall_B的下行业务接口的IP地址10.0.0.1，这些主机在访问外部网络时，会广播一个ARP请求报文，请求10.0.0.1的MAC地址。Firewall_A会响应内网主机的ARP请求。Firewall_B因为有**hrp standby-device**配置，不会响应内网主机的ARP请求。Firewall_A响应的ARP报文会刷新交换机的MAC地址表和主机的ARP缓存表，使主机发往外部网络的流量都被引导到Firewall_A上处理。同理，路由器Router_A和Router_B到内部网络路由的下一跳地址被设置成了Firewall_A和Firewall_B的上行业务接口的IP地址10.0.1.1。外部网络发往内部网络的流量也被引导到Firewall_A上处理。

当Firewall_A的上行业务接口发生故障时，Firewall_A的VGMP组状态变为**standby**，Firewall_B的VGMP组状态变为**active**，如图3-29所示。Firewall_B的VGMP组状态切换为**active**时，业务接口会发送一次免费ARP报文。这个免费ARP报文会刷新交换机的MAC地址表、主机和路由器的ARP缓存表。内外部网络之间的流量都会被引导到Firewall_B上转发。后续Firewall_A和Firewall_B收到ARP请求报文或业务报文时，只有Firewall_B会响应ARP请求或转发业务报文，Firewall_A会丢弃报文。

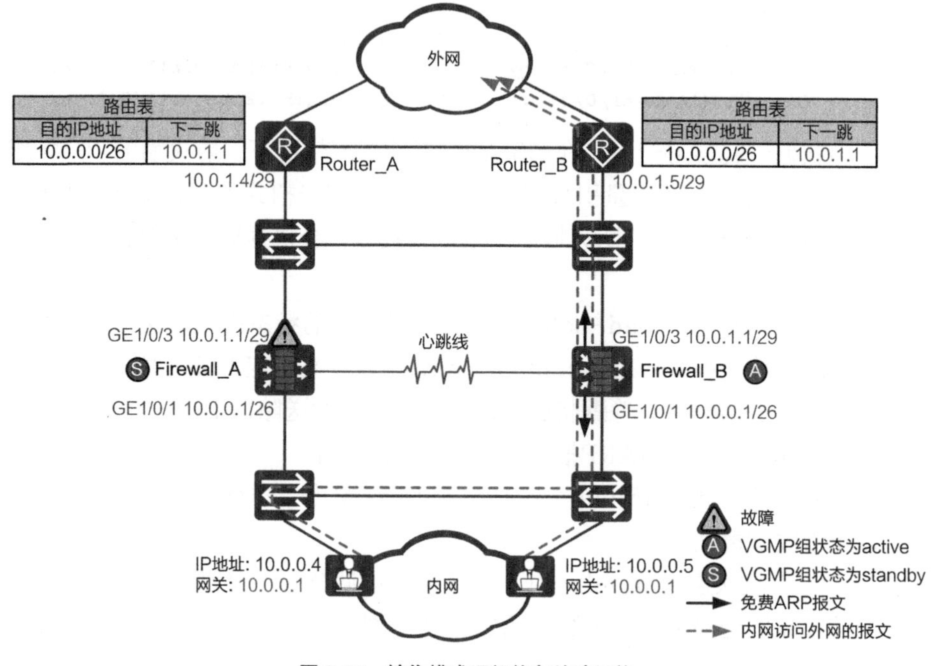

图 3-29　镜像模式双机热备故障切换

（3）镜像模式的注意事项

请使用初始状态的两台防火墙组成镜像模式双机热备。如果设备已在运行业务，请勿直接将设备从非镜像模式切换成镜像模式，必须将设备恢复到初始状态后再切换成镜像模式，否则会导致业务异常。

镜像模式和VRRP功能是互斥的。如果设备上有VRRP配置，则不能启用镜像模式。启用镜像模式后，设备上不能再配置VRRP。

防火墙不支持通过BFD/IP-Link监控远端接口的故障。以BFD为例，因为镜像模式下的备用防火墙不发送BFD探测报文，备用防火墙的BFD状态始终是down的。如果配置了双机热备与BFD联动，则备用防火墙的VGMP管理组优先级会降低2。这样，主用防火墙的BFD状态down或者某一个接口down时，主备状态不会切换。

防火墙与上下行设备之间的路由仅支持静态路由，不支持动态路由和智能选路。同时防火墙也不支持通过OSPF、BGP监控远端邻居故障。以动态路由为例，因为镜像模式下的备用防火墙不会发送和接收路由协商报文，无法建立与上下行设备的动态路由邻居关系。主备切换时，新的主用防火墙需要和上下行设备重新协商路由，这将导致主备切换时业务中断时间较长。

3.3.3 VGMP 组监控链路的招式

第3.3.2节描述的是VGMP组应对各种双机热备组网的招式，其中VGMP组监控的是防火墙本身的接口。下面我们再来学习VGMP组监控链路的招式，包括监控远端接口状态和监控路由邻居。需要注意的是，VGMP组监控链路的招式只能用于防火墙业务接口工作在三层的组网。

远端接口是指链路上其他设备的接口。当VGMP组监控的一个远端接口发生故障时，VGMP组优先级也降低2。VGMP组可以通过IP-Link和BFD监控远端接口状态。

1. 通过 IP-Link 监控远端接口状态

通过IP-Link监控远端接口状态的实现方法是建立IP-Link探测远端接口，然后VGMP组监控IP-Link状态。当IP-Link探测的接口发生故障时，IP-Link的状态变成down，VGMP组感知到IP-Link的状态变化，从而将自身的优先级降低2。

如图3-30所示，Firewall_A与Firewall_B形成双机热备状态，Firewall_A为主用设备，Firewall_B为备用设备。为使防火墙可以监控非直连链路的状态，需要在Firewall_A（Firewall_B）上使用IP-Link1探测Router_A（Router_B）的GE0/0/1接口（非直连的远端接口），然后将IP-Link1加入VGMP组，由VGMP组监控IP-Link1的状态。

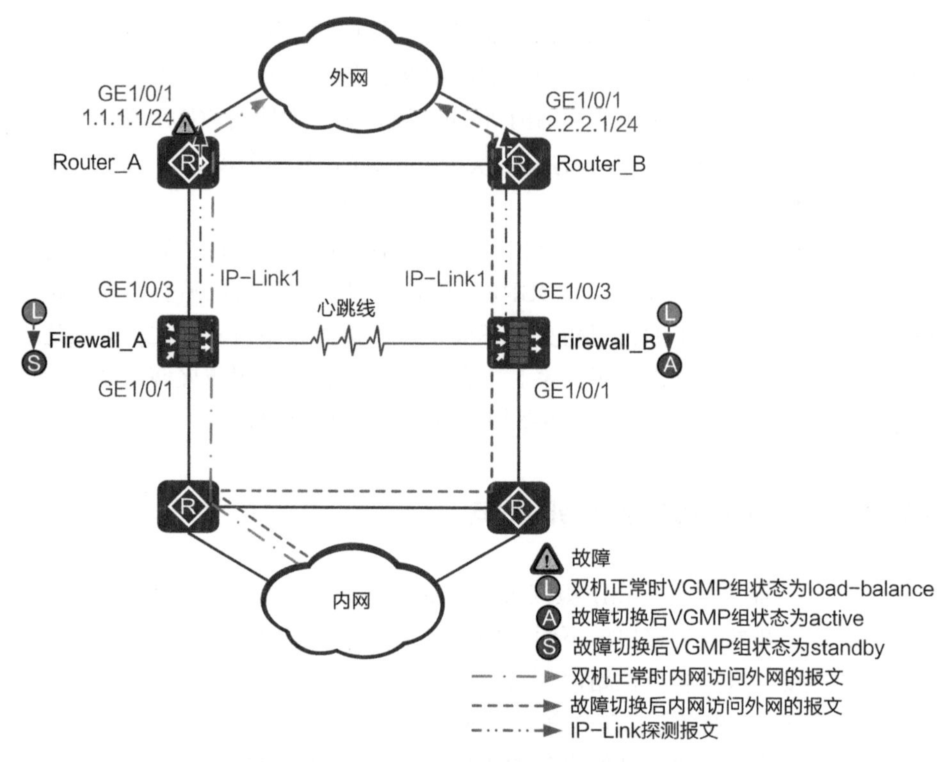

图 3-30　VGMP 组通过 IP-Link 监控远端接口状态

如果Router_A的GE1/0/1接口发生故障，则IP-Link1会检测到故障（由up转为down），并将故障上报给Firewall_A的VGMP组。Firewall_A的VGMP组优先级会降低2，低于Firewall_B的VGMP组优先级，进而导致双机主备状态切换，使Firewall_A成为备用设备，Firewall_B成为主用设备。

具体配置如表3-11所示（配置的前提条件是已配置完成双机热备功能）。

表 3-11　VGMP 通过 IP-Link 监控远端接口的配置

配置项	Firewall_A 的配置	Firewall_B 的配置
启用 IP-Link	ip-link check enable	ip-link check enable
配置 IP-Link 监控远端地址	ip-link name 1 destination **1.1.1.1** interface GigabitEthernet1/0/3 mode icmp	ip-link name 1 destination **2.2.2.1** interface GigabitEthernet1/0/3 mode icmp
配置 VGMP 组监控 IP-Link 状态	hrp track ip-link 1	hrp track ip-link 1

2. 通过BFD监控远端接口状态

防火墙通过BFD监控远端接口状态的实现方法是通过BFD探测远端接口，VGMP组监控BFD状态。当BFD探测的远端接口发生故障时，BFD的状态变成down，VGMP管理组感知到BFD的状态变化，从而将自身的优先级降低2。

如图3-31所示，Firewall_A与Firewall_B形成双机热备状态，Firewall_A为主用设备，Firewall_B为备用设备。为使防火墙可以监控到非直连链路的状态，需要在Firewall_A（Firewall_B）上使用BFD会话1探测Router_A（Router_B）的GE0/0/1接口（非直连的远端接口），然后将BFD会话1加入VGMP组，由VGMP组监控BFD会话的状态。

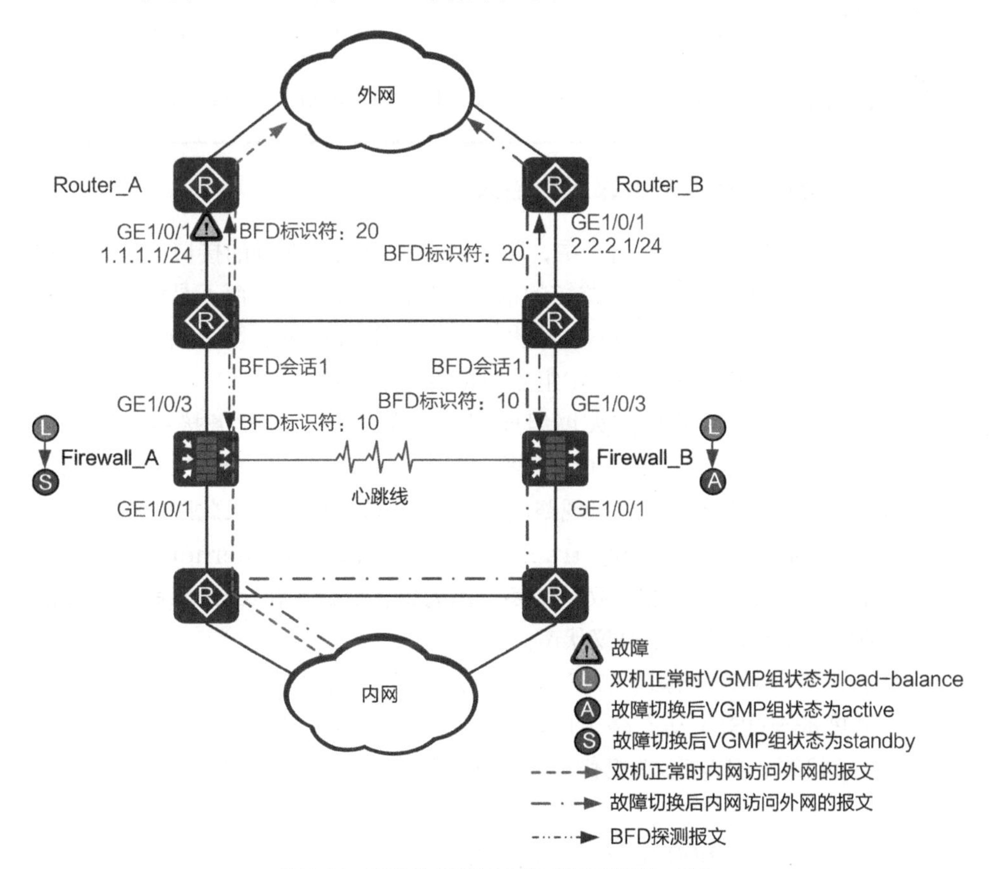

图3-31 VGMP组通过BFD监控远端接口状态

如果Router_A的GE1/0/1接口发生故障，则BFD会话会检测到故障（由up转为down），并将故障上报给Firewall_A的VGMP组。Firewall_A的VGMP组优先级会降低2，低于Firewall_B的VGMP组优先级，进而导致双机主备状态切换，使Firewall_A成为备用设备，Firewall_B成为主用设备。

具体配置如表3-12所示（配置的前提条件是已配置完成双机热备功能）。

表 3-12　VGMP 通过 BFD 监控远端接口的配置

配置项	Firewall_A 的配置	Firewall_B 的配置
配置 BFD 监控远端接口，并指定本地和对端标识符	bfd 1 bind peer-ip **1.1.1.1** discriminator local **10** discriminator remote 20	bfd 1 bind peer-ip **2.2.2.1** discriminator local **10** discriminator remote 20
配置 VGMP 组监控 BFD 会话状态	hrp track bfd-session **10**	hrp track bfd-session **10**

3. VGMP 组监控路由邻居的招式

在前面介绍的VGMP组招式中，不管是监控防火墙本身的接口，还是通过IP-Link/BFD监控远端接口，监控的都是接口的物理状态，而不是协议状态。当接口的物理状态是up，但网络链路出现路由协议down时，防火墙又有何招式来应对呢？下面我们来学习VGMP组监控路由邻居的招式。

如图3-32所示，两台防火墙组成双机热备组网，其业务接口工作在三层，上行连接路由器，防火墙和路由器之间运行OSPF协议。当Firewall_A上GE1/0/1接口所在的网络链路出现路由协议down故障时，如果此时GE1/0/1接口的物理状态仍为up，采用**hrp track interface GigabitEthernet 1/0/1**命令这种故障检测方式将无法触发双机切换，因为**hrp track interface**命令监控的是接口的物理状态，而不是协议状态。

为了让防火墙能感知OSPF动态路由故障，及时触发双机倒换，可以通过双机热备与OSPF动态路由联动来解决这一问题，即通过VGMP组监控OSPF邻居状态，使VGMP组优先级随着邻居状态的变化而变化来触发双机倒换。

当前，华为USG6000E防火墙的双机热备功能支持与OSPF、BGP路由协议联动。

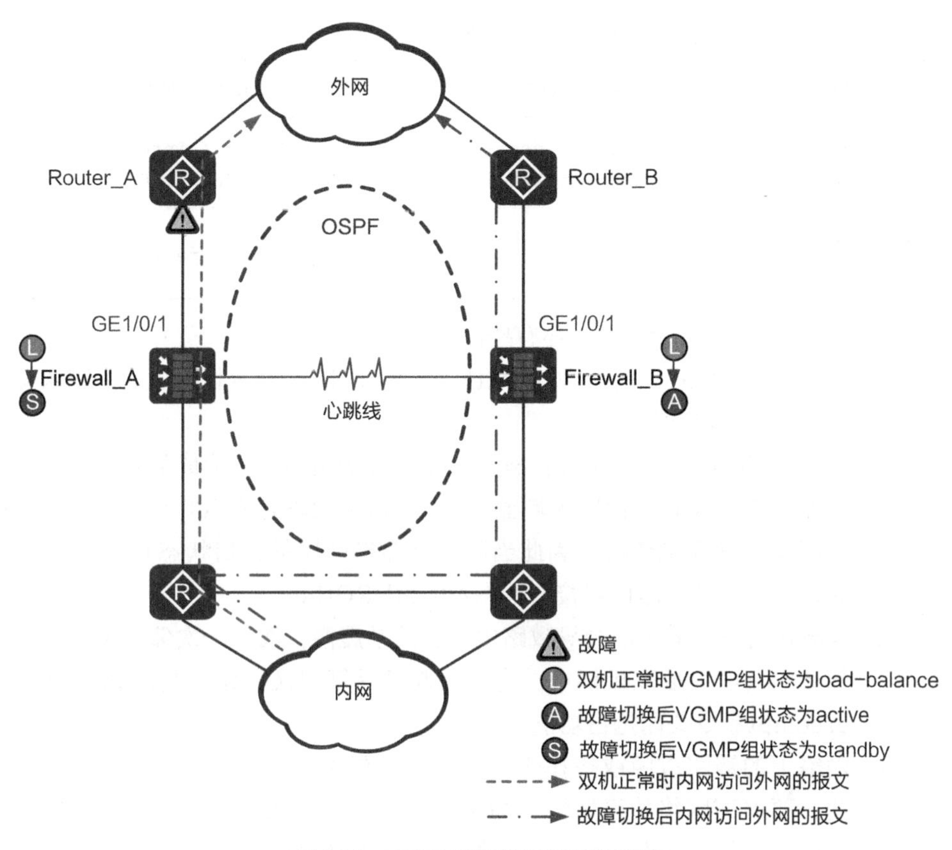

图3-32 VGMP组监控OSPF邻居状态

- 配置VGMP组监控OSPF邻居状态后，当主用设备的OSPF邻居状态从Full切换为非Full时，VGMP组的优先级降低2，触发双机切换。当OSPF邻居状态从非Full切换为Full时，VGMP组的优先级增加2。
- 配置VGMP组监控BGP邻居状态后，当主用设备的BGP邻居状态从Established切换为非Established时，VGMP组的优先级降低2，触发双机切换。当BGP邻居状态从非Established切换为Established时，VGMP组的优先级增加2。

具体配置如表3-13所示（配置的前提条件是已配置完成双机热备功能和OSPF/BGP）。

表 3-13　VGMP 组监控路由邻居的配置

配置项	Firewall_A 的配置	Firewall_B 的配置
配置 VGMP 组监控 OSPF 邻居状态	hrp track ospf interface GigabitEthernet 1/0/1	hrp track ospf interface GigabitEthernet 1/0/1
配置 VGMP 组监控 BGP 邻居状态	hrp track bgp peer 1.1.1.1	hrp track bgp peer 1.1.1.1

除了以上具体配置命令外，还有些注意事项，需要了解一下。

- 仅在非镜像模式下支持VGMP组监控OSPF/BGP邻居状态功能，镜像模式下不支持该功能。
- 在广播网络中，两个接口状态是DROther的路由器不形成邻接关系，状态停留在2-way，而防火墙监控OSPF邻居状态为非Full（含2-way）时都将触发双机切换，因此当防火墙连接邻居的接口状态是DROther时，监控的邻居路由器接口状态不能为DROther。
- 考虑到网络中的闪断会导致路由邻居关系震荡，而每一次邻居关系变化都会触发防火墙双机切换，为避免双机反复切换，建议执行**undo hrp preempt**命令关闭抢占功能。
- 网络上的链路故障或拓扑变化都会导致路由器重新进行路由计算。因此，要提高网络的可用性，缩短路由协议的收敛时间非常重要。在配置VGMP组监控路由邻居状态的同时，建议配置BFD与OSPF/BGP联动，通过BFD对链路故障的快速感应进而通知动态路由协议，加快动态路由协议对于网络拓扑变化的响应，最终加快双机切换的触发，减少对业务的影响。

3.3.4 VGMP 的报文结构

在双机热备中，两台防火墙的VGMP组是通过VGMP报文来传递状态和优先级信息的。了解VGMP报文和报文头可以更好地理解VGMP状态协商和切换的原理，下面让我们看一下VGMP报文的结构。

如图3-33所示，VGMP报文完全脱离VRRP报文格式的限制，直接由UDP报文头封装VGMP报文头（也被称为HRP扩展报文头）来实现。这样VGMP报文彻底成为一种单播报文，能够跨越三层设备（如路由器）传输。

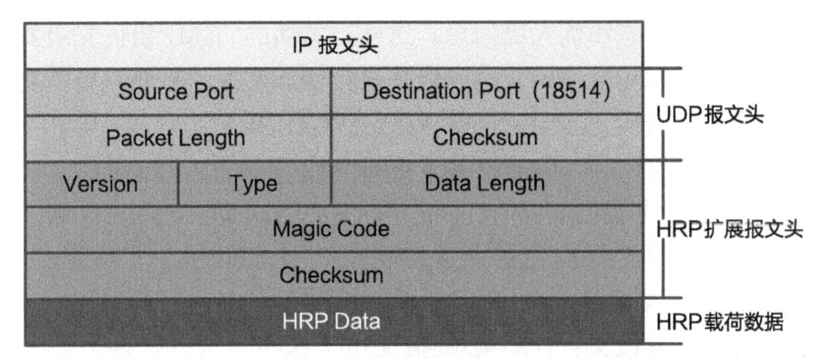

图 3-33 VGMP 报文结构

HRP扩展报文头的“Type”字段定义了各种VGMP报文和HRP报文。

（1）**VGMP报文**：VGMP报文用于了解对端设备的VGMP组的状态，确定本端和对端设备的当前状态是否稳定，是否要进行故障切换。VGMP报文承载的内容如表3-14所示。

表 3-14 VGMP 报文承载的内容

VGMP 报文承载的内容	描述
本端 VGMP 组的状态	VGMP 组想要接管防火墙和 VRRP 备份组的状态管理，就意味着 VGMP 报文中必须要包含 VGMP 组状态和优先级信息
本端 VGMP 组的优先级	
本端设备是否处于忙碌状态	如果本端设备正处于忙碌状态，例如设备正在加载补丁或者策略加速，心跳报文可能发送不出去。这时本端设备会通过 VGMP 报文请求对端不要因为接收不到心跳报文而进行状态切换
本端设备是否发送免费 ARP 报文	如果本端设备配置了 VRRP 备份组且状态为 active 时，本端设备需要向上下行设备发送免费 ARP 报文，从而引导流量通过本端设备转发。这时本端设备会通过 VGMP 报文通知对端：本端设备需要发送免费 ARP 报文，即本端设备需要成为主用设备
管理员配置的设备角色	如果管理员在本端设备上执行了 **hrp standby-device** 命令，则本端设备会通过 VGMP 报文向对端通知：本端需要成为备用设备
是否进行了手动切换	如果管理员在本端设备上执行了 **hrp switch** { **active** | **standby** } 命令，则本端设备会强制切换成主用 / 备用设备。这时本端设备会通过 VGMP 报文向对端通知：本端设备进行了状态切换，成为主用 / 备用设备

VGMP报文承载的“本端设备是否发送免费ARP报文”“管理员配置的设备角色”“是否进行了手动切换”这3项内容保证了两台防火墙的VGMP组都处于load-balance状态时，管理员可以通过配置来决定防火墙的主备状态。

两台防火墙的VGMP组会定期（默认周期为1秒）相互发送VGMP报文，以了解并记录对端的状态和优先级信息。这样当本端的VGMP组优先级发生变化时，可以在第一时间与对端比较优先级并进行状态切换。另外，当本端VGMP组出现以下4种情况时，也会主动向对端发送VGMP报文。

- 双机热备功能启用或关闭（hrp enable或undo hrp enable）
- 优先级提高或降低
- 抢占超时
- 链路探测报文超时

（2）**HRP心跳报文**：HRP心跳报文用于探测对端设备是否处于工作状态。两台防火墙的VGMP组会定期（默认周期为1秒）相互发送HRP心跳报文。如果本端VGMP组在5个周期内没有收到对端发送的HRP心跳报文，则认为对端VGMP组发生故障，会将自身状态切换成active。

（3）**HRP数据报文**：HRP数据报文用于主备设备之间的数据备份，包括命令行配置的备份和各种状态信息的备份。

（4）**HRP链路探测报文**：HRP心跳链路探测报文用于检测对端设备的心跳接口能否正常接收本端设备的报文，以确定是否有心跳接口可以使用。

（5）**配置一致性检查报文**：配置一致性检查报文用于检测双机热备状态下的两台防火墙的关键配置是否一致，如安全策略、NAT等。

看到这里大家是否会问，在防火墙双机热备中VGMP报文完全脱离VRRP报文格式的限制，直接用UDP报文封装VGMP报文，那标准的VRRP报文还存在吗，它还有什么作用？答案是**标准VRRP报文仍旧存在，它还是用于VRRP备份组的内部通信。只是其中的优先级字段（Priority）已经为固定值（120），无法更改，所以标准VRRP报文已“名存实亡”**。优先级字段失去作用导致标准VRRP报文已经无法控制VRRP备份组的状态协商了，只能在主备防火墙之间通告一下VRRP备份组的状态和虚拟IP地址。这跟宪政体制下的“国王”相似，保留名号，但没有实际的权力。

那么这些报文是通过什么渠道在两台防火墙之间传递的呢？上面我们讲到两台防火墙通过备份通道（心跳线）来传递备份数据，可见HRP数据报文是通过备份通道传递的。实际上，以上所讲的各种VGMP报文都是通过备份通道传递的。

3.3.5 VGMP 的状态机

本节将详细介绍VGMP状态机，以便大家更好地理解VGMP各种招式下如何实现流量引导和故障切换。

VGMP组的4种状态是initialize、load-balance、active和standby。其中，initialize是初始化状态，防火墙未启用双机热备功能时，VGMP组处于这个状态。其他3个状态则是防火墙通过比较自身和对端防火墙VGMP组优先级大小确定的。防火墙通过心跳线接收对端防火墙的VGMP报文，了解对端防火墙的VGMP组优先级。

- 如果本端防火墙的VGMP组优先级等于对端防火墙的VGMP组优先级时，则将自己的VGMP组状态切换为load-balance。
- 如果本端防火墙的VGMP组优先级大于对端防火墙的VGMP组优先级时，则将自己的VGMP组状态切换为active。
- 如果本端防火墙的VGMP组优先级小于对端防火墙的VGMP组优先级时，则将自己的VGMP组状态切换为standby。
- 如果本端防火墙没有接收到对端防火墙的VGMP报文，无法了解到对端VGMP组优先级时（例如心跳线发生故障），则将自己的VGMP组状态切换为active。

由此可见，正常情况下两台防火墙的VGMP组优先级是相等的，VGMP组状态为load-balance。如果某一台防火墙发生了故障，该防火墙的VGMP组优先级会降低。故障防火墙的VGMP组优先级小于无故障防火墙的VGMP组优先级，故障防火墙的VGMP组状态会变成standby，无故障防火墙的VGMP组状态会变成active。

更多详细的VGMP组的状态机介绍如图3-34和表3-15所示。

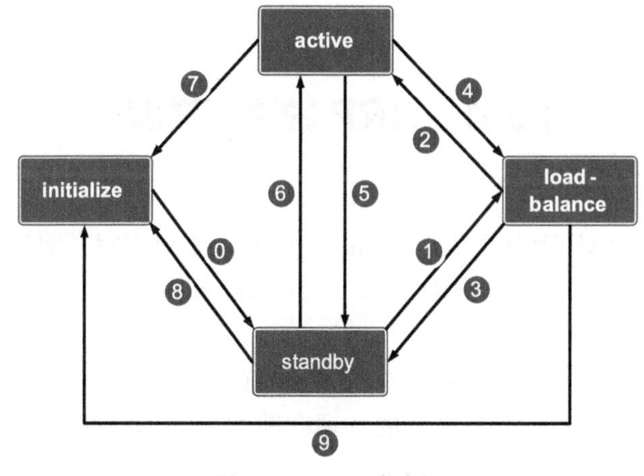

图3-34 VGMP状态机

表 3-15　VGMP 状态机变化的含义

序号	描述
⓿	启用双机热备功能后（**hrp enable**），VGMP 组先进入 **standby** 状态
❶	当本端防火墙处于正常工作状态时，如果本端 VGMP 组发现优先级与对端相等（对端 VGMP 组状态也为 **standby**），则本端 VGMP 组将状态切换成 **load-balance**。 当本端防火墙故障恢复后，如果本端 VGMP 组发现优先级与对端相等（对端 VGMP 组状态为 **active**），且配置了抢占功能，则抢占定时器超时后，本端 VGMP 组将状态切换成 **load-balance**
❷	当对端防火墙发生故障后，如果本端 VGMP 组发现本端优先级高于对端，则本端 VGMP 组将状态切换成 **active**
❸	当本端防火墙发生故障后，如果本端 VGMP 组发现本端优先级低于对端，则本端 VGMP 组将状态切换成 **standby**
❹	当对端防火墙故障恢复后（对端配置了抢占，VGMP 状态切换成 **load-balance**），如果本端 VGMP 组发现优先级与对端相等，则本端 VGMP 组将状态也切换成 **load-balance**。 当备份通道故障恢复（能够重新收到对端的心跳报文）后，如果本端 VGMP 组发现优先级与对端相等，且对端状态为 **active**，则将自身状态也切换成 **load-balance**
❺	当本端防火墙发生故障或对端防火墙故障恢复后，本端 VGMP 组发现本端优先级低于对端，则本端 VGMP 组将状态切换成 **standby**
❻	当对端防火墙发生故障后，如果本端 VGMP 组发现本端优先级高于对端，则本端 VGMP 组将状态切换成 **active**。 当备份通道发生故障（不能收到对端的心跳报文）后，则本端 VGMP 组将状态切换成 **active**
❼❽❾	关闭双机热备功能（**undo hrp enable**）后，VGMP 组回到 **initialize** 状态

3.4　HRP 的协议详解

在前面介绍VGMP报文结构时我们看到了几种HRP定义的报文，本节就要为大家解析HRP以及这几种HRP报文，包括HRP数据报文、心跳链路探测报文和配置一致性检查报文。

大家可能会问：“HRP不就是负责双机的数据备份嘛，有什么难度？”其实HRP在备份时还是大有文章的，现在就为大家揭秘HRP这些鲜为人知的细节。

3.4.1 HRP概述

防火墙通过执行命令（通过Web配置实际上也是在执行命令）来实现用户所需的各种功能。如果备用设备切换为主用设备前，配置命令没有备份到备用设备，则备用设备无法实现主用设备的相关功能，从而导致业务中断。

如图3-35所示，主用设备Firewall_A上配置了允许内网用户访问外网的安全策略。如果主用设备Firewall_A上配置的安全策略没有备份到备用设备Firewall_B上，那么当主备状态切换后，新的主用设备Firewall_B将不会允许内网用户访问外网，因为防火墙在默认情况下禁止所有报文通过。

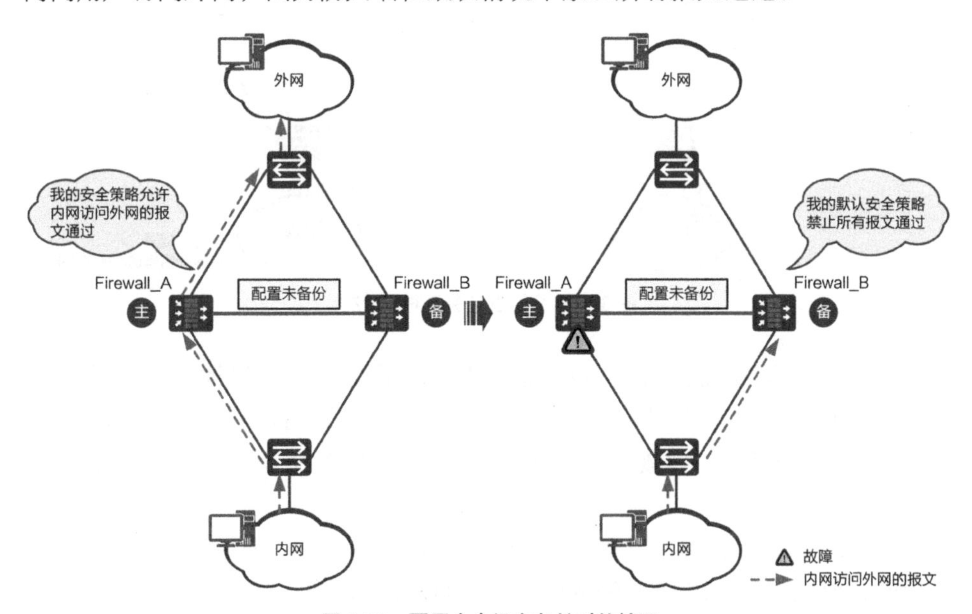

图3-35 配置命令没有备份时的情况

防火墙属于状态检测防火墙，对于每一个动态生成的连接都有一个会话表项与之对应。主用设备处理业务的过程中创建了很多动态会话表项；而备用设备没有报文经过，因此没有创建会话表项。如果备用设备切换为主用设备前，会话表项没有备份到备用设备，则会导致后续业务报文无法匹配会话表，从而导致业务中断。

如图3-36所示，主用设备Firewall_A上创建了PC1访问PC2的会话（源地址为10.1.1.10，目的地址为200.1.1.10），PC1与PC2之间的后续报文会按照此会话转发。如果主用设备Firewall_A上的会话不能备份到备用设备Firewall_

B上，那么当主备状态切换后，PC1访问PC2的后续报文在Firewall_B上匹配不到会话。这样就会导致PC1访问PC2的业务中断。

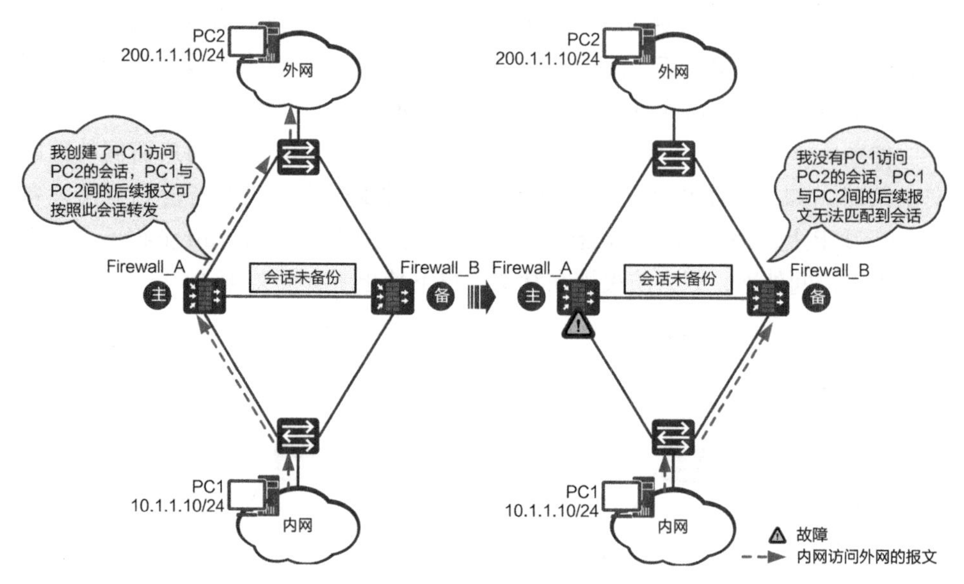

图 3-36　会话没有备份时的情况

因此，为了实现主用设备出现故障时备用设备能平滑地接替工作，必须在主用和备用设备之间备份关键配置命令和会话表等状态信息。为此华为防火墙引入了HRP，实现防火墙双机之间关键配置命令和动态状态数据的备份。

如图3-37所示，主用设备Firewall_A上配置了允许内网用户访问外网的安全策略，所以Firewall_A允许内网PC1访问外网PC2的报文通过，并且会建立会话。由于在Firewall_A和Firewall_B上都使用了HRP（配置了双机热备中的HRP功能），因此主用设备Firewall_A上配置的安全策略和创建的会话都会备份到备用设备Firewall_B上。这样当主备状态切换后，由于备用设备上已经存在允许内网用户访问外网的安全策略以及PC1访问PC2的会话，所以PC1访问PC2的业务报文不会被Firewall_B禁止而导致业务中断。

综上所述，在主备备份和镜像模式组网下，配置命令和状态信息都由主用设备备份到备用设备。而在负载分担组网下，两台防火墙都是主用设备，如果仍允许两台主用设备之间能够相互备份命令，那么可能就会造成两台防火墙命令相互覆盖或冲突的问题。所以，为了方便管理员对两台防火墙配置的统一管理，避免混乱，我们引入配置主设备和配置备设备的概念。我们定义负载分担组网下，发送备份配置命令的防火墙称为配置主设备（命令行提示符前有HRP_M前缀，如图3-38所示），接收备份配置命令的防火墙称为配置备设备（命令行提示符前有HRP_S前缀）。

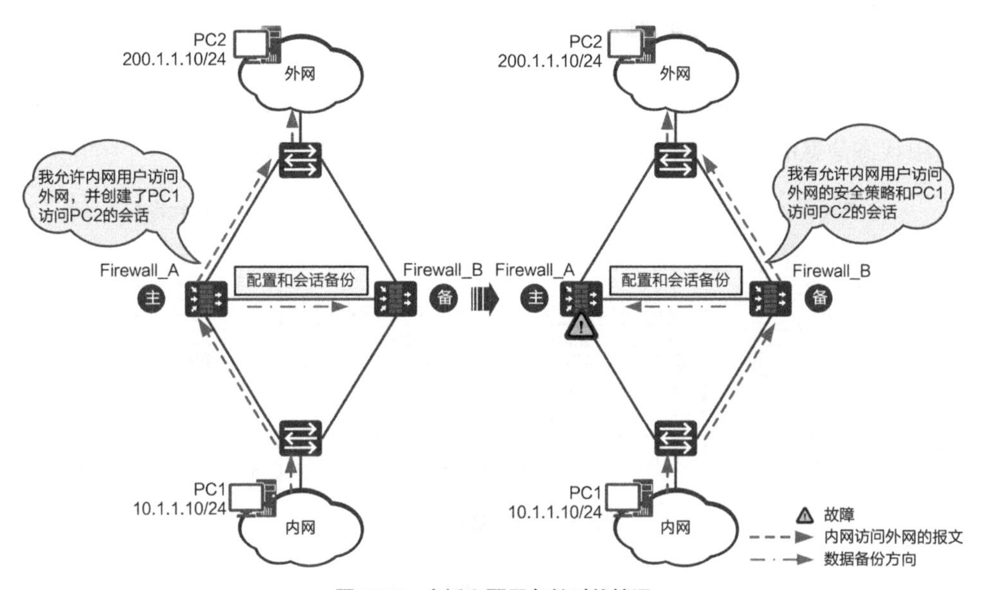

图 3-37 会话和配置备份时的情况

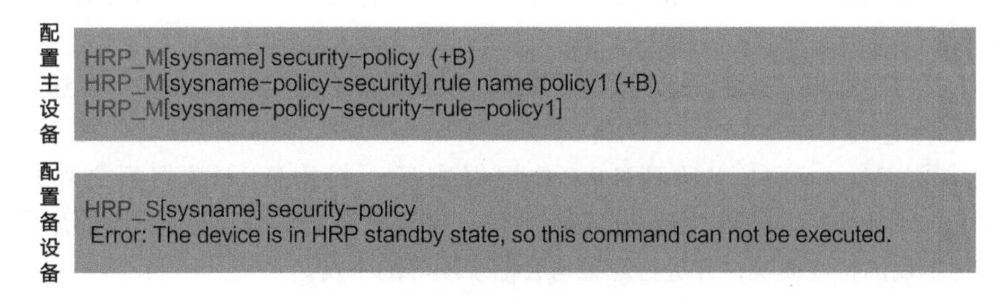

图 3-38 配置主和配置备设备的命令行提示符

在负载分担组网下，配置命令只能由“配置主设备”备份到“配置备设备”。状态信息则是两台防火墙相互备份的。

在负载分担组网下，设备名称（**sysname**）的ASCII码较小的防火墙会成为配置主设备。例如，Firewall_A与Firewall_B形成负载分担，Firewall_A会成为配置主设备；如果两台防火墙名称（**sysname**）相同，执行**hrp enable**命令时的时钟小的设备成为配置主设备，执行hrp enable命令时的时钟大的设备成为配置备设备。如果很巧，在执行hrp enable命令后设备重启了，则以hrp enable命令配置恢复时的时钟为准。

3.4.2 HRP备份的原理

防火墙通过心跳接口（HRP备份通道）发送和接收HRP数据报文来实现配置和状态信息的备份。HRP数据备份的过程如图3-39所示。

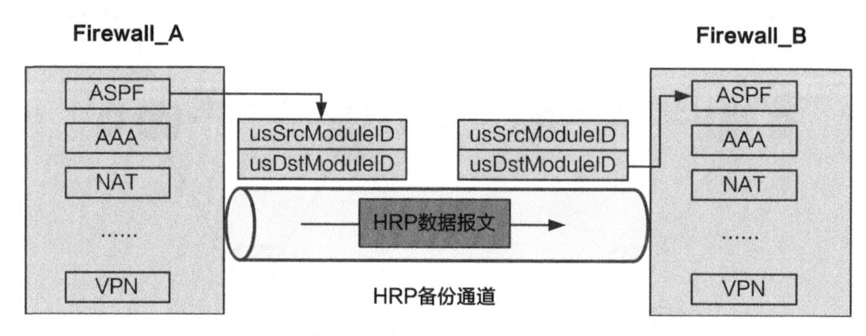

图3-39 HRP数据备份过程

① Firewall_A在发送HRP数据报文时，将特性模块的ID写入HRP数据报文的“usSrcModuleID”和“usDstModuleID”字段中，并将特性模块的配置和状态信息封装到HRP数据报文中。

② Firewall_A将HRP数据报文通过HRP备份通道（心跳线）发送给Firewall_B。

③ Firewall_B收到HRP数据报文后，根据HRP数据报文中的“usSrcModuleID”和“usDstModuleID”字段将报文中的配置和状态信息发送到本端的特性模块，并进行配置与会话表项等的下发。

3.4.3 心跳线

双机热备组网中，心跳线是两台防火墙交互消息了解对端状态以及备份配置命令和各种表项的通道，也被称为心跳链路或HRP备份通道。在本小节中，我们一起来说说心跳接口、心跳链路、心跳链路探测报文的那些事。

1. 心跳接口

心跳线两端的接口通常被称为心跳接口。各种VGMP报文和HRP报文都是通过心跳接口发送的，心跳接口可以说是双机热备的“命脉”，规划和配置心跳接口时，务必关注一下相关要点。

我们一起了解一下心跳接口的规划要点。华为防火墙最多可以指定16个心跳接口，根据心跳接口的配置顺序选择心跳接口来发送数据，如果最先配置的心跳接口发生故障，防火墙依次选择备用的心跳接口。因此，为提升可靠性，建议至少规划2个心跳接口。一个心跳接口作为主用接口，另一个心跳接口作为备份接口。心跳接口必须是状态独立且具有IP地址的接口，可以是一个物理接口，也可以是为了增加带宽、由多个物理接口捆绑而成的一个逻辑接口（Eth-Trunk接口），如图3-40所示。通常情况下，备份数据流量约为业务流量的20%～30%，请根据备份数据流量的大小选择捆绑物理接口的数量。

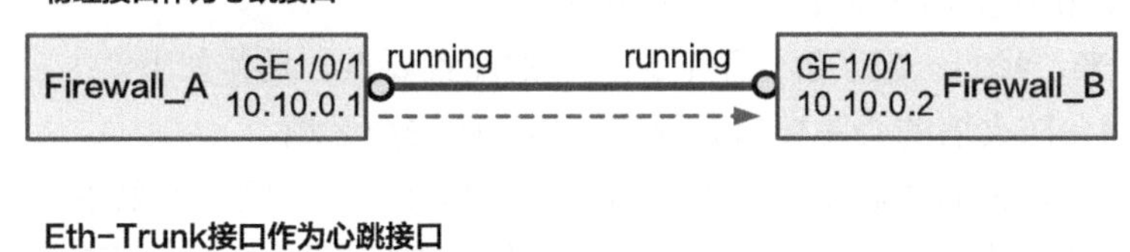

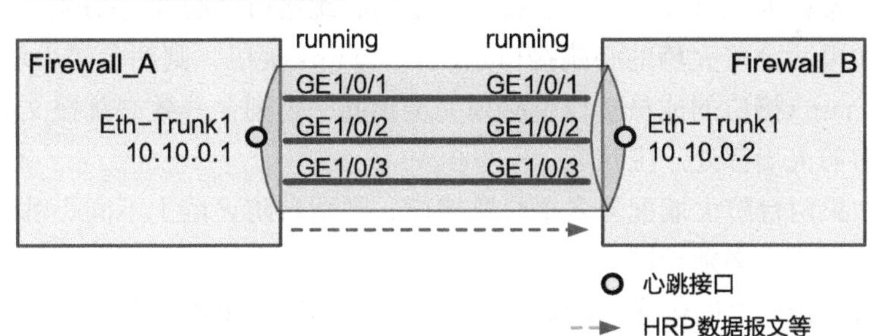

图3-40 物理或逻辑接口作为心跳接口

在华为USG6000E系列防火墙中，例如，USG6680E、USG6712E、USG6716E这些型号的防火墙提供了两个专门的HA（High Availability，高可靠性）接口，这两个HA接口默认已加入Eth-Trunk 65535接口，且不允许从Eth-Trunk 65535移出作为业务接口使用，我们可以使用这两个HA接口作为心跳接口。如果两个HA接口的带宽仍不满足使用需求，我们可以将其他以太网接口加入Eth-Trunk 65535接口，以增加备份通道的带宽。对于其他未提供专门HA接口的机型，通常我们建议规划专门的接口作为心跳接口，该接口只用来发送心跳报文、备份报文等与双机热备功能相关的报文，不要将业务报文引导到该接口上转发。同时，建议将多个以太网接口绑定成Eth-Trunk接口，使用Eth-Trunk作为心跳接口。

选择心跳接口的时候，还有些禁忌，不能做心跳接口的接口别乱用，具体如下。

- MGMT接口（MEth0/0/0）不能作为心跳接口。
- 配置了**vrrp virtual-mac enable**命令的接口不能作为心跳接口。
- 接口MTU（Maxium Transmission Unit，最大传输单元）值小于1500的接口不能作为心跳接口。因为配置和表项备份报文的最大长度为1500字节，且报文不支持分片。如果心跳接口MTU值小于1500，会导致报文发送失败。
- 如果防火墙上配置了虚拟系统，虚拟系统的接口不能用作心跳接口，必须用根系统的接口作为心跳接口。

接下来，我们一起了解一下心跳接口的配置要点，具体如下。

- 两台防火墙的心跳接口必须加入相同的安全区域。
- 两台防火墙的心跳接口的接口类型和编号必须相同。例如主用设备的心跳接口为GE1/0/7，那么备用设备的心跳接口也必须为GE1/0/7。
- 如果两台防火墙的心跳接口是Eth-Trunk接口，则两台防火墙上Eth-Trunk接口的成员接口也必须完全相同，否则会导致心跳报文丢失，两台防火墙都处于主状态。
- 如果两台防火墙配置多个心跳接口，则两台防火墙上不同心跳接口的配置顺序也必须相同。
- 心跳接口之间传递的报文均不受防火墙的安全策略控制。因此，不需要针对这些报文配置安全策略。

2. 心跳链路

选择好心跳接口后，选择适合的心跳接口连接方式也非常重要。

当双机热备的两台防火墙距离较近时，心跳接口可以直接相连或通过二层交换机相连。这是首选的心跳接口连接方式。

当双机热备的两台防火墙距离较远且需要跨越网段传输时，心跳接口需要通过路由器相连，且必须正确配置路由，否则，**shutdown/undo shutdown**心跳接口后，心跳接口可能会进入异常状态，无法恢复，只能通过删除该错误路由或者重新配置心跳接口才能解决。

例如，在主备防火墙任一设备上配置了一条静态路由ip route-static *dest-heartbeat-address* 32 *other-up-interface*，其目的IP地址为对端心跳接口的IP地址，下一跳出接口为任意其他状态为up的接口，此时shutdown/undo shutdown该心跳接口，心跳接口将进入异常运行状态，无法恢复正常。

3. 心跳链路探测报文

在第3.3.4节，我们已经提到过心跳线传递的报文信息，这里不再赘述。这里详细介绍一下心跳链路探测报文。

心跳链路探测报文用于检测对端设备的心跳接口能否正常接收本端设备的报文，确定是否有心跳链路可以使用。防火墙最多可以配置16个心跳接口，所有心跳接口都会传输心跳链路探测报文，以判断该接口的工作状态。但是只有一个处于running状态的心跳接口会传输其他HRP报文。防火墙会从可用的心跳接口中选择先配置的接口来尝试连接对端和传输报文。

心跳接口有5种状态，其具体含义如表3-16所示。

表3-16　心跳接口工作状态

工作状态		含义
正常	running	当本端防火墙有多个处于ready状态的心跳接口时，防火墙会选择最先配置的心跳接口形成心跳链路，并设置此心跳接口的状态为running。 如果只有一个处于ready状态的心跳接口，那么它自然会成为状态为running的心跳接口。状态为running的接口负责发送心跳报文（Hello报文）、VGMP报文、配置和表项备份报文、心跳链路探测报文、配置一致性检查报文
	ready	当本端防火墙上的心跳接口的物理与协议状态均为up时，则心跳接口会向对端对应的心跳接口发送心跳链路探测报文。如果对端心跳接口能够响应此报文（也发送心跳链路探测报文），那么防火墙会设置本端心跳接口状态为ready。 处于ready状态的心跳接口即为备份心跳接口，为保证心跳链路的状态正常，备份心跳接口仍会不断向对端心跳接口发送心跳链路探测报文进行探测
异常	down	当本端防火墙上的心跳接口的物理状态与协议状态均为down时，则会显示此状态
	invalid	当本端防火墙上的心跳接口配置错误时显示此状态（物理状态为up，协议状态为down），例如指定的心跳接口为二层接口或未配置心跳接口的IP地址
	negotiation failed	当本端和对端防火墙协商主备状态失败时显示此状态，有可能是本端和对端防火墙的软件版本不一致、某端配置错误、对端防火墙的心跳接口状态为down、HRP源或目的端口号被修改、底层链路不通等原因导致

防火墙上配置的心跳接口及其工作状态，可通过display hrp interface命令查看。

```
HRP_M<Firewall_A> display hrp interface
        GigabitEthernet1/0/1 : invalid
        GigabitEthernet1/0/2 : negotiation failed
        GigabitEthernet1/0/3 : running
        GigabitEthernet1/0/4 : ready
```

当处于running状态的心跳接口或链路发生故障时，其余处于ready状态的心跳接口依次（按配置先后顺序）接替当前心跳接口处理业务。如图3-41所示，由于两台防火墙心跳接口的配置顺序与接口编号顺序相同，所以先配置的处于ready状态的心跳接口GE1/0/3接口成为running状态，而后配置的处于ready状态的心跳接口GE1/0/4接口处于备份状态。

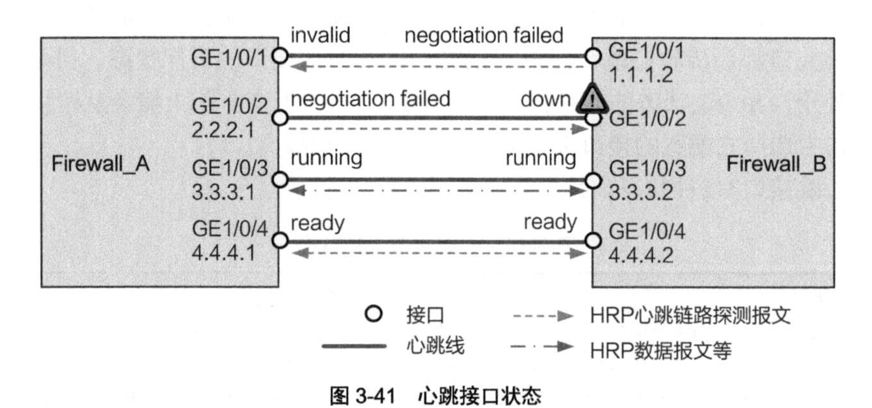

图 3-41　心跳接口状态

如果所有心跳接口都无法正常地和对端对接，防火墙会开始寻找心跳逃生口用于发送心跳报文。防火墙优先尝试配置VRRP备份组的接口作为逃生口，再尝试配置HRP监控的接口，最后尝试配置IP地址的其他接口。

3.4.4　配置备份

双机热备组网下的两台防火墙之间支持配置命令实时备份和运行配置批量备份两种方式。这两种备份方式的描述和区别我们接下来一一介绍。

1. 配置命令实时备份

在两台防火墙正常运行且双机热备关系已建立的情况下，在一台防火墙上每执行一条支持备份的命令时，此配置命令就会立即备份到另一台防火墙上。默认情况下，对于支持备份的配置命令，只能在配置主设备上执行，配置备设备上不能执行。如果希望配置备设备也能执行支持备份的配置命令，可以在配置主设备或配置备设备上执行**hrp standby config enable**命令，开放配置备设备的配置权限。之后，在配置备设备上执行的配置也会实时备份到配置主设备上。**hrp standby config enable**命令虽然为运维提供了便利，但依然规避不了我们在第3.4.1节中提到的两台防火墙命令相互覆盖或冲突的问题。因此，建议执行**hrp standby config enable**命令之后，不要同时在两台防火墙操作支持备份的命令，只要错开时间操作，就可以减少命令相互覆盖或冲突的问题发生。

讲到这里，必须介绍一下华为USG6000E防火墙的一个小亮点。那就是在防火墙上执行支持备份的配置命令后，命令后面会有(+B)的标识符。例如，图3-42所示的安全策略相关的配置命令支持备份，接口IP地址的配置命令不支持备份。

```
HRP_M[Firewall_A] security-policy  (+B)
HRP_M[Firewall_A-policy-security] rule name policy6 (+B)
HRP_M[Firewall_A-policy-security-rule-policy6] source-zone trust (+B)
HRP_M[Firewall_A-policy-security-rule-policy6] destination-zone untrust (+B)
HRP_M[Firewall_A-policy-security-rule-policy6] action permit  (+B)
HRP_M[Firewall_A-policy-security-rule-policy6] quit
```

```
HRP_M[Firewall_A] interface GigabitEthernet 1/0/1 (+B)
HRP_M[Firewall_A-GigabitEthernet1/0/1] ip address 10.10.0.2 24
HRP_M[Firewall_A-GigabitEthernet1/0/1]
```

图3-42 判断配置命令备份与不备份的方法

2. 运行配置批量备份

以下3种情况会触发运行配置批量备份。

① 双机热备组网中的一台或两台防火墙重启。

② 两台正在运行的防火墙建立双机热备关系时，会自动触发一次运行配置批量备份。

③ 用户在防火墙上执行**hrp sync config**命令，手动触发运行配置批量备份。

运行配置批量备份的实现细节说明请参见表3-17。

表 3-17 运行配置批量备份的实现细节说明

项目	说明
重启时触发运行配置批量备份	双机热备组网中的一台或两台防火墙重启时，会触发一次运行配置批量备份。备份的方向是配置主设备向配置备设备备份。配置备设备启动后，运行配置仅保留双机热备相关配置和不支持备份的配置，其他运行配置都是从配置主设备同步。该备份机制默认处于关闭状态，开启命令为 **hrp base config enable**。 该备份机制仅在镜像模式下生效，非镜像模式不生效。且仅允许在数据中心网络场景中开启。 运行配置批量备份期间，无法通过 Console 口登录配置备设备
两台正在运行的防火墙建立双机热备关系时触发运行配置批量备份	两台防火墙都已经启动且配置已恢复，但未建立双机热备关系。例如，两台防火墙已启动，但心跳线未连接或者未启用双机热备功能。当它们建立双机热备关系时，会触发一次运行配置批量备份。该备份机制默认处于开启状态，且不支持关闭。 该备份机制只备份双机热备启用后到与对端设备建立双机热备关系期间，防火墙上新增的运行配置。备份的方向是两台防火墙之间互相备份。该备份机制仅在镜像模式下生效
手工触发运行配置批量备份	在双机热备组网中任意一台设备上执行 **hrp sync config** 命令都会触发一次配置批量备份。备份的方向是执行 **hrp sync config** 命令的设备向对端设备备份。 开始备份时，CLI 界面上会打印如下提示信息： HRP_M<Firewall_A> **hrp sync config** Info: Starting to synchronize configuration to peer device, and can not do operations during this period, please wait for a moment...... 完成备份后，CLI 界面上会打印如下提示信息： HRP_M<Firewall_A> **hrp sync config** Info: Starting to synchronize configuration to peer device, and can not do operations during this period, please wait for a moment.......**send complete.**

批量备份后，配置是保存在运行配置中，未保存到配置文件中，需要用save命令保存配置。在主机上执行save命令，当设备提示“Do you want to synchronically save the configuration to the startup saved-configuration file on peer device? ”时，选择“y”，备机自动保存配置。

```
HRP_M<Firewall_A> save
The current configuration (excluding the configurations of unregistered boards
or cards) will be written to hda1:/vrpcfg.zip.
Are you sure to continue?[Y/N] y
Now saving the current configuration to the slot 0.....
Save the configuration successfully.
Do you want to synchronically save the configuration to the startup
saved-configuration file on peer device?[Y/N]: y
Now synchronically saving the configuration to the startup saved-configuration
file on peer device............success.
```

两台防火墙有“配置命令实时备份”和“运行配置批量备份”这两个强大的实现机制来保证双机的配置一致性，这样是否就万事无忧了呢？实际上并非如此，我们从华为售后服务热线处理的问题中仍能看到很多双机配置不一致的案例。这些不一致的现象为什么通过“运行配置批量备份”无法解决呢？下面我们一起来学习一下。

运行配置批量备份的实现逻辑是一台防火墙将支持备份的配置通过心跳线发送到对端设备上，在对端设备上重新执行一次，并不是直接覆盖对端设备的配置。防火墙重启触发配置批量备份时，配置备运行配置只保留双机热备相关配置和不支持备份的配置，不会保留支持备份的配置。配置主设备备份过来的配置在配置备设备上重新执行一遍的效果与直接覆盖配置备设备配置的效果相同，可以让两台防火墙支持备份的配置达到完全一致的状态。但其他两种情况下批量备份并不能保证两台防火墙支持备份的配置达到完全一致的状态。

如图3-43所示，Firewall_A和Firewall_B的安全策略“abc”的匹配条件中“destination-address”不同。在Firewall_A上执行**hrp sync config**命令批量备份配置后，Firewall_A的安全策略“abc”的配置会发送到Firewall_B上执行一次。Firewall_B安全策略“abc”的匹配条件中会新增一个匹配条件“destination-address 10.10.1.12 32”，但已有的匹配条件“destination-address 10.10.1.14 32”不会被删除。Firewall_A和Firewall_B的配置仍然存在差异。

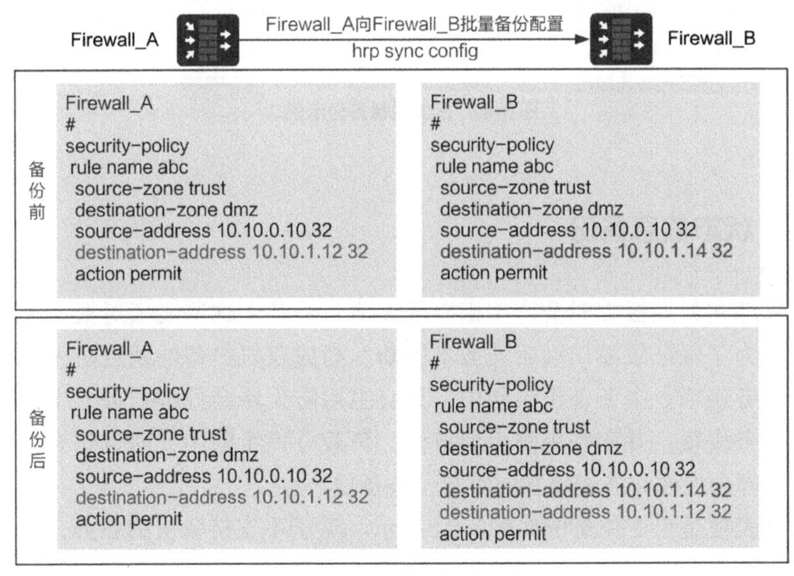

图3-43 配置批量备份示例一

如图3-44所示，Firewall_A比Firewall_B多一条安全策略“policy3”。在Firewall_A上执行**hrp sync config**命令批量备份配置后，Firewall_A的“policy3”配置会发送到Firewall_B上执行一次。防火墙上新增策略时，策略默认是放在“default”策略之前，最后一条非“default”策略之后。因此，在Firewall_B上，“policy3”是在“policy4”之后。Firewall_A和Firewall_B的安全策略顺序不一致。

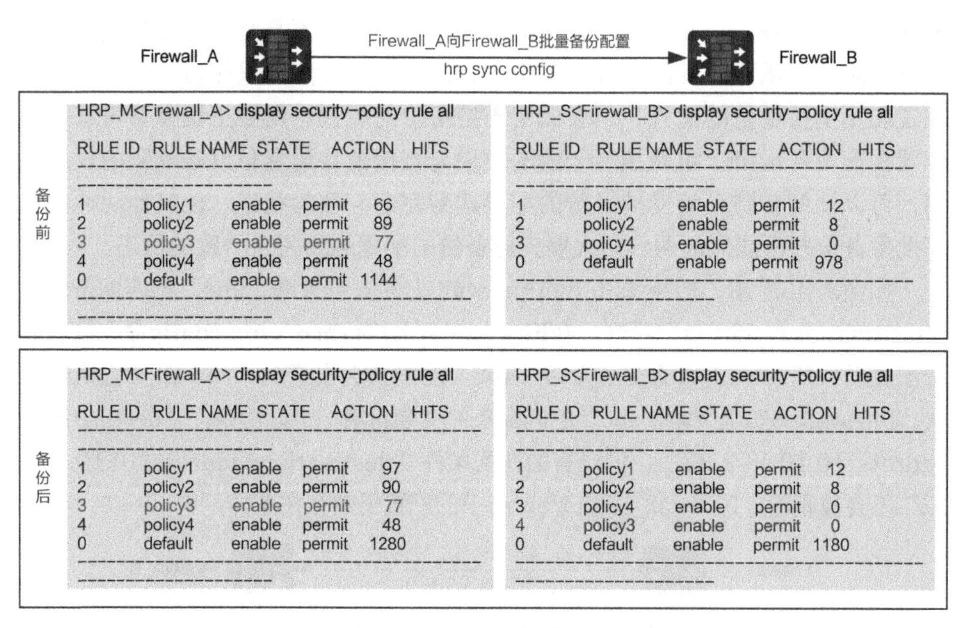

图 3-44 配置批量备份示例二

3.4.5 状态信息备份

防火墙在处理报文时会产生相应的表项，并基于这些表项对报文进行检测和转发。为了保证故障切换后业务不中断，组成双机热备的两台防火墙之间需要备份业务表项。主备备份组网中，只有主用防火墙会处理业务，主用防火墙上生成业务表项，并向备用防火墙备份。负载分担组网中，两台防火墙都会处理业务，都会生成业务表项并向对端设备备份。

业务表项是否支持备份如表3-18所示。对于不支持备份的业务，故障切换时业务可能会出现异常。

表 3-18　支持和不支持备份的表项

业务表项	是否支持备份	说明
IPv4 会话表项	是	—
IPv6 会话表项	是	—
MAC 地址表项	是	仅静态 MAC 地址表支持备份
路由表项	否	—
NAT No-PAT 相关表项	是	—
NAPT 相关表项	是	—
三元组 NAT 相关表项	是	—
NAT64 相关表项	是	—
DS[1]-Lite NAT 相关表项	是	—
CAR[2]-NAT 相关表项	是	—
PCP[3]相关表项	是	—
端口预分配和增量分配相关表项	是	—
静态映射相关表项	是	—
NAT Server 相关表项	是	—
目的 NAT 相关表项	是	—
DS-Lite NAT Server 相关表项	是	—
带宽管理相关表项	否	—
黑名单	是	动态黑名单不支持备份
白名单	是	—
AAA[4]用户表项	是	管理员数据不备份
PKI[5]证书	是	—
CRL[6]	是	—
IPsec 隧道	是	—
L2TP[7]隧道	否	—
GRE[8]隧道	否	—
DSVPN[9]	否	—

续表

业务表项	是否支持备份	说明
SSL VPN 相关表项	是	双机故障切换时，已登录的用户不需要重新登录，但与端口转发、Web 代理、文件共享、网络扩展等相关的业务需要重新连接
四层 SLB⑩相关表项	是	—
七层 SLB 相关表项	是	—
内容安全检查相关表项	否	内容安全检查指反病毒、入侵防御、URL 过滤等针对报文应用层数据进行检查的功能。检查过程中，IAE⑪ 引擎会产生相应的表项记录报文的检查信息，如 IAE 引擎会话表、分片报文会话表等

注：① DS 即 Dual-Stack，双栈。

② CAR 即 Committed Access Rate，承诺接入速率。

③ PCP 即 Port Control Protocol，端口控制协议。

④ AAA 即 Authentication, Authorization and Accounting，认证、授权和计费。

⑤ PKI 即 Public Key Infrastructure，公共密钥基础设施。

⑥ CRL 即 Certificate Revocation List，证书吊销列表。

⑦ L2TP 即 Layer 2 Tunneling Protocol，二层隧道协议。

⑧ GRE 即 Generic Routing Encapsulation，通用路由封装协议。

⑨ DSVPN 即 Dynamic Smart Virtual Private Network，动态智能虚拟专用网。

⑩ SLB 即 Server Load Balance，服务器负载均衡。

⑪ IAE 即 Intelligent Awareness Engine，智能感知引擎。

防火墙上不同类型会话在默认情况下的备份支持情况如表3-19所示。

表 3-19　会话在默认情况下的备份支持情况

会话类型	备份支持情况
到防火墙自身和从防火墙发出的报文产生的会话（例如，管理员登录设备时产生的会话）	不备份
ICMP 会话	不备份
TCP 会话	在 TCP 3 次握手完成后才会备份
UDP 会话	在收到正向的第 2 个报文后才会备份
SCTP 会话	在 SCTP 4 次握手完成后才会备份

但是，在报文来回路径不一致的场景下，默认情况下的会话备份机制可能导致业务异常。如图3-45所示，一条TCP连接的SYN（Synchronization Segment，同步段）报文是由Firewall_A转发，SYN-ACK报文被引导到Firewall_B上处理。对于TCP报文，防火墙只有在收到SYN报文时才会创建会话，收到SYN-ACK报文或ACK报文不会创建会话。因此，Firewall_A收到SYN报文，会创建一条TCP半连接会话。Firewall_B只收到了SYN-ACK报文，不会创建会话。同时，由于Firewall_A不会向Firewall_B备份TCP半连接会话，当SYN-ACK报文到达Firewall_B时，会因为匹配不到会话而被丢弃，无法建立TCP连接。

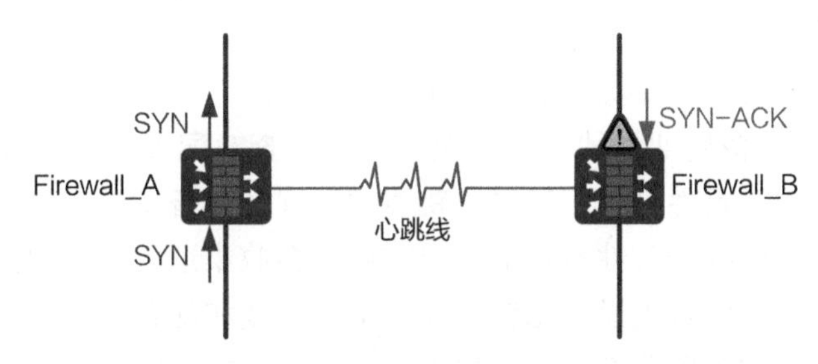

图3-45　报文来回路径不一致导致TCP连接无法建立

为了解决上述问题，需要在防火墙上开启会话快速备份功能。开启会话快速备份功能后，防火墙上不同类型会话的备份支持情况如表3-20所示。

表3-20　开启会话快速备份功能后会话备份支持情况

会话类型	备份支持情况
到防火墙自身和从防火墙发出的报文产生的会话（例如，管理员登录设备时产生的会话）	不备份
ICMP会话	收到ICMP ECHO-REQUEST报文生成会话后就立即备份
TCP会话	收到SYN报文生成会话后就立即备份
UDP会话	收到正向的首个报文生成会话后就立即备份
SCTP会话	收到INIT报文生成会话后就立即备份

如图3-46所示，开启会话快速备份功能后，Firewall_A收到SYN报文创建的TCP半连接会话会立即备份到Firewall_B。当SYN-ACK报文到达Firewall_B时，会匹配Firewall_A备份过来的会话转发。

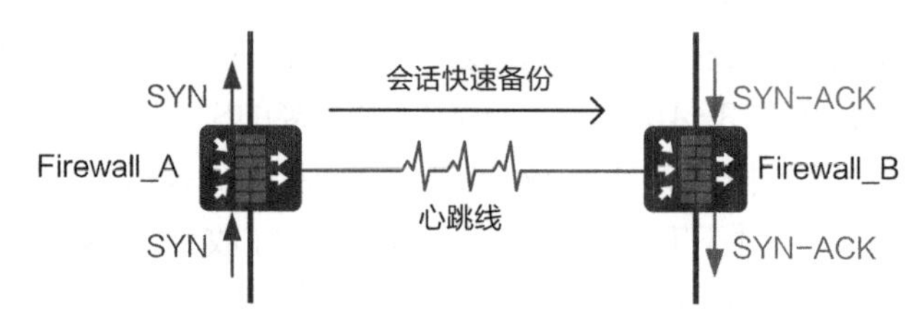

图 3-46　开启会话快速备份后 TCP 连接正常建立

3.4.6　配置一致性检查

配置一致性检查功能用来检测组成双机热备的两台防火墙的关键配置是否相同。配置一致性检查可以通过以下两种方式触发。

① 配置主设备周期性地自动发起一致性检查。配置主设备每隔24小时自动发起一次配置一致性检查，通过心跳线向配置备设备发送一致性检查请求报文。配置备设备收到一致性检查请求报文后，会收集运行配置的摘要信息，发送给配置主设备。配置主设备比较自身的配置摘要和配置备设备的配置摘要，确定两台防火墙的配置是否一致。如果两台防火墙的配置不一致，配置主设备会产生告警（HRPI_1.3.6.1.4.1.2011.6.122.51.2.2.4 hwHrpCochk）和日志（HRPI/4/COCHK）。

② 管理员在防火墙上执行**hrp configuration check**命令触发一致性检查。配置主设备或配置备设备上都可以执行**hrp configuration check**命令触发一致性检查。一致性检查的过程与防火墙自动发起的一致性检查过程相同。如果两台防火墙的配置不一致，执行**hrp configuration check**命令的防火墙上会产生告警（HRPI_1.3.6.1.4.1.2011.6.122.51.2.2.4 hwHrpCochk）和日志（HRPI/4/COCHK）。一致性检查的结果还可以使用**display hrp configuration check**命令查看。

配置一致性检查的具体检查项请参考表3-21。

表 3-21　主备配置一致性检查项

配置名称	具体描述
策略配置	基于策略规则的配置序号逐条对比主备防火墙上审计策略、认证策略、NAT 策略、安全策略、带宽策略的配置是否完全相同。对于策略规则中引用的对象，如地址、服务、应用、域名组、地区、内容安全配置文件等，只检查对象名称，不检查被引用对象的具体配置内容

续表

配置名称	具体描述
地址集配置	基于地址集名称逐条对比主备防火墙上地址集配置是否完全相同（绑定 VPN 实例的地址集不作为被检查内容）
服务集配置	基于服务集名称逐条对比主备防火墙上服务集配置是否完全相同（绑定 VPN 实例的服务集不作为被检查内容）
ACL（Access Control List，访问控制列表）配置	基于 IPv4 ACL 编号或 IPv6 ACL 编号逐条对比主备防火墙上 IPv4 ACL 或 IPv6 ACL 配置是否完全相同（ACL 被其他模块引用不作为被检查内容）
HRP 配置	检查主备防火墙上 HRP 相关的配置是否一致。对于主备防火墙上允许存在不一致的配置，不在一致性比较范围。 • 只有一端设备配置了 **hrp standby-device** • 只有一端设备配置了 **hrp remote standby-device** • **hrp interface**、**hrp track bgp** 和 **hrp track ospf** 中的指定的 IP 地址不一致
接口配置	检查主备防火墙上接口相关的配置是否一致，具体如下： • 接口是否一致，只要检查到接口存在不同，就判定为主备配置不一致（接口别名不作为被检查内容）。 • 相同接口下的 VRRP 备份组数量是否一致。 • 相同接口下的 IPv4 地址数量是否一致。 • 相同接口下是否都应用了 IPsec 策略：只检查是否应用了 IPsec 策略，对策略的具体内容不做检查。 • 相同接口下 **ospf network-type** 配置是否一致
安全区域配置	基于安全区域 ID 逐条对比主备防火墙上安全区域配置是否完全相同
静态路由配置	只检查主备防火墙上静态路由的网段和掩码是否一致，不检查下一跳或出接口
OSPF 进程配置	基于 OSPF 进程号逐条对比主备防火墙上 OSPF 进程相关的配置是否一致，具体如下： • 每个 OSPF 进程下的 Network 数量是否一致。 • 每个 OSPF 进程下是否引入了直连路由。 • 每个 OSPF 进程下是否引入了静态路由。 • 每个 OSPF 进程是否发布默认路由
BGP 配置	只检查主备防火墙是否都配置了 BGP，不检查配置的具体内容
License 配置	检查主备防火墙上与 License 相关的内容是否一致，具体如下： • 主备防火墙的 License 状态是否一致。License 状态包含已激活、未激活、失效、紧急状态。 • 主备防火墙的 License 控制项种类是否一致。 • 主备防火墙的 License 资源数量是否一致。 • 主备防火墙的入侵防御 / 反病毒 /URL 远程查询升级服务器到期时间是否一致
HASH 配置	检查主备防火墙下次启动的 HASH 模式和 HASH 因子是否一致

3.5 双机热备配置指导

在部署双机热备前，请先选择适合自身网络特点的双机热备组网，包括以下4种组网：防火墙业务接口工作在三层，连接交换机；防火墙业务接口工作在三层，连接路由器；防火墙业务接口工作在二层，连接交换机；防火墙业务接口工作在二层，连接路由器。

其中防火墙业务接口工作在三层时，经常会存在上下行连接不同设备的组网，例如上行连接交换机，下行连接路由器。这其实也没有什么特殊之处，我们只需要在上行按照连接交换机的组网进行部署，下行按照连接路由器的组网进行部署即可。

在确定了双机热备组网方式后，我们还需要确定是选择主备备份方式还是负载分担方式的双机热备。一般情况下，遵循以下原则。

① 如果主备备份和负载分担方式的双机热备都能够正常承担现网流量转发，且客户又没有特殊需求，推荐部署主备备份方式。

② 如果客户组网的其他部分（例如出口网关、核心交换机等）都部署了负载分担，那么客户一般也会要求防火墙部署成负载分担方式。

③ 当一台防火墙承担业务转发时，如果它的会话表使用率、吞吐量和CPU使用率这3个重要参数中的一个或多个长期超过最大值的80%时，必须调整成负载分担方式的双机热备。

④ 当防火墙启用IPS（Intrusion Prevention System，入侵防御系统）、反病毒等内容安全功能后，性能会有所下降。如果一台防火墙的转发性能下降到低于现网总容量时，则必须调整成负载分担方式的双机热备。

不同的双机热备组网对主备备份和负载分担方式的支持情况不同，具体如表3-22所示。

表 3-22 主备备份和负载分担方式支持情况

组网	是否支持主备备份	是否支持负载分担
防火墙业务接口工作在三层，连接交换机	支持	支持
防火墙业务接口工作在三层，连接路由器	支持	支持
防火墙业务接口工作在二层，连接交换机	支持	不推荐
防火墙业务接口工作在二层，连接路由器	支持	支持

在部署和配置双机热备之前，我们还需要对两台防火墙的硬件和软件进行检查，具体包括以下4个方面。

① 两台防火墙的产品型号和硬件配置必须一致，包括安装的单板类型、数量以及安装单板的位置。两台防火墙的硬盘配置可以不同，例如，一台防火墙安装硬盘，另一台防火墙不安装硬盘，不会影响双机热备的运行。但未安装硬盘的防火墙日志存储量将远低于安装了硬盘的防火墙，而且部分日志和报表功能不可用。

② 两台防火墙的系统软件版本、系统补丁版本、动态加载的组件包、特征库版本、HASH模式以及HASH因子都必须一致。在系统软件版本升级或回退的过程中，两台防火墙可以暂时运行不同版本的系统软件，但升级或回退完成后，必须一致。

③ 建议将两台防火墙的License控制项种类、资源数量、升级服务到期时间设置成相同配置。双机热备功能自身不需要License，但对于其他需要License的功能，如IPS、反病毒等功能，组成双机热备的两台防火墙需要分别申请和加载License，两台防火墙之间不能共享License。

④ 建议两台防火墙的配置文件均为初始的配置文件。

3.5.1 配置流程

双机热备的配置流程如图3-47所示。双机热备的配置流程图可以帮助大家理解我们之前讲的双机热备各协议之间的关系，以及记忆双机热备的配置逻辑。

双机热备配置流程各步骤的具体解释如下。

① 完成网络基本配置

接口：如果防火墙的业务接口工作在三层，则需要为各个业务接口配置IP地址。业务接口的IP地址必须固定，因此双机热备特性不能与PPPoE（Point-to-Point Protocol over Ethernet，以太网承载点到点协议）拨号、DHCP客户端等自动获取IP地址的特性结合使用。

如果防火墙的业务接口工作在二层，则需要将业务接口加入同一个VLAN。

另外，两台防火墙需要选择相同的业务接口和心跳接口。例如，主用防火墙选择GE1/0/1接口作为业务接口，选择GE1/0/7接口作为心跳接口，那么备用防火墙也必须这样选择。

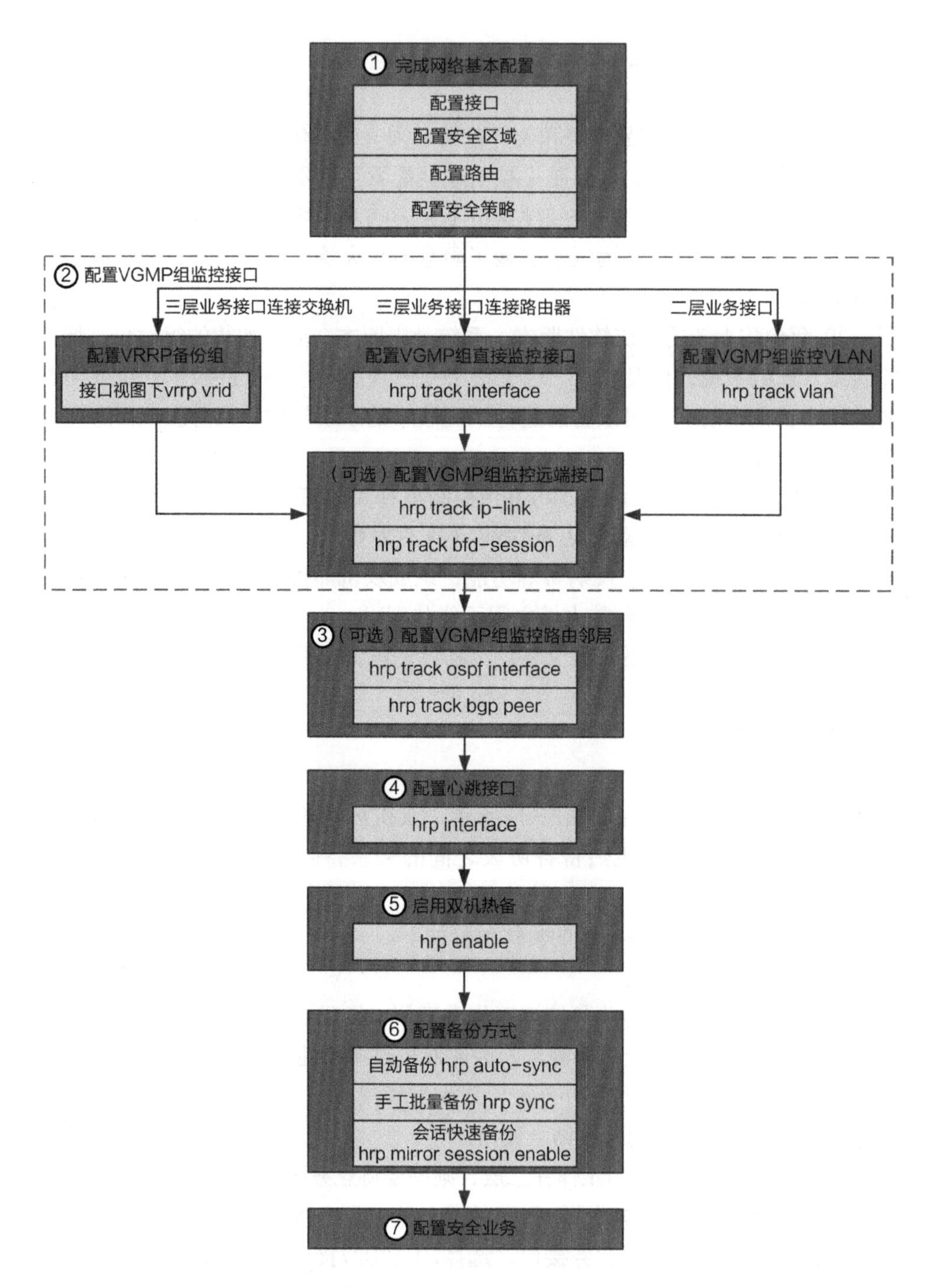

图 3-47　双机热备配置流程

安全区域：无论是二层接口还是三层接口，无论是业务接口还是心跳接口，都需要加入安全区域。主备设备的对应接口必须加入相同的安全区域。如果主用设备的GE1/0/1接口加入了trust区域，那么备用设备的GE1/0/1接口也必须加入trust区域。

路由：如果防火墙的业务接口工作在三层连接交换机，我们一般需要在防火墙上配置静态路由；如果防火墙的业务接口工作在三层连接路由器，我们一般需要在防火墙上配置OSPF或BGP；如果防火墙的业务接口工作在二层，不需要在防火墙上配置路由。

安全策略：在双机热备部署中，防火墙与其他设备之间主要有以下报文交互。两台防火墙之间通过心跳接口交互心跳报文、VGMP报文、配置和表项备份报文、心跳链路探测报文、配置一致性检查报文。两台防火墙之间通过业务接口交互VRRP报文。当防火墙业务接口工作在三层、连接交换机时，防火墙会向交换机发送免费ARP报文。当防火墙业务接口工作在三层、连接路由器时，防火墙需要与路由器交互OSPF报文或BGP报文。当防火墙业务接口工作在二层时，上下行设备之间的OSPF报文需要通过防火墙。

华为防火墙关于双机热备建立期间交互的心跳报文等是否受安全策略控制的实现不太一致，部分华为防火墙为了保证双机热备状态的正常建立，需要先配置放通这些协议报文的安全策略。华为USG6000E防火墙对于这类报文是否受安全策略控制的情况如表3-23所示。

表 3-23 双机热备建立期间报文是否受安全策略控制

报文	安全策略
心跳报文、VGMP 报文、配置和表项备份报文、心跳链路探测报文、配置一致性检查报文	不受安全策略控制
VRRP 报文	VRRP 报文是组播报文，不受安全策略控制
免费 ARP 报文	免费 ARP 报文是广播报文，不受安全策略控制
到达防火墙的 OSPF 报文或 BGP 报文	OSPF、BGP 报文受 **firewall packet-filter basic-protocol enable** 命令控制。默认情况下，**firewall packet-filter basic-protocol enable** 处于开启状态，即 OSPF、BGP 报文受安全策略控制，需要在上下行业务接口所在安全区域与 local 区域之间配置安全策略，允许协议类型为 OSPF、BGP 的报文通过

续表

报文	安全策略
通过防火墙的OSPF报文或BGP报文	OSPF、BGP报文受**firewall packet-filter basic-protocol enable**命令控制。默认情况下，**firewall packet-filter basic-protocol enable**处于开启状态，即OSPF报文、BGP报文受安全策略控制，需要在上行业务接口所在安全区域与下行业务接口所在安全区域之间配置安全策略，允许协议类型为OSPF、BGP的报文通过

可见，在配置双机热备前，不用先在两台防火墙上分别完成关于放通协议报文的安全策略的配置。针对到达或通过防火墙的OSPF报文或BGP报文的安全策略，可以在双机热备建立之后再配置。因为双机热备建立成功之后，在主用防火墙配置的安全策略会同步到备用防火墙上，不用在两台防火墙上分别配置。

② 配置VGMP组监控接口

当防火墙业务接口工作在三层连接交换机时，需要在接口上配置VRRP备份组（**vrrp vrid**）。

主备备份方式下，需要在主用设备的业务接口上配置一个VRRP备份组，然后将这个VRRP备份组的状态设置为active；在备用设备的业务接口上配置同一个VRRP备份组，然后将这个VRRP备份组的状态设置为standby。

负载分担方式下，需要在每台设备的每个业务接口上配置两个VRRP备份组，并分别设置状态为active和standby。两台防火墙上的同一个VRRP备份组的状态必须不同，即一个状态为active，另一个状态为standby。

当防火墙业务接口工作在三层连接路由器时，需要在防火墙上配置VGMP组直接监控接口（**hrp track interface**）。

主备备份方式下，需要在一台防火墙上配置**hrp standby-device**命令，将其指定为备用防火墙。在这种组网的这种方式下，还需要配置根据VGMP状态自动调整OSPF Cost值功能（**hrp adjust ospf-cost enable**）或自动调整BGP MED值功能（**hrp adjust bgp-cost enable**）。

负载分担方式下，也需要配置根据VGMP状态自动调整OSPF Cost值功能（**hrp adjust ospf-cost enable**）或自动调整BGP MED值功能（**hrp adjust bgp-cost enable**）。此外，还需要在防火墙和上下行路由器上合理配置OSPF路由开销值，将流量均匀地引导到两台防火墙上处理。例如，防火墙和路由器的OSPF路由开销值都保持为默认值1。这样，两台防火墙都正常工作时，所在链路的开销值相等，内外部网络之间的流量将会由两台防火墙共同处理。

当防火墙业务接口工作在二层，需要在防火墙上配置VGMP组监控VLAN（hrp track vlan）。

主备备份方式下，需要将主用设备的业务接口都加入同一VLAN，然后在一台防火墙上配置hrp standby-device命令，将其指定为备用防火墙。

负载分担方式下，需要将每台设备的业务接口都加入同一VLAN，不需要配置hrp standby-device命令。

当防火墙需要监控远端接口时，需要配置VGMP组监控远端接口。VGMP组监控远端接口有两种方式：通过IP-Link监控和通过BFD监控。一般情况下，这两种方式选择其一即可。

③ 配置VGMP组监控路由邻居

双机热备功能支持与OSPF、BGP路由协议进行联动。根据网络中运行的路由协议，选择其一即可。

④ 配置心跳接口

关于心跳接口的部署和配置注意事项，在第3.4.3节有详细描述，本节不再赘述。

⑤ 启用双机热备

以上配置完成后，我们需要执行hrp enable命令，启用双机热备功能。如果上述配置正确，就能够成功建立双机热备状态，并且分别在两台防火墙上出现命令行提示符HRP_M和HRP_S。

⑥ 配置备份方式

- 自动备份（hrp auto-sync [config | connection-status]）功能默认开启，建议不要关闭。
- 如果主备设备之间配置不同步，请在备用防火墙上清除相关配置后，再在主用防火墙上执行手工批量备份的命令（hrp sync），将主用防火墙的配置向备用防火墙同步。
- 如果是负载分担组网，一般要开启快速会话备份功能（hrp mirror session enable）。

⑦ 配置安全业务

双机热备成功建立后，一般的安全业务配置都会由主用（配置主设备）防火墙备份到备用防火墙上，因此我们只需要在主用防火墙上配置安全业务即可。常见的安全业务有安全策略、NAT、攻击防范、带宽管理和VPN等。

3.5.2 配置检查和结果验证

双机热备配置完成后，我们需要进行配置检查和结果验证。具体步骤如下。

① 查看命令行提示符的显示。

双机热备成功建立后，如果防火墙的命令行提示符上有HRP_M的标识，表示此防火墙和另外一台防火墙进行协商之后成为主用设备；如果命令行上有HRP_S的标识，表示此防火墙和另外一台防火墙进行协商之后成为备用防火墙。

② 按照表3-24检查双机热备的关键配置是否正确。

表 3-24 双机热备配置检查清单

适用场景	序号	是否必选	检查项	检查方法
通用	1	必选	两台防火墙的产品型号、软件版本一致	**display version**
	2	必选	两台防火墙的部件类型和安装位置一致	**display device**
	3	必选	两台防火墙使用相同的业务接口	**display hrp state verbose**
	4	必选	两台防火墙使用相同的心跳接口	**display hrp interface**
	5	可选	如果采用 Eth-Trunk 作为备份通道，两台防火墙的 Eth-Trunk 成员接口相同	**display eth-trunk** *trunk-id*
	6	必选	两台防火墙的接口加入相同的安全区域	**display zone**
	7	必选	两台防火墙的配置一致：包括双机热备、审计策略、认证策略、安全策略、NAT 策略和带宽策略	**display hrp configuration check all**
业务接口工作在三层	8	必选	两台防火墙的接口已经配置 IP 地址	**display ip interface brief**
	9	必选	如果防火墙连接交换机，则两台防火墙的业务接口需要加入相同的 VRRP 备份组，共享一个虚拟 IP 地址	**display vrrp interface** *interface-type interface-number*
	10	必选	如果防火墙连接交换机，防火墙的上下行设备将 VRRP 备份组的虚拟 IP 地址设置为下一跳地址	检查防火墙的上下行设备的静态路由配置
	11	必选	如果防火墙连接路由器，主备备份时，备用防火墙需要配置 **hrp standby-device**。负载分担时，两台防火墙均不用配置 **hrp standby-device**	**display hrp state verbose**

续表

适用场景	序号	是否必选	检查项	检查方法
业务接口工作在三层	12	必选	如果防火墙连接路由器，防火墙正确运行OSPF协议，且OSPF区域不包括心跳接口	**display ospf** [*process-id*] **brief**
	13	必选	如果防火墙连接路由器，则需要根据运行的路由协议配置根据主备状态调整OSPF Cost值/BGP MED值功能	**display hrp state verbose**
业务接口工作在二层	14	必选	防火墙的上下行业务接口加入同一个VLAN中	**display port vlan** [*interface-type interface-number*]
	15	必选	主备备份时，备用防火墙需要配置了**hrp standby-device**命令	**display hrp state verbose**
	16	必选	如果防火墙连接交换机，则推荐使用主备备份方式	**display hrp state verbose**
	17	必选	如果防火墙连接路由器，则推荐使用负载分担方式	**display hrp state verbose**
负载分担	18	必选	启用会话快速备份功能	**display hrp state verbose**
	19	必选	正确指定NAT地址池的端口范围	**display hrp state verbose**
镜像模式	20	必选	启用镜像模式	**display hrp state verbose**
	21	必选	两台防火墙上编号相同的业务接口使用相同的IP地址	**display ip interface brief**
	22	可选	正确配置镜像模式管理接口	**display current-configuration include hrp mgt-interface**

③ 在主用设备接口视图下，执行shutdown命令，验证主备设备是否进行切换。

在主用设备的一个业务接口下执行shutdown命令后，主用设备此接口的状态变为down，其他接口正常工作。备用设备的标记由HRP_S变为HRP_M，主用设备的标记由HRP_M变为HRP_S，且业务正常转发，说明主备机切换成功。

在主用设备的相同接口上执行undo shutdown命令后，主用设备此接口的状态变为up。在抢占定时器超时后，主用设备的标记由HRP_S变为HRP_M，备用设备的标记由HRP_M变为HRP_S，且业务正常转发，说明故障恢复时抢占成功。

④ 在主用设备用户视图下，执行reboot命令，通过命令行重启主用设备，验证主备设备是否进行切换。

在主用设备上执行reboot命令，如果备用设备的标记由HRP_S变为HRP_M，且业务正常转发，说明主备机切换成功。

主用设备重启完成后，重新正常工作。在抢占定时器超时后，主用设备的标记由HRP_S变为HRP_M，备用设备的标记由HRP_M变为HRP_S，且业务正常转发，说明故障恢复时抢占成功。

3.6 双机热备旁挂组网分析

前面我们介绍了两台防火墙双机热备直路部署在网络中，以及透明接入网络的场景。此外两台防火墙还支持双机旁挂部署的场景。目前比较常见的是两台防火墙旁挂在数据中心核心交换机上，且两台防火墙之间形成双机热备。

防火墙旁挂部署的优点主要在于：一方面可以在不改变现有网络物理拓扑的情况下，将防火墙部署到网络中；另一方面可以有选择地将通过核心交换机的流量引导到防火墙上，即将需要进行安全检测的流量引导到防火墙上进行处理，或直接通过交换机转发不需要进行安全检测的流量。

将流量由交换机引导到旁挂的防火墙上主要有两种常见方式：静态路由方式和策略路由方式。下面我们来具讲解这两种方式下的流量路径和防火墙双机热备配置。

3.6.1 通过 VRRP 与静态路由的方式实现双机热备旁挂

如图3-48所示，两台防火墙旁挂在数据中心的核心交换机侧，保证数据中心网络安全。通过核心交换机的流量都会被引导到旁挂的防火墙上进行安全检测，引导的方式为静态路由方式。在这种组网中，希望两台防火墙以主备备份方式工作。正常情况下，流量通过Firewall_A转发。当Firewall_A出现故障时，流量通过Firewall_B转发，保证业务不中断。

如果希望通过静态路由方式将经过核心交换机的流量引导到防火墙，则需要在核心交换机上配置静态路由，下一跳为防火墙接口的地址。但是一般核心交换机与上行路由器和下行汇聚交换机之间运行OSPF协议，而由于OSPF协议的路由优先级高于静态路由，所以流量到达核心交换机后会根据OSPF路由直接被转发到上行或下行设备，而不会根据静态路由被引导到防火墙上。

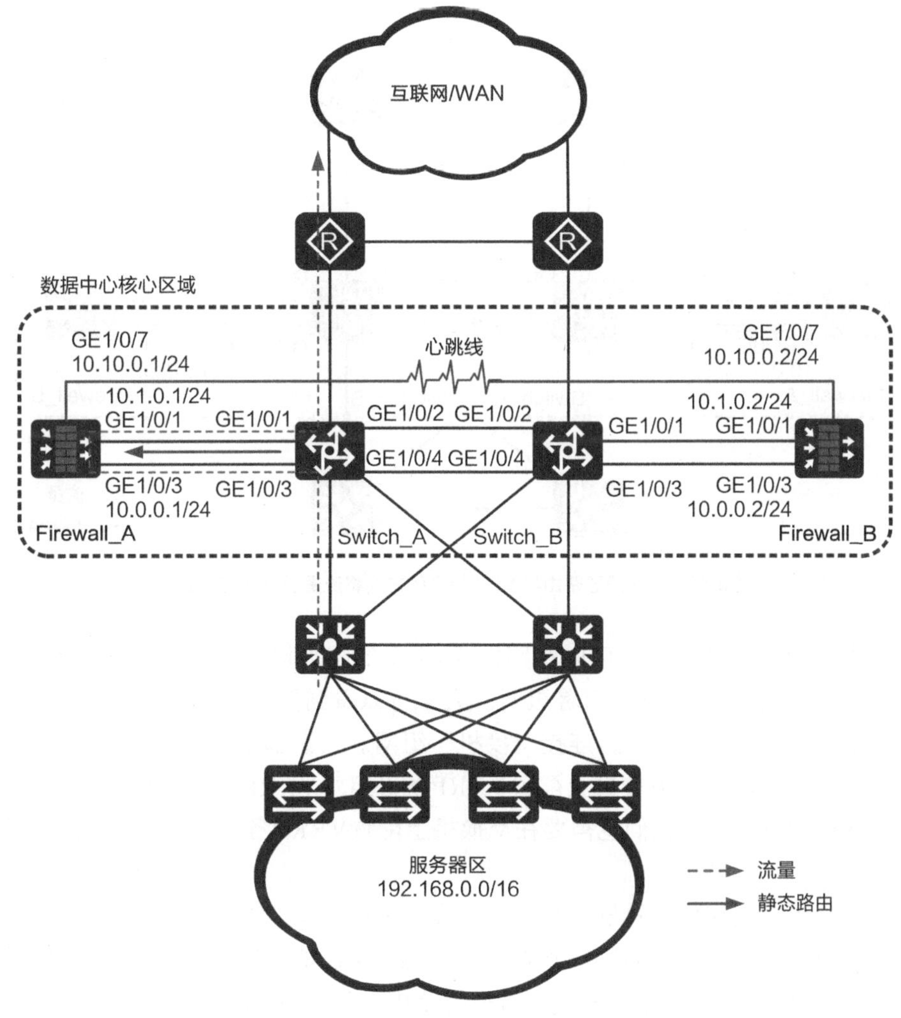

注：WAN 即 Wide Area Network，广域网。

图 3-48　通过 VRRP 与静态路由的方式实现双机热备旁挂

因此如果希望通过静态路由引流，就必须在核心交换机上配置VRF（Virtual

Routing and Forwarding，虚拟路由转发）功能，将一台交换机虚拟成连接上行的交换机（虚拟交换机Out_VRF）和连接下行的交换机（虚拟交换机In_VRF），具体如图3-49所示。由于虚拟出的两个交换机完全隔离开来，所以流量就会根据静态路由被送到防火墙上。

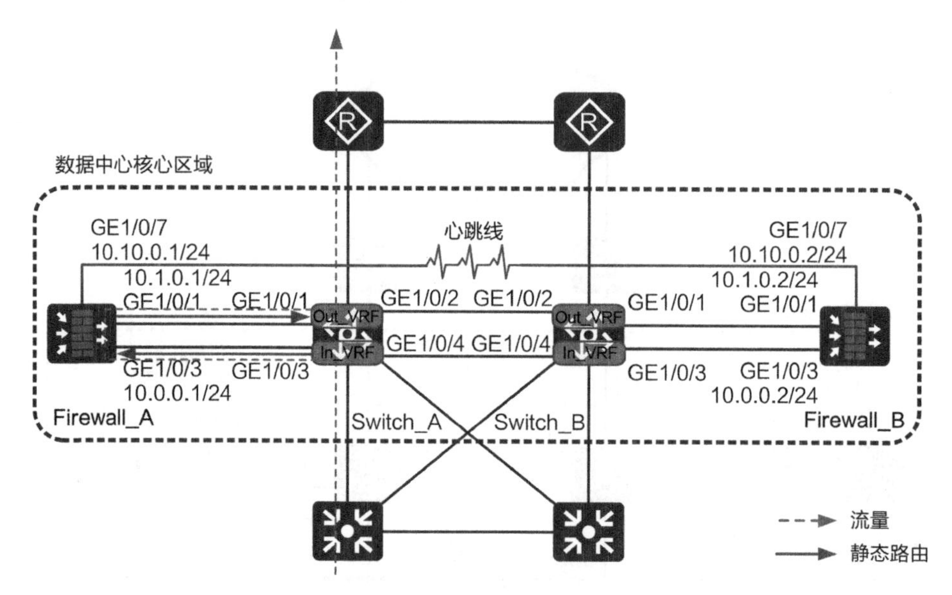

图 3-49 通过静态路由与VRF结合的方式将流量引导到防火墙上

为了便于理解，我们可以将图3-49所示的防火墙双机旁挂部署组网转换成图3-50所示的双机直路部署组网。大家可以看到图3-50是一个经典的“防火墙业务接口工作在三层，连接交换机”组网。大家都知道在这个组网中，我们需要在防火墙的业务接口上配置VRRP备份组（VRRP备份组1和2）。为提供交换机的可靠性，我们也需要在交换机上配置VRRP备份组（VRRP备份组3和4）。

而为了实现流量的转发，我们需要在交换机的In_VRF和Out_VRF上配置静态路由，下一跳分别为VRRP备份组1和备份组2的虚拟地址。由于流量的转发不仅需要去时的路由，还需要回程的路由，所以我们也需要在防火墙上配置两条回程的静态路由，下一跳分别为In_VRF的VRRP备份组3的虚拟地址和Out_VRF的VRRP备份组4的虚拟地址。这样我们可以看到，实际上两台防火墙与两台交换机的In_VRF及Out_VRF之间是通过VRRP备份组的虚拟地址进行通信的。

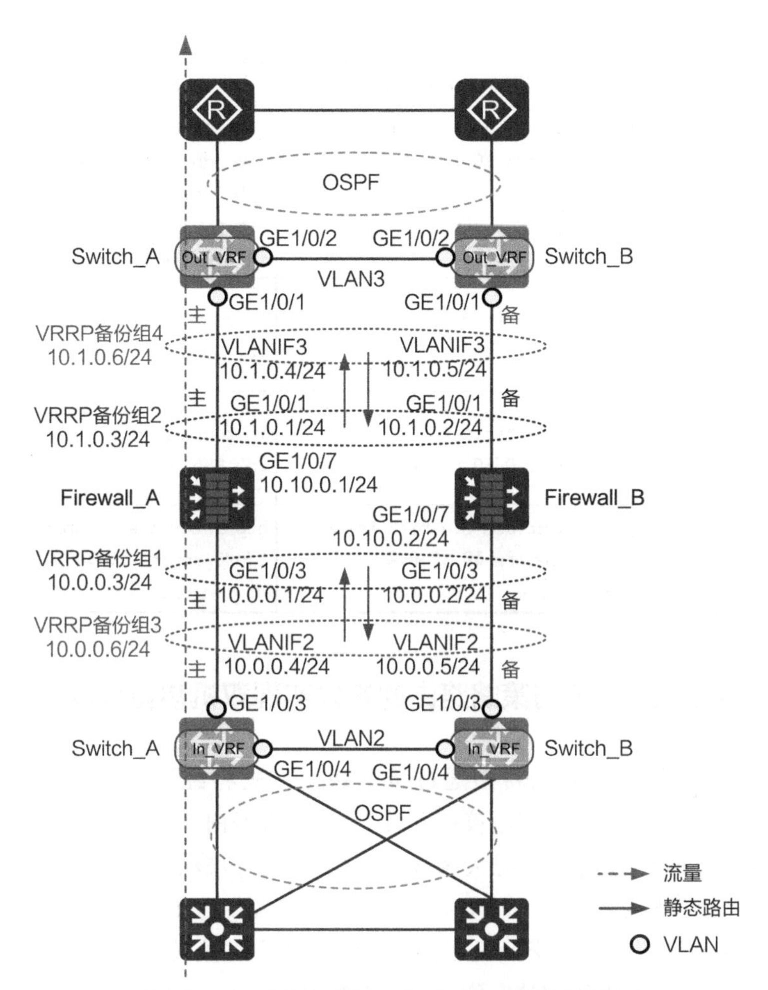

图 3-50　双机旁挂部署转换成经典的双机直路部署组网

两台防火墙上的VRRP与静态路由配置如表3-25所示。

表 3-25　通过 VRRP 与静态路由方式实现双机热备的配置 （主备备份）

配置项	Firewall_A 的配置	Firewall_B 的配置
在下行接口 GE1/0/3 接口上配置 VRRP 备份组 1	interface GigabitEthernet 1/0/3 ip address **10.0.0.1** 255.255.255.0 vrrp vrid 1 virtual-ip 10.0.0.3 **active**	interface GigabitEthernet 1/0/3 ip address **10.0.0.2** 255.255.255.0 vrrp vrid 1 virtual-ip 10.0.0.3 **standby**

续表

配置项	Firewall_A 的配置	Firewall_B 的配置
在上行接口 GE1/0/1 接口上配置 VRRP 备份组 2	interface GigabitEthernet 1/0/1 ip address **10.1.0.1** 255.255.255.0 vrrp vrid 2 virtual-ip 10.1.0.3 **active**	interface GigabitEthernet 1/0/1 ip address **10.1.0.2** 255.255.255.0 vrrp vrid 2 virtual-ip 10.1.0.3 **standby**
配置上行方向的静态路由，下一跳为 VRRP 备份组 4 的地址	ip route-static 0.0.0.0 0.0.0.0 10.1.0.6	ip route-static 0.0.0.0 0.0.0.0 10.1.0.6
配置下行方向的静态路由，下一跳为 VRRP 备份组 3 的地址	ip route-static 192.168.0.0 255.255.0.0 10.0.0.6	ip route-static 192.168.0.0 255.255.0.0 10.0.0.6
配置心跳接口和启用双机热备功能	hrp interface GigabitEthernet 1/0/7 remote **10.10.0.2** hrp enable	hrp interface GigabitEthernet 1/0/7 remote **10.10.0.1** hrp enable

3.6.2 通过 OSPF 与策略路由的方式实现双机热备旁挂

如图3-51所示，如果希望通过策略路由方式将经过核心交换机的流量引导到防火墙，则需要在核心交换机上配置策略路由，重定向的下一跳地址（redirect ip-nexthop）为防火墙接口的地址。一般核心交换机与上行路由器和下行汇聚交换机之间运行OSPF协议，而由于策略路由的优先级高于所有路由协议，所以流量到达核心交换机后会根据策略路由直接被引流到防火墙上，而不会根据OSPF路由直接被转发到上行或下行设备。

核心交换机的流量被策略路由引导到防火墙进行检测后，还需要返回给核心交换机。这时就需要在防火墙与核心交换机之间运行OSPF协议，在防火墙上通过查找OSPF路由将流量返回给交换机。但是由于防火墙与核心交换机之间有两个接口相连，所以在防火墙上查找路由表时会看到两条等价的OSPF路由，即来自交换机的流量有可能通过来时的接口返回给交换机。如果流量的出入接口是同一接口，那么防火墙就无法对流量进行全面的安全检测和控制了。

为了解决此问题，我们就需要在核心交换机和防火墙上分别配置两个OSPF进程，然后在防火墙上将这两个OSPF进程相互引入。这样当交换机的流量被策略路由引导到防火墙后，在防火墙上查路由表时只会发现一条来自不同进程的OSPF路由，即来自交换机的流量一定会通过另外的接口返回给交换机。

在这里读者可能会有疑问，如果配置了两个OSPF进程不相互引入会怎样呢？答案是如果不相互引入的话，则内外网之间路由不可达，即内网的报文送到汇聚交换机上或外网的报文送到出口路由器上时，不知道该如何进行下一步转发。

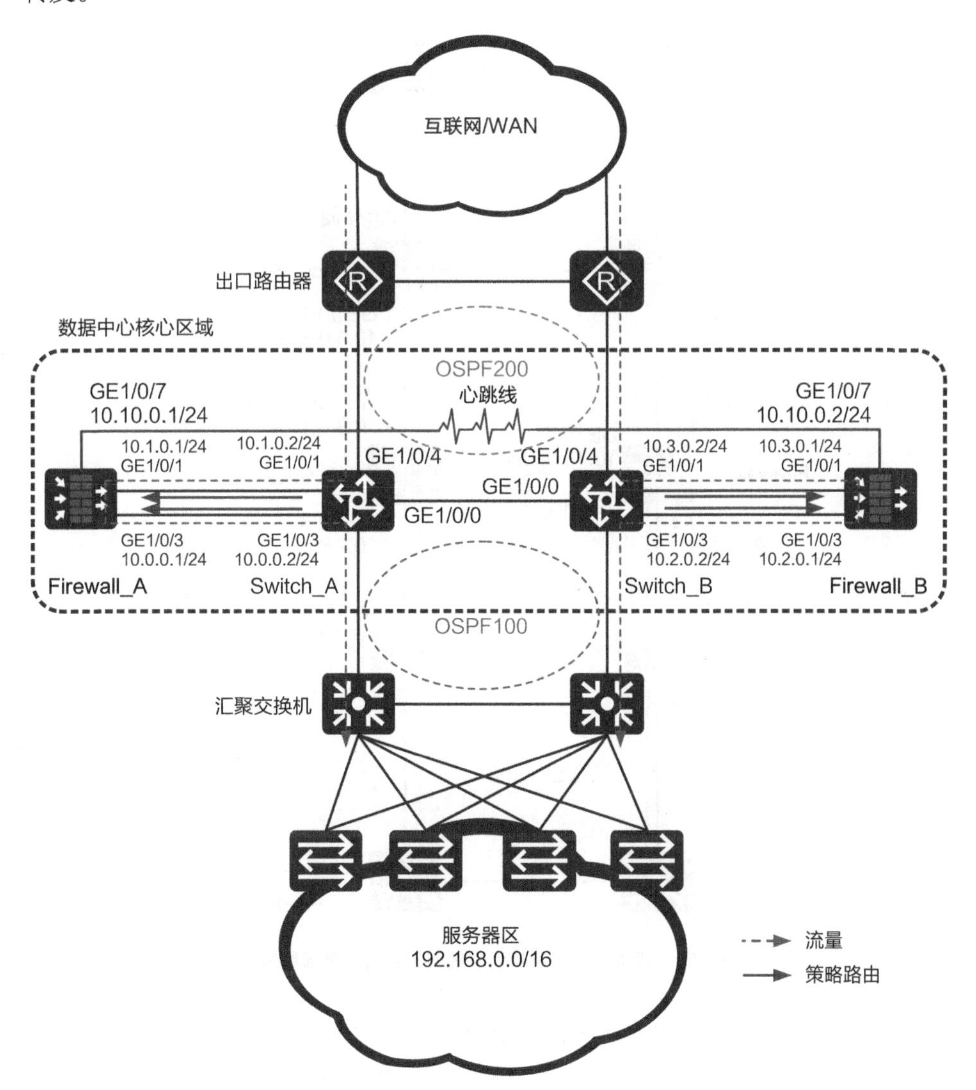

图3-51 通过OSPF与策略路由的方式实现双机热备旁挂

为了便于理解，我们可以将图3-51所示的防火墙双机旁挂部署组网转换成图3-52所示的双机直路部署组网。大家可以看到图3-52是一个经典的“防火墙业务接口工作在三层，连接路由器”组网。唯一的区别在于需要在防火墙上配置两个OSPF进程并且相互引入，而在交换机上配置OSPF的同时需要配置策略路由。

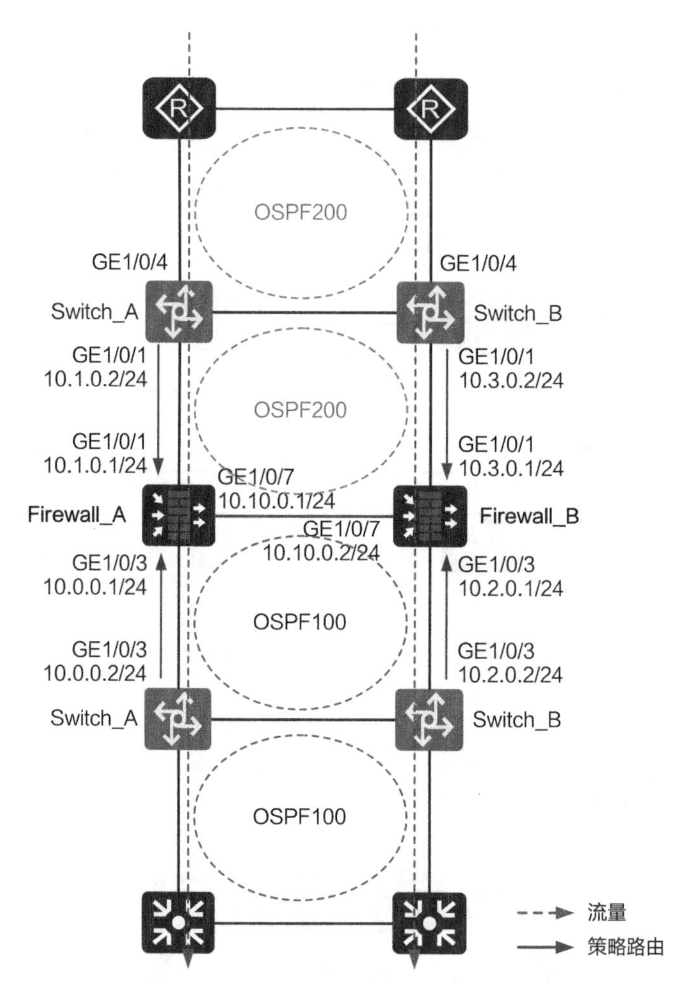

图 3-52　双机旁挂部署转换成经典的双机直路部署组网

两台防火墙上的OSPF与双机热备配置如表3-26所示。

表 3-26　通过 OSPF 与策略路由方式实现双机热备的配置（负载分担）

配置项	Firewall_A 的配置	Firewall_B 的配置

配置 OSPF100，并引入 OSPF200	ospf 100
	 import-route ospf 200
	 arca 0.0.0.0
	  network **10.0.0.0** 0.0.0.255
		ospf 100
		 import-route ospf 200
		 area 0.0.0.0
		  network **10.2.0.0** 0.0.0.255

配置 OSPF200，并引入 OSPF100	ospf 200
	 import-route ospf 100
	 area 0.0.0.0
	  network **10.1.0.0** 0.0.0.255
		ospf 200
		 import-route ospf 100
		 area 0.0.0.0
		  network **10.3.0.0** 0.0.0.255

配置 VGMP 组监控 GE1/0/3 接口	hrp track interface GigabitEthernet 1/0/3	hrp track interface GigabitEthernet 1/0/3
配置 VGMP 组监控 GE1/0/1 接口	hrp track interface GigabitEthernet 1/0/1	hrp track interface GigabitEthernet 1/0/1
配置会话快速备份	hrp mirror session enable	hrp mirror session enable
配置心跳接口	hrp interface GigabitEthernet 1/0/7 remote **10.10.0.2**	hrp interface GigabitEthernet 1/0/7 remote **10.10.0.1**
启用双机热备功能	hrp enable	hrp enable

3.7　双机热备与其他特性结合使用

防火墙的大部分特性在双机热备组网下的配置与单机组网相同。有些特性，如NAT、IPsec、虚拟系统等，在与双机热备结合使用时有一些特殊之处，下面我们就来一起学习。

3.7.1　双机热备与 NAT Server 结合使用

只有当两台防火墙工作在负载分担状态，且NAT Server的公网地址与VRRP虚拟IP地址在同一个网段时，才需要配置NAT Server与VRRP绑定。下面我们来分析一下。

1. NAT Server的公网地址与虚拟IP地址不在同一网段

如图3-53所示，两台防火墙Firewall_A和Firewall_B形成双机热备的主备备份状态。正常情况下，Firewall_A处理业务流量，Firewall_B处于闲置备份状态。

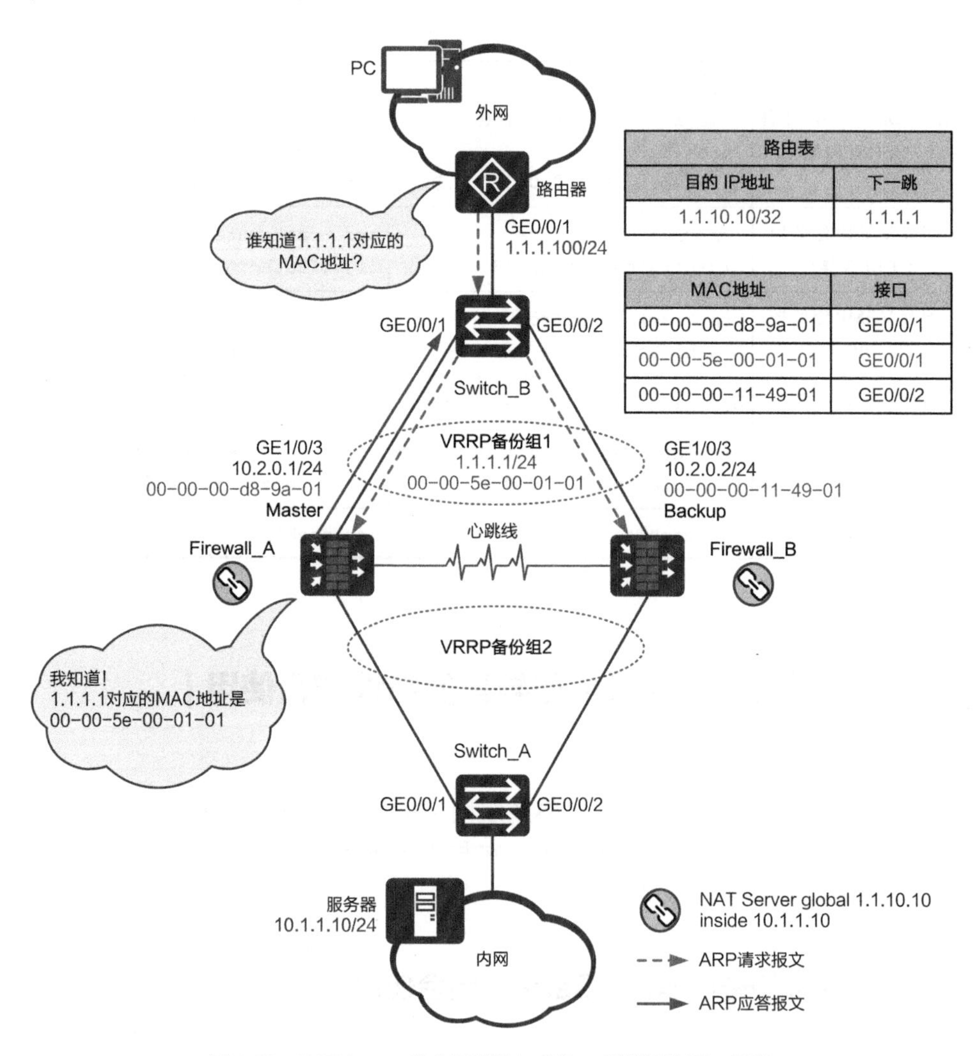

图3-53 NAT Server的公网地址与虚拟IP地址不在同一网段

Firewall_A上配置了NAT Server，将内网服务器的私网地址10.1.1.10转换成公网地址1.1.10.10。Firewall_A上的NAT Server配置会备份到

Firewall_B上。由于NAT Server的公网地址1.1.10.10与VRRP备份组1的虚拟IP地址1.1.1.1不在同一网段，为了保证路由可达，外网的路由器上需要配置目的地址为NAT Server公网地址1.1.10.10、下一跳为虚拟IP地址1.1.1.1的路由。

当外网用户访问服务器的报文到达路由器时，由于在路由表中查到报文的下一跳为VRRP备份组1的虚拟IP地址1.1.1.1，所以路由器会广播ARP报文，请求地址1.1.1.1对应的虚拟MAC地址。这时，只有VRRP备份组状态为Master的防火墙Firewall_A才会将虚拟MAC地址00-00-5e-00-01-01回应给路由器。路由器使用虚拟MAC地址作为目的MAC地址封装报文，然后将其发送至交换机。交换机根据MAC地址表记录的虚拟MAC地址与GE0/0/1接口的关系，将报文通过GE0/0/1接口转发给Firewall_A。

类似的，如果两台防火墙形成负载分担状态，则它们将分别回复指向不同服务器的访问请求。这个过程，大家可以自己分析一下。

2. NAT Server 的公网地址与虚拟 IP 地址在同一网段

接下来，我们先以主备备份场景为例，将NAT Server的公网地址修改成1.1.1.10，与VRRP备份组地址1.1.1.1在同一网段，如图3-54所示。那么当外网用户访问服务器的报文到达路由器时，路由器会直接广播ARP报文，请求地址1.1.1.10对应的MAC地址。这时，由于两台防火墙上都配置了NAT Server，所以两台防火墙都会将自身接口的MAC地址回应给路由器。这样，路由器就会时而以Firewall_A的接口MAC地址来封装报文，将报文送到Firewall_A；时而以Firewall_B的接口MAC地址来封装报文，将报文送到Firewall_B，从而影响业务的正常运行。

在这种情况下，我们就需要在防火墙上配置NAT Server时与VRRP备份组绑定，如图3-55所示。配置完成后，只有VRRP备份组状态为Master的防火墙Firewall_A才会应答路由器的ARP请求，并且响应报文中携带的MAC地址为VRRP备份组1的虚拟MAC地址00-00-5e-00-01-01。这样，外网用户访问服务器的报文将只会被送到主用防火墙Firewall_A上。

为提升产品易用性，当NAT Server的公网IP地址与VRRP备份组的虚拟IP地址在同一个网段时，华为USG6000E防火墙会自动将NAT Server与VRRP备份组绑定。如果同一网段内有多个VRRP备份组，则自动绑定VRID最小的VRRP备份组。例如，NAT Server的公网地址为1.1.1.10，VRRP备份组1的虚拟IP地址为1.1.1.1，VRRP备份组2的虚拟IP地址为1.1.1.2。防火墙会自动将NAT Server与VRRP备份组1绑定。所以，在主备备份场景下，一般不需要手工配置NAT Server与VRRP备份组绑定。

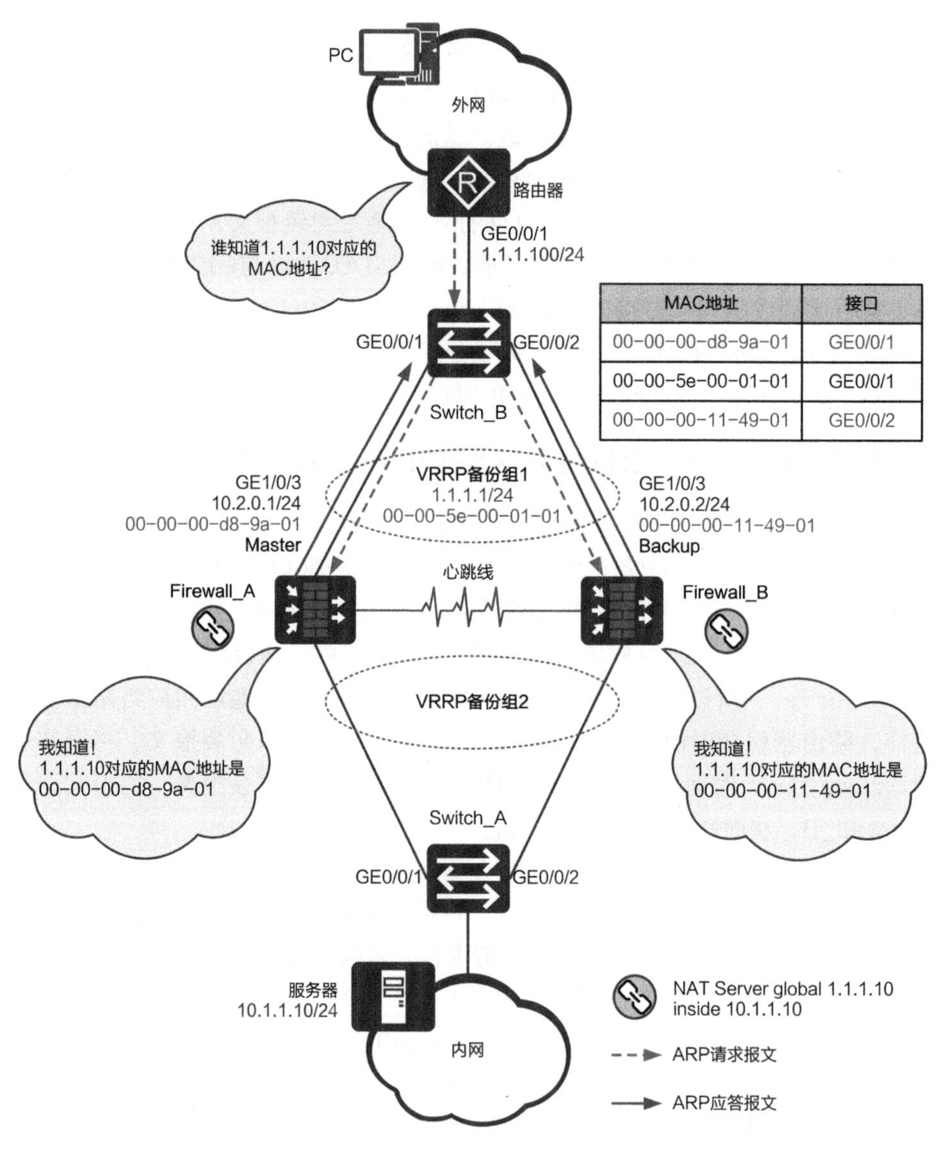

图 3-54　NAT Server 的公网地址与虚拟 IP 地址在同一网段

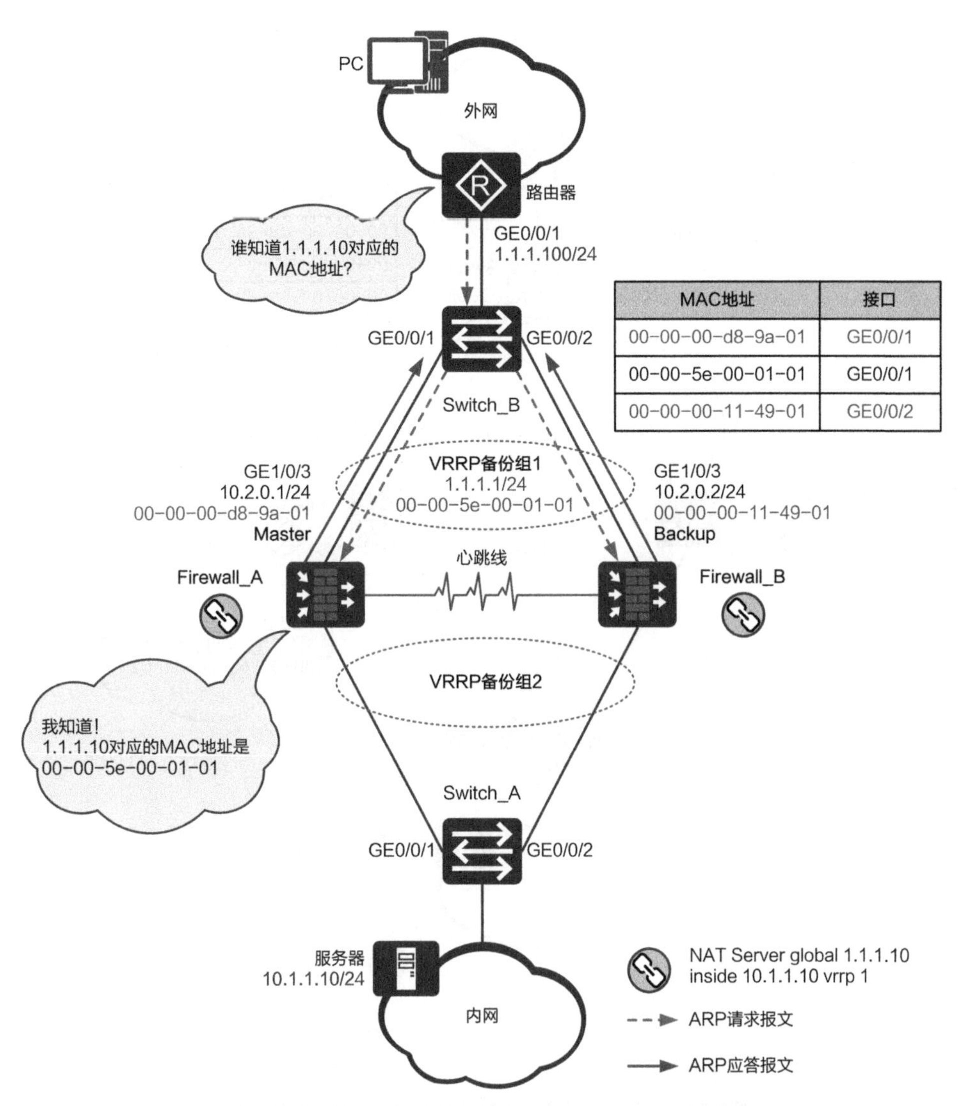

MAC地址	接口
00-00-00-d8-9a-01	GE0/0/1
00-00-5e-00-01-01	GE0/0/1
00-00-00-11-49-01	GE0/0/2

图 3-55 主备备份场景下 NAT Server 与 VRRP 备份组绑定

在负载分担场景下，为了使两台防火墙都转发流量，需要手工配置NAT Server与VRRP备份组绑定。如图3-56所示，两台防火墙互为主备。在Firewall_A上，VRRP备份组1的状态为Master；在Firewall_B上，VRRP备份组2的状态为Master。我们需要将NAT Server1与VRRP备份组1绑定，NAT Server2与VRRP备份组2绑定。这样，外网用户访问内网服务器1的报文都会送到Firewall_A转发，外网用户访问内网服务器2的报文都会送到Firewall_B转发。

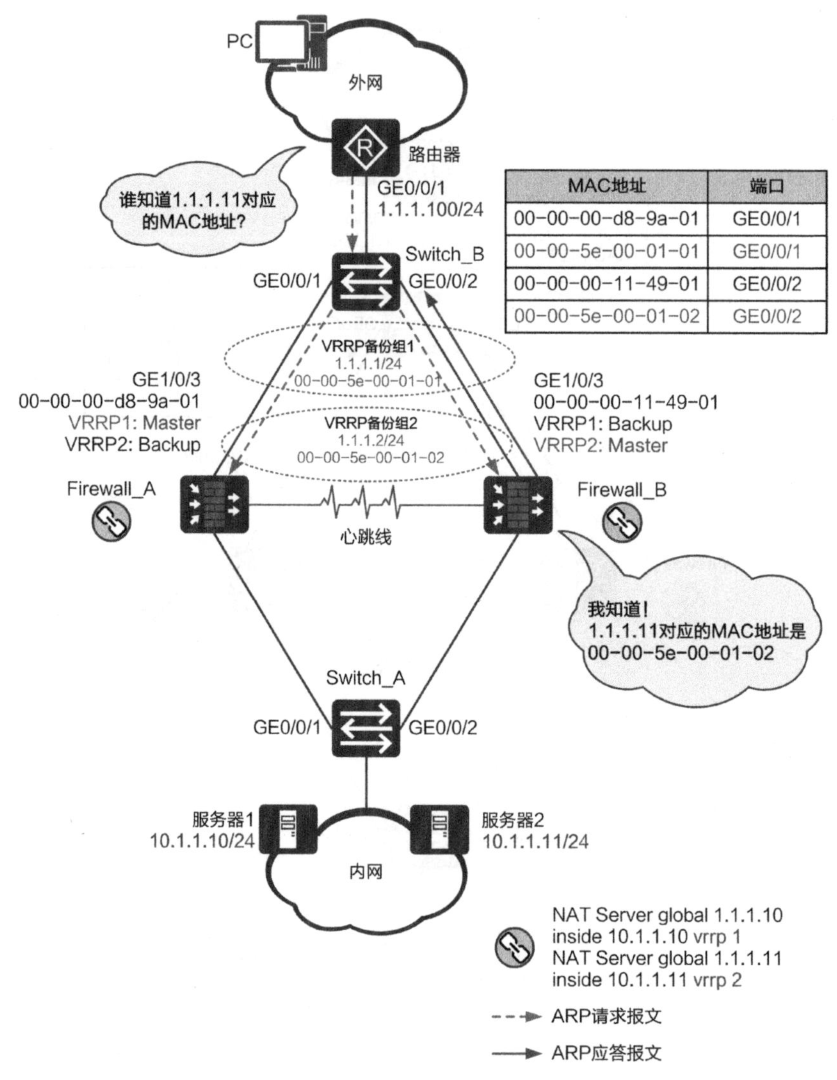

图 3-56　负载分担场景下 NAT Server 与 VRRP 备份组绑定

3.7.2　双机热备与源 NAT 结合使用

源NAT与NAT Server的情况类似，下面我们重点分析一下NAT地址池地址与VRRP虚拟IP地址在同一网段的情况。

1. 主备备份场景

我们首先来看主备备份场景。如图3-57所示，NAT地址池范围是1.1.1.5～1.1.1.10，VRRP备份组的虚拟IP地址是1.1.1.1，在同一个网段。当内网用户访问外网的报文到达防火墙后，报文的源地址被转换成NAT地址池中的地址（如1.1.1.5）。因为NAT地址池中的地址与VRRP备份组1的地址1.1.1.1在同一网段，那么外网返回的回程报文到达路由器后，路由器会广播ARP报文，请求1.1.1.5对应的MAC地址。这时，两台防火墙都会以接口MAC地址回应此ARP报文，造成MAC地址冲突，从而影响业务的正常运行。

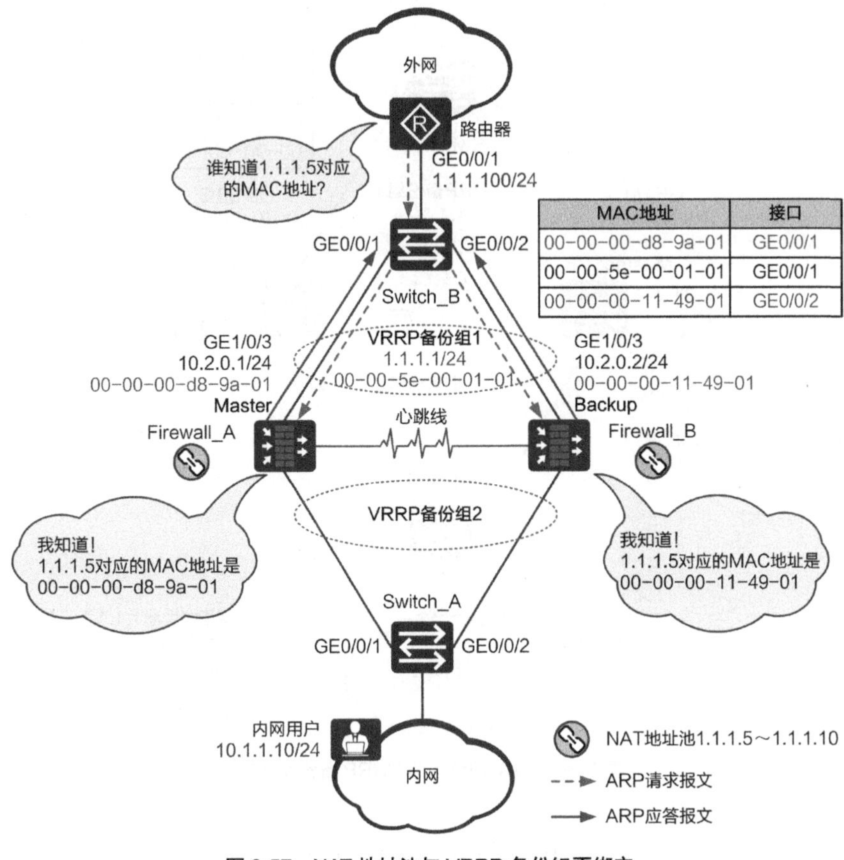

图 3-57　NAT 地址池与 VRRP 备份组不绑定

所以，当NAT地址池中的地址与防火墙出接口的VRRP虚拟IP地址在同一网段时，我们需要配置NAT地址池与VRRP备份组绑定（在NAT地址池视图下执行命令**vrrp** *virtual-router-id*）。配置完成后，只有VRRP备份组状态为Master的防火墙Firewall_A才会以VRRP备份组的虚MAC地址回应ARP报文，如图3-58所示。这样，内网用户访问外网的回程报文就只会送到防火墙Firewall_A上转发。

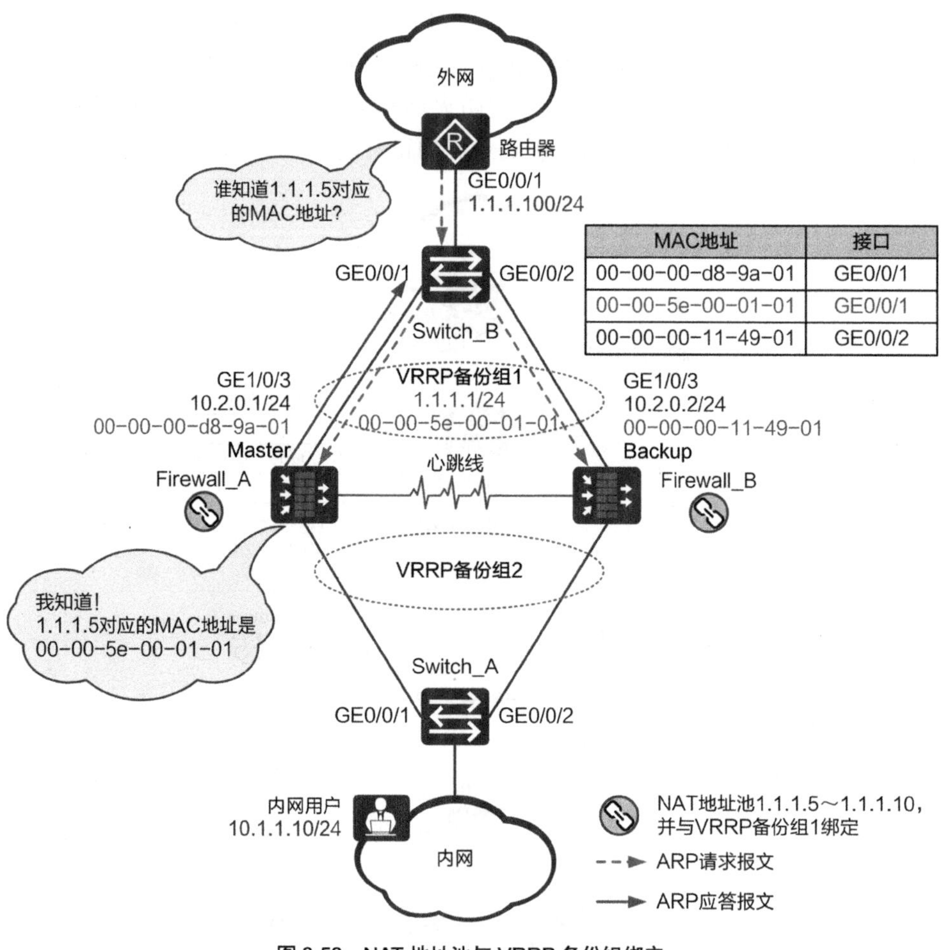

图 3-58　NAT 地址池与 VRRP 备份组绑定

为提升产品易用性，华为USG6000E防火墙会自动将处于同一地址网段的NAT地址池与VRID最小的VRRP备份组绑定。所以在主备备份场景下，一般不需要手工配置NAT地址池与VRRP备份组绑定。

2. 负载分担场景

在负载分担场景下，区域1的内网用户将网关设置为VRRP备份组3的地址，区域2的内网用户将网关设置为VRRP备份组4的地址，如图3-59所示。这样区域1访问外网的报文会送到Firewall_A上，然后报文的源地址会转换成NAT地址池1中的地址；区域2访问外网的报文会送到Firewall_B上，报文的源地址会转换成NAT地址池2中的地址。

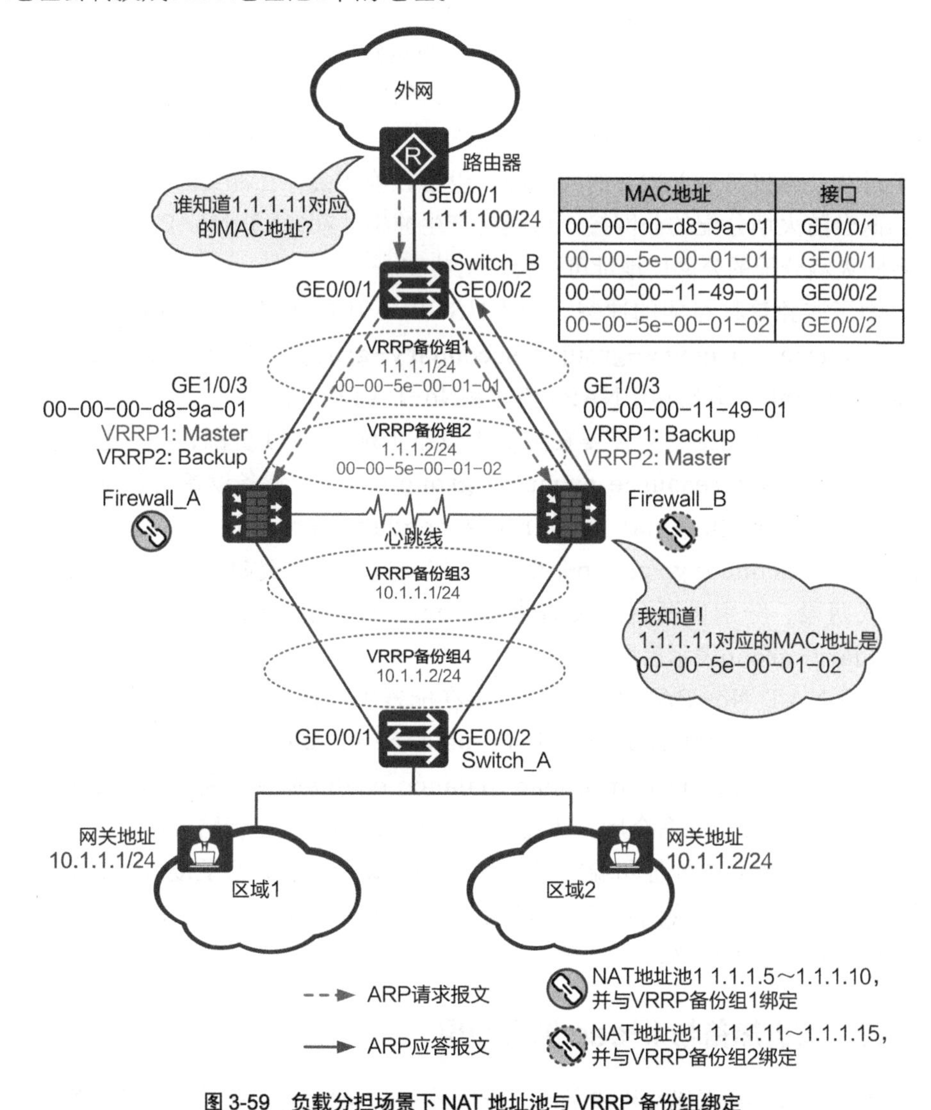

图3-59 负载分担场景下NAT地址池与VRRP备份组绑定

当内网用户访问外网的回程报文到达路由器时，路由器会请求NAT地址池地址对应的MAC地址。这时，两台防火墙都会将自身上行接口的MAC地址回应给路由器，从而造成MAC地址冲突，影响业务的正常运行。

在这种情况下，我们需要将NAT地址1与VRRP备份组1绑定，NAT地址2与VRRP备份组2绑定，如图3-59所示。这样，当路由器请求NAT地址池1中地址对应的MAC地址时，只有Firewall_A会以VRRP备份组1的虚拟MAC地址回应给路由器。区域1用户访问外网的回程报文就只会被送到Firewall_A上。类似的，区域2用户访问外网的回程报文只会被送到Firewall_B上。

细心的读者看到这里可能就会有个大大的疑问，在负载分担场景下，如果两台防火墙共用一个NAT地址池进行源NAT，会不会有NAT资源（包括公网IP地址和公网接口号）冲突的问题呢？没错，确实会存在冲突。在NAPT模式下，两台防火墙分配的公网接口可能会产生冲突；在NAT No-PAT模式下，两台防火墙分配的公网IP地址可能会产生冲突。

为了避免这种可能的冲突，华为USG6000E防火墙提供了两条命令**hrp nat resource { primary-group | secondary-group }**和**nat resource load-balance enable**，分别用于NAPT模式和No-PAT模式。

对于NAPT模式，只需要在配置主设备上配置NAT资源，并在配置主设备上执行**hrp nat resource primary-group**命令。配置备设备上会同步NAT配置，并自动下发**hrp nat resource secondary-group**命令。配置**hrp nat resource secondary-group**命令后，NAT地址池的资源（公网接口号）将平分成两段，分别供两台防火墙使用。**primary-group**表示前段资源组，**secondary-group**表示后段资源组。

对于NAT No-PAT模式，只需要在配置主设备上配置NAT资源，并在配置主设备上执行**nat resource load-balance enable**命令。配置备设备上会同步NAT配置和**nat resource load-balance enable**命令。配置**nat resource load-balance enable**命令后，地址和端口的分配将由同一台防火墙执行，保证两台防火墙分配到的地址和端口不冲突。 开启该命令后，心跳接口的流量会有所增加（增加大小视现网业务大小而定，一般为首包流量大小），需要确定心跳接口的带宽是否足够。

3.7.3 双机热备与 IPsec 结合使用

当两台防火墙组建双机热备时，IPsec隧道的配置与防火墙单机组网略有不同。下面根据防火墙双机热备的组网和状态分别介绍一下。

1. 防火墙上下行连接交换机的主备备份组网

公司总部通过两台防火墙Firewall_A和Firewall_B接入外网，其上下行设备均是交换机。Firewall_A和Firewall_B通过VRRP备份组形成主备方式的双机热备，Firewall_A是主用设备，Firewall_B是备用设备，如图3-60所示。分支机构通过Firewall_C与总部建立IPsec VPN，以安全地访问总部的服务器。

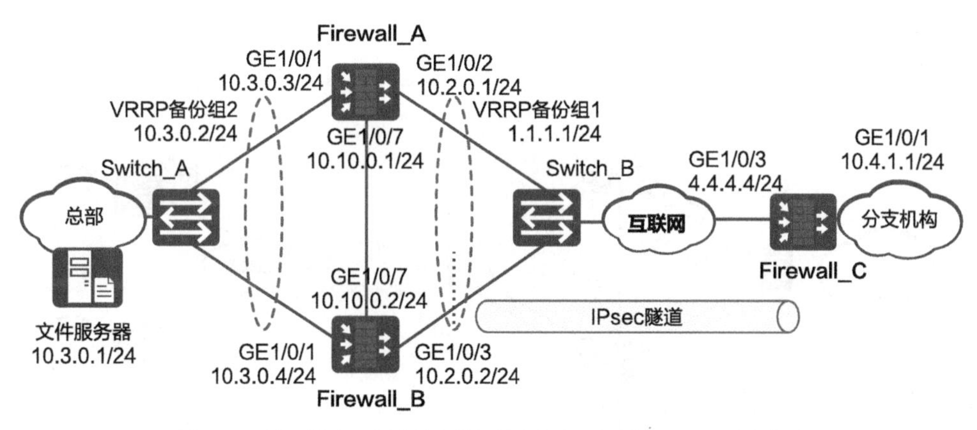

图3-60 防火墙上下行连接交换机的主备备份组网与IPsec结合使用

在这种组网中，分支的Firewall_C将会以总部防火墙上VRRP备份组1的虚拟IP地址作为对端地址，与总部的Firewall_A和Firewall_B建立一条IPsec隧道。这种组网的配置注意事项如下。

① 在主用设备Firewall_A上，像单机组网一样配置IPsec策略，并在GE1/0/3接口上应用IPsec策略。IPsec的配置及状态信息，主要是IPsec SA（Security Association，安全联盟）和IKE（Internet Key Exchange，互联网密钥交换）SA会从Firewall_A备份到Firewall_B上。

② 在Firewall_C上配置IPsec时，指定对端地址为VRRP备份组1的虚拟IP地址，例如**remote address 1.1.1.1**。

正常情况下，总部去往分支的流量通过Firewall_A进入IPsec隧道，而分支去往总部的流量通过IPsec隧道到达Firewall_A。

当Firewall_A的接口、链路或整机发生故障时，总部去往分支的流量切换到通过Firewall_B进入IPsec隧道，而分支去往总部的流量则会通过IPsec隧道到达Firewall_B。主备切换过程中，原有的IPsec隧道并不会被拆除，而且分支的Firewall_C感知不到总部的流量切换。

2. 防火墙上下行连接交换机的负载分担组网

两台防火墙Firewall_A和Firewall_B的业务接口工作在三层，上下行连接交换机，两台防火墙处于负载分担状态，如图3-61所示。现在希望分支A与总部之间的流量通过Firewall_A转发，分支B与总部之间的流量通过Firewall_B转发。

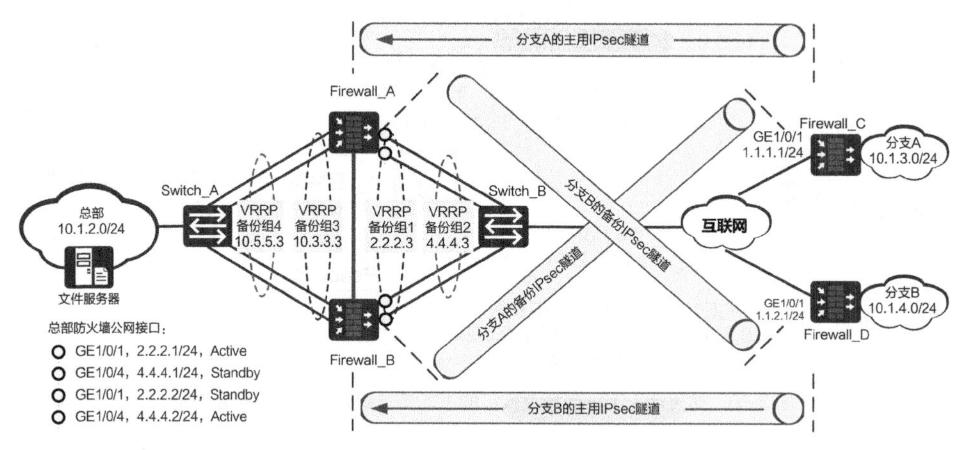

图 3-61　防火墙上下行连接交换机的负载分担组网与 IPsec 结合使用

Firewall_A的GE1/0/1接口上配置VRRP备份组1，并设置其状态为Active，Firewall_B的GE1/0/1接口上配置VRRP备份组1，并设置其状态为Standby；Firewall_A的GE1/0/4接口上配置VRRP备份组2，并设置其状态为Standby，Firewall_B的GE1/0/4接口上配置VRRP备份组2，并设置其状态为Active。

在这种负载分担组网中，分支A的Firewall_C将会以VRRP备份组1的地址为对端地址与总部的Firewall_A或Firewall_B建立IPsec隧道。分支B的Firewall_D将会以VRRP备份组2的地址为对端地址与总部的Firewall_B或Firewall_A建立IPsec隧道。

本组网的配置注意事项如下。

① 在Firewall_A上为分支A（Firewall_C）的IPsec隧道配置IPsec策

略**policy1**，为分支B（Firewall_D）的IPsec隧道配置IPsec策略**policy2**。**policy1**和**policy2**的配置都会从Firewall_A备份到Firewall_B上。

② 在Firewall_A的GE1/0/1接口上应用IPsec策略**policy1**并指定**master**参数，使Firewall_A与Firewall_C之间建立主用IPsec隧道；在Firewall_B的GE1/0/1接口上应用IPscc策略**policy1**并指定**slave**参数，使Firewall_B与Firewall_C之间建立备用IPsec隧道。相应的，在Firewall_B的GE1/0/4接口上应用IPsec策略**policy2**并指定**master**参数，使Firewall_B与Firewall_D之间建立主用IPsec隧道；在Firewall_A的GE1/0/4接口上应用IPsec策略**policy2**并指定**slave**参数，使Firewall_A与Firewall_D之间建立备用IPsec隧道。

③ 在Firewall_C上配置IPsec，指定对端地址为VRRP备份组1的虚拟IP地址，例如**remote address 2.2.2.3**。在Firewall_D上配置IPsec，指定对端地址为VRRP备份组2的虚拟IP地址，例如**remote address 4.4.4.3**。Firewall_C、Firewall_D上的IPsec策略参数需要分别与**policy1**、**policy2**一致。

正常情况下，分支A与总部的Firewall_A建立主用IPsec隧道，流量通过Firewall_A转发，而分支B与总部的Firewall_B建立主用IPsec隧道，流量通过Firewall_B转发。当Firewall_A的接口、链路或整机发生故障时，分支A的流量将通过与Firewall_B建立的备用IPsec隧道转发；当Firewall_B的接口、链路或整机发生故障时，当Firewall_B的接口、链路或整机发生故障时，分支B的流量将通过与Firewall_A建立的备用IPsec隧道转发。

3. 防火墙上下行连接路由器的主备备份组网

公司总部的两台防火墙Firewall_A和Firewall_B的业务接口工作在三层，上下行连接路由器。两台防火墙处于主备备份状态，Firewall_A是主用设备，Firewall_B是备用设备。两台防火墙上配置了由VGMP组直接监控上下行业务接口，如图3-62所示。

在这种组网中，我们需要在总部防火墙上创建虚拟接口，接受分支防火墙的协商请求。

① 在Firewall_A和Firewall_B上都创建一个虚拟接口Tunnel1，并配置相同的地址。

② 在Firewall_A上像单机组网一样配置IPsec策略，并在Tunnel1接口上

应用IPsec策略。IPsec的配置及状态信息（主要是IPsec SA和IKE SA）会备份到Firewall_B上。

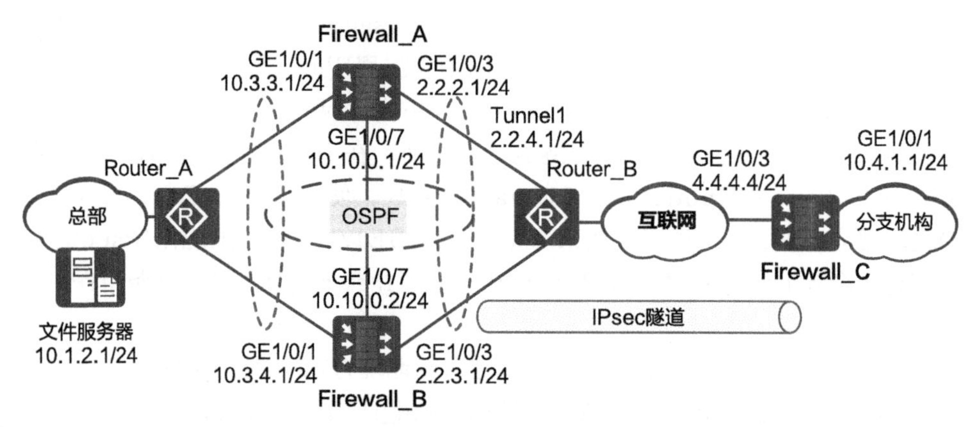

图 3-62　防火墙上下行连接路由器的主备备份组网与 IPsec 结合使用

③ 在Firewall_C上配置IPsec指定对端地址时需要指定Firewall_A和Firewall_B的Tunnel1接口的地址，例如**remote address 2.2.4.1**。

分支的Firewall_C将会以Tunnel接口的地址为对端地址，与总部的Firewall_A和Firewall_B建立一条IPsec隧道。正常情况下，总部去往分支的流量通过Firewall_A进入IPsec隧道，而分支去往总部的流量通过IPsec隧道到达Firewall_A。

当Firewall_A的接口、链路或整机发生故障时，总部去往分支的流量切换到通过Firewall_B进入IPsec隧道，而分支去往总部的流量则会通过IPsec隧道到达Firewall_B。主备切换过程中，原有的IPsec隧道并不会被拆除，而且分支的Firewall_C感知不到总部的流量切换。

4. 防火墙上下行连接路由器的负载分担组网

两台防火墙Firewall_A和Firewall_B的业务接口工作在三层，上下行连接路由器，两台防火墙处于负载分担状态，如图3-63所示。现在希望分支A与总部之间的流量通过Firewall_A转发，分支B与总部之间的流量通过Firewall_B转发。

在这种负载分担组网中，我们需要在总部的Firewall_A和Firewall_B上分别创建一个Tunnel1接口，且两个Tunnel1接口IP地址相同。分支A的

Firewall_C以Tunnel1的IP地址作为隧道对端地址，与总部的Firewall_A或Firewall_B建立IPsec隧道。同样的，我们需要在总部的Firewall_A和Firewall_B上分别创建一个Tunnel2接口，且两个Tunnel2接口IP地址相同。分支B的Firewall_D将会以Tunnel2接口的IP地址作为隧道对端地址，与总部的Firewall_B或Firewall_A建立IPsec隧道。

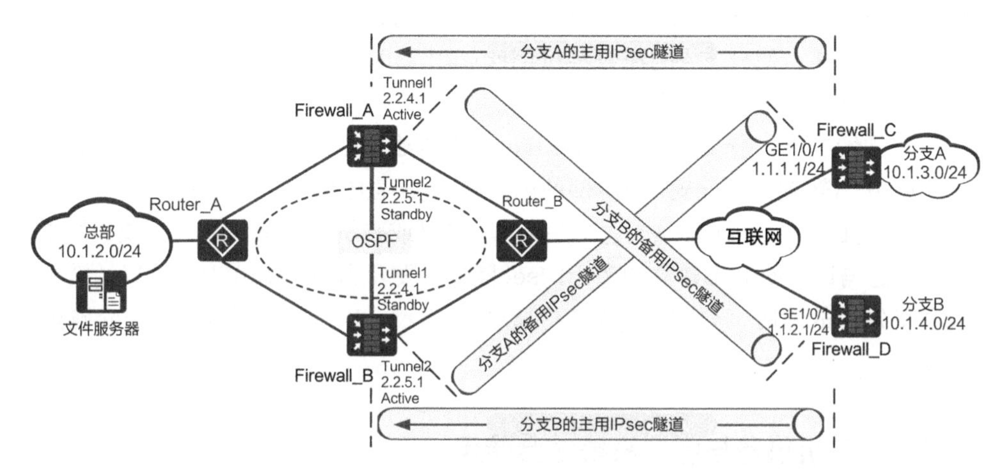

图 3-63 防火墙上下行连接路由器的负载分担组网与 IPsec 结合使用

本组网的配置注意事项如下。

① 在Firewall_A上为分支A（Firewall_C）的IPsec隧道配置IPsec策略**policy1**，为分支B（Firewall_D）的IPsec隧道配置IPsec策略**policy2**。**policy1**和**policy2**的配置都会从Firewall_A备份到Firewall_B上。

② 在Firewall_A的Tunnel1接口上应用IPsec策略**policy1**并指定**master**参数，用于跟Firewall_C建立主用IPsec隧道；在Firewall_B的Tunnel1接口上应用IPsec策略**policy1**并指定**slave**参数，用于跟Firewall_C建立备用IPsec隧道。相应的，在Firewall_B的Tunnel2接口上应用IPsec策略**policy2**并指定**master**参数，用于跟Firewall_D建立主用IPsec隧道；在Firewall_A的Tunnel2接口上应用IPsec策略**policy2**并指定**slave**参数，用于跟Firewall_D建立备用IPsec隧道。

③ 在Firewall_C上配置IPsec策略，指定对端地址为Tunnel1接口的地址，例如**remote address 2.2.4.1**。在Firewall_D上配置IPsec策略，指定对端地址为Tunnel2接口的地址，例如**remote address 2.2.5.1**。Firewall_C、

Firewall_D上的IPsec策略参数需要分别与**policy1**、**policy2**一致。

④ 由于两台防火墙处于负载分担状态，因此流量到达Router_A或Router_B后将会根据HASH算法转发到Firewall_A或Firewall_B上，从而不能达到预想的效果。为此，我们需要使用路由策略调整流量的优先级。具体来说：在Firewall_A上配置路由策略，使分支A的流量经过Firewall_A时路由开销减少10，分支B的流量经过Firewall_A时路由开销增加10；相应的，在Firewall_B配置路由策略，使分支A的流量经过Firewall_B时路由开销增加10，分支B的流量经过Firewall_B时路由开销减少10。

正常情况下，分支A与总部的Firewall_A建立主用IPsec隧道，流量通过Firewall_A转发，而分支B与总部的Firewall_B建立主用IPsec隧道，流量通过Firewall_B转发。当Firewall_A的接口、链路或整机发生故障时，分支A的流量将通过与Firewall_B建立的备用IPsec隧道转发。当Firewall_B的接口、链路或整机发生故障时，分支B的流量将通过与Firewall_A建立的备用IPsec隧道转发。

3.7.4 双机热备与虚拟系统结合使用

虚拟系统是将一台物理设备划分为多台相互独立的逻辑设备的技术，每个虚拟系统都有自己单独的配置和各类资源项，实现了资源的隔离和有效利用。在第4章中会详细介绍虚拟系统，本节先抛个砖，讲讲双机热备遇上虚拟系统时的故事。

在一个双机热备组网中，仍可以为防火墙划分不同虚拟系统。通过虚拟系统和双机热备的结合使用，既能实现不同网络间的业务隔离，又能提高可靠性。这并不是说防火墙支持两个虚拟系统之间的双机热备。实际上，只要主用防火墙中任何一个虚拟系统所在网络出现故障，主用防火墙的VGMP组优先级就会降低，引发两台防火墙物理设备整机间的主备切换。例如，主用设备某一虚拟系统的接口down后，就会触发主备设备的切换，备用防火墙接管工作。备用防火墙上的虚拟系统接管原主用防火墙的工作，从而实现虚拟系统业务不中断。

部署虚拟系统双机热备需要注意如下3点。

① 主备防火墙上创建的虚拟系统的名称和ID必须相同。

② 心跳接口不能是虚拟系统的接口，必须是根系统的接口。虚拟系统的配

置命令和表项也能通过心跳接口备份到对端设备。

③ 双机热备的配置只能在根系统中完成。建议先配置双机热备，再配置虚拟系统。所有虚拟系统的配置命令都可以自动备份。

3.7.5 双机热备与IPv6结合使用

IPv6（Internet Protocol Version 6）是新版本的网络层协议，它是IETF（Internet Engineering Task Force，因特网工程任务组）设计的一套规范。IPv6和IPv4之间最显著的区别就是IP地址的长度从32位变为128位。IPv6可以较为彻底地解决IP地址缺乏的问题。同时，使用IPv6后，网络中路由设备的路由表项将会变少，可以提高路由设备转发报文的速率。

与IPv4不同，部署IPv6双机热备时需要特别注意如下几点。

- 默认情况下，防火墙不会转发IPv6报文，必须开启全局的IPv6功能（**ipv6**）和接口的IPv6功能（**ipv6 enable**）。
- IPv6网络中，心跳接口可以使用IPv4地址或IPv6地址。采用IPv4地址传输心跳报文、备份数据，占用带宽相对较小，可靠性高，推荐使用IPv4地址。
- 接口配置IPv6地址后，请等待接口IPv6协议up后再在该接口上创建IPv6 VRRP备份组，以免引发非预期的双机切换。
- 配置IPv6的VRRP备份组时，必须先为VRRP备份组配置一个链路本地地址，再配置虚拟IP地址（该IP地址不支持任播地址）。具体配置命令如下：

```
# 创建IPv6 VRRP备份组，并指定VRRP备份组的链路本地地址和状态
vrrp6 vrid virtual-router-id virtual-ip virtual-ipv6-address link-local
{ active | standby }

# 配置虚拟IP地址
vrrp6 vrid virtual-router-id virtual-ip virtual-ipv6-address
```

- IPv6的VRRP备份组不支持配置VRRP报文认证。
- 启用虚拟MAC地址功能的接口（**vrrp virtual-mac enable**）将不能配置IPv6功能，同样的，配置了IPv6功能的接口也不能配置此命令。
- 配置VGMP组控制动态路由开销值时，当前只支持OSPFv3，对应的配置命令为**hrp adjust ospfv3-cost** *slave-cost*。
- 静态路由自动备份只支持备份IPv4路由，不支持备份IPv6路由。

3.7.6 双机热备组网下输出日志

由于双机热备组网的特殊性，我们必须考虑如下问题：双机热备状态形成后，谁来输出日志？特别是对于会话日志，主备防火墙上都会有会话信息，输出会话日志时要遵循什么样的原则？防火墙双机热备状态下，会话在哪台防火墙上创建，就由哪台防火墙输出会话日志。当两台防火墙工作在主备备份模式时，主用防火墙输出会话日志，备用防火墙接收备份过来的会话信息，不输出会话日志。当两台防火墙工作在负载分担模式时，两台防火墙上只要新创建了会话，会话老化后都会输出会话日志。

根据谁创建会话就由谁来发送会话日志的原则，如果主用防火墙与日志主机之间的链路出现故障，主用防火墙无法输出会话日志或者输出的会话日志无法到达日志主机，由于备用防火墙也不会输出会话日志，此时虽然业务流量没有受到影响，但是相应的日志却没有输出到日志主机，如图3-64所示。

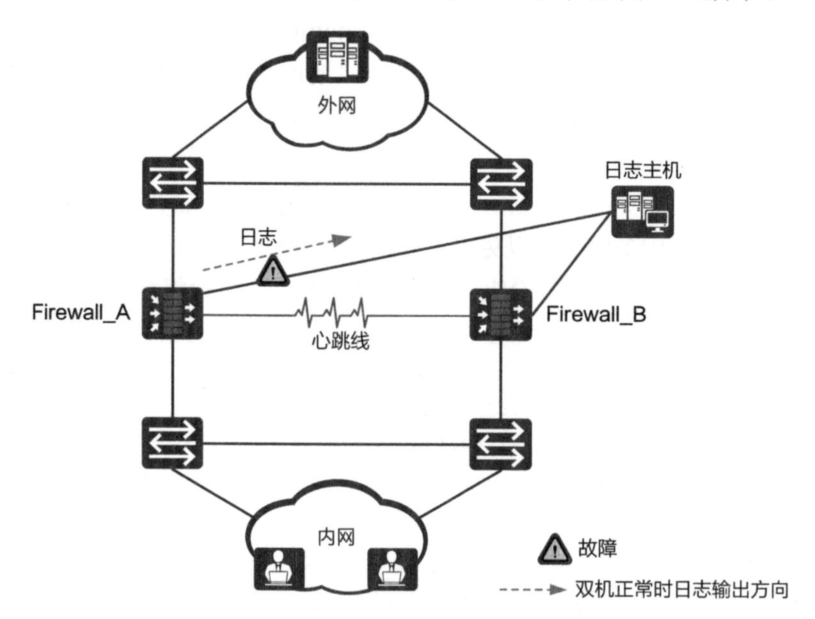

图 3-64　双机热备环境主用防火墙与日志主机之间链路发生故障

为了解决这个问题，首先要保证主用防火墙和备用防火墙与日志主机通过安全、稳定的链路连接，防止其出现故障；其次，还可以通过防火墙主备状态切换的方式来规避故障带来的影响。但必须注意的是，防火墙主备状态切换会调整上下行设备业务流量走向，请综合考虑双机热备组网情况、上下行链路状态等因素，根据实际需求谨慎使用该方案。

如图3-65所示，通过VGMP组监控防火墙与日志主机连接的接口或链路状态，当主用防火墙与日志主机连接的接口或链路出现故障时，触发主备防火墙状态切换，Firewall_B成为主用防火墙。此时流量都通过Firewall_B进行转发，Firewall_B上创建会话，并输出会话日志到日志主机。

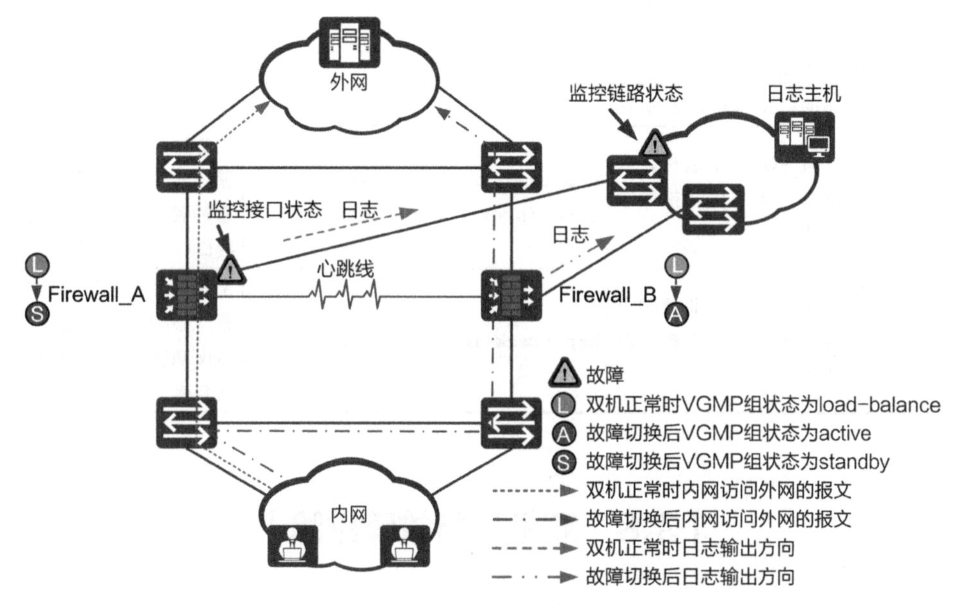

图3-65　VGMP组监控防火墙与日志主机连接的接口或链路状态

防火墙在双机热备环境下输出日志时，其配置过程与单台防火墙的配置过程基本相同，需要注意的几个配置要点如下。

① 日志的相关配置绝大部分都可以自动备份。如果某些命令不能自动备份，需要在主用防火墙和备用防火墙上分别配置。

② 使用VGMP组监控防火墙与日志主机连接的接口状态或链路状态，通过主备防火墙状态切换来解决日志主机无法收到日志的问题。

③ 日志主机侧需要分别添加与日志主机对接的主用防火墙和备用防火墙的IP地址等信息。

主备防火墙上与日志输出相关的关键配置如表3-27所示。

表 3-27 Firewall_A 和 Firewall_B 上与日志输出相关的关键配置

配置项		命令	说明
配置日志输出	指定与主备防火墙对接的日志主机	**firewall log host** *host-id ip-address port* [**vpn-instance** *vpn-instance-name*] [**secondary**] [**track ip-link** *link-name*]	主用防火墙上配置，注意 IP 地址和端口的正确性（备机不需配置，可以从主机备份此配置）
	指定与主备防火墙对接，用于解析端口预分配日志和增量分配日志的日志主机，并指定输出日志的源 IP 地址和源端口	**nat port-block syslog host** *host-address* [*host-port*] **source** *source-name source-address source-port*	主备防火墙需要分别配置，注意 IP 地址和端口的正确性
配置故障监控手段	配置 VGMP 组监控防火墙与日志主机连接的接口状态	**hrp track interface** *interface-type interface-number*	主备防火墙需要分别配置，防火墙上发送日志的接口不能是管理接口
	配置 VGMP 组监控防火墙与日志主机连接的链路状态	**hrp track ip-link** *ip-link-name*	主备防火墙需要分别配置，必须事先配置 IP-Link 功能，在这里引用其名称

3.8 双机热备故障排除

双机热备故障有3种典型情况：双机状态异常、双机状态正常但业务异常、双机配置或状态信息不一致。当防火墙出现故障后，可以根据故障现象，选择最合适的操作指导。

造成双机热备故障的原因很多。开局过程中的故障多数是由于配置错误、软硬件不满足要求等原因引起的，因此**一定要在防火墙正式上线前执行切换测试，如果启用了抢占功能，一定要测试抢占功能**。这样可以在防火墙上线前及时发现故障，避免影响业务。运行阶段出现的故障，多数是由于网络中链路故障、周边设备配置调整、流量异常、黑客攻击、软件缺陷、硬件故障等原因引起的。在运行阶段要例行检查设备状态，及时处理异常现象。

如果读者仍不能根据本书内容定位故障根因，请收集故障排查步骤中的数据，并联系华为工程师获取帮助。

3.8.1　双机热备工作于双主异常状态

组建双机热备的两台防火墙的命令行提示符如果都有HRP_M前缀，且使用display hrp state命令查看双机热备状态，均显示Role为active，peer为unknown，则说明两台防火墙处于双主异常状态。

HRP_M[Firewall_A] **display hrp state**	HRP_M[Firewall_B] **display hrp state**
Role: **active**, peer: **unknown**	Role: **active**, peer: **unknown**
Running priority: 45000, peer: 45000	Running priority: 45000, peer: 45000
Backup channel usage: 0.00%	Backup channel usage: 0.00%
Stable time: 0 days, 5 hours, 49 minutes	Stable time: 0 days, 5 hours, 49 minutes

两台防火墙通过心跳报文交互状态信息，协商主备状态。两台防火墙工作于active/active状态，是因为防火墙之间的心跳报文通信异常，导致双方不能同步状态。引起心跳报文通信异常的可能原因有如下几种：没有配置心跳接口、心跳接口没有加入域、心跳接口发生故障、备份通道链路发生故障（链路不通）。

请参考图3-66定位故障，并按照下文的操作步骤解决故障。

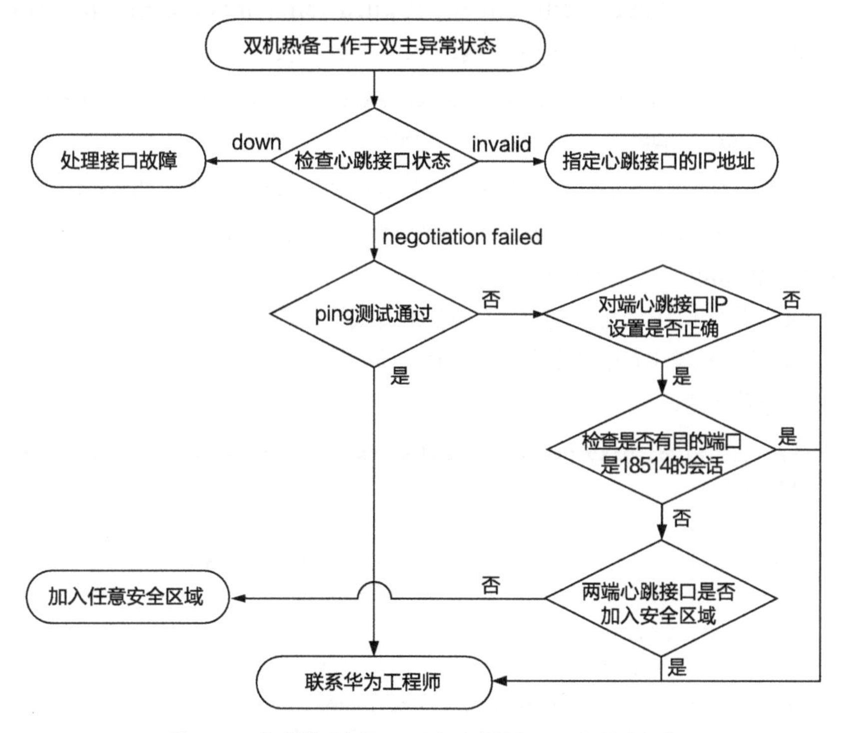

图 3-66　故障处理流程：两台防火墙处于双主异常状态

步骤一，执行display hrp interface命令，检查防火墙上配置的心跳接口及其状态。

```
HRP_M<Firewall_A> display hrp interface
GigabitEthernet1/0/7 : running
```

如果心跳接口的状态为down，说明心跳接口物理层和协议层down，请处理接口故障。

如果心跳接口的状态为invalid，说明接口没有配置IP地址或者接口被切换为二层接口。请调整心跳接口的配置，并配置其IP地址。

如果心跳接口的状态为negotiation failed，说明心跳接口的物理与协议状态均为up时，心跳接口会向对端对应的心跳接口发送心跳链路探测报文，但是收不到对端响应的报文，请继续执行步骤二。

步骤二，执行ping测试，测试备份通道的连通状态。

如果ping测试通过，请联系华为工程师处理。如果ping测试不通过，继续执行步骤三。

步骤三，执行display current-configuration | include hrp interface命令，检查两端心跳接口所指定的对端IP地址是否配置正确。

```
HRP_M[Firewall_A] display current-configuration | include hrp interface
 hrp interface GigabitEthernet1/0/0 remote 10.10.0.2
```

如果该IP地址与对端心跳接口的IP地址不一致，请执行**hrp interface** *interface-type interface-number* **remote** { *ipv4-address* | *ipv6-address* } [**heartbeat-only**]命令修改配置。

如果心跳接口IP地址配置正确，请继续执行步骤四。

步骤四，检查防火墙上的双机相关会话信息，看是否存在目的端口是18514的会话信息。

```
HRP_M[Firewall_A] display firewall session table verbose destination-port
global 18514
 Current Total Sessions : 3
 udp  VPN: public --> public  ID: a58f3ad0997582d7615b4d7214
 Zone: dmz --> local  TTL: 00:02:00  Left: 00:02:00
 Recv Interface: GigabitEthernet1/0/0
 Interface: InLoopBack0  NextHop: 127.0.0.1  MAC: 0000-0000-0000
 <--packets: 0 bytes: 0 --> packets: 721 bytes: 70,918
 1.1.1.2:16384 --> 1.1.1.1:18514 PolicyName: ---
```

```
udp  VPN: public --> public  ID: a58f3ad09968050f765b4d7213
Zone: local --> dmz  TTL: 00:02:00  Left: 00:02:00
Recv Interface: InLoopBack0
Interface: GigabitEthernet1/0/0  NextHop: 1.1.1.2  MAC: 384c-4f56-b6d0
<--packets: 0 bytes: 0 --> packets: 936 bytes: 189,530
1.1.1.1:49152 --> 1.1.1.2:18514 PolicyName: ---
```

如果设备上存在以上会话，双机状态还是出现双主状态，请联系华为工程师。如果设备上没有以上会话，请继续执行步骤五。

步骤五，分别检查主备防火墙的心跳接口是否已经加入安全区域。心跳报文不做安全策略检查，但是接口必须要加入安全区域。加入哪个安全区域不重要，一般情况下加入DMZ。

```
HRP_M<Firewall_A> display hrp interface
         GigabitEthernet1/0/7 : running
HRP_M[Firewall_A] display zone
local
 priority is 100
 interface of the zone is (0):
#
trust
 priority is 85
 interface of the zone is (1):
    GigabitEthernet0/0/0
#
untrust
 priority is 5
 interface of the zone is (1):
   GigabitEthernet1/0/2
#
dmz
 priority is 50
 interface of the zone is (1):
    GigabitEthernet1/0/7
```

如果心跳接口没有加入安全区域，请将心跳接口加入任意安全区域。如果心跳接口已经加入安全区域，请联系华为工程师。

最后，如果故障未排除，请联系华为工程师获取帮助。

3.8.2 双机热备主备切换

双机热备组网下，防火墙通过设定不同的触发条件，对不同的故障事件进行监控，当故障发生时，能及时触发故障切换，保证业务不中断。主备切换时，我们一般可以从如下3个方式明显感知到。

① 防火墙的命令提示符变化，如备用防火墙HRP_S（Firewall_B）切换成主用防火墙HRP_M（Firewall_B），主用防火墙HRP_M（Firewall_A）切换为备用防火墙HRP_S（Firewall_A）。

② **display hrp state verbose**命令中VGMP组优先级和状态变化。

③ 日志，例如原主备设备上报如下日志。

```
May 26 2021 15:43:39+08:00 Firewall_A %%01HRPI/4/CORE_STATE(l)[0]:HRP core state changed, old_state = normal, new_state = abnormal(standby), local_priority = 44998, peer_priority = 45000.
May 26 2021 15:44:27+08:00 Firewall_B %%01HRPI/4/CORE_STATE(l)[0]:HRP core state changed, old_state = normal, new_state = abnormal(active), local_priority = 45000, peer_priority = 44998.
```

主备切换后，业务虽然未中断，但我们还是要及时找到引起主备切换的原因。

在第3.3.1节中，我们介绍了防火墙故障切换触发条件及其故障事件发生时故障切换行为，这里不再详细赘述。简单来说，主备切换的可能原因有以下几点。

① 主用防火墙某个配置了VRRP备份组或者VGMP组监控的接口物理down。

② VGMP组监控的IP-Link异常。

③ VGMP组监控的BFD会话异常。

④ 整机硬件出现异常，包括设备掉电、整机重启等。

⑤ 备机是原主机，备机恢复后抢占回主用角色。

⑥ 主机或者备机通过**hrp switch**命令手动进行了切换。

请参考如下定位步骤，找出引起主备切换的“真凶”。

步骤一，检查双机切换日志中的VGMP组优先级，确认两边是否一致，如果不一致，需要排查一下优先级低的那台设备是否存在接口或整机等异常。

```
May 26 2021 15:44:27+08:00 Firewall_B %%01HRPI/4/CORE_STATE(l)[0]:HRP core state changed, old_state = normal, new_state = abnormal(active), local_priority = 45000, peer_priority = 44998.
```

步骤二，检查两台防火墙双机切换时间点附近的日志，是否存在接口down或者IP-Link down、BFD会话down等相关的日志。

```
HRP_M<Firewall_A> display logbuffer
May 26 2021 15:43:39+08:00 Firewall_A %%01HRPI/4/CORE_STATE(l)[3]:HRP core state changed, old_state = abnormal(active), new_state = abnormal(standby), local_priority = 44998, peer_priority = 45000.
May 26 2021 15:43:38+08:00 Firewall_A %%01IFNET/4/LINK_STATE(l)[4]:The line protocol IP on the interface GigabitEthernet1/0/3 has entered the DOWN state.
May 26 2021 15:43:38+08:00 Firewall_A %%01PHY/4/STATUSDOWN(l)[5]: GigabitEthernet1/0/3 changed status to down.
```

如果双机切换时间点的日志在logbuffer中已经被覆盖，可以在hda1:/log/log.log中查找对应时间点的日志。

步骤三，检查双机热备状态详细信息，排查VGMP组监控项中是否存在down或者其他异常状态的接口。

```
HRP_M[Firewall_A] display hrp state verbose
 Role: standby, peer: active
 Running priority: 44998, peer: 45000
 Backup channel usage: 0.00%
 Stable time: 0 days, 0 hours, 34 minutes
  Last state change information: 2021-05-26 15:45:30 HRP core state changed,
  old_state = abnormal(standby), new_state = normal, local_priority = 45000,
  peer_priority = 45000.
 Configuration:
 hello interval:              1000ms
 preempt:                     10s
 mirror configuration:        off
 mirror session:              off
 track trunk member:          on
 auto-sync configuration:     on
 auto-sync connection-status: on
 adjust ospf-cost:            on
 adjust ospfv3-cost:          on
 adjust bgp-cost:             on
 nat resource:                off
```

```
/*以下输出信息为VGMP组监控项，注意检查是否存在down或者其他异常状态的接口*/
 Detail information:
        GigabitEthernet1/0/3 vrrp vrid 1: active
                    GigabitEthernet1/0/1: up
              IP-Link temp1(VSYS:public): down
                               ospf-cost: +0
                             ospfv3-cost: +0
                                bgp-cost: +0
```

如果按照以上方法仍不能找到引起主备切换的原因，请联系华为工程师获取帮助。

3.8.3 双机切换后业务异常

两台防火墙主备状态切换后，如果出现如下情况，又是为什么呢？

现象1：部分业务中断或者全部业务中断。

现象2：部分业务速度慢，或者时断时续。

从前面的双机热备实现原理我们了解到，双机热备的工作过程包含4个环节：故障监测、状态切换、流量引导、信息同步。主备切换说明状态切换成功了；业务中断说明流量引导失败了，或者信息不同步。

因此，如果主备切换后业务中断，请从以下两方面检查。

流量引导：上下行设备的路由表、MAC地址转发表。

信息同步：配置命令、状态信息。

具体定位思路，请参考图3-67。

简而言之，如果主备切换后业务中断，请先检查上下行设备的MAC地址转发表或路由表。如果转发正常，通常是会话未备份或者备份不完全，此时可以执行一次手工批量备份。如果手工批量备份后仍然备份不完全，通常是由于两台防火墙的软硬件配置不一致。如果按照以上指导，仍不能排除故障，请联系华为工程师获取帮助。

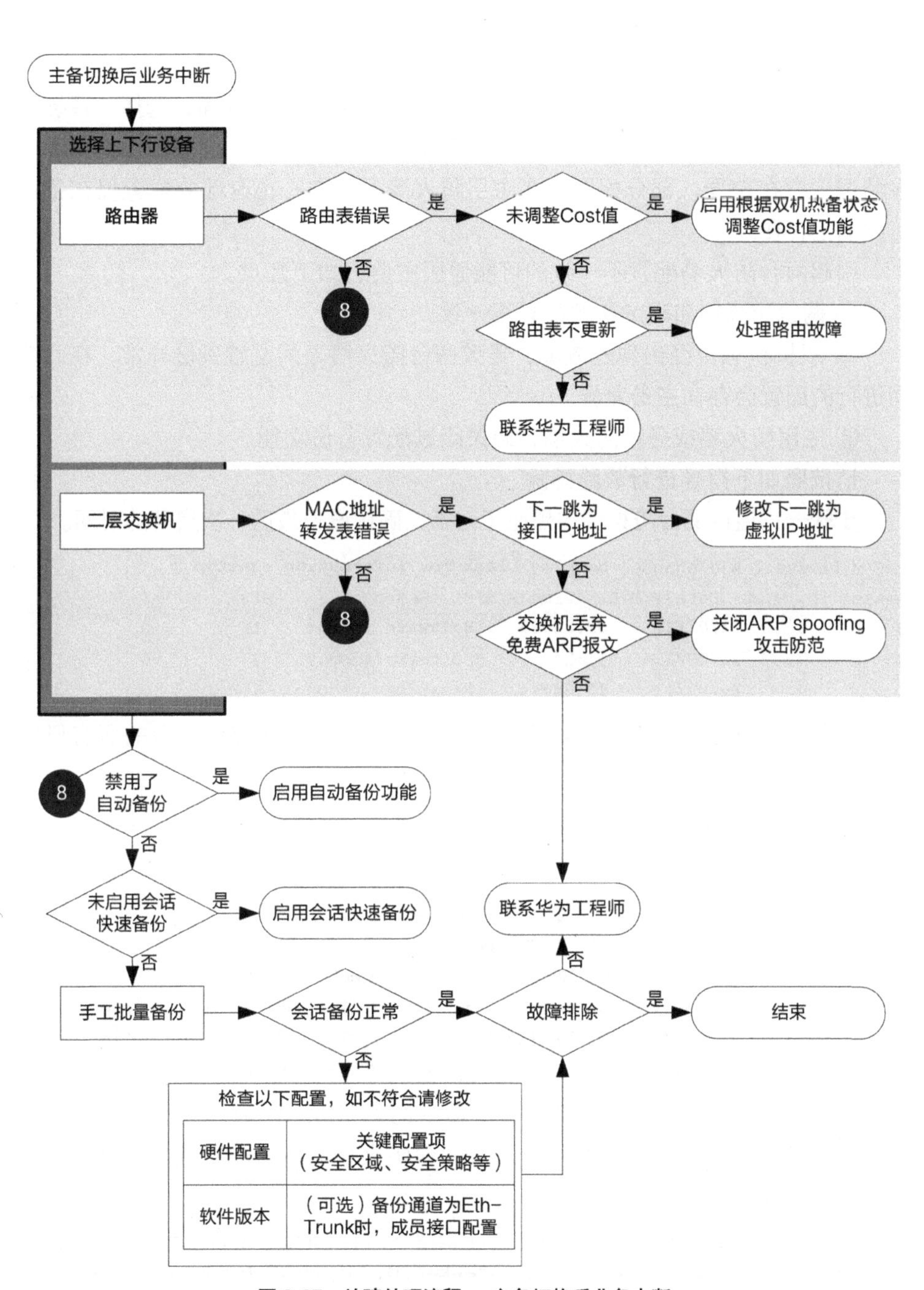

图 3-67　故障处理流程：主备切换后业务中断

3.8.4 双机配置不一致

在双机热备组网下，登录两台防火墙中任何一台的Web界面，选择“系统 > 高可靠性 > 双机热备”，单击“一致性检查”，再单击“详细”，发现两台防火墙配置存在差异，部分配置仅在主用防火墙上存在；也有部分配置仅在备用防火墙上存在。

引起两台防火墙配置不一致的可能原因主要有如下几点。

① 两台防火墙启动的初始配置不一致。

② 双机状态曾经出现过故障，导致两台防火墙之间配置备份异常，在此期间进行的配置会存在主备差异。

③ 主用防火墙或备用防火墙曾经关闭过配置备份功能。

请按照如下指导进行故障排除。

步骤一，通过两台防火墙的黑匣子记录，确认设备最后一次启动的时间。

```
HRP_M[Firewall_A-diagnose] display black-box information startup
Reason ID  Slot  Date(Y/M/D)  Time(H/M/S)  Reason          Para1     Para2
3          0     21/07/12     02:26:23     Software reboot   1         0
2          0     21/07/11     11:24:51     Software reboot   1         0
1          0     21/07/11     11:00:44     Reset key reboot  1         0
```

步骤二，通过SFTP等方式将两台防火墙上最后一次启动之后的所有日志全部导出。

```
HRP_M<Firewall_A> dir
Directory of hda1:/log/
  Idx Attr     Size(Byte) Date        Time      FileName
    0 -rw-        135,217 Jul 12 2021 04:02:48  log.dblg
    1 -rw-      8,040,645 Jul 12 2021 04:16:11  log.log
    2 -rw-          4,506 Dec 12 2017 19:02:56  blackbox_vrp
    3 -rw-        841,245 Jul 08 2021 20:37:14  2021-07-08.20-36-55.log.zip
    4 -rw-        837,455 Jul 09 2021 17:50:06  2021-07-09.17-49-49.log.zip
    5 -rw-        840,753 Jul 10 2021 15:55:06  2021-07-10.15-54-49.log.zip
```

步骤三，设备重启后，配置恢复的命令也会有日志记录，“Task=CFM”就可以确认是设备配置恢复命令。对比两台防火墙的所有配置恢复的命令，确认是否有差异。

```
Jul 12 2021 02:21:18+02:00 DST Firewall_A %%01SHELL/5/CMDRECORD(s)[12]:
Recorded command information. (Task=CFM, Ip=**, VpnName=, User=**,
AuthenticationMethod="Null", Command="web-manager enable")
```

```
Jul 12 2021 02:21:18+02:00 DST Firewall_A %%01SHELL/5/CMDRECORD(s)[13]:
Recorded command information. (Task=CFM, Ip=**, VpnName=, User=**,
AuthenticationMethod="Null", Command="web-manager security enable")
```

步骤四，如果两台防火墙的启动配置一样，那说明是启动完成之后导致的双机配置不一致。防火墙所有的配置命令都会生成操作日志。

```
Jul 12 2021 04:12:57+02:00 DST Firewall_A %%01SHELL/5/CMDRECORD(s)
[847]:Recorded command information. (Task=co0, Ip=**, VpnName=, User=admin,
AuthenticationMethod="Local-user", Command="default action deny")
```

在主用防火墙上查找日志，确认主用防火墙配置该命令的时间。同时在备用防火墙上也找一下该时间的日志，确认备用防火墙是否有执行同样的命令，如果是从主用防火墙上备份过来的命令，备用防火墙的操作日志的Task是HRP任务。

```
Jul 12 2021 04:13:56 Firewall_A %%01SHELL/5/CMDRECORD(s)[722]:Recorded
command information. (Task=HRPT, Ip=**, VpnName=, User=**,
AuthenticationMethod="Null", Command="default action deny")
```

步骤五，如果在备用防火墙上查找不到对应的操作日志，先确认主备防火墙是否配置了关闭自动备份功能，在日志中查找是否存在以下操作记录。

```
Jul 12 2021 07:29:01+02:00 DST Firewall_A %%01SHELL/5/CMDRECORD(s)
[2059]:Recorded command information. (Task=co0, Ip=**, VpnName=, User=admin,
AuthenticationMethod="Local-user", Command="undo hrp auto-sync config")
```

步骤六，如果主用防火墙和备用防火墙都没有关闭过自动备份功能，还是出现了配置不备份的情况，说明主备防火墙的状态出现了问题，可以在该命令执行的时间前后查找双机状态变化的日志HRPI/4/CORE_STATE，确认命令执行时是否双机已经出现了异常，日志如下所示。

```
HRPI/4/CORE_STATE:HRP core state changed, old_state = [old-state], new_state =
[new-state], local_priority = [local-priority], peer_priority = [peer-priority].
```

如果故障未排除，请联系华为工程师获取帮助。

3.8.5 双机配置不同步

主机和备机配置存在差异并不能说明双机配置不会自动备份，有可能是一开始主备间配置就存在差异。验证配置是否同步的比较好的方法是，在主机上新建一个ACL，然后在备机上看看这个ACL是否已经生成。

```
HRP_M[Firewall_A] display acl all    //查看主机存在哪些ACL
HRP_S[Firewall_B] display acl all    //查看备机存在哪些ACL
```

```
HRP_M[Firewall_A] acl 3333            //新建一个主备机都不存在的ACL
HRP_S[Firewall_B] display acl all     //查看备机是否生成了对应的ACL，如果没有生成，说明双机配置不同步
测试完成后，删除新建的ACL
```

引发双机配置不同步的可能原因是心跳接口异常、主用/备用防火墙任何一端配置了不自动备份、备用防火墙配置冲突导致备份失败。

请参考如下指导进行故障排查。

步骤一，检查两台防火墙心跳接口的状态是否正常。

```
HRP_M[Firewall_A] display hrp interface
        GigabitEthernet1/0/7 : running
```

如果心跳接口状态不是running，需要先调整恢复心跳接口状态。

步骤二，检查主用防火墙或者备用防火墙是否有配置不自动备份，两端任何一端配置了不自动备份，都会导致双机间配置不同步。

```
HRP_M[Firewall_A] display current-configuration | include hrp
 hrp enable
 hrp interface GigabitEthernet1/0/7 remote 10.10.0.2
 undo hrp auto-sync config
```

主用防火墙或者备用防火墙配置了不自动备份都会导致该问题，需要启用自动备份功能。

步骤三，检查不同步的配置，确认两台防火墙是否存在配置冲突。

如果故障未排除，请联系华为工程师获取帮助。

3.8.6 双机会话表项不一致

当通过display firewall session statistics命令查看到两台防火墙的会话数不一致时，例如主用防火墙的会话数明显多于备用防火墙，怎么办？

```
HRP_M<Firewall_A> display firewall session statistics
 Session Statistics:
 Slot 11 cpu 0:        1120
 Total 9 [0.01%] session(s) on all slots.
```

```
HRP_S<Firewall_B> display firewall session statistics
 Session Statistics:
 Slot 11 cpu 0:        850
 Total 9 [0.01%] session(s) on all slots.
```

在第3.4.5节中，我们介绍了哪些会话支持备份，哪些会话不支持备份，哪些场景下需要开启会话快速备份功能。引起双机会话不一致的可能原因有以下几种。

① 双机心跳接口状态异常。

② 关闭了会话自动备份功能。

③ 存在大量不需要备份的会话，造成主备防火墙会话表项存在差异。

请参考如下指导进行故障排查。

步骤一，执行display hrp interface命令，检查防火墙心跳接口的状态。

```
HRP_M<Firewall_A> display hrp interface
GigabitEthernet1/0/7 : running
```

如果心跳接口状态不是running，需要先定位心跳接口异常原因。

步骤二，执行display hrp state verbose命令，检查防火墙是否关闭了会话自动备份功能。

```
HRP_M<Firewall_A> display hrp state verbose
 Role: active, peer: peer
 Running priority: 45000, peer: 45000
 Backup channel usage: 0.00%
 Stable time: 0 days, 2 hours, 58 minutes
 Last state change information: 2021-07-18 3:59:07 HRP core state changed, old_
state = abnormal(standby), new_state = normal, local_priority = 45000, peer_
priority = 45000.

 Configuration:
 hello interval:              1000ms
 preempt:                     60s
 mirror configuration:        off
 mirror session:              off
 track trunk member:          on
 auto-sync configuration:     on
 auto-sync connection-status: on
 adjust ospf-cost:            on
 adjust ospfv3-cost:          on
 adjust bgp-cost:             on
 nat resource:                off
```

如果两台防火墙中任意一台配置了关闭会话自动备份功能，则会话不会备份到对端，主备防火墙会话存在差异，需要开启会话自动备份功能，并手动触发一次批量备份。

```
HRP_M[Firewall_A] hrp auto-sync connection-status     //开启会话自动备份功能
HRP_M[Firewall_A] quit
HRP_M<Firewall_A> hrp sync connection-status          //手动触发状态批量备份
```

如果已开启会话自动备份功能，则继续执行第三步。

步骤三，执行display firewall session table verbose命令，检查防火墙会

话详细信息。

如果主用防火墙存在大量的不需要备份的会话，则会造成主备防火墙会话数不一致。通常情况下，可能是设备遭受了攻击导致的。

```
HRP_M[Firewall_A] display firewall session table verbose
 udp  VPN: public --> public  ID: a58f39307216850f765b46d1b6
 Zone: trust --> untrust  TTL: 00:02:00  Left: 00:01:59
 Recv Interface: GigabitEthernet1/0/1
 Interface:GigabitEthernet1/0/1  NextHop: 20.1.1.1  MAC: 04fe-8df4-18f9
 <--packets: 0 bytes: 0 --> packets: 1 bytes: 971          //只有单向报文，并且只有一个报文，这种会话不会备份到对端
 10.1.1.1:4915 --> 1.1.1.2:1851 PolicyName: ---

 udp  VPN: public --> public  ID: a58f39307216850f765b46d1b8
 Zone: trust --> untrust  TTL: 00:02:00  Left: 00:01:59
 Recv Interface: GigabitEthernet1/0/1
 Interface:GigabitEthernet1/0/1  NextHop: 20.1.1.1  MAC: 04fe-8df4-18f9
 <--packets: 0 bytes: 0 --> packets: 1 bytes: 971
 10.1.1.1:4916 --> 1.1.1.2:1852 PolicyName: ---
```

如果故障未排除，请联系华为工程师获取帮助。

3.9 习题

第 4 章　虚拟系统

虚拟化的含义非常广泛，从广义上来讲，将任何一种形式的资源抽象成另一种形式的资源的技术都是虚拟化。在防火墙上，虚拟化技术可以将一台物理防火墙划分成多个相互独立的逻辑防火墙，从而实现对不同网络区域的管理和控制。对于华为防火墙产品，这种虚拟化技术被称为虚拟系统。本章将介绍虚拟系统的应用场景、实现原理、配置方法以及常见故障的排除手段。

4.1 虚拟系统概述

虚拟系统在一台物理防火墙上划分出的多台相互独立的逻辑防火墙。每个虚拟系统相当于一台真实的防火墙，拥有自己的接口、地址集、路由表项以及策略等资源，管理员可以对虚拟系统内部的业务和资源进行单独的配置和管理。

随着企业业务规模的不断增大，大中型企业的网络环境越来越复杂，各业务部门的职能和权责划分也越来越清晰，并且每个部门都有不同的安全需求。这将导致部署在企业网络边界处的防火墙配置异常复杂，增加了网络的管理难度和维护成本。虚拟系统可以将企业网络按照不同的业务部门划分为不同的子网，在实现网络隔离的基础上控制各子网之间的安全互访，使得业务管理更加清晰和简便。

虚拟系统能够使防火墙实现以下几个方面的虚拟化。

防火墙资源虚拟化：管理员可以为每个虚拟系统分配独享的系统资源并对资源的配额进行限制，在充分利用整机资源的同时避免由于某个虚拟系统的业务繁忙影响到其他虚拟系统业务的正常运行。

业务配置虚拟化：通过虚拟系统管理视图，管理员可以像配置一台独立的物理防火墙一样完成虚拟系统的业务配置，简化了网络的管理模式及业务配置的复杂度，非常适合大规模的组网环境。

路由表项虚拟化：每个虚拟系统都拥有独立的路由表，不同虚拟系统下的子网即使使用了相同的网段仍然可以正常进行通信。同时，虚拟系统之间的流量相互隔离，仅在有业务需求时才能够通过配置实现安全互访。

安全功能虚拟化：每个虚拟系统都可以配置独立的安全策略及其他安全功能，实现对虚拟系统下局域网的安全防护，只有属于该虚拟系统的报文才会受到该虚拟系统下配置的安全功能的影响。

防火墙的虚拟系统功能常用于以下两种场景。

（1）大中型企业的网络隔离

通常大中型企业的网络为多地部署，防火墙数量众多，网络环境复杂。而且随着企业业务规模的不断增大，各业务部门的职能和权责划分也越来越清晰，每个部门都会有不同的安全需求。这些将导致防火墙的配置异常复杂，管理员操作容易出错。通过防火墙的虚拟系统，可以在实现网络隔离的基础上，使得业务管理更加清晰和简便。

如图4-1所示，企业内部网络通过防火墙的虚拟系统将网络隔离为研发部门、财经部门和行政部门。各部门之间可以根据权限互相访问，不同部门的管理员权限区分明确。企业内网用户可以根据不同部门的权限访问互联网的特定网站。

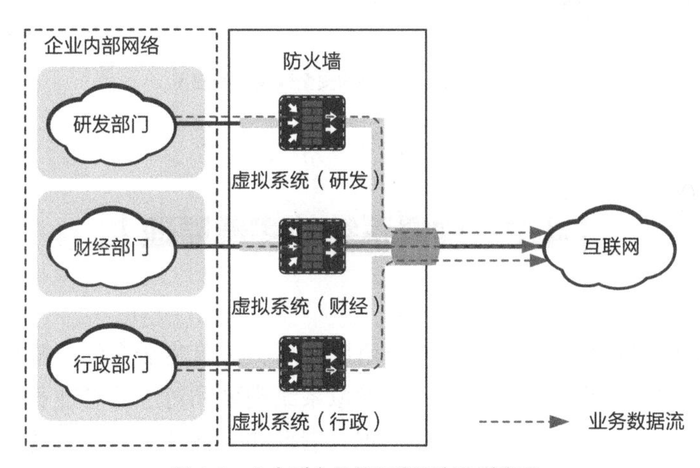

图 4-1　大中型企业的网络隔离典型应用

（2）云计算中心的安全网关

新兴的云计算技术，其核心理念是将网络资源和计算能力存放于网络云端。网络用户只需通过网络终端接入公有网络，就可以访问相应的网络资源，使用相应的服务。在这个过程中，不同用户之间的流量隔离、安全防护和资源分配是非常重要的一环。通过配置虚拟系统，就可以让部署在云计算中心出口的防火墙具备云计算网关的能力，对用户流量进行隔离的同时提供强大的安全防护能力。

如图4-2所示，企业A和企业B分别在云计算中心放置了服务器。防火墙作为云计算中心出口的安全网关，能够隔离不同企业的网络及流量，并根据需求进行安全防护。

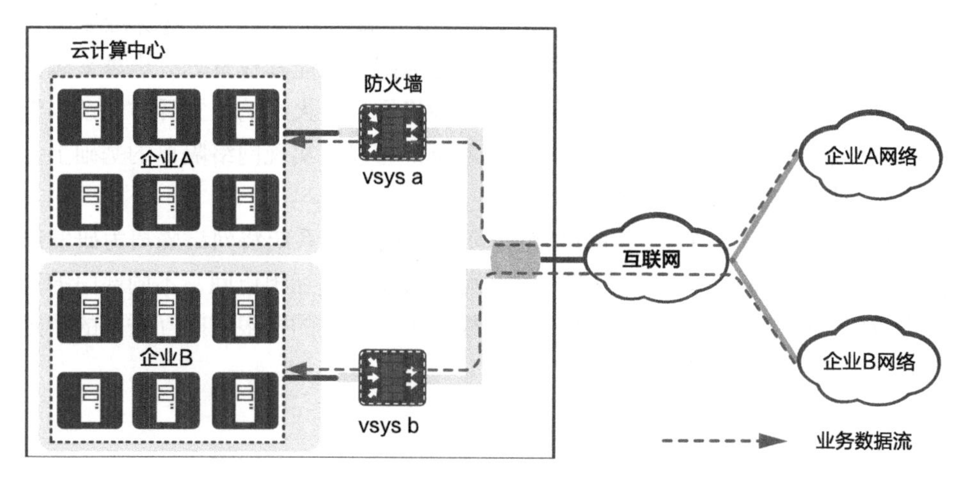

图 4-2　云计算中心的安全网关典型应用

4.2　虚拟系统的实现原理

在了解虚拟系统的基本概念和应用场景后，本节将会介绍虚拟系统的基本实现原理。首先介绍防火墙上存在的虚拟系统类型和对应的管理员权限，然后介绍不同组网部署场景下，流量进入防火墙后如何被分配到对应的虚拟系统，防火墙如何为虚拟系统分配资源，最后澄清两个相关概念——虚拟系统和VPN实例之间的关系。

4.2.1　虚拟系统的类型和管理员权限

防火墙上存在两种类型的虚拟系统，如图4-3所示，分别称作根系统（public）和虚拟系统（vsys）。

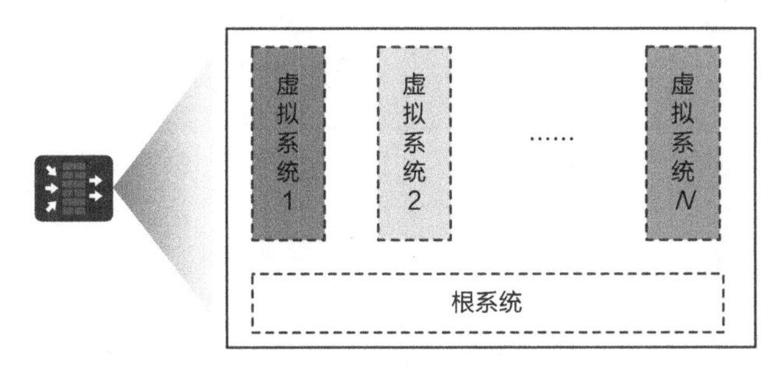

图 4-3　虚拟系统划分的逻辑示意图

根系统是防火墙上默认存在的一个特殊的虚拟系统，其作用是管理其他虚拟系统，包括为虚拟系统分配资源、为虚拟系统间的通信提供服务等。即使虚拟系统功能未启用，根系统也依然存在。此时，管理员对防火墙进行配置等同于对根系统进行配置。启用虚拟系统功能后，根系统会继承先前防火墙上的配置。

虚拟系统是指在防火墙上划分出来的独立运行的逻辑防火墙，需要在根系统下创建并为其分配资源。

如果防火墙上未配置虚拟系统，则报文进入防火墙后直接根据根系统的策略和表项（会话表、MAC地址表、路由表等）进行处理；如果防火墙上配置了虚拟系统，则每个虚拟系统都相当于一台独立的防火墙，报文进入虚拟系统后会依据虚拟系统内的策略和表项进行处理。

虚拟系统与根系统的区别主要体现在表4-1中的3个方面。

表 4-1　虚拟系统与根系统的区别

对比项	根系统（public）的情况	虚拟系统（vsys）的情况
配置管理权限	根系统可管理所有虚拟系统的业务配置	虚拟系统仅支持管理本系统内部的业务配置
资源管理能力	根系统可管理整机资源分配，并可为虚拟系统分配资源	虚拟系统仅能使用分配到的资源
业务功能支持程度	根系统支持防火墙全部的特性及功能，对防火墙进行配置等同于对根系统进行配置	虚拟系统仅支持部分特性及功能的虚拟化及配置

根据虚拟系统的类型，防火墙的管理员分为根系统管理员和虚拟系统管理员。如图4-4所示，两类管理员的权限和职能都不相同。

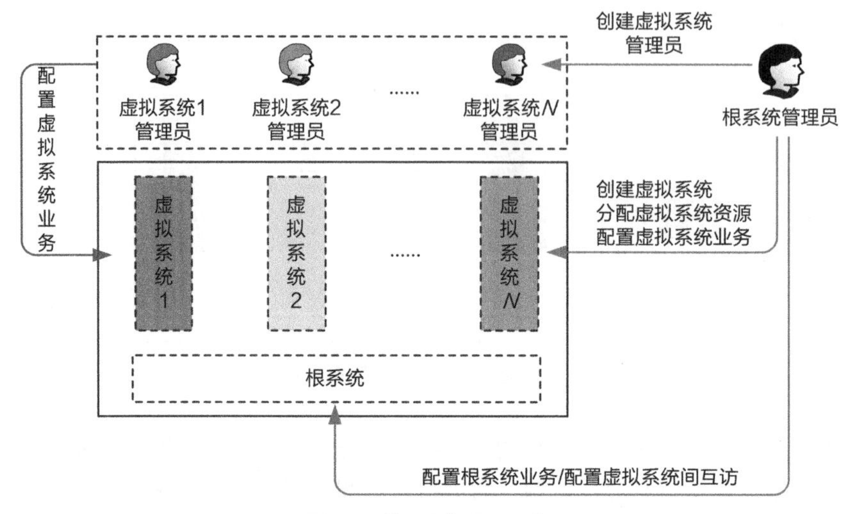

图 4-4　管理员权限和职能

- 根系统管理员

启用虚拟系统功能后，防火墙管理员自动成为根系统管理员。管理员的登录方式、管理权限、认证方式等均保持不变。根系统管理员负责管理和维护防火墙、配置根系统的业务。

只有具有虚拟系统管理权限的根系统管理员（本章后续内容中提及的根系统管理员都是指此类管理员）才可以进行虚拟系统相关的配置，如创建、删除虚拟系统，为虚拟系统分配资源、配置业务等。

- 虚拟系统管理员

创建虚拟系统后，根系统管理员可以为虚拟系统创建一个或多个管理员。虚拟系统管理员的权限和职能与根系统管理员有所不同：虚拟系统管理员只能进入其所属的虚拟系统的配置界面，能配置和查看的业务也仅限于该虚拟系统内部；根系统管理员可以进入所有虚拟系统的配置界面，如有需要，可以配置任何一个虚拟系统的业务。

为了正确识别各个管理员所属的虚拟系统，虚拟系统管理员用户名格式统一为“管理员名@@虚拟系统名”。

4.2.2　虚拟系统的部署与分流

内网用户通过不同的虚拟系统接入网络时，报文进入防火墙后，需要根据报文与虚拟系统的归属关系，将报文转发至对应的虚拟系统，并依据该虚拟系统内的策略和表项对报文进行处理。虚拟系统处理完成后，报文可以通过虚拟系统独立的公网接口或根系统接口进入网络。

我们将确定报文与虚拟系统归属关系的过程称为分流。根据工作状态不同，防火墙支持基于接口分流、基于VLAN分流和基于VNI（VXLAN Network Identifier，VXLAN网络标识符）分流3种分流方式。接口工作在三层时，采用基于接口的分流方式，此时需要为虚拟系统分配独立的接口；接口工作在二层时，采用基于VLAN的分流方式，此时需要为虚拟系统分配不同的VLAN资源；虚拟系统和VXLAN结合使用时，采用基于VNI的分流方式，此时需要为虚拟系统分配不同的VXLAN资源。

1. 基于接口分流

如图4-5所示，防火墙接口工作在三层，根据组网需要，将GE0/0/1接口、GE0/0/2接口、GE0/0/3接口分别分配给虚拟系统vsysa、vsysb、vsysc，作为其专属的内网接口。接口分配给虚拟系统后，从此接口接收到的报文都会被认为属于该虚拟系统，并根据该虚拟系统的配置进行处理。因此，GE0/0/1接口、GE0/0/2接口、GE0/0/3接口接收到的报文经过分流，将分别送入vsysa、vsysb、vsysc进行路由查找和策略处理。

以vsysa为例，创建虚拟系统并将GE0/0/1接口分配给vsysa。

```
<sysname> system-view
[sysname] vsys enable            //开启虚拟系统功能
[sysname] vsys name vsysa        //创建虚拟系统vsysa
[sysname-vsys-vsysa] assign interface GigabitEthernet 0/0/1
                                 //将GE0/0/1接口分配给vsysa
```

2. 基于 VLAN 分流

如图4-6所示，防火墙工作在二层，内网GE0/0/1接口为Trunk接口，并允许VLAN10、VLAN20和VLAN30的报文通过。现在希望属于不同VLAN的报文可以由不同的虚拟系统处理，这就需要将VLAN分配给不同的虚拟系统，此时，不同VLAN对应的VLANIF会同步分配给虚拟系统，该VLAN内的报文都会被认为属于该虚拟系统，并被发送到该虚拟系统中进行处理。我们将VLAN10、VLAN20、VLAN30分别分配给虚拟系统vsysa、vsysb和vsysc。对于GE0/0/1接口接收到的报文，防火墙会根据报文头的VLAN Tag确定报文所属的VLAN，再根据VLAN与虚拟系统的绑定关系，将报文送入相应的虚拟系统。报文进入虚拟系统后，根据该虚拟系统的MAC地址表查询到出接口，确定报文出入接口的域间关系，再根据配置的域间策略对报文进行转发或丢弃。

以vsysa为例，创建虚拟系统并将VLAN10分配给vsysa。

```
<sysname> system-view
[sysname] vsys enable  //开启虚拟系统功能
[sysname] vsys name vsysa     //创建虚拟系统vsysa
[sysname-vsys-vsysa] assign vlan 10   //将VLAN10分配给vsysa
```

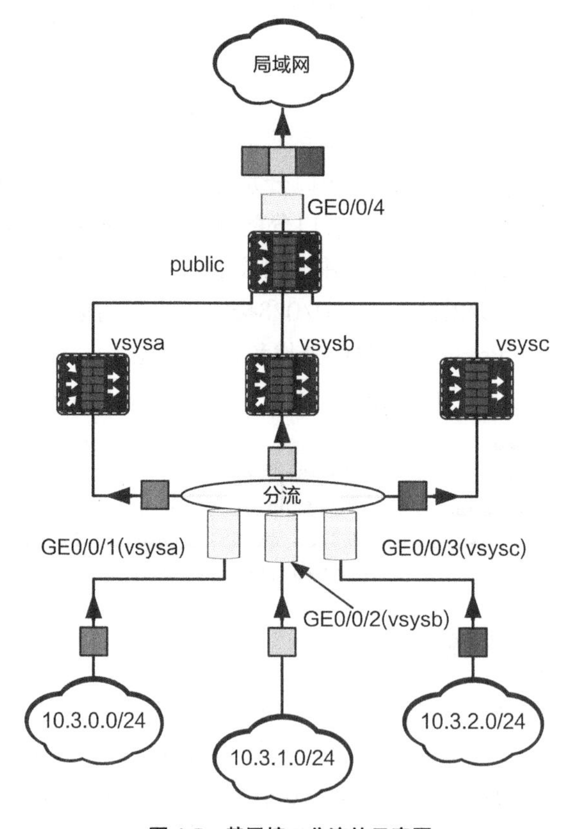

图 4-5　基于接口分流的示意图

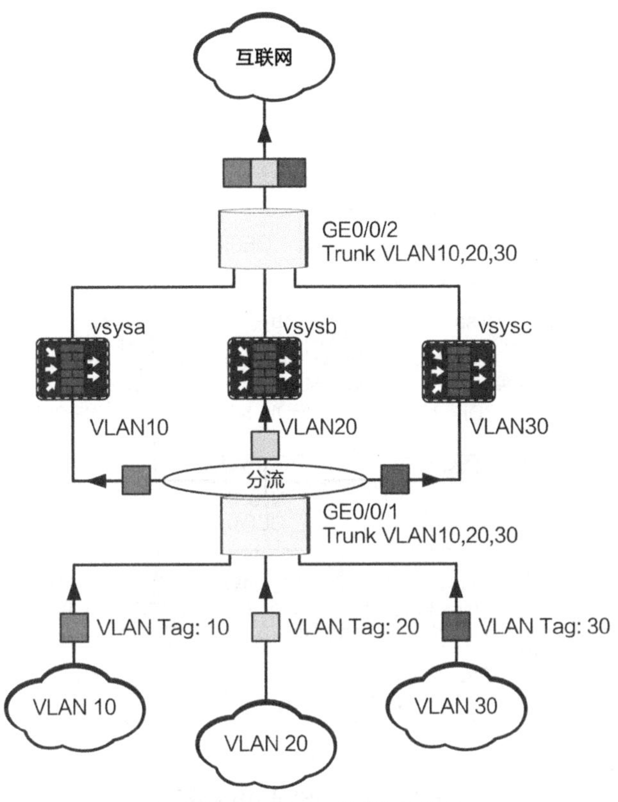

图4-6　基于VLAN分流的示意图

3. 基于VNI分流

虚拟系统与VXLAN结合使用时，将VNI分配给虚拟系统后，该VXLAN内的报文都将被送入对应的虚拟系统进行处理。将VNI分配给虚拟系统后，对应的VBDIF也会随VNI分配给相应的虚拟系统。虚拟系统中，报文的入接口为VBDIF。

如图4-7所示，防火墙的GE0/0/1接口收到报文后，发现报文的目的IP地址是Nve 1接口的IP地址，将报文送入Nve 1接口解封装。防火墙根据VXLAN报文头中VNI以及VNI与虚拟系统的分配关系，决定将解封装后的报文送入哪个虚拟系统处理。报文进入虚拟系统后，根据该虚拟系统的路由表查询到出接口，确定报文出入接口的域间关系，再根据配置的域间策略对报文进行转发或丢弃。

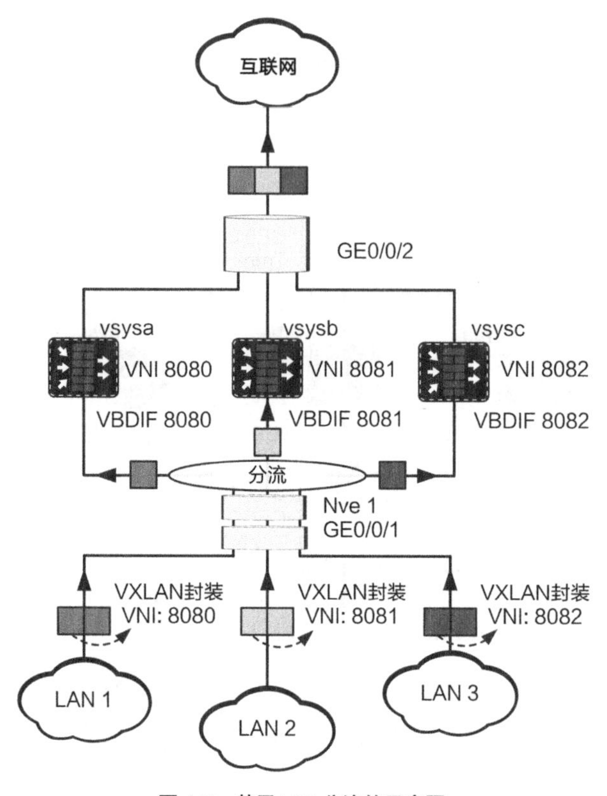

图 4-7　基于 VNI 分流的示意图

以vsysa为例，创建虚拟系统并将VNI 8080分配给vsysa。

```
<sysname> system-view
[sysname] vsys enable  //开启虚拟系统功能
[sysname] vsys name vsysa    //创建虚拟系统vsysa
[sysname-vsys-vsysa] assign vni 8080   //将VNI 8080分配给vsysa
```

4.2.3 虚拟系统的资源分配

为了使虚拟系统可以像一台物理防火墙一样独立地工作，管理员需要为虚拟系统分配所需的资源。虚拟系统的资源分配方式分为定额分配、手工分配和共享抢占，3种分配方式分别用来分配不同的资源项。其中，支持手工分配的资源项需要在创建虚拟系统的过程中进行配置。

1. 定额分配

支持定额分配的资源项会根据系统规格在虚拟系统创建时自动分配给虚拟系统。支持定额分配的资源项如表4-2所示。

表 4-2　支持定额分配的资源项

资源项名称	说明
SSL VPN 虚拟网关	根系统最多可创建的虚拟网关数量受整机规格限制，单个虚拟系统最多可创建 4 个虚拟网关，所有虚拟系统和根系统最多可创建的虚拟网关数量不超过整机规格
安全区域	虚拟系统安全区域的规格与根系统完全一致且相互独立，每个虚拟系统都拥有 4 个默认的安全区域（trust、untrust、DMZ 和 local），这 4 个默认的安全区域不能被删除或修改
五元组抓包队列	根系统有 4 个抓包队列。单个虚拟系统有 2 个抓包队列，所有虚拟系统抓包队列的总数受整机规格限制。当虚拟系统已使用的抓包队列达到整机规格的上限时，用户就不能再在虚拟系统中配置新的五元组抓包

2. 手工分配

支持手工分配的资源项需要管理员根据每个虚拟系统的实际业务需求进行分配，根据资源类型不同，可以采用如下两种方式进行分配。

（1）在创建虚拟系统时直接分配

管理员在创建虚拟系统时可以手工为虚拟系统分配的资源项如表4-3所示。

表 4-3　支持在创建虚拟系统时手工分配的资源项

资源项名称	说明
公网 IP 地址	虚拟系统中配置 NAT 地址池或 NAT 服务器映射地址时需要使用公网 IP 地址。此时，必须使用在创建虚拟系统时为虚拟系统分配的公网 IP 地址，否则会导致 NAT 的相关配置下发失败。 公网 IP 地址的分配模式包括独立模式和共享模式： • 在独立模式下，已分配的公网 IP 地址不能再分配给其他虚拟系统使用。 • 在共享模式下，已分配的公网 IP 地址可以以共享模式再次分配给其他虚拟系统使用。 无论分配模式使用的是独立模式还是共享模式，IP 地址分配给虚拟系统后，根系统的 NAT 地址池和 NAT 服务器映射地址都不能再使用该 IP 地址。 配置命令为虚拟系统管理视图下的 **assign global-ip** *start-address end-address* **{ exclusive | free }**

续表

资源项名称	说明
L2TP 资源	表示虚拟系统下可使用的 L2TP 资源（组类型为 LNS[①]和 LAC[②]的 L2TP）个数的总和，或可理解为虚拟系统下最多支持绑定的 Virtual-Template 接口个数。在配置时，需要先在根系统下配置一个 Virtual-Template 接口，然后在虚拟系统管理员视图下使用 assign interface 命令将事先配置好的 Virtual-Template 接口绑定到虚拟系统下。 最多支持为一个虚拟系统预分配 10 个 Virtual-Template 接口，该配置项未配置时默认为 0，表示虚拟系统下未分配 Virtual-Template 接口
内容安全开关	仅支持为虚拟系统配置内容安全特性（反病毒、入侵防御、URL 过滤）的使用权限，不支持为虚拟系统分配具体的资源。为虚拟系统配置 URL 过滤功能的使用权限后，虚拟系统可同时获得 DNS 过滤功能的使用权限。 配置命令为虚拟系统管理视图下的 **assign function { av | ips | url-filter }**
日志缓冲区	虚拟系统的日志缓冲区用于存放虚拟系统产生的日志信息（包括系统日志和业务日志），与根系统的日志缓冲区互为独立存在，防火墙上所有的虚拟系统均共享并抢占该虚拟系统日志缓冲区资源。 支持为单个虚拟系统配置系统日志及业务日志的日志缓冲区保证值，配置后同时对两种日志生效。 配置命令为虚拟系统管理视图下的 **assign logbuffer reserved-size** *reserved-size-value*

注：① LNS 即 L2TP Network Server，L2TP 网络服务器。
② LAC 即 L2TP Access Concentrator，L2TP 访问集中器。

此外，第4.2.2节介绍的虚拟系统的分流配置，也是通过为虚拟系统分配接口、VLAN或VXLAN来实现的。也就是说，接口、VLAN和VXLAN也属于在创建虚拟系统时直接分配的资源。

（2）通过配置和绑定资源类的方式分配

由于防火墙上创建的虚拟系统和根系统会共同使用整机的资源，为避免因某个虚拟系统占用大量资源造成其他虚拟系统资源不足、业务异常等情况的发生，防火墙支持通过配置并绑定资源类的方式对单个虚拟系统使用的某些关键资源项的保证值和最大值进行分配和限制，如表4-4所示，其中**保证值**是指为虚拟系统预分配的某资源项可使用的最小数量，这部分资源一旦分配给虚拟系统就被该虚拟系统独占；**最大值**是指限制虚拟系统可使用的某资源项的最大数量，虚拟系统可使用的资源能否达到配置的最大值还视其他虚拟系统及根系统对该资源项的使用情况以及该资源项的整机剩余量而定。

表 4-4 支持配置和绑定资源类方式分配的资源项

资源项名称	资源的管理方式	说明
IPv4 会话数	通过保证值预分配资源使用量	表示预分配给虚拟系统的 IPv4 会话数资源保证值和虚拟系统最多可占用的 IPv4 会话数资源。配置命令为资源类视图下的 **resource-item-limit session reserved-number** *ipv4-session-reserved-number* [**maximum** { *ipv4-session-maximum-number* | **equal-to-reserved** | **unlimited** }]
	通过最大值限制资源使用量	
IPv6 会话数	通过保证值预分配资源使用量	表示预分配给虚拟系统的 IPv6 会话数资源保证值和虚拟系统最多可占用的 IPv6 会话数资源。配置命令为资源类视图下的 **resource-item-limit ipv6 session reserved-number** *ipv6-session-reserved-number* [**maximum** { *ipv6-session-maximum-number* | **equal-to-reserved** | **unlimited** }]
	通过最大值限制资源使用量	
在线用户数	通过保证值预分配资源使用量	表示预分配给虚拟系统的在线用户数资源保证值和虚拟系统最多可占用的在线用户数资源。配置命令为资源类视图下的 **resource-item-limit online-user** { **reserved-number** *online-user-reserved-number* | **maximum** *online-user-maximum-number* }
	通过最大值限制资源使用量	
用户数	通过保证值预分配资源使用量	表示预分配给虚拟系统的用户数资源保证值。配置命令为资源类视图下的 **resource-item-limit user reserved-number** *user-reserved-number*
用户组数	通过保证值预分配资源使用量	表示预分配给虚拟系统的用户组数资源保证值。配置命令为资源类视图下的 **resource-item-limit user-group reserved-number** *user-group-reserved-number*
安全组数	通过保证值预分配资源使用量	表示预分配给虚拟系统的安全组数资源保证值。配置命令为资源类视图下的 **resource-item-limit security-group reserved-number** *security-group-reserved-number*
策略数	通过保证值预分配和限制资源使用量	表示预分配给虚拟系统的策略数资源保证值，也是系统最多可占用的策略数资源。此处所指的策略包括安全策略、NAT 策略、带宽策略和策略路由。配置命令为资源类视图下的 **resource-item-limit policy reserved-number** *policy-reserved-number*
带宽策略数	通过最大值限制资源使用量	表示虚拟系统最多可占用的带宽策略数资源。配置命令为资源类视图下的 **resource-item-limit traffic-policy maximum** *traffic-policy-maximum-number*
IPsec 隧道数	通过保证值预分配资源使用量	表示预分配给虚拟系统的 IPsec 隧道数资源保证值和虚拟系统最多可占用的 IPsec 隧道数资源。配置命令为资源类视图下的 **resource-item-limit ipsec-tunnel reserved-number** *ipsec-tunnel-reserved-number* [**maximum** { *ipsec-tunnel-maximum-number* | **equal-to-reserved** | **unlimited** }]
	通过最大值限制资源使用量	

续表

资源项名称	资源的管理方式	说明
L2TP 隧道数	通过保证值预分配资源使用量	表示预分配给虚拟系统的 L2TP 隧道数资源保证值。配置命令为资源类视图下的 **resource-item-limit l2tp-tunnel reserved-number** *l2tp-tunnel-reserved-number*
SSL VPN 并发用户数	通过保证值预分配资源使用量	表示预分配给虚拟系统的 SSL VPN 并发用户数资源保证值。配置命令为资源类视图下的 **resource-item-limit ssl-vpn-concurrent reserved-number** *ssl-vpn-concurrent-reserved-number*
入方向带宽	通过最大值限制资源使用量	表示虚拟系统最多可占用的入方向带宽资源。配置命令为资源类视图下的 **resource-item-limit bandwidth** *bandwidth-maximum-number* **inbound**
出方向带宽	通过最大值限制资源使用量	表示虚拟系统最多可占用的出方向带宽资源。配置命令为资源类视图下的 **resource-item-limit bandwidth** *bandwidth-maximum-number* **outbound**
整体带宽	通过最大值限制资源使用量	表示虚拟系统最多可占用的整体带宽资源。整体带宽资源是指同一时间内进出虚拟系统的全部流量之和。配置命令为资源类视图下的 **resource-item-limit bandwidth** *bandwidth-maximum-number* **entire**
IPv4 新建会话速率	通过保证值预分配和限制资源使用量	表示虚拟系统每秒可以保证创建的 IPv4 会话数资源，也是每秒最多可以创建的 IPv4 会话数资源。配置命令为资源类视图下的 **resource-item-limit session-rate** *ipv4-session-rate-reserved-number*
IPv6 新建会话速率	通过保证值预分配和限制资源使用量	表示虚拟系统每秒可以保证创建的 IPv6 会话数资源，也是每秒最多可以创建的 IPv6 会话数资源。配置命令为资源类视图下的 **resource-item-limit ipv6 session-rate** *ipv6-session-rate-reserved-number*

如果虚拟系统绑定的资源类对某些资源项未指定最大值和保证值，则虚拟系统对这些资源项的使用不受限制，虚拟系统和根系统以及其他未限定该资源项的虚拟系统一起共同抢占整机的剩余资源。

资源类只有在绑定到虚拟系统后才能生效，如果仅在资源类中指定了资源数的保证值，但未将资源类绑定到虚拟系统，则这部分资源不会从整机剩余资源中扣除。

虚拟系统可使用的资源能否达到最大值，需要根据其他虚拟系统及根系统对该项资源的使用情况以及该资源项的整机剩余量来确定。例如，假设防火墙上配置了10个虚拟系统，防火墙的IPv4会话数整机规格为500000，vsysa的IPv4会话数保证值为10000、最大值为50000。vsysa可建立的会话数一定能达到10000，但能否达到最大值50000，则要看其他9个虚拟系统及根系统的会话资源使用情况。只有其他9个虚拟系统及根系统当前的会话数总和小于450000，vsysa可建立的会话数最大才能达到50000。

资源类中的带宽资源分为入方向带宽、出方向带宽和整体带宽3类。一条数据流是受哪类带宽资源限制与这条数据流的出接口或入接口有关。如图4-8所示，vsysa有两个公网接口和两个私网接口。

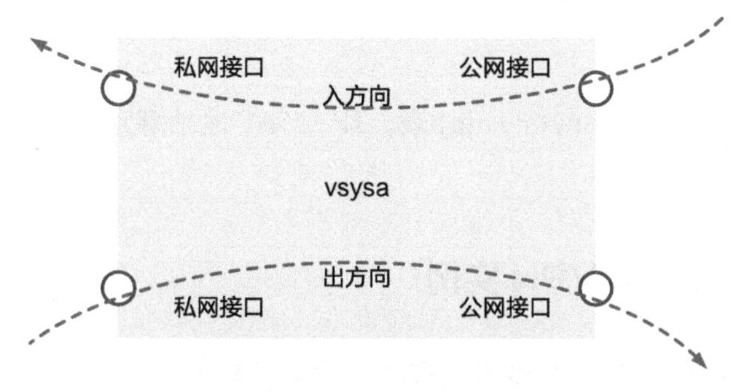

图4-8 虚拟系统公网接口和私网接口

vsysa入方向带宽、出方向带宽和整体带宽如下。

入方向（inbound）带宽：从公网接口到私网接口的带宽。入方向流量受入方向带宽的限制。

出方向（outbound）带宽：从私网接口到公网接口的带宽。出方向流量受出方向带宽的限制。

整体（entire）带宽：虚拟系统的整体带宽 = 入方向带宽 + 出方向带宽 + 私网接口到私网接口的带宽 + 公网接口到公网接口的带宽。整体流量受整体带宽的限制。

此处的公网接口并不是特指防火墙连接互联网的接口，而是指分配接口时设定的公共接口（配置了set public-interface命令的接口），私网接口则是指未配置set public-interface的接口。在虚拟系统互访的场景中，虚拟接口默认为公网接口。

3. 共享抢占

除了上述支持定额分配和手工分配的资源项外，防火墙的其他资源项暂不支持为虚拟系统独立分配，所有虚拟系统会共享抢占根系统下的整机资源。

虚拟系统下常用的采用共享抢占方式获取的资源项如下。

- 地址和地址组；

- 自定义服务和自定义服务组；
- 自定义应用和自定义应用组；
- NAT地址池；
- 证书；
- 时间段；
- 带宽通道；
- 静态路由条目；
- 各种表项，如Server-map表、IP-MAC地址绑定表、ARP表、MAC地址表等。

4.2.4 虚拟系统与 VPN 实例

防火墙通过虚拟系统能够实现资源、业务及转发的虚拟化，每个虚拟系统都相当于一台独立的防火墙。虚拟系统间存在路由隔离，这种路由隔离底层转发的虚拟化是通过VPN实例来实现的。

VRF是一种在计算机网络中广泛使用的技术，它通过隔离路由表将一台物理路由器虚拟成多台相互独立的逻辑路由器，这些逻辑路由器也称作VPN实例（VPN Instance）。相同或重叠的IP地址可以在不同的VPN实例下不冲突地使用，以达到转发业务的隔离和网络资源的最大化利用。

防火墙支持VPN实例，VPN实例有RD（Route Distinguisher，路由标识）和VRF-ID两个属性：不同VPN实例通过RD值区分相同的地址空间来实现路由的隔离；不同VPN实例通过VRF-ID值划分资源、配置和业务。

通过**display ip vpn-instance verbose**命令可以查看VPN实例的RD和VRF-ID值，回显信息中的**Service ID**取值即为VPN实例的VRF-ID值，**Route Distinguisher**取值即为VPN实例的RD值。

```
<sysname> display ip vpn-instance verbose
Total VPN-Instances configured : 1
Total IPv4 VPN-Instances configured : 1
Total IPv6 VPN-Instances configured : 0

VPN-Instance Name and ID : vpn1, 500
 Description : vrf1
 Service ID : 123
 Interfaces : LoopBack1
```

```
Address family ipv4
 Create date : 2021/10/01 10:00:00 UTC-08:00
 Up time : 0 days, 00 hours, 00 minutes and 00 seconds
 Route Distinguisher : 100:1
 Export VPN Targets :  1:1
 Import VPN Targets :  1:1
 ......
```

虚拟系统特性缩小了VPN实例的应用范畴，实现各个虚拟系统之间路由隔离的底层转发业务依赖于VPN实例的RD值来实现，而资源、配置及业务的隔离则依赖于vsys ID来实现。虚拟系统与VPN实例的逻辑关系如图4-9所示。

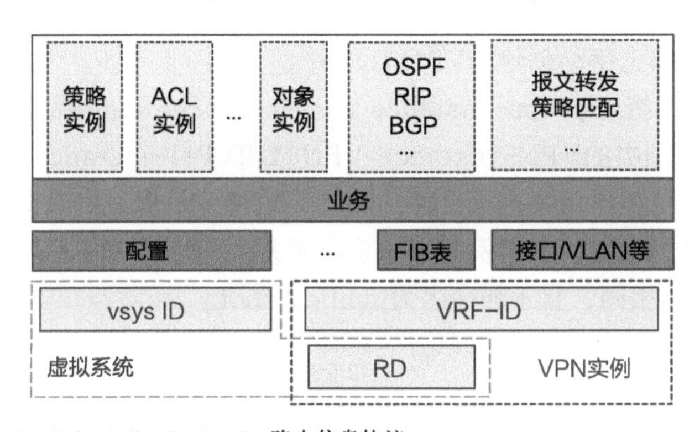

注：RIP 即 Routing Information Protocol，路由信息协议。
FIB 即 Forwarding Information Base，转发信息库。

图 4-9　虚拟系统与 VPN 实例的逻辑关系

防火墙使用vsys ID来区分不同的虚拟系统，这是虚拟系统实现资源、配置及业务虚拟化的关键。每个虚拟系统都有且仅有一个唯一的vsys ID值。vsys ID值可以在创建虚拟系统时指定，如果未指定vsys ID值，则防火墙会在虚拟系统创建时自动为虚拟系统分配一个未被占用的vsys ID值。

通过**display vsys**命令可以查看虚拟系统的vsys ID值，回显信息中的ID值就是虚拟系统的vsys ID值。

```
<sysname> display vsys
Total Virtual system Configured: 2  Remained : 4093
-------------------------------------------------------------
Name        ID        Startup Time
-------------------------------------------------------------
public      0         2021/10/01 00:00:00
vsysa       1         2021/10/01 00:00:00
-------------------------------------------------------------
```

防火墙上存在两种形态的VPN实例。

① 创建虚拟系统时自动生成的VPN实例

创建虚拟系统时，防火墙会自动生成一个与虚拟系统同名的VPN实例（见图4-10中的VPN-instance vsys_1、VPN-instance vsys_2和VPN-instance vsys_max）。该VPN实例与虚拟系统绑定，不能单独删除，VRF-ID与vsys ID相同。虚拟系统下不能创建其他的VPN实例，也不能删除默认绑定的VPN实例。删除虚拟系统时，会同步删除与其绑定的VPN实例。根系统下有一个默认的公网实例（见图4-10中的public），vsys ID和VRF-ID的取值均为0。

② 在防火墙上手动创建的VPN实例

管理员可以使用**ip vpn-instance** *vpn-instance-name*命令手动创建VPN实例（见图4-10中的VPN-instance VPN_1和VPN-instance VPN_*n*）。此类VPN实例的主要作用是用来做路由隔离，VRF-ID从整机虚拟系统最大规格数+1开始计数。此类VPN实例与虚拟系统无关，VPN实例的命名不能与已存在的虚拟系统名称相同，且不能命名为public或root。

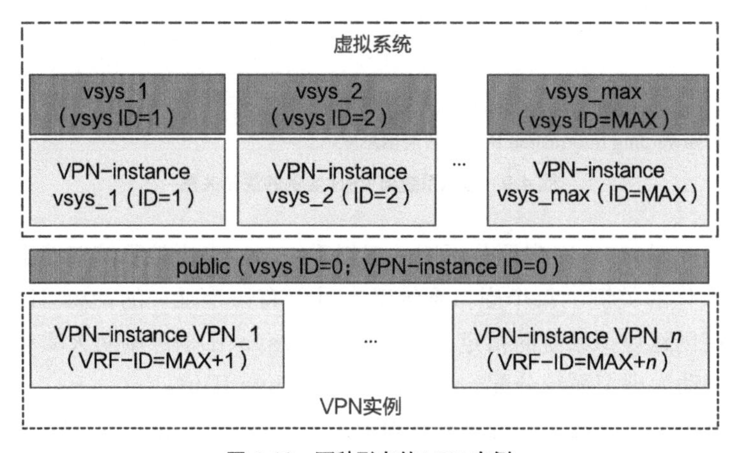

图 4-10　两种形态的 VPN 实例

目前，上述两种形态的VPN实例在防火墙上并存，配置时需要根据实际场景来确定具体使用哪种形态的VPN实例。动态路由等没有实现虚拟化的功能依然需要通过配置VPN实例的方式实现虚拟化，相关配置需要在根系统中下发。

4.3　虚拟系统的关键配置

本节以单个虚拟系统下区域A和区域B通过独立接口互通的场景为例，介绍虚拟系统的关键配置。如图4-11所示，此场景下防火墙三层接入，虚拟系统有独立的接口。

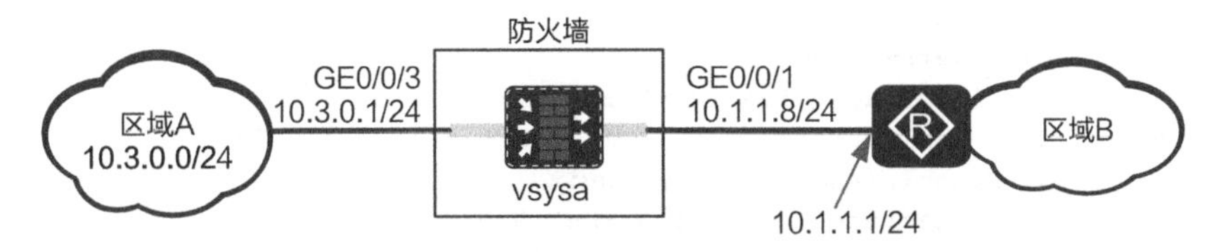

图4-11　单个虚拟系统下两个区域通过独立接口互通（三层接入）

在这个组网场景中，我们需要给虚拟系统vsysa分配两个接口：GE0/0/1接口和GE0/0/3接口。同时，我们为vsysa分配会话保证值10000、会话最大值50000、用户数300、用户组数10、策略数300，整体带宽限制为20 Mbit/s。

在防火墙配置虚拟系统vsysa的具体步骤如下。

步骤一，启用虚拟系统功能。

```
<sysname> system-view
[sysname] vsys enable   //开启虚拟系统功能
```

步骤二，配置资源类。

查看资源的使用情况。由于根系统为多个虚拟系统分配资源，在分配资源前，根系统管理员需要查看剩余资源，以保证资源的正确分配。

```
[sysname] display resource global-resource
```

创建资源类r1，并在r1中按需规划资源项，如会话保证值10000、会话最大值50000、用户数300、用户组数10、策略数300、整体带宽限制为20 Mbit/s。

```
[sysname] resource-class r1
[sysname-resource-class-r1] resource-item-limit session reserved-number 10000
maximum 50000
[sysname-resource-class-r1] resource-item-limit user reserved-number 300
[sysname-resource-class-r1] resource-item-limit user-group reserved-number 10
[sysname-resource-class-r1] resource-item-limit policy reserved-number 300
[sysname-resource-class-r1] resource-item-limit bandwidth 20 entire
[sysname-resource-class-r1] quit
```

步骤三，创建虚拟系统vsysa并分配资源。

```
[sysname] vsys name vsysa
[sysname-vsys-vsysa] assign resource-class r1
[sysname-vsys-vsysa] assign interface GigabitEthernet 0/0/1
[sysname-vsys-vsysa] assign interface GigabitEthernet 0/0/3
[sysname-vsys-vsysa] quit
```

步骤四，在vsysa下为虚拟系统vsysa配置接口的相关参数。

```
[sysname] switch vsys vsysa
<sysname-vsysa> system-view
[sysname-vsysa] interface GigabitEthernet 0/0/1
[sysname-vsysa-GigabitEthernet0/0/1] ip address 10.1.1.8 24
[sysname-vsysa-GigabitEthernet0/0/1] quit
[sysname-vsysa] interface GigabitEthernet 0/0/3
[sysname-vsysa-GigabitEthernet0/0/3] ip address 10.3.0.1 24
[sysname-vsysa-GigabitEthernet0/0/3] quit
[sysname-vsysa] firewall zone trust
[sysname-vsysa-zone-trust] add interface GigabitEthernet 0/0/3
[sysname-vsysa-zone-trust] quit
[sysname-vsysa] firewall zone untrust
[sysname-vsysa-zone-untrust] add interface GigabitEthernet 0/0/1
[sysname-vsysa-zone-untrust] quit
```

步骤五，为虚拟系统vsysa配置静态路由。

```
[sysname-vsysa] ip route-static 0.0.0.0 0.0.0.0 10.1.1.1
```

步骤六，为虚拟系统vsysa配置安全策略，这条安全策略的作用是允许区域A网段访问网络。

```
[sysname-vsysa] security-policy
[sysname-vsysa-policy-security] rule name policy1
[sysname-vsysa-policy-security-rule-policy1] source-zone trust
[sysname-vsysa-policy-security-rule-policy1] destination-zone untrust
[sysname-vsysa-policy-security-rule-policy1] source-address 10.3.0.0 24
[sysname-vsysa-policy-security-rule-policy1] action permit
[sysname-vsysa-policy-security-rule-policy1] quit
[sysname-vsysa-policy-security] quit
```

4.4 虚拟系统互访

虚拟系统之间默认是互相隔离的，不同虚拟系统下的主机不能通信。如果两个虚拟系统下主机有通信的需求，就需要配置策略和路由，使不同虚拟系统能够互访。虚拟系统互访是通过虚拟接口之间建立的虚拟链路来实现的。

如图4-12所示，若与网络C相连的接口属于根系统（public），网络A中的主机需要访问网络C时，要求**vsysa和根系统之间可以互访**；网络A中的主机需要访问网络B时，**要求vsysa可以跨根系统与vsysb互访**。若与网络C相连的接口属于虚拟系统vsysc，网络A中的主机需要访问网络C时，要求**vsysa和vsysc之间可以直接互访**；网络A中的主机需要访问网络B时，要求**vsysa可以跨第3个虚拟系统vsysc与vsysb互访**。

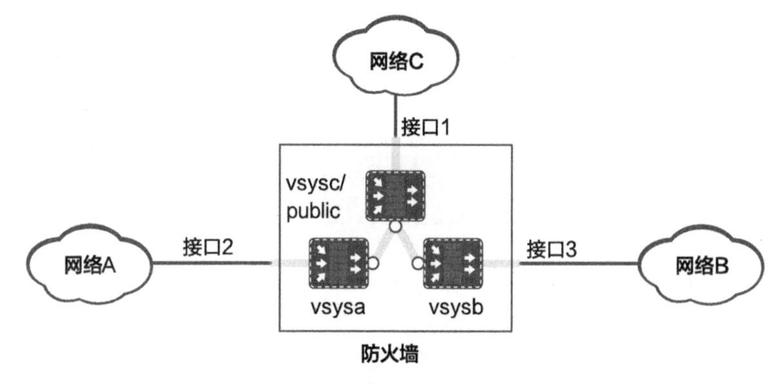

图4-12 虚拟系统互访

综上所述，可以发现在实际组网中，按照互访角色划分，虚拟系统互访可以分为：虚拟系统和根系统之间的互访、两个虚拟系统之间的互访。虚拟系统与根系统间的互访可以通过路由表实现，也可以通过引流表实现。两个虚拟系统间互访又可以分为标准模式（两个虚拟系统直接互访）和扩展模式（两个虚拟系统跨第3个虚拟系统互访）两种。

4.4.1 基本概念

在介绍虚拟系统互访原理前，先来介绍几个基本概念。

1. 虚拟接口

虚拟接口是创建虚拟系统时自动创建并分配的一个逻辑接口，是该虚拟系统与其他虚拟系统之间通信的接口，用于实现虚拟系统互访。虚拟接口的命名格式为“Virtual-if+接口号”，根系统的虚拟接口名为Virtual-if0，其他虚拟系统的Virtual-if接口号从1开始，根据系统中接口号占用情况自动分配。在虚拟系统互访场景下，虚拟接口必须配置IP地址并加入安全区域，否则无法正常工作。虚拟系统的虚拟接口可以通过在虚拟系统的系统视图下执行**display interface brief**命令查看；在Web界面中，虚拟系统与Virtual-if的对应关系可以在本虚拟系统的“接口列表”中看到。

如图4-13所示，各个虚拟系统以及根系统的虚拟接口之间默认通过一条“虚拟链路”连接。我们可以将虚拟系统、根系统都视为独立的防火墙，将虚拟接口视为防火墙之间通信的接口。将虚拟接口加入安全区域，并按照配置物理防火墙间互访的思路配置路由和安全策略，就能实现虚拟系统互访。

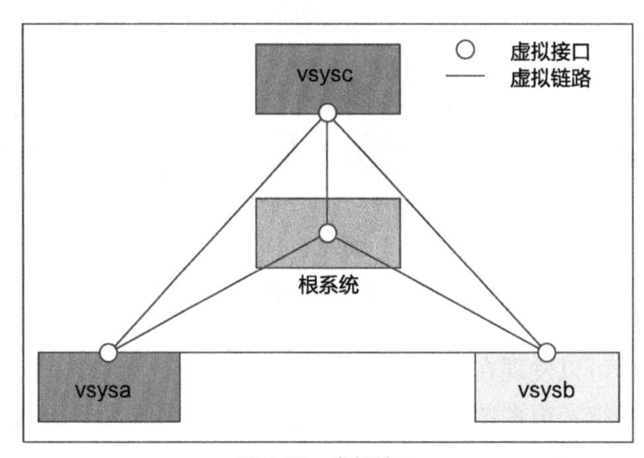

图4-13　虚拟接口

2. 引流表

在虚拟系统与根系统互访的场景中，虚拟系统和根系统都会按照防火墙的转发流程对报文进行处理，并且都需要针对互访的业务配置安全策略和建立会话。这样，一方面增加了配置的复杂性，另一方面，每条连接都需要两条会话，业务量大时会造成整机的会话资源紧张。

通过配置引流表，可以解决上述问题。引流表中记录了IP地址和虚拟系统的归属关系。下面所示的引流表表示10.3.0.8这个IP地址属于虚拟系统vsysa。

```
[sysname] firewall import-flow public 10.3.0.8 10.3.0.8 vpn-instance vsysa
```

```
 Warning: The destination of this IP range should be in this vsys network,
otherwise it may cause flow loop! Continue?[Y/N]: Y
[sysname] display firewall import-flow public 10.3.0.8
 Import Flow Tables:
 Source Instance    Destination Address    Destination Instance
 ---------------------------------------------------------------------------
 public             10.3.0.8               vsysa
 ---------------------------------------------------------------------------
 Total:1
```

报文命中引流表时，根系统不再按照防火墙的转发流程处理报文，而是按引流表或路由表直接转发报文。因此，根系统中不需要为命中引流表的报文配置安全策略，根系统也不会为命中引流表的报文创建会话。

3. 标准模式

在标准模式下，报文在虚拟系统间最多可以进行两次转发流程处理。若超过两次，报文将被丢弃。

因此，在标准模式下，两个虚拟系统可以直接互访，报文在两个虚拟系统上会分别进行一次转发流程处理。此种互访方式一般用于不同虚拟系统下的两个企业内网之间互访的场景，如图4-14所示。

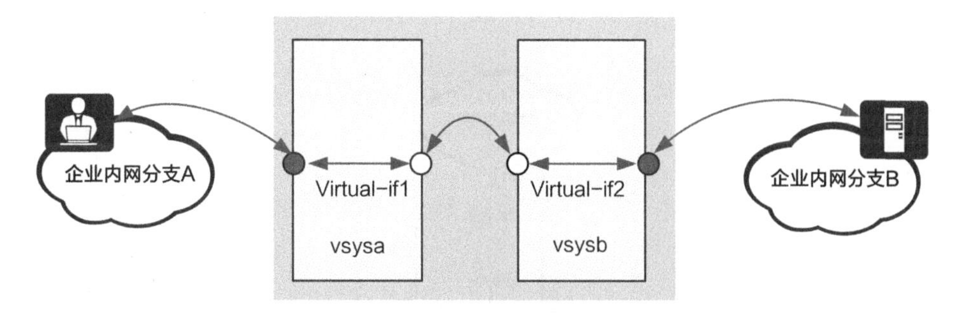

图 4-14 两个虚拟系统直接互访

此外，在标准模式下，两个虚拟系统还可以跨根系统互访，报文在经过根系统时不会进行转发。此种互访方式相当于虚拟系统与根系统互访和两个虚拟系统直接互访两种场景的结合，一般用于不同虚拟系统下的两个企业内网之间互访，且都需要通过根系统下的公网接口访问互联网的场景，如图4-15所示。

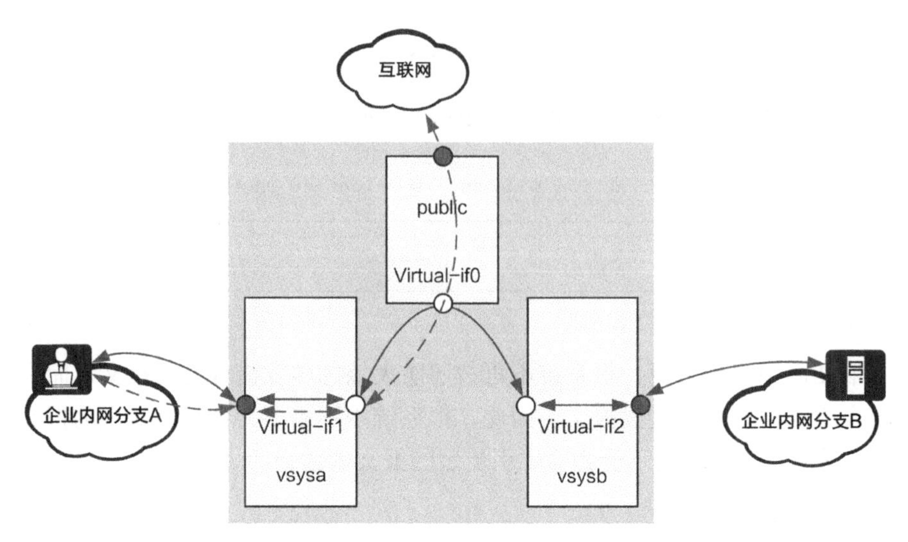

图 4-15　两个虚拟系统跨根系统互访

4. 扩展模式

在扩展模式下，报文在虚拟系统间最多可以进行3次转发，因此两个虚拟系统可以实现跨虚拟系统互访。此种互访方式一般用于不同虚拟系统下的两个企业内网同时接入某个公共的局域专网，且两个企业内网之间也有互访需求的场景，如图4-16所示。

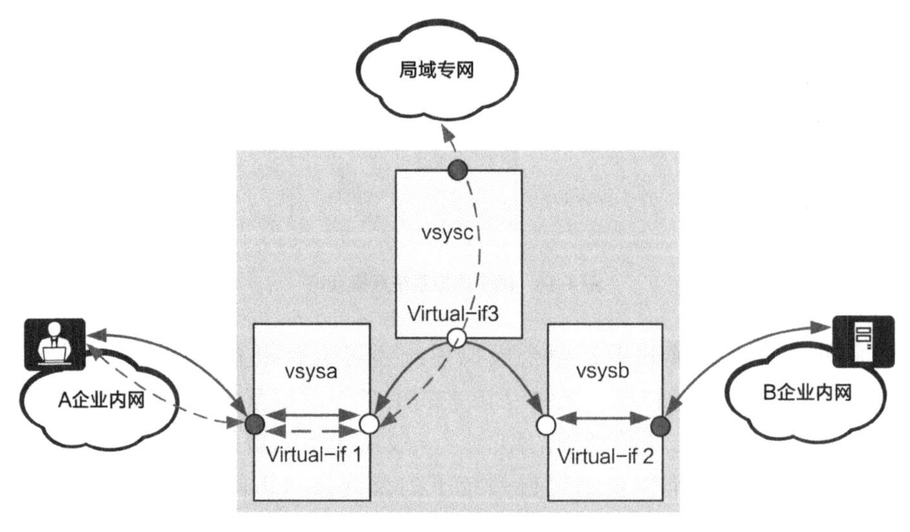

图 4-16　两个虚拟系统跨虚拟系统互访

5. 防环机制

每个虚拟系统可以看作一台独立的物理防火墙，如果报文在虚拟系统之间转发时出现环路，会极大消耗防火墙的物理资源。因此，虚拟系统互访场景下的防环变得十分重要。防火墙当前通过如下机制防止报文在虚拟系统之间形成环路。

（1）防环机制1

防火墙中不允许出现“vsysa-public/vsysb-vsysa”这样的报文转发路径，即从本虚拟系统发出的流量，查询路由表后送入的目的虚拟系统不能是其自身。如果防火墙中出现此种情形，则会被判定为出现环路，报文会被丢弃。

（2）防环机制2

防火墙设定了两种虚拟系统互访模式，分别称为标准模式和扩展模式。默认情况下，虚拟系统互访模式为标准模式。

在标准模式下，报文最多可以在防火墙中进行两次转发，即报文在防火墙内最多只能跨一次虚拟系统，不允许出现“vsysa-vsysb-vsysc”这样的报文转发路径。如果报文进行了两次转发后依然没有从防火墙中发出，则报文会被丢弃。

在扩展模式下，报文最多可以在防火墙中进行3次转发，即报文最多可以在防火墙内跨两次虚拟系统，可以出现“vsysa-vsysb-vsysc”这样的报文转发路径。如果报文进行了3次转发后依然没有从防火墙中发出，则报文会被丢弃。

4.4.2　虚拟系统通过路由表与根系统互访

虚拟系统和根系统间可以通过路由表进行互访，两种场景介绍如下。

1. 虚拟系统通过路由表访问根系统

如图4-17所示，vsysa下内网中的用户通过根系统的公网接口访问互联网服务器。

此场景是虚拟系统向根系统发起访问，由于报文在虚拟系统和根系统下都需要按照防火墙的转发流程进行处理，因此需要在虚拟系统和根系统中分别完成路由表、安全策略等关键配置。

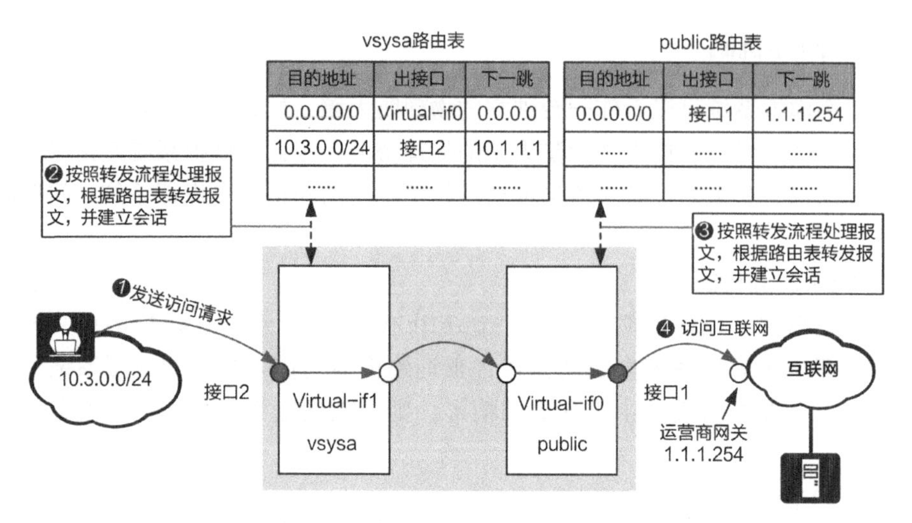

图 4-17 虚拟系统通过路由表访问根系统

路由的配置要点在于确定请求报文和响应报文的转发路径，以此确定去程路由和回程路由的出接口及下一跳IP地址。

去程路由报文转发流程及路由配置要点如下。

① 内网客户端向外网服务器发送访问请求。

② 报文首包到达防火墙后，通过vsysa的内网接口2送入vsysa中，vsysa按照防火墙的转发流程对报文进行处理。报文命中vsysa的路由表项，通过Virtual-if1和Virtual-if0之间的虚拟链路发往根系统中处理。同时，vsysa会针对此连接建立一个会话。因为报文要经过根系统发送到互联网，所以要在vsysa下配置到根系统的路由，且只能是静态路由。和一般的静态路由不同，这条静态路由不需要配置下一跳或者出接口，而是要指定目的虚拟系统为根系统（ip route-static 0.0.0.0 0.0.0.0 public）。

③ 根系统的Virtual-if0收到报文后，按照防火墙的转发流程对报文进行处理。报文命中根系统的路由表项，通过根系统的公网接口1送入互联网。同时，根系统会针对此连接建立一个会话。此时，需要在根系统下配置到互联网的路由。这条路由可以是动态路由（如OSPF），也可以是静态路由（ip route-static 0.0.0.0 0.0.0.0 1.1.1.254），根系统的公网接口1到互联网的下一跳为1.1.1.254。

④ 报文在互联网中经过路由转发后，最终到达外网服务器。

回程路由报文转发流程及路由配置要点如下。

① 外网服务器向内网客户端返回响应报文。

② 报文通过根系统的公网接口1进入根系统后，直接匹配会话表，通过Virtual-if0和Virtual-if1之间的虚拟链路发送到vsysa中处理，不需要针对服务器回应的报文配置回程路由。

③ vsysa的Virtual-if1收到报文后，按照防火墙的转发流程对报文进行处理。报文命中vsysa的路由表项，通过vsysa的内网接口2送入内网。此时，需要在vsysa下配置到内网的路由。该条路由可以是动态路由（如OSPF），也可以是静态路由（ip route-static 10.3.0.0 255.255.255.0 10.1.1.1），vsysa的内网接口2到内网的下一跳是10.1.1.1。

④ 报文在内网中经过路由转发后，最终到达内网客户端。

安全策略的配置要点在于确定虚拟系统和根系统各接口所属的安全区域，以此确定安全策略中引用的源安全区域和目的安全区域。在vsysa上需要配置一条安全策略，放行从报文入接口2所在安全区域到报文出接口Virtual-if1所在安全区域的流量。在根系统上需要配置一条安全策略，放行从报文入接口Virtual-if0所在安全区域到报文出接口1所在安全区域的流量。安全策略中的源地址和目的地址可根据实际的业务访问需要进行精细化配置。

2. 根系统通过路由表访问虚拟系统

如图4-18所示，公网用户通过根系统的公网接口访问vsysa下内网中的服务器。

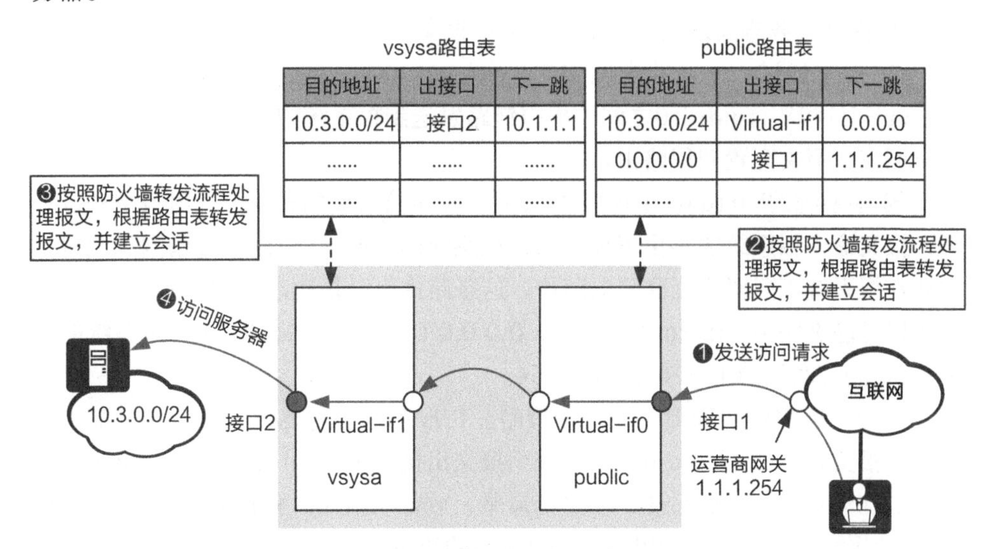

图 4-18　根系统通过路由表访问虚拟系统

此场景是根系统向虚拟系统发起访问，报文转发流程与虚拟系统访问根系统类似。同样需要在虚拟系统和根系统中分别完成路由表、安全策略等关键配置。

去程路由报文转发流程及路由配置要点如下。

① 外网客户端向内网服务器发送访问请求。

② 报文首包到达防火墙后，通过根系统的公网接口1送入根系统中，根系统按照防火墙的转发流程对报文进行处理。报文命中根系统的路由表项，通过Virtual-if0和Virtual-if1之间的虚拟链路发往vsysa中处理。同时，根系统会针对此连接建立一个会话。因为报文要经过vsysa发送到内网，所以要在根系统下配置到vsysa的路由，且这条路由只能是静态路由。和一般的静态路由不同，这条静态路由不需要配置下一跳或者出接口，而是要指定目的虚拟系统为vsysa（ip route-static 10.3.0.0 255.255.255.0 vpn-instance vsysa）。

③ vsysa的Virtual-if1收到报文后，按照防火墙的转发流程对报文进行处理。报文命中vsysa的路由表项，通过vsysa的内网接口2送入内网。同时，vsysa会针对此连接建立一个会话。此时，需要在vsysa下配置到内网的路由。该条路由可以是动态路由（如OSPF），也可以是静态路由（ip route-static 10.3.0.0 255.255.255.0 10.1.1.1），vsysa的内网接口2到内网的下一跳是10.1.1.1。

④ 报文在内网中经过路由转发后，最终到达内网服务器。

回程路由报文转发流程及路由配置要点如下。

① 内网服务器向外网客户端返回响应报文。

② 报文通过vsysa的内网接口2进入vsysa后，直接匹配会话表，通过Virtual-if1和Virtual-if0之间的虚拟链路发送到根系统中处理，不需要针对服务器回应的报文配置回程路由。

③ 根系统的Virtual-if0收到报文后，按照防火墙的转发流程对报文进行处理。报文命中根系统的路由表项，通过根系统的公网接口1送入互联网。此时，需要在根系统下配置到互联网的路由。这条路由可以是动态路由（如OSPF），也可以是静态路由（ip route-static 0.0.0.0 0.0.0.0 1.1.1.254），根系统的公网接口1到互联网的下一跳是1.1.1.254。

此外，还需要配置相应的安全策略。在根系统上需要配置一条安全策略，放行从报文入接口1所在untrust区域到报文出接口Virtual-if0所在trust区域的流量。在vsysa上需要配置一条安全策略，放行从报文入接口Virtual-if1所在untrust区域到报文出接口2所在trust区域的流量。

4.4.3 虚拟系统通过引流表与根系统互访

虚拟系统与根系统的互访除了可以通过配置路由表的方式实现外，还可以通过配置引流表的方式来实现。报文命中引流表分为正向命中和反向命中两种情况。

1. 报文正向命中引流表

如果根系统发往虚拟系统的报文的目的地址匹配引流表中的目的地址（Destination Address），则称为报文正向命中引流表，如图4-19所示。报文正向命中引流表时，根系统会按照引流表转发报文，将报文送入命中的表项对应的目的实例（Destination Instance）中进行处理，此处的目的实例表示的是与之同名的虚拟系统。

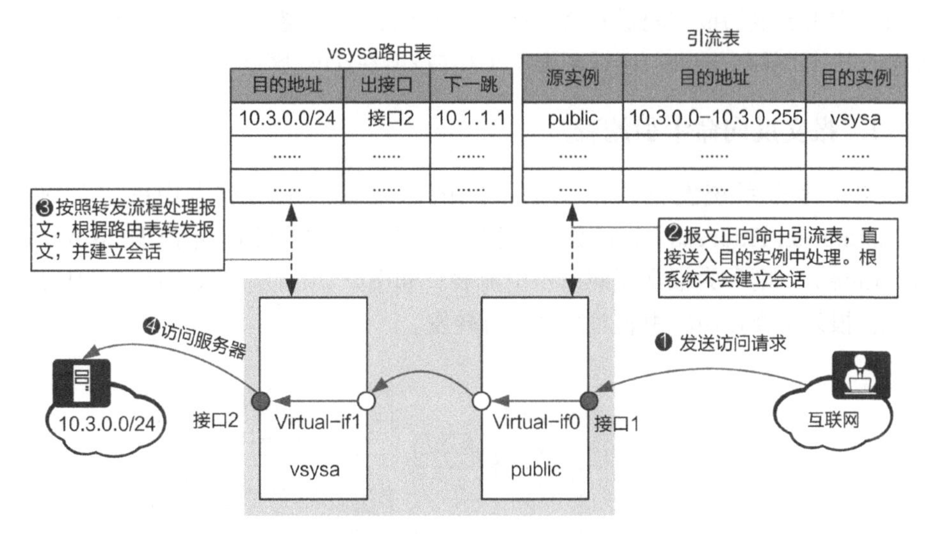

图 4-19 报文正向命中引流表

此场景是根系统向虚拟系统发送报文，需要在根系统和虚拟系统中完成安全策略、路由表、引流表等关键配置。

在这个场景下，报文转发流程及关键配置如下。

① 外网客户端向内网服务器发送访问请求。

② 报文首包到达防火墙后，通过根系统的公网接口1送入根系统中，在进入防火墙的转发流程前判断报文是否正向命中引流表。报文正向命中引流表，通过Virtual-if0和Virtual-if1之间的虚拟链路发往vsysa中处理。此时，根系

统中不会建立会话。因为报文要经过vsysa发送到内网，所以要在根系统下配置到vsysa的引流表（firewall import-flow public 10.3.0.0 10.3.0.255 vpn-instance vsysa），将特定目的网段的报文引入vsysa中。

③ vsysa的Virtual-if1收到报文后，按照防火墙的转发流程对报文进行处理。报文命中vsysa的路由表项，通过vsysa的内网接口2送入内网。同时，vsysa会针对此连接建立一个会话。此时，在vsysa下配置到内网的路由。该条路由可以是动态路由（如OSPF），也可以是静态路由（ip route-static 10.3.0.0 255.255.255.0 10.1.1.1），vsysa的内网接口2到内网下一跳是10.1.1.1。

④ 报文在内网中经过路由转发后，最终到达内网服务器。

由于会话仅在虚拟系统中建立，根系统中不会建立会话。因此根系统下无须为命中引流表的报文配置安全策略。vsysa上需要配置一条安全策略，放行从报文入接口1所在untrust区域到报文出接口2所在trust区域的流量。

2. 报文反向命中引流表

如果虚拟系统发往根系统的报文的源地址匹配引流表中的目的地址（Destination Address），且源虚拟系统匹配引流表中的目的实例（Destination Instance），则称为报文反向命中引流表，如图4-20所示。报文反向命中引流表时，根系统会按照路由表对报文进行转发。

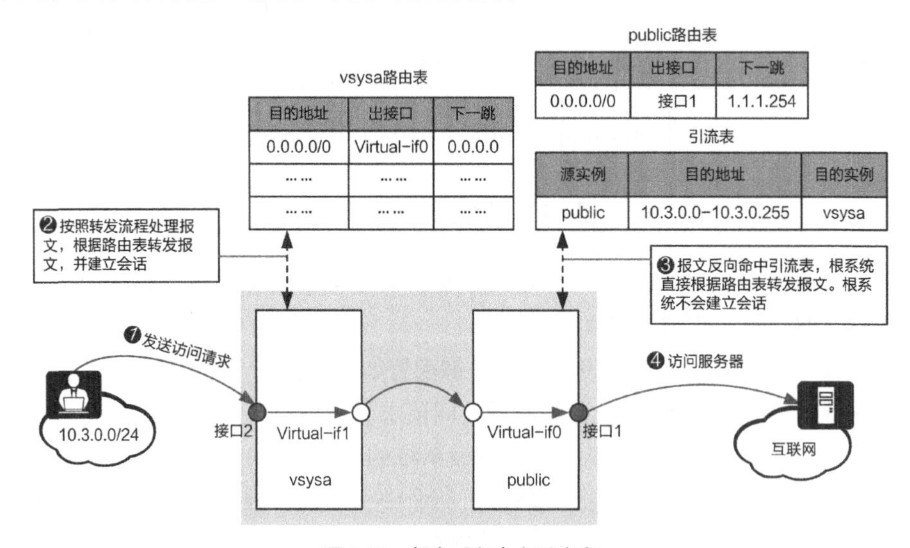

图 4-20 报文反向命中引流表

此场景是虚拟系统向根系统发送报文，需要在根系统和虚拟系统中完成安全策略、路由表、引流表等关键配置。

在这个场景下，报文转发流程及关键配置如下。

① 内网客户端向外网服务器发送访问请求。

② 报文首包到达防火墙后，通过接口2送入vsysa中，vsysa按照防火墙的转发流程对报文进行处理。报文命中vsysa的路由表项，通过Virtual-if1和Virtual-if0之间的虚拟链路发往根系统中处理。同时，vsysa会针对此连接建立一个会话。因为报文要经过根系统发送到互联网，所以要在vsysa下配置到根系统的路由，且这条路由只能是静态路由（**ip route-static 0.0.0.0 0.0.0.0 public**）。和一般的静态路由不同，这条静态路由不需要配置下一跳或者出接口，而是要指定目的虚拟系统为根系统。

③ 根系统的Virtual-if0收到报文后，在进入防火墙的转发流程前判断报文是否反向命中引流表。报文反向命中引流表，直接查询根系统路由表进行转发，通过根系统的公网接口1送入互联网。此时，根系统中不会建立会话。这种情况下，需要在根系统下配置到vsysa的引流表（**firewall import-flow public 10.3.0.0 10.3.0.255 vpn-instance vsysa**），反向命中的报文会直接查询路由表进行转发。同时，还需要在根系统下配置到互联网的路由。这条路由可以是动态路由（如OSPF），也可以是静态路由（**ip route-static 0.0.0.0 0.0.0.0 1.1.1.254**），根系统的公网接口1到互联网的下一跳是1.1.1.254。

④ 报文在互联网中经过路由转发后，最终到达外网服务器。

由于会话仅在虚拟系统中建立，根系统中不会建立会话，因此根系统下无须为命中引流表的报文配置安全策略。在vsysa上需要配置一条安全策略，放行从报文入接口2所在trust区域到报文出接口1所在untrust区域的流量。

防火墙只会在报文进入防火墙的转发流程前判断报文是否命中引流表。在NAT、IPsec等场景下，根系统需要按照防火墙的转发流程对报文进行修改或封装等处理，报文经过防火墙的转发流程处理后，即使修改或封装后的报文的IP地址等能匹配引流表，防火墙也不会判定该报文命中引流表。因此，在此类场景下应避免使用引流表，否则会导致业务异常。

4.4.4　两个虚拟系统直接互访

如图4-21所示，通过配置虚拟系统间互访，vsysa下的用户可以访问

vsysb下的服务器。

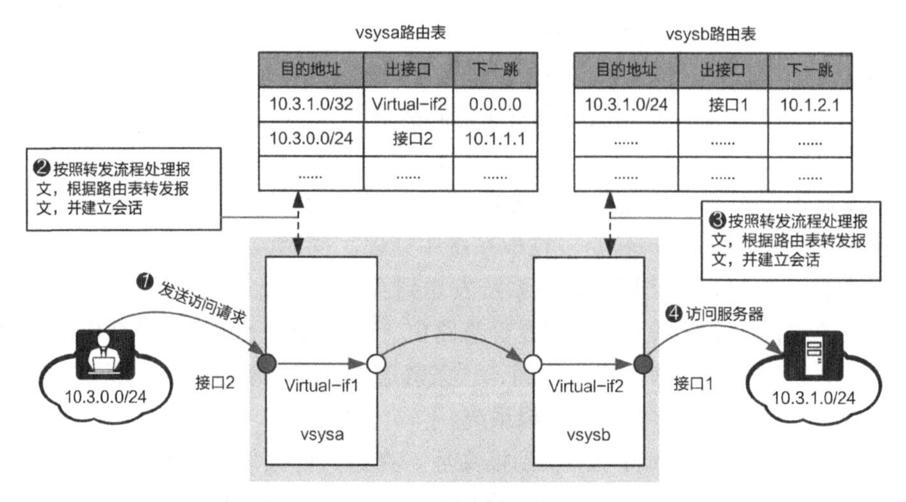

图 4-21　两个虚拟系统直接互访

此场景是vsysa向vsysb发起访问，由于报文在vsysa和vsysb下都需要按照防火墙的转发流程对报文进行处理，因此需要在两个虚拟系统中分别完成安全策略、路由等关键配置。

去程路由报文转发流程及路由配置要点如下。

① vsysa的内网客户端向vsysb的内网服务器发送访问请求。

② 报文首包到达防火墙后，通过vsysa的内网接口2送入vsysa中，vsysa按照防火墙的转发流程对报文进行处理。报文命中vsysa的路由表项，通过Virtual-if1和Virtual-if2之间的虚拟链路发往vsysb中处理。同时，vsysa会针对此连接建立一个会话。因为报文要经过vsysb发送到vsysb的内网，所以要在根系统下配置vsysa到vsysb的路由，且这条路由只能是静态路由（**ip route-static vpn-instance vsysa 10.3.1.0 255.255.255.0 vpn-instance vsysb**）。和一般的静态路由不同，这条静态路由不需要配置下一跳或者出接口，而是要指定目的虚拟系统为vsysb。

③ vsysb的Virtual-if2收到报文后，按照防火墙的转发流程对报文进行处理。报文命中vsysb的路由表项，通过vsysb的内网接口1送入vsysb的内网。同时，vsysb会针对此连接建立一个会话。在vsysb下配置到vsysb的内网的路由。该条路由可以是动态路由（如OSPF），也可以是静态路由（**ip route-static 10.3.1.0 255.255.255.0 10.1.2.1**），vsysb的内网接口1到vsysb的内网

的下一跳是10.1.2.1。

④ 报文在vsysb的内网中经过路由转发后，最终到达vsysb的内网服务器。

回程路由报文转发流程及路由配置要点如下。

① vsysb的内网服务器向vsysa的内网客户端返回响应报文。

② 报文通过vsysb的内网接口1进入vsysb后，直接匹配会话表，通过Virtual-if0和Virtual-if1之间的虚拟链路发送到vsysa中处理。

③ vsysa的Virtual-if1收到报文后，按照防火墙的转发流程对报文进行处理。报文命中vsysa的路由表项，通过vsysa的内网接口2送入vsysa的内网。此时，需要在vsysa下配置到vsysa的内网的路由。这条路由可以是动态路由（如OSPF），也可以是静态路由（**ip route-static 10.3.0.0 255.255.255.0 10.1.1.1**），vsysa的内网接口2到vsysa的内网的下一跳是10.1.1.1。

④ 报文在vsysa的内网中经过路由转发后，最终到达vsysa的内网客户端。

此外，还需要配置相应的安全策略。vsysa上需要配置一条安全策略，放行从报文入接口2所在的trust区域到报文出接口Virtual-if1所在的untrust区域的流量。vsysb上需要配置一条安全策略，放行从报文入接口Virtual-if2所在的untrust区域到报文出接口1所在的trust区域的流量。安全策略中的源地址和目的地址可根据实际的业务访问需要进行精细化配置。

按上述方法配置，只能实现vsysa到vsysb的单向通信，即只能是vsysa的客户端主动向vsysb的服务器或客户端发起访问，vsysb的客户端不能主动向vsysa的服务器或客户端发起访问。如果vsysb的客户端有向vsysa的服务器或客户端发起访问的需求，则需要配置vsysb到vsysa的路由。以图4-21中的组网为例，需要在根系统下通过**ip route-static vpn-instance vsysb 10.3.0.0 255.255.255.0 vpn-instance vsysa**命令配置路由。同时，还需要配置安全策略放行相关报文，安全策略中的源安全区域和目的安全区域的配置与vsysa访问vsysb场景的配置相反。

4.4.5 两个虚拟系统跨根系统互访

两个虚拟系统跨根系统互访本质上是虚拟系统与根系统互访、两个虚拟系统直接互访两种场景的结合。通过配置虚拟系统跨根系统互访，两个虚拟系统的内网中的客户端和服务器在实现了互访的同时，还可以分别通过根系统的公网接口访问互联网。

此外，虚拟系统间互访的报文通过根系统进行中转，只需要在根系统中配置实现根系统和各虚拟系统之间互访的路由表或引流表即可，而不用分别配置各虚拟系统间两两互访的路由表。在虚拟系统数量较多且彼此都有互访及通过根系统访问互联网需求的场景下，简化了路由配置的复杂度。

1. 两个虚拟系统通过路由表跨根系统互访

如图4-22所示，此场景是vsysa通过路由表跨根系统向vsysb发起访问。

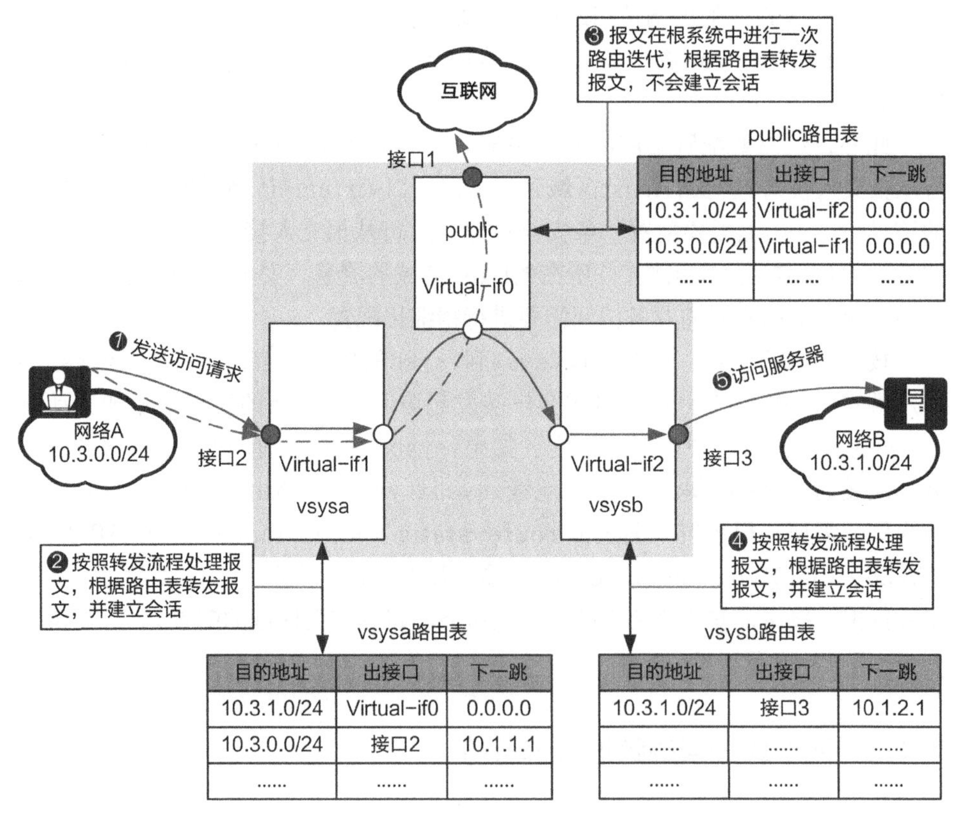

目的地址	出接口	下一跳
10.3.1.0/24	Virtual-if2	0.0.0.0
10.3.0.0/24	Virtual-if1	0.0.0.0
... ...	... ...	... ...

目的地址	出接口	下一跳
10.3.1.0/24	Virtual-if0	0.0.0.0
10.3.0.0/24	接口2	10.1.1.1
......	......	......

目的地址	出接口	下一跳
10.3.1.0/24	接口3	10.1.2.1
......	......	......
......	......	......

图 4-22　两个虚拟系统通过路由表跨根系统互访

图4-22中实线表示的是两个虚拟系统通过路由表跨根系统互访的报文转发路径，虚线表示的是vsysa的内网中的客户端通过根系统的公网接口1访问互联网的报文转发路径。

结合前文描述的虚拟系统与根系统通过路由表互访、两个虚拟系统直接互访两种场景报文转发流程，根据图4-22中的路由表情况，在根系统和两个虚拟系统下配置需要的路由表和安全策略。

2. 两个虚拟系统通过引流表跨根系统互访

如图4-23所示，此场景是vsysa通过引流表跨根系统向vsysb发起访问。

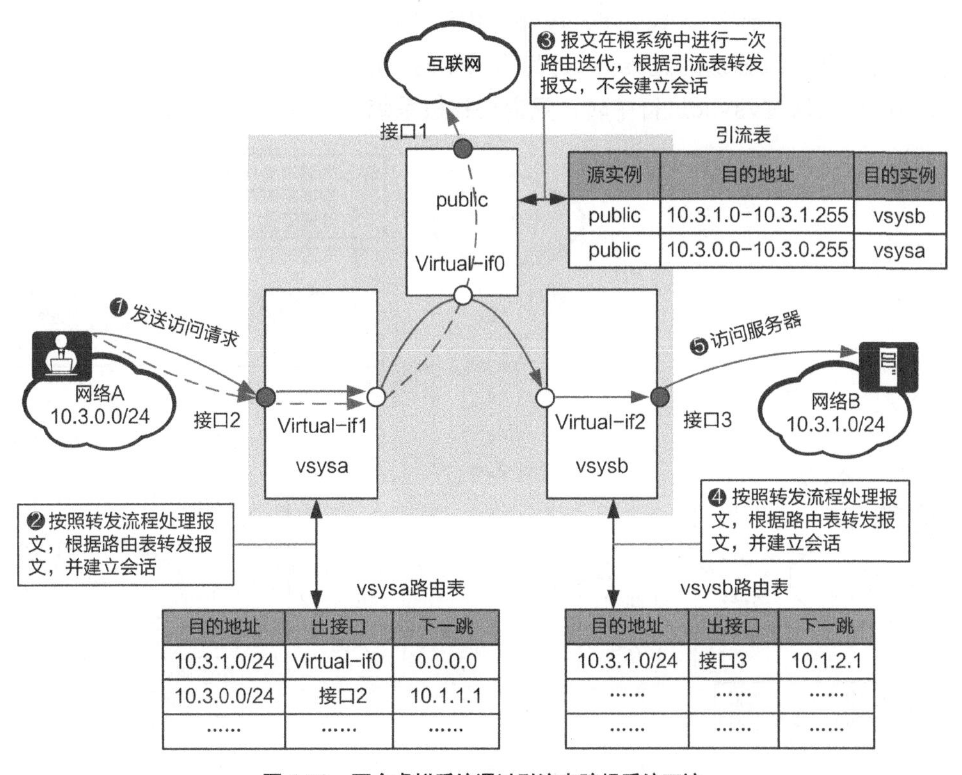

图 4-23　两个虚拟系统通过引流表跨根系统互访

图4-23中实线表示的是两个虚拟系统通过引流表跨根系统互访的报文转发路径，虚线表示的是vsysa的内网中的客户端通过根系统的公网接口1访问互联网的报文转发路径。

结合前文描述的虚拟系统与根系统通过引流表互访、两个虚拟系统直接互访两种场景报文转发流程，根据图4-23中路由表、引流表的情况，在根系统和两个虚拟系统下配置需要的路由表和安全策略。

4.4.6 两个虚拟系统跨虚拟系统互访

两个虚拟系统跨虚拟系统互访的场景只能在扩展模式下实现，因此需要先在根系统下执行**firewall forward cross-vsys extended**命令，将虚拟系统的互访模式切换为扩展模式。

如图4-24所示，vsysa和vsysb的内网中的客户端和服务器在实现了互访的同时，还可以分别通过vsysc访问局域专网下的公共资源。vsysa和vsysb间互访的报文通过vsysc进行中转，只需要在根系统中配置vsysa与vsysc、vsysb

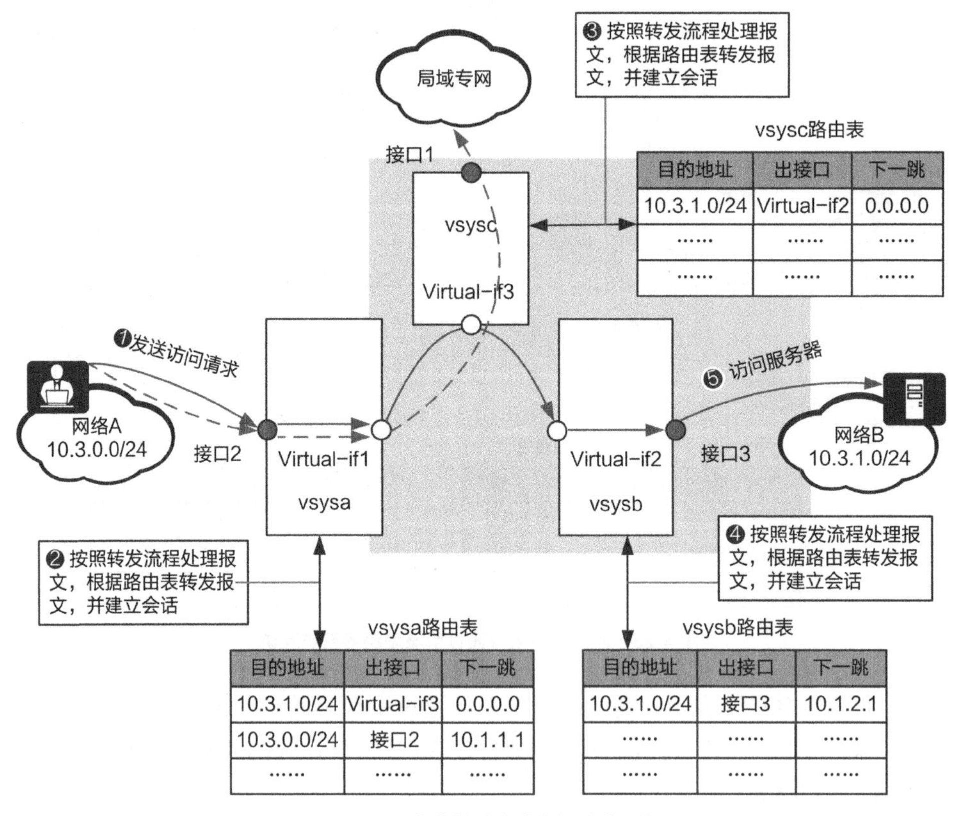

图 4-24 两个虚拟系统跨虚拟系统互访

与vsysc之间互访的路由即可，而无须配置vsysa和vsysb间互访的路由。在虚拟系统数量较多且彼此都有互访及访问vsysc的局域专网需求的场景下，简化了路由配置的复杂度。

图4-24中实线表示的是两个虚拟系统跨虚拟系统互访的报文转发路径，虚线表示的是vsysa内网中的客户端通过vsysc访问局域专网下公共资源的报文转发路径。

结合前文描述的两个虚拟系统直接互访场景报文转发流程，根据图4-24中的路由表情况，在3个虚拟系统下配置需要的路由表和安全策略。

4.5 NAT模式的虚拟系统

在第4.4节中，我们介绍了各种互访模式的实现原理和路由配置。回到互访中的组网场景，如图4-25所示，若网络A是私网，网络C是公网，网络A中的主机需要访问网络C时，出于保证内网安全、隐藏内网IP地址的目的，通常需要配置NAT功能。这里所说的NAT功能可以配置在虚拟系统或根系统中。

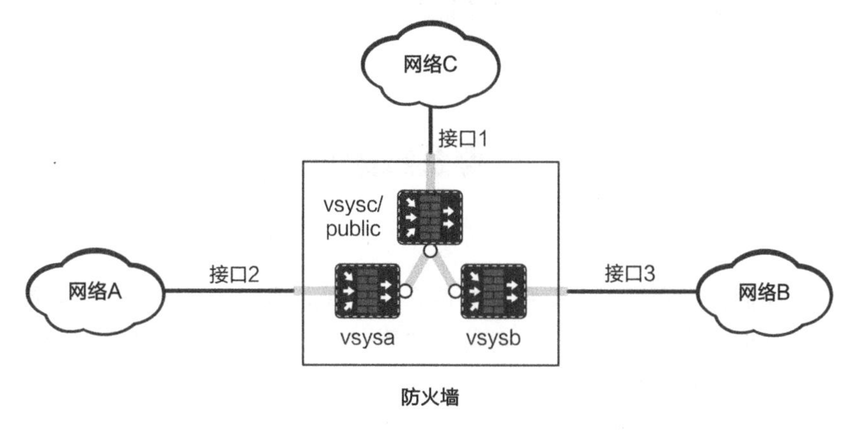

图4-25　虚拟系统互访

1. 在虚拟系统中进行NAT

在内网用户访问互联网场景下，防火墙的虚拟系统通过源NAT将虚拟系统内网接口收到的内网用户访问互联网的报文中的源地址转换为公网地址。

在互联网用户访问内网服务器场景下，防火墙的虚拟系统通过服务器映射（NAT Server）将虚拟系统公网接口收到的互联网用户访问内网的报文中的目的地址转换为内网服务器地址。

在以上两种场景下，都需要通过**assign global-ip** *start-address end-address* { **exclusive** | **free** }命令为虚拟系统分配公网IP地址，供虚拟系统中配置NAT地址池或NAT Server全局地址时使用。此组网下，根系统与虚拟系统的互访既可以通过引流表方式实现，也可以通过路由表方式实现。

2. 在根系统中进行 NAT

在内网用户访问互联网场景下，防火墙通过源NAT将根系统Virtual-if0收到的内网用户访问互联网的报文中的源地址转换为设备的公网地址。

在互联网用户访问内网服务器场景下，防火墙通过服务器映射（NAT Server）将根系统公网接口收到的互联网用户访问内网的报文中的目的地址转换为内网服务器地址。

在以上两种场景组网下，由于根系统中需要进行NAT，必须通过设备的转发流程处理，因此不能通过引流表方式配置根系统与虚拟系统互访，根系统与虚拟系统互访仅能通过路由表方式实现。

4.6 虚拟系统故障排除

前文我们已经介绍了虚拟系统的概念、实现原理、关键配置，在配置虚拟系统以及虚拟系统运行过程中，可能会遇到一些故障，本节将结合一个实例对虚拟系统排障思路、排障步骤进行介绍。

1. 虚拟系统排障思路

遇到虚拟系统发生故障时，可以按照如下步骤依次排查。

- 检查对端防火墙状态是否正常。
- 检查网线连接是否正确，网线本身是否存在问题。

- 检查报文出入接口物理状态是否为up。
- 检查报文出入接口是否都配置了IP地址，且接口协议状态是否都为up。
- 检查报文出入接口是否都分配给了该虚拟系统。
- 检查虚拟系统的路由配置是否正确。
- 检查报文出入接口是否都加入了虚拟系统的安全区域。
- 检查报文出入接口的安全策略以及NAT策略是否配置正确。

2. 排障案例

如图4-26所示，防火墙连接主用核心交换机的接口和连接接入交换机的接口属于虚拟系统接口，连接备用核心交换机的接口属于根系统的接口。当防火墙连接主用核心交换机的链路断开后，从备用核心交换机上确认已经完成状态切换，但业务却出现中断。

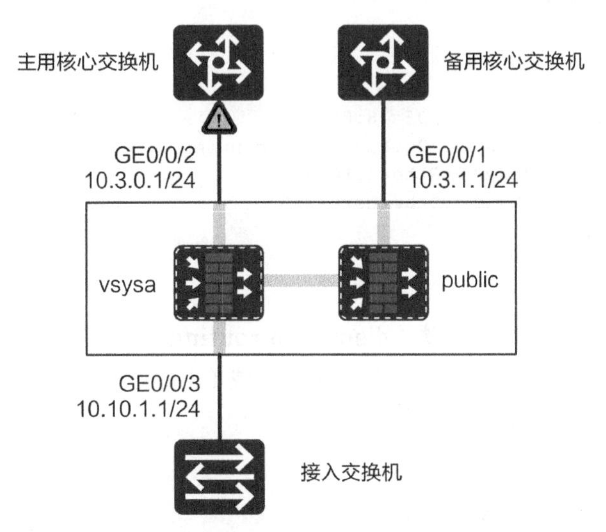

图4-26　虚拟系统排障示例

（1）故障定位

检查IP地址是否配置正确（display ip interface brief）。

```
[sysname] display ip interface brief
 Interface                          IP Address/Mask      Physical    Protocol
 GigabitEthernet0/0/0              192.168.0.1/24       up          up
 GigabitEthernet0/0/1                 10.3.1.1/24       up          up
```

```
 GigabitEthernet0/0/2                10.3.0.1/24          up          up
 GigabitEthernet0/0/3               10.10.1.1/24          up          up
 GigabitEthernet0/0/4                 unassigned          down        down
 Virtual-if0                          unassigned          up          up(s)
 Virtual-if1                          unassigned          up          up(s)
```

查看接口是否已分配给相关虚拟系统（display vsys verbose）。

```
[sysname] display vsys verbose
Total Virtual system Configured: 2
--------------------------------------------------------------------
            Name : public
              ID : 0
    Startup time : 2021/11/01 09:03:36
         Up time : 7 days, 5 hours, 42 minutes and 45 Seconds
      Interfaces :
   Administrator :
  Resource class : r0
     Description :
            Name : vsysa
              ID : 1
    Startup time : 2021/11/06 18:05:34
         Up time : 1 days, 20 hours, 40 minutes and 47 Seconds
      Interfaces : GigabitEthernet0/0/2,
                   GigabitEthernet0/0/3
   Administrator :
  Resource class : r1
     Description :
```

检查路由配置是否有问题（display ip routing-table）。

查看接口是否加入相关虚拟系统安全区域（display zone）。

```
[sysname] display zone
local
  priority is 100
  interface of the zone is (0):
#
trust
  priority is 85
  interface of the zone is (1):
     GigabitEthernet0/0/0
#
untrust
  priority is 5
  interface of the zone is (1):
     GigabitEthernet0/0/1
#
```

```
dmz
  priority is 50
  interface of the zone is (0):
#
```

发现与虚拟系统通信的Virtual-if0没有加入安全区域。

（2）故障处理

将Virtual-if0加入根系统的安全区域后，测试连通性，发现没有问题，故障排除。

3. 排障总结

若在创建虚拟系统时报错，提示虚拟系统创建失败，可能是因为防火墙默认支持创建10个虚拟系统，目前虚拟系统数量已达到最大值，而防火墙无控制虚拟系统数的License，或未激活该License，无法再创建新的虚拟系统。可以购买并激活虚拟系统数License后再创建虚拟系统。

若给虚拟系统分配接口失败，可能的原因是该接口属于二层接口或者该接口已经被分配给了其他虚拟系统。二层接口无法直接分配给虚拟系统，可以将对应的VLAN分配给虚拟系统。接口已分配给其他虚拟系统导致再次分配接口失败时，需要将该接口从已分配的虚拟系统中移除后再进行分配。

当业务需要在虚拟系统间互访时，需要配置从虚拟系统入接口到虚拟接口的安全策略，并且虚拟接口一定要加入安全区域。

虚拟系统中需要配置到根系统的路由，根系统上同样需要配置路由到对应的VPN实例。

4.7 习题

第 5 章　链路负载均衡

当前，网络连接的需求无处不在，通过可靠的链路接入互联网，是广大企业的普遍需求。单一链路可能会因单点故障导致网络中断，给企业带来无法估计的损失；带宽资源紧张还会影响业务体验。因此，互联网接入的稳定性对于用户来说至关重要，那么链路冗余就是必然的选择。在实际应用中，出于可靠性和访问体验的考虑，企业通常会向多个ISP分别租用互联网链路和带宽资源。那么，如何为用户流量选择合适的链路，如何在保证访问体验的同时提高链路资源的利用率，就成为企业网络管理员需要考虑的一个问题。

当防火墙部署在企业网络出口位置、通过多条链路接入互联网时，可以启用智能选路功能来实现链路负载均衡。根据用户业务的访问方向，链路负载均衡可以分为出站负载均衡和入站负载均衡。本章将首先介绍出站负载均衡的技术，如ISP选路、全局选路策略、DNS透明代理、策略路由，再介绍入站负载均衡技术，即智能DNS。

| 5.1 ISP选路 |

国内ISP的互连互通是一个复杂的历史问题，跨ISP的访问体验很难得到保障。例如，租用中国电信链路的企业，访问部署在中国电信网络的服务，体验非常好；租用中国联通或者其他ISP链路的企业，访问部署在中国电信网络的服务，体验就一言难尽了。租用单一ISP链路，固然会遇到访问其他ISP资源的体验问题，租用多个ISP链路也是一样。企业希望访问中国电信网络服务的流量走中国电信链路，访问中国联通网络服务的流量走中国联通链路。这样，报文转发路径最短、开销最小、体验最佳，因此也叫就近选路。

本节将从默认路由和等价路由的概念入手，首先介绍最简单的链路负载均衡技术。然后结合明细路由的概念、路由表的查找方法，介绍基于ISP路由的选路技术。

5.1.1 默认路由与链路备份

在早期的多链路组网中，企业使用多条默认路由来实现多链路的主备备份。如图5-1所示，某企业分别从中国电信和中国联通租用了一条链路，构建双出口网络。其中，中国电信链路为主链路，出接口为GE0/0/1接口，出口网关为10.1.1.2；中国联通为备用链路，出接口为GE0/0/2接口，出口网关为10.1.2.2。

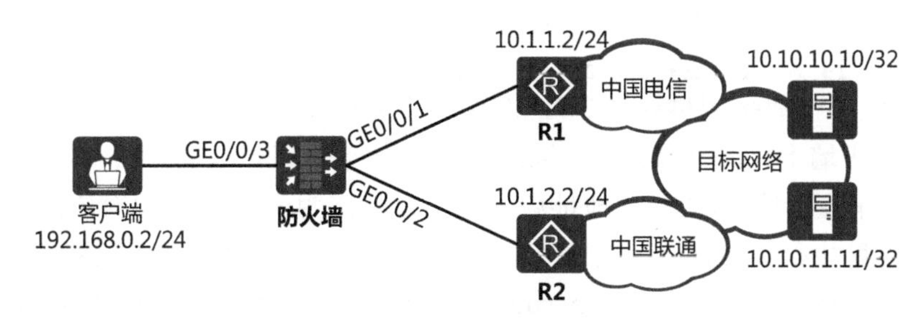

图 5-1　默认路由选路

在防火墙上，以静态路由方式添加两条默认路由。其中，中国电信出口的默认路由优先级高于中国联通出口的默认路由。

```
<sysname> system-view
[sysname] ip route-static 0.0.0.0 0.0.0.0 10.1.1.2 preference 60
[sysname] ip route-static 0.0.0.0 0.0.0.0 10.1.2.2 preference 65
```

默认路由是一种特殊的路由，可以通过静态路由配置，也可以由动态路由生成，如OSPF和IS-IS。在路由表中，默认路由以目的网络为0.0.0.0、子网掩码为0.0.0.0的形式出现。添加完成以后，路由表如下所示。

```
[sysname] display ip routing-table
Route Flags: R - relay, D - download to fib
------------------------------------------------------------------------------
Routing Tables: Public
       Destinations : 1        Routes : 2

Destination/Mask    Proto   Pre  Cost   Flags  NextHop         Interface
      0.0.0.0/0     Static  60   0      RD     10.1.1.2        GigabitEthernet0/0/1
                    Static  65   0      RD     10.1.2.2        GigabitEthernet0/0/2
```

在中国电信链路正常的情况下，所有流量都从中国电信链路访问互联网。当中国电信链路发生故障时，其默认路由失效，所有流量都从中国联通链路访问互联网。

5.1.2　等价路由与链路负载分担

使用默认路由实现链路备份，实现起来非常简单。但是同一时刻只能使用1

条链路，另外1条链路始终处于备用状态，浪费了有限的带宽资源。那么我们自然就会想到等价路由。这种情况下，两条链路是如何选路的呢？

仍以图5-1为例，这次在防火墙上配置两条等价默认路由。不指定preference参数，默认路由的优先级均为60。

```
[sysname] ip route-static 0.0.0.0 0 10.1.1.2
[sysname] ip route-static 0.0.0.0 0 10.1.2.2
```

在防火墙上，也可以通过在接口视图下指定网关地址的方式，设置等价默认路由。配置完接口的网关地址后，当接口状态为up时会下发对应的默认路由，默认路由是优先级为70的UNR。采用这种方式，设备下发默认路由表项时不会自动生成路由配置命令（ip route-static），该路由表项也不能通过undo ip route-static命令删除。

```
[sysname] interface GigabitEthernet 0/0/1
[sysname-GigabitEthernet0/0/1] gateway 10.1.1.2
[sysname-GigabitEthernet0/0/1] quit
[sysname] interface GigabitEthernet 0/0/2
[sysname-GigabitEthernet0/0/2] gateway 10.1.2.2
```

配置完成以后，在PC上ping目标网络上的两个服务器地址。在防火墙的两个出接口上分别抓包，发现报文都从GE0/0/1接口转发，如图5-2所示。GE0/0/2接口抓包无报文。

No.	Time	Source	Destination	Protocol	Info
1	0.000000	192.168.0.2	10.10.10.10	ICMP	Echo (ping) request (id=0x042f, seq(be/le)=1/256, ttl=127)
2	0.000000	10.10.10.10	192.168.0.2	ICMP	Echo (ping) reply (id=0x042f, seq(be/le)=1/256, ttl=253)

No.	Time	Source	Destination	Protocol	Info
1	0.000000	192.168.0.2	10.10.11.11	ICMP	Echo (ping) request (id=0xfe2f, seq(be/le)=1/256, ttl=127)
2	0.000000	10.10.11.11	192.168.0.2	ICMP	Echo (ping) reply (id=0xfe2f, seq(be/le)=1/256, ttl=253)

图 5-2 出接口抓包 （GE0/0/1 接口）

为什么两条等价默认路由不进行负载分担呢？默认情况下，多条等价路由在选路的时候是逐流负载分担的。防火墙根据每条流的“源IP地址+目的IP地址”，用HASH算法计算并选择链路。算法的输入是报文的源IP地址和目的IP地址，地址不同，计算出的结果也会不相同，等价默认路由之间转发报文的机会是均等的。举个例子，如果报文的源IP地址相同，目的地址是相邻的，如10.10.10.10和10.10.10.11，那么选路的时候，将会各分担一条流进行转发。

然而，由于网络中访问流量的源和目的地址是随机的，所以HASH计算结果完全不可控。这个时候虽然多条默认路由是等价路由，也有可能出现所有报文都从一条链路转发的情况。这个结果也印证了上述案例中报文都从GE0/0/1

接口转发的原因。

等价路由的负载分担方式也可以使用命令行firewall load-balance flow hash { destination-ip | destination-port | source-ip | source-port } * 来修改。除了源IP地址和目的IP地址，防火墙还支持源端口和目的端口参与HASH计算。虽然防火墙也可以支持逐包负载分担，但不推荐在实际网络中应用。

5.1.3 明细路由与就近选路

如前文所述，等价默认路由虽然可以实现链路负载分担，但是负载分担的效果并不可控。为了实现就近选路，需要在默认路由的基础上引入明细路由，并巧妙利用报文查找路由表的原则。

明细路由是一个相对的概念。相对于默认路由，路由表中的其他路由都是明细路由，如10.1.0.0/16、192.168.1.0/24相对默认路由都属于明细路由。相对于10.1.0.0/16这条汇总路由，10.1.1.0/24、10.1.2.0/24、10.1.3.0/24这3条路由都属于它的明细路由。明细路由与路由协议类型无关，可以是静态路由配置的，也可以是动态路由协议生成的。

那么，明细路由是如何与默认路由配合，实现就近选路的呢？这就要明白报文是如何查找路由表的。可能大家都知道，报文查找路由表时是按照最长匹配原则进行查找。举个例子，路由表中有10.1.0.0/16、10.1.1.0/24和0.0.0.0/0这3条路由。

```
Destination/Mask    Proto   Pre  Cost  Flags  NextHop     Interface
      0.0.0.0/0     Static  60   0      RD    10.1.1.2    GigabitEthernet0/0/1
      10.1.0.0/16   Static  60   0      RD    10.1.2.2    GigabitEthernet0/0/2
      10.1.1.0/24   Static  60   0      RD    10.1.3.2    GigabitEthernet0/0/4
```

当目的地址为10.1.1.1/30的报文查找路由表时，最终匹配的路由将是10.1.1.0/24这条路由，因为报文查找路由表时，报文的目的地址和路由中各表项的掩码进行按位“逻辑与”，得到的地址符合路由表项中的网络地址则匹配，最终选择一个最长匹配的路由表项转发报文。如果是目的地址为192.168.1.1/30的报文查找路由表，则只能匹配0.0.0.0/0这条默认路由了，因为报文的目的地址不能与任何明细路由相匹配，最终系统将使用默认路由转发该报文。简单来说，当路由表中有明细路由时，报文是先匹配明细路由，如果没有明细路由再查找默认路由。

就近选路就是利用了路由表的匹配原则，使用默认路由和明细路由配合来实现的。这种方式比较简单，也是最常用的。现在让我们来看看默认路由+明细路由的就近选路方式是如何就近选路的。先看一个简单的网络环境，如图5-3所示。

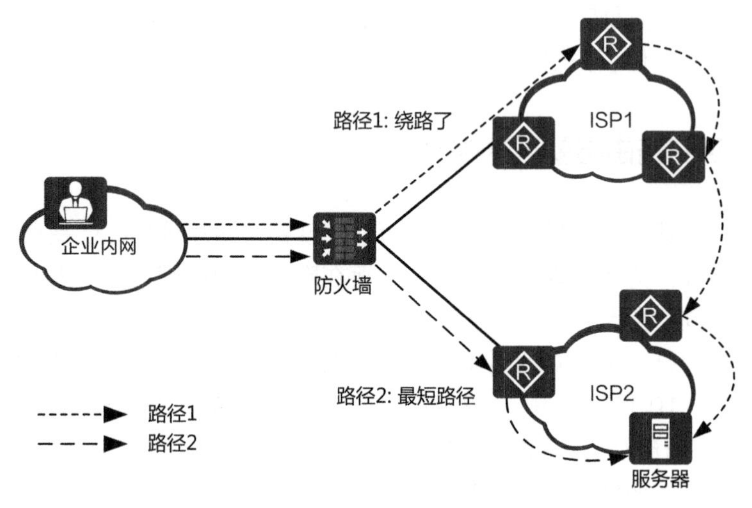

图 5-3 使用明细路由实现就近选路

正常情况下，企业一般会在出口防火墙上配置两条默认路由，每个ISP一条。当企业内网用户访问外网服务器时，报文途经防火墙有两条路径。在前面我们说过，默认路由的选路是根据源IP地址+目的IP地址的HASH算法来决定报文的转发路径，这就有可能导致访问ISP2的服务器的流量从图5-3中的路径1进行转发。路径1从防火墙到ISP1，再经过ISP1到ISP2，绕一大圈后才能到达目的服务器，严重影响转发效率和用户体验。

那有什么办法让报文不绕路呢？通过配置明细路由即可达到要求。前面我们也说过，报文优先匹配明细路由，没有可匹配的明细路由再去查找默认路由。就图5-1的组网，我们可以配置到服务器的明细路由，下一跳指向运营商出口网关，这样报文匹配到这条明细路由后就不会绕道转发了。我们也可以通过图5-1的组网验证一下。在防火墙上配置如下两条静态路由。

```
[sysname] ip route-static 10.10.10.10 255.255.255.255 10.1.1.2   //下一跳为R1地址
[sysname] ip route-static 10.10.11.11 255.255.255.255 10.1.2.2   //下一跳为R2地址
```

在防火墙的两个出接口上抓包，发现GE0/0/1接口上只有去往10.10.10.10的报文，GE0/0/2接口上只有去往10.10.11.11的报文，如图5-4所示。

No.	Time	Source	Destination	Protocol	Info
1	0.000000	192.168.0.2	10.10.10.10	ICMP	Echo (ping) request (id=0x042f, seq(be/le)=1/256, ttl=127)
2	0.000000	10.10.10.10	192.168.0.2	ICMP	Echo (ping) reply (id=0x042f, seq(be/le)=1/256, ttl=253)

No.	Time	Source	Destination	Protocol	Info
1	0.000000	192.168.0.2	10.10.11.11	ICMP	Echo (ping) request (id=0xfe2f, seq(be/le)=1/256, ttl=127)
2	0.000000	10.10.11.11	192.168.0.2	ICMP	Echo (ping) reply (id=0xfe2f, seq(be/le)=1/256, ttl=253)

图 5-4　出接口抓包　（上图为 GE0/0/1，　下图为 GE0/0/2）

这就证明，报文优先查找了刚配置的两条明细路由。通过默认路由可以保证企业用户数据流量都能够匹配到路由转发，而明细路由则让用户访问某ISP的流量从连接该ISP的链路进行转发，避免流量从另外的ISP链路迂回绕道，这就是所谓的就近选路。

5.1.4　ISP 路由与 ISP 选路

然而，在现实网络环境中，互联网上的服务众多，要求网络管理员在防火墙上一条一条地配置明细路由是不现实的。那么，有没有一种方便快捷的方法批量配置明细路由呢？这就需要ISP路由功能出场了。

ISP路由，从名字来看有一个关键词“ISP”，这其实就是这个功能的由来。每个ISP都会有自己的公网知名网段，如果把这个ISP的所有公网知名网段都像上面说的一样配置成明细路由，则去往这个ISP的所有报文都不会绕路转发了，这就是基于ISP路由的ISP选路。如何把ISP的公网知名网段变成明细路由呢？

首先，管理员需要从网络上收集ISP内的所有公网网段，然后把地址网段填写到后缀为.csv的文件中，我们称之为ISP地址库文件。ISP地址库文件的内容如图5-5所示。其中，B列的“目的IP范围”就是ISP内的公网网段，支持以单个IP地址、IP地址/掩码和IP地址段形式输入，例如，1.1.1.1、1.1.1.0/24、1.1.1.1/255.255.255.0、1.1.1.0-1.1.1.255。

A	B
##ISP	
	目的IP范围
	10.66.0.0-10.67.255.255
	10.82.0.0-10.83.255.255
	1.184.0.0-1.185.255.255
	58.116.0.0-58.119.255.255
	58.128.0.0-58.135.255.255
	58.154.0.0-58.155.255.255
	58.192.0.0-58.207.255.255
	59.64.0.0-59.79.255.255
	110.64.0.0-110.65.255.255
	111.114.0.0-111.117.255.255
	……

图 5-5　编辑 ISP 地址库文件

编辑完ISP地址库文件后，把它上传到防火墙根目录的isp文件夹下，上传的方法有很多，如FTP等，本书中不再赘述。

上传以后，先创建一个运营商（如ChinaISP），关联刚刚上传的ISP地址文件（ChinaISP.csv），然后添加ISP路由，为该ISP路由设置出接口和下一跳。

```
[sysname] ip name ChinaISP set filename ChinaISP.csv
[sysname] ip route-isp ChinaISP interface GigabitEthernet0/0/1 10.1.1.2
```

配置完成以后，ISP地址库文件ChinaISP.csv中的所有IP地址段都会转化为一条条UNR。这样，整个ISP地址库文件就相当于一个ISP路由的批量配置脚本。

```
Destination/Mask    Proto   Pre  Cost  Flags  NextHop        Interface
     1.184.0.0/15   UNR     70   0       D    10.1.1.2       GigabitEthernet0/0/1
     10.66.0.0/15   UNR     70   0       D    10.1.1.2       GigabitEthernet0/0/1
     10.82.0.0/15   UNR     70   0       D    10.1.1.2       GigabitEthernet0/0/1
    58.116.0.0/14   UNR     70   0       D    10.1.1.2       GigabitEthernet0/0/1
    58.128.0.0/13   UNR     70   0       D    10.1.1.2       GigabitEthernet0/0/1
    58.154.0.0/15   UNR     70   0       D    10.1.1.2       GigabitEthernet0/0/1
    58.192.0.0/12   UNR     70   0       D    10.1.1.2       GigabitEthernet0/0/1
     59.64.0.0/12   UNR     70   0       D    10.1.1.2       GigabitEthernet0/0/1
    110.64.0.0/15   UNR     70   0       D    10.1.1.2       GigabitEthernet0/0/1
   111.114.0.0/15   UNR     70   0       D    10.1.1.2       GigabitEthernet0/0/1
   111.116.0.0/15   UNR     70   0       D    10.1.1.2       GigabitEthernet0/0/1
```

ISP路由是一种特殊的静态路由。从上面的路由表来看，除了协议类型为UNR、优先级为70以外，表中其他内容与静态路由完全一样。ISP路由和静态路由是可以互相覆盖的，如先配置一条静态路由，然后导入目的地址和下一跳相同的ISP路由后，路由表中此条路由的协议类型会从Static变成UNR，反之亦然。不同的是静态路由是由管理员手动一条一条配置的，配置文件中能够显示出来；ISP路由只能通过导入ISP地址库文件的方式配置，且配置文件中不会显示出ISP路由。静态路由可以逐条删除、增加；ISP路由只能通过在ISP地址库文件中修改再导入的方式调整，不能通过命令删除或增加单条ISP路由。

前面所说的管理员添加ISP路由通过人工收集各ISP的公网地址段仍然是一件非常烦琐的工作。为此，华为安全中心平台（isecurity.huawei.com）提供了中国移动（china-mobile.csv）、中国电信（china-telecom.csv）、中国联通（china-unicom.csv）和中国教育网（china-educationnet.csv）等4个主流ISP的地址库文件。用户可以登录安全中心平台，下载最新的ISP地址库文件。

用户也可以根据现网情况修改下载的ISP地址库文件，然后上传到防火墙。ISP路由功能相当于把各ISP的知名网段都集成在了防火墙的内部，通过指定的出接口和下一跳批量下发静态路由，这样可以极大地减少配置明细路由的工作量。

下面我们以图5-6的组网为例，介绍使用Web界面配置ISP选路。我们希望，当内网用户访问属于中国电信的服务器时，报文匹配路由表后从GE0/0/1接口转发；同理，访问中国联通的服务器时，从GE0/0/2接口转发。这样总是能保证从最短的路径转发到目标网络。同时，当任意一条出口链路发生故障时，业务报文从另外一条链路转发。

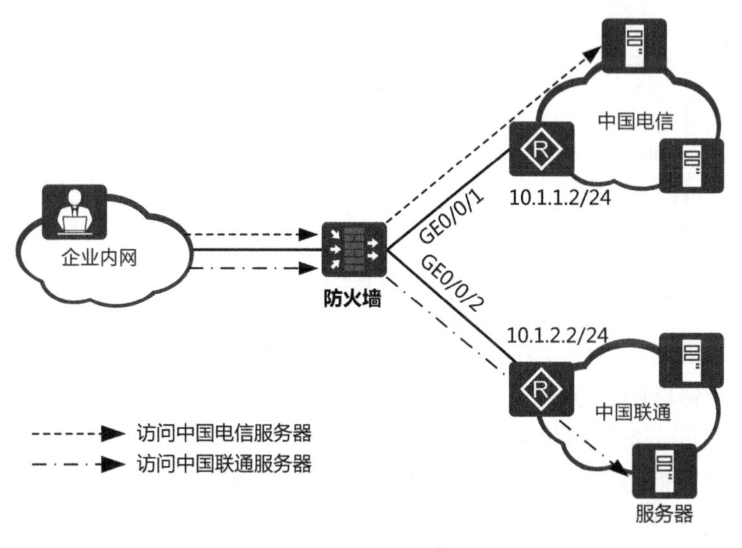

图 5-6　ISP 选路

首先，从华为安全中心平台下载ISP地址库文件，并上传到防火墙上。在“智能选路”界面中，选择“运营商地址库”页签。单击“导入”，在“新建运营商”对话框中输入运营商名称，选择已下载的地址库文件，如图5-7所示。这一步相当于执行了ip name ChinaTelecom set filename china-telecom.csv命令。

图 5-7 导入地址库文件

然后，如图5-8所示，在“ISP路由”界面，新建ISP路由，为ChinaTelecom指定出接口和下一跳地址。这一步相当于执行了ip route-isp ChinaTelecom interface GigabitEthernet0/0/1 10.1.1.2命令。

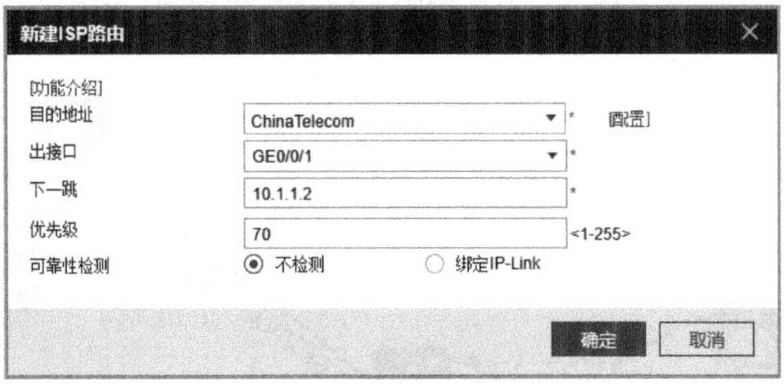

图 5-8 新建 ISP 路由

中国联通链路的配置方法与此类似，只是把ISP地址库文件、出接口和下一跳更换为该链路的数据即可。

为了保证一条链路发生故障时业务不中断，还要添加两条默认路由，分别指向两个运营商链路接口的出口网关，我们可以通过指定出接口的默认网关地址来下发默认路由。实际上，我们也可以通过在接口上关联运营商来下发ISP路由，而不必在“ISP路由”界面去新建ISP路由。图5-9所示为GE0/0/1接口的配置，GE0/0/2接口与此类似。

图5-9所示的配置相当于执行了以下命令。配置完成后，在路由表中会生成相应的ISP路由表项。

```
<sysname> system-view
[sysname] interface GigabitEthernet 0/0/1
[sysname-GigabitEthernet0/0/1] gateway 10.1.1.2     //指定出口网关并下发默认路由
```

```
[sysname-GigabitEthernet0/0/1] quit
[sysname] interface-group 1 isp ChinaTelecom      //创建ISP接口组，关联导入ISP地址库文件时创建的运营商ChinaTelecom
[sysname-interface-isp-group-1] add interface GigabitEthernet 0/0/1   //将接口加入ISP接口组，并下发ISP路由
```

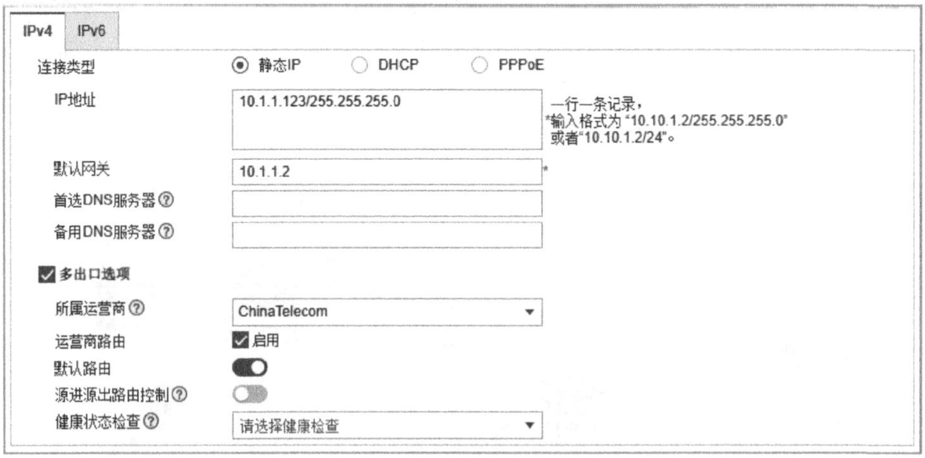

图 5-9　在接口上配置默认路由和 ISP 路由

当然，要想使内网用户可以访问互联网服务，还需要在防火墙上配置NAT和安全策略，此处从略。

总结一下，ISP路由让管理员不必手工配置大量明细路由，快速完成ISP所有地址段的明细路由配置，以指导报文就近转发。没有匹配到ISP路由的报文，通过查找默认路由完成转发。当某一条链路发生故障时，该链路对应的ISP路由和默认路由失效，所有报文都从另一条链路转发。

5.1.5　健康检查

第5.1.4节的结尾部分，我们提到当某一条链路发生故障时，该链路对应的ISP路由和默认路由失效，所有报文都从另一条链路转发。严格来说，这个说法并不准确。默认情况下，防火墙根据出接口状态来判断链路状态，当出接口up时，防火墙就认为链路状态正常，ISP路由和默认路由有效。但是，现实网络中经常出现接口up，而运营商链路存在故障的情况。这是什么原因呢？

当防火墙与运营商侧的网关设备点对点直连时，只有链路正常，防火墙侧

出接口才处于up状态。一旦链路发生故障，防火墙就能够感知到并切换接口状态为down，同时删除ISP路由和默认路由。但是，在现实网络中，防火墙并不是直接与运营商侧的网关设备直连的。运营商侧的网关设备要承接海量的接入链路，而其端口数量是有限的，直接连接到企业的防火墙出口是不可接受的。为此，运营商先将接入链路连接到汇聚交换机，由汇聚交换机连接到网关设备，如图5-10所示。有些运营商出口还可能在汇聚交换机上进一步汇聚。当运营商侧网络的中间链路出现故障时，防火墙并不能及时感知到链路状态的变化，也就不能及时进行调整，导致链路中断。

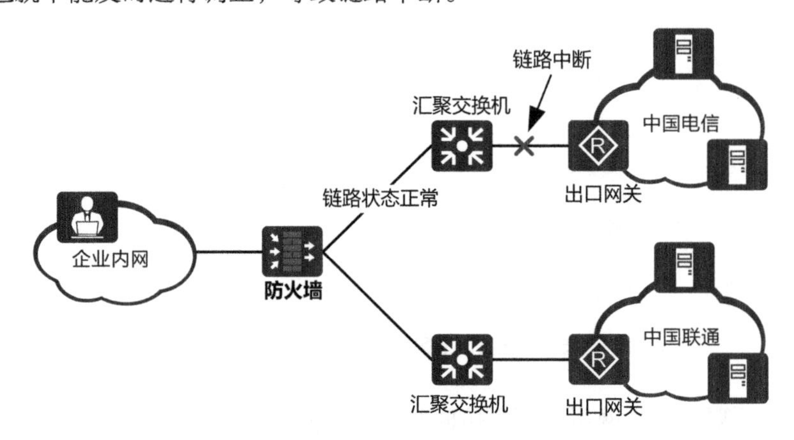

图 5-10 运营商侧网络连接模型

为了及时感知链路状态的变化，我们可以在防火墙出接口上启用健康检查功能。启用健康检查后，防火墙定期向各ISP网络中的指定设备发送探测报文。如果出接口链路可用，那么防火墙可以收到被探测设备的响应报文，否则就收不到。以使用ICMP报文探测运营商出口网关（10.1.1.2）为例，健康检查配置如下。

```
<sysname> system-view
[sysname] healthcheck enable
[sysname] healthcheck name CheckTelecom
[sysname-healthcheck-CheckTelecom] destination 10.1.1.2 interface GigabitEthernet
0/0/1 protocol icmp
//指定被探测设备的IP地址、探测报文的出接口和探测协议
[sysname-healthcheck-CheckTelecom] quit
[sysname] interface GigabitEthernet 0/0/1
[sysname-GigabitEthernet0/0/1] healthcheck CheckTelecom      //在探测报文的出接口下
关联健康检查
```

配置完成后，防火墙默认每5秒发送1次探测报文。当连续3次探测失败时，防火墙认为此链路不可用，并修改其状态为down。如果需要提高链路状态的识别与切换速度，可以适当调整探测报文的发送间隔和探测失败次数。

```
[sysname-healthcheck-CheckTelecom] tx-interval 3        //缩小探测报文发送间隔
[sysname-healthcheck-CheckTelecom] times 2              //减少探测失败次数
```

除了ICMP报文，防火墙还支持DNS、HTTP、RADIUS（Remote Authentication Dial-In User Service，远程身份认证拨号用户服务）和TCP等探测协议的报文，不同探测协议的探测结果判断方法如表5-1所示。

表 5-1　探测结果的判断方法

探测协议	探测原理
ICMP	向指定设备发送 ICMP 请求报文，如果 ICMP 响应报文中的标识符（Identifier）和序列号（Sequence Number）字段与请求报文的一致，即认为探测成功
DNS	使用 DNS 协议向指定服务器发起请求，如果响应报文中的标识（Transaction ID）字段与请求报文一致，即认为探测成功。 默认情况下，查询的 DNS 域名为 www.huawei.com，管理员可以更改查询域名
HTTP	完成 TCP 3 次握手后，使用 HTTP 向指定服务器发送获取根目录的请求，收到 HTTP 响应报文即认为探测成功，随后防火墙发送 RST 报文中止此 TCP 连接
RADIUS	使用 RADIUS 协议向指定服务器发起认证请求，用户名为“guestguest”，密码为空，如果响应报文中的标识符（Identifier）与发送报文一致，即认为探测成功
TCP	使用 TCP 向指定设备发送 TCP 连接请求，如果成功建立连接，即认为探测成功，随后防火墙会发送 RST 报文中止此 TCP 连接
TCP（简单探测）	使用 TCP 报文检查网络的连通性。只要目的设备回应第一个探测报文，即认为探测成功，无须完成 3 次握手

也就是说，防火墙不仅可以探测出接口到运营商出口网关之间的链路状态，也可以探测防火墙到特定服务器的链路状态。例如，管理员可以根据运营商DNS服务器的状态，决定是否使用该运营商的链路转发报文，如图5-11所示。为了避免误判，防火墙还支持同时探测多个目的服务器（最多支持16个），当最小存活节点数小于指定的阈值时，防火墙才认为该链路存在故障。

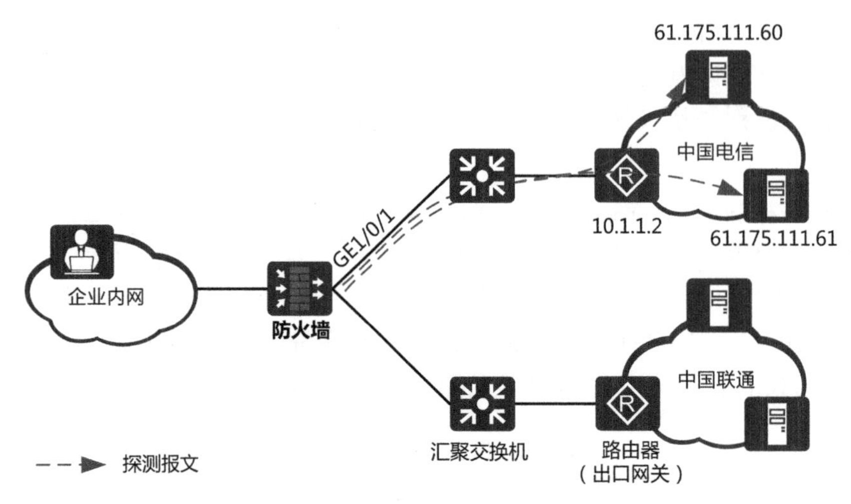

图 5-11　探测 DNS 服务器

```
<sysname> system-view
[sysname] healthcheck enable
[sysname] healthcheck name CheckTelecomDNS
[sysname-healthcheck-CheckTelecomDNS] destination 61.175.111.60 interface
GigabitEthernet 0/0/1 next-hop 10.1.1.2 protocol dns destination-port 53
[sysname-healthcheck-CheckTelecomDNS] destination 61.175.111.61 interface
GigabitEthernet 0/0/1 next-hop 10.1.1.2 protocol dns destination-port 53
//指定被探测设备的IP地址、探测报文的出接口、下一跳、探测协议和端口
[sysname-healthcheck-CheckTelecomDNS] least active-linknumber 1    //指定最小存活
节点数
[sysname-healthcheck-CheckTelecomDNS] quit
[sysname] healthcheck domain-name www.example.com        //指定探测的DNS域名
[sysname] interface GigabitEthernet 0/0/1
[sysname-GigabitEthernet1/0/1] healthcheck CheckTelecomDNS    //在探测报文的出接口
下关联健康检查
```

配置完成后，可以使用display healthcheck命令查看健康检查配置和探测结果。

```
[sysname] display healthcheck name CheckTelecomDNS verbose
 -----------------------------------------------------------------
 Name                                   : CheckTelecomDNS
 Index                                  : 3
 Enable Flag                            : 1
 Vrf                                    : public/0
 Member Number                          : 2
 Tx-interval (default is 5)             : 5
 Times (default is 3)                   : 3
```

```
Least active-linknumber (default is 1)        : 1
State                                         : up
Init State Number                             : 0
DOWN State Number                             : 0
UP State Number                               : 2
------------------------------------------------------------------
 State                                       : up
 Destination Type/Destination Info           : IP/61.175.111.60
 Protocol/Port                               : dns/53
 Next hop type/Next hop ip                   : IP/10.1.1.2
 Out If Index                                : GigabitEthernet0/0/1
 Healthcheck detect index                    : 7
 State                                       : up
 Destination Type/Destination Info           : IP/61.175.111.61
 Protocol/Port                               : dns/53
 Next hop type/Next hop ip                   : IP/10.1.1.2
 Out If Index                                : GigabitEthernet0/0/1
 Healthcheck detect index                    : 8
------------------------------------------------------------------
```

5.2　全局选路策略

从默认路由、等价路由到ISP路由，选路的依据都是路由表。全局选路策略的不同之处在于，它考虑了链路本身，让管理员可以根据链路因素来动态选路。

5.2.1　全局选路策略的概念

让我们来想象一个校园网的多出口场景。某学校购买了中国电信、中国联通和中国教育网3条出口链路，带宽分别为200 Mbit/s、200 Mbit/s和1 Gbit/s。学校上网流量很大，需要3条链路负载分担。为了实现这个需求可以怎么做呢？

配置多条等价路由：等价路由的负载分担方式由命令行firewall load-balance决定，默认是根据“源IP地址+目的IP地址”的HASH计算结果来选路，选路结果不可控，跨运营商访问体验差。并且，这种方案必然会出现大带宽的链路空闲、小带宽的链路拥塞的现象。

配置ISP选路：ISP选路可以解决部分跨运营商访问的问题（非上述3个运营商的服务仍然需要通过等价路由负载分担），但是并不能解决带宽空闲与链路拥塞的冲突。

配置策略路由：我们还可以启用策略路由，让流量较大的比特洪流、网络视频等应用通过带宽更大的中国教育网出口上网。但是，网络中的流量变化是不确定的，策略路由只能静态指定流量出口，仍然不能完美解决带宽利用问题。

全局选路策略正是为了解决上述问题而出现的。当到达目的网络有多条等价路由或者默认路由时，全局选路策略可以根据不同的智能选路方式选择出接口，并根据各条链路的实时状态动态调整分配结果，以此实现链路资源的合理利用，提升用户体验。**全局选路策略的前提是防火墙到达目的网络有多条等价路由或者多条默认路由。**

值得一提的是，防火墙默认开启默认路由的全局选路策略。当报文命中默认路由时，将不再按照路由优先级选路，而是按照全局选路策略选择出接口。这个功能也可以使用undo default-route enable命令关闭。

为了满足不同的需求，全局选路策略提供了4种智能选路方式，可以根据链路的带宽、权重、优先级或者自动探测到的链路质量来选择出接口，如表5-2所示。

表5-2 全局选路策略的智能选路方式

智能选路方式	适用场景	实现效果	关键部署
根据链路带宽选路	当多条链路带宽不等时，为了充分利用各链路的带宽，提高链路的利用率，可以选择该选路方式	防火墙按照带宽比例将流量分配到各条链路上。带宽大的链路转发较多的流量，带宽小的链路转发较少的流量，所有链路都会被充分利用，不会有链路闲置的情况	链路出方向带宽和入方向带宽
根据链路权重选路	当多条链路带宽、性能等因素存在较大差异，企业希望兼顾链路带宽利用率和用户访问体验时，可以选择该选路方式	防火墙根据链路权重将流量按比例分配到各条链路上，权重大的链路转发较多的流量，权重小的链路转发较少的流量。权重的设置需要综合考虑各链路的带宽、转发时延、链路租借费用等因素	链路权重
根据链路优先级选路	当多条链路的带宽、转发时延、链路租借费用等因素存在较大差异时，可以优先使用稳定且便宜的链路传输流量，并利用其他链路作为备份链路。例如，以包月计费的链路作为首选链路，以按流量计费的链路作为备份链路	防火墙优先使用优先级最高的接口转发流量，其他链路作为备份链路	链路优先级

续表

智能选路方式	适用场景	实现效果	关键部署
根据链路质量选路	当企业业务对链路质量要求较高、关注用户访问体验时，可以选择该选路方式	防火墙根据业务请求的目的地址探测各链路的传输质量，动态调整流量的分配，优先使用链路质量高的链路转发流量。衡量链路质量的参数包括丢包率、时延和时延抖动，管理员可以根据实际需要选择其中的一个或多个参数	链路质量参数和探测方法

如果选路结果有多个出接口，防火墙默认根据源IP地址HASH计算的结果选择出接口，这种方式对用户侧的影响最小。

要保证链路选择的效果，采用全局选路策略时还需要解决两个问题。

排除故障链路：为了避免选中故障链路，全局选路策略需要根据接口状态、健康检查结果排除故障链路。在接口下应用健康检查仅支持根据链路的连通性排除链路；在全局选路策略中应用健康检查时，可以同时检测链路的质量。当链路质量不满足设定的质量指标时，防火墙将排除该链路。

过载保护和会话保持：为了避免给链路分配超过其带宽的流量，建议开启过载保护功能。当链路的带宽利用率达到指定的阈值时，防火墙将不再为该链路分配流量。发生过载保护时，用户上网过程中一系列相关联的会话可能会被分配到不同的出接口，从而影响上网体验。为了解决这个问题，可以启用会话保持功能。防火墙会根据选路结果生成会话保持表项，新流量到达防火墙后，首先查找会话保持表，根据表项中记录的链路转发流量，这样能保证该用户的流量始终使用同一链路转发。

5.2.2 根据链路带宽选路

以图5-12为例，某企业从运营商租用了3条链路，其带宽分别为400 Mbit/s、200 Mbit/s和200 Mbit/s。企业希望上网流量按照带宽比例分担到3条链路上，以保证带宽资源得到充分利用。为了保证链路不会过载，管理员希望为3条链路设置过载保护阈值，分别为95%、90%和90%。当某条链路的带宽使用率达到阈值时，已建立会话的流量仍从该链路转发，但是后续新建立会话的流量不再通过此链路转发。防火墙在未过载的链路中重新选路，后续流量按照未过载链路之间的带宽比例进行负载分担。如果所有链路都已过载，那么防火墙将不再考虑过载保护，继续按照各链路的带宽比例分配流量。

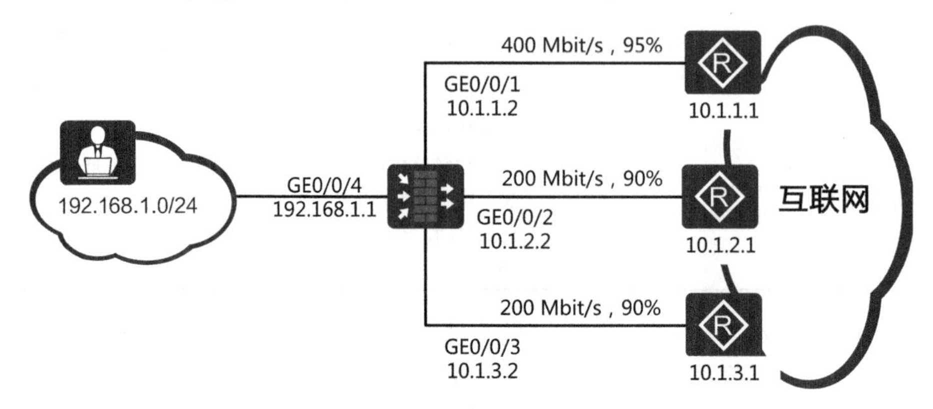

图 5-12　根据链路带宽负载分担

为了达成以上要求，管理员需要完成以下配置。

（1）配置健康检查，分别用于检查3条链路的连通性。

```
<sysname> system-view
[sysname] healthcheck enable
[sysname] healthcheck name CheckLink1
[sysname-healthcheck-CheckLink1] destination 10.1.1.1 interface GigabitEthernet 0/0/1
protocol icmp
[sysname-healthcheck-CheckLink1] quit
[sysname] healthcheck name CheckLink2
[sysname-healthcheck-CheckLink2] destination 10.1.2.1 interface GigabitEthernet 0/0/2
protocol icmp
[sysname-healthcheck-CheckLink2] quit
[sysname] healthcheck name CheckLink3
[sysname-healthcheck-CheckLink3] destination 10.1.3.1 interface GigabitEthernet 0/0/3
protocol icmp
[sysname-healthcheck-CheckLink3] quit
```

（2）配置接口的IP地址，指定出接口的网关地址、上下行带宽和过载保护阈值，并应用健康检查。指定出接口的网关地址后，防火墙会下发默认路由。3条默认路由形成等价路由，是全局选路策略的基础。接口上下行的带宽和过载保护阈值可以分别配置。

```
[sysname] interface GigabitEthernet 0/0/1
[sysname-GigabitEthernet0/0/1] ip address 10.1.1.2 24
[sysname-GigabitEthernet0/0/1] gateway 10.1.1.1
[sysname-GigabitEthernet0/0/1] bandwidth ingress 400000 threshold 95
[sysname-GigabitEthernet0/0/1] bandwidth egress 400000 threshold 95
```

```
[sysname-GigabitEthernet0/0/1] healthcheck CheckLink1
[sysname-GigabitEthernet0/0/1] quit
[sysname] interface GigabitEthernet 0/0/2
[sysname-GigabitEthernet0/0/2] ip address 10.1.2.2 24
[sysname-GigabitEthernet0/0/2] gateway 10.1.2.1
[sysname-GigabitEthernet0/0/2] bandwidth ingress 200000 threshold 90
[sysname-GigabitEthernet0/0/2] bandwidth egress 200000 threshold 90
[sysname-GigabitEthernet0/0/2] healthcheck CheckLink2
[sysname-GigabitEthernet0/0/2] quit
[sysname] interface GigabitEthernet 0/0/3
[sysname-GigabitEthernet0/0/3] ip address 10.1.3.2 24
[sysname-GigabitEthernet0/0/3] gateway 10.1.3.1
[sysname-GigabitEthernet0/0/3] bandwidth ingress 200000 threshold 90
[sysname-GigabitEthernet0/0/3] bandwidth egress 200000 threshold 90
[sysname-GigabitEthernet0/0/3] healthcheck CheckLink3
[sysname-GigabitEthernet0/0/3] quit
```

（3）配置全局选路策略，指定智能选路方式为按照链路带宽选路，并添加出接口。防火墙根据前面配置的接口带宽，在3个出接口之间按带宽比例分配流量。当有多个选路结果时，默认按照源IP地址的HASH结果选择出接口。本例中，GE0/0/2接口和GE0/0/3接口的链路带宽相同，防火墙会利用HASH结果选择其中一个接口作为出接口。

```
[sysname] multi-interface
[sysname-multi-inter] mode proportion-of-bandwidth
[sysname-multi-inter] add interface GigabitEthernet 0/0/1
[sysname-multi-inter] add interface GigabitEthernet 0/0/2
[sysname-multi-inter] add interface GigabitEthernet 0/0/3
[sysname-multi-inter] load-balance flow hash source-ip
```

完成以上配置后，还需要把所有接口加入安全区域，配置NAT和安全策略，此处从略。

配置完成后，我们可以从内网访问互联网上的服务，然后使用**display firewall session table interface**命令查看每个接口上的会话数。在一定时间段内，3条链路上的会话数比例为2：1：1。防火墙采用逐流的方式转发报文。所谓“逐流”就是将属于同一条流的报文都从同一条链路转发，这里的“一条流”可以理解为防火墙上建立的一个会话或一个连接。防火墙根据各接口带宽的比例来分流，因此，长期工作条件下，各链路上分配的会话数比例将趋近于2：1：1，跟链路带宽比例相同。因为每个会话传输的实际流量各不相同，实际传输流量的比例并不会与设置的带宽比例严格一致。当会话连接数比较多的时候，从统计学的角度来看，它们的流量比例也将接近于2：1：1。

防火墙默认启用过载保护。过载保护阈值的设置需要考虑实际的链路带宽，链路带宽越大，也应该设置更大的阈值。如果带宽较大的链路阈值较小，不仅会浪费该链路的带宽资源，还会导致其他链路带宽利用率偏高。如果所有链路的阈值都相同，则失去了过载保护的意义。因此，本例中，带宽最大的链路过载保护阈值设置为95%，其他两个链路阈值为90%。

此外，过载保护阈值可以在接口的出入方向同时设置，也可以只在一个方向设置。如果在出入方向同时设置，只要有一个方向的流量超过设置的阈值，用户流量就会在其他正常工作链路之间按照带宽比例重新分配。例如，当400 Mbit/s链路转发的流量超过95%时，后续流量会在剩余的两条200 Mbit/s链路之间按照1：1的比例重新分配，分配时根据源IP地址HASH算法选择出接口。

5.2.3 根据链路权重选路

根据链路权重选路与根据链路带宽选路类似，重点都在“控制链路的带宽”。不同的是，根据链路权重负载分担不以链路带宽作为分配流量的依据，而是根据管理员为每条链路设置的权重值的比例来分配流量。权重值越大，流量的分配越多。管理员可以综合带宽、链路质量等多重因素，设置合理的权重值。以图5-13为例，某企业从运营商租用了3条链路，其带宽分别为400 Mbit/s、200 Mbit/s和200 Mbit/s。管理员希望上网流量按照5：2：2的比例分担到3条链路上。为了保证链路不会过载，管理员还设置了过载保护阈值，3条链路分别为95%、80%和80%。

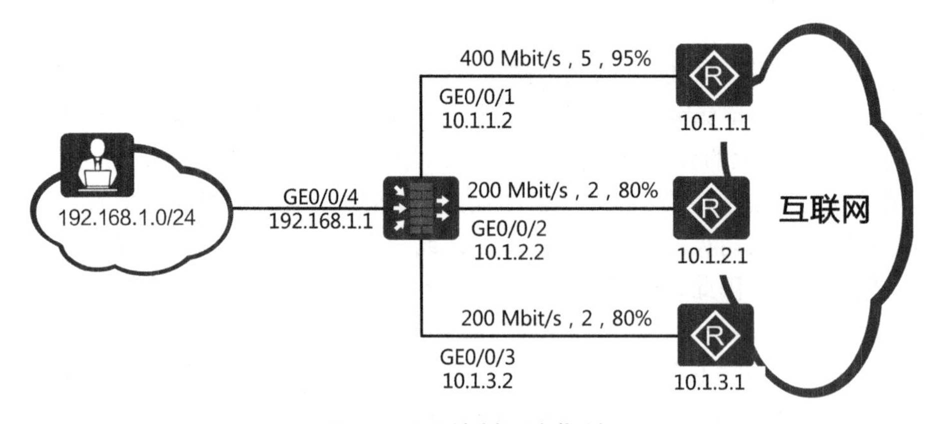

图 5-13 根据链路权重负载分担

为了达成以上要求，管理员需要完成以下配置。

（1）配置健康检查，分别用于检查3条链路的连通性，此处从略。

（2）配置接口的IP地址，指定出接口的网关地址、上下行带宽和过载保护阈值，并应用健康检查。

```
[sysname] interface GigabitEthernet 0/0/1
[sysname-GigabitEthernet0/0/1] ip address 10.1.1.2 24
[sysname-GigabitEthernet0/0/1] gateway 10.1.1.1
[sysname-GigabitEthernet0/0/1] bandwidth ingress 400000 threshold 95
[sysname-GigabitEthernet0/0/1] bandwidth egress 400000 threshold 95
[sysname-GigabitEthernet0/0/1] healthcheck CheckLink1
[sysname-GigabitEthernet0/0/1] quit
[sysname] interface GigabitEthernet 0/0/2
[sysname-GigabitEthernet0/0/2] ip address 10.1.2.2 24
[sysname-GigabitEthernet0/0/2] gateway 10.1.2.1
[sysname-GigabitEthernet0/0/2] bandwidth ingress 200000 threshold 80
[sysname-GigabitEthernet0/0/2] bandwidth egress 200000 threshold 80
[sysname-GigabitEthernet0/0/2] healthcheck CheckLink2
[sysname-GigabitEthernet0/0/2] quit
[sysname] interface GigabitEthernet 0/0/3
[sysname-GigabitEthernet0/0/3] ip address 10.1.3.2 24
[sysname-GigabitEthernet0/0/3] gateway 10.1.3.1
[sysname-GigabitEthernet0/0/3] bandwidth ingress 200000 threshold 80
[sysname-GigabitEthernet0/0/3] bandwidth egress 200000 threshold 80
[sysname-GigabitEthernet0/0/3] healthcheck CheckLink3
[sysname-GigabitEthernet0/0/3] quit
```

（3）配置全局选路策略，指定智能选路方式为按照链路权重选路，并添加出接口。在添加出接口时，指定每个出接口的链路权重值。防火墙根据权重值的比例关系，在3个出接口之间分配流量。当有多个选路结果时，默认按照源IP地址的HASH结果选择出接口。本例中，GE0/0/2接口和GE0/0/3接口的链路权重相同，防火墙会利用HASH计算结果选择其中一个接口作为出接口。

```
[sysname] multi-interface
[sysname-multi-inter] mode proportion-of-weight
[sysname-multi-inter] add interface GigabitEthernet 0/0/1 weight 5
[sysname-multi-inter] add interface GigabitEthernet 0/0/2 weight 2
[sysname-multi-inter] add interface GigabitEthernet 0/0/3 weight 2
[sysname-multi-inter] load-balance flow hash source-ip
```

完成以上配置后，还需要把所有接口加入安全区域，配置NAT和安全策略，此处从略。

配置完成后，从内网访问互联网上的服务，然后根据会话表查看防火墙的分流结果，各链路上分配的会话数比例将趋近于5：2：2，跟链路权重比例相同。本例中，3条链路带宽比为4：2：2，而权重比为5：2：2，我们让带宽最高的链路承担了相对更多的流量。当该链路过载时，后续流量将在另外两个链路之间按照2：2的比例重新分配，分配时根据源IP地址HASH算法选择出接口。在3条链路都过载的时刻，其流量比将趋近于4.22：2：2，即(400×95%)：(200×90%)：(200×90%)。此后，防火墙将不再考虑过载保护阈值，继续按照5：2：2的权重比例分配流量。这显然不能达成管理员希望的比例。理想情况下，3条链路同时过载，则过载前后始终是按照权重比例分配流量的。本例中，假设400 Mbit/s链路的过载保护阈值为95%不变，则两条200 Mbit/s链路的过载保护阈值应为(400×95%)×(2/5)/200=76%。

因此，如果希望带宽较多的链路承担相对带宽比例更多的流量，则其过载保护阈值必须高于其他链路。反之，如果希望带宽较多的链路承担相对带宽比例更少的流量，则其过载保护阈值必须低于其他链路。具体计算方法就是让各条链路的带宽×过载保护阈值的比值等于设置的权重比值。权重值的设置需要综合考虑带宽、链路质量等因素，过载保护阈值的设置则是一个数学问题。

5.2.4 根据链路优先级选路

根据链路优先级选路可以实现多条链路的主备备份和负载分担。管理员为每条链路设置优先级，防火墙首先选择优先级最高的链路作为主接口。

负载分担：如果管理员为接口链路设置过载保护阈值，当主接口过载时，防火墙将选择优先级次高的备份接口和主接口一起分担流量。当优先级次高的备份接口也过载时，防火墙将启用余下备份接口中次高的接口，以此类推。当所有链路都过载时，防火墙将按照链路带宽的比例分配流量。

主备备份：如果管理员未设置过载保护阈值，当主接口过载时，防火墙也不会启用备份接口。只有当主接口发生故障时，防火墙才会启用优先级次高的备份接口。

根据链路优先级负载分担的配置与根据链路带宽负载分担类似。如图5-14所示，某企业从运营商租用了3条链路，其带宽分别为400 Mbit/s、200 Mbit/s和100 Mbit/s，优先级分别为3、2、1。管理员希望仅当高优先级链路发生故障时才启用其他链路。该企业对链路质量要求较高，管理员希望在健康检查中引入链路质量指标。当链路质量指标低于设定的标准时，启用优先级次高的链路转发流量。

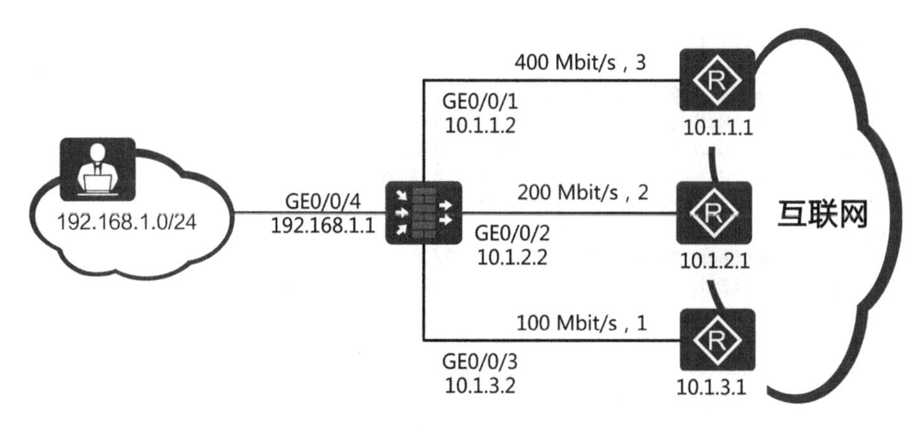

图 5-14　根据链路优先级主备备份

除了检测链路连通性，健康检查还可以实时检测链路的时延、时延抖动和丢包率。防火墙支持在全局选路策略中引用健康检查的同时关联链路质量指标，并在选路时优先选择符合链路质量指标要求的链路。根据链路带宽选路、根据链路权重选路和根据链路优先级选路均支持在健康检查中引入链路质量指标。链路质量指标的计算方法如表5-3所示。

表 5-3　链路质量指标的计算方法

链路质量指标	计算方法
时延	响应报文的接收时间减去探测报文的发送时间即为时延。防火墙分别计算每次探测的时延，并取其平均值作为最终结果
时延抖动	相邻两次探测的时延之差的绝对值即为时延抖动。防火墙分别计算相邻两次探测的时延抖动，然后取所有时延抖动的平均值作为最终结果
丢包率	丢包率等于丢包个数除以探测报文个数。防火墙统计探测报文的个数和丢包的个数，计算丢包率

本例以主备备份场景为例，介绍在健康检查中引入链路质量指标的方法。为了达成以上要求，管理员需要完成以下配置。

（1）配置接口的IP地址，指定出接口的网关地址、上下行带宽。在主备备份场景中，不能设置接口的过载保护阈值，不需要在接口下引用健康检查。

```
[sysname] interface GigabitEthernet 0/0/1
[sysname-GigabitEthernet0/0/1] ip address 10.1.1.2 24
[sysname-GigabitEthernet0/0/1] gateway 10.1.1.1
[sysname-GigabitEthernet0/0/1] bandwidth ingress 400000
```

```
[sysname-GigabitEthernet0/0/1] bandwidth egress 400000
[sysname-GigabitEthernet0/0/1] quit
[sysname] interface GigabitEthernet 0/0/2
[sysname-GigabitEthernet0/0/2] ip address 10.1.2.2 24
[sysname-GigabitEthernet0/0/2] gateway 10.1.2.1
[sysname-GigabitEthernet0/0/2] bandwidth ingress 200000
[sysname-GigabitEthernet0/0/2] bandwidth egress 200000
[sysname-GigabitEthernet0/0/2] quit
[sysname] interface GigabitEthernet 0/0/3
[sysname-GigabitEthernet0/0/3] ip address 10.1.3.2 24
[sysname-GigabitEthernet0/0/3] gateway 10.1.3.1
[sysname-GigabitEthernet0/0/3] bandwidth ingress 100000
[sysname-GigabitEthernet0/0/3] bandwidth egress 100000
[sysname-GigabitEthernet0/0/3] quit
```

（2）配置健康检查，并设置链路质量指标。值得注意的是，在全局选路策略中引用的健康检查，其成员接口不可重复，即每个出接口只能配置一个健康检查的目的地址。本例中，以探测运营商网关地址为例。为了提高质量识别和切换的速度，管理员可以自行调整质量探测的取样次数和探测报文发送间隔。例如，为了在10秒内完成链路质量识别和切换，我们需要设置探测报文发送间隔为1秒，取样次数为10次。防火墙根据10次探测结果计算链路质量。

```
<sysname> system-view
[sysname] healthcheck enable
[sysname] healthcheck name CheckLink
[sysname-healthcheck-CheckLink] destination 10.1.1.1 interface GigabitEthernet
0/0/1 protocol icmp
[sysname-healthcheck-CheckLink] destination 10.1.2.1 interface GigabitEthernet
0/0/2 protocol icmp
[sysname-healthcheck-CheckLink] destination 10.1.3.1 interface GigabitEthernet
0/0/3 protocol icmp
[sysname-healthcheck-CheckLink] tx-interval 1
[sysname-healthcheck-CheckLink] quality-detect-times 10
[sysname-healthcheck-CheckLink] quit
[sysname] sla name SLA loss 20 delay 100 jitter 15
```

配置完成后，可以使用display healthcheck link命令查看链路质量。以下仅展示GE0/0/1接口的链路质量探测结果中的主要内容，其中slot 11为CPU槽位号。

```
[sysname] display healthcheck link slot 11 verbose
 -----------------------------------------------------------------
 available_flag                  : 1
 ID                              : 2
 AppID                           : 2
 Vpn-instance                    : public
 Protocol                        : icmp              //探测协议
```

```
Destination Ip-address              : 10.1.1.1              //探测的目的地址
Destination port                    : 0
State                               : up
Tx-interval (default 5)             : 1                     //探测报文发送间隔
Times (default 3)                   : 3
RouteFlag                           : 1
Source Ip-address                   : 10.1.1.2
NextHop Ip-address                  : 10.1.1.1
Out Interface                       : GigabitEthernet0/0/1       //出接口
out if cmp flag                     : 0
quality interval (default 20)       : 10                         //取样次数
Input packet num                    : 313
Output packet num                   : 313
ucReceiveCount                      : 1
failed packet num                   : 0
ucTxCounter num                     : 5
-------------------------------------------------------------------
quality loss   cnt                  : 0               //丢包总数
quality output cnt                  : 10              //发包总数

delay(ms)          jitter(ms)          loss(%)         //质量探测结果的详细数据
1                  0                   0
1                  0                   0
1                  1                   0
2                  1                   0
2                  1                   0
3                  2                   0
3                  2                   0
4                  2                   0
4                  3                   0
4                  4                   0
-------------------------------------------------------------------
```

（3）配置全局选路策略，指定智能选路方式为按照链路优先级选路，并添加出接口。在添加出接口时，指定每个出接口的链路优先级（不指定则默认为1）。然后引用前面创建的健康检查和链路质量指标。防火墙优先选择优先级最高且质量满足标准的链路。如果两条链路优先级相同，防火墙默认将根据源IP地址HASH算法选择出接口。

```
[sysname] multi-interface
[sysname-multi-inter] mode priority-of-userdefine
[sysname-multi-inter] add interface GigabitEthernet 0/0/1 priority 3
[sysname-multi-inter] add interface GigabitEthernet 0/0/2 priority 2
[sysname-multi-inter] add interface GigabitEthernet 0/0/3
[sysname-multi-inter] healthcheck CheckLink sla SLA
```

在本场景中，还可以设置备份接口的自动关闭功能。设置之后，所有备份接口的状态变为down。只有当主接口过载、状态为down或质量不满足质量标准时，优先级次高的备份接口状态变为up。

```
[sysname-multi-inter] standby-interface status down
```

完成以上配置后，还需要把所有接口加入安全区域，配置NAT和安全策略，此处从略。

配置完成后，从内网访问互联网上的服务，然后根据会话表查看防火墙的分流结果，防火墙优先使用GE0/0/1接口的链路转发流量。当该链路质量劣化，不满足质量要求时，启用GE0/0/2接口的链路。

5.2.5 根据链路质量选路

根据链路质量选路时，防火墙根据流量的目的IP地址实时探测链路质量，选择质量最优的链路转发。默认情况下，链路质量探测报文的协议类型为tcp-simple。

对于TCP流量，防火墙使用TCP报文探测链路质量。防火墙向目的设备发送SYN报文，只要目的设备回应，即认为质量探测完成，防火墙中断连接，不用完成3次握手。

对于非TCP流量，防火墙使用ICMP报文探测链路质量。

探测报文的协议类型也可以修改为ICMP。此时，不管是否为TCP流量，防火墙都使用ICMP报文探测链路质量。

衡量链路质量的指标包括丢包率、时延和时延抖动。防火墙默认使用丢包率作为选路的依据，用户也可以根据需要增加时延和时延抖动。链路质量得分的计算公式为得分=初始得分-丢包率得分-时延得分-时延抖动得分。初始得分由探测报文的发送间隔决定，默认发送间隔为3秒，初始得分默认为6000分。丢包率对链路质量得分的影响最大，时延次之，时延抖动的影响最小。各指标得分计算方法如表5-4所示。

表 5-4　各指标得分的计算方法

链路质量指标	得分计算方法
丢包率	丢包率得分 = 丢包率 × 初始得分
时延	时延得分 = 总时延 / 探测次数
时延抖动	时延抖动得分 = 总时延抖动 / 探测次数

为了减轻质量探测对设备性能的影响，防火墙将单个目的IP地址的质量探测结果应用于该IP地址所在的整个网段，网段的大小由掩码长度决定，默认为16位。管理员可以根据需要扩大或缩小网段的范围。

当有流量到达防火墙时，防火墙首先根据报文的目的IP地址去查找链路质量探测表。如果目的IP地址匹配到了链路质量探测表，则根据其中记录的出接口转发流量。如果未匹配到任何表项，防火墙会自动向目的IP地址发起质量探测，选择质量最优的链路转发流量，并将探测结果记录在链路质量探测表中。当链路质量探测表项老化后，新的流量到达防火墙时，需要重新启动链路质量探测。

以图5-15为例，某企业从运营商租用了3条链路，其带宽分别为400 Mbit/s、200 Mbit/s和200 Mbit/s。企业希望根据上网流量的目的IP地址选择质量最优的链路转发，以保证最佳的应用体验。为了保证链路不会过载，管理员希望设置过载保护阈值，3条链路分别为95%、90%和90%。当某条链路的带宽使用率达到阈值时，已建立会话的流量仍从该链路转发，但是后续新建立会话的流量不再通过此链路转发。防火墙在未过载的链路中重新选择质量最佳的链路。

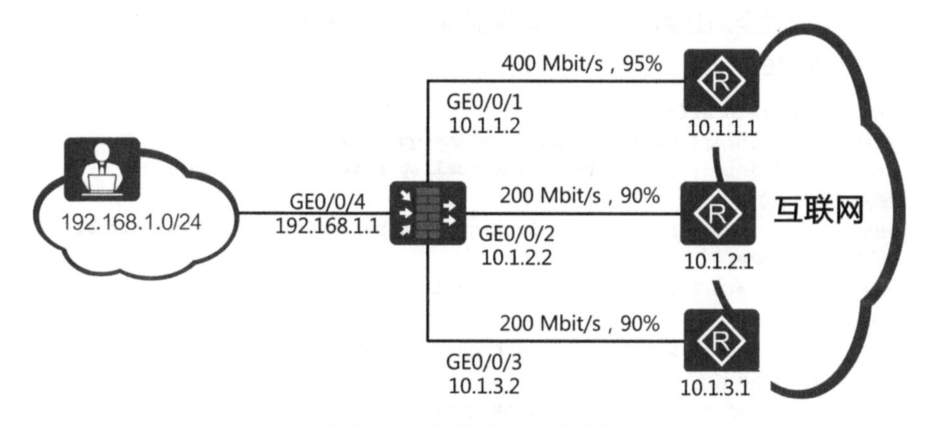

图 5-15　根据链路质量负载分担

为了达成以上要求，管理员需要完成以下配置。

（1）配置健康检查，分别用于检查3条链路的连通性。此处从略。健康检查仅用于检测链路的连通性，当检测到链路中断时，排除链路。

（2）配置接口的IP地址，指定出接口的网关地址、上下行带宽和过载保护阈值，并应用健康检查。指定出接口的网关地址后，防火墙会下发默认路由。3条默认路由形成等价路由，是全局选路策略的基础。接口上下行的带宽和过载保护阈值可以分别配置。

```
[sysname] interface GigabitEthernet 0/0/1
[sysname-GigabitEthernet0/0/1] ip address 10.1.1.2 24
[sysname-GigabitEthernet0/0/1] gateway 10.1.1.1
[sysname-GigabitEthernet0/0/1] bandwidth ingress 400000 threshold 95
[sysname-GigabitEthernet0/0/1] bandwidth egress 400000 threshold 95
[sysname-GigabitEthernet0/0/1] healthcheck CheckLink1
[sysname-GigabitEthernet0/0/1] quit
[sysname] interface GigabitEthernet 0/0/2
[sysname-GigabitEthernet0/0/2] ip address 10.1.2.2 24
[sysname-GigabitEthernet0/0/2] gateway 10.1.2.1
[sysname-GigabitEthernet0/0/2] bandwidth ingress 200000 threshold 90
[sysname-GigabitEthernet0/0/2] bandwidth egress 200000 threshold 90
[sysname-GigabitEthernet0/0/2] healthcheck CheckLink2
[sysname-GigabitEthernet0/0/2] quit
[sysname] interface GigabitEthernet 0/0/3
[sysname-GigabitEthernet0/0/3] ip address 10.1.3.2 24
[sysname-GigabitEthernet0/0/3] gateway 10.1.3.1
[sysname-GigabitEthernet0/0/3] bandwidth ingress 200000 threshold 90
[sysname-GigabitEthernet0/0/3] bandwidth egress 200000 threshold 90
[sysname-GigabitEthernet0/0/3] healthcheck CheckLink3
[sysname-GigabitEthernet0/0/3] quit
```

（3）配置全局选路策略，指定智能选路方式为按照链路质量选路，并调整链路质量探测的参数，然后添加出接口。

```
[sysname] multi-interface
[sysname-multi-inter] mode priority-of-link-quality
[sysname-multi-inter] priority-of-link-quality protocol tcp-simple
//探测报文的协议类型
[sysname-multi-inter] priority-of-link-quality parameter loss delay jitter
//评估链路质量的参数
[sysname-multi-inter] priority-of-link-quality interval 3 times 3
//探测间隔和探测次数
[sysname-multi-inter] priority-of-link-quality mask 16
//链路质量探测的掩码长度
[sysname-multi-inter] priority-of-link-quality table aging-time 1800
//链路质量探测表项的老化时间
[sysname-multi-inter] add interface GigabitEthernet 0/0/1
[sysname-multi-inter] add interface GigabitEthernet 0/0/2
[sysname-multi-inter] add interface GigabitEthernet 0/0/3
```

完成以上配置后，还需要把所有接口加入安全区域，配置NAT和安全策略，此处从略。

当用户首次从内网访问互联网上的服务时，防火墙会主动向报文的目的IP地址发起质量探测，如图5-16所示。防火墙收到业务请求以后，提取报文的目的IP地址，通过3条链路分别向该地址发起TCP连接请求。根据前面设定的参数，防火墙发送3个探测报文，探测间隔是3秒。当探测结束时，防火墙根据3条链路的丢包率、时延和时延抖动计算出质量评分，选择质量评分最高的链路转发业务请求。同时，防火墙记录链路质量探测表项，包括目的IP地址（101.53.160.3）、出接口（GE0/0/2）和质量数据。当其他访问Salesforce的流量到达防火墙时，不管该请求是否来自同一个客户端，都将根据链路质量探测表项转发。同样，当客户端首次访问Microsoft 365时，防火墙在链路质量探测表中查询不到表项，则向Microsoft 365发起质量探测。总之，防火墙始终选择质量最好的链路来转发。

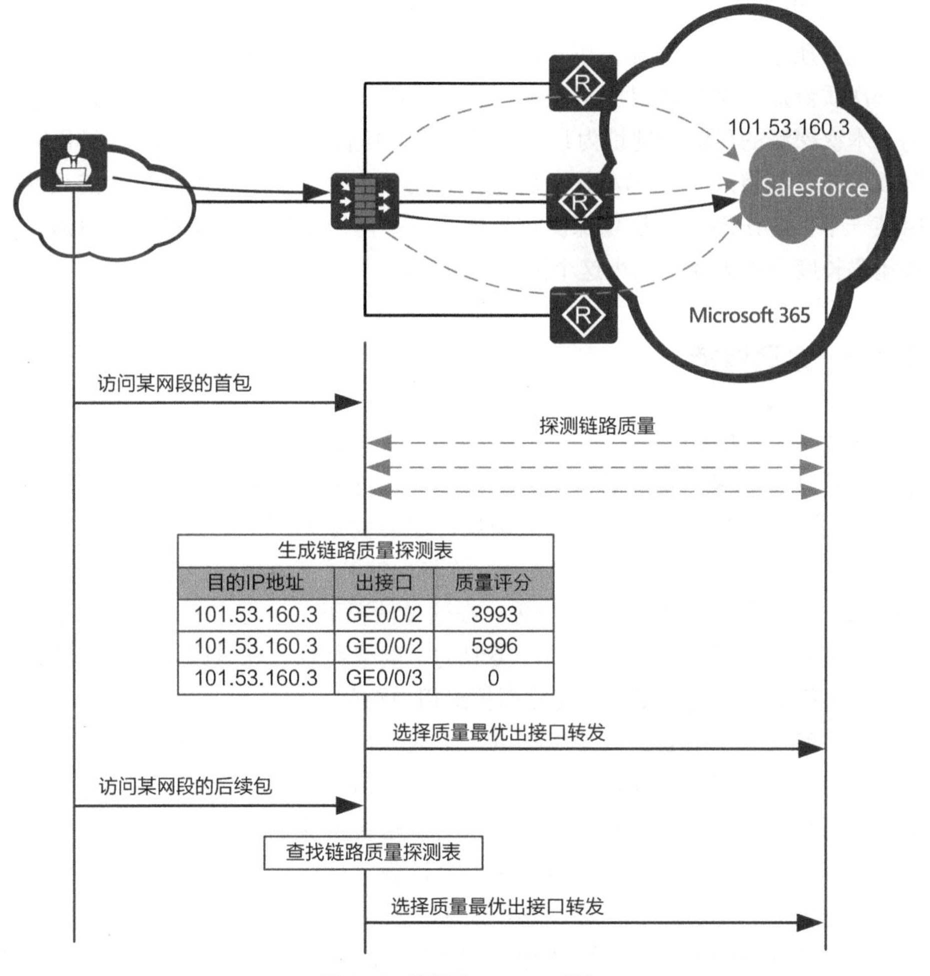

图5-16 访问 Salesforce 服务

管理员可以在防火墙上查看链路质量探测表。

```
[sysname] display priority-of-link-quality table all
 Smart Route intelligent control table item(s) on slot 11 cpu 0
 Current Total Priority-of-link-quality Table: 1
 ------------------------------------------------------------------------------------------------
 PolicyType RuleName/ID Status       Destination IP    Interface           Loss Latency Jitter Point
 Global     --/--       Detected-Succeed 101.53.160.3
                                                       GigabitEthernet0/0/1 1/3  15       6    3993
                                                       GigabitEthernet0/0/2 0/3  9        3    5996
                                                       GigabitEthernet0/0/3 3/3  --       --   0
 ------------------------------------------------------------------------------------------------
```

探测间隔和探测次数决定了一次探测所需要的时间。这两个参数的取值越大，链路质量评估越准确，用户侧等待的时间也越长。探测的掩码长度则决定了一次质量探测结果可以应用于多大的目的IP地址范围。以掩码长度为16位为例，本次探测的目的IP地址为101.53.160.3，则后续所有访问101.53.160.3/16网段的流量都将从GE0/0/2接口转发，直到该表项老化。也就是说，防火墙使用某一个目的IP地址的质量探测结果作为整个网段的结果，管理员可以通过调整掩码长度来扩大或者缩小这个网段的范围。

5.2.6 会话保持

防火墙的4种智能选路方式都可以配置过载保护阈值。当某条链路的带宽利用率达到过载保护阈值时，防火墙将排除该链路，在其他未过载的链路中选路。发生过载保护时，特定用户的流量可能会被分配到不同的链路。例如，用户通过链路1正常访问某购物网站。当链路1过载时，该用户的新建会话（如浏览商品）被防火墙从链路2转发出去。在这种情况下，该用户的IP地址变更，需要重新登录该网站才能继续访问。类似的，网络游戏会在链路切换后掉线，某些网上银行业务因用户IP地址变化而拒绝用户访问。

为了解决这个问题，防火墙提供了会话保持功能。开启会话保持后，首次访问选择了某链路，防火墙立即生成相应的会话保持表项。后续访问到达防火墙时，防火墙按照会话保持表项中记录的链路转发流量，保证该用户的流量始终使用同一链路转发，而不管该链路是否过载。这样，仅当用户流量不能匹配会话保持表项时，才在未过载链路中选路。

以基于源IP地址的会话保持模式为例，如图5-17所示，用户A的上网流量首次选路后，防火墙会记录一个会话保持表项，其中包含了源IP地址/掩码和出接口。当用户A发起新的会话时，防火墙直接根据新流量中的源IP地址查找会话保持表，并根据会话保持表中记录的出接口转发。这样，当该接口过载时，用户A的访问也将继续使用此接口。新上网的用户B则会选择其他未过载接口，并生成会话保持表。会话保持表项中的源IP地址掩码长度默认为32位，即每个源IP地址有一个表项。例如，192.168.1.3/32表示该表项仅适用于源IP地址为192.168.1.3的会话。用户也可以调整掩码长度。当成员链路down时，该链路对应的会话保持表项将会立即老化，防火墙会在其他正常的链路中重新选路。

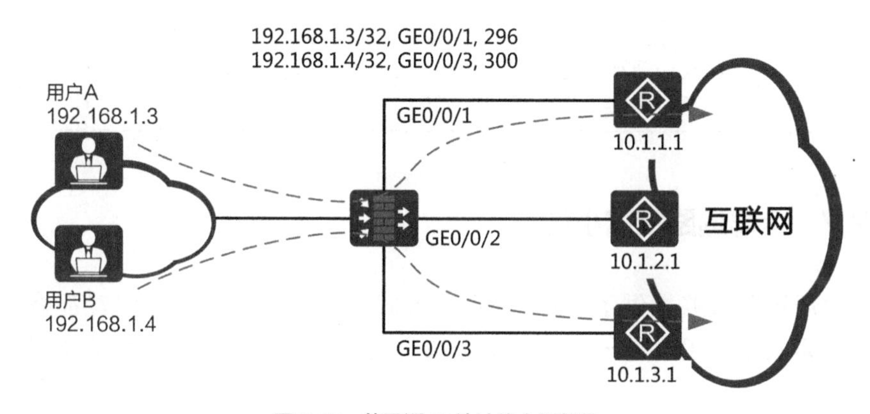

图 5-17 基于源 IP 地址的会话保持

基于源IP地址的会话保持适用于根据链路带宽选路、根据链路权重选路和根据链路优先级选路。

防火墙还支持基于目的IP地址的会话保持，适用于根据链路质量选路。防火墙同样会在选路以后记录会话保持表项，表项中包含了目的IP地址/掩码和出接口。目的IP地址的掩码长度默认为16位。采用基于目的IP地址的会话保持时，如果某个目的IP网段的会话量很大，很可能会降低过载保护的效果，导致接口超载。此时可以选择基于源IP地址+目的IP地址的会话保持。这种方式可以兼顾过载保护和会话保持的效果，但是会生成大量的会话保持表项。

过载保护默认开启，会话保持默认关闭。启用会话保持后，会话保持模式默认为基于源IP地址的会话保持，会话保持的子网掩码长度为32位，老化时间为300秒。以基于源IP地址+目的IP地址的会话保持为例，其配置如下。

```
[sysname-multi-inter] overload protection enable          //启用过载保护
[sysname-multi-inter] session persistence enable          //启用会话保持
```

```
[sysname-multi-inter] session persistence mode source-ip destination-ip
//设置会话保持模式
[sysname-multi-inter] session persistence source-ip mask 32
[sysname-multi-inter] session persistence destination-ip mask 16
[sysname-multi-inter] session persistence table aging-time 300
```

启用会话保持功能后，可以使用display session persistent table命令查看建立的表项。

```
[sysname]display session persistence table
 Current Total Session Persistence table: 2
-------------------------------------------------------------------------------
RULE/ID      SRCIP/MASK        DSTIP/MASK        MODE INTERFACE        LEFT-TIME(s)
-------------------------------------------------------------------------------
--/--        192.168.1.3/32   101.53.160.3/16    S+D  GigabitEthernet0/0/1   296
--/--        192.168.1.4/32   101.53.160.4/16    S+D  GigabitEthernet0/0/3   298
-------------------------------------------------------------------------------
```

5.2.7 全局选路策略小结

全局选路策略提供了4种智能选路方式，每种选路方式的配置都略有不同，但是其核心逻辑是一样的。这个核心逻辑就根植于全局选路的实现原理之中。

（1）第一步当然是确定采用哪种选路方式。不管采用哪种选路方式，其选路结果都可能有多个出接口，此时，根据HASH计算结果选路。HASH计算参数默认为源IP地址，可修改。

（2）根据第一步选择的选路方式，确定选路依据。其中，带宽、权重、优先级可以直接指定，链路质量则必须经过实时探测得出，我们需要通过配置指定链路质量探测的方法，参数包括探测报文的协议类型、质量参数、探测间隔、探测次数、掩码长度、老化时间。

（3）确定选路的范围，即在哪些出接口中选择。这些接口必须配置基本参数，包括接口所属的安全区域、IP地址和网关地址。其中，网关地址会默认生成等价默认路由，是智能选路的前提。

（4）确定故障链路的排除方法。用户可以在接口下应用健康检查，以连通性作为排除故障链路的标准；也可以在智能选路方式中同时引用健康检查和链路质量指标，以连通性和链路质量作为排除故障链路的标准。

（5）为了避免链路过载，启用过载保护。过载保护开关默认开启，只需要设置好接口的带宽和过载保护阈值即可。

（6）为了避免过载保护导致的链路切换影响业务，启用会话保持。其中，根据链路带宽、权重、优先级选路建议采用默认的基于源IP地址的会话保持，基于链路质量选路建议采用基于目的IP地址的会话保持，或者基于源IP地址+目的IP地址的会话保持。

表5-5根据上述逻辑，给出了全局选路策略的核心配置。

表 5-5　全局选路策略的核心配置

参数种类	参数名称	视图	根据链路带宽选路	根据链路权重选路	根据链路优先级选路	根据链路质量选路
选路方式	智能选路方式	全局多出口视图	必配	必配	必配	必配
	HASH 计算参数	全局多出口视图	建议使用默认值	建议使用默认值	建议使用默认值	建议使用默认值
选路依据	带宽	接口视图	必配	建议配置	建议配置，启用过载保护时必配	建议配置
	权重	全局多出口视图	不支持	必配	不支持	不支持
	优先级	全局多出口视图	不支持	不支持	必配	不支持
	链路质量探测	全局多出口视图	不支持	不支持	不支持	必配
选路的范围	成员接口	全局多出口视图	必配	必配	必配	必配
接口参数	所属安全区域	接口视图	必配	必配	必配	必配
	IP 地址	接口视图	必配	必配	必配	必配
	网关地址	接口视图	必配	必配	必配	必配
链路故障排除方法	健康检查	接口视图	建议配置	建议配置	建议配置	不支持
	健康检查+链路质量指标	接口视图、全局多出口视图				
过载保护	过载保护开关	全局多出口视图	默认开启	默认开启	默认开启	默认开启
	过载保护阈值	接口视图	建议配置	建议配置	建议配置	建议配置

续表

参数种类	参数名称	视图	根据链路带宽选路	根据链路权重选路	根据链路优先级选路	根据链路质量选路
会话保持	会话保持开关	全局多出口视图	建议开启	建议开启	建议开启	建议开启
	会话保持模式	全局多出口视图	默认基于源IP地址	默认基于源IP地址	默认基于源IP地址	基于目的IP地址，或基于源IP地址+目的IP地址

请注意，以上是为了便于理解和记忆而梳理的逻辑，可以用于配置前的数据规划。具体配置顺序请以前文介绍的实例为准。

5.3 DNS透明代理

在前文中，我们从路由入手，依次介绍了ISP选路和全局选路策略，看上去已经解决了出站方向的多链路负载均衡问题。但是，在前面的介绍中，我们有意忽略了DNS解析的问题。现在是时候来讨论一下了。

5.3.1 DNS透明代理的概念

众所周知，企业用户通过域名来访问互联网上的各种Web服务，用户的业务请求会首先触发客户端向DNS服务器请求域名解析。不管是通过DHCP自动获取，还是用户手工设置DNS服务器，企业内网用户的客户端上都只能配置一个运营商的DNS服务器地址。以图5-18为例，某企业内网客户端采用中国电信的DNS服务器A提供域名解析服务。DNS服务器A收到DNS请求报文，通常会将域名解析成部署在中国电信网络内的服务器地址。这就意味着，虽然Web服务提供商在多个运营商数据中心内都部署了服务器，但是，企业内网用户获得的Web服务器地址始终是中国电信网络内的地址。在ISP选路的作用下，上网流量将集中在中国电信链路上转发，导致链路拥塞，严重影响上网体验。中国联通的链路资源则得不到充分的利用。

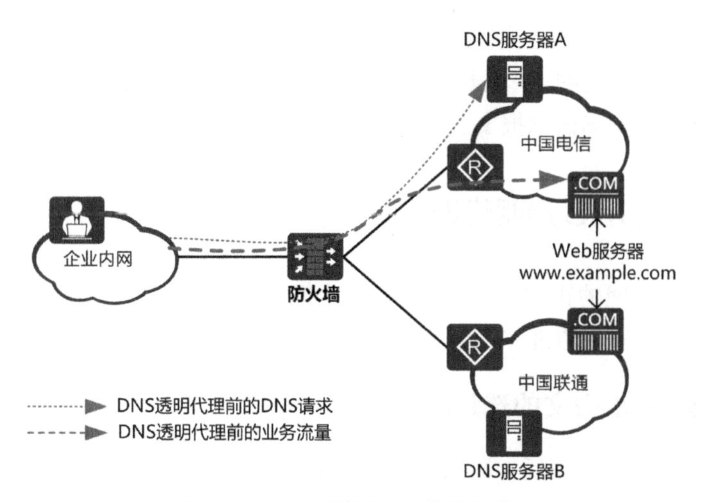

图 5-18　DNS 透明代理前的流量模型

为了解决这个问题，DNS透明代理功能登场了。在防火墙上配置DNS透明代理功能之后，防火墙会选择性地修改DNS请求报文的目的地址，把DNS请求报文发往多个ISP的DNS服务器。这样，内网客户端的DNS请求被转发给中国电信DNS服务器A，则获得中国电信网络内的Web服务器地址；DNS请求被转发给中国联通DNS服务器B，则获得中国联通网络内的Web服务器地址。通过DNS透明代理来分配DNS请求报文的出口链路，就可以牵引业务流量的走向，从而把访问Web服务器的流量均匀地分配到不同的链路上去，如图5-19所示。

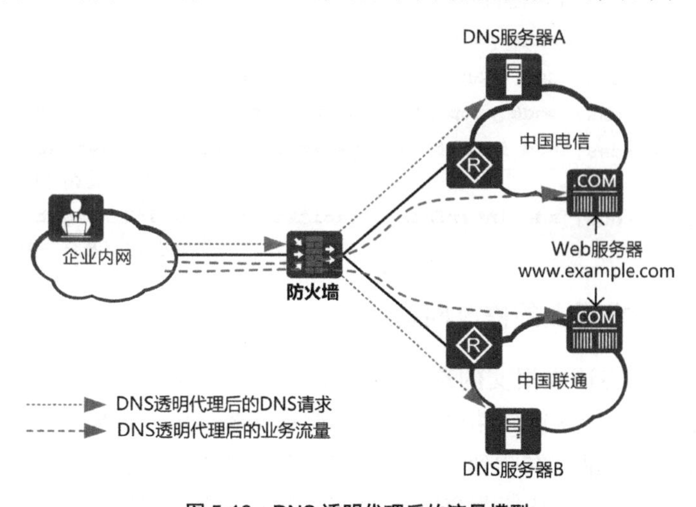

图 5-19　DNS 透明代理后的流量模型

在这个过程中，企业内网客户端仍然通过DHCP分配或者手工设置DNS服务器，可以设置成内网DNS服务器或者任意运营商的DNS服务器。内网用户并不感知防火墙在DNS请求报文上所做的工作，因此叫“透明代理”。

5.3.2 配置 DNS 透明代理

DNS透明代理的正常工作需要解决3个问题，本节将结合这3个问题，介绍DNS透明代理的实现原理和配置方法。

1. DNS 请求报文的选路问题

启用DNS透明代理后，防火墙默认采用全局多出口模式选路，即直接使用全局选路策略来指导转发。在这种场景下，每个接口的健康检查协议必须指定为DNS，探测的目的地址需要指定为该链路所属运营商的主备DNS服务器。DNS透明代理不支持根据链路质量选路，如果全局选路策略中定义的选路方式是根据链路质量选路，防火墙根据链路带宽为DNS请求报文选路。

用户也可以专门为DNS透明代理定义智能选路模式，包括根据带宽选路、根据权重选路和根据优先级选路。DNS透明代理的智能选路方式优先级高于全局选路策略。DNS透明代理的智能选路模式需要在DNS透明代理策略视图下配置，具体的配置方法和配置命令跟全局选路策略相同。以根据带宽权重选路为例，其配置如下（接口和健康检查配置从略）。

```
[sysname] dns-transparent-policy
[sysname-policy-dns] dns transparent-proxy enable      //启用DNS透明代理
[sysname-policy-dns] mode proportion-of-weight         //根据链路权重选路
[sysname-policy-dns] add interface GigabitEthernet 0/0/1 weight 2
                                                       //添加出口链路并指定权重
[sysname-policy-dns] add interface GigabitEthernet 0/0/2 weight 5
                                                       //添加出口链路并指定权重
```

2. DNS 请求报文的修改问题

在解决了DNS请求报文的选路问题以后，防火墙要修改DNS请求报文，把报文的目的IP地址从客户端设置的DNS服务器替换为已选链路所属运营商的DNS服务器的IP地址。在收到运营商DNS服务器的响应报文以后，防火墙还要把响应报文的源IP地址从运营商DNS服务器替换为客户端设置的DNS服务器的

IP地址。通常，运营商都提供了主用和备用DNS服务器，防火墙默认使用主用DNS服务器地址修改DNS请求报文，当健康检查判断主用DNS服务器发生故障时，使用备用DNS服务器地址。如果主用DNS和备用DNS都不可用，则DNS透明代理不生效。

```
[sysname-policy-dns] dns server bind interface GigabitEthernet 0/0/1 preferred 61.175.111.60 alternate 61.175.111.61 health-check enable
[sysname-policy-dns] dns server bind interface GigabitEthernet 0/0/2 preferred 221.12.1.226 alternate 221.12.1.228 health-check enable
//在接口上绑定对应运营商的DNS服务器，并启用健康检查
```

3. DNS透明代理的范围问题

DNS透明代理的范围问题也就是哪些DNS请求需要代理的问题。这个问题可以从两个角度来看。

首先，从哪儿来、到哪儿去的DNS请求是否需要代理？我们可以在DNS透明代理策略中定义DNS请求报文的源和目的IP地址来限定这个范围。防火墙默认提供了一个DNS透明代理策略“default”，所有报文都不做代理。默认策略始终位于策略列表的底部。通常情况下，我们只需要新增一个DNS透明代理策略，对来自内网的DNS请求报文做代理即可。特殊情况下也可以排除某些源IP地址。例如，某企业有10.0.0.0/8和192.168.0.0/24两个私网网段，其中192.168.1.0/24网段因工作需要不做DNS透明代理，则代理策略规则配置如下。

```
[sysname-policy-dns] rule name dnstp
[sysname-policy-dns-rule-dnstp] source-address 10.0.0.0 8
[sysname-policy-dns-rule-dnstp] source-address 192.168.0.0 16
[sysname-policy-dns-rule-dnstp] source-address-exclude 192.168.1.0 24
[sysname-policy-dns-rule-dnstp] action tpdns
```

如果企业未部署DNS服务器，或者DNS服务器不对外提供服务，这种情况下，企业没有入站DNS访问，也可以对所有DNS请求做代理，此时只需要修改默认策略的动作为代理即可。

```
[sysname-policy-dns] default action tpdns
```

其次，哪些域名的DNS请求需要代理？默认情况下，防火墙代理所有经过它转发的域名解析请求。如果用户需要访问内网的业务，则需要在防火墙上配置排除域名，并指定用于域名解析的DNS服务器地址。如果有多个域名，则需要重复多次配置。

```
[sysname-policy-dns] dns transparent-proxy exclude domain www.huawei.com server preferred 192.168.2.2 alternate 192.168.2.3
[sysname-policy-dns] dns transparent-proxy exclude domain 3ms.huawei.com server preferred 192.168.2.2 alternate 192.168.2.3
```

配置完成后，内网用户访问Web服务，如www.example.com，触发DNS请求。防火墙收到DNS请求，首先去匹配代理策略，判断该域名不是排除域名，然后根据选路配置，为DNS报文选择出接口。防火墙根据源NAT修改DNS报文的源地址，根据DNS透明代理策略修改DNS报文的目的地址为所选链路的DNS服务器地址，然后转发。DNS服务器的响应报文要完成相反的地址转换，如图5-20所示。内网客户端收到DNS响应报文后，根据其返回的IP地址访问Web服务器。

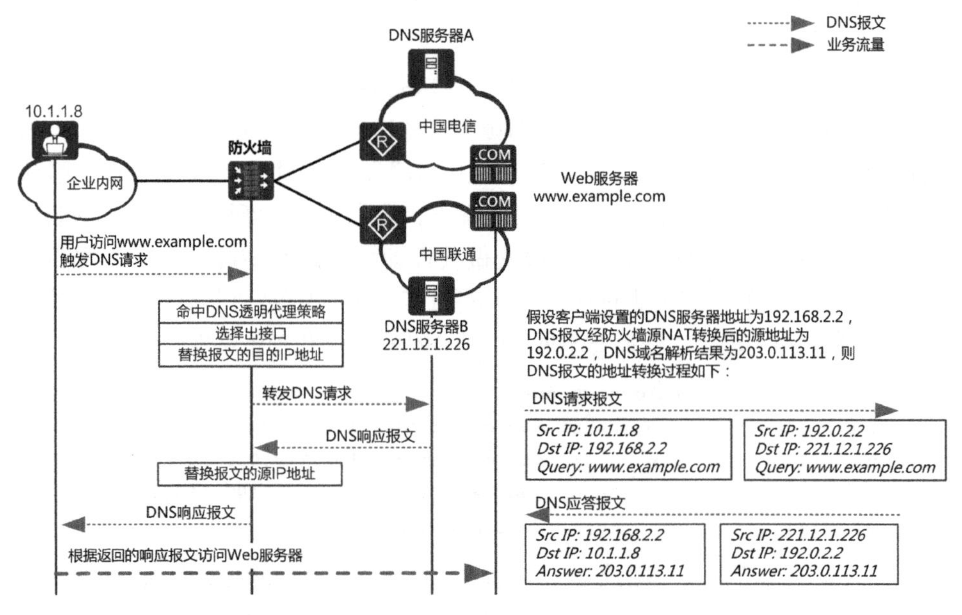

图 5-20 DNS 透明代理的工作过程

DNS透明代理为企业的DNS部署提供了新的思路。例如，企业总部部署了DNS服务器和Web服务器，希望分支机构的用户访问互联网服务时直接走分支网络出口，访问公司官网时走VPN隧道。

如果分支机构统一采用总部的DNS服务器，则所有域名解析流量都将进入VPN隧道，不仅增加VPN隧道的压力，而且域名解析的结果是总部所在地的公网IP地址，而且可能需要跨运营商访问。

如果分支机构统一采用当地运营商的DNS服务器，则公司官网的域名也会被解析为公网地址，访问官网的流量将通过互联网转发，而不是进入VPN隧道。

采用DNS透明代理，防火墙可以把DNS服务器修改为分支机构当地运营商的DNS服务器，同时把公司官网域名作为排除域名，并指定总部DNS服务器来解析排除域名。

现在，让我们回过头来解决第5.2节开头提出的问题。对于一个购买了3条不同带宽、不同运营商链路的校园网多出口场景，如何完美解决负载分担的问题？

① 配置ISP选路，让访问3个运营商服务的流量优先匹配ISP路由，实现就近选路。

② 配置基于链路带宽的全局选路策略，让未能匹配ISP路由的流量根据链路带宽负载分担。为了避免链路拥塞，启用过载保护和会话保持。

③ 配置DNS透明代理，通过全局选路策略为DNS请求报文选路，进而牵引业务流量在就近选路的同时按照带宽负载分担。

5.4　策略路由

我们知道，防火墙是根据报文的目的地址来查找路由的，在这种机制下，只能根据报文的目的地址为用户提供转发服务。那么，如果管理员希望对内网用户进行区分，让不同用户的流量从不同链路转发；或者管理员想根据不同的应用来指定流量的转发链路，应该怎么办呢？显然，这些都不是根据目的地址查找路由能解决的。这就需要更灵活的选路机制，例如根据报文的源IP地址、应用协议类型等来区分用户流量，再把不同的用户流量转发到期望的链路上去。策略路由就是承担着这个使命诞生的。

5.4.1　策略路由的概念

所谓策略路由，顾名思义，即基于策略的路由，是一种根据策略进行报文转发的方法。在已经生成路由表的情况下，报文不是按照路由表转发，而是根据用户制定的策略选择链路，从更多的维度来决定报文如何转发，这就是策略路由。策略路由并没有替代路由表机制，而是优先于路由表生效，为某些特殊业务指定转发方向，其他不符合策略路由的报文仍然按照路由表转发。策略路由增强了对报文转发的控制能力，是一种比传统的按照目的地址选路更灵活的选路机制。

1. 策略路由的组成

在防火墙上配置策略路由后，防火墙首先会根据策略路由配置的规则对接收的报文进行过滤，匹配成功则按照一定的转发策略进行报文转发。其中“配置的规则”就是策略路由的匹配条件；而“一定的转发策略”则是与匹配条件相关联的动作。

匹配条件：用于区分将要做策略路由的流量，包括报文的源IP地址、目的IP地址、源安全区域/入接口、用户、服务类型、应用类型、DSCP（Differentiated Services Code Point，区分服务码点）优先级、时间段等。一条策略路由规则可以包含多个匹配条件，每个匹配条件可以有多个值。其中，源安全区域和入接口是互斥的，二者必选其一。选择了源安全区域，就不能选择入接口，反之亦然。

动作：对符合匹配条件的流量采取的动作，可以指定转发报文的出接口，也可以不做策略路由。策略路由的出接口可以是单出口，也可以是多出口。对符合匹配条件的报文不做策略路由，可以跟其他策略路由配合，利用策略路由的匹配规则，解决例外场景的需求。

2. 策略路由的匹配规则

当管理员配置策略路由时，防火墙按照配置顺序排列策略路由列表。越先配置的策略路由位置越靠前。此外，防火墙存在一条默认策略路由“default”，所有匹配条件均为any，动作为不做策略路由，即按照现有的路由表进行转发。默认策略路由始终位于策略列表的最底部。

防火墙匹配策略路由时，按照策略列表的排列顺序，自顶向下逐条开始匹配。防火墙先查找第一条策略路由，如果报文满足第一条策略路由的匹配条件，则按照指定动作处理报文。如果不满足，则查找下一条策略路由。如果所有的策略路由的匹配条件都未匹配，报文会命中默认策略路由“default”，并按照路由表进行转发。可见，策略路由的匹配是在报文查找路由表之前完成，也就是说策略路由比路由表的优先级高。策略路由的匹配规则如图5-21所示。

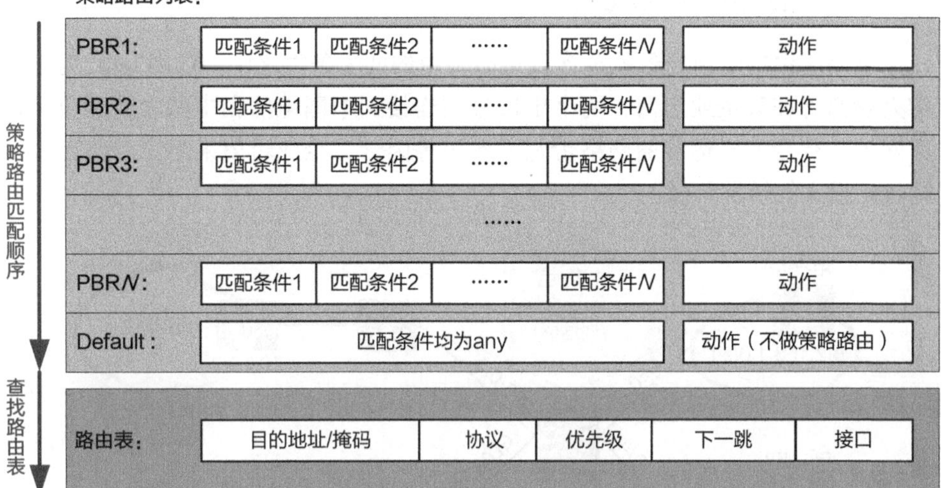

注：PBR 即 Policy Based Route，策略路由。

图 5-21　策略路由的匹配规则

一条策略路由有多个匹配条件，一个匹配条件也可能有多个值，那么，如何认定报文匹配了一条策略路由呢?

策略路由的单个匹配条件的多个值之间是“或”的关系：报文的属性只要匹配其中任意一个值，就认为报文匹配了这个条件。

策略路由的多个匹配条件之间是“与”的关系：报文的属性必须同时匹配所有匹配条件，才认为报文匹配该条策略路由。

理解了策略路由的匹配原则，我们知道，策略路由的配置顺序很重要，需要先配置匹配条件精确的策略，再配置宽泛的策略。如果把某条精确的策略路由放在通用的策略路由之后，则永远也不会被命中。基于策略路由的匹配原则，我们也可以解决一些特定的例外场景。例如，当需要对10.1.1.0/24网段内除10.1.1.2以外的所有主机进行策略路由时，可以先对10.1.1.2主机配置一条不做策略路由的规则，再配置一条对10.1.1.0/24网段做策略路由的规则。

如果策略路由指定的出接口状态为down或下一跳不可达，那么报文将通过查找路由表进行转发。此外，防火墙还支持策略路由联动IP-Link或BFD。如果IP-Link或BFD检测到下一跳链路不可达，策略路由也将失效，直接查找路由表来转发。

3. 策略路由的应用场景

策略路由的应用场景就蕴含在策略路由的匹配条件之中。以图5-22为例，防火墙部署在某企业出口，两个出口分别连接到中国电信和中国联通两个运营商网关。综合考虑运营商网络带宽、费用等因素，企业希望采用策略路由来控制特定报文的转发路径。

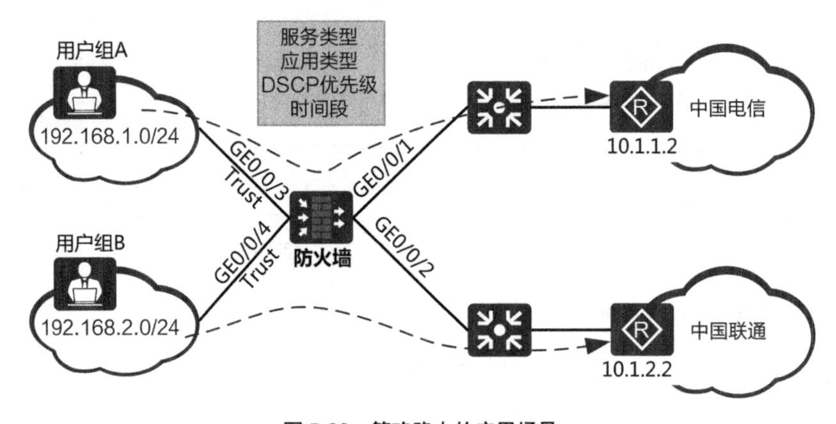

图 5-22 策略路由的应用场景

采用策略路由，可以非常灵活地控制报文的转发路径，更好地利用带宽资源。

基于源IP地址的策略路由： 以报文的源IP地址为策略路由的匹配条件，让来自192.168.1.0/24网段的报文通过中国电信链路访问互联网，来自192.168.2.0/24网段的报文通过中国联通链路访问互联网。类似的，当不同网段通过不同的接口连接到防火墙时，也可以选择报文的入接口为策略路由的匹配条件。

基于目的IP地址的策略路由： 以报文的目的IP地址为策略路由的匹配条件，让访问中国电信网段的报文走中国电信链路，访问中国联通网段的报文走中国联通链路。基于目的IP地址的策略路由可以实现与ISP选路相同的效果，此处的目的IP地址同样可以使用通过导入ISP地址库文件生成的地址组。

基于用户的策略路由： 根据用户所属的用户组，分配不同质量的链路。用户组A等级高，享受更快速更稳定的链路；用户组B使用其他链路。

基于应用的策略路由：视频会议、语音通话等企业应用对链路质量要求很高，为了保证企业正常业务的体验，可以让上述应用走链路质量更稳定的链路。

用户可以配置多条策略路由，只要合理地安排策略路由的顺序，就可以实现很多复杂的业务需求。例如，可以使用基于目的IP地址的策略路由来实现ISP就近选路，同时使用基于用户的策略路由，为特定的用户分配更稳定的链路。

5.4.2 策略路由的配置

本节结合图5-22，介绍单出口策略路由的配置方法。

首先配置接口IP地址并加入安全区域。以GE0/0/1接口和GE0/0/2接口为例，配置如下，内网接口配置略。

```
<sysname> system-view
[sysname] interface GigabitEthernet 0/0/1
[sysname-GigabitEthernet0/0/1] ip address 10.1.1.5 24
[sysname-GigabitEthernet0/0/1] quit
[sysname] interface GigabitEthernet 0/0/2
[sysname-GigabitEthernet0/0/2] ip address 10.1.2.5 24
[sysname-GigabitEthernet0/0/2] quit
[sysname] firewall zone untrust
[sysname-zone-untrust] add interface GigabitEthernet 0/0/1
[sysname-zone-untrust] add interface GigabitEthernet 0/0/2
[sysname-zone-untrust] quit
```

配置NAT和安全策略，使内网用户可以正常访问互联网。此处以Easy-IP方式为例。

```
[sysname] nat-policy
[sysname-policy-nat] rule name ChinaTelecom
[sysname-policy-nat-rule-chinatelecom] source-zone trust
[sysname-policy-nat-rule-chinatelecom] egress-interface GigabitEthernet0/0/1
[sysname-policy-nat-rule-chinatelecom] action source-nat easy-ip
[sysname-policy-nat-rule-chinatelecom] quit
[sysname] nat-policy
[sysname-policy-nat] rule name ChinaUniom
[sysname-policy-nat-rule-chinaunicom] source-zone trust
[sysname-policy-nat-rule-chinaunicom] egress-interface GigabitEthernet0/0/2
[sysname-policy-nat-rule-chinaunicom] action source-nat easy-ip
[sysname-policy-nat-rule-chinaunicom] quit
[sysname] security-policy
[sysname-policy-security] rule name Surfing
[sysname-policy-security-rule-Surfing] source-zone trust
[sysname-policy-security-rule-Surfing] destination-zone untrust
```

```
[sysname-policy-security-rule-Surfing] source-address 192.168.1.0 24
[sysname-policy-security-rule-Surfing] source-address 192.168.2.0 24
[sysname-policy-security-rule-Surfing] action permit
[sysname-policy-security-rule-Surfing] quit
[sysname-policy-security] quit
```

配置IP-Link，探测两条链路的状态。

```
[sysname] ip-link check enable
[sysname] ip-link name ChinaTelecom
[sysname-iplink-ChinaTelecom] destination 10.1.1.2 interface GigabitEthernet
0/0/1
[sysname-iplink-ChinaTelecom] quit
[sysname] ip-link name ChinaUnicom
[sysname-iplink-ChinaUnicom] destination 10.1.2.2 interface GigabitEthernet 0/0/2
[sysname-iplink-ChinaUnicom] quit
```

配置策略路由，使192.168.1.0/24网段的报文通过中国电信链路访问互联网，192.168.2.0/24网段的报文通过中国联通链路访问互联网。策略路由的匹配条件中，源安全区域和入接口必须二选一，此处以安全区域为例。同时引用前面创建的IP-Link。值得注意的是，防火墙先检查策略路由，然后进行源NAT。因此，在配置策略路由的源地址时，使用转换前的IP地址，即客户端的私网地址。

```
[sysname] policy-based-route
[sysname-policy-pbr] rule name ChinaTelecom
[sysname-policy-pbr-rule-ChinaTelecom] source-zone trust
[sysname-policy-pbr-rule-ChinaTelecom] source-address 192.168.1.0 24
[sysname-policy-pbr-rule-ChinaTelecom] track ip-link ChinaTelecom
[sysname-policy-pbr-rule-ChinaTelecom] action pbr egress-interface
GigabitEthernet 0/0/1 next-hop 10.1.1.2
[sysname-policy-pbr-rule-ChinaTelecom] quit
[sysname-policy-pbr] rule name ChinaUnicom
[sysname-policy-pbr-rule-ChinaUnicom] source-zone trust
[sysname-policy-pbr-rule-ChinaUnicom] source-address 192.168.2.0 24
[sysname-policy-pbr-rule-ChinaUnicom] track ip-link ChinaUnicom
[sysname-policy-pbr-rule-ChinaUnicom] action pbr egress-interface
GigabitEthernet 0/0/2 next-hop 10.1.2.2
[sysname-policy-pbr-rule-ChinaUnicom] quit
[sysname-policy-pbr] quit
```

配置完成后，分别在两个网段的PC上ping互联网上的服务器地址198.51.100.99，并在防火墙上查看会话表详细信息，显示如下。

```
[sysname] display firewall session table verbose
 Current total sessions: 2
 icmp  VPN: public --> public  ID: a487fa012805014cc61a0c684
```

```
Zone: trust --> untrust  TTL: 00:20:00  Left: 00:20:00
Recv Interface: GigabitEthernet0/0/3
Interface: GigabitEthernet0/0/1  NextHop: 10.1.1.2
<--packets: 4 bytes: 240 --> packets: 4 bytes: 240
192.168.1.2:61123[10.1.1.5:2049] --> 198.51.100.99:2048 PolicyName: Surfing

icmp  VPN: public --> public  ID: a487fa0129e603bce61a0c684
Zone: trust --> untrust  TTL: 00:20:00  Left: 00:19:52
Recv Interface: GigabitEthernet0/0/4
Interface: GigabitEthernet0/0/2  NextHop: 10.1.2.2
<--packets: 4 bytes: 240 --> packets: 4 bytes: 240
192.168.2.2:53022[10.1.2.5:2048] --> 198.51.100.99:2048 PolicyName: Surfing
```

显示信息中，192.168.1.0/24网段访问服务器的流量是从中国电信链路（出接口为GE0/0/1）转发的；而192.168.2.0/24网段访问服务器的流量是从中国联通链路（出接口为GE0/0/2）转发的。

类似的，如果要配置基于其他匹配条件的策略路由，只需要把source-address命令更换为相应的命令即可。例如，配置基于应用的策略路由，让“网络会议”类的应用通过中国电信链路转发。

```
[sysname] policy-based-route
[sysname-policy-pbr] rule name ChinaTelecom
[sysname-policy-pbr-rule-ChinaTelecom] source-zone trust
[sysname-policy-pbr-rule-ChinaTelecom] application category Business_
Systems sub-category Internet_Conferencing
Warning:This policy references some applications and enables the SA function automatically. After the SA function is enabled, device performance deteriorates. Are you sure you want to continue?[Y/N] y
[sysname-policy-pbr-rule-ChinaTelecom] track ip-link ChinaTelecom
[sysname-policy-pbr-rule-ChinaTelecom] action pbr egress-interface
GigabitEthernet 0/0/1 next-hop 10.1.1.2
[sysname-policy-pbr-rule-ChinaTelecom] quit
```

5.4.3 策略路由智能选路

当策略路由的动作是转发到多出口时，需要根据智能选路方式，进一步选择出口链路。这就既能利用策略路由的匹配条件筛选出流量，又能利用智能选路方式选择上网链路。策略路由与智能选路方式的结合，为链路负载均衡提供了非常灵活的方案。

例如，某企业日常工作中经常需要使用腾讯会议，希望始终使用质量最好的链路来承载腾讯会议流量。此时，可以配置一个基于应用的策略路由，将符合条件的流量转发至多出口。在多出口中配置基于质量的智能选路方式，具体配置方法和配置命令跟全局选路策略相同。

```
[sysname] policy-based-route
[sysname-policy-pbr] rule name Meeting
[sysname-policy-pbr-rule-Meeting] source-zone trust
[sysname-policy-pbr-rule-Meeting] source-address 192.168.1.0 24
[sysname-policy-pbr-rule-Meeting] application app TencentMeeting
[sysname-policy-pbr-rule-Meeting] action pbr egress-interface multi-interface
[sysname-policy-pbr-rule-Meeting-multi-inter] mode priority-of-link-quality
[sysname-policy-pbr-rule-Meeting-multi-inter] priority-of-link-quality parameter
loss delay
[sysname-policy-pbr-rule-Meeting-multi-inter] add interface GigabitEthernet 0/0/1
[sysname-policy-pbr-rule-Meeting-multi-inter] add interface GigabitEthernet 0/0/2
[sysname-policy-pbr-rule-Meeting-multi-inter] session persistence enable
[sysname-policy-pbr-rule-Meeting-multi-inter] session persistence mode
destination-ip
[sysname-policy-pbr-rule-Meeting-multi-inter] quit
```

策略路由智能选路还有更巧妙的用法。让我们回顾一下ISP选路的场景。使用ISP选路，可以实现就近选路，如图5-23所示。但是，当某条链路过载时，防火墙仍然按照ISP路由来选路，并不能根据链路的状态实时调整。而全局选路策略的前提是等价路由和默认路由，在ISP路由正常的情况下，全局选路策略并不能发挥作用。

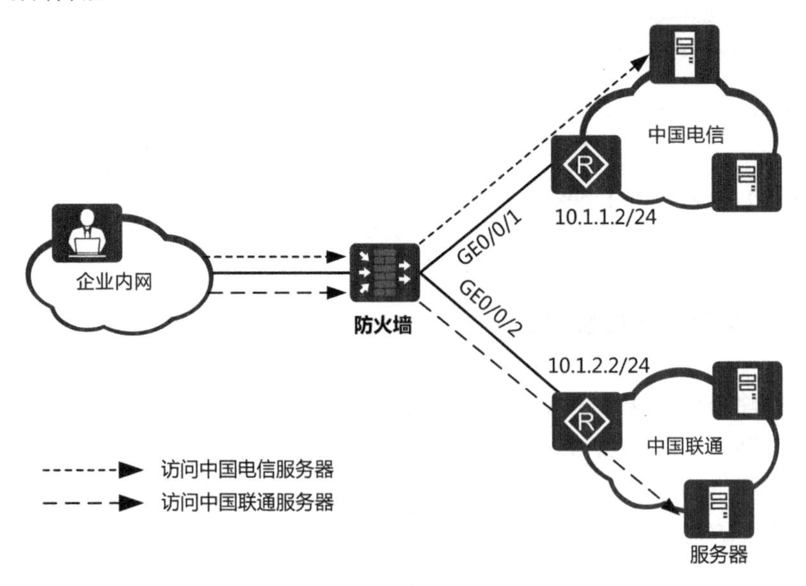

图 5-23　策略路由智能选路

这个时候，策略路由智能选路的优势就体现出来了。策略路由的优先级高于ISP路由，在策略路由中指定智能选路方式，就可以实现过载保护了。下面我们来看一下如何配置。

首先，配置接口的IP地址、网关地址、带宽和过载保护阈值（如80%），并在接口上应用健康检查。然后导入两个运营商的ISP地址库文件。

其次，创建运营商，关联前面导入的ISP地址库文件。配置完成后，防火墙上会生成ISP地址，可用做策略路由的匹配条件。

```
//创建两个运营商，关联ISP地址库文件
[sysname] ip name ChinaTelecom set filename china-telecom.csv
[sysname] ip name ChinaUnicom set filename china-unicom.csv
```

接下来为两个运营商分别配置基于目的IP地址的策略路由，目的地址是ISP地址组，动作是转发至多出口。最关键的是在多出口中配置智能选路方式为根据链路优先级选路，并且让中国电信的GE0/0/1接口在中国电信的策略路由中具有更高的优先级，让中国联通的GE0/0/2接口在中国联通的策略路由中具有更高的优先级。

```
//创建中国电信的策略路由，赋予中国电信接口较高的优先级
[sysname] policy-based-route
[sysname-policy-pbr] rule name ChinaTelecom
[sysname-policy-pbr-rule-ChinaTelecom] source-zone trust
[sysname-policy-pbr-rule-ChinaTelecom] destination-address isp ChinaTelecom
[sysname-policy-pbr-rule-ChinaTelecom] action pbr egress-interface multi-interface
[sysname-policy-pbr-rule-ChinaTelecom-multi-inter] mode priority-of-userdefine
[sysname-policy-pbr-rule-ChinaTelecom-multi-inter] add interface GigabitEthernet 0/0/1 priority 4
[sysname-policy-pbr-rule-ChinaTelecom-multi-inter] add interface GigabitEthernet 0/0/2 priority 2
[sysname-policy-pbr-rule-ChinaTelecom-multi-inter] quit
[sysname-policy-pbr-rule-ChinaTelecom] quit
//创建中国联通的策略路由，赋予中国联通接口较高的优先级
[sysname-policy-pbr] rule name ChinaUnicom
[sysname-policy-pbr-rule-ChinaUnicom] source-zone trust
[sysname-policy-pbr-rule-ChinaUnicom] destination-address isp ChinaUnicom
[sysname-policy-pbr-rule-ChinaUnicom] action pbr egress-interface multi-interface
[sysname-policy-pbr-rule-ChinaUnicom-multi-inter] action pbr egress-interface multi-interface
[sysname-policy-pbr-rule-ChinaUnicom-multi-inter] mode priority-of-userdefine
[sysname-policy-pbr-rule-ChinaUnicom-multi-inter] add interface GigabitEthernet 0/0/2 priority 4
[sysname-policy-pbr-rule-ChinaUnicom-multi-inter] add interface GigabitEthernet 0/0/1 priority 2
```

```
[sysname-policy-pbr-rule-ChinaUnicom] quit
[sysname-policy-pbr] quit
```

正常情况下，访问中国电信业务的报文命中策略路由ChinaTelecom，并根据设定的选路方式，选择中国电信链路转发，实现ISP就近选路。当中国电信链路的带宽利用率达到80%时，智能选路方式选择优先级较低的中国联通链路来转发。中国联通链路的效果类似。这就既实现了ISP就近选路，又避免了链路过载。

5.5 智能DNS

当企业内部部署的网站和业务系统需要对外提供服务时，如何在多条链路上平衡和分配互联网用户的访问请求？这就是入站负载均衡技术要解决的问题。入站负载均衡技术主要是智能DNS。

5.5.1 智能DNS的概念

我们首先来看一个典型的对外提供服务的企业网络。以图5-24为例，防火墙作为网关部署在企业出口处，通过两条链路分别连接到中国电信和中国联通。企业内网部署了Web服务器，并且分别向两个运营商申请了公网IP地址192.0.2.11和198.51.100.12。为了向互联网用户提供服务，防火墙上配置了两台NAT服务器，把Web服务器的私网地址转换成公网地址。

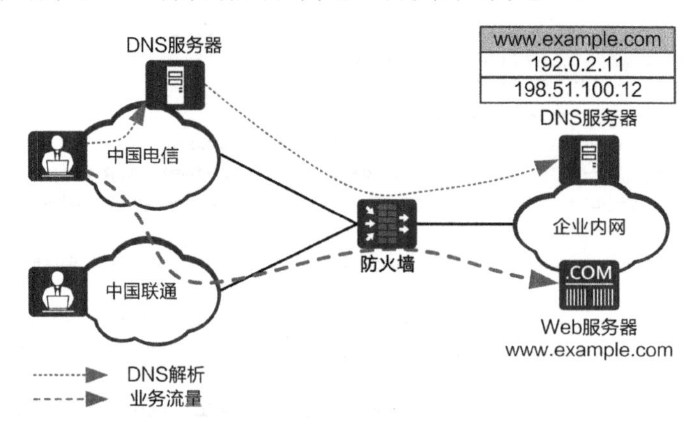

图5-24 对外提供服务的企业网络

为了使互联网用户可以通过域名www.example.com访问Web服务，企业内网部署了DNS服务器，添加了域名记录，且已经在公网DNS服务器上完成DNS委派。那么，当互联网用户访问www.example.com时，会发生什么呢？以电信用户访问为例，其报文交互过程如下。

① 用户发起业务访问，触发客户端向DNS服务器发起DNS查询请求。DNS查询请求从公网DNS服务器转发到企业内网DNS服务器。

② 企业内网DNS服务器根据域名记录，通过DNS响应报文返回Web服务器的公网IP地址192.0.2.11和198.51.100.12。

③ 用户客户端从DNS响应报文中随机选择一个IP地址作为目的地址，向Web服务器发起访问。

如果该用户选择了198.51.100.12，那么用户的业务请求需要先绕到中国联通网络，然后通过中国联通链路访问企业Web服务器。这必然增加访问延时，影响用户访问体验，企业的入站流量也不可控。为了解决这个问题，防火墙提供了智能DNS技术。智能DNS技术的核心是通过修改DNS响应报文的Answers字段，给用户侧返回合适的公网IP地址。

智能DNS的前提条件有两个：企业内网部署了Web服务器等公共服务，并已配置NAT服务器或者服务器负载均衡，对外提供多个公网IP地址；企业内网部署了DNS服务器，添加了公共服务的域名记录，且在公网DNS服务器上完成DNS委派。

根据企业内网DNS服务器中添加的域名记录是一个IP地址还是多个IP地址，智能DNS可以分成单服务器智能DNS和多服务器智能DNS两个场景。

5.5.2 单服务器智能DNS

企业内网部署了Web服务器向互联网用户提供服务，并且向中国电信和中国联通分别申请了公网IP地址192.0.2.11和198.51.100.12，如图5-25所示。企业内网部DNS服务器的域名记录中添加了中国联通的公网地址198.51.100.12。在不配置智能DNS的情况下，用户从DNS响应报文中获得的都将是中国联通的公网地址。那么，中国电信用户的访问就需要绕到中国联通网络，通过中国联通链路的GE0/0/2接口访问Web服务器。

现在，在防火墙上配置单服务器智能DNS。首先在防火墙的出接口上启用源进源出功能，使DNS响应报文从入接口原路返回到用户侧。以GE0/0/1接口为例。

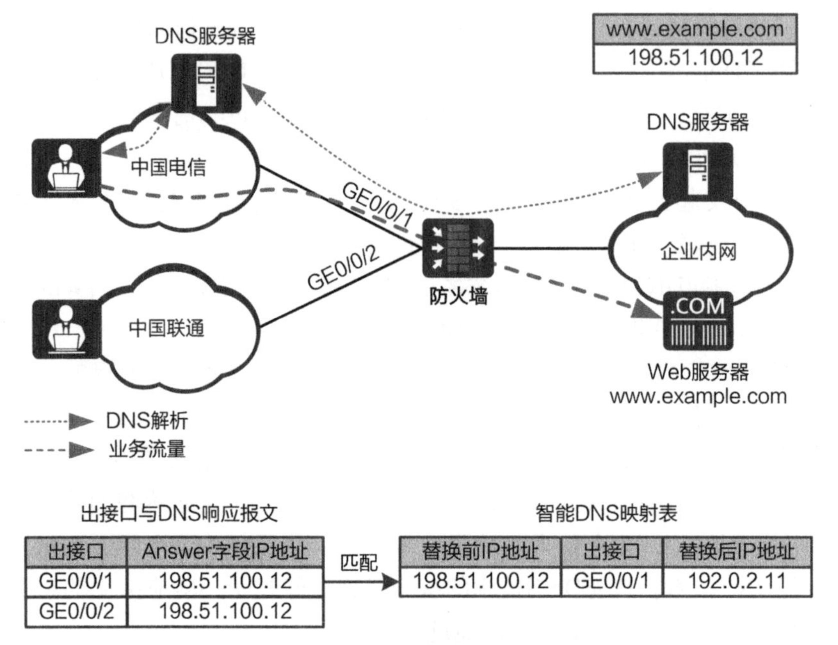

出接口	Answer字段IP地址
GE0/0/1	198.51.100.12
GE0/0/2	198.51.100.12

替换前IP地址	出接口	替换后IP地址
198.51.100.12	GE0/0/1	192.0.2.11

图 5-25　单服务器智能 DNS

```
<sysname> system-view
[sysname] interface GigabitEthernet 0/0/1
[sysname-GigabitEthernet0/0/1] ip address 111.1.1.20 24
[sysname-GigabitEthernet0/0/1] gateway 111.1.1.1
[sysname-GigabitEthernet0/0/1] redirect-reverse next-hop 111.1.1.1
[sysname-GigabitEthernet0/0/1] quit
```

启用智能DNS，配置内网DNS服务器原始响应报文的IP地址，并建立中国电信出接口与公网IP地址之间的映射关系。

```
[sysname] dns-smart enable
[sysname] dns-smart group 1 type single
[sysname-dns-smart-group-1] real-server-ip 198.51.100.12      //指定DNS服务器上添加的IP地址
[sysname-dns-smart-group-1] out-interface GigabitEthernet 0/0/1 map 192.0.2.11
```

配置完成后，防火墙将建立智能DNS映射表。当内网DNS服务器的响应报文到达防火墙时，防火墙根据报文的出接口和Answers字段的IP地址查找智能DNS映射表。

当中国电信用户发起访问请求时，DNS响应报文的出接口为GE0/0/1接口，Answers字段IP地址为198.51.100.12，匹配到智能DNS映射表，防火墙修改Answers字段的IP地址为192.0.2.11，并转发给中国电信用户。这样，中国电信用户将收到属于中国电信网络的公网IP地址。

当中国联通用户发起访问请求时，DNS响应报文的出接口是GE0/0/2接口，没有匹配的映射关系，防火墙直接转发。中国联通用户将收到中国联通网络的公网地址198.51.100.12。

5.5.3　多服务器智能DNS

企业内网部署了Web服务器向互联网用户提供服务，并且向中国电信和中国联通分别申请了公网IP地址192.0.2.11和198.51.100.12，如图5-26所示。企业内网DNS服务器的域名记录中添加了中国电信的公网地址192.0.2.11和中国联通的公网地址198.51.100.12。在不配置智能DNS的情况下，用户将从DNS响应报文中获得两个公网地址，并从中随机选择一个地址发起访问。

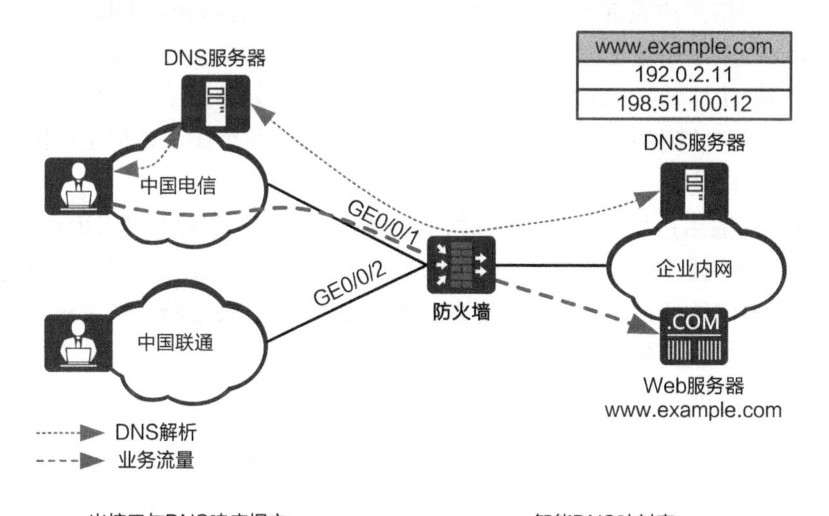

出接口与DNS响应报文

出接口	Answer字段IP地址
GE0/0/1	192.0.2.11 198.51.100.12
GE0/0/2	192.0.2.11 198.51.100.12

匹配

智能DNS映射表

替换前IP地址	出接口	替换后IP地址
198.51.100.12	GE0/0/1	192.0.2.11
192.0.2.11	GE0/0/2	198.51.100.12

图5-26　多服务器智能DNS

现在，在防火墙上配置多服务器智能DNS。首先在防火墙的出接口上启用源进源出功能，使DNS响应报文从入接口原路返回用户侧。以GE0/0/1接口为例。

```
<sysname> system-view
[sysname] interface GigabitEthernet 0/0/1
[sysname-GigabitEthernet0/0/1] ip address 111.1.1.20 24
[sysname-GigabitEthernet0/0/1] gateway 111.1.1.1
[sysname-GigabitEthernet0/0/1] redirect-reverse next-hop 111.1.1.1
[sysname-GigabitEthernet0/0/1] quit
```

启用智能DNS，并建立出接口与公网IP地址之间的映射关系。

```
[sysname] dns-smart enable
[sysname] dns-smart group 1 type multi
[sysname-dns-smart-group-1] out-interface GigabitEthernet 0/0/1 map 192.0.2.11
[sysname-dns-smart-group-1] out-interface GigabitEthernet 0/0/2 map 198.51.100.12
```

配置完成后，防火墙将建立智能DNS映射表。当内网DNS服务器的响应报文到达防火墙时，防火墙根据报文的出接口和Answers字段的IP地址查找智能DNS映射表。

当中国电信用户发起访问请求时，DNS响应报文的出接口为GE0/0/1接口，Answers字段IP地址为192.0.2.11和198.51.100.12，匹配到智能DNS映射表，防火墙把IP地址198.51.100.12修改为192.0.2.11并转发给中国电信用户。这样，电信用户收到的响应报文中，Answers字段的两个IP地址都是中国电信网络的公网IP地址。

当中国联通用户发起访问请求时，DNS响应报文的出接口为GE0/0/2接口，Answers字段IP地址为192.0.2.11和198.51.100.12，匹配到智能DNS映射表，防火墙把IP地址192.0.2.11修改为198.51.100.12并转发给中国联通用户。这样，联通用户收到的响应报文中，Answers字段的两个IP地址都是中国联通网络的公网IP地址。

| 5.6 习题 |

第 6 章　服务器负载均衡

面对海量用户的业务需求，如何快速响应是企业保持竞争力的关键。当单台服务器的性能无法满足日益增长的业务需求时，传统办法是升级服务器硬件来扩展业务能力。不管是为现有服务器扩容CPU与内存，还是直接更换更高性能的服务器，都无法实现平滑扩容。服务器的扩容和更换都需要一段时间，在此期间，业务必然中断。并且，单台服务器的扩容总有尽头，更换高性能服务器必然造成低性能服务器的闲置。长期和持续的业务增长将导致新一轮的硬件升级，硬件投资巨大却无法从根本上解决问题。

既然单台服务器性能无法承载所有业务，那么，是否可以将业务需求分担到多台服务器上，形成一个服务器组呢？答案是肯定的。这就是本章将要介绍的服务器负载均衡技术。在负载均衡网络中，多台服务器组成一个服务器组，每台服务器都可以单独处理业务需求。负载均衡设备相当于业务处理的指挥官，它接收用户的访问请求，然后根据服务器的性能与提供的服务，将业务请求转发到相应服务器上去处理。通过负载均衡设备，多台服务器共同支撑业务，对外就像一台“超级”计算机在处理业务。当业务需要扩容和调整时，只需要将服务器上线或下线，业务即可在负载均衡设备的调度下动态分担，而不用改变网络结构，无须停止服务，真正做到业务平滑扩容。

6.1 初识服务器负载均衡

服务器负载均衡就是将本应由一台服务器处理的业务分发给多台服务器来处理，以此提高处理业务的效率和能力。处理业务的服务器组成服务器集群，对外体现为一台逻辑上的服务器，由负载均衡设备决定如何分配流量给各台服务器。服务器负载均衡技术使用广泛，例如Web服务器、FTP服务器、应用服务器等。防火墙作为负载均衡设备，将服务请求分发到各台服务器上，降低单台服务器性能要求，提高了整体业务处理能力。

6.1.1 基本概念

在开始之前，让我们首先来了解一下服务器负载均衡中最常用的概念。

1. 实服务器

实服务器（rserver）是实际处理业务流量的实体服务器，客户端发送的服务请求由负载均衡设备分发给实服务器处理。需要特别说明的是，实服务器具有两个层次的概念，在不同的场景中具有不同的含义。

首先，实服务器是一台物理服务器。我们可以使用主机名或IP地址来指代实服务器，例如，www.example.com或192.168.10.11。

其次，实服务器是物理服务器上承载的一种服务。服务由接收业务请求的TCP端口指定，它比服务器更明确地标识了用户可访问的对象。例如，在主机192.168.10.11上，Web服务运行在端口80上，则此实服务器可表示为192.168.10.11:80。

一台主机上可能运行多种服务，例如，192.168.10.11上可能同时运行Web、FTP等。通过端口区分和定义多种服务，可以让负载均衡设备基于服务来调度业务、监控业务状态。

2. 实服务器组

顾名思义，实服务器组就是实服务器的集合，它们对外提供相同的服务。例如，所有提供Web服务的实服务器加入一个名为“Web_Server_Group”的实服务器组，而所有提供DNS服务的实服务器加入一个名为“DNS_Server_Group”的实服务器组。负载均衡设备接收到业务请求后，从实服务器组中选择一台实服务器来响应该业务请求。

实服务器和实服务器组是真实存在的“内部”概念，外部用户无法感知实服务器和实服务器组。

3. 虚拟服务器

虚拟服务器（vserver）是企业向外部用户提供的服务，是实服务器组对外部用户呈现的逻辑形态。用户客户端访问虚拟服务器，然后被负载均衡设备调度到实服务器上。

4. 实服务器组 + 虚拟服务器

负载均衡设备建立了虚拟服务器和实服务器组之间的映射关系。当接收到客户端的业务请求时，负载均衡设备从实服务器组中选择一台实服务器来响应请求。图6-1展示了服务器负载均衡技术的上述3个核心概念。

通过服务器负载均衡，对流量进行合理分配，可以带来以下好处。

提高性能：服务器负载均衡可以实现多台服务器之间的负载分担，从而提高了整个系统的反应速度与总体性能。

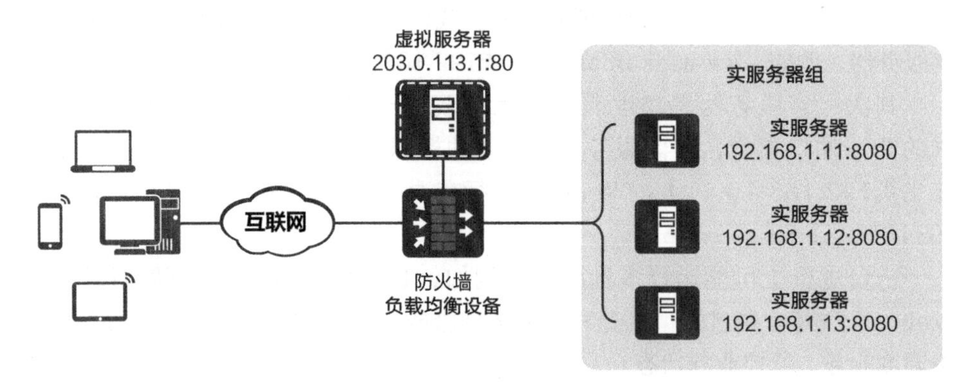

图 6-1　服务器负载均衡的 3 个核心概念

提高可靠性： 服务器负载均衡可以监控服务器的状态，及时发现运行异常的服务器，并将访问请求转移到正常工作的服务器上，从而提高服务器组的可靠性。

提高可维护性： 采用了服务器负载均衡以后，可以根据业务量的发展情况灵活增减服务器，系统的扩展能力得到提高，同时简化了管理。

6.1.2 基本工作流程

防火墙作为负载均衡设备，通常部署在客户端和为客户端提供服务的实服务器组之间。如图6-2所示，假设防火墙上已经配置了虚拟服务器vserver_1，向用户提供Web服务。该虚拟服务器指向由3台实服务器组成的实服务器组，并且实服务器都具有指向防火墙的默认路由。

当客户端访问虚拟服务器vserver_1时，防火墙通过服务器负载均衡功能，选择实服务器rserver_3来处理，并转换报文的目的IP地址和端口号。当实服务器rserver_3的响应报文到达防火墙时，防火墙会再次转换报文的源IP地址和端口号。详细流程如下。

① 客户端向虚拟服务器vserver_1发起业务连接。

② 防火墙接受连接，并在决定由实服务器rserver_3接收连接后，改变报文的目标IP地址为该实服务器的IP地址和端口，并发送给该实服务器。这是实现负载均衡的关键步骤。

③ 实服务器rserver_3接受连接，并响应请求报文的原始来源，即客户端。

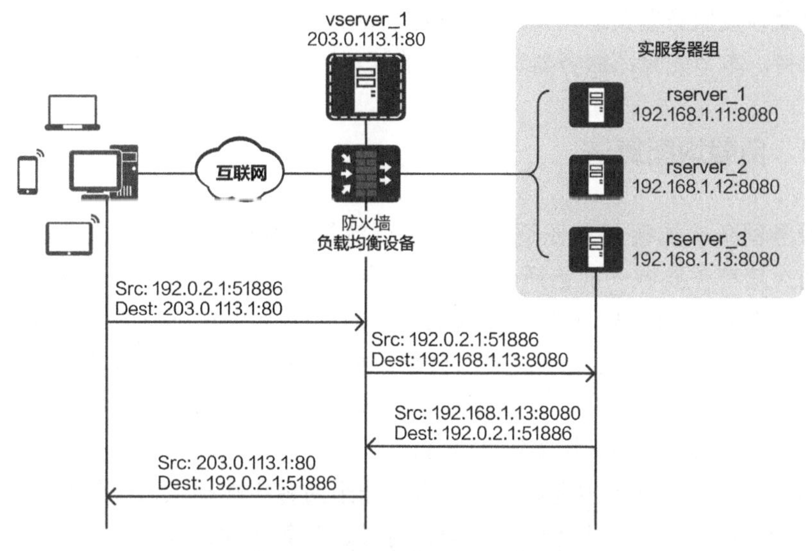

图 6-2　服务器负载均衡的工作流程

④ 当实服务器rserver_3的响应报文到达防火墙时，命中会话表，防火墙修改响应报文的源IP地址和端口为虚拟服务器的IP地址和端口，然后转发给客户端。这就可以向客户端隐藏实服务器，保证客户端可以正常接收响应报文。如果防火墙直接转发响应报文，客户端会认为响应报文不是来自它所请求的服务器，并丢弃该报文。毕竟，对客户端来说，实服务器是“不存在的”。

⑤ 客户端接收响应报文，认为它来自虚拟服务器，并继续处理。

对于多通道协议，如FTP，需要同时启用ASPF功能。这样，当防火墙为控制报文分配了实服务器以后，后续数据传输报文也会被分配给相同的实服务器。

6.2　服务器负载均衡的核心功能

前面我们简单介绍了服务器负载均衡的基本工作流程，不过到目前为止，我们还没有触及服务器负载均衡的核心问题：防火墙如何决定将业务请求分配给哪台实服务器？如果分配的实服务器发生了故障该怎么办？如果客户端和服务器需要经过多次交互才能完成一项业务请求（这在电子商务应用中很常见），如何保证所有这些相关的交互都由同一台实服务器来处理？

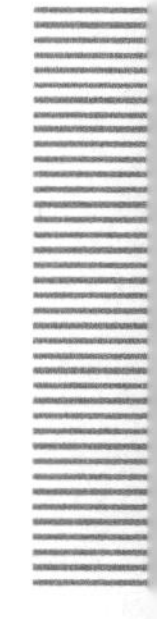

这就涉及服务器负载均衡的3项核心功能：负载均衡算法、服务健康检查和会话保持。本节先介绍服务器负载均衡的基本原理，再展示其配置方法。

6.2.1 负载均衡算法

服务器负载均衡是按照逐流方式进行流量分配的，每一条流到达防火墙后，防火墙都需要做一次选择：选择哪一台实服务器来承接本次业务请求。这里的“一条流”可以理解为防火墙上建立的一个会话或一个连接，所谓“逐流”就是将属于同一条流的报文都分配给同一台服务器来处理。当会话老化后，即使流量的源IP地址、目的IP地址等网络参数都没有改变，新建的会话也会被视为一条新流，防火墙将重新选择。

用于从实服务器组中选择一台实服务器来为客户端提供服务的算法，就是负载均衡算法。考虑到服务请求的会话时长、服务器的处理能力各不相同，以及可能由此导致的负载分配不均问题，如何选择实服务器就显得格外重要了。可以说，负载均衡算法是服务器负载均衡功能的核心。

防火墙支持的负载均衡算法包括简单轮询算法、最小连接算法、源IP HASH算法。考虑到实服务器的性能差异，所有的算法均可以加上权重的配置。

1. 简单轮询算法和加权轮询算法

简单轮询算法将客户端的业务流量依次分配到各台实服务器上。以图6-3为例，防火墙将客户端的每条业务流量依次分配给实服务器组中的3台服务器。当每台服务器都分配到一条流后，再从服务器1开始重新依次分配。

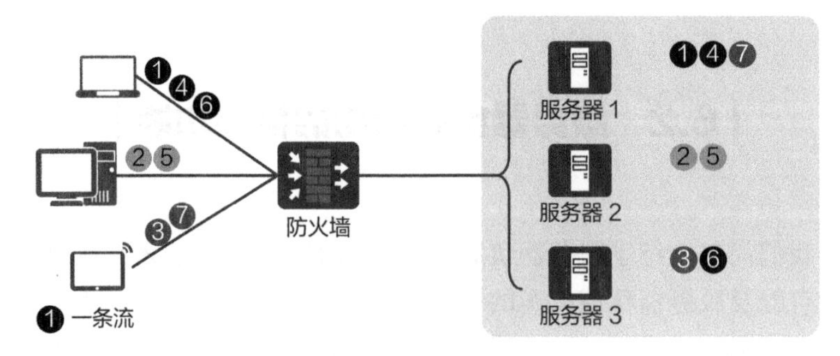

图 6-3　简单轮询算法

简单轮询算法的优点是实现简单，效率较高，但是简单轮询算法不会考虑每台服务器的实际处理能力、当前的系统负载等。这就会导致高性能服务器无法处理更多的请求，不能最大限度地发挥高性能服务器的优势，而低性能服务器则可能发生性能过载。

当实服务器组中的服务器性能相差较大时，可以根据性能差异，给服务器分配不同的权重，让高性能服务器承担更多的业务流量。这就是加权轮询算法。如图6-4所示，实服务器组中，3台服务器的权重为2：1：1。在每轮分配计算中，防火墙会首先给服务器1分配两条流，然后给服务器2和服务器3各分配一条流。长期运行后，服务器1能够承担两倍于其他服务器的流量。加权轮询算法能够充分发挥高性能服务器的能力，使得流量分配更加均衡。

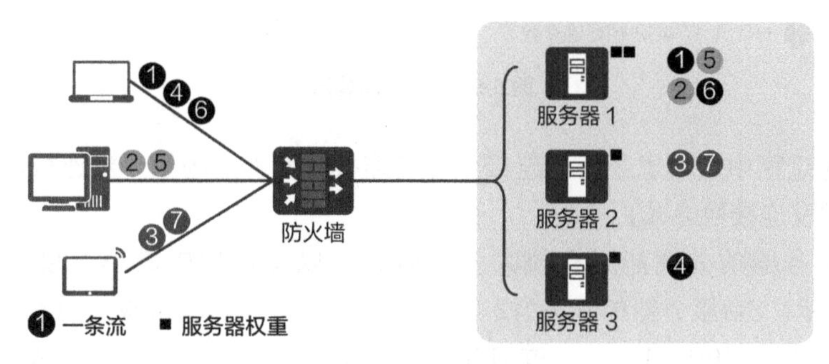

图 6-4　加权轮询算法

轮询算法是一种静态调度算法，适用于服务类型简单、每条流的业务负载大致相等的短连接业务，如HTTP、DNS、RADIUS服务等。服务器性能相近时采用简单轮询算法，服务器性能差异较大时采用加权轮询算法。

2. 最小连接算法和加权最小连接算法

如前所述，轮询算法并不会考虑服务器当前的负载情况。在实际业务中，客户端的每一条流的会话时长可能会有比较大的差异，长期运行后，服务器的负载可能会产生极大的差异。另外，在新增服务器的场景下，轮询算法对新加入实服务器组的服务器也一视同仁，这就必然会导致新服务器的负载量始终小于已运行一段时间的服务器，不能充分利用新增服务器的资源。

最小连接算法是一种动态算法，采用这种算法，防火墙会实时记录每台服务器的并发连接数。每次收到一个新的业务请求，防火墙总是将客户端的业务流量分配到并发连接数最小的服务器上。调度完成后，该服务器的并发连接数加1。以图6-5为例，假设3台服务器的初始连接数分别是462、460、457。当新的业务流1、2、3到达时，防火墙从中选择连接数最少的服务器3来承接。当流4到达时，服务器3和服务器2的并发连接数都是460，防火墙会选择服务器2来承接，服务器2的并发连接数加1。

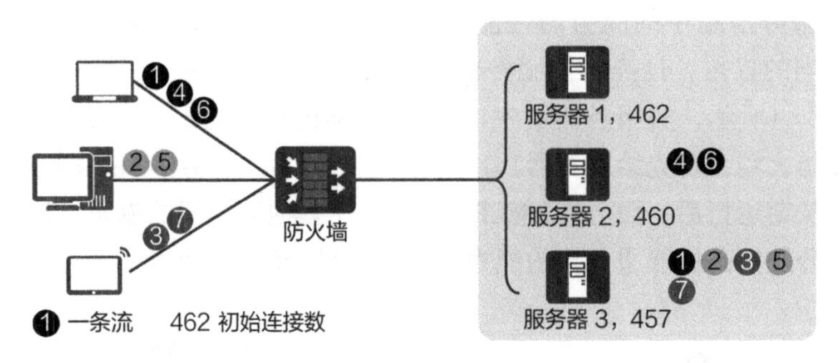

图 6-5　最小连接算法

上述过程中只考虑了新建连接、并发连接数增加的场景。当连接超时或终止时，并发连接数会减1。

当服务器的处理能力有较大差异时，可以采用加权最小连接算法。如图6-6所示，3台服务器的权重为2∶1∶1。同样的，假设3台服务器的初始连接数分别是462、460、457，经过加权计算以后，服务器1的并发连接数最少，且3台服务器的并发连接数差异较大，新的业务流1～7将全部分配给服务器1。

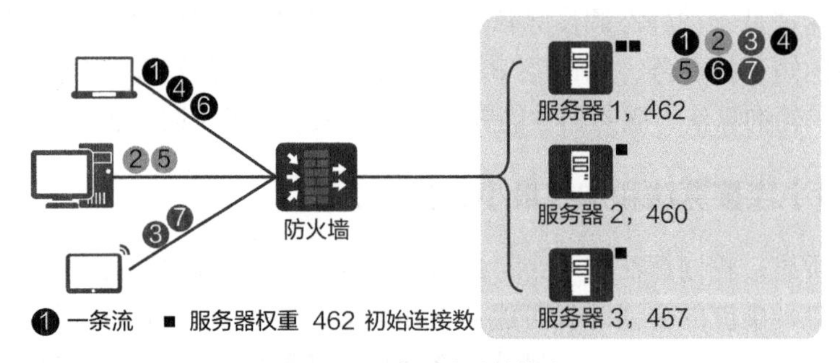

图 6-6　加权最小连接算法

最小连接算法适用于每个业务请求占用服务器的处理时间相差较大的场景，多用于长连接服务，如FTP业务、数据库连接等。

3. 源 IP HASH 算法和加权源 IP HASH 算法

源IP HASH算法是根据业务请求源IP地址来分配实服务器的一种负载均衡

算法。首先，防火墙将客户端源IP地址进行HASH计算，得到一个具体的数值。然后，防火墙根据该数值，从静态分配的HASH表中找到对应的实服务器。如图6-7所示，假设3个客户端的源IP地址经过HASH计算后的数值分别为123、345、678，它们将分别落入3台实服务器的HASH表中。防火墙据此完成分配工作。

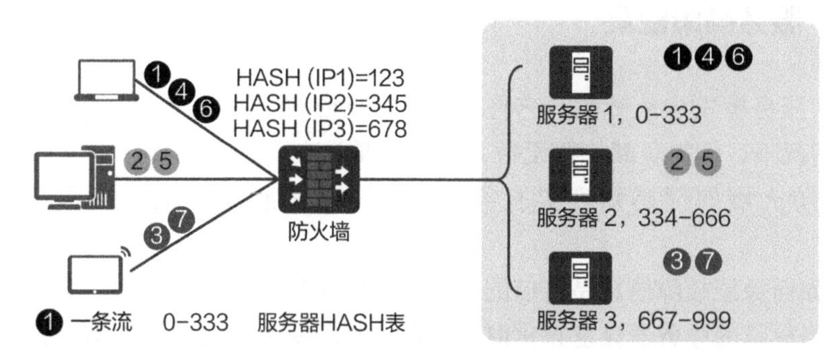

图6-7　源IP HASH算法

当服务器的处理能力有较大差异时，也可以采用加权源IP HASH算法。如图6-8所示，当3台服务器的权重为2：1：1时，服务器1的HASH表范围扩大，来自第二台客户端的业务流量也将由服务器1处理。

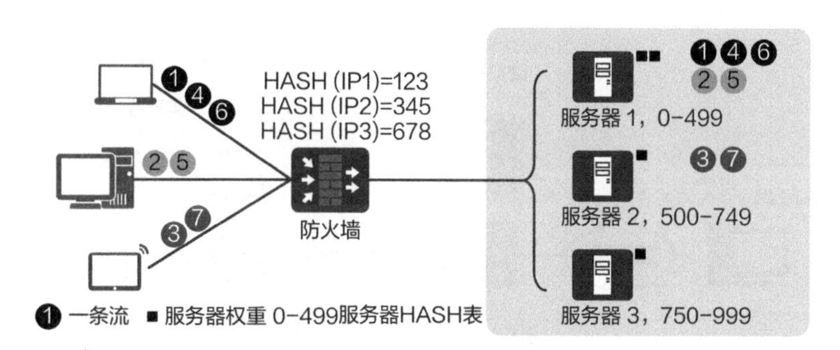

图6-8　加权源IP HASH算法

HASH函数可以将任意长度的数据转换为有限长度的输出范围，并尽可能使输出值均匀分布。当输入量越大，其输出越均匀，这就意味着负载分担越均匀。并且，同一IP地址的HASH计算结果是固定不变的，采用源IP HASH算法，则同一源IP地址的请求将全部分配到同一台实服务器上处理。源IP HASH算法适用于无Cookie功能的TCP。

但是，由于用户活跃度的不同，可能会有大量的活跃用户被分配到同一台服务器上，导致该服务器特别繁忙，而分配了非活跃用户的服务器则相对空闲。此外，如果客户端采用动态IP地址，源IP HASH算法也不能完全保证客户端被分配给同一台服务器。

6.2.2 服务健康检查

当实服务器发生故障时，它将不能正常响应客户端需求，导致业务中断。在这种情况下，作为负载均衡设备，防火墙要解决以下3个问题。

① 防火墙如何感知到实服务器的故障，并避免分配流量到该故障服务器？

② 如何保证故障信息是可信的，不会发生误判？

③ 当故障的服务器恢复正常时，如何让其尽快参与到负载均衡中去？

通过可靠的服务健康检查功能，防火墙可以监控实服务器的健康状态，避免流量被分配到故障的服务器上，进而避免业务中断。服务健康检查的方法就是定期向实服务器发送探测报文，如图6-9所示。防火墙通过定期发送探测报文来及时了解服务器的状态：实服务器是否可达、实服务器的服务是否可用。

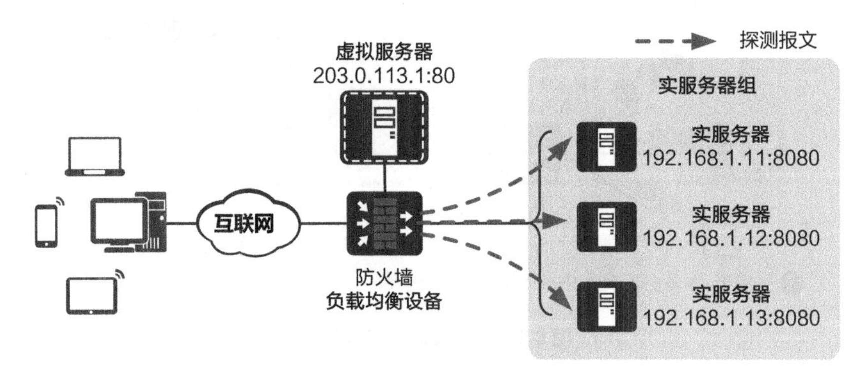

图 6-9 服务健康检查

防火墙支持的探测报文类型包括TCP、HTTP、HTTPS、DNS、RADIUS和ICMP，具体的探测方法如表6-1所示。请根据服务类型选择使用合适的探测报文。对于服务类型为TCP、HTTP、HTTPS、DNS、RADIUS的服务器，服务健康检查功能可以检查实服务器的服务是否可用。如果服务器提供的服务不在这5种协议中，建议使用ICMP报文检查服务器的可达性。

表 6-1　服务健康检查方法

探测类型	探测报文	探测方法	适用场景
服务探测	TCP	负载均衡设备尝试与实服务器的指定端口建立 TCP 连接，如果连接请求没有得到响应，则认为该服务不可用	适用于普通 TCP 业务
服务探测	HTTP	负载均衡设备向实服务器请求指定的 URL，并检查实服务器的响应报文是否带有符合预期的状态码。如果 URL 请求没有得到响应，或者响应报文的状态码不符合预期，则认为该服务不可用	仅适用于 HTTP 业务
服务探测	HTTPS	负载均衡设备向实服务器请求指定的 URL，并检查实服务器的响应报文是否带有符合预期的状态码。如果 URL 请求没有得到响应，或者响应报文的状态码不符合预期，则认为该服务不可用	仅适用于 HTTPS 业务
服务探测	DNS	负载均衡设备向实服务器发送获取域名 www.huawei.com 的 DNS 请求报文，如果请求没有得到响应，则认为该服务不可用	仅适用于 DNS 业务
服务探测	RADIUS	负载均衡设备模拟用户，向实服务器发起认证请求，如果请求没有得到响应，则认为该服务不可用	仅适用于 RADIUS 业务
地址探测	ICMP	负载均衡设备向实服务器发送 ping 命令，若实服务器没有响应，则认为该服务器不可达	仅检查服务器的可达性，当服务器提供的服务不在前 5 种协议中时使用

默认情况下，防火墙每隔5秒发出一个探测报文，每个探测报文都会收到一个检查结果，显示实服务器的工作状态。如果有一个检查结果显示服务状态异常（服务器不可达或服务不可用），防火墙继续发送探测报文，同时开始统计连续异常的次数。当连续异常的次数达到预设值（默认为3次）时，防火墙才认定此服务器真的发生了故障，将其标识为不可用状态，并不再分配流量给该服务器。这种设计既避免了业务中断，又可以有效防止误判。当该服务器从故障中恢复时，防火墙立即调整其服务状态为可用，让它重新参与到业务处理中去。

在对实服务器进行硬件扩容、系统更新等维护操作时，用户可以将实服务器设定为非激活状态。在这种状态下，该实服务器从系统中下线，防火墙不会检查该服务器的健康状态。服务健康检查默认启用。禁用服务健康检查后，防火墙不再探测所有实服务器的状态，并默认实服务器可用。在实服务器发生故障时，这会导致业务中断，因此不建议禁用服务健康检查。

综合考虑管理因素和健康检查结果，每台实服务器可能具有5种状态，如表6-2所示。

表 6-2　实服务器状态

状态标识	实服务器状态	含义
Active	实服务器可用	启用服务健康检查，且结果为可用
Inactive	实服务器不可用	启用服务健康检查，且结果为不可用
Admin-Health-Check	过渡状态	启用服务健康检查，但尚未得到结果
Admin-Invalid	实服务器不可用（已下线）	管理员人工设置实服务器状态为非激活状态
Admin-Active	实服务器可用	未启用服务健康检查，也未人工设置实服务器状态为非激活状态，默认实服务器可用

6.2.3　会话保持

会话保持是指负载均衡设备识别客户端与服务器之间多次交互过程的关联性，在做负载均衡的同时，保证一系列相关联的访问请求被分配到同一台服务器上。会话保持也叫黏滞会话（Sticky Sessions）、持久性（Persistence）。

以在线购物场景为例，用户购买商品需要完成一系列的动作，如登录、选择商品、加入购物车、付款购买等。服务器必须记录用户的登录状态，才能顺利关联出该用户的购物车信息、地址信息等。这些交互过程是密切相关的，服务器在处理某一次交互时，必须了解上一次或几次交互的信息。如果这些交互过程由不同的服务器来处理，则用户要重复登录、购物车信息不准确，影响用户体验。

服务器负载均衡的根本目的是将来自众多客户端的请求均衡分配给多台实服务器，以避免单台服务器过载。因此，单个客户端的请求可能由不同的服务器来处理。会话保持则是在负载均衡的基础上，保证单个客户端的一系列相关联的交互由同一台实服务器来处理。可以说，在服务器负载均衡中，负载均衡算法与会话保持是既对立又统一的矛盾体。

防火墙支持基于源IP地址的会话保持、基于HTTP Cookie的会话保持和基于SSL Session ID的会话保持。基于HTTP Cookie的会话保持是把携带相同Cookie的所有访问请求全部分配给一台服务器，根据具体实现方法，可以分为

Cookie插入、Cookie重写、Cookie被动3种方式。

1. 基于源 IP 地址的会话保持

基于源IP地址的会话保持，是指防火墙以访问请求的源IP地址作为判断关联会话的依据。来自同一IP地址的所有访问请求，都会被防火墙分配给同一台服务器。

启用基于源IP地址的会话保持后，防火墙会维护一张会话保持表，会话保持表项记录着客户端源IP地址与服务器之间的映射关系。防火墙收到访问请求时，首先根据会话保持表来分配实服务器，如图6-10所示。

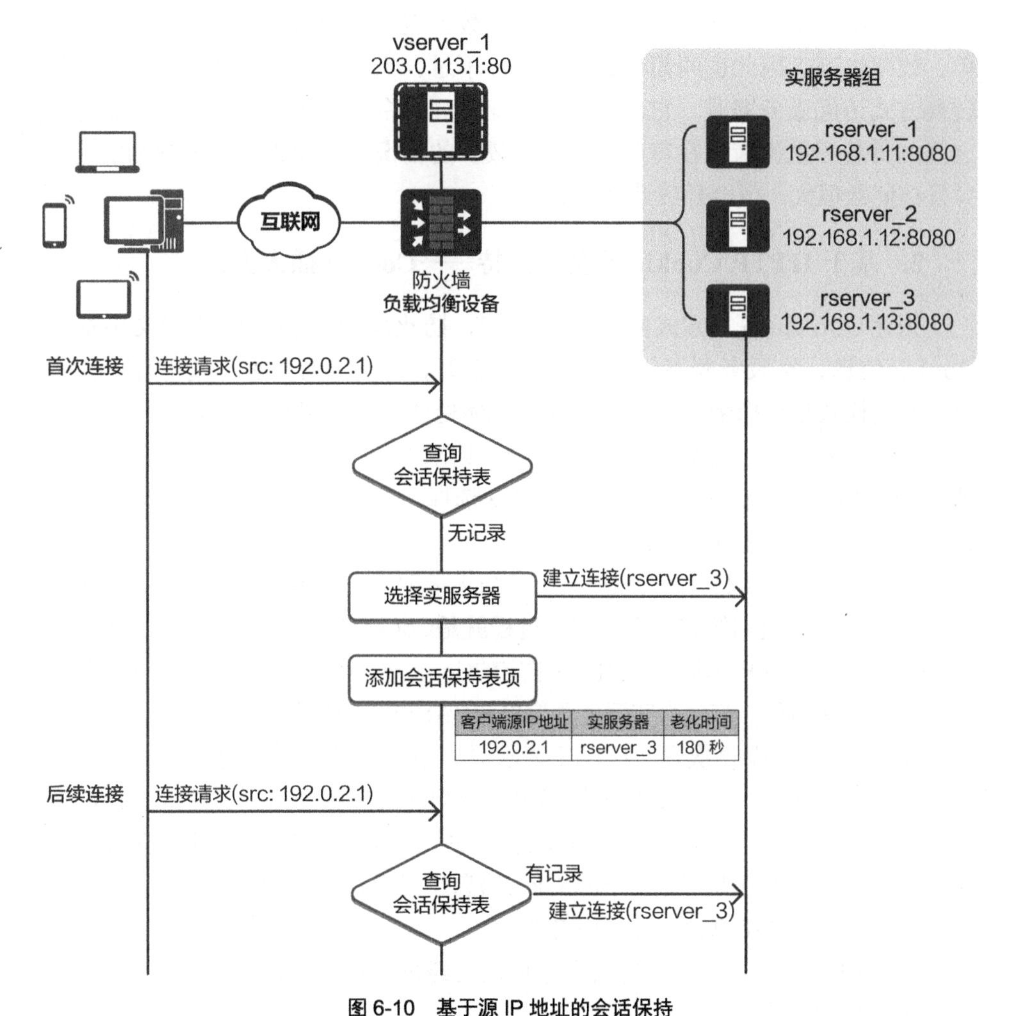

图 6-10　基于源 IP 地址的会话保持

当客户端发起第一次访问请求时，会话保持表中没有记录，防火墙根据负载均衡算法选择一台服务器，并将该请求发送至该服务器。同时，防火墙在会话保持表中添加对应的表项。客户端发起后续请求时，防火墙从会话保持表中查到相应表项，将请求直接发送至对应的服务器，并刷新会话保持表项的老化时间。

老化时间是会话保持表项的一个关键参数，默认是180秒，用户也可以自己设置。如果到达老化时间后，没有后续请求到达防火墙，防火墙会删除该表项。以后再有新的连接请求，需要重新根据负载分担算法分配实服务器，并重新建立会话保持表项。

基于源IP地址的会话保持只需要解析数据包的IP层或传输层信息，实现简单，效率也高，因此也叫简单会话保持。不过，当多个客户端通过代理或地址转换方式访问服务器时，它们都会被分配到同一台实服务器上，会导致服务器之间的负载严重失衡。在客户端数量比较少的情况下，如果单个客户端发起的并发访问数很大，也会导致此问题。

2. 基于 HTTP Cookie 的会话保持——Cookie 插入方式

采用Cookie插入方式实现会话保持，防火墙负责在HTTP报文中插入Cookie信息，实服务器不需要任何配置变更。防火墙解析客户端的HTTP请求，首先检查是否携带指定的Cookie。具体处理过程如图6-11所示。

（1）当客户端发起第一次HTTP访问请求时，HTTP请求报文中没有指定的Cookie信息，防火墙根据负载均衡算法选择一台实服务器，并将请求发送至该服务器（假设为rserver_3）。

（2）服务器的HTTP响应报文到达防火墙时，防火墙在报文中插入一个特定的Cookie，并返回给客户端，这个过程就是Cookie插入。Set-Cookie表示要求客户端下次HTTP请求中必须携带指定的Cookie信息，"SLBServerpool"为默认的Cookie名称，其值为实服务器信息的BASE64编码结果。

（3）当客户端再次发起HTTP请求时，报文中携带了指定插入的Cookie信息。防火墙从此Cookie信息中解码出已分配的实服务器信息，并将该Cookie信息从HTTP请求报文中删除，再发送至实服务器。在这个过程中，防火墙也会检查Cookie信息的时效性。当Cookie信息超过会话保持的超时时间，防火墙会重新根据负载均衡算法选择实服务器。

在Cookie插入方式中，每次当回复报文经过防火墙时，都需要插入更新后的Cookie信息。

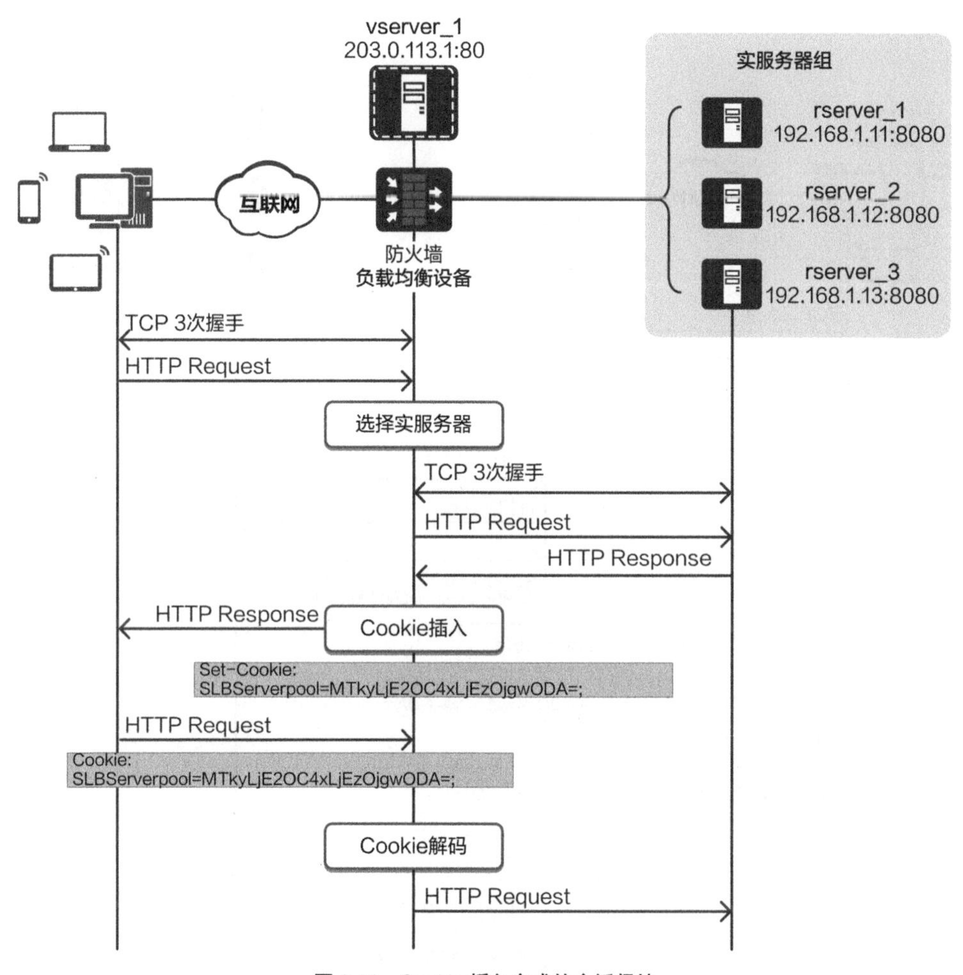

图 6-11　Cookie 插入方式的会话保持

3. 基于 HTTP Cookie 的会话保持——Cookie 重写方式

采用Cookie重写方式实现会话保持，需要先在实服务器设置Cookie信息，使实服务器的HTTP响应报文中带有“SLBServerpool=0000000;”的空白Cookie。服务器的Cookie配置方法，请参考其用户文档。防火墙在收到实服务器返回的HTTP报文后，用实服务器信息改写该Cookie值。具体过程如图6-12所示。

（1）当客户端发起第一次HTTP访问请求时，HTTP请求报文中没有指定的Cookie信息，防火墙根据负载均衡算法选择一台实服务器，并将请求发送至该服务器（假设为rserver_3）。这一步跟Cookie插入方式没有区别。

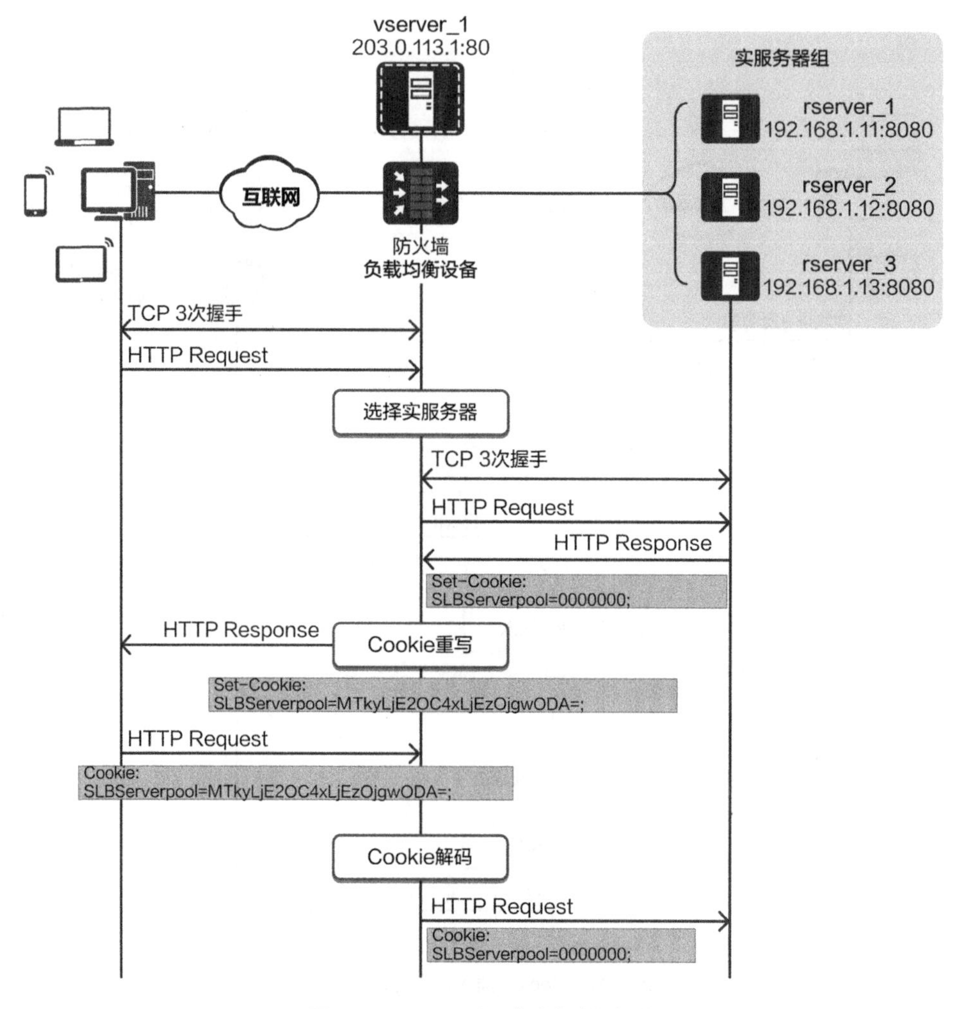

图 6-12　Cookie 重写方式的会话保持

（2）服务器在HTTP响应报文中插入一个空白的Cookie。防火墙收到应到报文后，将Cookie值改写为实服务器信息的编码结果，并返回给客户端，这个过程就是Cookie重写。

（3）当客户端再次发起HTTP请求时，报文中携带了防火墙重写后的Cookie信息。防火墙从此Cookie信息中解码出已分配的实服务器信息，并将该Cookie信息从HTTP请求报文中删除，再发送至实服务器。在这个过程中，防火墙也会检查Cookie信息的时效性。当Cookie信息超过会话保持的超时时间，防火墙会重新根据负载均衡算法选择实服务器。

在Cookie重写方式中，实服务器每次回复报文都携带空白的Cookie信息，所以每次经过防火墙时，都需要重写Cookie信息后再返回给客户端。

4. 基于 HTTP Cookie 的会话保持——Cookie 被动方式

采用Cookie被动方式实现会话保持，同样需要先在实服务器设置Cookie信息，使HTTP响应报文中带有实服务器的信息，类似"SLBServerpool=BASE64(IP:PORT);"。服务器的Cookie配置方法，请参考其用户文档。Cookie被动方式中，防火墙不参与Cookie操作，只是从Cookie信息解析出实服务器信息并转发，其过程如图6-13所示。

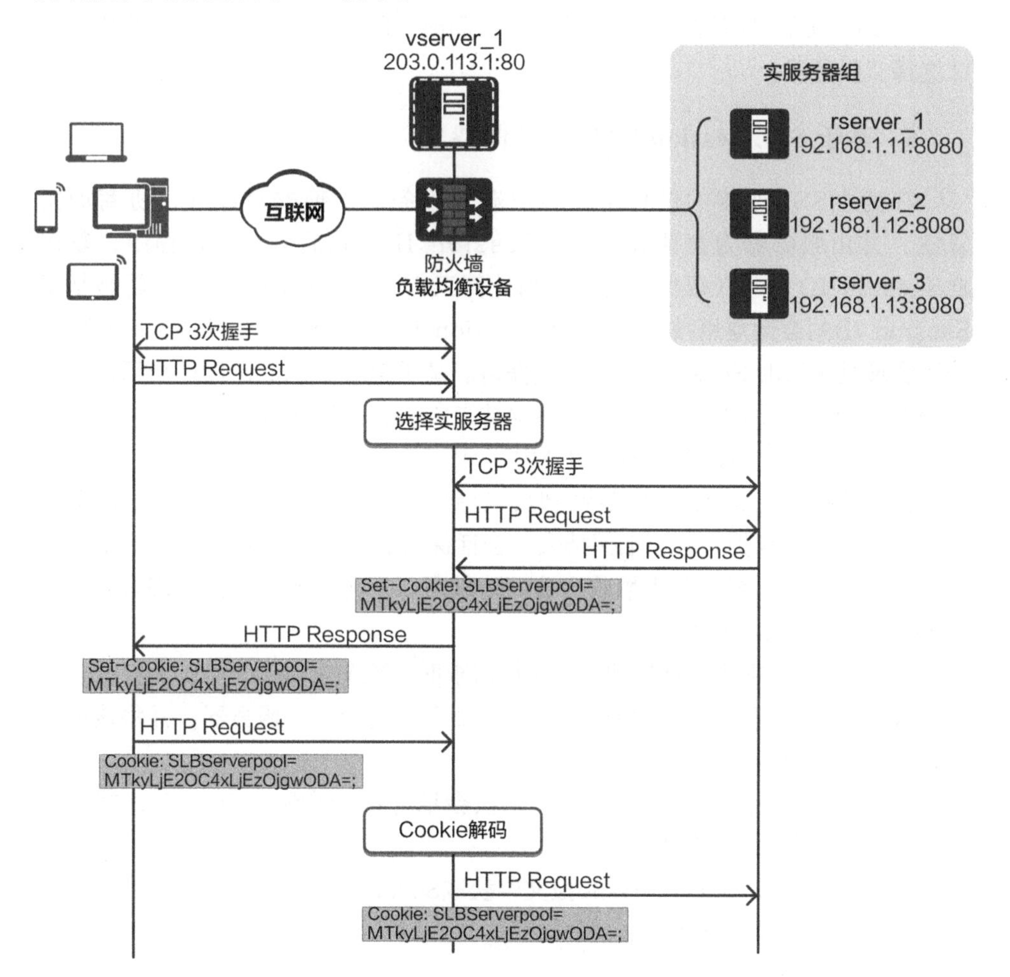

图 6-13　Cookie 被动方式的会话保持

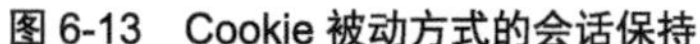

（1）当客户端发起第一次HTTP访问请求时，HTTP请求报文中没有指定的Cookie信息，防火墙根据负载均衡算法选择一台实服务器，并将请求发送至该服务器（假设为rserver_3）。这一步跟Cookie插入方式和Cookie重写方式一样。

（2）服务器在HTTP响应报文中插入带有实服务器信息的Cookie信息。防火墙收到响应报文后，直接转发给客户端。

（3）当客户端再次发起HTTP请求时，报文中携带了实服务器插入的Cookie信息。防火墙从此Cookie信息中解码出实服务器信息，并将HTTP请求报文发送至该实服务器。在这个过程中，防火墙也会检查Cookie信息的时效性。当Cookie信息超过会话保持的超时时间时，防火墙会重新根据负载均衡算法选择实服务器。

5. 基于 SSL Session ID 的会话保持

在建立SSL连接的过程中，客户端与服务器交换安全证书，协商加密算法，并由服务器为会话分配一个Session ID。在后续交互过程中，复用此Session ID，可以减少密钥交换和计算工作，降低性能开销，这就是基于Session ID的会话复用技术。由于该Session ID是一个唯一的数值，因此可以用于实现基于SSL Session ID的会话保持。基于SSL Session ID的会话保持要求服务器和客户端在一次会话中始终保持该Session ID不变，这就限制了基于SSL Session ID的会话保持的应用范围。

跟基于源IP地址的会话保持类似，启用基于SSL Session ID的会话保持后，防火墙也会维护一张会话保持表，会话保持表记录着SSL Session ID与服务器之间的映射关系。防火墙收到访问请求后，首先按照会话保持表来分配实服务器，如图6-14所示。

（1）当客户端第一次发起SSL连接请求时，报文中Session ID为空，会话保持表中也没有记录，防火墙根据负载均衡算法选择一台服务器，并将该请求发送至该服务器。

（2）实服务器收到请求后，为本次会话分配一个Session ID，并通过Server Hello报文发送给客户端。

（3）防火墙从Server Hello报文中获取Session ID，在会话保持表中添加对应的表项，并转发给客户端。

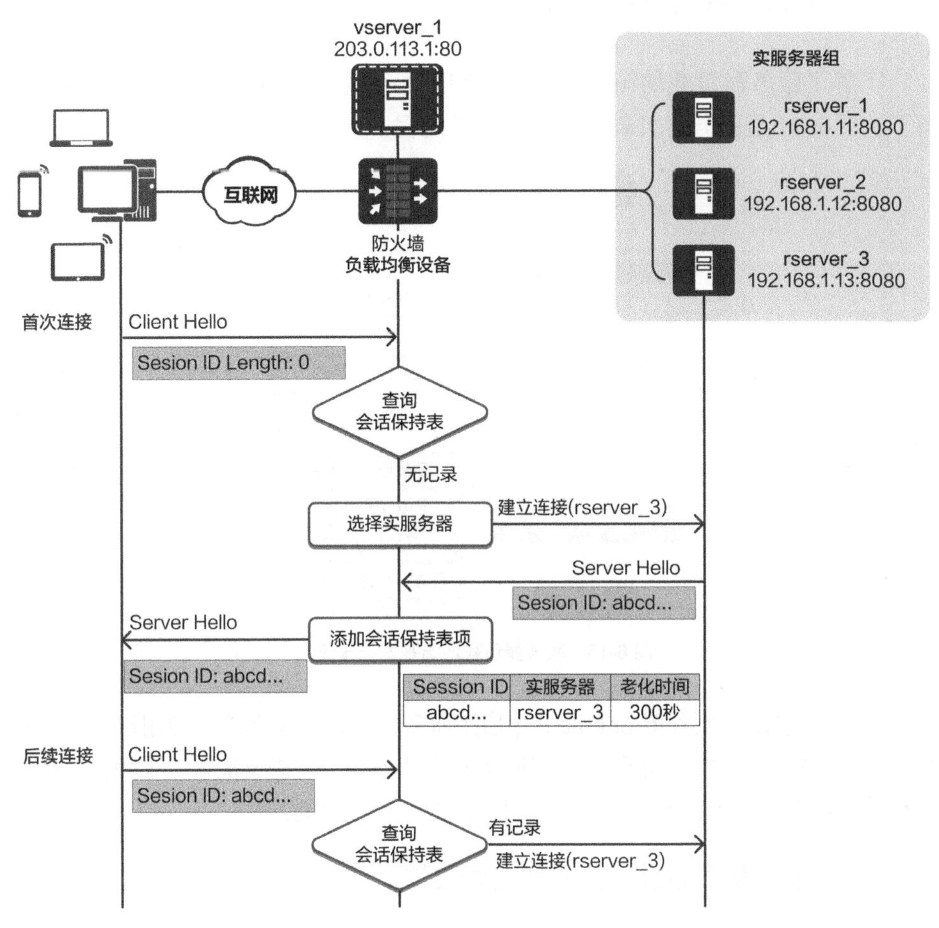

图 6-14　基于 SSL Session ID 的会话保持

（4）客户端发起后续连接请求时，在Client Hello报文中携带上一次使用的Session ID。防火墙从报文中提取出Session ID，在会话保持表中查到相应表项，将请求直接发送至对应的服务器，并刷新会话保持表项的老化时间。

SSL Session ID会话保持表项的老化时间默认是300秒，用户也可以自己设置。如果到达老化时间后，没有后续请求到达防火墙，防火墙会删除该表项。以后再有新的连接请求，需要重新根据负载分担算法分配实服务器，并重新建立会话保持表项。

6.2.4 配置服务器负载均衡

了解了服务器负载均衡的基本概念和核心功能，其配置方法就比较容易理解了。图6-15是服务器负载均衡基本配置流程。

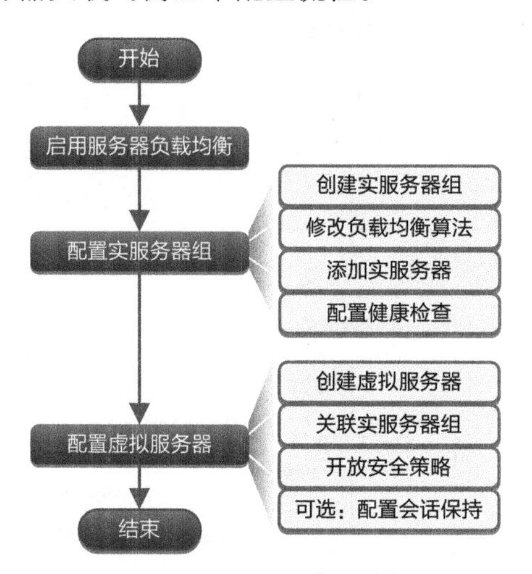

图6-15　服务器负载均衡基本配置流程

在系统视图下执行slb enable命令启用服务器负载均衡功能。启用以后，所有配置才能生效。习惯上，我们先启用服务器负载均衡，再进行配置。下面针对此配置流程，重点介绍实服务器组和虚拟服务器的配置和验证方法。

1. 创建实服务器组，并添加实服务器

假设现有4台实服务器对外提供HTTP服务，其IP地址依次为192.168.1.11～192.168.1.14，端口号为8080。其中，IP地址为192.168.1.14的服务器性能较高，约为其他服务器的2倍。那么，要让该服务器承担更多的业务，就需要指定权重，并且选择带有加权的负载均衡算法，这里以加权轮询算法为例。

```
<sysname> system-view
[sysname] slb
[sysname-slb] group 1 WebCluster
[sysname-slb-group-1] metric weight-roundrobin
[sysname-slb-group-1] rserver 1 to 3 rip 192.168.1.11 port 8080
[sysname-slb-group-1] rserver 4 rip 192.168.1.14 port 8080 weight 2
```

值得注意的是，防火墙默认使用简单轮询算法。在向实服务器组中添加实服务器之前，必须先修改为带有加权的负载均衡算法。否则，将不能指定实服

务器的权重。

在向实服务器组中添加实服务器时，对于IP地址连续且性能相近的多台实服务器，通过指定服务器的ID范围和起始IP地址即可批量添加。权重值（weight）则默认为1，服务健康检查默认开启，可以不用设置。

实服务器的属性，包括IP地址、端口、权重、最大连接数、服务健康检查状态、描述信息，都可以使用**rserver** *rserver-id*命令来修改。例如，当需要维修某实服务器时，可以先将它的状态设置为Inactive。

```
[sysname-slb-group-1] rserver 4 status inactive
```

2. 配置服务健康检查

防火墙定期（默认为5秒）向实服务器发送探测报文来检查健康状态，当连续探测失败次数（默认为3次）达到指定数值时，实服务器状态将被置为不可用。探测报文的类型应该与实服务器对外开放的服务保持一致，否则探测结果将一直处于失败状态。服务健康检查的配置方法如表6-3所示。

表 6-3　服务健康检查配置方法

探测报文	配置方法
TCP DNS RADIUS	除了探测间隔、探测失败次数，还可以指定探测的目的端口。如果不指定目的端口，防火墙会探测前面配置的实服务器的服务端口。如果也没有配置实服务器的服务端口，防火墙将探测虚拟服务器的服务端口。建议同时指定实服务器的服务端口和探测报文的目的端口，否则服务健康检查结果可能不准确。 [sysname-slb-group-1] **health-check type tcp port 8080 tx-interval 4 times 4**
HTTP HTTPS	对于HTTP和HTTPS服务，还需要指定请求的URL地址和期望的应答码。其中，URL地址为文件路径，防火墙使用实服务器IP地址和指定的URL地址拼接成探测请求的目的URL地址。 [sysname-slb-group-1] **health-check type http port 8080 req-url /index.html ept-code 200 tx-interval 4 times 4**
ICMP	ICMP只能设置探测间隔和探测失败次数。 [sysname-slb-group-1] **health-check type icmp tx-interval 3 times 4**

配置完成后，可以使用display slb group命令检查实服务器组配置和服务健康检查状态。

```
[sysname] display slb group
Group Information(Total 1)
------------------------------------------------------------------
  Group Name                  : WebCluster
```

```
  Group ID                    : 1
  Metric                      : weight-roundrobin
  Source-nat Type             : NA
  Health Check Type           : tcp
  Real Server Number          : 4
    RserverID  IP Address       Weight  Max-connection  Status
    1          192.168.1.11     1       10000           Active
    2          192.168.1.12     1       10000           Active
    3          192.168.1.13     1       10000           Active
    4          192.168.1.14     2       20000           Active
---------------------------------------------------------------------
```

需要注意的是，在早期版本中，需要为服务健康检查配置安全策略。防火墙探测报文的源IP地址为探测报文出接口的IP地址，目的IP地址为实服务器的IP地址。探测报文的源安全区域为local区域，目的安全区域为实服务器所在的安全区域。当探测报文为TCP、HTTP、HTTPS、DNS或RADIUS报文时，如果未指定探测端口，则探测实服务器的开放的服务端口。如果未配置实服务器的服务端口，则探测虚拟服务器的服务端口。因此，请根据服务器负载均衡的配置，设置合适的安全策略。

从USG6000/USG9500 V500R005C10版本开始，防火墙发送探测报文时不再检查安全策略。USG6000E系列也不需要为此配置安全策略。

3. 配置虚拟服务器，关联实服务器组

虚拟服务器就是开放给外部用户访问的服务。配置虚拟服务器，即指定对外开放的协议、IP地址和端口。将虚拟服务器与前面配置的实服务器组关联起来，就完成了服务器负载均衡的基本配置。

```
[sysname] slb
[sysname-slb] vserver 1 WebServer
[sysname-slb-vserver-1] protocol http
[sysname-slb-vserver-1] vip 1 203.0.113.1
[sysname-slb-vserver-1] vport 80
[sysname-slb-vserver-1] group WebCluster      //关联实服务器组WebCluster
```

其中，vip即虚拟服务器的IP地址，通常是公网地址。如果需要为来自不同运营商的用户提供服务时，可以指定多个公网地址。

完成前面的配置以后，防火墙会立即生成SLB类型的静态Server-map表，多CPU设备上会生成多个Server-map表。防火墙利用Server-map表来完成服务器负载均衡功能中虚拟服务器和实服务器之间的映射。关闭服务器负载均衡功能后，这些表项会立即老化。

```
[sysname] display firewall server-map slb
  Current Total Server-map : 2
  Slot: 11 CPU: 0
  Type: SLB,  any --> 203.0.113.1:80[WebServer/0],  Zone:---,  protocol:tcp
  Vpn: public --> public
  Slot: 12 CPU: 0
  Type: SLB,  any --> 203.0.113.1:80[WebServer/0],  Zone:---,  protocol:tcp
  Vpn: public --> public
```

其中，any表示访问虚拟服务器的源IP地址可以为任意地址，203.0.113.1:80表示虚拟服务器的IP地址和端口，WebServer/0为虚拟服务器关联的实服务器组的名称和ID。显然，当指定了多个虚拟服务器的IP地址时，也会生成多个Server-map表项。

同时，防火墙也会为虚拟服务器的IP地址自动生成黑洞路由，防止产生路由环路。查看此时的路由表，可以看到对应的路由表项：目的地址为虚拟服务器的IP地址，掩码长度为32位，下一跳为NULL0接口。删除虚拟服务器的IP地址或者取消虚拟服务器和实服务器组的绑定关系后，该黑洞路由自动删除。

```
[sysname] display ip routing-table
 Route Flags: R - relay, D - download to fib
 ------------------------------------------------------------------------------
 Routing Tables: Public
        Destinations : 9        Routes : 9

 Destination/Mask    Proto   Pre  Cost      Flags NextHop         Interface
    10.10.10.10/32   Direct  0    0           D   127.0.0.1       LoopBack0
    11.11.11.11/32   Direct  0    0           D   127.0.0.1       LoopBack1
    90.33.72.20/32   Direct  0    0           D   127.0.0.1       MEth0/0/0
   90.33.72.255/32   Direct  0    0           D   127.0.0.1       MEth0/0/0
     127.0.0.0/8     Direct  0    0           D   127.0.0.1       InLoopBack0
     127.0.0.1/32    Direct  0    0           D   127.0.0.1       InLoopBack0
 127.255.255.255/32  Direct  0    0           D   127.0.0.1       InLoopBack0
    203.0.113.1/32   UNR     60   0           D   0.0.0.0         NULL0
 255.255.255.255/32  Direct  0    0           D   127.0.0.1       InLoopBack0
```

客户端的访问请求到达防火墙，命中SLB类型的静态Server-map表。防火墙会先检查安全策略，然后修改报文的目的IP地址和端口，再查路由转发报文。因此，用户还需要为SLB单独开放安全策略。安全策略的源IP地址和端口为客户端地址和端口，源安全区域为客户端所在的安全区域，目的IP地址和端口为虚拟服务器的IP地址和端口，目的安全区域为实服务器所在的区域。

```
[sysname] display security-policy rule name policy4slb
  (0 times matched)
```

```
rule name policy4slb
 source-zone untrust
 destination-zone dmz
 destination-address 203.0.113.1 mask 255.255.255.255
 service http
 action permit
```

开放安全策略以后，防火墙首次收到业务请求，查Server-map表，建立会话表，并转发报文到选定的实服务器。实服务器返回的后续报文到达防火墙时，将直接根据会话表转发。

经过一段足够长的运行时间，在防火墙上查看实服务器的业务负载情况，可以看到累计会话数比例约为1：1：1：2。

```
[sysname] display slb group WebCluster verbose
Group Information(Total 1)
----------------------------------------------------------------------
 Group Name                  : WebCluster
 Group ID                    : 1
 Metric                      : weight-roundrobin
 Source-nat Type             : NA
 Health Check Type           : tcp
 Real Server Number          : 4
 Current Connection          : 723
  RserverID IP Address    Weight Max-connection Status   Ratio  TotalSession CurSession
  1         192.168.1.11 1      10000          Inactive 19.99% 1548         140
  2         192.168.1.12 1      10000          Inactive 20.31% 1573         147
  3         192.168.1.13 1      10000          Inactive 19.50% 1510         159
  4         192.168.1.14 2      20000          Inactive 40.19% 3112         297
----------------------------------------------------------------------
```

4. 配置源NAT

在前面的步骤中，我们有意忽略了一个问题：实服务器返回的后续报文能够到达防火墙吗？这取决于实服务器的路由配置，实服务器上必须有通往外网的回程路由，后续报文才能通过防火墙返回给客户端。通常情况下，服务器不能主动访问外网，也就没有可以访问外网的默认路由。来访的客户端的地址没有规律，因此也不可能针对海量客户端地址配置回程路由。这该怎么办？

我们可以在实服务器组视图下执行**source-nat** { **address-group** *address-group-name* | **interface-address** }命令，启用源NAT功能。

启用源NAT功能后，防火墙在转发客户端请求时，将发往实服务器的报文的源地址转换为指定的地址池地址或者连接实服务器的接口的地址。以图6-16所示组网为例，假设客户端地址为192.0.2.1，虚拟服务器地址为203.0.113.1，防火墙连接实服务器组的接口地址为192.168.1.1。启用接口类型的源NAT以后，防火墙收到客户端的连接请求，不仅会根据负载均衡算法选择的实服务器的地址修改报文的目的地址（203.0.113.1→192.168.1.13），还会修改报文的源地址（192.0.2.1→192.168.1.1）。这样，实服务器返回的后续报文的目的地址就是防火墙内网接口地址。此时，实服务器上只需要配置到此接口地址的路由即可。

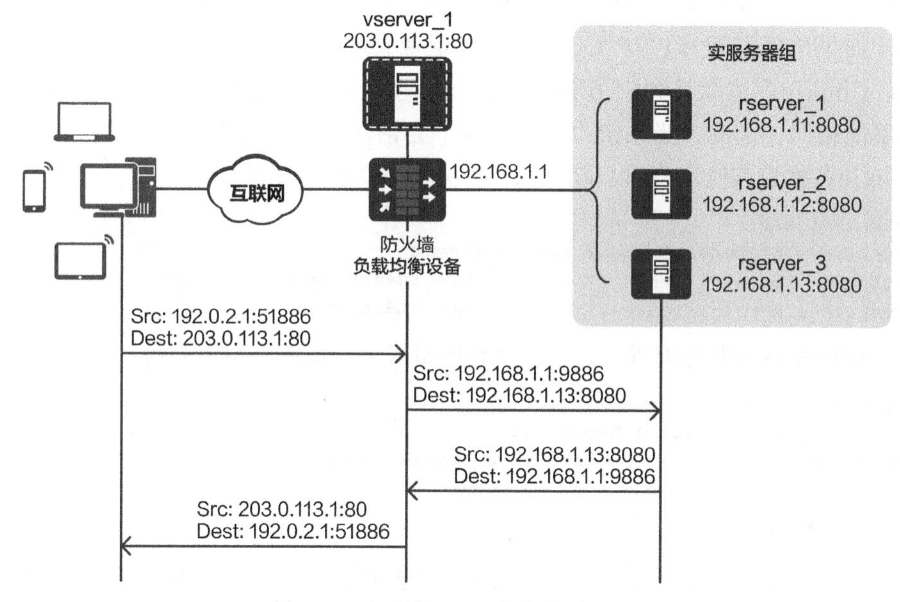

图 6-16　启用源 NAT 后的地址转换流程

如果防火墙采用双机热备组网，选择接口类型的源NAT，会导致双机切换后业务中断。此时应选择地址池方式，且地址池模式必须为NAPT（命令为**mode pat**）。

启用源NAT以后，实服务器将不能获得客户端的真实IP地址。如果实服务器需要根据客户端的IP地址来完成诸如身份认证之类的事务，则不能启用源NAT。对于广泛使用的Web服务，还可以使用X-Forwarded-For传递客户端IP地址。用户可以在防火墙上使用**http x-forward enable**命令启用HTTP X-Forward功能，防火墙将在客户端发来的HTTP报文的头部插入X-Forwarded-For字段，其值为客户端的真实IP地址。实服务器可以通过解析HTTP报文头并读取X-Forwarded-For字段而获得客户端的真实IP地址。

5. 配置会话保持（可选）

服务器负载均衡的会话保持是通过在虚拟服务器下引用会话保持配置文件来实现的。我们首先创建一个会话保持配置文件，并指定会话保持方式为SSL Session ID，会话保持老化时间为350秒。

```
[sysname] slb
[sysname-slb] persistence 1 ssl_sticky
[sysname-slb-persistence-1] type session-id aging-time 350
```

如果选择基于HTTP Cookie的会话保持方式，还可以设置Cookie的名称。Cookie名称默认为SLBServerpool。多个会话保持配置文件的Cookie名称不能相同，因此，当系统中配置了多个会话保持配置文件时，需要修改默认Cookie名称为其他字符串。以Cookie插入方式为例，代码如下。

```
[sysname] slb
[sysname-slb] persistence 2 cookie_insert
[sysname-slb-persistence-2] type cookie-insert aging-time 650
[sysname-slb-persistence-2] cookie-name SLBRserver
```

创建完会话保持配置文件后，回到虚拟服务器视图下引用即可。

```
[sysname-slb-persistence-2] quit
[sysname-slb] vserver 1 WebServer
[sysname-slb-vserver-1] persistence cookie_insert
```

6. 小结

配置服务器负载均衡，就是分别指定实服务器组与虚拟服务器的参数，并将二者关联起来，建立映射关系。虚拟服务器的每种协议支持的健康检查协议、会话保持方法各不相同，如表6-4所示。在关联虚拟服务器和实服务器组时，防火墙会校验配置，如有冲突则不能下发配置。

表6-4 虚拟服务协议支持情况

虚拟服务协议		是否支持						
		any	HTTP	HTTPS	SSL	TCP	UDP	ESP
会话保持方法	基于源IP地址的会话保持	支持	支持	支持	支持	支持	支持	支持
	基于SSL Session ID的会话保持	不支持	不支持	不支持	支持	不支持	不支持	不支持
	基于HTTP Cooike的会话保持	不支持	支持	支持	不支持	不支持	不支持	不支持

续表

虚拟服务协议		是否支持						
		any	HTTP	HTTPS	SSL	TCP	UDP	ESP
健康检查协议	TCP	支持	不支持	不支持	支持	支持	不支持	支持
	HTTP	支持	支持	支持	不支持	支持	不支持	支持
	HTTPS	支持	不支持	支持	支持	支持	不支持	支持
	DNS	支持	不支持	不支持	支持	支持	支持	支持
	RADIUS	支持	不支持	不支持	不支持	不支持	支持	支持
	ICMP	支持	支持	支持	支持	支持	支持	支持

| 6.3　七层负载均衡 |

从前文的介绍中可以看到，服务器负载均衡的核心功能就是防火墙对外发布虚拟IP地址和服务端口，然后把流量进行地址转换，再分发给实服务器。在这个过程中，防火墙工作在OSI（Open System Interconnection，开放系统互连）网络模型的传输层，因此也叫四层负载均衡。当今大型网站普遍采用分布式架构，还要求防火墙根据应用层的内容来选择实服务器，实现七层负载均衡功能。本节将介绍七层负载均衡的背景、典型场景和调度策略。

6.3.1　七层负载均衡的背景

七层负载均衡的应用是由应用架构的发展推动的，而应用架构的发展背后，是业务需求的变化。本节以大型网站架构的演进为例，说明业务需求如何驱动大型网站架构的发展，进而推动七层负载均衡的应用。

图6-17大致展示了网站架构的发展过程。业务草创时期，网站访问量不大，应用服务和数据库、文件等所有资源都部署在同一台服务器上。随着业务的发展，一台服务器无法满足业务需求，企业就会考虑把应用服务和数据服务分开部署。分开部署以后，也可以针对不同的服务，提供不同的服务器硬件配置，以优化性能。例如，应用服务器需要更快的CPU处理速度，文件服务器需要更大的磁盘空间和更大的接口带宽，数据库服务器需要更快的磁盘读写速

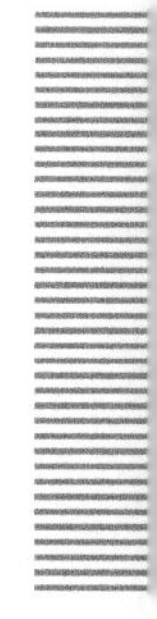

度和更大的内存，等等。当单台服务器无法满足业务的快速发展的时候，网站架构中开始引入集群系统和分布式服务。采用应用服务器集群，搭配负载均衡器，可以有效改善网站的并发处理能力。采用分布式服务，把应用服务拆分为多个不同的应用，把公共服务独立出来，可以让各个应用更好地独立发展、独立部署、独立维护，可扩展性也更强。

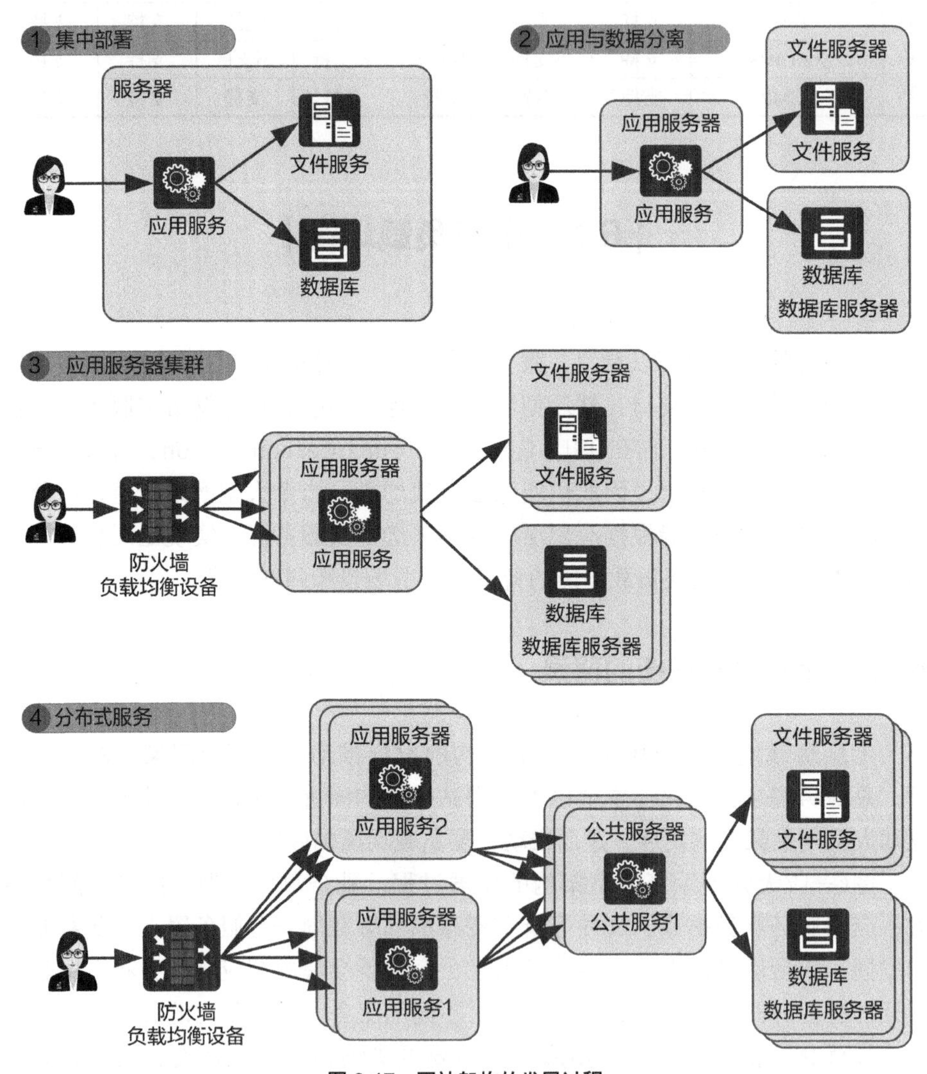

图 6-17　网站架构的发展过程

这时候，四层负载均衡就不能满足需求了。因为网站对外提供服务的入口还是一个，多个应用服务对外发布的IP地址和端口是相同的，只是资源地址不同。这种情况下，就需要负载均衡设备根据应用层的信息来选择应用服务器。

七层负载均衡是在四层负载均衡的基础上，增加了基于应用层内容的调度因素来实现的，因此也叫基于内容的路由。目前，七层负载均衡支持HTTP，主要应用于网站和基于B/S架构开发的业务系统。HTTP的七层负载均衡就是按照HTTP报文头来选择实服务器组。防火墙作为服务器的代理，首先跟客户端建立连接，然后接收并解析应用层报文。根据应用层报文的特征，如URL地址、Host域名等，选择承载该业务请求的应用服务器集群（即某实服务器组）。最后根据负载均衡算法，从实服务器组中选择一台实服务器来响应业务请求。在这个过程中，防火墙作为服务器的代理，跟客户端建立一个连接、跟实服务器组建立多个连接，如图6-18所示。

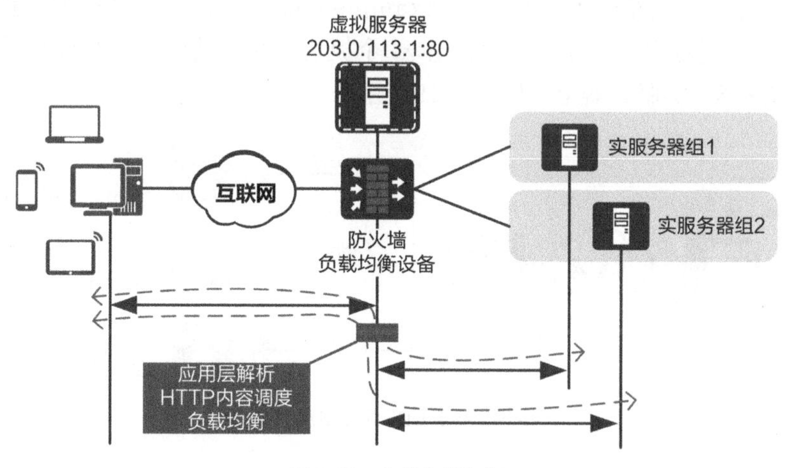

图 6-18　七层负载均衡

当Web服务器对外提供多种类型的服务时，基于应用层内容的七层负载均衡就变得非常有必要且有价值了。例如，在线电商网站需要展示产品目录，并接受可能的订单。产品目录大部分是静态的资源，而接受订单需要运行应用程序，并通过CGI（Common Gateway Interface，通用网关接口）来接收商品编码和客户信息。通常，静态资源和动态资源对服务器的性能要求是不一样的，处理动态资源需要更多的响应时间，消耗更多的服务器资源。有了七层负载均衡，就可以把不同类型的资源部署到不同的服务器上，让更多高性能服务器来响应复杂的动态资源访问请求，进而大大改善客户体验。

七层负载均衡既然可以根据应用层信息来选择服务器，这就使得网络更加智能，并且反过来支撑更加灵活的网站架构。相对而言，四层负载均衡设计简单，客户端与服务器之间直接建立连接，防火墙不需要代理和解析应用层内容，因而处理能力也更高。

6.3.2 七层负载均衡的典型场景

防火墙支持根据HTTP报文头的URL、Host、Referer和Cookie字段作为七层负载均衡的调度条件。本节介绍七层负载均衡的常见应用场景。

1. 基于 URL 调度实服务器组

某网站对外发布一个域名www.example.com，网站根据内容规划了3个顶级URL，分别对应于新闻、视频、论坛3个板块。在网站后台，3个板块的资源分别部署在3组实服务器上，如图6-19所示。

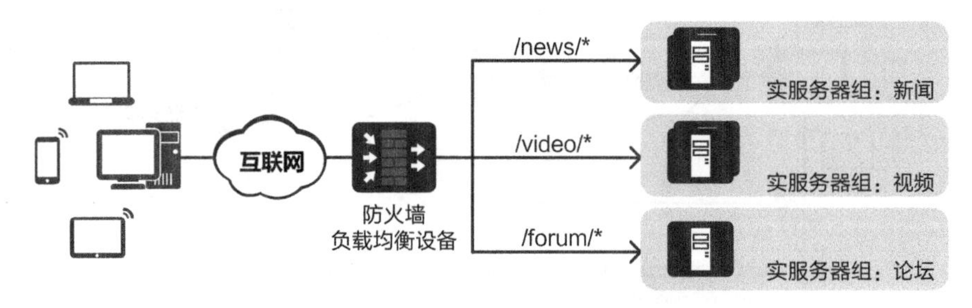

图 6-19　基于 URL 调度实服务器组

访问http://www.example.com/news/*的请求被分配给实服务器组新闻，访问http://www.example.com/video/*的请求被分配给实服务器组视频，访问http://www.example.com/forum/*的请求被分配给实服务器组论坛。如果用户访问网站主页，则分配给默认的实服务器组。

基于URL来调度实服务器组是最常见的场景。URL地址不仅可以区分网站上不同的板块，也可以区分不同类型或不同版本的资源。例如，可以把网页（*.html）和图片（*.jpg）部署到不同的实服务器组，或者把不同版本的API（Application Program Interface，应用程序接口）服务部署到不同的实服务器组。然后通过七层负载均衡，将不同类型的流量分配到不同的实服务器组去处理。

此外，URL的参数部分也可以作为调度因素。例如，在测试网站新功能的过程中，经常会采用A/B测试。当用户选择方案A时，其访问请求URL为http://www.example.com?ABTest=A；当用户选择方案B时，其访问请求URL为http://www.example.com?ABTest=B。通过识别URL地址中的参数，七层负载均衡可以为用户分配对应方案的实服务器组。网站设计者监控和分析不同方案的用户体验数据，确定最终采用哪一种方案。

2. 基于 Host 调度实服务器组

某公司面向不同国家和地区发布了多个区域性域名，例如www.example.com、www.example.cn，所有这些域名都解析到同一个公网IP地址。该公司的网站架构按照区域部署，业务量比较大的中国区分配一个实服务器组，业务量比较小的其他所有国家和地区共享一个实服务器组，如图6-20所示。

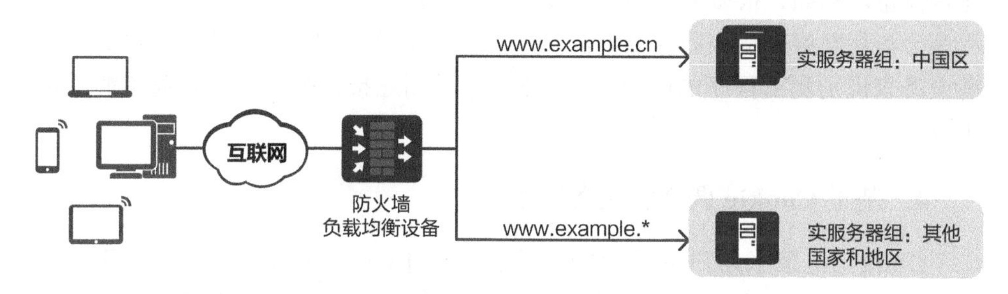

图 6-20 基于 Host 调度实服务器组

防火墙收到业务请求以后，根据HTTP报文首部的Host字段，选择对应的实服务器组来承载业务请求。基于Host来调度实服务组，可以使用一个公网IP地址托管多个网站，这也是大多数网站托管服务的实现方案。

3. 基于 Referer 调度实服务器组

Referer是HTTP报文首部的一个字段，用来表示URL请求的来源。例如，在www.example.com网站主页点击链接进入www.example.com/news.html网页，浏览器向服务器发起的URL请求报文中，Referer字段就是www.

example.com/。基于Referer调度实服务器，就可以把来自特定网站或URL的流量分配给指定的实服务器组。假设www.example.com是某企业重要合作伙伴的网站，管理员可以利用基于Referer的七层负载均衡，把来自该网站的业务请求分配给性能更高的实服务器组（合作伙伴），把其他业务请求分配给通用实服务器组，如图6-21所示。

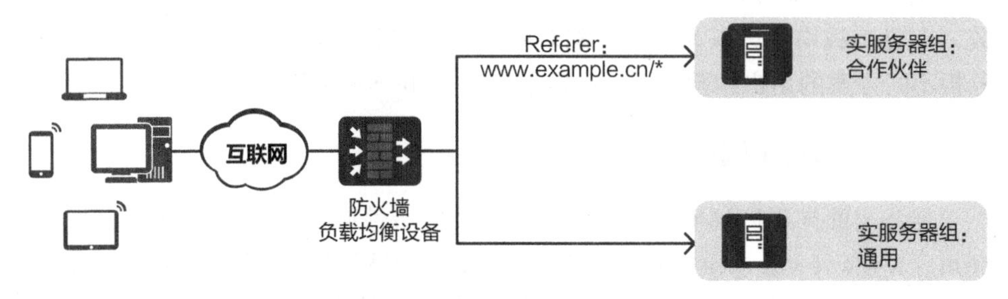

图 6-21　基于 Referer 调度实服务器组

因为Referer字段体现了请求来源，用户也可以利用这个特性来丢弃某些恶意流量。例如，很多人利用网络爬虫采集互联网上的公开信息，大量的爬虫程序会消耗网络带宽和服务器资源，严重的甚至会导致网站崩溃。利用负载均衡设备来识别爬虫程序的Referer字段，并关闭连接，是一个比较简单的反爬手段。

4. 基于 Cookie 调度实服务器组

Cookie记录了用户的访问行为信息，基于Cookie来调度实服务器，就可以为不同用户提供不同的服务，例如为付费用户或登录用户提供更好的服务体验。用户初次访问时，URL请求报文中通常不携带Cookie信息，可以分配给通用实服务器组。当用户登录后，通用实服务器组按照规则在响应报文中添加一个Set-Cookie信息，用户后续的访问将携带Cookie信息。如图6-22所示，假设某企业通用服务器为普通注册用户添加的Cookie信息是User=RegisteredUser，重要用户的Cookie信息是User=ValuedUsers。防火墙就可以根据Cookie信息把请求分发到实服务器组User1或User2。

基于Cookie调度实服务器，必须由实服务器配合。关于如何在实服务器上设置Cookie，请参考服务器的配套文档。

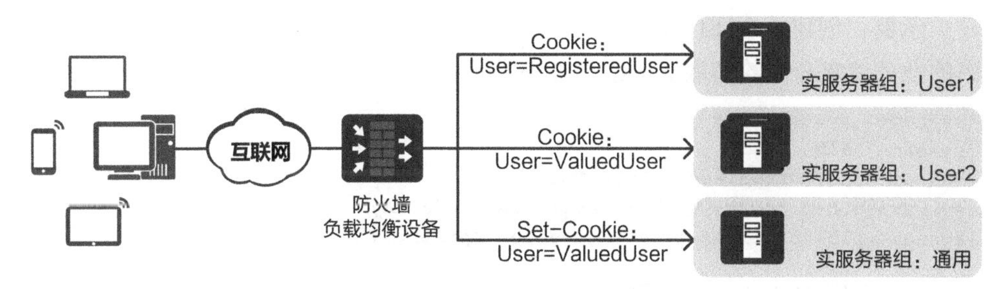

图 6-22　基于 Cookie 调度实服务器组

6.3.3　HTTP 调度策略

防火墙使用HTTP调度策略来定义不同类型的业务请求应该分配给哪个实服务器组。本节介绍HTTP调度策略的组成和匹配原则，以及HTTP调度策略的配置和应用方法。

1. 了解 HTTP 调度策略

HTTP调度策略由匹配条件和动作两部分组成，如图6-23所示。每个HTTP调度策略最多可以设置16个匹配条件，条件之间是“或”的关系。匹配条件就是对HTTP报文首部标准字段的定义，当业务请求报文符合指定条件时，防火墙将根据设定的动作来调度实服务器组，或者断开连接。目前，防火墙支持使用URL、Host、Referer和Cookie作为匹配条件。

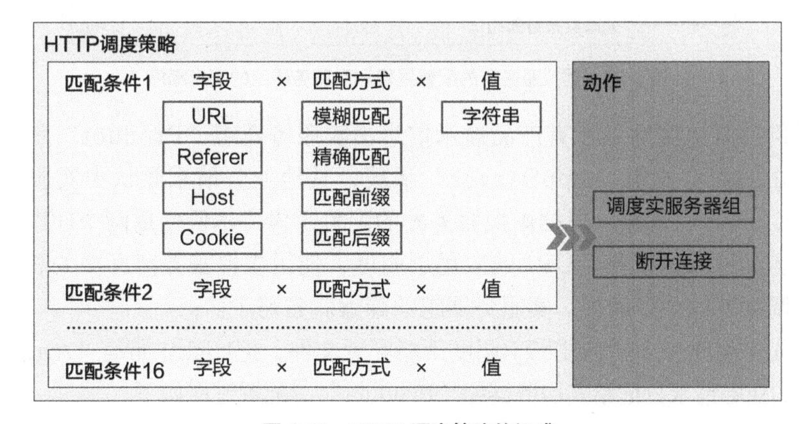

图 6-23　HTTP 调度策略的组成

示例：创建一个HTTP调度策略配置文件，URL中带有“/cgi-bin/”字符串的业务请求分配给实服务器组“AppServer”，配置过程如下。

```
<sysname> system-view
[sysname] slb
[sysname-slb] httpclass 1 HTTP2CGI
[sysname-slb-httpclass-1] url /cgi-bin/ mode any
[sysname-slb-httpclass-1] action group AppServer
```

2. 应用HTTP调度策略

在虚拟服务器引用调度策略之后，HTTP调度策略才会生效。每个虚拟服务器最多可以引用8个HTTP调度策略配置文件，防火墙按照引用的先后顺序去依次匹配。当任意一个HTTP调度策略匹配成功以后，将不再继续向下匹配；如果所有HTTP调度策略都未命中，防火墙将业务请求分配给虚拟服务器下关联的实服务器组。虚拟服务器的配置逻辑和实服务器组的调度顺序如图6-24所示。

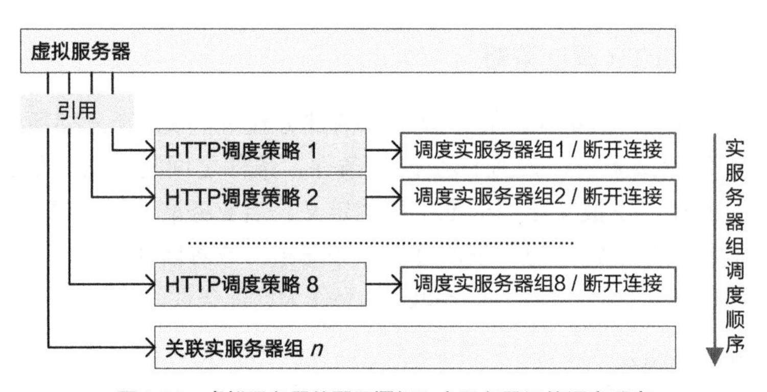

图6-24　虚拟服务器的配置逻辑和实服务器组的调度顺序

示例：某电商网站所有产品展示信息由实服务器组“Product”承载，订单信息由实服务器组“AppServer”承载，其他业务请求默认由实服务器组“WebCluster”承载。根据虚拟服务器的配置逻辑，本例使用两个HTTP调度策略配置文件来完成基于URL的应用层调度，使用虚拟服务器直接关联实服务器组来调度其他业务请求。实服务器组的配置就省略了。

首先，创建一个新的HTTP调度策略配置文件，把URL中带有“/catalog/”字符串的业务请求分配给实服务器组“Product”，配置过程如下。

```
<sysname> system-view
```

```
[sysname] slb
[sysname-slb] httpclass 2 HTTP2Catalog
[sysname-slb-httpclass-2] url /catalog/ mode any
[sysname-slb-httpclass-2] action group Product
```

然后，创建一个虚拟服务器，并引用前面已经创建的HTTP调度策略配置文件和实服务器组。

```
[sysname] slb
[sysname-slb] vserver 1 WebServer
[sysname-slb-vserver-1] protocol http
[sysname-slb-vserver-1] vip 1 203.0.113.1
[sysname-slb-vserver-1] vport 80
[sysname-slb-vserver-1] httpclass HTTP2CGI        //引用HTTP调度策略配置文件
 Warning:The configuration needs to commit to take effect.
[sysname-slb-vserver-1] httpclass HTTP2Catalog
 Warning:The configuration needs to commit to take effect.
[sysname-slb-vserver-1] group WebCluster        //关联实服务器组WebCluster
[sysname-slb-vserver-1] quit
[sysname-slb] slb httpclass commit          //提交配置
```

在虚拟服务器中引用HTTP调度策略配置文件以后，必须退回SLB配置视图下提交配置，HTTP调度策略才能生效。

七层负载均衡也需要配置安全策略。不同的是，在七层负载均衡场景中，每个客户端的访问都会在防火墙上建立两个会话。

左侧会话：客户端访问虚拟服务器的会话，需要手工配置安全策略。安全策略的目的安全区域为实服务器所在的安全区域，目的IP地址为虚拟服务器地址。

右侧会话：客户端访问实服务器的会话，不检查安全策略，直接转发。因此不需要配置安全策略。

配置完安全策略以后，等待一段时间，查看HTTP调度策略的配置信息和命中情况，以“HTTP2CGI”为例。

```
[sysname] display slb httpclass HTTP2CGI
 HttpClass Profile Information(Total 1)
 ------------------------------------------------------------------
   HttpClass Name             : HTTP2CGI
   HttpClass ID               : 1
   Pattern Item Number        : 1
    Type      Mode      Pattern-string
    url       exact     /cgi-bin/
   HttpClass Action           : Dispatch new group AppServer
   hit statistics:
       url                    : 1027
       host                   : 0
```

```
    refer                    : 0
    cookie                   : 0
-----------------------------------------------------------------
```

6.4 SSL 卸载

SSL协议是互联网上广泛应用的一种安全技术。由于SSL协议会消耗大量的服务器资源，通常会在服务器前端部署专用的硬件设备作为SSL代理，以减轻服务器的性能消耗，这就是SSL卸载。本节介绍SSL卸载的背景和配置方法。

6.4.1 SSL 卸载的背景

开放的互联网为我们提供了丰富的信息资源，也潜藏着众多安全隐患。以最常用的HTTP为例，其通信过程使用明文，通信内容可能会被中间人窃听或篡改。同时，HTTP也不会验证通信双方的身份，因此也可能会遭遇伪装。为了提高安全性，各种加密技术应运而生，SSL协议就是当今互联网上广泛使用的一种加密和验证技术。SSL协议由网景公司开发，共有3个版本。其中，SSLv3是最主流的版本，也是最后一个版本。此后，SSL协议的主导权转移到了IETF，SSLv3也被IETF收编为TLS1.0。TLS（Transport Layer Security，传输层安全协议）是以SSL为基础开发的安全协议，通常跟SSL一起统称为SSL协议。SSL协议工作在TCP和应用协议之间。采用SSL协议承载的HTTP即为HTTP over SSL，也就是常说的HTTPS。

在SSL通信过程中，客户端和服务器使用非对称加密算法交换认证信息和用于加密数据的密钥，然后使用该密钥加密和解密通信过程中的信息。图6-25展示了SSL握手过程。很显然，在SSL握手过程中，客户端和服务器之间需要交互多次信息，以验证对方身份、交换和协商密钥。也就是说，采用HTTPS通信，除了建立TCP连接、发送HTTP报文，还需要额外增加SSL通信。这些多出来的通信过程，就是HTTPS比HTTP慢的一个原因。

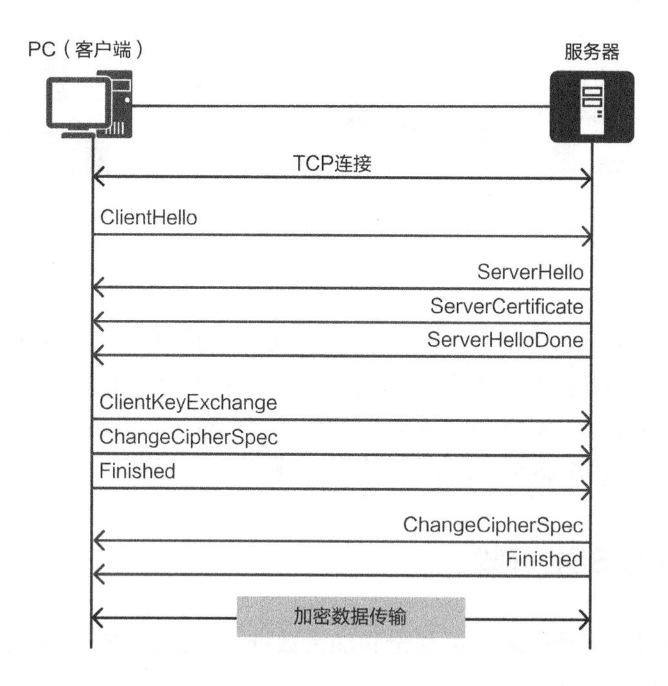

图6-25　SSL握手过程

不仅如此，在SSL通信过程中，通信双方都需要对传输的数据进行加密和解密的计算处理。加密和解密计算是一项非常消耗服务器计算资源的任务，密钥长度越长，消耗资源越多，并且这种增长是非线性的。据测算，当密钥长度从1024位升级到2048位时，加解密的计算资源消耗约增加4～8倍。目前主流的密钥长度是2048位，CA（Certificate Authority，证书授权中心）已经不再提供密钥长度小于2048位的证书，多数浏览器也已经停止接受1024位的证书。

采用SSL协议增强了安全性，但是消耗了非常多的服务器资源，不仅使通信速度变慢，还给服务器带来了沉重负担。为了缓解服务器的性能压力，可以在SSL客户端和服务器中间部署专用硬件，代替服务器执行SSL握手和加解密工作，让服务器专注于应用和业务，这就是SSL卸载技术。如图6-26所示，防火墙启用SSL卸载功能，部署在服务器前端。当客户端发起HTTPS连接时，防火墙充当SSL代理服务器，全面接管加密和解密工作。防火墙终结SSL连接，还原出HTTP业务，并与服务器建立明文的HTTP连接。

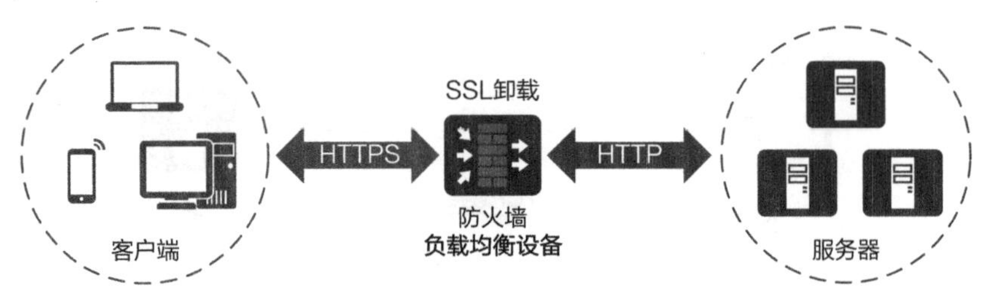

图 6-26 SSL 卸载

采用SSL卸载技术，不仅可以卸载服务器上的通信与计算任务，节省服务器有限的资源，还为其他负载均衡应用提供了可能。防火墙将HTTPS流量还原为HTTP流量，就可以实现基于HTTP Cookie的会话保持，也可以基于Referer调度实服务器组，实现七层负载均衡。

6.4.2 配置 SSL 卸载

SSL协议使用证书来验证身份和加密数据。在配置SSL卸载之前，必须先向防火墙中导入证书。

- 导入SSL服务器证书（含密钥）。SSL服务器证书即实服务器的本地证书。如果服务器本地证书由多级CA机构颁发，也需要把多级CA证书导入防火墙。防火墙会把本地证书链和CA证书链一起发送给客户端，供客户端验证服务器本地证书的合法性。如果证书链不完整，进行SSL握手时，客户端会出现证书安全告警，或者连接失败。
- 导入客户端的CA证书。在SSL双向认证场景中，防火墙需要使用该CA证书校验客户端发来的证书。
- 导入客户端CRL，可选。在SSL双向认证的场景中，防火墙会检查客户端发来的证书是否在CRL中，判断其合法性。

作为SSL代理，防火墙使用SSL卸载配置文件来定义SSL能力。SSL卸载配置文件中，除了前面导入的证书，还包括SSL协议版本、加密套件、会话缓存等参数。

```
[sysname] slb
[sysname-slb] ssl-profile 1 ssl-offload
[sysname-slb-ssl-profile-1] server-certificate local.cer //指定SSL服务器证书
[sysname-slb-ssl-profile-1] ssl-version tls1.2           //指定SSL协议版本
[sysname-slb-ssl-profile-1] ssl-algorithm medium        //指定SSL协议加密套件
```

```
[sysname-slb-ssl-profile-1] session-cache number 3000  //会话缓存数量
[sysname-slb-ssl-profile-1] session-cache timeout 1500 //会话缓存老化时间
```

防火墙默认提供了高级（high）和中级（medium）两个安全级别的加密套件。中级可以满足一般用户的安全需求，可以支持较老版本的浏览器。如果对加密套件有更具体的要求，也可以自定义配置，多个加密套件之间使用英文冒号（:）连接。

```
[sysname-slb-ssl-profile-1] ssl-algorithm DHE-RSA-AES128-SHA:AES128-SHA:AES128-SHA256:DHE-RSA-AES128-SHA256
```

在防火墙上建立会话缓存，可以减少SSL握手的开销，但是缓存过多、老化时间过长，也会消耗防火墙的系统资源。默认情况下，SSL会话缓存数量为2000，会话缓存老化时间为1800秒。用户可以使用**session-cache**命令调整配置。

在SSL双向认证场景中，用户还需要启用客户端认证功能，并指定CA证书。证书链深度和CRL为可选配置。

```
[sysname-slb-ssl-profile-1] client auth enable        //启用客户端认证功能
[sysname-slb-ssl-profile-1] ca-certificate client_ca.cer  //指定客户端CA证书
[sysname-slb-ssl-profile-1] ca-chain-depth 8          //指定证书链深度
[sysname-slb-ssl-profile-1] crl client_crl.crl        //指定CRL文件
```

配置完SSL卸载配置文件以后，在虚拟服务器视图下引用即可。

```
[sysname-slb-ssl-profile-1] quit
[sysname-slb] vserver 1 WebServer
[sysname-slb-vserver-1] protocol https      //虚拟服务器的协议必须为HTTPS
[sysname-slb-vserver-1] ssl-profile ssl-offload  //引用前面创建的SSL卸载配置文件
```

SSL卸载场景中，每个客户端的访问都会在防火墙上建立两个会话。左侧会话和右侧会话都需要配置安全策略，其配置方法如表6-5所示。

表 6-5　SSL 卸载的安全策略的配置方法

会话	源安全区域	源 IP 地址	目的安全区域	目的 IP 地址	服务	备注
左侧会话：客户端访问虚拟服务器的会话	客户端所在的安全区域	any	实服务器所在的安全区域	虚拟服务器地址	https	—
右侧会话：客户端访问实服务器的会话	客户端所在的安全区域	any	实服务器所在的安全区域	实服务器地址	http	在一些早期版本中，源安全区域应指定为 local 区域

至此，我们已经介绍完服务器负载均衡的主要功能。服务器负载均衡的核心是虚拟服务器与实服务器组之间的映射关系。虚拟服务器是对外开放的，实服务器组仅内部可见。虚拟服务器与实服务器组的配置与关联，是服务器负载均衡的核心配置。在此基础之上，为了保证一系列相关联的访问请求被分配到同一台服务器上，增加了会话保持配置文件；为了根据HTTP报文首部调度实服务器组，实现七层负载均衡，增加了HTTP调度策略；为了缓解服务器的性能压力，也为了实现基于HTTP Cookie的会话保持和七层负载均衡，增加了SSL卸载配置文件。

服务器负载均衡的配置逻辑如图6-27所示。

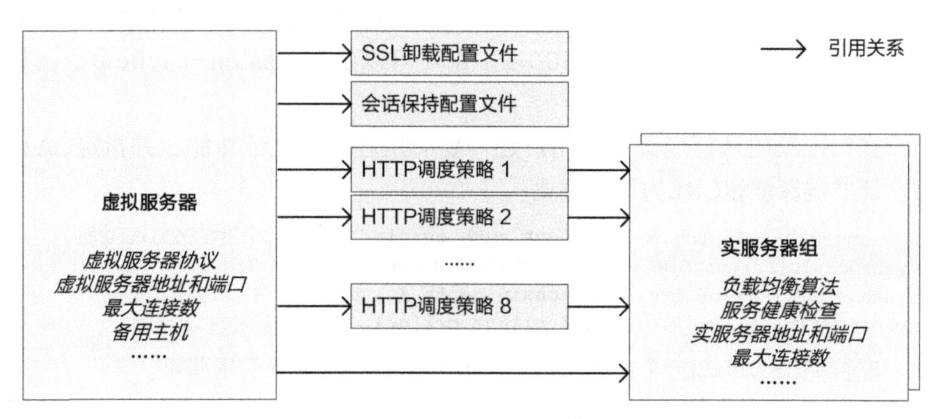

图 6-27 服务器负载均衡的配置逻辑

6.5 过载控制

防火墙持续监控实服务器和虚拟服务器的并发连接数，以控制服务器的负载，确保服务器工作在正常的性能范围内。

1. 实服务器最大连接数

最大连接数是表征实服务器性能的一个重要参数。防火墙在分配业务请求时，除了根据负载均衡算法去选择服务器或根据健康状态去剔除故障服务器，还会考虑实服务器当前的业务负载。

设置实服务器的最大连接数为30000。

```
<sysname> system-view
[sysname] slb
[sysname-slb] group 1 WebCluster
[sysname-slb-group-1] metric roundrobin
[sysname-slb-group-1] rserver 1 to 3 rip 192.168.1.11 port 8080 max-connection 30000
//添加实服务器时，同时指定最大连接数
[sysname-slb-group-1] rserver 4 max-connection 30000
//修改实服务器的最大连接数
```

当实服务器的并发连接数达到设置的最大连接数时，防火墙默认将不再向该服务器分配新的业务。这个默认设置也可以使用action { optimize | override | discard }命令修改。其中，optimize即为默认值，表示防火墙重新调度业务；override表示忽略最大连接数的限制，可能会导致服务器过载；discard表示丢弃连接。

```
[sysname-slb-group-1] action discard
```

并发连接数达到设置的最大连接数后，防火墙会记录服务器过载日志FW_SLB/5/OVERLOADED。当实服务器的并发连接数回落到最大连接数的80%时，防火墙也会记录日志FW_SLB/5/Normal，通知管理员实服务器恢复正常。

2. 虚拟服务器最大连接数

在虚拟服务器视图下，可以执行max-connection命令，设置虚拟服务器的最大连接数。

```
[sysname] slb
[sysname-slb] vserver 1 WebServer
[sysname-slb-vserver-1] max-connection 100000
```

当虚拟服务器的并发连接数达到设置的最大连接数时，防火墙将不再向该虚拟服务器分发新的连接。同时，发送日志FW_SLB/5/VSERVER_OVERLOADED告知用户虚拟服务器即将超负荷。当虚拟服务器的并发连接数回落到最大连接数的80%时，会发送日志FW_SLB/6/VSERVER_NORMALRUNl告知用户实服务器恢复正常。

3. 备用主机

当实服务器组内的所有服务器都达到如下任一状态时，虚拟服务器中将没有可用的实服务器：实服务器的状态为Inactive或者Admin-Invalid；实服务器的并发连接数达到了设置的最大连接数，且实服务器繁忙，策略为重新调度。

在这种情况下，防火墙将不能为客户端分配实服务器，业务连接必将失败。此时，可以使用fallback命令指定备用主机，防火墙会把客户端的业务请求重定向到备用主机。

```
[sysname] slb
[sysname-slb] vserver 1 WebServer
[sysname-slb-vserver-1] fallback http://192.168.0.1:80
```

仅当虚拟服务器的协议为HTTP、HTTPS（已配置SSL卸载）时，才支持配置备用主机。

6.6 习题

第7章 L2TP VPN

L2TP VPN是一种二层隧道技术，将PPP（Point-to-Point Protocol，点到点协议）链路层数据包封装在隧道内部进行传输。该技术主要应用于分支机构、远程办公用户访问公司总部资源的场景。

根据组网方式、隧道协商发起对象的不同，L2TP VPN分为NAS-Initiated L2TP VPN、Client-Initiated L2TP VPN和LAC-Auto-Initiated L2TP VPN这3种组网场景。本章主要围绕3种组网场景介绍L2TP VPN的原理和配置，并附带介绍L2TP VPN其他常用知识。

| 7.1 L2TP 概述 |

7.1.1 L2TP VPN 的诞生及演进

说到L2TP VPN，必须先将“镜头”切到互联网发展初期。那个时代，个人用户和企业用户大多通过电话线上网，当然企业分支机构和出差用户一般也通过电话网络，学名叫作PSTN（Public Switched Telephone Network，公共交换电话网）/ISDN（Integrated Services Digital Network，综合业务数字网）来接入总部网络。人们将这种基于PSTN/ISDN的VPN命名为VPDN（Virtual Private Dial Network，虚拟专用拨号网），L2TP VPN是VPDN技术的一种，其他的VPDN技术已经逐步退出了历史舞台。

如图7-1所示，在传统的基于PSTN/ISDN的L2TP VPN中，运营商在PSTN/ISDN和IP网络之间部署LAC，集中为多个企业用户提供L2TP VPN专线服务，配套提供认证和计费功能。当分支机构的员工和出差员工拨打L2TP VPN专用接入号时，接入Modem通过PPP与LAC建立PPP会话，同时启动认证和计费。认证通过后，LAC向LNS发起L2TP隧道和会话协商。企业总部的

LNS出于安全考虑，可以再次认证接入用户身份。认证通过后，分支机构的员工和出差员工就可以访问总部网络了。

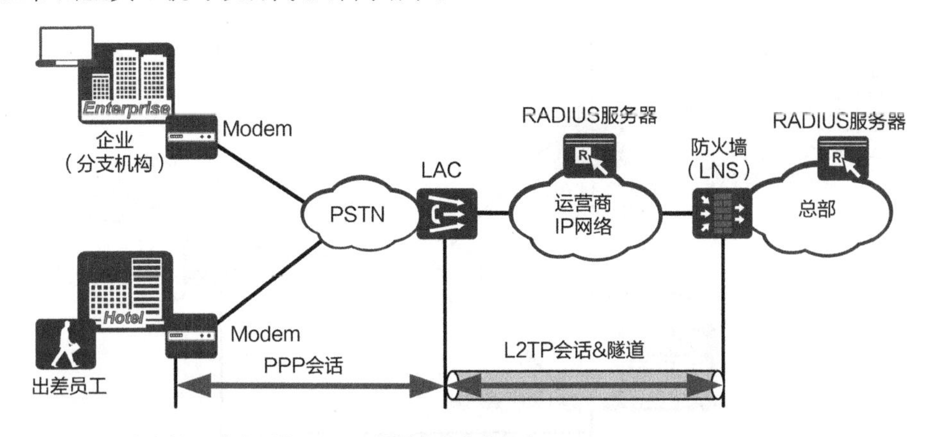

注： LAC 部署在运营商网络； LNS 部署在企业总部出口。

图 7-1　基于 PSTN/ISDN 的 L2TP VPN

随着IP网络的普及，PSTN/ISDN网络逐渐退出数据通信领域。企业和个人用户都可以通过以太网直接接入互联网了，此时L2TP VPN也悄悄地向前“迈了两小步”——看似只有两小步，但这两小步却让L2TP VPN留在了风云变幻的IP舞台上。现今L2TP VPN常用场景如图7-2所示，从图中我们可以看出L2TP VPN已经顺利地与IP网络结合。

两小步之一——PPP屈尊落户以太网：这是拨号网络向以太网演进过程中的必经之路，并非专门为L2TP VPN设计，但L2TP VPN确实是最大的受益者。分支机构用户安装PPPoE客户端，在以太网上触发PPPoE拨号，在PPPoE客户端和LAC（PPPoE 服务器）之间建立PPPoE会话，解决了PPP报文无法在以太网传输的问题。LAC和LNS之间的L2TP VPN建立过程没有变化。

两小步之二——L2TP延伸到用户PC：在出差员工场景下，PC可以使用系统自带的L2TP客户端或第三方L2TP客户端软件拨号，直接与LNS建立L2TP VPN。L2TP客户端摒弃了LAC，跟总部直接建立隧道，使得出差员工可以不受地域限制，更灵活地访问总部网络。

这两种场景跟初始L2TP VPN场景相比有一个共同特征：企业投资购买设备，然后借用互联网自建L2TP VPN，节省成本。为区分以上两种L2TP VPN，前者（基于LAC拨号的L2TP VPN）被称为NAS-Initiated VPN，后者（客户端直接拨号的L2TP VPN）被称为Client-Initiated VPN。接下来，我们对L2TP VPN组网方式进行详细介绍。

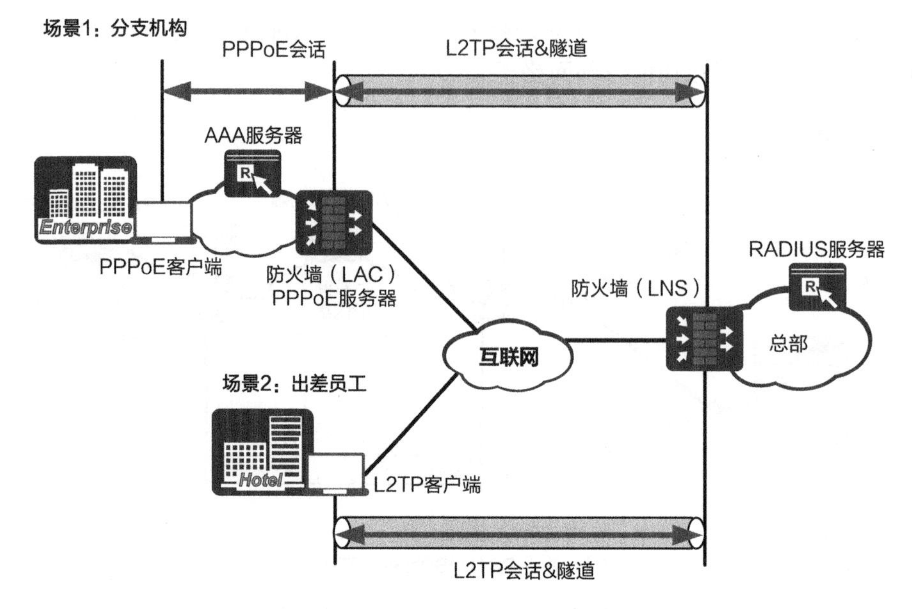

图 7-2　基于以太网的 L2TP VPN

7.1.2　L2TP VPN 的组网场景

如前文所述，L2TP VPN是一种用于承载PPP报文的隧道技术，主要用于分支机构或出差员工访问总部资源的场景。根据组网方式、隧道协商发起对象的不同，L2TP支持以下几种组网场景。后文也将围绕这几种组网场景展开介绍原理和配置。

1. NAS-Initiated L2TP VPN

NAS（Network Access Server，网络访问服务器）是VPDN里的概念。在L2TP VPN中，承担相同功能的设备是LAC。在VPDN发展到L2TP VPN时，NAS-Initiated这个名字沿用了下来，NAS-Initiated L2TP VPN实际上就是LAC-Initiated L2TP VPN。

如图7-3所示，分支机构员工通过PPPoE拨号接入LAC，然后触发LAC向LNS发起建立L2TP隧道连接请求，成功建立隧道后分支机构员工可以访问总部资源。此种场景需要部署LAC设备，分支机构员工需要使用系统自带或安装第三方PPPoE拨号软件拨号。

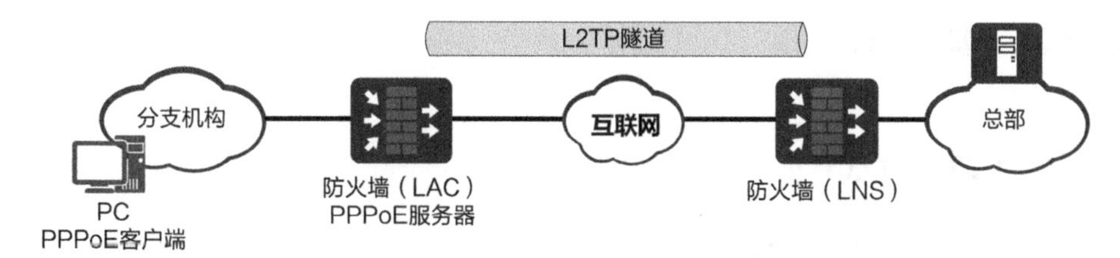

图 7-3　NAS-Initiated L2TP VPN 组网

2. Client-Initiated L2TP VPN

如图7-4所示，出差员工通过L2TP客户端（LAC功能）直接与LNS建立L2TP隧道，访问总部资源。远程用户访问总部不需要独立LAC设备，不受接入地点限制，适用于出差员工使用PC、手机等终端接入总部。

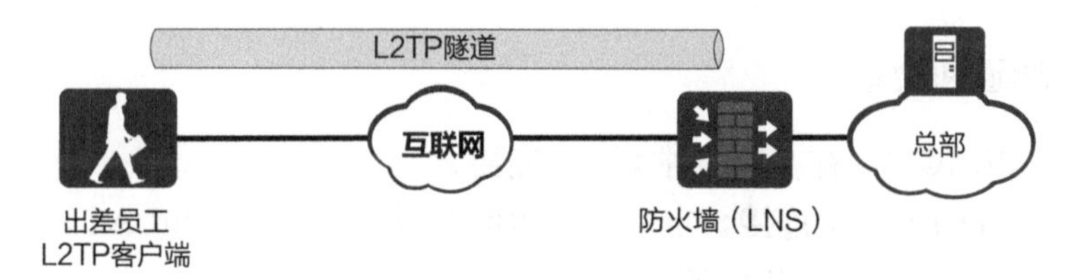

图 7-4　Client-Initiated L2TP VPN 组网

3. LAC-Auto-Initiated L2TP VPN

在NAS-Initiated L2TP VPN组网场景中，分支机构的每个员工访问总部都需要自行PPPoE拨号。如果访问总部的频率比较高，略显麻烦。L2TP VPN还支持LAC-Auto-Initiated L2TP VPN（也叫Call-LNS）组网方式。LAC主动与LNS建立永久性的L2TP隧道，分支机构员工不用拨号，直接通过L2TP隧道访问总部。

此种组网，LNS只对LAC进行认证。如图7-5所示，分支机构员工只要能够连接LAC即可使用L2TP隧道接入总部，而不需被认证，存在一定的安全隐患。

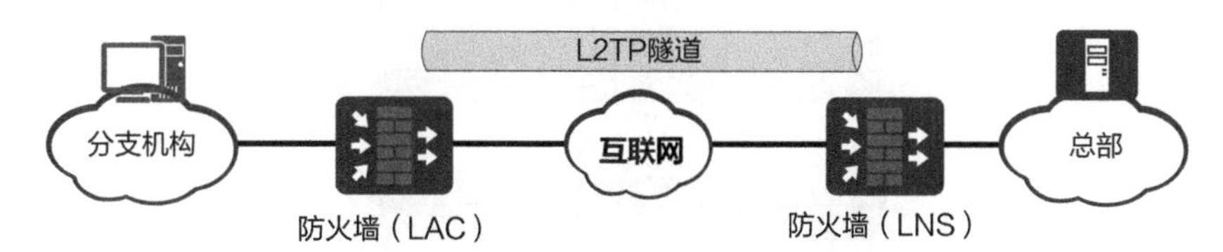

图 7-5　LAC-Auto-Initiated L2TP VPN 组网

7.1.3 基本概念

1. L2TP 背景

PPP只能在二层的点到点链路上传输数据包，因此当分支员工使用PPP接入LAC（NAS）时，无法继续通过互联网、帧中继等网络访问总部资源。

L2TP是RFC2661定义的一种对PPP数据包进行隧道封装的协议，允许二层链路端点（LAC）和PPP会话点（LNS）驻留在不同设备上，从而扩展了PPP模型，使得PPP会话可以跨越互联网、帧中继等网络。L2TP解决了分支机构远程访问总部的问题。

L2TP本身不提供加密功能，需要结合IPsec实现数据的加密传输，具体参见第8.6节。

2. 隧道和会话

LNS和LAC之间存在着两种类型的连接。

隧道（Tunnel）连接：定义互相通信的两个实体LNS和LAC之间的一条虚拟点到点连接就是L2TP隧道。

会话（Session）连接：L2TP会话复用在隧道连接之上，用于承载隧道中的PPP连接。L2TP首先需要建立L2TP隧道，然后在L2TP隧道上建立会话连接，最后建立PPP连接。每个L2TP会话对应一个PPP连接。所有的L2TP需要承载的数据信息都是在PPP连接中进行传递的。

如图7-6所示，以NAS-Initiated L2TP VPN场景为例，在同一对LAC和LNS之间可以建立多条L2TP隧道，每条隧道可以承载一个或多个L2TP会话。可以理解为隧道是高速公路，每个远程用户发起的访问为一个会话，占用了一条车道。

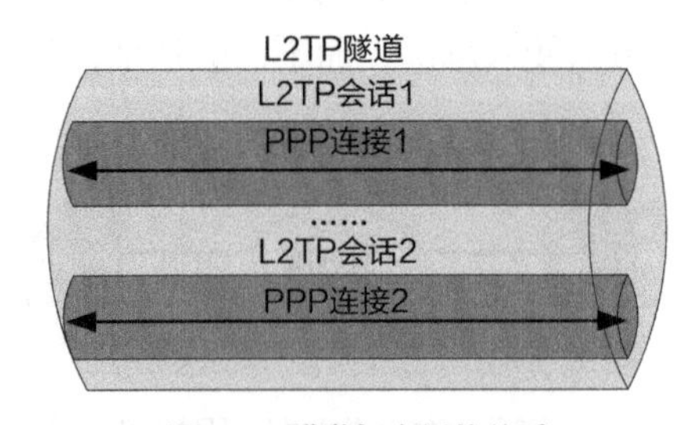

图 7-6　隧道与会话的关系

说明：这里先总体介绍隧道和会话的概念，不同组网模式的隧道条目、会话条目以及两者之间的关系不尽相同，后文会详细介绍。

3. 控制消息和数据消息

L2TP中存在控制消息和数据消息两种消息，消息的传输在LAC和LNS之间进行，其中，控制消息用于隧道和会话连接的建立、维护以及传输控制；控制消息的传输是可靠传输，并且支持对控制消息的流量控制和拥塞控制；数据消息则用于封装PPP帧并在隧道上传输；数据消息的传输是不可靠传输，如果数据报文丢失，不予重传，不支持对数据消息的流量控制和拥塞控制。

PPP帧、控制消息和数据消息在L2TP的协议结构中的位置和关系如图7-7所示。

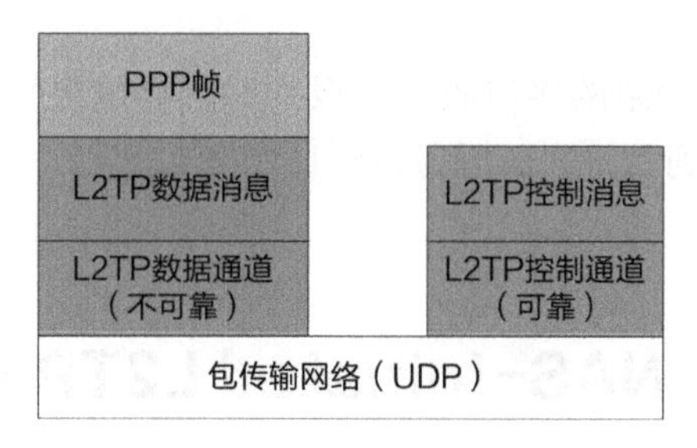

图 7-7　L2TP 的协议结构

控制消息承载在L2TP控制通道上，控制通道实现了控制消息的可靠传输，将控制消息封装在L2TP报头内，再经过IP网络传输。数据消息携带PPP帧承载在不可靠的数据通道上，对PPP帧进行L2TP封装，再经过IP网络传输。

通常L2TP报文以UDP传输。L2TP注册了UDP 1701端口，这个端口仅用于初始的隧道建立过程中。L2TP隧道发起方任选一个空闲的端口向接收方的1701端口发送报文；接收方收到报文后，也任选一个空闲的端口给发送方的指定端口回送报文。至此，双方的端口选定，并在隧道保持连通的时间段内不再改变。

4. L2TP 报文结构

L2TP报文结构如图7-8所示，用户PPP报文（已携带私网IP报文头及PPP

报文头）在公共网络上以IP报文形式传输时携带L2TP报文头、UDP报文头和公网IP报文头。

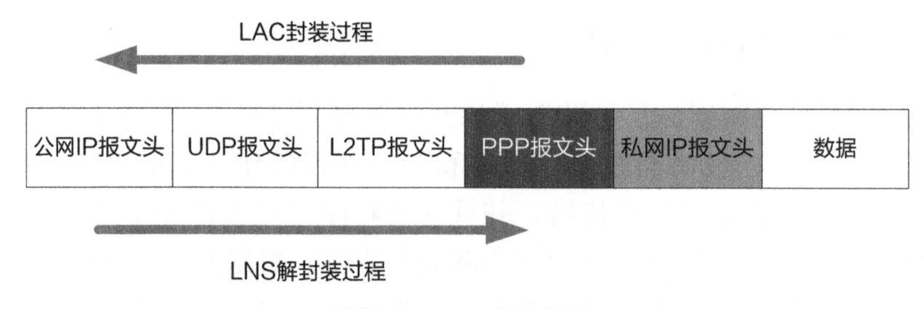

图 7-8　L2TP 报文格式

LAC收到PPP报文后，依次进行如下封装：首先，封装L2TP报文头；其次，封装UDP报文头；最后，封装公网IP报文头，并从连接公共网络的接口发送出去。

LNS从连接公共网络的接口收到该报文后，再依次解封装，将报文还原为私网IP报文，并发送到私网内部服务器。

7.2　NAS-Initiated L2TP VPN

7.2.1　NAS-Initiated L2TP VPN 基本原理

NAS-Initiated L2TP VPN主要特点是通过LAC中转拨号用户访问总部的流量。一方面，LAC作为PPPoE服务器，跟分支机构用户使用的PPPoE客户端建立PPPoE连接，让PPP跑在以太网上；另一方面，LAC作为LNS的“中介”，与LNS建立L2TP隧道，为分支机构提供访问总部的入口。

NAS-Initiated L2TP VPN的基本原理如图7-9所示，接下来对每个阶段详细介绍。

说明：下文在讲解各个阶段原理的过程中，会结合一些配置帮助读者更好地理解，配置只限于对应阶段的关键配置。组网的完整配置过程请参见第7.2.8节。

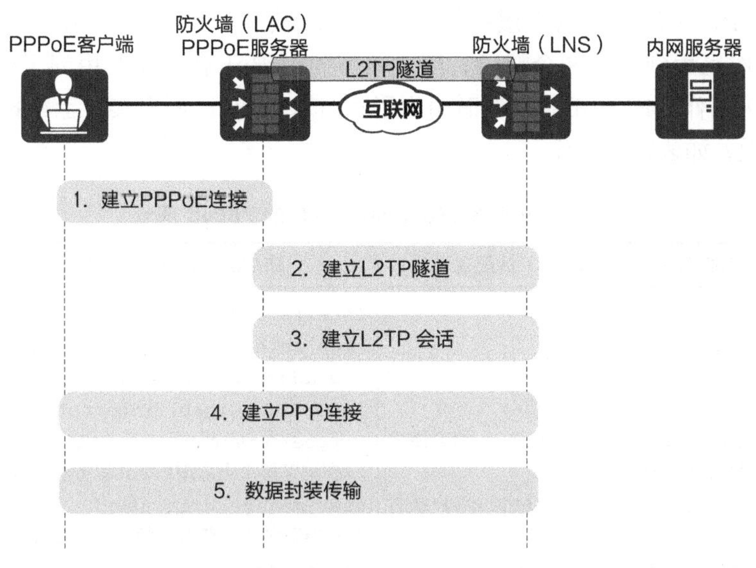

图 7-9　NAS-Initiated L2TP VPN 的基本原理

7.2.2　阶段 1：建立 PPPoE 连接

为了方便演示配置，我们用一台防火墙作为PPPoE客户端，模拟PC的PPPoE客户端，如图7-10所示。

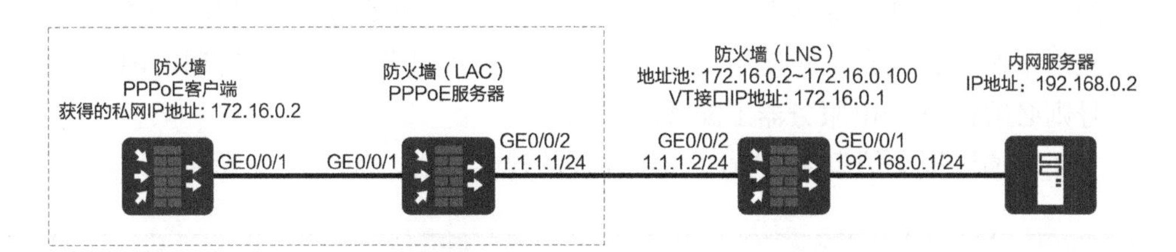

注：VT 即 Virtual Template，虚拟模板。

图 7-10　阶段 1：建立 PPPoE 连接

为突出重点，PPPoE客户端、LAC、LNS、内网服务器之间都是直连，省去了路由配置；用户认证也采用了比较简单的本地认证。另外，内网服务器上要配置网关，保证回应给PPPoE客户端的报文能够发送到LNS。

PPP屈尊落户以太网变为PPPoE后，为了在以太网上模拟PPP的拨号过程，PPPoE发明了两个虚拟接口：Dialer接口和VT接口。防火墙上运行PPPoE时也用到了这两个接口，防火墙作为PPPoE客户端时用到了Dialer接口，防火墙作为PPPoE服务器时用到了VT接口，在这两个接口上配置PPPoE相关参数，如表7-1所示。

表 7-1　配置 NAS-Initiated VPN 的 PPPoE 部分

PPPoE 客户端（模拟 PC）的配置	PPPoE 服务器（LAC）的配置
interface dialer 1 dialer user user1 dialer-group 1 dialer bundle 1 ip address ppp-negotiate　//协商模式下实现IP地址动态分配 ppp chap user user1　//PPPoE客户端的用户名 ppp chap password cipher Password1　//PPPoE客户端的密码 dialer-rule 1 ip permit interface GigabitEthernet0/0/1 pppoe-client dial-bundle-number 1　//在物理接口上启用PPPoE客户端并绑定dial-bundle	interface Virtual-Template 1 ppp authentication-mode chap ip address 172.16.1.1 24 interface GigabitEthernet 0/0/1 pppoe-server bind virtual-template 1 //在物理接口上启用PPPoE服务器并绑定VT接口 user-manage user user1　//验证PPPoE客户端用户名和密码，默认属于default域 password Password1

在L2TP中，用户的IP地址都是由总部（LNS或AAA服务器）统一进行分配的，所以LAC上不需要配置地址池（即使配置了地址池，在L2TP隧道已经建立的情况下，也会优先使用总部的地址池进行地址分配），而普通的PPPoE拨号则必须在PPPoE服务器上配置地址池。

下面通过报文信息来分析PPPoE连接的建立过程，如图7-11所示。

No.	Time	Source	Destination	Protocol	Info
1	0.000000	HuaweiTe_e5:2f:9e	Broadcast	PPPoED	Active Discovery Initiation (PADI)
2	0.000000	00:00:00_72:e7:00	HuaweiTe_e5:2f:9e	PPPoED	Active Discovery Offer (PADO) AC-Name='LAC00000072e700'
3	0.047000	HuaweiTe_e5:2f:9e	00:00:00_72:e7:00	PPPoED	Active Discovery Request (PADR) AC-Name='LAC00000072e700'
4	0.125000	00:00:00_72:e7:00	HuaweiTe_e5:2f:9e	PPPoED	Active Discovery Session-confirmation (PADS) AC-Name='LAC00000072e700'
5	0.141000	00:00:00_72:e7:00	HuaweiTe_e5:2f:9e	PPP LCP	Configuration Request
6	0.829000	HuaweiTe_e5:2f:9e	00:00:00_72:e7:00	PPP LCP	Configuration Request
7	1.032000	00:00:00_72:e7:00	HuaweiTe_e5:2f:9e	PPP LCP	Configuration Ack
8	3.079000	00:00:00_72:e7:00	HuaweiTe_e5:2f:9e	PPP LCP	Configuration Request
9	3.110000	HuaweiTe_e5:2f:9e	00:00:00_72:e7:00	PPP LCP	Configuration Nak
10	3.141000	00:00:00_72:e7:00	HuaweiTe_e5:2f:9e	PPP LCP	Configuration Request
11	3.172000	HuaweiTe_e5:2f:9e	00:00:00_72:e7:00	PPP LCP	Configuration Request
12	3.204000	HuaweiTe_e5:2f:9e	00:00:00_72:e7:00	PPP LCP	Configuration Ack
13	3.657000	00:00:00_72:e7:00	HuaweiTe_e5:2f:9e	PPP LCP	Configuration Ack
14	3.672000	00:00:00_72:e7:00	HuaweiTe_e5:2f:9e	PPP CHAP	Challenge (NAME='', VALUE=0x903ec8fe2f32339f611faa450ef646d4)
15	3.813000	HuaweiTe_e5:2f:9e	00:00:00_72:e7:00	PPP CHAP	Response (NAME='user1', VALUE=0x038f908ad4a5f88ab1bf4a50702e177d)
16	4.657000	00:00:00_72:e7:00	HuaweiTe_e5:2f:9e	PPP CHAP	Success (MESSAGE='Welcome to .')

PPPoE发现阶段
PPP LCP协商
PPP CHAP认证

图 7-11　PPPoE 连接的建立过程

1. PPPoE 发现阶段

如表7-2所示，PPPoE客户端和PPPoE服务器之间通过交互PADI（PPPoE Active Discovery Initiation，PPPoE激活发现起始分组）报文、PADO（PPPoE Active Discovery Offer，PPPoE激活发现服务）报文、PADR（PPPoE Active Discovery Request，PPPoE激活发现请求）报文和PADS（PPPoE Active Discovery Session-comfirmation，PPPoE激活发现会话确认分组）报文，确定对方以太网地址和PPPoE会话ID。

表 7-2　PPPoE 发现阶段的协商过程

步骤	报文含义	报文示例
步骤 1 **PADI 报文**	**PPPoE 客户端：**广播广播，我想接入 PPPoE，谁来帮帮我	⊟ PPP-over-Ethernet Discovery 0001 .... = Version: 1 .... 0001 = Type: 1 Code: Active Discovery Initiation (PADI) (0x09) Session ID: 0x0000 Payload Length: 10 ⊞ PPPoE Tags
步骤 2 **PADO 报文**	**PPPoE 服务器：**PPPoE 客户端，找我呀，我可以帮助你	⊟ PPP-over-Ethernet Discovery 0001 .... = Version: 1 .... 0001 = Type: 1 Code: Active Discovery Offer (PADO) (0x07) Session ID: 0x0000 Payload Length: 29 ⊞ PPPoE Tags
步骤 3 **PADR 报文**	**PPPoE 客户端：**太好了，PPPoE 服务器，我想跟你建立 PPPoE 会话	⊟ PPP-over-Ethernet Discovery 0001 .... = Version: 1 .... 0001 = Type: 1 Code: Active Discovery Request (PADR) (0x19) Session ID: 0x0000 Payload Length: 29 ⊞ PPPoE Tags
步骤 4 **PADS 报文**	**PPPoE 服务器：**没问题，我把会话 ID 发给你，我们就用这个 ID 建立 PPPoE 会话吧	⊟ PPP-over-Ethernet Discovery 0001 .... = Version: 1 .... 0001 = Type: 1 Code: Active Discovery Session-confirmation (PADS) (0x65) Session ID: 0x0001 Payload Length: 29 ⊞ PPPoE Tags

2. PPP LCP 协商阶段

LCP（Link Control Protocol，链路控制协议）协商是两个方向分开协商的，主要协商MRU（Maximum Receive Unit，最大接收单元）大小。MRU是PPP的数据链路层参数，类似以太网中的MTU（Maximum Transmission Unit，最大传输单元）。如果PPP链路一端设备发送的报文载荷大于对端的MRU，这个报文在传送时就会被分片。

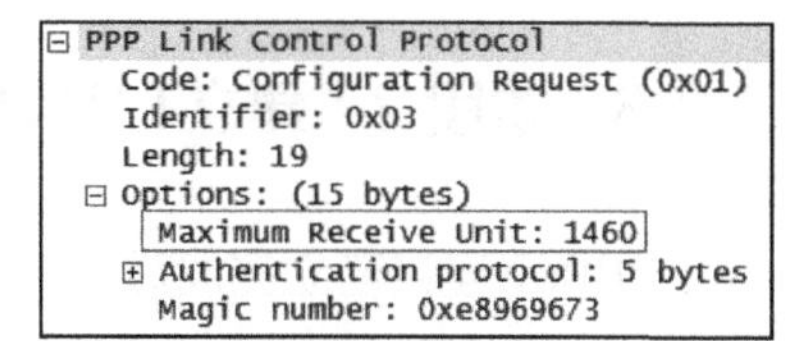

图 7-12　协商 MRU

如图7-12所示，协商后的MRU值是1460。

3. PPP验证

PPP验证阶段用于验证用户身份，包括CHAP（Challenge-Handshake Authentication Protocol，挑战握手认证协议）和PAP（Password Authentication Protocol，密码验证协议）验证方式。

表7-3以最常用的CHAP验证为例，讲解经典的3次握手验证过程。

表 7-3　CHAP 3 次握手验证过程

步骤	报文含义	报文示例
步骤 1	**LNS：**PPPoE 客户端，发给你一个“挑战值（Challenge）”，用他来加密你的密码吧	⊟ PPP Challenge Handshake Authentication Protocol Code: Challenge (1) Identifier: 1 Length: 21 ⊟ Data Value Size: 16 Value: 56e153e3a6261b54e5e2a1ed90879403
步骤 2	**PPPoE 客户端：**OK，把我的用户名和加密后的密码发给你，请验证	⊟ PPP Challenge Handshake Authentication Protocol Code: Response (2) Identifier: 1 Length: 29 ⊟ Data Value Size: 16 Value: f343eddd3b44b292e14a277dbb91b20d Name: l2tpuser
步骤 3	**LNS：**验证通过，欢迎来到PPP 的世界	⊟ PPP Challenge Handshake Authentication Protocol Code: Success (3) Identifier: 1 Length: 16 Message: Welcome to .

PAP验证与CHAP验证的不同之处是，PAP验证没有步骤1 的发送挑战值环节，PPPoE客户端直接将用户名和明文密码发送给LNS，安全性低。

由上文可知，PPP验证阶段LAC需要校验PPPoE客户端的用户名和密码。用户名和密码校验的方式，既可以通过本地认证，也可以在AAA服务器上认证，关于认证方式的详细介绍参见第7.7节。

这里注意一点，拨号用户在PPPoE客户端中输入的用户信息、LAC上创建的用户信息和LNS上创建的用户信息要保持一致，否则验证不成功。

至此经过以上3个阶段，PPPoE连接就建立起来了。

7.2.3 阶段 2：建立 L2TP 隧道

PPPoE连接建立完成后，会触发LAC与LNS协商L2TP VPN隧道，进入阶段2，如图7-13所示。

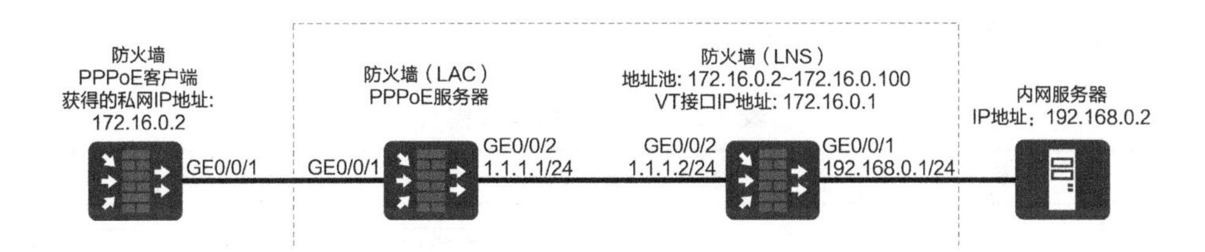

图 7-13　阶段 2： 建立 L2TP 隧道

首先来看一下LAC和LNS的具体配置，如表7-4所示。

表 7-4　配置 NAS-Initiated VPN 的 L2TP 部分

LAC 的配置	LNS 的配置

l2tp enable
l2tp-group 1
 tunnel authentication　//避免假冒LAC接入LNS
 tunnel password cipher Password2
 tunnel name lac
 start l2tp ip 1.1.1.2 domain default //指定隧道对端地址
	l2tp enable
	interface Virtual-Template 1
	 ppp authentication-mode chap
	 ip address 172.16.0.1 255.255.255.0
	 remote service-scheme l2tp　//使用**service-scheme**下配置的地址池为拨号用户分配私网地址
	l2tp-group 1
	 tunnel authentication　//避免假冒LAC接入LNS
	 tunnel password cipher Password2
	 allow l2tp virtual-template 1 remote lac //指定VT接口并允许远端LAC接入
	ip pool pool1
	 section 1 172.16.0.2 172.16.0.100
	aaa
	 service-scheme l2tp
	  ip-pool pool1
	 domain default
	  service-type l2tp
	user-manage user user1　//验证LAC转发的拨号用户信息，默认属于default域
	 password Password1

LAC和LNS通过交互3条控制消息协商L2TP隧道，报文信息如图7-14所示。

1	0.000000	1.1.1.1	1.1.1.2	L2TP	Control Message - SCCRQ	(tunnel id=0, session id=0)
2	0.000000	1.1.1.2	1.1.1.1	L2TP	Control Message - SCCRP	(tunnel id=1, session id=0)
3	0.000000	1.1.1.1	1.1.1.2	L2TP	Control Message - SCCCN	(tunnel id=1, session id=0)

图 7-14　隧道协商消息

隧道ID协商过程如表7-5所示。

表 7-5　隧道 ID 协商过程

步骤	报文含义	报文示例
步骤 1 **SCCRQ（Start-Control-Connection-Request，开始控制连接请求）报文** 目的端口 1701	**LAC：**LNS，使用 1 作为 Tunnel ID 跟我通信吧	⊟ Assigned Tunnel ID AVP Mandatory: True Hidden: False Length: 8 Vendor ID: Reserved (0) Type: Assigned Tunnel ID (9) Tunnel ID: 1
步骤 2 **SCCRP（Start-Control-Connection-Reply，开始控制连接响应）报文**	**LNS：**OK。LAC，你也用 1 作为 Tunnel ID 跟我通信	⊟ Assigned Tunnel ID AVP Mandatory: True Hidden: False Length: 8 Vendor ID: Reserved (0) Type: Assigned Tunnel ID (9) Tunnel ID: 1
步骤 3 **SCCCN（Start-Control-Connection-Connected，开始控制连接成功）报文**	**LAC：**OK	-

LNS设备上的L2TP隧道信息如下。

```
<LNS> display l2tp tunnel
L2TP::Total Tunnel: 1

 LocalTID RemoteTID RemoteAddress    Port    Sessions RemoteName   VpnInstance
 ------------------------------------------------------------------------------
 1        1         1.1.1.1          1701    1        user1
 ------------------------------------------------------------------------------
  Total 1, 1 printed
```

7.2.4　阶段 3：建立 L2TP 会话

L2TP会话用来记录和管理拨号用户与LNS之间的PPP连接状态。在建立PPP连接以前，隧道双方需要为PPP连接预先协商出一个L2TP会话。

LAC和LNS通过交互3条控制消息协商Session ID，建立L2TP会话，报文信息如图7-15所示。

```
4 0.000000  1.1.1.1  1.1.1.2  L2TP  Control Message - ICRQ  (tunnel id=1, session id=0)
5 0.000000  1.1.1.2  1.1.1.1  L2TP  Control Message - ICRP  (tunnel id=1, session id=4)
6 0.000000  1.1.1.1  1.1.1.2  L2TP  Control Message - ICCN  (tunnel id=1, session id=4)
```

图 7-15　会话协商消息

表7-6 给出了Session ID协商过程。

表 7-6　Session ID 协商过程

步骤	报文含义	报文示例
步骤 1 **ICRQ（Incoming-Call-Request，呼入连接请求）报文**	**LAC：**LNS，使用 4 作为 Session ID 跟我通信吧	⊟ Assigned Session AVP Mandatory: True Hidden: False Length: 8 Vendor ID: Reserved (0) Type: Assigned Session (14) Assigned Session: 4
步骤 2 **ICRP（Incoming-Call-Reply，呼入连接响应）报文**	**LNS：**OK，LAC，你也使用 4 作为 Session ID 跟我通信吧	⊟ Assigned Session AVP Mandatory: True Hidden: False Length: 8 Vendor ID: Reserved (0) Type: Assigned Session (14) Assigned Session: 4
步骤 3 **ICCN（Incoming-Call-Connected，呼入连接成功）报文**	**LAC：**OK	

LNS设备上的L2TP会话信息如下。

```
<LNS> display l2tp session
L2TP::Total Session: 1

 LocalSID  RemoteSID  LocalTID   RemoteTID  UserID  UserName    VpnInstance
--------------------------------------------------------------------------
   4         4          1          1          30269   user1
--------------------------------------------------------------------------
 Total 1, 1 printed
```

7.2.5　阶段 4：建立 PPP 连接

拨号用户通过与LNS建立PPP连接获取LNS分配的企业私网IP地址。

1. LNS 认证 & 二次认证（可选）

LAC将PPP用户信息和PPP协商参数发给LNS进行验证，但LNS清楚LAC“中介”的本来面目，对此LNS有3种态度。

① LAC代理认证（默认）：相信LAC是可靠的，直接对LAC发来的用户信息进行验证。

② 强制CHAP认证：不相信LAC，要求重新对用户进行“资格审查”（强制重新对用户进行CHAP验证）。

③ LCP重协商：不仅不相信LAC，还对前面签订的业务合同不满，要求跟用户重新“洽谈业务”（重新发起LCP协商，协商MRU参数和认证方式）。

后两种方式统称为LNS二次认证。若LNS配置二次认证而PPPoE客户端不支持二次认证，将会导致无法建立L2TP VPN。两种二次认证的共同特征是，LNS绕过了LAC，直接验证PPPoE客户端提供的用户信息，可以为VPN业务提供了更高的安全保障。配置NAS-Initiated VPN的LNS认证部分如表7-7所示。

表 7-7 配置 NAS-Initiated VPN 的 LNS 认证部分

认证方式	配置方法	报文分析
LAC代理认证★	默认，不用配置	1.1.1.2 1.1.1.1 PPP CHAP Success (MESSAGE='Welcome to .') LNS 直接对 LAC 发来的用户信息进行验证，验证通过即成功建立 PPP 连接
强制CHAP认证★★	l2tp-group 1 mandatory-chap	1.1.1.2 1.1.1.1 PPP CHAP Challenge (NAME='', VALUE=0xeb52bbb7eb6aee6aad516f044de419a0) 1.1.1.2 1.1.1.1 L2TP Control Message - SLI (tunnel id=1, session id=8) 1.1.1.1 1.1.1.2 PPP CHAP Response (NAME='user1', VALUE=0x4a045149d6946c7d6abeb79dd0de900f) 1.1.1.2 1.1.1.1 PPP CHAP Success (MESSAGE='Welcome to .') LNS 重新对用户进行 CHAP 验证，LNS 发送挑战，PPPoE 客户端将用户名和使用挑战加密后的密码发给 LNS，LNS 验证通过成功建立 PPP 连接
LCP重协商★★★	interface virtual-template 1 ppp authentication-mode chap // 重协商的验证方式 l2tp-group 1 mandatory-lcp	1.1.1.2 1.1.1.1 PPP LCP Configuration Request 1.1.1.1 1.1.1.2 PPP LCP Configuration Nak 1.1.1.2 1.1.1.1 PPP LCP Configuration Request 1.1.1.1 1.1.1.2 PPP LCP Configuration Ack 1.1.1.2 1.1.1.1 PPP CHAP Challenge (NAME='', VALUE=0x6503e0f056b5f8dead117f30bb91bb08) 1.1.1.2 1.1.1.1 L2TP Control Message - SLI (tunnel id=1, session id=11) 1.1.1.1 1.1.1.2 L2TP Control Message - ZLB (tunnel id=1, session id=0) 1.1.1.1 1.1.1.2 PPP CHAP Response (NAME='user1', VALUE=0x7aacfd7fc59af0c00b78a7ee8c990df1) 1.1.1.2 1.1.1.1 PPP CHAP Success (MESSAGE='Welcome to .') LNS 向用户重新发起 LCP 协商，协商 MRU 参数和认证方式，然后进行 CHAP 验证，验证通过即成功建立 PPP 连接

注：★代表优先级，3 种认证方式同时配置时 LCP 重协商的优先级最高。

2. IPCP 协商分配 IP 地址，建立 PPP 连接

身份认证完成后，拨号用户向LNS发送IPCP（Internet Protocol Control Protocol，互联网协议控制协议）Request消息，请求LNS分配私网地址。LNS向拨号用户返回IPCP ACK消息，此消息中携带了为拨号用户分配的私网IP地址（即LNS地址池中的IP地址），PPP连接建立完成，如图7-16所示。

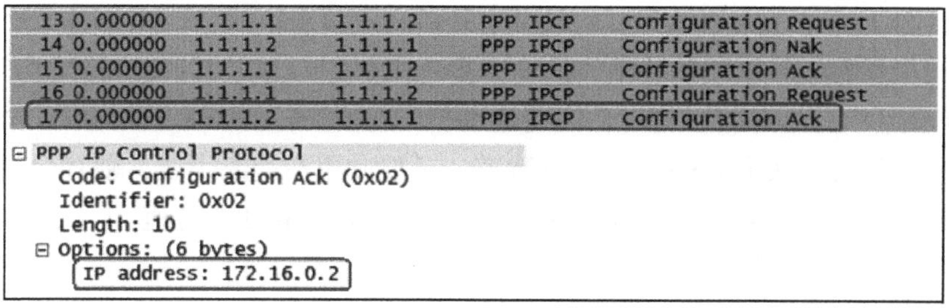

```
13 0.000000   1.1.1.1     1.1.1.2     PPP IPCP    Configuration Request
14 0.000000   1.1.1.2     1.1.1.1     PPP IPCP    Configuration Nak
15 0.000000   1.1.1.1     1.1.1.2     PPP IPCP    Configuration Ack
16 0.000000   1.1.1.1     1.1.1.2     PPP IPCP    Configuration Request
17 0.000000   1.1.1.2     1.1.1.1     PPP IPCP    Configuration Ack
⊟ PPP IP Control Protocol
    Code: Configuration Ack (0x02)
    Identifier: 0x02
    Length: 10
  ⊟ Options: (6 bytes)
      IP address: 172.16.0.2
```

图 7-16 IPCP 协商分配 IP 地址

LNS地址池中IP地址总体规划原则如下：建议为地址池和总部网络地址分别规划独立的私网网段，地址不要重叠；如果地址池地址和总部网络地址配置为同一网段，则必须在LNS连接总部网络的接口上开启ARP代理功能，保证LNS可以对总部内网服务器发出的ARP请求进行应答。

用户获取地址池中的地址以后，使用该地址访问LNS侧的内网服务器。当服务器回复响应报文时，发现目的地址和自己在同一网段，则向内网发起ARP请求。LNS侧与内网相连的接口设置了ARP代理后，会对服务器发起的ARP请求进行应答，此时服务器学习到的MAC地址变为LNS接口的MAC地址，响应报文因此会发送到该接口。LNS收到报文后，将响应报文正确转发到LAC。

假设LNS连接总部网络的接口是GE0/0/1接口，开启ARP代理功能和L2TP虚拟转发功能的配置如下。

```
[LNS] interface GigabitEthernet0/0/1
[LNS-GigabitEthernet0/0/1] arp-proxy enable
```

我们再回过头来看看PPP认证过程，大家应该明白了，L2TP巧妙地利用了PPP的认证功能达到了自己认证远程接入用户的目的。是谁促成了这个合作项目的呢？就是VT接口。

```
[LNS] l2tp-group 1
[LNS-l2tp1] allow l2tp virtual-template 1
```

就是上面这条命令将L2TP与PPP联系了起来：VT接口管理PPP认证，L2TP模块又是VT接口的老板，二者的合作就这样实现了。VT接口只在L2TP和PPP之间起作用，是个无名英雄，不参与封装、也不需要对外发布，所以其IP地址配置成私网IP地址即可。

下面总结一下NAS-Initiated L2TP VPN隧道的特点。如图7-17所示，在NAS-Initiated VPN中，一对LNS和LAC之间可建立多条隧道（每个L2TP组建立一个），每条隧道中都可承载多个会话，也就是由每个LAC去承载所属分支结构中所有拨号用户的会话。例如，接入用户1与LNS之间建立PPP连接1和L2TP会话1，接入用户2与LNS之间建立PPP连接2和L2TP会话2。当一个用户拨号后，触发LAC和LNS之间建立隧道。只要此用户尚未下线，则其余用户拨号时，会在已有隧道基础上建立会话，而并非触发重新建立隧道。

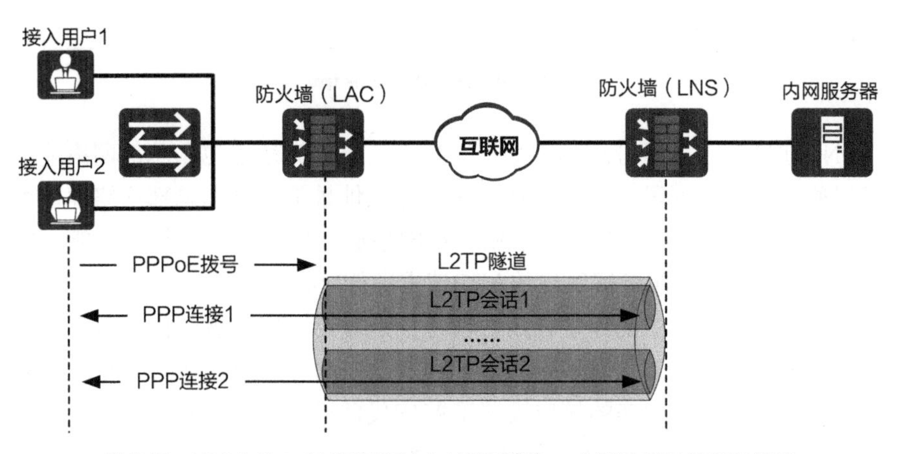

图 7-17　NAS-Initiated L2TP VPN 中 L2TP 隧道、 会话及 PPP 连接的关系

7.2.6　阶段 5：数据封装传输

接入用户的数据穿越L2TP隧道达到总部网络的过程，就是L2TP数据报文的封装过程。如图7-18所示，接入用户访问总部服务器的报文到达LAC后，LAC为报文依次封装L2TP报文头、UDP报文头和公网IP报文头。

```
⊞ Frame 6: 136 bytes on wire (1088 bits), 136 bytes captured (1088 bits)
⊞ Ethernet II, Src: 00:00:00_72:e7:01 (00:00:00:72:e7:01), Dst: 00:00:00_d6:91:00 (00:00:00:d6:91:00)
⊞ Internet Protocol, Src: 1.1.1.1 (1.1.1.1), Dst: 1.1.1.2 (1.1.1.2)                         公网IP报文头
⊞ User Datagram Protocol, Src Port: 60416 (60416), Dst Port: l2f (1701)                      UDP报文头
⊞ Layer 2 Tunneling Protocol                                                                 L2TP报文头
⊞ Point-to-Point Protocol                                                                    PPP报文头
⊞ Internet Protocol, Src: 172.16.0.2 (172.16.0.2), Dst: 192.168.0.2 (192.168.0.2)            私网IP报文头
⊞ Internet Control Message Protocol
```

图 7-18　L2TP 报文信息

根据以上报文信息，不难得出NAS-Initiated VPN场景下报文的封装和解封装的过程，如图7-19所示。

接入用户发往内网服务器的报文的转发过程如下。

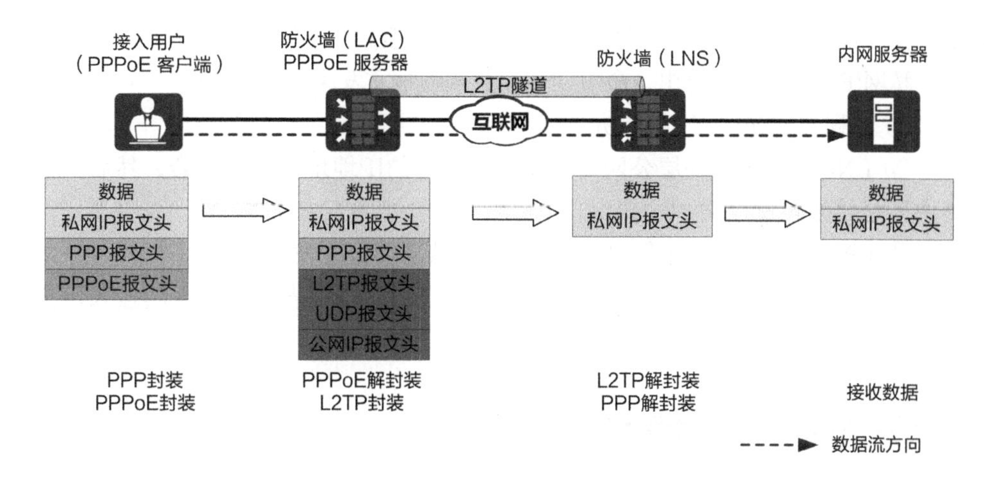

图 7-19　NAS-Initiated L2TP VPN 报文封装过程

① 接入用户发出的原始数据经过PPP报文头和PPPoE报文头封装后发往LAC设备。由于PPPoE是点到点连接，建立PPPoE连接以后，接入用户本地PC不用进行路由选择，直接将封装后的报文发送给LAC设备。

② LAC设备使用VT接口拆除报文的PPPoE报文头，再进行L2TP封装，然后按照到互联网的公网路由将封装后的数据发送出去。

③ LNS设备接收到报文以后，进行L2TP解封装，然后按照到企业内网的路由进行报文转发。

④ 企业内网服务器收到接入用户的报文后，向接入用户返回响应报文。

至此，接入用户可以畅通无阻地访问总部的内网服务器了。但是还有一个问题，从总部的内网服务器到接入用户的回程报文是如何进入隧道返回PPPoE客户端的，我们似乎并没有配置什么路由将回程报文引导到隧道呀？查看LNS上的路由表，发现了一个有趣的现象：LNS为获得私网IP地址的接入用户自动下发了一条主机路由。

```
[LNS] display ip routing-table
Destination/Mask      Proto  Pre  Cost      Flags   NextHop        Interface
172.16.0.2/32         UNR    61   0         D       172.16.0.2     Virtual-Template1
```

这条自动生成的主机路由属于UNR，目的地址和下一跳都是LNS为接入用户分配的私网IP地址，出接口是VT接口。这条路由就是LNS上隧道的入口，引导发给接入用户的报文进入隧道。疑问消除，内网服务器返回报文的转发过程也就不难理解了。

① LNS收到内网服务器发来的回程报文后，根据报文的目的地址（分支PC获取的私网IP地址）查找路由，命中UNR，将回程报文发送至VT接口。

② 回程报文在L2TP模块进行L2TP封装。

③ LNS根据报文外层公网IP报文头中的目的IP地址查找路由表，然后根据路由匹配结果转发报文。

④ LAC收到报文后进行L2TP解封装，然后将报文发给接入用户。

以上过程稍有点复杂，回程报文通过两次匹配路由表完成了返回接入用户的旅程。

7.2.7 安全策略配置思路

如图7-20所示，假设在LAC上，GE0/0/2接口连接互联网，属于untrust区域。在LNS上，GE0/0/1接口连接私网，属于trust区域；GE0/0/2接口连接互联网，属于untrust区域；**VT接口属于DMZ**；LNS为PPPoE客户端分配的IP地址为172.16.0.2。

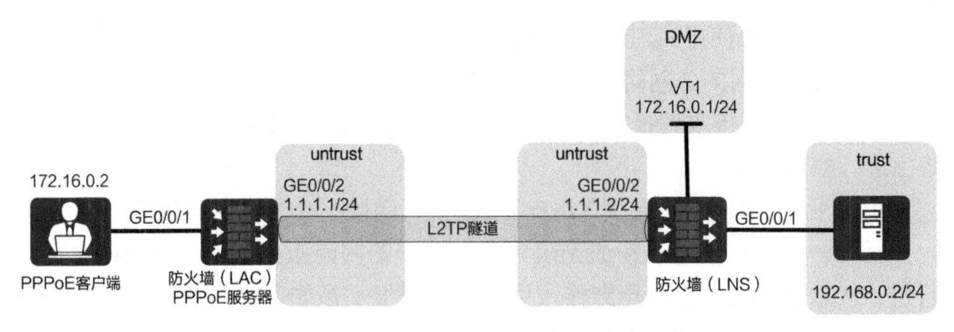

图 7-20　NAS-Initiated L2TP VPN 安全策略配置组网

安全策略的配置过程如下。

① 我们先配置一个最宽泛的安全策略，以便调测L2TP VPN。

在LAC上将默认安全策略的动作设置为permit。

```
[LAC] security-policy
[LAC-policy-security] default action permit
```

在LNS上将默认安全策略的动作设置为permit。

```
[LNS] security-policy
[LNS-policy-security] default action permit
```

② LAC和LNS上配置好L2TP后，在PPPoE客户端上ping内网服务器，然后在LAC和LNS上查看会话表。

LAC上的会话表如下。

```
[LAC] display firewall session table verbose
 Current Total Sessions : 1
  l2tp  VPN:public --> public
  Zone: local--> untrust  TTL: 00:02:00  Left: 00:01:52
  Interface: GigabitEthernet0/0/2  NextHop: 1.1.1.2  MAC: 00-00-00-53-62-00
  <--packets:26 bytes:1655   -->packets:11 bytes:900
  1.1.1.1:60416-->1.1.1.2:1701
```

这里需要特别说明，因为PPPoE客户端与LAC之间交互的PPPoE报文是广播报文，防火墙不建立会话，也不用配置安全策略就可以接收PPPoE报文。

可以得到LAC上的报文走向及域间关系，如图7-21所示。

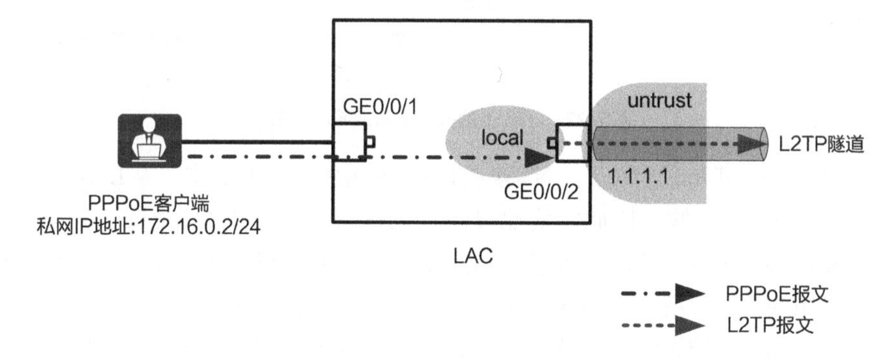

图7-21 LAC上的报文走向及域间关系

由图7-21可知，LAC发出的L2TP报文，由local区域进入LNS设备所在的untrust区域。因此，需要在LAC上配置local区域到untrust区域的安全策略，允许L2TP报文通过。

LNS的会话表如下。

```
[LNS] display firewall session table verbose
 Current Total Sessions : 2
  l2tp  VPN:public --> public
  Zone: untrust--> local  TTL: 00:02:00  Left: 00:01:52
  Interface: InLoopBack0  NextHop: 127.0.0.1  MAC: 00-00-00-00-00-00
  <--packets:18 bytes:987   -->packets:23 bytes:2057
  1.1.1.1:60416-->1.1.1.2:1701
  icmp  VPN:public --> public
  Zone: dmz--> trust  TTL: 00:00:20  Left: 00:00:00
  Interface: GigabitEthernet0/0/1  NextHop: 192.168.0.2  MAC: 54-89-98-62-32-60
```

```
<--packets:4 bytes:336   -->packets:5 bytes:420
172.16.0.2:52651-->192.168.0.2:2048
```

LNS上有两个会话，一个L2TP会话和一个ICMP会话。分析会话表得到LNS上的报文走向，如图7-22所示。

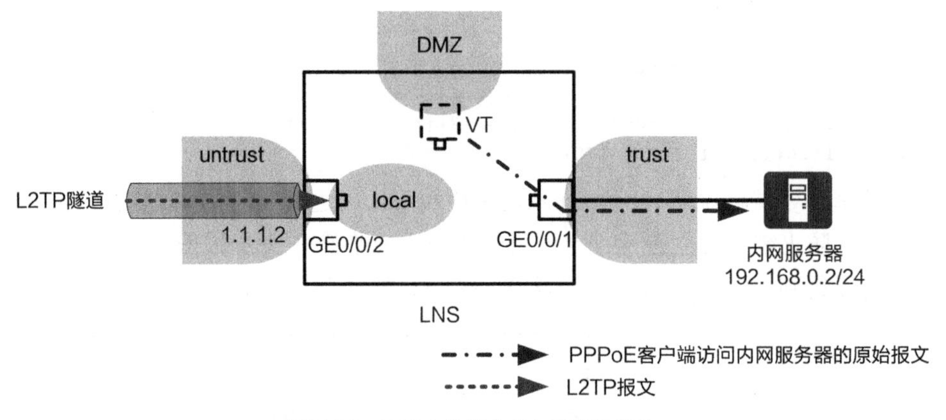

图 7-22　LNS 上的报文走向及域间关系

由图7-22可知，首先，LNS接收LAC发送的L2TP报文，从LAC所在安全区域进入local区域。因此需要配置untrust区域到local区域的安全策略。然后，LNS收到L2TP封装后的业务报文，使用VT接口解封装，并转发给内网服务器，即由VT接口所在安全区域进入内网服务器所在安全区域。因此还需要配置DMZ到trust区域的安全策略，允许解封装后的报文通过。本例是ping操作，也就是ICMP报文。

综上所述，LAC和LNS上配置的安全策略如表7-8所示。

表 7-8　NAS-Initiated L2TP VPN 安全策略配置示例

设备	策略名称	源安全区域	目的安全区域	源地址	目的地址	服务	动作
LAC	L2TP_tunnel	local	untrust	1.1.1.1/32	1.1.1.2/32	l2tp	permit
LNS	L2TP_tunnel	untrust	local	1.1.1.1/32	1.1.1.2/32	l2tp	permit
	service_traffic	DMZ	trust	172.16.0.2 ～ 172.16.0.100（地址池地址）	192.168.0.0/24	*	permit

注：* 表示此处的服务与具体的业务类型有关，可以根据实际情况配置，如 tcp、udp、icmp 等。

说明：该场景中，LNS只是被动接收LAC建立隧道的请求，并不会主动向LAC发起建立隧道的请求，所以在LNS上针对L2TP隧道只需配置untrust区域到local区域的安全策略。

可见，在NAS-Initiated方式的L2TP VPN中，**LNS上的VT接口必须加入安全区域，而且VT接口所属的安全区域决定了报文在设备内部的走向**。如果VT接口属于trust区域，那就不需要配置DMZ到trust区域的安全策略，但这样会带来安全风险。因此建议将VT接口加入单独的安全区域，然后配置带有精确匹配条件的安全策略。

③ 将默认安全策略的动作修改回deny。

在LAC上将默认安全策略的动作设置为deny。

```
[LAC] security-policy
[LAC-policy-security] default action deny
```

在LNS上将默认安全策略的动作设置为deny。

```
[LNS] security-policy
[LNS-policy-security] default action deny
```

7.2.8 配置举例

最后我们通过一个RADIUS认证方式的NAS-Initiated L2TP VPN配置举例总结一下配置过程。

如图7-23所示，拨号用户使用PPPoE方式接入LAC，然后通过LAC与LNS之间的L2TP VPN隧道访问企业总部。企业需要使用RADIUS服务器对用户进行身份认证。

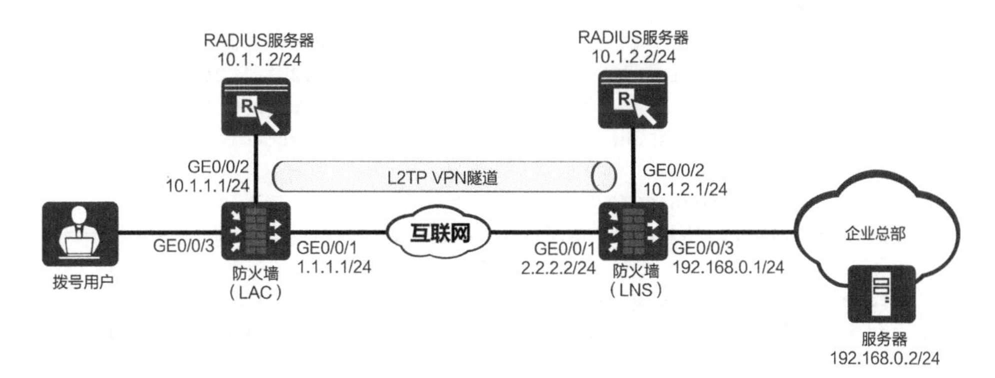

图 7-23　NAS-Initialized 场景下的 L2TP VPN 组网

LAC和LNS设备上的配置如下。拨号用户通过PPPoE客户端接入LAC的过程略。

```
#
 sysname LAC
#
 l2tp enable
#
radius-server template radius_lac
//配置RADIUS服务器
  radius-server shared-key cipher
%@%@Bhr,Ij`8>9P)^” +#m\QFhif%%@%@
 radius-server authentication 10.1.1.2
1812
#
aaa
 authentication-scheme scheme_radius
//配置RADIUS认证方式
  authentication-mode radius
#
 domain default //LAC与LNS使用相同域名
  service-type l2tp
  authentication-scheme scheme_radius
  radius-server radius_lac
#
l2tp-group 1
 tunnel name LAC
 start l2tp ip 2.2.2.2 domain default
 tunnel authentication
 tunnel password cipher %$%$^-K[,X+
KrHiUg"3=DoLNy:\g%$%$
#
interface Virtual-Template1
 ip address 172.16.1.1 24
 ppp authentication-mode chap
#
interface GigabitEthernet0/0/1
 ip address 1.1.1.1 255.255.255.0
#
interface GigabitEthernet0/0/2
 ip address 10.1.1.1 255.255.255.0
#
interface GigabitEthernet0/0/3
```

```
#
 sysname LNS
#
 l2tp enable
#
radius-server template radius_lns
//配置RADIUS服务器
  radius-server shared-key cipher
%@%@Bhr,Ij`8>9P)^” +#m\QFhif%%@%@
 radius-server authentication 10.1.2.2
1812
#
ip pool pool
 section 1 10.2.1.2 10.2.1.100
#
aaa
 authentication-scheme scheme_radius
//配置RADIUS认证方式
  authentication-mode radius
#
  service-scheme l2tp
   ip-pool pool
#
 domain default
  service-type l2tp
  authentication-scheme scheme_radius
  radius-server radius_lns
#
interface Virtual-Template1
 ip address 10.2.1.1 24
 ppp authentication-mode chap
 remote service-scheme l2tp
#
l2tp-group 2
 allow l2tp virtual-template 1 remote
LAC
 tunnel authentication
 tunnel password cipher %$%$^-K
[,X+KrHiUg” 3=DoLNy:\g%$%$
#
```

```
 ip address 10.1.3.1 255.255.255.0
 pppoe-server bind virtual-template 1
#
firewall zone trust
 add interface GigabitEthernet0/0/3
#
firewall zone dmz
 add interface GigabitEthernet0/0/2
 add interface Virtual-Template1
#
firewall zone untrust
 add interface GigabitEthernet0/0/1
#
 ip route-static 0.0.0.0 0.0.0.0 1.1.1.2
#
security-policy
  rule name rule name l2tp_tunnel
    source-zone local
    destination-zone untrust
    source-address 1.1.1.1 32
    destination-address 2.2.2.2 32
    service l2tp
    action permit
  rule name radius_server
    source-zone local
    destination-zone dmz
    source-address 10.1.1.1 32
    destination-address 10.1.1.2 32
    action permit
```

```
interface GigabitEthernet0/0/1
 ip address 2.2.2.2 255.255.255.0
#
interface GigabitEthernet0/0/2
 ip address 10.1.2.1 255.255.255.0
#
interface GigabitEthernet0/0/3
 ip address 192.168.0.1 24
#
firewall zone trust
 add interface GigabitEthernet0/0/3
#
firewall zone dmz
 add interface GigabitEthernet0/0/2
 add interface Virtual-Template1
#
firewall zone untrust
 add interface GigabitEthernet0/0/1
#
 ip route-static 0.0.0.0 0.0.0.0 2.2.2.1
#
security-policy
  rule name service_traffic
    source-zone dmz
    destination-zone trust
    source-address 10.2.1.0 24
    destination-address 192.168.0.0 24
    action permit
  rule name l2tp_tunnel
    source-zone untrust
    destination-zone local
    source-address 1.1.1.1 32
    destination-address 2.2.2.2 32
    service l2tp
    action permit
  rule name rule name radius_server
    source-zone local
    destination-zone dmz
    source-address 10.1.2.1 32
    destination-address 10.1.2.2 32
    action permit
```

| 7.3 Client-Initiated L2TP VPN |

7.3.1 Client-Initiated L2TP VPN 基本原理

NAS-Initiated L2TP VPN组网依赖于LAC设备。接下来我们讲讲当前应用更广泛的Client-Initiated方式的L2TP VPN。这种组网场景，由终端上安装的L2TP客户端直接与LNS建立L2TP隧道。

Client-Initiated L2TP VPN的基本原理如图7-24所示，下一小节开始详细介绍每个阶段。

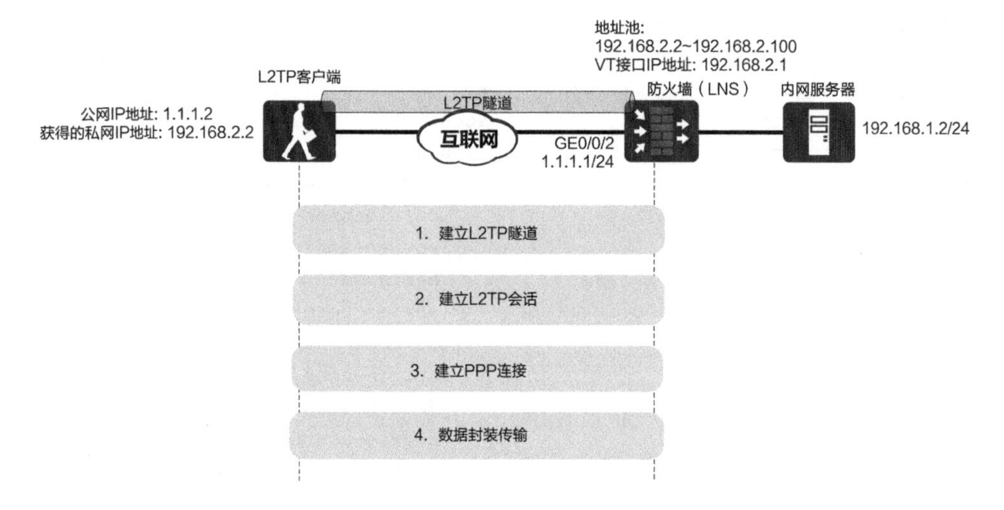

图 7-24　Client-Initiated L2TP VPN 的基本原理

配置Client-Initiated L2TP VPN如表7-9所示，为突出重点，L2TP客户端、LNS、内网服务器之间都是直连，省去了路由配置；用户认证也采用了比较简单的本地认证。另外，内网服务器上要配置网关，保证回应给L2TP客户端的报文能够发送到LNS。

表 7-9　配置 Client-Initiated L2TP VPN

配置项	L2TP 客户端（不同客户端的参数名称可能有差异）的配置	LNS 的配置

L2TP 配置	• 对端 LNS IP 地址：1.1.1.1
	• 隧道名称：client
	• PPP 认证模式（PAP/CHAP，有些客户端默认为 CHAP）：CHAP
	• 隧道验证（可选，有些客户端不支持）：不选中
	注意 L2TP 客户端配置与 LNS 配置保持一致
		l2tp enable
		interface Virtual-Template1
		 ppp authentication-mode chap
		 ip address 192.168.2.1 255.255.255.0
		 remote service-scheme l2tp　//使用**service-scheme**下配置的地址池为用户分配私网地址
		l2tp-group 1
		 undo tunnel authentication
		 allow l2tp virtual-template 1 remote client　//指定VT接口
		ip pool pool1
		 section 1 192.168.2.2 192.168.2.100
		aaa
		 service-scheme l2tp
		  ip-pool pool1
		 domain default
		  service-type l2tp

用户信息配置	• 登录用户（PPP 用户）名：l2tpuser • 登录用户（PPP 用户）密码：Admin@123	user-manage user l2tpuser　//验证客户端用户信息 password Admin@123

说明： 理论上，按RFC标准实现的L2TP客户端均可以接入LNS，例如操作系统自带的拨号软件或第三方客户端。当前发现Android 5.0的拨号软件未按标准RFC实现，无法接入LNS。

LNS中存在一个默认L2TP组default-lns，也支持自定义的L2TP组（例如表7-9中的l2tp-group 1）。默认L2TP组中**allow l2tp**命令的对端隧道名称为可选项，而自定义L2TP组必须指定对端隧道名称。因此，当LNS只使用一个L2TP组时，推荐使用default-lns简化隧道名称的配置。

上述配置只包含Client-Initiated VPN的关键配置，用于辅助原理讲解。组网的完整配置过程请参见第7.3.7节。

7.3.2　阶段 1：建立 L2TP 隧道

L2TP客户端和LNS通过交互3条控制消息协商隧道ID、UDP端口（LNS

用1701端口响应客户端隧道建立请求）、主机名称、L2TP的版本、隧道验证（客户端不支持隧道验证时，要关闭LNS的隧道验证功能，例如Windows 7操作系统不支持隧道验证）等参数。报文信息如图7-25所示。

```
 8 10.107729 1.1.1.2    1.1.1.1    L2TP    Control Message - SCCRQ    (tunnel id=0, session id=0)
 9 10.129075 1.1.1.1    1.1.1.2    L2TP    Control Message - SCCRP    (tunnel id=1, session id=0)
10 10.129254 1.1.1.2    1.1.1.1    L2TP    Control Message - SCCCN    (tunnel id=1, session id=0)
```

图 7-25　隧道协商消息

表7-10给出了隧道ID协商过程，帮助大家理解“协商”的含义。

表 7-10　隧道 ID 协商过程

步骤	报文含义	报文示例
步骤 1 **SCCRQ 报文**	**L2TP 客户端：**LNS，用 1 作为 Tunnel ID 跟我通信吧	⊟ Assigned Tunnel ID AVP Mandatory: True Hidden: False Length: 8 Vendor ID: Reserved (0) Type: Assigned Tunnel ID (9) Tunnel ID: 1
步骤 2 **SCCRP 报文**	**LNS：**OK，L2TP 客户端，你也用 1 作为 Tunnel ID 跟我通信	⊟ Assigned Tunnel ID AVP Mandatory: True Hidden: False Length: 8 Vendor ID: Reserved (0) Type: Assigned Tunnel ID (9) Tunnel ID: 1
步骤 3 **SCCCN 报文**	**L2TP 客户端：**OK	—

LNS设备上的L2TP隧道信息如下。

```
<LNS> display l2tp tunnel
L2TP::Total Tunnel: 1

 LocalTID RemoteTID RemoteAddress    Port   Sessions RemoteName  VpnInstance
 ------------------------------------------------------------------------------
 1        1         1.1.1.2          701    1        client
 ------------------------------------------------------------------------------
  Total 1, 1 printed
```

7.3.3　阶段 2：建立 L2TP 会话

L2TP会话用来记录和管理L2TP客户端与LNS之间的PPP连接状态。在建立PPP连接以前，隧道双方需要为PPP连接预先协商出一个L2TP会话。

L2TP客户端和LNS通过交互3条控制消息协商Session ID，建立L2TP会话。会话协商消息如图7-26所示。

```
11 10.129306 1.1.1.2    1.1.1.1    L2TP    Control Message - ICRQ    (tunnel id=1, session id=0)
12 10.135796 1.1.1.1    1.1.1.2    L2TP    Control Message - ICRP    (tunnel id=1, session id=1)
13 10.135883 1.1.1.2    1.1.1.1    L2TP    Control Message - ICCN    (tunnel id=1, session id=1)
```

图 7-26　会话协商消息

表7-11给出了Session ID协商过程。

表 7-11　Session ID 协商过程

步骤	报文含义	报文示例
步骤 1 **ICRQ 报文**	**L2TP 客户端：**LNS，用 1 作为 Session ID 跟我通信吧	⊟ Assigned Session AVP Mandatory: True Hidden: False Length: 8 Vendor ID: Reserved (0) Type: Assigned Session (14) Assigned Session: 1
步骤 2 **ICRP 报文**	**LNS：**OK，L2TP 客户端，你也用 1 作为 Session ID 跟我通信	⊟ Assigned Session AVP Mandatory: True Hidden: False Length: 8 Vendor ID: Reserved (0) Type: Assigned Session (14) Assigned Session: 1
步骤 3 **ICCN 报文**	**L2TP 客户端：**OK	-

LNS设备上的L2TP会话信息如下。

```
<LNS> display l2tp session
L2TP::Total Session: 1

 LocalSID  RemoteSID  LocalTID   RemoteTID  UserID  UserName    VpnInstance
 ------------------------------------------------------------------------
  1         1          1          1          30269  l2tpuser
 ------------------------------------------------------------------------
 Total 1, 1 printed
```

7.3.4　阶段 3：建立 PPP 连接

L2TP客户端通过与LNS建立PPP连接获取LNS分配的企业私网IP地址。PPP连接建立过程分为如下3个步骤。

1. LCP协商

LCP协商是两个方向分开协商的，主要协商MRU大小。MRU是PPP的数据链路层参数，类似以太网中的MTU。如果PPP链路一端设备发送的报文载荷大于对端的MRU，这个报文在传送时就会被分片。

从图7-27中可知，协商后的MRU值是1460。

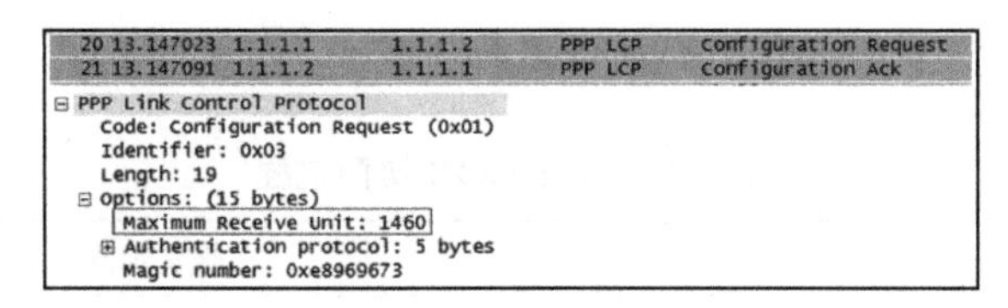

图7-27 协商MRU

2. PPP验证

LNS在PPP验证阶段验证用户身份，包括CHAP、PAP验证方式。此处仅给出最常用的CHAP验证过程的PPP验证消息，如图7-28所示。

```
22 13.155308 1.1.1.1   1.1.1.2   PPP CHAP   Challenge (NAME='', VALUE=0x56e153e3a6261b54e5e2a1ed90879403)
23 13.155384 1.1.1.2   1.1.1.1   PPP CHAP   Response (NAME='l2tpuser', VALUE=0xf343eddd3b44b292e14a277dbb91b20d)
24 13.167593 1.1.1.1   1.1.1.2   PPP CHAP   Success (MESSAGE='Welcome to .')
```

图7-28 PPP验证消息

表7-12给出了经典的CHAP 3次握手验证的过程。

表7-12 CHAP 3次握手验证的过程

步骤	报文含义	报文示例
步骤1	**LNS：**L2TP客户端，发给你一个“挑战(Challenge)”，用他来加密你的密码吧	PPP Challenge Handshake Authentication Protocol Code: Challenge (1) Identifier: 1 Length: 21 Data Value Size: 16 Value: 56e153e3a6261b54e5e2a1ed90879403
步骤2	**L2TP客户端：**OK，把我的用户名和加密后的密码发给你，请验证	PPP Challenge Handshake Authentication Protocol Code: Response (2) Identifier: 1 Length: 29 Data Value Size: 16 Value: f343eddd3b44b292e14a277dbb91b20d Name: l2tpuser
步骤3	**LNS：**验证通过，欢迎来到PPP的世界	PPP Challenge Handshake Authentication Protocol Code: Success (3) Identifier: 1 Length: 16 Message: Welcome to .

PAP验证与CHAP验证的不同之处是，PAP验证没有发送挑战值的环节，L2TP客户端直接将用户名和明文密码发送给LNS，安全性低。

由上文可知，PPP验证阶段LNS需要校验用户名和密码，必须确保L2TP客户端和LNS配置的用户名、密码完全一致。另外，用户名和密码既可以在本地认证，也可以在AAA服务器上认证，关于认证方式的详细介绍参见第7.7节。

3. IPCP协商分配IP地址，建立PPP连接

PPP验证通过后，L2TP客户端向LNS发送IPCP Request消息，请求LNS分配私网地址。LNS向拨号用户返回IPCP ACK消息，此消息中携带了为拨号用户分配的私网IP地址（即LNS地址池中的IP地址），PPP连接建立完成，如图7-29所示。

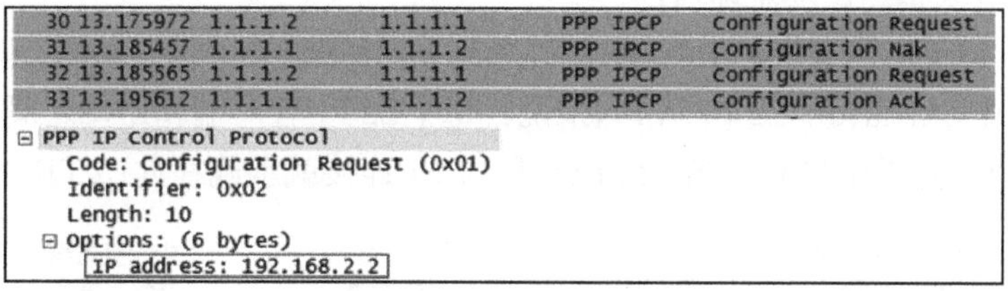

```
30 13.175972 1.1.1.2      1.1.1.1      PPP IPCP    Configuration Request
31 13.185457 1.1.1.1      1.1.1.2      PPP IPCP    Configuration Nak
32 13.185565 1.1.1.2      1.1.1.1      PPP IPCP    Configuration Request
33 13.195612 1.1.1.1      1.1.1.2      PPP IPCP    Configuration Ack
⊟ PPP IP Control Protocol
    Code: Configuration Request (0x01)
    Identifier: 0x02
    Length: 10
  ⊟ Options: (6 bytes)
      IP address: 192.168.2.2
```

图7-29　IPCP协商IP地址分配

LNS地址池中IP地址的总体规划原则如下：建议为地址池和总部网络地址分别规划独立的网段，地址不要重叠；如果地址池地址和总部网络地址配置为同一网段，则必须在LNS连接总部网络的接口上开启ARP代理功能，保证LNS可以对总部内网服务器发出的ARP请求进行应答。

用户获取地址池中的地址以后，使用该地址访问LNS侧的内网服务器。当服务器回复响应报文时，发现目的地址和自己在同一网段，则向内网发起ARP请求。LNS侧与内网相连的接口设置了ARP代理后，会对服务器发起的ARP请求进行应答，此时服务器学习到的MAC地址变为LNS接口的MAC地址，响应报文因此会发送到该接口。LNS收到报文后，将响应报文正确转发给L2TP客户端。

假设LNS连接总部网络的接口是GE0/0/1接口，开启ARP代理功能的配置如下。

```
[LNS] interface GigabitEthernet0/0/1
[LNS-GigabitEthernet0/0/1] arp-proxy enable
```

说明： IP地址分配阶段，LNS默认允许客户端不向LNS申请IP地址，直接使用上次接入时缓存的IP地址上线。后续当地址池中的此IP地址被分配给其他

用户时，IP地址冲突导致用户无法上线。

因此，当大规模用户集中接入L2TP时，建议在VT接口下执行**ppp ipcp remote-address forced**命令，强制用户的IP地址必须由LNS分配，避免IP地址冲突。

我们再回过头来看看PPP认证过程，大家应该明白了，L2TP巧妙地利用了PPP的认证功能达到了自己认证远程接入用户的目的。是谁促成了这个合作项目的呢？就是VT接口。

```
[LNS] l2tp-group 1
[LNS-l2tp1] allow l2tp virtual-template 1
```

就是上面这条命令将L2TP与PPP联系了起来：VT接口管理PPP认证，L2TP模块又是VT接口的老板，二者的合作就这样实现了！VT接口只在L2TP和PPP之间起作用，是个无名英雄，不参与封装、也不需要对外发布，所以其IP地址配置成私网IP地址即可。

下面总结一下Client-Initiated L2TP VPN隧道的特点。如图7-30所示，对于Client-Initiated L2TP VPN来说，每个L2TP客户端和LNS之间存在一条L2TP隧道，隧道中只有一条L2TP会话，PPP连接就承载在此L2TP会话上。

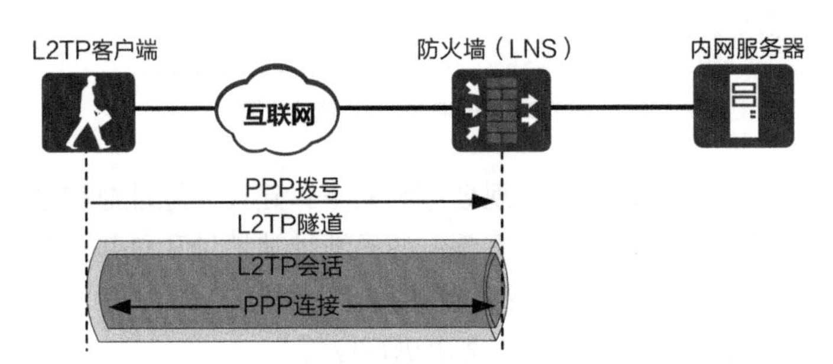

图7-30　Client-Initiated L2TP VPN中L2TP隧道、会话及PPP连接的关系

7.3.5　阶段4：数据封装传输

L2TP客户端的数据穿越L2TP隧道到达总部网络的过程，就是L2TP数据报文的封装过程。如图7-31所示，L2TP客户端为报文依次封装PPP报文头、L2TP报文头、UDP报文头和公网IP报文头。

根据以上报文信息，不难得出Client-Initiated VPN场景下报文的封装和解封装的过程，如图7-32所示。

```
⊞ Frame 2: 112 bytes on wire (896 bits), 112 bytes captured (896 bits)
⊞ Ethernet II, Src: Vmware_9e:05:57 (00:50:56:9e:05:57), Dst: HuaweiSy_30:00:11 (00:22:a1:30:00:11)
⊞ Internet Protocol, Src: 1.1.1.2 (1.1.1.2), Dst: 1.1.1.1 (1.1.1.1)                公网IP报文头
⊞ User Datagram Protocol, Src Port: l2f (1701), Dst Port: l2f (1701)               UDP报文头
⊞ Layer 2 Tunneling Protocol                                                       L2TP报文头
⊞ Point-to-Point Protocol                                                          PPP报文头
⊞ Internet Protocol, Src: 192.168.2.2 (192.168.2.2), Dst: 192.168.1.2 (192.168.1.2) 私网IP报文头
⊞ Internet Control Message Protocol
```

图 7-31　L2TP 报文信息

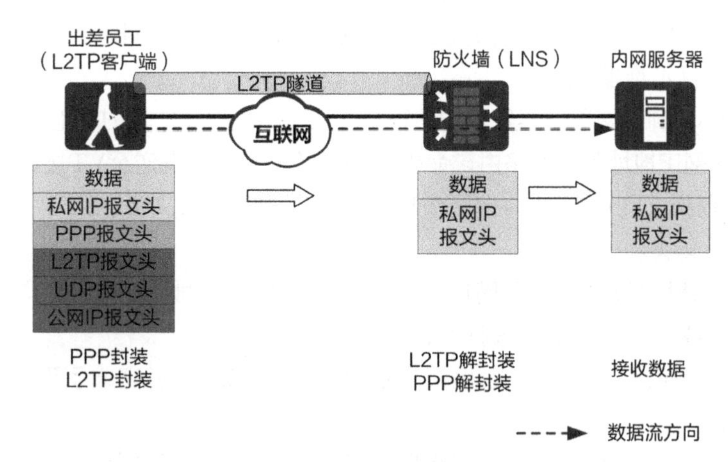

图 7-32　Client-Initiated VPN 报文封装 / 解封装过程

L2TP客户端发往内网服务器的报文的转发过程如下。

① L2TP客户端将原始报文用PPP报文头、L2TP报文头、UDP报文头、公网IP报文头层层封装，成为L2TP报文。外层的公网IP报文头中的源地址是L2TP客户端的公网IP地址，目的地址是LNS的公网接口IP地址。

② L2TP报文穿过互联网达到LNS。

③ LNS收到报文后进行解封装，去掉公网IP报文头、UDP报文头、L2TP报文头和PPP报文头，还原为原始报文。

④ 原始报文只携带了内层的私网IP报文头，私网IP报文头中的源地址是L2TP客户端获取的私网IP地址，目的地址是内网服务器的私网IP地址。LNS根据目的地址查找路由表，然后根据路由匹配结果转发报文。

⑤ 内网服务器收到L2TP客户端的报文后，向L2TP客户端返回响应报文。

至此，L2TP客户端可以畅通无阻地访问总部的内网服务器了，但是还有一个问题，从总部的内网服务器到L2TP客户端的回程报文是如何进入隧道返回L2TP客户端的，我们似乎并没有配置路由将回程报文引导到隧道？查看LNS上的路由表，发现了一个有趣的现象：LNS为获得私网IP地址的L2TP客户端自动

下发了一条主机路由。

```
[LNS] display ip routing-table
Destination/Mask    Proto  Pre  Cost   Flags   NextHop        Interface
192.168.2.2/32      Unr    61   0      D       192.168.2.2    Virtual-Template1
```

这条自动生成的主机路由属于UNR，目的地址和下一跳都为LNS为L2TP客户端分配的私网IP地址，出接口是VT接口。这条路由就是LNS上隧道的入口，引导去往L2TP客户端的报文进入隧道。疑问消除，内网服务器返回报文的转发过程也就不难理解了。

① LNS收到内网服务器发来的回程报文后，根据报文的目的地址（L2TP客户端获取的私网IP地址）查找路由，命中UNR，将回程报文发送至VT接口。

② 回程报文在L2TP模块封装PPP报文头、L2TP报文头、UDP报文头和外层公网IP报文头。

③ LNS根据报文外层公网IP报文头中的目的IP地址（L2TP客户端的公网IP地址）查找路由表，然后根据路由匹配结果转发报文。

以上过程稍有点复杂，回程报文通过两次匹配路由表完成了返回L2TP客户端的旅程。

上文我们只使用了一个L2TP客户端来讲解，实际环境中会有多个L2TP客户端同时访问总部网络。如果L2TP客户端已经不满足只访问总部网络，还想访问其他的L2TP客户端，即L2TP客户端之间实现相互访问，L2TP能做到吗？别忘了，LNS是连接多个L2TP客户端的中转站，上面存在着到各个L2TP客户端的主机路由。所以通过LNS来转发，两个L2TP客户端之间可以自如访问，如图7-33所示。

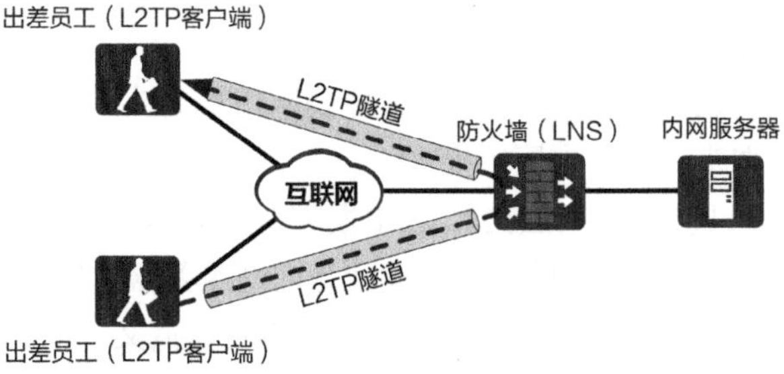

图 7-33　L2TP 客户端互访

当然，互访的前提是双方要知道LNS为对方分配的IP地址。这个前提确实不太容易满足，所以L2TP客户端之间互访的场景也不常见。

7.3.6　安全策略配置思路

如图7-34所示，假设在LNS上，GE0/0/1接口连接总部私网，属于trust区域；GE0/0/2接口连接互联网，属于untrust区域；**VT接口属于DMZ**；LNS为L2TP客户端分配的IP地址为192.168.2.2。

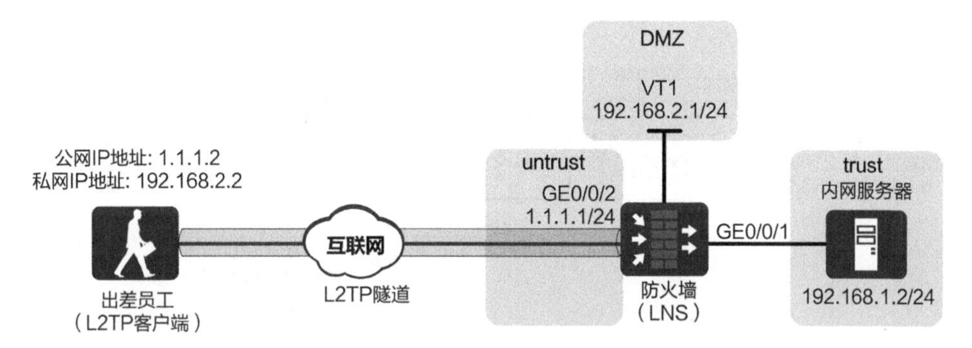

图 7-34　Client-Initiated L2TP VPN 安全策略配置组网

安全策略的配置过程如下。

① 我们先配置一个最宽泛的安全策略，以便调测L2TP VPN。

在LNS上将默认安全策略的动作设置为permit。

```
[LNS] security-policy
[LNS-policy-security] default action permit
```

② 配置好L2TP后，在L2TP客户端上ping内网服务器，然后查看会话表。

```
[LNS] display firewall session table verbose
 Current Total Sessions : 2
  l2tp  VPN:public --> public
  Zone: untrust--> local  TTL: 00:02:00  Left: 00:01:58
  Interface: InLoopBack0  NextHop: 127.0.0.1  MAC: 00-00-00-00-00-00
  <--packets:20 bytes:1120   -->packets:55 bytes:5781
  1.1.1.2:60401-->1.1.1.1:1701
  icmp  VPN:public --> public
  Zone: dmz--> trust  TTL: 00:00:20  Left: 00:00:01
  Interface: GigabitEthernet0/0/1  NextHop: 192.168.1.2  MAC:
20-0b-c7-25-6d-63
  <--packets:5 bytes:240   -->packets:5 bytes:240
  192.168.2.2:1024-->192.168.1.2:2048
```

从上述信息可知，L2TP客户端可以ping通内网服务器，L2TP会话也可以正常创建。

③分析会话表得到精细化的安全策略的匹配条件。

分析会话表，可以得到LNS上的报文走向，如图7-35所示。

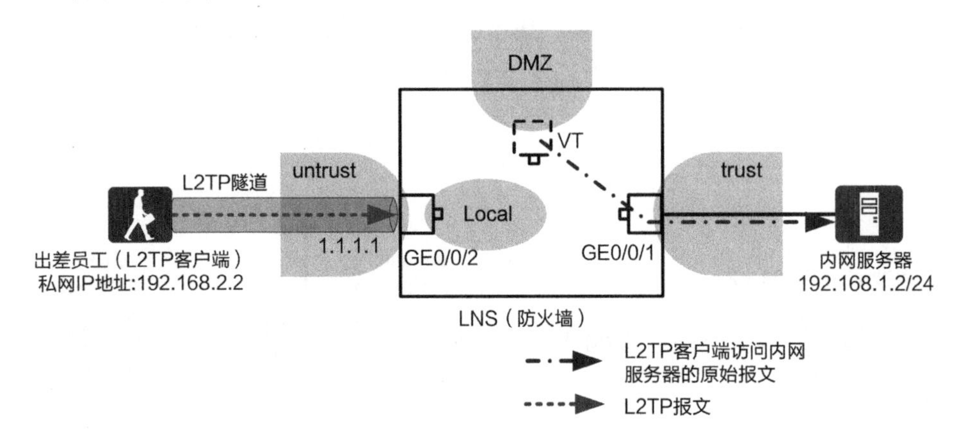

图7-35 LNS上的报文走向及域间关系

由图7-35可知，首先，LNS接收L2TP客户端发送的L2TP报文，从L2TP客户端所在安全区域进入local区域。因此需要配置untrust区域到local区域的安全策略。然后，LNS收到L2TP封装后的业务报文，使用VT接口解封装，并转发给内网服务器，即由VT接口所在安全区域进入内网服务器所在安全区域。因此还需要配置DMZ到trust区域的安全策略，允许解封装后的报文通过。本例是ping操作，也就是ICMP报文。

综上所述，LNS上配置的安全策略如表7-13所示。

表7-13 Client-Initiated L2TP VPN安全策略配置示例

设备	策略名称	源安全区域	目的安全区域	源地址	目的地址	服务	动作
LNS	L2TP_tunnel	untrust	local	any	1.1.1.1/32	l2tp	permit
	service_traffic	DMZ	trust	192.168.2.2～192.168.2.100（地址池地址）	192.168.1.0/24	*	permit

注：*表示此处的服务与具体的业务类型有关，可以根据实际情况配置，如tcp、udp、icmp等。

可见，在Client-Initiated方式的L2TP VPN场景中，**LNS上的VT接口必须加入安全区域，而且VT接口所属的安全区域决定了报文在防火墙内部的走**

向。如果VT接口属于trust区域，那就不需要配置DMZ到trust区域的安全策略，但这样会带来安全风险。因此建议将VT接口加入单独的安全区域，然后配置带有精确匹配条件的安全策略。

④ 将默认安全策略的动作修改回deny。

```
[LNS] security policy
[LNS-policy-security] default action deny
```

7.3.7 配置举例

最后我们通过一个举例总结Client-Initiated L2TP VPN的配置过程。如图7-36所示，移动办公用户使用L2TP客户端与LNS建立L2TP VPN隧道访问企业总部资源。企业需要使用RADIUS服务器对移动办公用户进行身份认证。

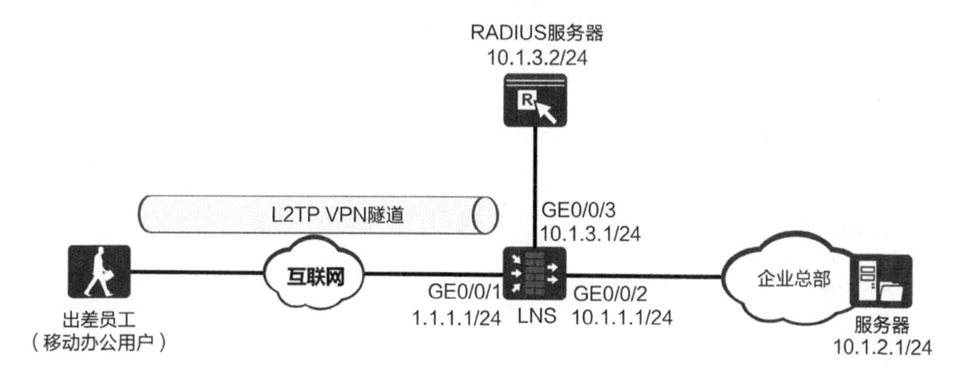

图 7-36 Client-Initiated 场景下的 L2TP VPN 组网

LNS设备上的配置脚本如下。

```
#
sysname LNS
#
 l2tp enable
#
radius-server template radius_lns          //配置RADIUS服务器
 radius-server  shared-key  cipher  %^%#Dx7bUW}UNDmwB’U[]_M>CpAHG[Cu:R:B
{b#o(n3~%^%#
 radius-server authentication 10.1.3.2 1812
#
ip pool pool
```

```
 section 0 172.16.1.2 172.16.1.100
#
aaa
 authentication-scheme scheme_radius      //配置RADIUS认证方式
  authentication-mode radius
 service-scheme l2tp
  ip-pool pool
 domain default
  authentication-scheme scheme_radius
  radius-server radius_lns
  service-type l2tp
#
interface Virtual-Template 1
 ppp authentication-mode chap
 remote service-scheme l2tp
 ip address 172.16.1.1 255.255.255.0
#
l2tp-group default-lns
 tunnel authentication        //如果L2TP客户端不支持隧道验证，则需要关闭开关
 tunnel password cipher %$%$)Ev%*KV_Q1qLG11R-<t%nU]<%$%$
 allow l2tp virtual-template 1 domain default
#
interface GigabitEthernet 0/0/1
 undo shutdown
 ip address 1.1.1.1 255.255.255.0
#
interface GigabitEthernet 0/0/2
 undo shutdown
 ip address 10.1.1.1 255.255.255.0
#
interface GigabitEthernet 0/0/3
 undo shutdown
 ip address 10.1.3.1 255.255.255.0
#
firewall zone trust
 set priority 85
 add interface GigabitEthernet 0/0/2
#
firewall zone untrust
 set priority 5
 add interface GigabitEthernet 0/0/1
#
firewall zone dmz
 set priority 50
 add interface GigabitEthernet 0/0/3
 add interface Virtual-Template1
#
```

```
ip route-static 0.0.0.0 0.0.0.0 1.1.1.2
#
security-policy
 rule name service_traffic
  source-zone dmz
  destination-zone trust
  source-address 172.16.1.0 24
  destination-address 10.1.2.0 24
  action permit
 rule name l2tp_tunnel
  source-zone untrust
  destination-zone local
  destination-address 1.1.1.1 32
  service l2tp
  action permit
 rule name radius_server
  source-zone local
  destination-zone dmz
  source-address 10.1.3.1 32
  destination-address 10.1.3.2 32
  action permit
```

移动办公用户在L2TP客户端中配置如下隧道参数，即可接入LNS。

- 对端LNS IP地址：1.1.1.1。
- PPP认证模式：CHAP。
- 隧道验证密码：******。

| 7.4　LAC-Auto-Initiated L2TP VPN |

7.4.1　LAC-Auto-Initiated L2TP VPN 基本原理

1. 基本原理

LAC-Auto-Initiated L2TP VPN，顾名思义，就是LAC自动拨号的L2TP VPN。LAC自动向LNS发起拨号，建立L2TP隧道和会话，不需要分支机构用户拨号来触发。对于分支机构用户来说，访问总部网络就和访问自己所

在的分支机构网络一样，完全感觉不到自己是在远程接入。但是这种方式下LNS只对LAC进行认证，分支机构用户只要能连接LAC就可以使用L2TP隧道接入总部，与NAS-Initiated VPN相比安全性要差一些。

如图7-37所示，LAC-Auto-Initiated L2TP VPN的建立过程与Client-Initiated VPN类似，只不过在LAC-Auto-Initiated L2TP VPN中，LAC取代了Client-Initiated VPN中L2TP客户端的角色。

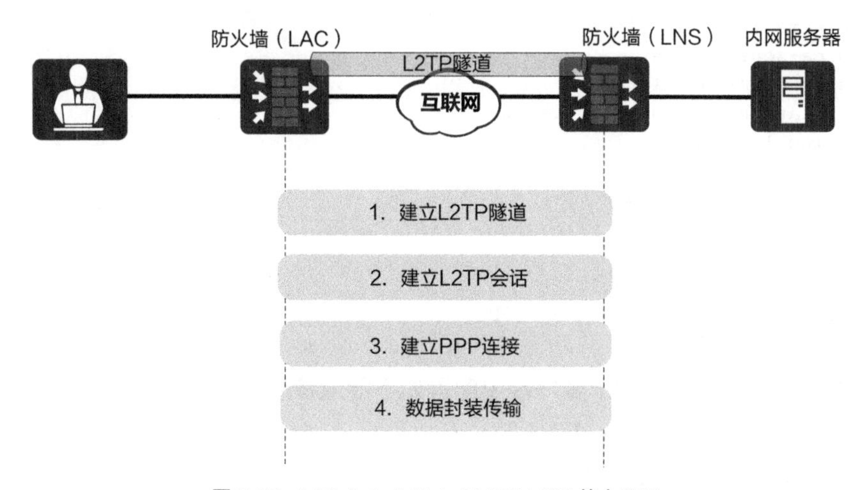

图7-37　LAC-Auto-Initiated L2TP VPN 基本原理

各个阶段的建立过程与Client-Initiated L2TP VPN的建立过程大同小异，大家可以回顾第7.3节，这里不再重复。**需要注意的一点是，LAC使用VT接口向LNS发起隧道请求**，因此在阶段3中，LNS只对LAC进行验证，验证通过后为LAC的VT接口分配IP地址，而不是为分支机构用户分配IP地址。虽然LNS不为分支机构分配IP地址，但是并不代表分支机构的IP地址可以随意配置。为了保证分支机构网络与总部网络之间正常访问，请为分支机构网络和总部网络规划各自独立的私网网段，二者的网段地址不能重叠。

2. 配置过程

LAC-Auto-Initiated VPN的配置不复杂，我们搭建如图7-38所示的网络。为突出重点，LAC、LNS、内网服务器之间都是直连，省去了路由配置；用户认证也采用了比较简单的本地认证。另外，分支机构用户和内网服务器上都要配置网关，保证双方互访的报文能够发送到LAC和LNS。

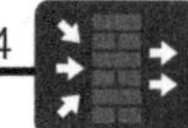

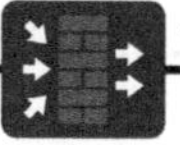

图 7-38　LAC-Auto-Initiated L2TP VPN 组网

LAC和LNS的配置如表7-14所示。

表 7-14　配置 LAC-Auto-Initiated L2TP VPN

LAC 的配置	LNS 的配置

l2tp enable
l2tp-group 1
 tunnel authentication
 tunnel password cipher Password2
 tunnel name lac
 start l2tp ip 1.1.1.2 fullusername user1 //指定隧道对端地址
interface Virtual-Template 1
 ppp authentication-mode chap
 ppp chap user user1 //与start l2tp、call-lns用户名保持一致
 ppp chap password cipher Password1
 ip address ppp-negotiate
 call-lns local-user user1 binding l2tp-group 1 //LAC向LNS发起拨号
ip route-static 192.168.0.0 255.255.255.0 Virtual-Template 1 //配置去往总部网络的静态路由，此处与Client-Initiated VPN以及NAS-Initiated VPN不同，LAC上必须配置该条路由，指引分支机构用户访问总部网络的报文进入L2TP隧道
	l2tp enable
	interface Virtual-Template 1
	 ppp authentication-mode chap
	 ip address 10.1.1.1 255.255.255.0
	 remote service-scheme l2tp //使用**service-scheme**下配置的地址池为LAC分配私网地址
	l2tp-group 1
	 tunnel authentication
	 tunnel password cipher Password2
	 allow l2tp virtual-template 1 remote lac //允许LAC远端接入
	ip pool pool1
	 section 1 10.1.1.2 10.1.1.3
	aaa
	 service-scheme l2tp
	  ip-pool pool1
	 domain default
	  service-type l2tp
	user-manage user user1 //验证LAC身份信息
	 password Password1
	ip route-static 172.16.0.0 255.255.255.0 Virtual-Template 1 //配置去往分支机构网络的静态路由，如果LAC上配置了源NAT，则不用配置该条路由

说明： 上述配置只包含LAC-Auto-Initiated L2TP VPN的关键配置，用于辅助理解原理。组网的完整配置过程请参见第7.4.3节。

下面总结一下LAC-Auto-Initiated L2TP VPN隧道的特点。如图7-39所示，LAC-Auto-Initiated VPN场景中，LAC和LNS之间建立一条永久的隧道，且仅承载一条永久的L2TP会话和PPP连接。L2TP会话和PPP连接只存在于LAC和LNS之间。

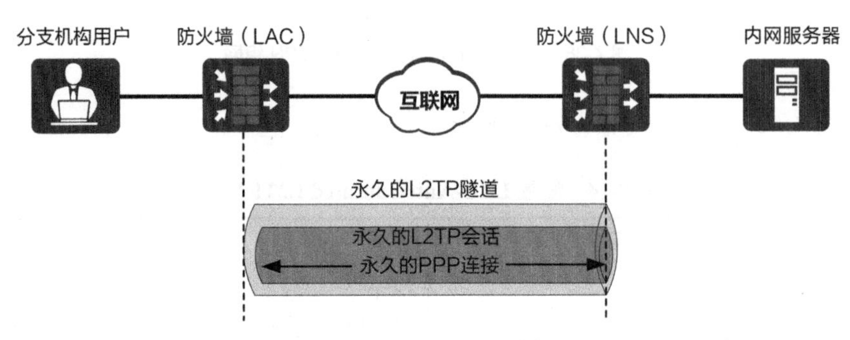

图7-39 LAC-Auto-Initiated L2TP VPN中L2TP隧道、会话及PPP连接的关系

3. 数据封装传输

LAC-Auto-Initiated L2TP VPN的PPP封装和L2TP封装仅限于LAC和LNS之间的报文交互，如图7-40所示。

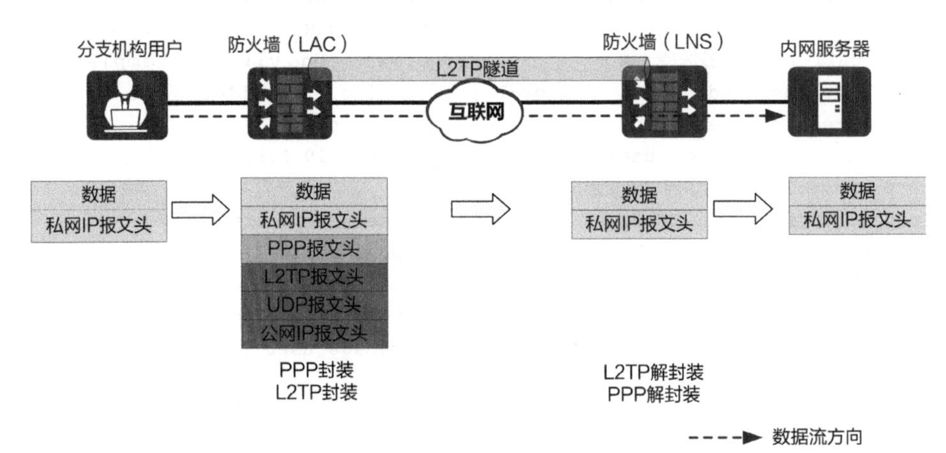

图7-40 LAC-Auto-Initiated L2TP VPN报文封装过程

另外，还有一个需要重点关注的问题是回程报文如何进入隧道。与Client-Initiated VPN以及NAS-Initiated VPN不同，在LAC-Auto-Initiated VPN中，LNS只下发了一条目的地址为LAC的VT接口地址的UNR，并没有去往分

支机构网络的路由。对此LNS振振有词："我只对我分配出去的IP地址负责，所以保证可以到达对端LAC的VT接口。分支机构网络的地址不是我分配的，我甚至都不知道他们的地址是什么，因此只能说抱歉。"

那么如何解决这个问题呢？最简单方法就是在LNS手动配置一条去往分支机构网络的静态路由，指引回程报文进入隧道。

```
[LNS] ip route-static 172.16.0.0 255.255.255.0 Virtual-Template 1
```

但是如果分支数目较多，分支IP地址可能发生变化，路由维护是很大的负担。除了配置静态路由之外，还有没有其他方法呢？

答案是肯定有的：既然LNS只认它分配的IP地址，那我们就在LAC上配置源NAT功能，把分支机构用户访问总部网络报文的源地址都转换成VT接口的地址，即Easy-IP方式的源NAT。LNS收到回程报文后，发现目的地址是LAC的VT接口的IP地址，就会按照直连路由进入隧道转发，这样就不用在LNS上配置静态路由了。

下面以图7-41所示实际组网为例，介绍在LAC上配置源NAT后，分支机构用户访问总部服务器时的报文封装与解封装全过程。

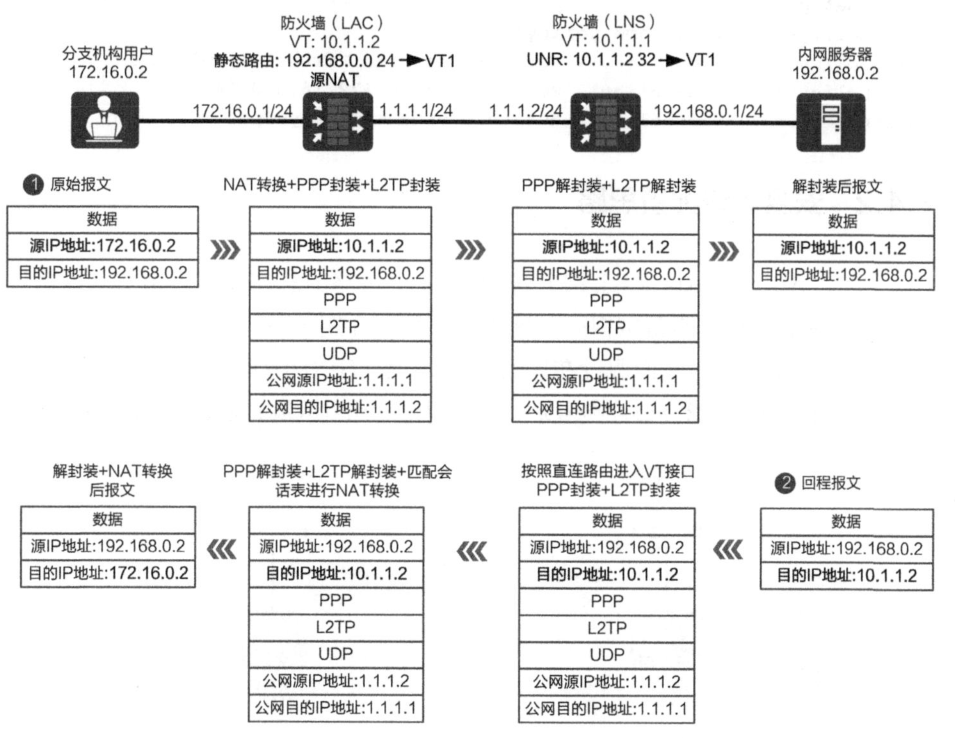

图 7-41　LAC 上配置源 NAT 后，LAC-Auto-Initiated L2TP VPN 报文封装与解封装过程

① LAC收到分支机构用户访问总部服务器的原始报文后，根据目的地址查找路由，命中手动配置的静态路由，将报文发送至VT接口。

② LAC在VT接口对原始报文进行NAT，将源地址转换成VT接口的地址，然后为报文封装PPP报文头、L2TP报文头和公网地址。LAC根据公网目的地址查找路由，将封装后的报文发送至LNS。

③ LNS收到报文后，剥离掉L2TP报文头、PPP报文头，根据目的地址查找路由（此处为直连路由），然后将报文发送至总部服务器。

④ LNS收到总部服务器的回程报文后，根据目的地址（LAC VT接口的地址）查找路由，命中LNS自动下发的UNR，将报文发送至VT接口。

⑤ 报文在VT接口封装PPP报文头、L2TP报文头和公网地址，LNS根据公网目的地址查找路由，将封装后的报文发送至LAC。

⑥ LAC收到报文后，剥离掉PPP报文头、L2TP报文头，将报文的目的地址转换成分支机构用户的地址，然后将报文发送至分支机构用户。

在LAC上配置Easy-IP方式源NAT的方法如下。

```
[LAC] nat-policy
[LAC-policy-nat] rule name policy1
[LAC-policy-nat-rule-policy1] egress-interface Virtual-Template 1
[LAC-policy-nat-rule-policy1] source-address 172.16.0.0 24
[LAC-policy-nat-rule-policy1] action source-nat easy-ip
```

7.4.2 安全策略配置思路

LAC-Auto-Initiated L2TP VPN中安全策略的总体配置思路与前面两种场景介绍过的配置思路基本相同，这里我们简要介绍一下。

如图7-42所示，我们假设在LAC和LNS上，GE0/0/1接口连接私网，属于trust区域；GE0/0/2接口连接互联网，属于untrust区域；**VT接口属于DMZ。**

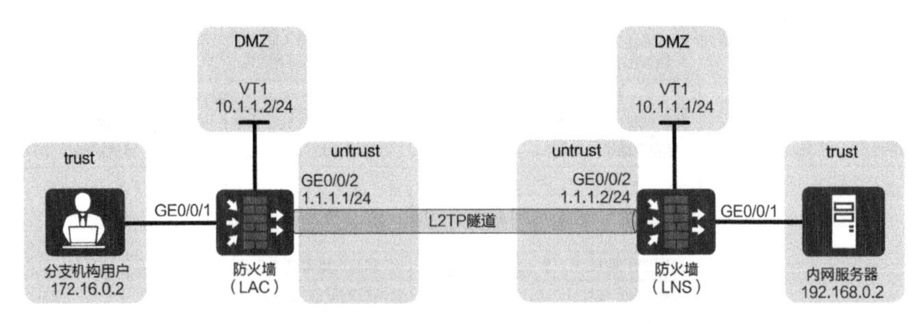

图7-42 LAC-Auto-Initiated L2TP VPN安全策略配置组网

安全策略的配置过程如下。

① 我们先配置一个最宽泛的安全策略，以便调测L2TP VPN。

在LAC上将默认安全策略的动作设置为permit。

```
[LAC] security-policy
[LAC-policy-security] default action permit
```

在LNS上将默认安全策略的动作设置为permit。

```
[LNS] security-policy
[LNS-policy-security] default action permit
```

② LAC和LNS上配置好L2TP后，分支机构用户ping内网服务器，然后在LAC和LNS上查看会话表。

LAC上的会话表配置如下。

```
[LAC] display firewall session table verbose
Current Total Sessions : 2
  l2tp  VPN:public --> public
  Zone: local--> untrust  TTL: 00:02:00  Left: 00:01:57
  Interface: GigabitEthernet0/0/2  NextHop: 1.1.1.2  MAC: 00-00-00-c5-48-00
  <--packets:38 bytes:2517   -->packets:62 bytes:4270
  1.1.1.1:60416-->1.1.1.2:1701
  icmp  VPN:public --> public
  Zone: trust--> dmz  TTL: 00:00:20  Left: 00:00:07
  Interface: Virtual-Template1  NextHop: 192.168.0.2  MAC: 00-00-00-c5-48-00
  <--packets:1 bytes:60   -->packets:1 bytes:60
  172.16.0.2:11749-->192.168.0.2:2048
```

分析会话表得到LAC上的报文走向，如图7-43所示。

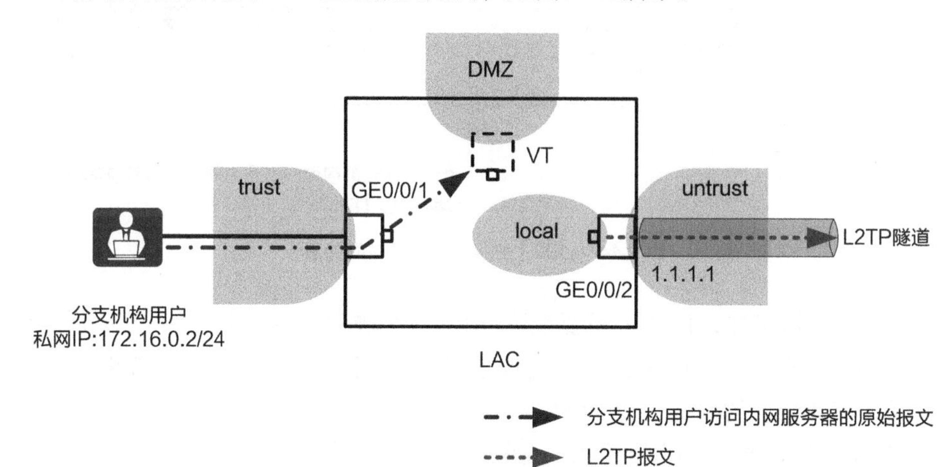

图 7-43　LAC 上的报文走向及域间关系

由图7-43可知，LAC上需要配置trust区域到DMZ的安全策略，允许分支机构用户访问内网服务器的报文进入VT接口进行L2TP封装；还需要配置local区域到untrust区域的安全策略，允许LAC与LNS建立L2TP隧道。

LNS上的会话表配置如下。

```
[LNS] display firewall session table verbose
 Current Total Sessions : 2
  l2tp  VPN:public --> public
  Zone: untrust--> local  TTL: 00:02:00  Left: 00:01:52
  Interface: InLoopBack0  NextHop: 127.0.0.1  MAC: 00-00-00-00-00-00
  <--packets:18 bytes:987   -->packets:23 bytes:2057
  1.1.1.1:60416-->1.1.1.2:1701
  icmp  VPN:public --> public
  Zone: dmz--> trust  TTL: 00:00:20  Left: 00:00:00
  Interface: GigabitEthernet0/0/1  NextHop: 192.168.0.2  MAC: 54-89-98-62-
32-60
  <--packets:4 bytes:336   -->packets:5 bytes:420
  172.16.0.2:52651-->192.168.0.2:2048
```

分析会话表得到LNS上的报文走向，如图7-44所示。

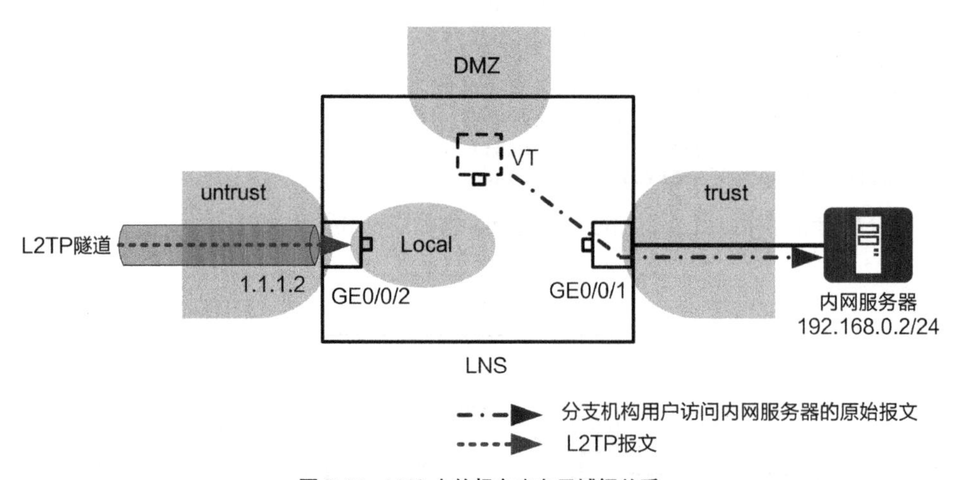

图 7-44　LNS 上的报文走向及域间关系

由图7-44可知，LNS上需要配置untrust区域到local区域的安全策略，允许LAC与LNS建立L2TP隧道。还需要配置DMZ到trust区域的安全策略，允许VT接口解封装后的报文发往内网服务器。

综上，LAC和LNS上配置的安全策略如表7-15所示。

表 7-15　LAC-Auto-Initiated L2TP VPN 安全策略配置示例

设备	策略名称	源安全区域	目的安全区域	源地址	目的地址	服务	动作
LAC	service_traffic	trust	DMZ	172.16.0.0/24	192.168.0.0/24	*	permit
	L2TP_tunnel	local	untrust	1.1.1.1/32	1.1.1.2/32	l2tp	permit
LNS	L2TP_traffic	untrust	local	1.1.1.1/32	1.1.1.2/32	l2tp	permit
	service_tunnel	DMZ	trust	172.16.0.0/24	192.168.0.0/24	*	permit

注：* 表示此处的服务与具体的业务类型有关，可以根据实际情况配置，如 tcp、udp、icmp 等。

可见，在LAC自动拨号方式的L2TP场景中，**LAC和LNS上的VT接口必须加入安全区域，而且VT接口所属的安全区域决定了报文在设备内部的走向**。如果VT接口属于trust区域，那就不需要配置DMZ到trust区域的安全策略，但这样会带来安全风险。因此建议将VT接口加入单独的安全区域，然后配置带有精确匹配条件的安全策略。

③ 将默认安全策略的动作改为deny。

在LAC上将默认安全策略的动作设置为deny。

```
[LAC] security-policy
[LAC-policy-security] default action deny
```

在LNS上将默认安全策略的动作设置为deny。

```
[LNS] security-policy
[LNS-policy-security] default action deny
```

7.4.3　配置举例

最后我们通过一个举例总结LAC-Auto-Initiated L2TP VPN的配置过程。

如图7-45所示，分支机构用户需要通过L2TP VPN隧道访问企业总部资源，但是不想每次访问都拨号到LAC。要求LAC与LNS之间建立永久L2TP VPN隧道供使用。

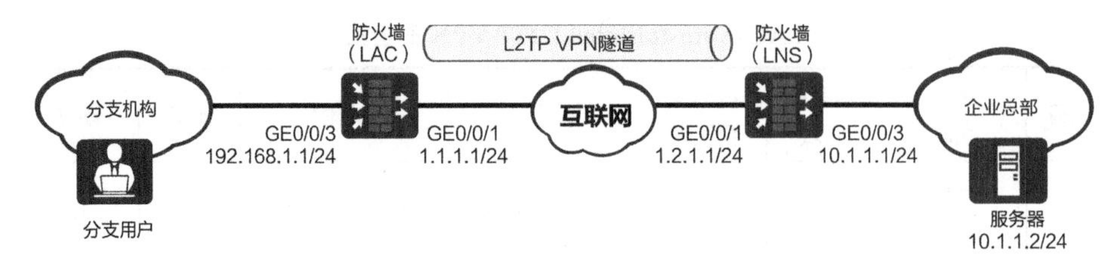

图 7-45 LAC-Auto-Initiated 场景下的 L2TP VPN 组网

LAC和LNS设备上的配置脚本如下。

```
#
 l2tp enable
#
l2tp-group 1
 tunnel authentication
 tunnel password cipher %$%$Sd2\*,\
eT=XIuj1J`j36~K)_%$%$
 tunnel name LAC
 start l2tp ip 1.2.1.1 fullusername
user0001
#
interface Virtual-Template1
 ppp authentication-mode chap
 ppp chap user user0001
 ppp chap password cipher %$%$>x
{UJZIoJ>`<}u" b0!#%\pg^%$%$
 ip address ppp-negotiate
 call-lns local-user user0001
#
interface GigabitEthernet0/0/1
 ip address 1.1.1.1 255.255.255.0
#
interface GigabitEthernet0/0/3
 ip address 192.168.1.1 255.255.255.0
#
firewall zone trust
 set priority 85
 add interface GigabitEthernet0/0/3
#
firewall zone untrust
 set priority 5
 add interface GigabitEthernet0/0/1
#
```

```
#
l2tp enable
#
ip pool pool
 section 1 10.2.1.2 10.2.1.100
#
aaa
#
 service-scheme l2tp
  ip-pool pool
#
 domain default
  service-type l2tp
#
interface Virtual-Template1
 ppp authentication-mode chap
 remote service-scheme l2tp
 ip address 10.2.1.1 255.255.255.0
#
l2tp-group 2
 allow l2tp virtual-template 1 remote
LAC
 tunnel authentication
 tunnel password cipher %$%$Sd2\*,
\eT=XIuj1J`j36~K)_%$%$
#
interface GigabitEthernet0/0/1
 ip address 1.2.1.1 255.255.255.0
#
interface GigabitEthernet0/0/3
 ip address 10.1.1.1 255.255.255.0
#
firewall zone trust
```

firewall zone dmz
 set priority 50
 add interface Virtual-Template1
#
 ip route-static 10.1.1.0 255.255.255.0 Virtual-Template1
 ip route-static 0.0.0.0 0.0.0.0 1.1.1.2
#
nat-policy
 rule name lac
  source-zone trust
  egress-interface Virtual-Template1
  source-address 192.168.1.0 24
  action source-nat easy-ip
#
security-policy
  rule name service_traffic
    source-zone trust
    destination-zone dmz
    source-address 192.168.1.0 24
    destination-address 10.1.1.0 24
    action permit
  rule name l2tp_tunnel
    source-zone local
    destination-zone untrust
    source-address 1.1.1.1 32
    destination-address 1.2.1.1 32
    action permit
	set priority 85
	 add interface GigabitEthernet0/0/3
	#
	firewall zone untrust
	 set priority 5
	 add interface GigabitEthernet0/0/1
	#
	firewall zone dmz
	 set priority 50
	 add interface Virtual-Template1
	#
	 ip route-static 0.0.0.0 0.0.0.0 1.2.1.2
	#
	security-policy
	  rule name service_traffic
	    source-zone dmz
	    destination-zone trust
	    source-address 10.2.1.0 24
	//经过源NAT的IP地址
	    destination-address 10.1.1.0 24
	    action permit
	  rule name l2tp_tunnel
	    source-zone untrust
	    destination-zone local
	    source-address 1.1.1.1 32
	    destination-address 1.2.1.1 32
	    action permit
	# 以下创建用户的配置保存于数据库，不在配置文件体现
	user-manage user user0001
	 password **********

7.5　3种组网方式对比

至此3种组网方式的L2TP VPN介绍完毕，下面我们再来对这3种L2TP VPN做一下横向对比，如表7-16所示。

表 7-16　3 种组网方式的 L2TP VPN 对比

对比项	NAS-Initiated 的情况	Client-Initiated 的情况	LAC-Auto-Initiated 的情况
协商方式	接入用户使用 PPPoE 拨号触发 LAC 和 LNS 之间协商建立 L2TP 隧道和 L2TP 会话，接入用户和 LNS 协商建立 PPP 连接	L2TP 客户端和 LNS 协商建立 L2TP 隧道和 L2TP 会话、建立 PPP 连接	LAC 主动拨号，和 LNS 协商建立 L2TP 隧道和 L2TP 会话、建立 PPP 连接
隧道和会话关系	LAC 和 LNS 之间可存在多条 L2TP 隧道，一条 L2TP 隧道中可承载多条 L2TP 会话	每个 L2TP 客户端和 LNS 之间均建立一条 L2TP 隧道，每条隧道中仅承载一条 L2TP 会话和 PPP 连接	LAC 和 LNS 之间建立一条永久的 L2TP 隧道，且仅承载一条永久的 L2TP 会话和 PPP 连接
安全性	LAC 对接入用户进行认证，LNS 对接入用户进行二次认证（可选），安全性最高	LNS 对 L2TP 客户端进行 PPP 认证（PAP 或 CHAP），安全性较高	LAC 不对用户进行认证，LNS 对 LAC 配置的用户进行 PPP 认证（PAP 或 CHAP），安全性低
回程路由	LNS 上会自动下发 UNR，指导回程报文进入 L2TP 隧道，无须手动配置	LNS 上会自动下发 UNR，指导回程报文进入 L2TP 隧道，无须手动配置	LNS 上需要手动配置目的地址为网段的静态路由，或者在 LAC 上配置 Easy-IP 方式的源 NAT
分配 IP 地址	LNS 为客户端分配 IP 地址	LNS 为客户端分配 IP 地址	LNS 为 LAC 的 VT 接口分配 IP 地址

需要注意的是，无论是哪种方式的L2TP VPN，都不支持加密功能，因此数据在隧道传输过程中面临安全风险。如何解决这个问题？大家在学习了功能强大、安全性高的IPsec VPN之后，一定能得到答案。

7.6　L2TP VPN 多实例

当LNS通过虚拟系统或VPN实例隔离不同的网络，为不同的远程用户提供L2TP访问业务时，需要配置L2TP VPN多实例。以下着重介绍多实例场景下，L2TP VPN的实现和配置差异。

1. VPN 实例组网

如图7-46所示，LNS内网接口绑定不同的VPN实例，实现部门1和部门2隔离。部门1和部门2的移动办公用户都需要与LNS建立L2TP隧道，访问对应的内网资源。

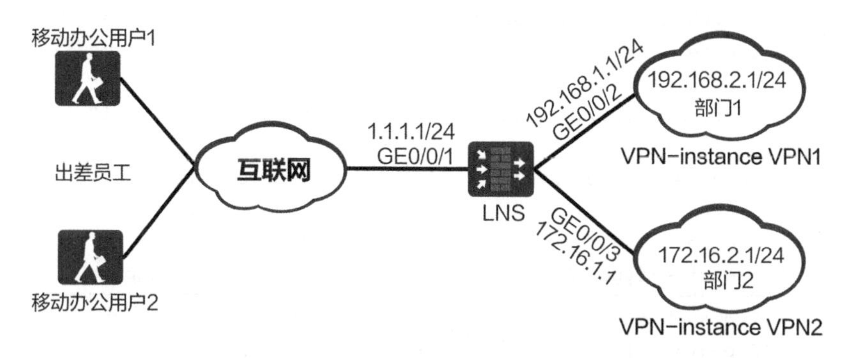

图 7-46　VPN 实例场景下的 L2TP VPN 组网

需要分别为部门1的移动办公用户1、部门2的移动办公用户2配置不同的隧道参数、VT接口、地址池和用户信息。我们用图7-47来进一步解释：LNS分别通过L2TP Group1、L2TP Group2接收不同部门移动办公用户的L2TP隧道建立请求，建立隧道，L2TP Group绑定不同的VT接口；LNS收到不同移动办公用户的访问流量，使用不同的VT接口解封装，并转发给内网服务器；因此需要将VT接口绑定各自的VPN实例，这样才能向对应VPN实例下的部门转发流量。

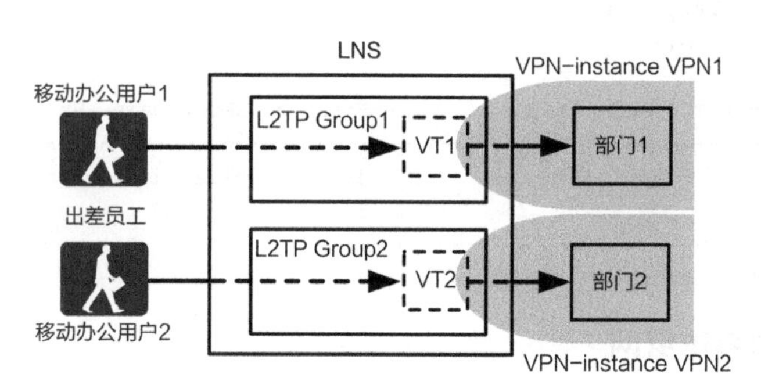

图 7-47　VPN 实例场景下的 L2TP VPN 流量转发

根据以上分析，表7-17给出VPN多实例组网的LNS关键L2TP配置。

表 7-17　VPN 多实例组网的 LNS 关键 L2TP 配置

<table>
<tr><th>配置项</th><th>部门 1 的 L2TP VPN 配置</th><th>部门 2 的 L2TP VPN 配置</th></tr>
<tr><td>VT 接口配置</td><td>interface Virtual-Template1
 ip binding vpn-instance vpn1
 ppp authentication-mode chap
 ip address 10.1.1.1 255.255.255.0
 remote service-scheme l2tp1
ip pool pool1
 section 1 10.1.1.2 10.1.1.100
aaa
 service-scheme l2tp1
  ip-pool pool1
 domain default
  service-type l2tp</td><td>interface Virtual-Template2
 ip binding vpn-instance vpn2
 ppp authentication-mode chap
 ip address 10.1.2.1 255.255.255.0
 remote service-scheme l2tp2
ip pool pool2
 section 1 10.1.2.2 10.1.2.100
aaa
 service-scheme l2tp2
  ip-pool pool2
 domain default
  service-type l2tp</td></tr>
<tr><td>L2TP Group 配置</td><td>l2tp enable
l2tp-group 1
 undo tunnel authentication
 allow l2tp virtual-template 1
remote client1
//client1（移动办公用户1）与部门1的L2TP客户端配置的隧道名称一致，不同l2tp-group下的名称不能重复</td><td>l2tp enable
l2tp-group 2
 undo tunnel authentication
 allow l2tp virtual-template 2
remote client2
//client2（移动办公用户2）与部门2的L2TP客户端配置的隧道名称一致，不同l2tp-group下的名称不能重复</td></tr>
<tr><td>用户信息配置</td><td>user-manage user l2tpuser1
 password Huawei@123</td><td>user-manage user l2tpuser2
 password Admin@123</td></tr>
</table>

配置成功后，设备上的隧道信息如下。

```
<LNS> display l2tp tunnel
L2TP::Total Tunnel: 2

 LocalTID RemoteTID RemoteAddress  Port  Sessions RemoteName  VpnInstance
 ------------------------------------------------------------------------
 1        1         1.1.1.2        1701  1        client1     vpn1
 2        2         2.2.2.2        1701  1        client2     vpn2
 ------------------------------------------------------------------------
  Total 2, 2 printed
```

2. 虚拟系统组网

通过虚拟系统可以将防火墙划分为多个相互独立的逻辑设备，如图7-48所示，一台LNS通过虚拟系统vsysa、vsysb实现部门1和部门2隔离。部门1和部门2的移动办公用户都需要与LNS建立L2TP隧道，访问对应的内网资源。

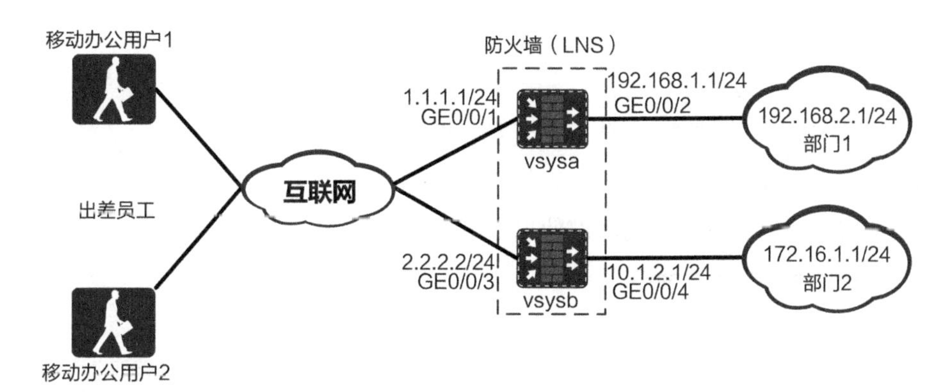

图 7-48　虚拟系统场景下的 L2TP VPN 组网

这种组网的配置与非虚拟系统组网的配置基本一致，可以理解为vsysa和vsysb下的配置是独立的，分别配置L2TP业务即可。

虚拟系统组网的LNS关键L2TP配置如下。

① 创建虚拟系统，注意将两个VT接口分配给不同的虚拟系统，接收不同部门移动办公用户的L2TP隧道建立请求。

```
vsys enable
interface Virtual-Template 1
interface Virtual-Template 2
vsys name vsysa 1
 assign interface GigabitEthernet0/0/1
 assign interface GigabitEthernet0/0/2
 assign interface Virtual-Template 1
vsys name vsysb 2
 assign interface GigabitEthernet0/0/3
 assign interface GigabitEthernet0/0/4
 assign interface Virtual-Template 2
```

② 进入vsysa配置L2TP，vsysb的配置同理。

```
switch vsys vsysa   //进入虚拟系统
interface Virtual-Template1
 ppp authentication-mode chap
 ip address 10.1.1.1 255.255.255.0
 remote service-scheme l2tp1
ip pool pool1
 section 1 10.1.1.2 10.1.1.100
aaa
 service-scheme l2tp1
  ip-pool pool1
 domain default
  service-type l2tp
```

```
l2tp enable
l2tp-group 1
 undo tunnel authentication
 allow l2tp virtual-template 1 remote client1
user-manage user l2tpuser1
 password Huawei@123
```

配置成功后，设备上的隧道信息如下。

```
<LNS> display l2tp tunnel
L2TP::Total Tunnel: 2

 LocalTID RemoteTID RemoteAddress    Port   Sessions RemoteName  VpnInstance
 ------------------------------------------------------------------------------
 1        1         1.1.1.2          1701   1        client1     vsysa
 2        2         2.2.2.3          1701   1        client2     vsysb
 ------------------------------------------------------------------------------
  Total 2, 2 printed
```

7.7 L2TP VPN 常见问题

1. L2TP VPN 有哪些地址分配方式，优先级是怎样的?

L2TP VPN为接入用户分配IP地址的方式包括以下4种，优先级依次降低。

（1）LNS通过认证服务器为用户分配IP地址

支持通过AD（Active Directory，活动目录）、LDAP（Lightweight Directory Access Protocol，转型目录访问协议）、RADIUS等认证服务器为用户分配IP地址。

在LNS的认证域中指定授权方式为服务授权，以下以AD服务为例。

```
aaa
 authorization-scheme ad    //配置授权方案
  authorization-mode ad
 domain default
  authorization-scheme ad
```

根据不同的服务器指定代表IP地址的属性。

对于AD/LDAP服务器来说，首先，在服务器上指定用户的某两个属性分别为IP地址和子网掩码，如图7-49所示分别取st（省/自治区）、l（市/县）两个属性取值作为IP地址和掩码，对于LDAP服务器同理。

cn	DirectoryString	1	usera
codePage	Integer	1	0
countryCode	Integer	1	0
displayName	DirectoryString	1	usera
distinguishedName	DN	1	CN=usera,OU=research,
instanceType	Integer	1	4
l	DirectoryString	1	255.255.255.0
lastLogoff	Integer8	1	0x0
lastLogon	Integer8	1	2017/6/30 15:16:09
logonCount	Integer	1	22
name	DirectoryString	1	usera
nTSecurityDescriptor	NTSecurityDescriptor	1	D:AI(A;;CCDCLCSWRPWI
objectCategory	DN	1	CN=Person,CN=Schema,
objectClass	OID	4	top;person;organizationa
objectGUID	OctetString	1	{ADB50EDF-C611-4C65-/
objectSid	Sid	1	S-1-5-21-3047753707-88
primaryGroupID	Integer	1	513
pwdLastSet	Integer8	1	2008/2/13 19:29:48
sAMAccountName	DirectoryString	1	usera
sAMAccountType	Integer	1	805306368
sn	DirectoryString	1	usera
st	DirectoryString	1	10.2.1.13
userAccountControl	Integer	1	66048

图 7-49　AD 服务器的用户属性

然后，在LNS的认证服务器模板中配置作为IP地址和子网掩码的用户属性。这样LNS就可以按照配置的属性，取认证服务器用户对应的取值作为用户IP地址分配给用户。

```
ad-server template ad_server
 ad-server ip-address-filter st mask-filter l
ldap-server template ldap_server
 ldap-server ip-address-filter st mask-filter l
```

对于RADIUS服务器来说，RADIUS服务器固定使用用户的Framed-IP-Address属性取值作为IP地址。如果RADIUS服务器响应认证成功的报文携带Framed-IP-Address属性，则LNS将该属性的取值作为IP地址分配给用户。

（2）LNS的VT接口配置remote address分配单个IP地址

此种方式仅适用于只有一个L2TP接入用户的场景，表示为该用户分配此IP地址。

```
interface Virtual-Template 1
 remote address 10.0.0.1
```

（3）LNS的VT接口引用remote service-scheme，使用service-scheme中的地址池分配IP地址

前文介绍L2TP各种组网方式的配置，均使用此种方式为用户分配IP地址。

```
ip pool pool1
 section 1 192.168.2.2 192.168.2.100
aaa
 service-scheme l2tp
  ip-pool pool1
interface Virtual-Template1
 remote service-scheme l2tp
```

（4）LNS的认证域引用service-scheme，使用service-scheme中的地址池分配IP地址

与前一种分配IP地址的方式类似，差异在于在认证域中引用service-scheme。优先级低于前一种。

```
ip pool pool1
 section 1 192.168.2.2 192.168.2.100
aaa
 service-scheme l2tp
  ip-pool pool1
 domain default
  service-scheme l2tp
```

另外，针对后两种地址分配方式，还可以在地址池或业务方案service-scheme中配置DNS服务器地址，为用户分配DNS服务器地址，配置如下。

① 配置一

```
ip pool pool1
 dns-list 10.10.10.10
```

② 配置二

```
aaa
 service-scheme l2tp
  dns 10.10.10.10
```

地址池中配置的DNS服务器地址优先级高于service-scheme中配置DNS服务器地址。

2. PPP验证与用户认证方式的关系是什么?

PPP验证（CHAP/PAP）阶段用来验证接入用户的身份，也就是要校验用户名和密码。这个校验用户名和密码的方式，既可以通过本地认证，也可以通过认证服务器认证（AD/LDAP/RADIUS）。

另外防火墙是基于认证域，也就是domain，来组织和管理用户以及认证方式的。图7-50展示了PPP验证、认证方式与认证域之间的关系。

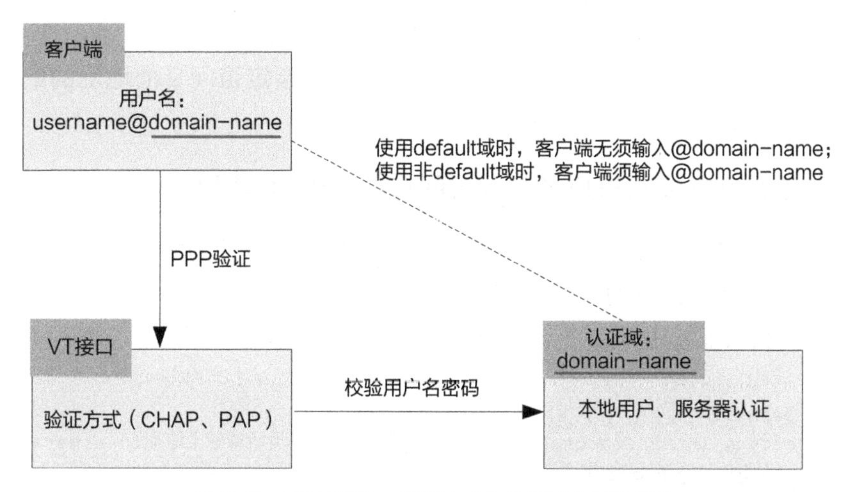

图 7-50　PPP 验证、 认证方式与认证域之间的关系

当防火墙使用VT接口配置的验证方式对客户端进行PPP验证时，防火墙将客户端输入的用户名和密码信息传递给认证域下配置的本地用户或认证服务器，校验用户名和密码的正确性。传递给哪个认证域，由用户名中携带的认证域名（domain-name）决定：当用户名未携带@domain-name或认证域名为default时，防火墙使用default认证域认证用户；当用户名携带的认证域名不是default时，例如domain1，防火墙使用domain1认证域认证用户。

因此，管理员需要提前规划认证域，然后才能告知用户客户端的用户名输入格式。大家肯定想问：认证域有什么用？

在大企业中，往往会把不同部门划分到不同认证域中，在认证域中规划本地用户或服务器认证。此外，还可以基于认证域规划不同的地址池，方便后续针对不同部门部署不同的安全策略。

另外，防火墙使用不同的用户认证方式时，支持的PPP验证方式不同：当使用本地认证方式时，PPP验证证模式可以是PAP或CHAP；当使用AD/LDAP服务器认证方式时，PPP验证模式只能是PAP，不能是CHAP；当使用RADIUS服务器认证方式时，PPP验证模式可以是PAP，防火墙是否支持CHAP需要根据RADIUS服务器是否支持CHAP而定。

3. L2TP 客户端如何控制哪些流量进入隧道?

用户除了远程访问总部，还会访问本地网络、互联网，L2TP客户端如何控制哪些流量进入隧道，从而不影响非VPN业务的访问呢？

不同L2TP客户端的配置界面不同，一般会有指定访问目的地址的配置界面，配置需要访问的总部网段即可。

4. 是否可以按照用户名控制访问总部资源的权限？

可以在LNS的安全策略中指定用户名或用户组名，从而控制不同用户的访问权限。在LNS上配置的具体步骤如下。

（1）在认证域中开启“上网行为管理”业务类型。

```
aaa
 domain default
  service-type internetaccess l2tp     //在L2TP业务类型基础上增加internetaccess
业务类型，才能按用户名控制权限
```

（2）以L2TP地址池中的IP地址为源地址，配置认证策略，动作为“免认证”。

```
auth-policy
 rule name auth_policy_l2tp
  source-address range 10.2.0.2 10.2.0.15    //L2TP地址池范围
  action exempt-auth
```

（3）在安全策略中引用用户或用户组（L2TP使用的用户/用户组创建步骤略）。

```
security-policy
 rule name policy_l2tp
 user username user1
 user user-group /default/research
 destination-address 10.1.1.0 24      //该用户或用户组可以访问的总部资源地址
 action permit
```

7.8 习题

第8章 IPsec VPN

随着互联网的发展，越来越多的企业直接通过互联网进行互联。由于IP协议未考虑安全性，而且互联网上有大量的不可靠用户和网络设备，所以用户业务数据要穿越这些未知网络，根本无法保证数据的安全性，数据易被伪造、篡改或窃取。因此，迫切需要一种兼容IP协议的通用的网络安全方案。

为了解决上述问题，IPsec应运而生。IPsec是IETF制定的一组开放的网络安全协议。IPsec是针对IP安全性的补充，工作在IP层，为IP网络通信提供透明的安全服务。IPsec VPN是指采用IPsec实现私网互访的一种VPN技术，通过在公网上为两个或多个私有网络之间建立IPsec隧道，并通过加密和验证算法保证VPN连接的安全。相对于其他VPN技术，IPsec VPN安全性更高，数据在IPsec隧道中都是加密传输，但相应的IPsec VPN在配置和组网部署上更复杂。

| 8.1 IPsec 的协议框架 |

IPsec并不是一个单独的协议，而是一系列为IP网络提供安全性的协议和服务的集合，包括AH（Authentication Header，认证头）和ESP（Encapsulating Security Payload，封装安全载荷）两个安全协议，IKE协议以及用于验证及加密的一些算法等。

8.1.1 安全协议

IPsec使用AH和ESP两个安全协议来提供验证或加密等安全服务。

AH协议是报文头验证协议，主要提供数据源验证、数据完整性校验和防报文重放功能，但不提供加密功能。AH协议对数据包和认证密钥进行HASH计算，接收方收到带有计算结果的数据包后，执行同样的HASH计算并与原计算结果比较。传输过程中对数据的任何更改将使计算结果无效，这样就提供了数据来源认证和数据完整性校验。AH协议的数据完整性校验范围为整个IP报文。

ESP协议是封装安全载荷协议，主要提供加密、数据源验证、数据完整性校验和防报文重放功能。与AH协议不同的是，ESP协议将数据中的有效载荷进行加密后再封装到数据包中，以保证数据的机密性。但ESP协议没有对IP报文头的内容进行保护，除非IP报文头被封装在ESP内部（采用隧道模式）。

AH协议与ESP协议的简单比较如表8-1所示。

表 8-1　AH 协议与 ESP 协议比较

安全特性	AH 协议的情况	ESP 协议的情况
协议号	51	50
数据完整性校验	支持（验证整个 IP 报文）	支持（传输模式不验证 IP 报文头；隧道模式验证整个 IP 报文）
数据源验证	支持	支持
数据加密	不支持	支持
防报文重放攻击	支持	支持
IPsec NAT-T（NAT 穿越）	不支持	支持

从表8-1中可以看出两个协议各有优缺点，在安全性要求较高的场景中可以考虑联合使用AH协议和ESP协议。

8.1.2　封装模式

封装模式是指将AH或ESP相关的字段插入原始IP报文中，以实现对报文的加密和验证。封装模式有传输模式和隧道模式两种。

1. 传输模式

在传输模式下，AH报文头或ESP报文头被插入IP报文头与TCP报文头之间，保护报文载荷。由于传输模式未添加额外的IP报文头，所以原始报文中的IP地址在加密后报文的IP报文头中可见，如图8-1所示，以TCP报文为例。

传输模式不改变报文头，IPsec隧道的源地址和目的地址就是最终通信双方的源地址和目的地址，通信双方只能保护自己发出的消息。所以该模式适用于两台主机或一台主机和一台VPN网关之间通信。

2. 隧道模式

在隧道模式下，原始IP报文头之前插入一个AH报文头或ESP报文头，另外生成一个新的IP报文头放到AH报文头或ESP报文头之前，原始IP地址被当作有效载荷的一部分受到IPsec的保护，如图8-2所示，以TCP报文为例。

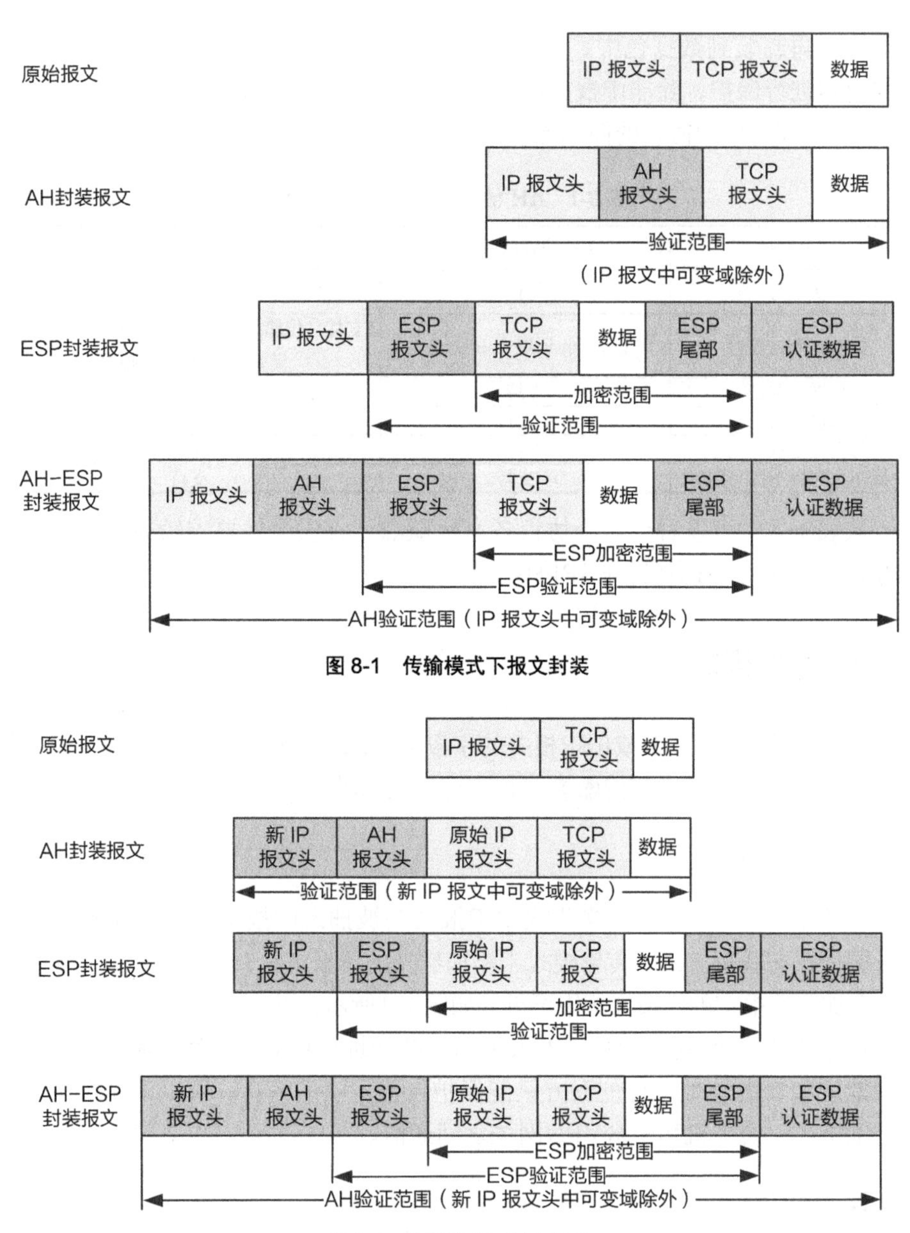

图 8-1 传输模式下报文封装

图 8-2 隧道模式下报文封装

隧道模式隐藏了原始IP报文头信息，使用新的报文头来封装消息，新IP报文头中的源地址和目的地址为隧道两端的公网IP地址。所以隧道模式适用于两台VPN网关之间建立IPscc隧道，可以保护两台VPN网关后面的两个网络之间的通信，是目前比较常用的封装模式。当安全协议同时采用AH协议和ESP协议时，AH协议和ESP协议必须采用相同的封装模式。

3. 传输模式和隧道模式的比较

传输模式和隧道模式的区别在于以下3点。

① 从安全性来讲，隧道模式优于传输模式。它可以完全地对原始IP数据包进行验证和加密。隧道模式下可以隐藏内部IP地址、协议类型和端口。

② 从性能来讲，隧道模式因为有一个额外的IP报文头，所以它将比传输模式占用更多带宽。

③ 从应用场景来讲，传输模式主要应用于两台主机或一台主机和一台VPN网关之间的通信；隧道模式主要应用于两台VPN网关之间或一台主机与一台VPN网关之间的通信。

8.1.3 加密和验证算法

IPsec为了保证数据传输的安全性，需要对数据进行加密和验证。加密机制保证了数据的机密性，防止数据在传输过程中被窃取；验证机制保证了数据的真实可靠，防止数据在传输过程中被仿冒和篡改。

1. 加密

如图8-3所示，IPsec发送方在发送报文时使用加密算法和加密密钥，将原始数据“乔装打扮”封装起来，该过程称为加密。IPsec接收方收到报文后，使用相同的加密算法和加密密钥逆向将报文恢复为“真实面貌”，该过程称为解密。

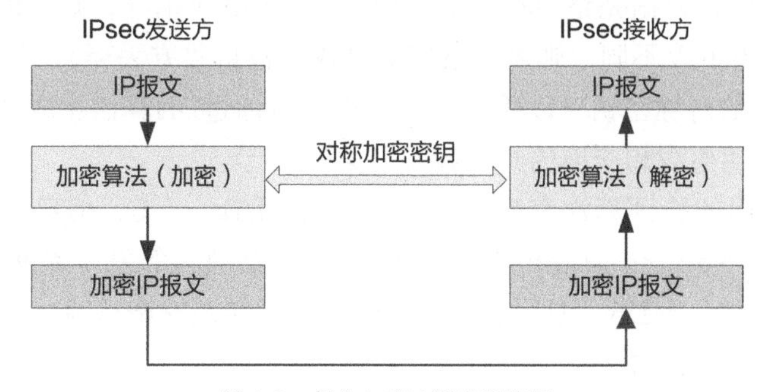

图 8-3　报文加密 / 解密示意图

IPsec发送方和接收方通常采用相同的密钥进行加密和解密，我们称之为对称加密密钥。对称加密密钥可以手工配置，也可以通过DH（Diffie-Hellman）密钥交换算法生成，并在两端设备共享。

IPsec使用ESP协议对IP报文内容进行加密。ESP协议采用的加密算法主要包括DES（Data Encryption Standard，数据加密标准）、3DES（Triple Data Encryption Standard，三重数据加密标准）、AES（Advanced Encryption Standard，高级加密标准）和国密算法（SM4）。其中，DES和3DES算法安全性低，存在安全风险，不推荐使用。4种算法的对比见表8-2。

表 8-2　对称加密算法

对比项	DES	3DES	AES	SM4
密钥长度	56 位	168 位	128 位、192 位、256 位	128 位
安全级别	低	低	高	高

2. 验证

IPsec的加密功能无法验证解密后的信息是否为原始发送的信息或是否完整。IPsec采用HMAC（Hash-based Message Authentication Code，基于HASH算法的消息验证码）功能，通过比较ICV（Integrity Check Value，完整性校验值）验证数据包完整性和真实性。

加密和验证通常配合使用。如图8-4所示，对于IPsec发送方，加密后的报文通过验证算法和对称密钥生成ICV，IP报文和ICV同时发给对端；在IPsec接收方，使用相同的验证算法和对称密钥对加密报文进行处理，同样得到ICV，然后比较ICV进行数据完整性和真实性校验。如果ICV相同，则验证通过，继续进行解密。如果ICV不同，则表示报文被篡改，被接收方丢弃。

用于验证的对称密钥可以手工配置，也可以通过DH算法生成并在两端设备共享，有关密钥生成和交换的介绍请参见第8.1.4节。

IPsec常用的验证算法有MD5（Message Digest 5，信息摘要算法第五版）、SHA（Secure Hash Algorithm，安全散列算法）系列和国密算法（SM3）。其中，MD5、SHA1算法安全性低，存在安全风险，不推荐使用。验证算法对比见表8-3。

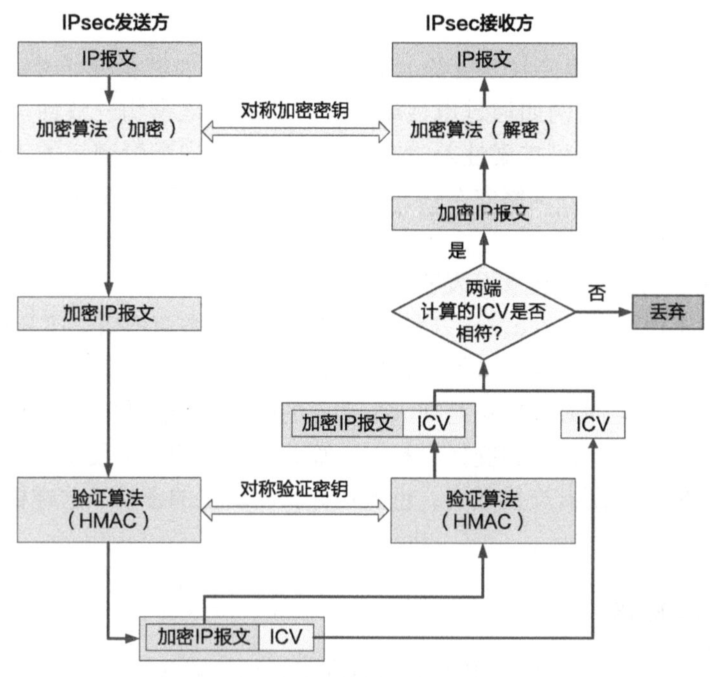

图 8-4 报文验证过程

表 8-3 验证算法

对比项	MD5	SHA1	SHA2	SM3
签名长度	128 位	160 位	SHA2-256：256 位 SHA2-384：384 位 SHA2-512：512 位	256 位
安全级别	低	低	高	高

8.1.4 密钥交换

如前文所述，无论加密还是验证都需要通信双方交换密钥才能完成数据传输。

1. 密钥交换方法

使用对称密钥进行加密、验证时，如何安全地共享密钥是一个很重要的问题。有两种方法解决这个问题。

① 带外共享密钥

在IPsec发送方和接收方设备上手工配置静态的加密和验证密钥。双方通过带外共享的方式（例如通过电话或邮件方式）保证密钥一致性。这种方式的缺点是安全性低，可扩展性差，在点到多点组网中配置密钥的工作量成倍增加。另外，为了提升网络安全性，需要周期性修改密钥，这种方式下也很难实施。

② 使用一个安全的连接分发密钥

通过IKE协议在IPsec发送方和接收方之间自动协商密钥。IKE采用DH算法在不安全的网络上安全地交换密钥信息，并生成加密和验证密钥。这种方式配置简单，可扩展性好，特别是在大型动态的网络环境下此优点更加突出。同时，通信双方通过交换密钥交换材料来计算共享的密钥，即使第三方截获了双方用于计算密钥的所有交换数据，也无法计算出真正的密钥，这样极大地提高了安全性。

2. IKE 协议

IKE协议建立在ISAKMP（Internet Security Association and Key Management Protocol，互联网安全联盟和密钥管理协议）定义的框架上，是基于UDP的应用层协议。它为IPsec提供了自动协商密钥、建立IPsec安全联盟的服务，能够简化IPsec的配置和维护工作。

IKE使用ISAKMP定义密钥交换的过程。ISAKMP提供了对安全服务进行协商的方法，密钥交换时交换信息的方法，以及验证对等体身份的方法。

IKE的精髓在于它永远不在不安全的网络上传送密钥，而是通过一些数据的交换，通信双方最终计算出共享的密钥。第三方即使截获了双方用于计算密钥的所有交换数据，也无法计算出真正的密钥。其中的核心技术就是DH（Diffie-Hellman）交换技术。

3. DH 密钥交换

DH密钥交换是1976年由Diffie和Hellman共同发明的一种算法，因此算法以他们的名字命名。通信双方仅通过交换双方确认的、共享的公开信息即可生成密钥。

DH算法用于产生密钥材料，并通过ISAKMP消息在发送和接收设备之间交换密钥材料，然后两端设备各自计算出完全相同的对称密钥。该对称密钥用于加密和验证密钥的计算。任何时候，双方都不交换真正的密钥。

需要注意的是，DH算法只用于密钥的交换，不能对IP报文进行加密和解密。IPsec通信双方计算出对称密钥后，需要使用其他加密算法对数据报文进行加密和解密。

关于DH密钥交换的计算方法，大家如果感兴趣可以自行在网络上搜索了解，在此不再赘述。

8.1.5 小结

通过前面的介绍，大家对IPsec中使用的主要协议和算法已经有了初步认识，下面再梳理一遍IPsec中使用的协议和算法：安全协议（AH和ESP）、加密算法（DES、3DES、AES、SM4）、验证算法（MD5、SHA1、SHA2、SM3）、密钥交换（IKE协议、DH算法），如图8-5所示。

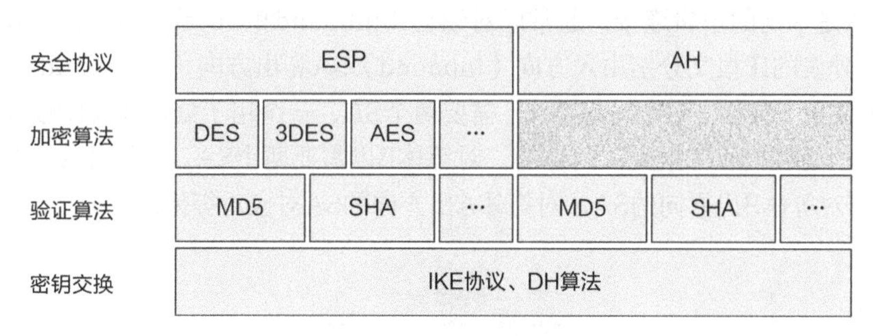

图 8-5 IPsec 的协议框架

- 安全协议（AH和ESP）：IP报文的安全封装。IP报文经过AH或/和ESP封装后变为IPsec报文。
- 加密算法：IPsec数据报文采用对称加密算法进行加密，但只有ESP协议支持加密，AH协议不支持。另外，IKE协商报文也会加密。
- 验证算法：加密后的报文经过验证算法处理生成数字签名，数字签名填写在AH报文头和ESP报文头的ICV字段发送给对端设备。接收方设备通过比较数字签名进行数据完整性和真实性校验。
- IKE协议：IPsec使用IKE协议在发送、接收设备之间安全地协商密钥、更新密钥。
- DH算法：DH通过ISAKMP消息交换用于产生密钥的材料，并在收发两端计算出加密密钥和验证密钥。

8.2 安全联盟

8.2.1 什么是安全联盟

IPsec在两个端点之间提供安全通信，这两个端点被称为IPsec对等体。SA是通信对等体间对某些要素的约定。它定义了对等体间使用何种安全协议保护IP报文安全、IP报文的封装模式、协议采用的加密和验证算法以及用于数据安全转换和传输的密钥等。IPsec通过SA实现了对IP报文的保护。SA是IPsec的基础，也是IPsec的本质。**对等体之间通过IPsec安全传输数据的前提是在对等体之间成功建立IPsec SA。**

SA是单向的逻辑连接，通常成对建立（Inbound和Outbound），接收的IP报文和外发的IP报文分别由入方向（Inbound）SA和出方向（Outbound）SA处理。如图8-6所示，对于对等体A，需要两个SA，一个用于处理外发IP报文，另一个用于处理接收IP报文。同样的，对等体B也需要两个SA。对等体A入方向的SA对应对等体B出方向的SA，对等体A出方向的SA对应对等体B入方向的SA。

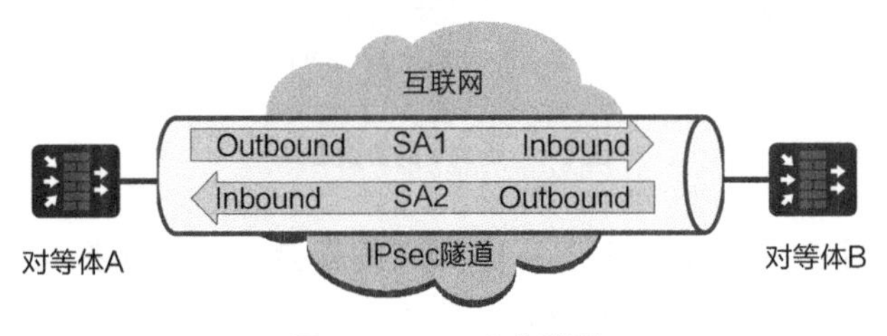

图 8-6　IPsec 安全联盟

另外，SA的个数还与安全协议相关。如果只使用AH或ESP来保护两个对等体之间的流量，则每个对等体有两个SA，每个方向一个。如果对等体同时使用了AH和ESP，那么每个对等体就需要4个SA，每个方向两个，分别对应AH和ESP。

为了区分这些不同方向的SA，IPsec为每一个SA都打上了唯一的三元组标识，这个三元组包括SPI（Security Parameter Index，安全参数索引）、目的IP地址和使用的安全协议号（AH或ESP）。其中，SPI是为唯一标识SA而生成的一个32比特的数值，它被封装在AH报文头和ESP报文头中。

SA可以通过手工配置和自动协商两种方式建立。

手工配置方式是指用户通过在对等体两端手工设置一些参数，在两端参数匹配和协商通过后建立IPsec SA。手工配置方式比较复杂，创建IPsec安全联盟所需的全部信息都必须手工配置，因而适用于小型静态环境。

自动协商方式是指SA由IKE生成和维护，因此也称为IKE方式。通信双方基于各自配置的IPsec策略匹配和协商建立SA，而不需要用户的干预。

IKE是一种混合型协议，它建立在ISAKMP定义的框架上，能够为IPsec提供自动协商交换密钥、建立SA的服务，以简化IPsec的配置和管理。IKE协议分为IKEv1和IKEv2两个版本。和IKEv1相比，IKEv2简化了SA的协商过程，提高了协商效率。IKEv1和IKEv2协商SA的详细过程参见第8.2.2节和第8.2.3节。

两种方式的主要差异如表8-4所示。

表 8-4　手工配置方式和 IKE 方式的差异

对比项	手工配置方式建立 IPsec SA	IKE 方式自动建立 IPsec SA
加密 / 验证密钥配置和刷新方式	手工配置、刷新，而且易出错，密钥管理成本很高	密钥通过 DH 算法生成、动态刷新，密钥管理成本低
SPI 取值	手工配置	随机生成
生存周期	无生存周期限制，SA 永久存在	由双方的生存周期参数控制，SA 动态刷新
安全性	低	高
适用场景	小型网络	小、中、大型网络

8.2.2　IKEv1 协商安全联盟

采用IKEv1协商安全联盟主要分为两个阶段。

阶段1： 建立IKE SA。IKE SA建立以后，对等体间的所有ISAKMP消息都将通过加密和验证，这条安全通道可以保证安全地进行IKEv1阶段2的协商。

阶段2： 建立用来传输数据的IPsec SA。

为什么要分两个阶段，这两个阶段之间有什么关系呢？简单地说阶段1是为阶段2做准备的，IKE对等体双方交换密钥材料、生成密钥，相互进行身份认证，这些准备工作完成后IPsec才真正启动IPsec SA的协商。

1. IKEv1 协商阶段 1

阶段1主要完成下面3个任务，这3个任务完成后，IKE SA就建立成功了。

① 协商建立IKE SA所使用的参数。包括加密算法、验证算法、身份认证

方法、认证算法、DH组标识、IKE SA生存周期等，这些参数均在通信双方配置的IKE安全提议中定义。

② 使用DH算法交换密钥材料，并生成密钥。对等体双方使用这些密钥材料各自生成用于对ISAKMP消息加密和验证的对称密钥。

③ 对等体之间进行身份认证。使用预共享密钥、数字证书认证或数字信封认证等方式来验证设备身份。

IKEv1协商阶段1支持两种协商模式：主模式（Main Mode）和野蛮模式（Aggressive Mode）。两种模式的过程略有不同，下面分别介绍。

在主模式下，IKEv1采用3个步骤来完成上述3个任务，每个步骤需要两个ISAKMP消息，一共6个ISAKMP消息。协商过程如图8-7所示。

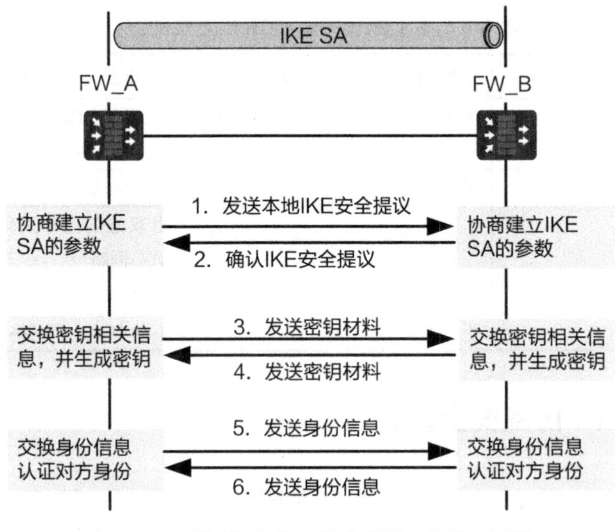

图 8-7 主模式下 IKEv1 协商阶段 1 的协商过程

步骤一：协商对等体之间使用的IKE安全提议。

① FW_A发送ISAKMP消息，携带建立IKE SA所使用的参数（这些参数由IKE安全提议定义）。

② FW_B对FW_A的IKE安全提议进行协商。FW_B会在本端的IKE安全提议中寻找与FW_A相匹配的IKE安全提议，协商双方必须至少有一条匹配的IKE安全提议才能协商成功。匹配的原则是双方具有相同的加密算法、验证算法、身份认证方法、认证算法和DH组标识，但不包括IKE SA生存周期。IKE SA的超时时间采用本地生存周期和对端生存周期中较小的一个，隧道两端设备配

置的生存周期不同不影响IKE协商。

③ FW_B响应ISAKMP消息，携带经过协商匹配的安全提议及参数。如果没有匹配的安全提议，FW_B将拒绝FW_A的安全提议。

步骤二：使用DH算法交换与密钥相关的信息，并生成密钥。

① FW_A和FW_B通过两条ISAKMP消息交换与密钥相关的信息。

② FW_A和FW_B基于交换的密钥信息，结合各自配置的身份认证方法开始复杂的密钥计算过程（不同身份认证方法的密钥计算公式不同），最终会产生3个密钥：SKEYID_a、SKEYID_e和SKEYID_d。

SKEYID_a是ISAKMP消息完整性校验密钥——谁也别想篡改ISAKMP消息了，只要消息稍有改动，响应端完整性校验就会发现。SKEYID_e是ISAKMP消息加密密钥——再也别想窃取ISAKMP消息了，窃取了也看不懂。

以上两个密钥保证了后续交换的ISAKMP消息的安全性。SKEYID_d用于衍生出IPsec报文的加密和验证密钥——最终是由这个密钥保证IPsec封装的数据报文的安全性。

整个密钥交换和计算过程在IKE SA超时时间的控制下以一定的周期自动刷新，避免了密钥长期不变带来的安全隐患。

步骤三：对等体之间认证彼此身份。

① FW_A和FW_B通过两条ISAKMP消息交换身份信息，身份信息由上一步生成的密钥SKEYID_e进行加密，因此可以保证身份信息的安全性。

② FW_A和FW_B使用IKE安全提议中定义的加密算法、验证算法、身份认证方法以及上一步生成的密钥SKEYID_a和SKEYID_e对ISAKMP消息进行加解密和验证。

IKEv1支持如下身份认证方法。

预共享密钥：这种方法要求对等体双方必须配置相同的预共享密钥，对于设备数量较少的VPN网络来说配置比较简单。在大型VPN网络中，不建议采用预共享密钥来做身份认证。

数字证书认证：数字证书由CA服务器颁发，这种方法适用于大型动态的VPN网络。数字证书认证和预共享密钥的主要区别在于，SKEYID的计算公式和交换的身份信息不同，其他信息的交换和计算过程和预共享密钥相同。

数字信封认证：在数字信封认证中，发起方采用对称密钥加密信息内容，并通过非对称密钥的公钥加密对称密钥，从而保证只有特定的对端才能阅读通信的内容，从而确定对端的身份。

在野蛮模式下，对等体之间仅交换3个ISAKMP消息就可以完成IKE SA的建立。采用野蛮模式时IKEv1阶段1的协商过程如图8-8所示。

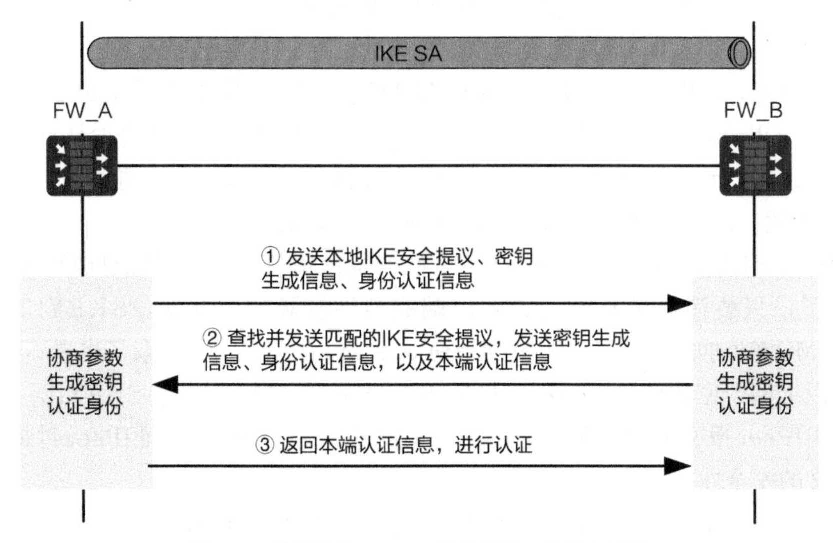

图 8-8　野蛮模式下 IKEv1 协商阶段 1 的协商过程

① FW_A发送ISAKMP消息，携带建立IKE SA所使用的参数、密钥生成信息和身份认证信息。

② FW_B对收到的第一个数据包进行确认，查找并返回匹配的参数、密钥生成信息、身份认证信息和本端认证信息。

③ FW_A回应验证结果（本端认证信息），并建立IKE SA。

与主模式相比，野蛮模式的优点是建立IKE SA的速度较快。但是由于密钥交换与身份认证一起进行，野蛮模式无法提供身份保护。

2. IKEv1 协商阶段 2

IKEv1阶段2的目的是建立用来安全传输数据的IPsec SA，并为数据传输衍生出密钥。这一阶段采用**快速模式**完成，该模式使用IKEv1协商阶段1中生成的密钥SKEYID_a对ISAKMP消息的完整性和身份进行校验，使用密钥SKEYID_e对ISAKMAP消息进行加密，以此保证交换的安全性。

IKEv1阶段2通过3条ISAKMP消息完成IPsec SA的建立，如图8-9所示。

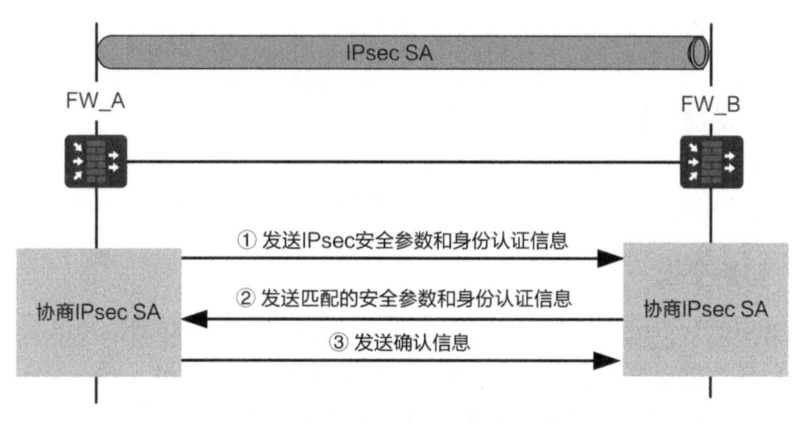

图 8-9　IKEv1 协商阶段 2 的协商过程

① FW_A通过ISAKMP消息发送安全参数和身份认证信息给对端。安全参数包括被保护的数据流信息和建立IPsec SA用到的安全协议、加密算法和验证算法等，这些参数均在通信双方配置的IPsec安全提议中定义。身份认证信息包括阶段1计算出的密钥和阶段2生成的密钥材料等，可以再次认证对等体。

② FW_B回应匹配的安全参数和身份认证信息，同时双方生成用于建立IPsec SA的密钥。IPsec SA数据传输需要的加密、验证密钥由阶段1产生的密钥SKEYID_d、SPI、安全协议等参数衍生得出，以保证每个IPsec SA都有自己独一无二的密钥。由于IPsec SA的密钥都是由SKEYID_d衍生的，一旦SKEYID_d泄露将可能导致IPsec VPN受到侵犯。为提升密钥管理的安全性，IKE提供了PFS（Perfect Forward Secrecy，完美向前保密）功能。启用PFS后，在进行IPsec SA协商时会进行一次附加的DH交换，重新生成新的IPsec SA密钥，进一步提高了IPsec SA的安全性。

③ 发送方发送确认信息，确认与响应方可以通信，协商结束，发送方开始发送IPsec报文。

8.2.3　IKEv2 协商安全联盟

采用IKEv2协商安全联盟要比采用IKEv1进行协商的过程简化得多。要建立一对IPsec SA，IKEv1需要经历两个阶段：主模式 + 快速模式或者野蛮模式 + 快速模式，前者至少需要交换9条消息，后者至少也需要交换6条消息。

IKEv2最少只需要交换4条消息就可以完成一对IPsec SA的建立。如果要求建立的IPsec SA多于一对时，每一对IPsec SA只需额外增加一次创建子SA交换，也就是额外增加两条消息就可以完成。

IKEv2定义了3种交换：初始交换（Initial Exchange）、创建子SA交换（Create_Child_SA Exchange）和通知交换（Informational Exchange）。

1. 初始交换

正常情况下，IKEv2通过初始交换就可以完成IKE SA和第一对IPsec SA的协商。初始交换包括IKE SA初始交换（IKE_SA_INIT交换）和IKE认证交换（IKE_AUTH交换），这两个交换通常由4条消息完成，如图8-10所示。

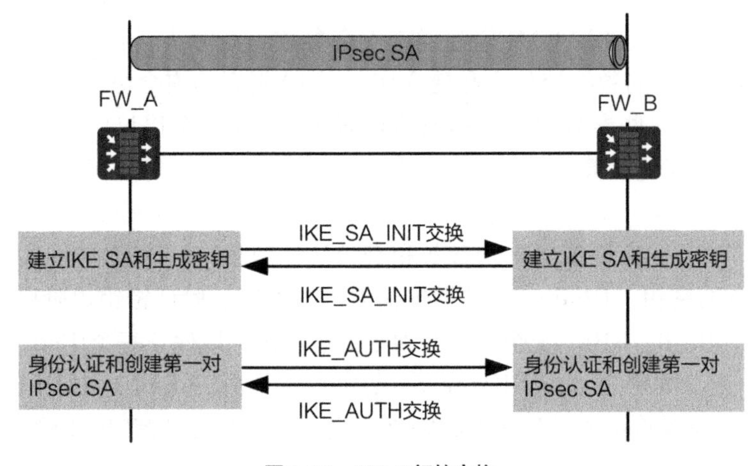

图 8-10　IKEv2 初始交换

（1）第一个消息对（IKE_SA_INIT）

这个消息对负责进行IKE SA参数的协商，包括协商加密算法、验证算法、交换临时随机数（Nonce）和DH值。IKEv2通过IKE_SA_INIT交换后最终也是生成3类密钥。

- SKEYID_e：用于加密第二个消息对。
- SKEYID_a：用于第二个消息对的完整性校验。
- SKEYID_d：用于为IPsec SA衍生出加密材料。

（2）第二个消息对（IKE_AUTH）

从IKE_AUTH交换开始，所有报文都必须加密再交换。对等体之间在这一阶段交换被保护的数据流信息和IPsec安全提议中配置的安全协议、加密算法和验证算法等。IKE_AUTH交换至少需要两个消息。在这两个报文的交互中完成身份认证以及第一对IPsec SA的创建过程。

IKEv2支持RSA签名认证、预共享密钥认证以及EAP（Extensible Authentication Protocol，可扩展认证协议）认证。EAP认证是作为附加的IKE_AUTH交换在IKE中实现的，发起者通过在第3条消息中省去AUTH载荷来表明需要使用EAP认证。IKEv2通过EAP协议解决了远程接入用户认证的问题，不需要依赖L2TP。

2. 创建子 SA 交换

当一个IKE SA需要创建多对IPsec SA时，例如两个对等体之间有多条数据流的时候，需要使用创建子SA交换来协商多于一对的SA。另外创建子SA交换还可以用于IKE SA的重协商。

创建子SA交换包含交换两条消息，对应IKEv1协商阶段2。创建子SA交换必须在IKE初始交换完成之后才能进行，交换的发起者可以是IKE初始交换的发起者，也可以是IKE初始交换的响应者。在交换中的两个消息需要由IKE初始交换协商的密钥进行保护。

类似于IKEv1的PFS，创建子SA交换阶段可以重新进行一次DH交换，生成新的密钥材料。生成密钥材料后，子SA的所有密钥都从这个密钥材料衍生出来。

3. 通知交换

运行IKE协商的两端有时会传递一些控制信息，例如错误信息或者通告信息，这些信息在IKEv2中是通过通知交换完成的。通知交换必须在IKE SA保护下进行，也就是说通知交换只能发生在初始交换之后。

8.2.4 小结

前文介绍了IKEv1协商和IKEv2协商的细节，这里再总结一下IKEv1和IKEv2的主要差异点，如表8-5所示。

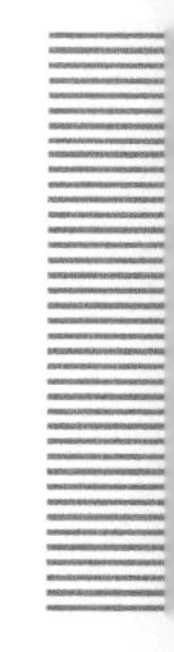

表 8-5 IKEv1 和 IKEv2 对比

功能项	IKEv1	IKEv2
IPsec SA 建立过程	分两个阶段，阶段 1 分两种模式：主模式和野蛮模式，阶段 2 为快速模式。 主模式 + 快速模式需要 9 条消息建立 IPsec SA。 野蛮模式 + 快速模式需要 6 条消息建立 IPsec SA	不分阶段，最少 4 条消息即可建立 IPsec SA
IKE SA 完整性校验	不支持	支持
认证方法	预共享密钥 数字证书 数字信封	预共享密钥 数字证书 EAP
远程接入	通过 L2TP over IPsec 来实现	通过 EAP 认证支持

8.3 手工方式建立 IPsec VPN

手工方式建立IPsec VPN的场景中所有的安全参数都需要手工配置，配置工作量大，因而只适用于小型静态环境。

手工方式建立IPsec VPN需要用户分别手工配置出/入方向SA的认证/加密密钥、SPI等参数，并且隧道两端的这些参数需要镜像配置，即本端的入方向SA参数必须和对端的出方向SA参数一样；本端的出方向SA参数必须和对端的入方向SA参数一样。

如图8-11所示，FW_A为企业总部网关，FW_B为企业分支网关，总部与分支之间通过FW_A和FW_B之间建立的IPsec隧道进行安全的通信。

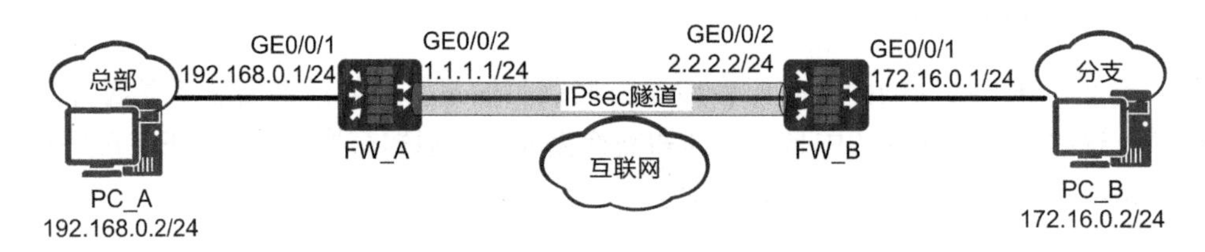

图 8-11 手工方式建立 IPsec VPN 的组网

IPsec是建立在互联网上的VPN技术，所以在配置IPsec VPN之前必须先保证整个网络是畅通的，要保证两个前提条件：FW_A和FW_B之间公网路由可达；FW_A和FW_B上的安全策略允许PC_A和PC_B互访流量通过。

手工方式建立IPsec VPN需要4个步骤，图8-12清晰地展示了加密、验证、安全联盟的配置关系。

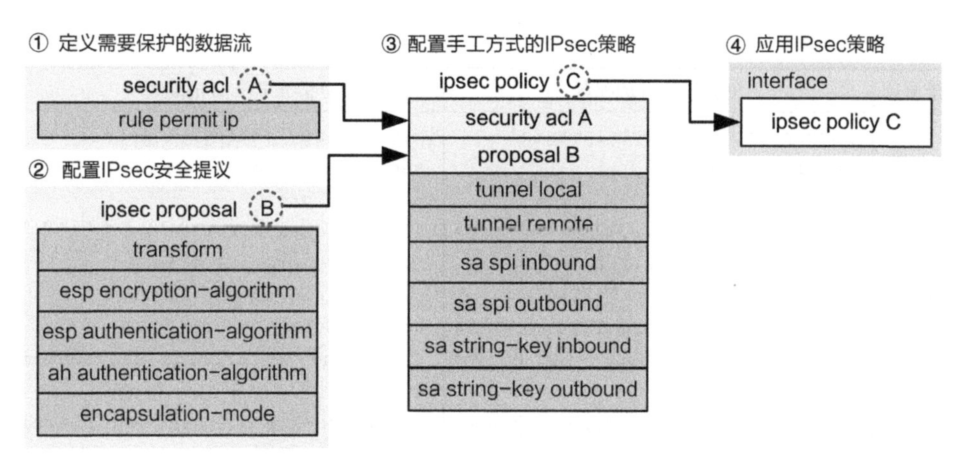

图 8-12　手工方式建立 IPsec VPN 的逻辑示意图

① 定义需要保护的数据流。只有总部和分支内部网络之间交互的消息才被IPsec保护，其他消息不受保护。

② 配置IPsec安全提议。总部和分支的IPsec网关（防火墙）根据对方的提议，决定能否成为盟友。封装模式、安全协议、加密算法和验证算法均在安全提议中设置。

③ 配置手工方式的IPsec策略。指定总部和分支防火墙的公网地址、安全联盟标识符SPI，以及加密密钥和验证密钥。

④ 应用IPsec策略。

总部和分支防火墙采用手工方式建立IPsec VPN的配置如表8-6所示。

表 8-6　手工方式建立 IPsec VPN 的配置　（IPsec 参数）

配置项	总部 FW_A 的配置	分支 FW_B 的配置
配置需要保护的数据流	acl number 3000 rule 5 permit ip source 192.168.0.0 0.0.0.255 destination 172.16.0.0 0.0.0.255	acl number 3000 rule 5 permit ip source 172.16.0.0 0.0.0.255 destination 192.168.0.0 0.0.0.255
配置 IPsec 安全提议	ipsec proposal pro1 transform esp encapsulation-mode tunnel esp authentication-algorithm sha2-256 esp encryption-algorithm aes-256	ipsec proposal pro1 transform esp encapsulation-mode tunnel esp authentication-algorithm sha2-256 esp encryption-algorithm aes-256

续表

配置项	总部 FW_A 的配置	分支 FW_B 的配置
配置IPsec策略	ipsec policy policy1 1 manual security acl 3000 proposal pro1 tunnel local 1.1.1.1 tunnel remote 2.2.2.2 sa spi inbound esp 54321 sa spi outbound esp 12345 sa string-key inbound esp huawei@123 sa string-key outbound esp huawei@456	ipsec policy policy1 1 manual security acl 3000 proposal pro1 tunnel local 2.2.2.2 tunnel remote 1.1.1.1 sa spi inbound esp 12345 sa spi outbound esp 54321 sa string-key inbound esp huawei@456 sa string-key outbound esp huawei@123
应用IPsec策略	interface GigabitEthernet0/0/2 ip address 1.1.1.1 255.255.255.0 ipsec policy policy1	interface GigabitEthernet0/0/2 ip address 2.2.2.2 255.255.255.0 ipsec policy policy1
配置路由	ip route-static 172.16.0.0 255.255.255.0 1.1.1.2 //配置到达对端私网的静态路由，将流量引导到应用了IPsec策略的接口	ip route-static 192.168.0.0 255.255.255.0 2.2.2.1 //配置到达对端私网的静态路由，将流量引导到应用了IPsec策略的接口

手工方式创建IPsec安全联盟所需的全部参数，包括加密、验证密钥，都需要用户手工配置，也只能手工刷新。另外，IPsec VPN两端私网用户互访的路由只能通过配置静态路由来实现，没有更好的办法。

部署完成后，PC_A向PC_B发出ping消息，PC_B回复ping消息，通过抓包发现两个方向的ping消息都已经被IPsec安全联盟保护。如图8-13所示，两个方向上IPsec安全联盟的标识符SPI分别为0x00003039（十进制为12345）以及0x0000d431（十进制为54321），与上文配置相符。

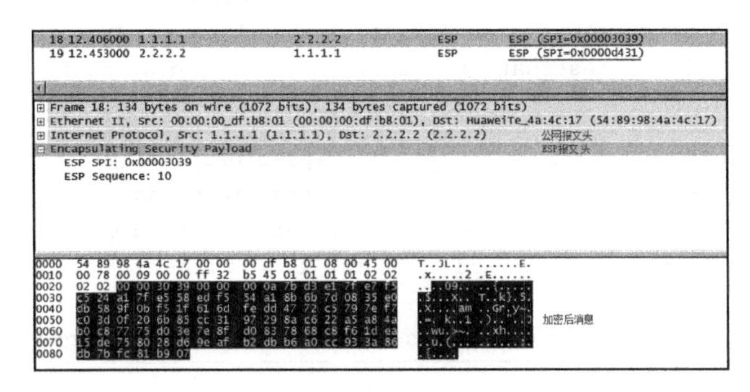

图 8-13　抓包 1

由于采用了隧道模式进行封装，IPsec报文最外层IP报文头中的地址为公网IP地址。分析报文的内容，发现ESP报文头内的ping消息已经被加密，这样即使该消息被黑客获取，也不能获取任何有价值的信息。

如果使用AH协议建立安全联盟，由于AH协议只有验证功能，没有加密的功能，如图8-14所示，从抓取的报文中能够看到AH报文头内封装的私网报文头和ping消息。因此，如果要实现加密，还是要使用ESP协议，或者AH协议和ESP协议配合使用。

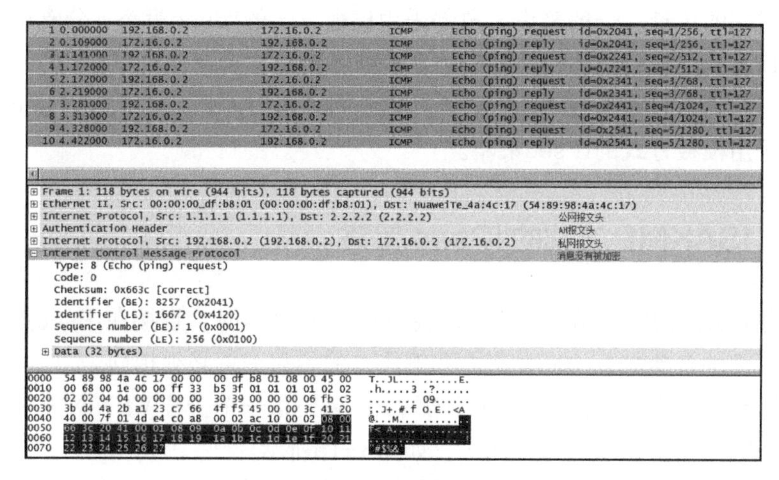

图 8-14　抓包 2

当企业越来越壮大，分支机构越来越多时，需要配置的IPsec网关越来越多，如果继续使用手工方式配置IPsec，那配置工作量将会非常巨大。为了保证安全，加密密钥和验证密钥需要经常更新，分支数量越多，密钥的配置和修改的工作量越大。此时，建议采用IKE方式取代手工方式建立IPsec VPN。

| 8.4　IKE 方式建立 IPsec VPN |

IKE方式适用于在总部和众多分支之间建立IPsec VPN的场景，分支越多，越能凸显IKE的优势。

如前所述，通信双方之间通过IPsec VPN安全传输数据的前提是建立IPsec SA。而IPsec策略是建立SA的前提，通信双方基于IPsec策略的配置协商SA。

IKE方式下的IPsec策略有普通方式的策略（通常称为ISAKMP方式的IPsec策略）和模板方式的IPsec策略（通常称为IPsec策略模板）两种。

ISAKMP方式的策略适用于对端IP地址固定的场景。模板方式的IPsec策略最大的改进就是不要求对端IP地址固定。用户既可以严格地指定对端IP地址（单个IP地址），可以宽泛地指定对端IP地址（IP地址段），甚至可以不指定对端IP地址（意味着对端IP地址可以是任意IP地址）。所以，模板方式的IPsec策略适用于对端IP地址不固定（例如对端是通过PPPoE拨号获得的IP地址）或存在多个对端的场景。一般来说，总部采用模板方式的IPsec策略，分支机构采用ISAKMP方式的IPsec策略。在实际部署中，读者可以在IPsec隧道的两端都采用ISAKMP方式的IPsec策略；也可以在一端采用ISAKMP方式的IPsec策略，另一端采用模板方式的IPsec策略。

8.4.1 ISAKMP 方式的 IPsec 策略

采用ISAKMP方式的IPsec策略建立IPsec VPN时，直接在IPsec策略中定义需要协商的各参数，协商发起方和响应方的参数配置必须相同。

为了讲解方便，这里仅给出总部VPN网关和一个分支VPN网关之间建立IPsec VPN的组网（点到点组网），如图8-15所示。

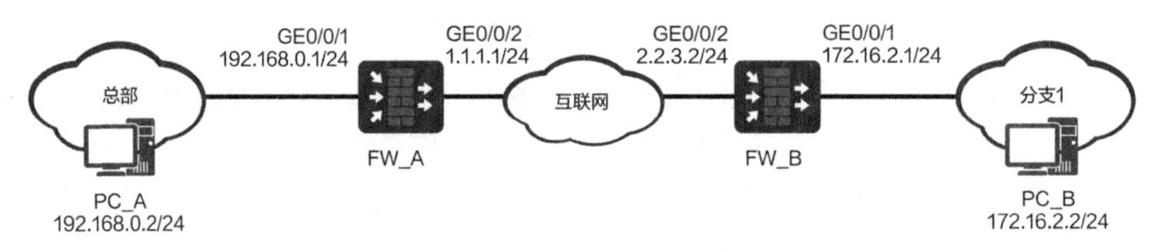

图 8-15 IPsec VPN 点到点组网

相比手工方式，采用ISAKMP方式的IPsec策略的配置步骤仅增加了两步：配置IKE安全提议和IKE对等体，以IKEv1为例，如图8-16所示。IKE安全提议主要用于配置建立IKE SA用到的加密和验证算法。IKE对等体主要配置IKE版本、身份认证和交换模式。

跟手工方式的IPsec VPN一样，在配置ISAKMP方式的IPsec策略之前必须先保证整个网络是畅通的，要保证两个前提条件：FW_A和FW_B之间公网路由可达；FW_A和FW_B上的安全策略允许PC_A和PC_B互访流量通过。

总部和分支防火墙采用ISAKMP方式的IPsec策略的配置如表8-7所示。

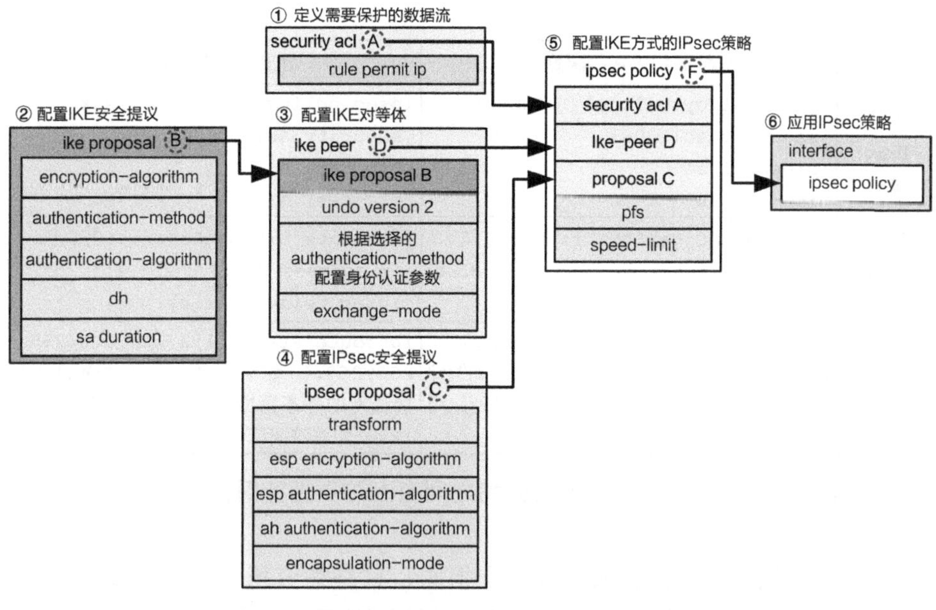

图 8-16　ISAKMP 方式的 IPsec 策略逻辑示意图 （IKEv1）

表 8-7　ISAKMP 方式的 IPsec 策略的配置 （IKEv1）

配置项	总部 FW_A 的配置	分支 FW_B 的配置
配置 IKE 安全提议	ike proposal 10　//其余参数采用默认配置	ike proposal 10　//其余参数采用默认配置
配置 IKE 对等体	ike peer b ike-proposal 10 **undo version 2**　　//IKEv1 **exchange-mode main** //主模式（默认） remote-address 2.2.3.2　//对端发起IKE协商的地址 pre-shared-key test1	ike peer a ike-proposal 10 **undo version 2**　　//IKEv1 **exchange-mode main**　//主模式（默认） remote-address 1.1.1.1　//对端发起IKE协商的地址 pre-shared-key test1
配置需要保护的数据流	acl number 3001 rule 5 permit ip source 192.168.0.0 0.0.0.255 destination 172.16.2.0 0.0.0.255	acl number 3000 rule 5 permit ip source 172.16.2.0 0.0.0.255 destination 192.168.0.0 0.0.0.255
配置 IPsec 安全提议	ipsec proposal a transform esp encapsulation-mode tunnel esp authentication-algorithm sha2-256 esp encryption-algorithm aes-256	ipsec proposal b transform esp encapsulation-mode tunnel esp authentication-algorithm sha2-256 esp encryption-algorithm aes-256

续表

配置项	总部 FW_A 的配置	分支 FW_B 的配置
配置IPsec策略	ipsec policy policy1 1 isakmp security acl 3001 proposal a ike-peer b	ipsec policy policy1 1 isakmp security acl 3000 proposal b ike-peer a
应用IPsec策略	interface GigabitEthernet0/0/2 ip address 1.1.1.1 255.255.255.0 ipsec policy policy1	interface GigabitEthernet0/0/2 ip address 2.2.3.2 255.255.255.0 ipsec policy policy1
配置路由	ip route-static 172.16.2.0 255.255.255.0 1.1.1.2 //配置到达对端私网的静态路由，将流量引导到应用了IPsec策略的接口	ip route-static 192.168.0.0 255.255.255.0 2.2.3.1 //配置到达对端私网的静态路由，将流量引导到应用了IPsec策略的接口

配置完成之后，总部和分支防火墙之间有互访数据流时即可触发建立IPsec VPN隧道。

IKEv2的配置思路与IKEv1完全相同，只是细节稍有不同。如图8-17所示，斜体字所示命令与IKEv1不同。默认情况下，防火墙同时开启IKEv1和IKEv2。本端发起协商时，采用IKEv2，接受协商时，同时支持IKEv1和IKEv2，所以也可以不关闭IKEv1。

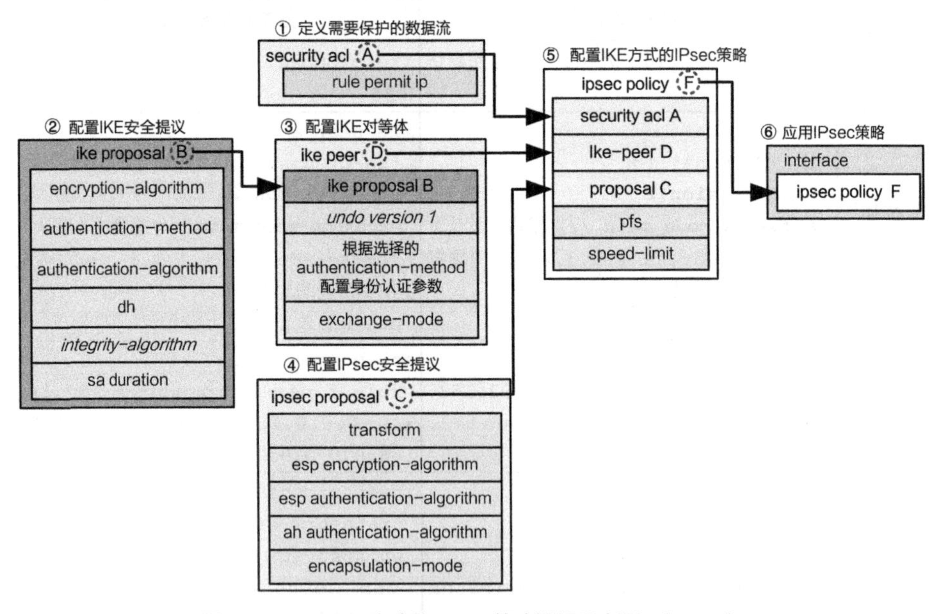

图 8-17 ISAKMP 方式的 IPsec 策略逻辑示意图 （IKEv2）

8.4.2 模板方式的 IPsec 策略

采用模板方式的IPsec策略建立IPsec隧道时，不要求对端的IP地址固定，并且未定义的可选参数由发起方来决定，而响应方会接受发起方的建议。**因此，采用模板方式的IPsec策略的一端不能主动发起协商，只能作为协商响应方接受对端的协商请求。**隧道两端不能同时采用模板方式。在实际应用中，总部作为协商响应方，可以采用模板方式的IPsec策略，分支机构则作为协商发起方，必须配置ISAKMP方式的IPsec策略。

采用模板方式的IPsec策略可以简化建立多条IPsec隧道时的配置工作，分支数量越多，模板方式的IPsec策略优势越明显。

采用ISAKMP方式的IPsec策略。假设分支数量为N，则总部需要配置N个IPsec策略，N个IKE对等体。

采用模板方式的IPsec策略。总部只需配置一个IPsec策略，一个IKE对等体。与分支的数量无关。

下面以IPsec VPN点到多点组网为例介绍策略模板方式的IPsec策略配置。如图8-18所示，分支1和分支2的出接口采用动态方式获取公网IP地址。要求在分支1与总部、分支2与总部之间分别建立IPsec隧道，分支1与分支2不直接建立IPsec连接。

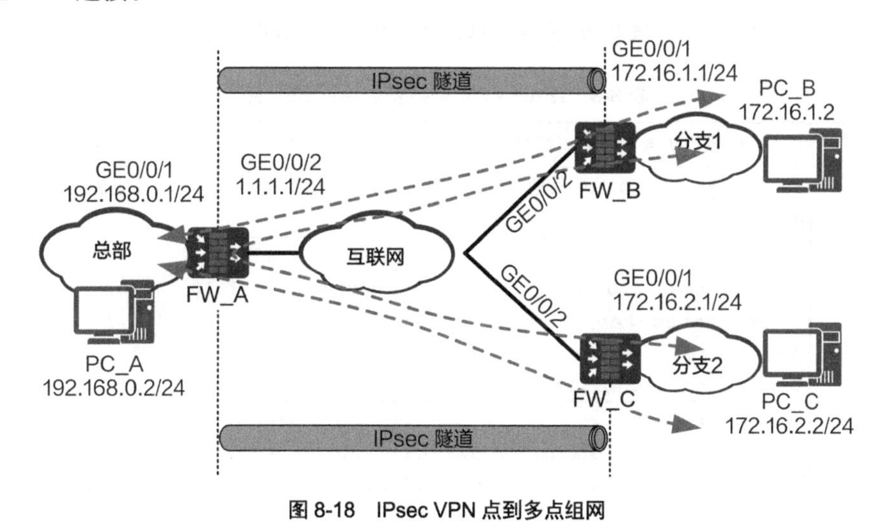

图 8-18 IPsec VPN 点到多点组网

总部FW_A采用模板方式的IPsec策略，其逻辑示意图如图8-19所示。这种情况下，分支1的FW_A和分支2的FW_B采用ISAKMP方式的IPsec策略。

IPsec VPN点到多点组网的配置如表8-8所示，IKE安全提议和IPsec安全提议采用默认配置，不再详述。分支2的配置与分支1类似，参考分支1配置即可。

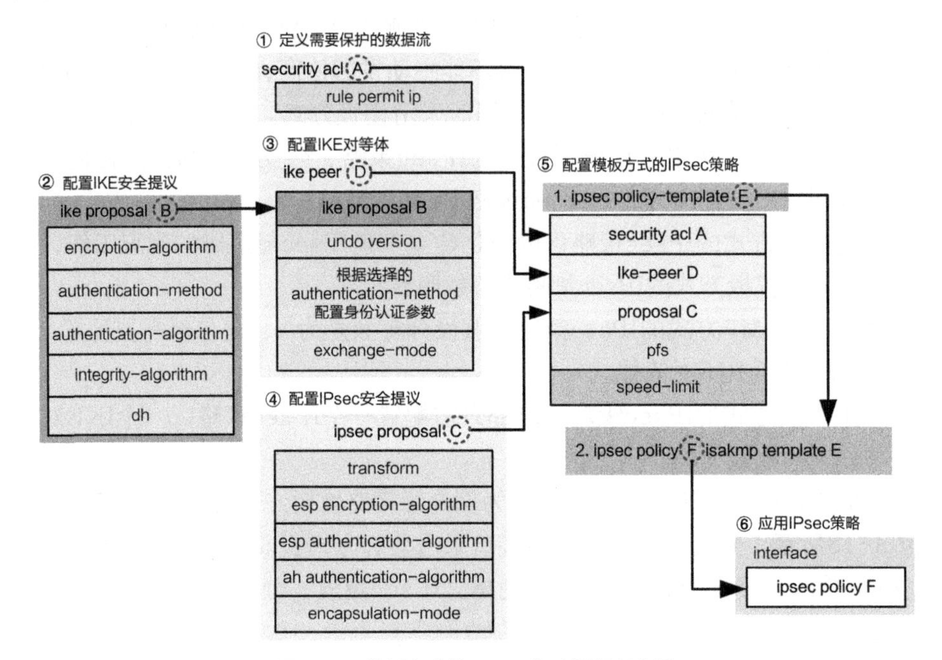

图 8-19 模板方式的 IPsec 策略逻辑示意图

表 8-8 IPsec VPN 点到多点组网的配置

配置项	总部 FW_A 的配置（模板方式）	分支 1 FW_B 的配置（ISAKMP 方式）
配置 IKE 安全提议	ike proposal 10 //其他参数采用默认配置	ike proposal 10 //其他参数采用默认配置
配置 IKE 对等体	ike peer a ike-proposal 10 pre-shared-key test1 //可以不配置remote-address，也可以通过remote-address指定IP地址段	ike peer a ike-proposal 10 remote-address 1.1.1.1 pre-shared-key test1
配置需要保护的数据流	acl number 3000 rule 5 permit ip source 192.168.0.1 0.0.0.255 destination 172.16.1.0 0.0.0.255 rule 10 permit ip source 192.168.0.1 0.0.0.255 destination 172.16.2.0 0.0.0.255	acl number 3000 rule 5 permit ip source 172.16.1.0 0.0.0.255 destination 192.168.0.1 0.0.0.255

续表

配置项	总部 FW_A 的配置（模板方式）	分支 1 FW_B 的配置（ISAKMP 方式）
配置 IPsec 安全提议	ipsec proposal a	ipsec proposal a
配置 IPsec 策略	ipsec policy-template tem1 1 //配置IPsec策略模板 security acl 3000 proposal a ike-peer a ipsec policy policy1 12 isakmp template tem1 //配置模板方式IPsec策略	ipsec policy policy1 1 isakmp security acl 3000 proposal a ike-peer a
应用 IPsec 策略	interface GigabitEthernet0/0/2 ip address 1.1.1.1 255.255.255.0 ipsec policy policy1	interface GigabitEthernet0/0/2 ip address 2.2.2.2 255.255.255.0 ipsec policy policy1
配置路由	配置各个需要互访的私网之间的路由	配置各个需要互访的私网之间的路由

以上配置跟ISAKMP方式的IPsec策略的区别在于两点。

第一，总部防火墙采用模板方式的IPsec策略。模板方式的IPsec策略允许IKE对等体中不配置remote-address，或者通过remote-address指定IP地址段。

如果总部没有配置**remote-address**命令，即没有指定隧道对端IP地址，则总部只能接收分支的主动访问，不验证分支，也不主动访问分支。

如果总部用**remote-address**指定了隧道对端的IP地址段，那么总部会检查分支的设备ID（IP地址）是否包含在IP地址段中，只有包含在内才接纳请求。当然此时总部也不能主动访问分支。

可见，模板方式的IPsec策略使总部能够应付对端“没有固定IP地址”“没有公网IP地址”的局面，是以总部主动放弃访问分支为代价才达到的。

第二，ACL配置有讲究，分支越多，总部的ACL配置越复杂。

总部防火墙的ACL包含多条规则，每条规则对应一个分支。ACL规则的源（source）地址为总部网段，目的（destination）地址为各个分支的网段。

每个分支防火墙的ACL要求配置一条规则，ACL规则的源（source）地址为分支自身的网段，目的（destination）地址为总部网段。

配置完成后可以通过ping来验证，在总部FW_A上可以查看到总部跟分支1和分支2的FW都正常建立了IKE SA和IPsec SA。分支1、分支2可以分别和总

部通信。

至此我们介绍完3种IPsec策略：手工方式的IPsec策略、ISAKMP方式的IPsec策略和模板方式的IPsec策略。这3种IPsec策略都可以配置在一个IPsec策略组中。所谓IPsec策略组，就是一组名称相同的IPsec策略。在一个IPsec策略组中，最多只能存在一个模板方式的IPsec策略，且其序号必须最大，即优先级最小。否则，接入请求将首先被模板方式的IPsec策略接收，优先级低的ISAKMP方式的IPsec策略就无法施展“才华”了。

8.5 IPsec NAT 穿越

前文说到，模板方式的IPsec策略可以解决总部与出口IP地址不固定的分支建立IPsec隧道的问题。至此，无论是拥有固定公网IP地址的分支还是动态获得公网IP地址的分支，都可以通过IPsec隧道安全地访问总部。

但在某些组网下，有的分支连动态的公网IP地址都没有，只能先由网络中的NAT设备进行地址转换，然后才能访问互联网，此时分支能否正常访问总部？另外，分支除了访问总部之外，还有访问互联网的需求，有些分支在防火墙上同时配置了IPsec和NAT，两者能否和平共处？如何解决上述这两个问题？

8.5.1 NAT 穿越场景

先来看网络中存在NAT设备的情况，如图8-20所示，分支防火墙的出接口IP地址是私网地址，必须经过NAT设备进行地址转换，转换为公网IP地址之后才能与总部防火墙建立IPsec隧道。

图 8-20　NAT 穿越场景

我们都知道，IPsec是用来保护报文不被修改的，而NAT却是用来修改报文的IP地址，看起来两者水火不容。我们来详细分析一下。

首先，协商IPsec的过程是由ISAKMP消息完成的，而ISAKMP消息是经过UDP封装的，源和目的端口号均是500。NAT设备可以转换该消息的IP地址和端口，因此ISAKMP消息能够顺利的完成NAT。只要VPN网关支持非500端口发起的IKE报文，就可以成功协商IPsec安全联盟。

然后看数据流量。数据流量是由AH协议或ESP协议封装的，封装与NAT能不能共存呢？

AH协议：不管是传输模式还是隧道模式，AH协议都会认证整个数据包，包括AH报文头前面的IP报文头。NAT设备修改IP地址以后，必然会破坏数据包的完整性，无法通过对端的验证。因此AH协议无法与NAT设备共存。

ESP协议：ESP协议的数据完整性校验不包括外部的IP报文头，因此修改IP地址并不会破坏数据包的完整性。但是，ESP报文会加密TCP/UDP报文，所以NAT设备无法修改端口，ESP封装无法与转换端口的NAT共存。

为了解决这个问题，IPsec引入了NAT穿越功能（NAT-Traversal，简称NAT-T）。**开启NAT穿越功能后，VPN网关会探测NAT设备，当检测到NAT设备时，VPN网关把ESP报文封装到新UDP报文头中，源和目的端口号均为4500。**增加UDP报文头后的报文格式如图8-21所示。

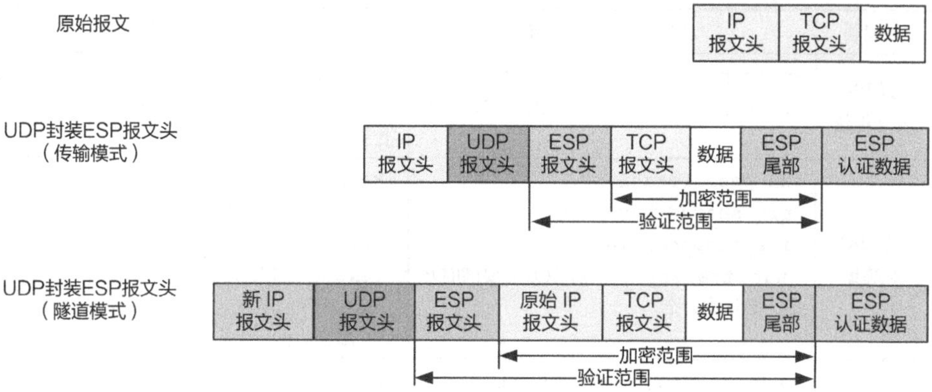

图 8-21　UDP 封装 ESP 报文

这样，不管是传输模式还是隧道模式，IPsec报文中都有了不用加密和验证的IP报文头和UDP报文头。IPsec报文到达NAT设备时，NAT设备就可以修改这个IP报文头和UDP报文头中的IP地址和端口了。

根据NAT设备所处的位置和地址转换功能的不同，我们从下面3个场景来分别介绍。

场景一：经过NAT的分支公网IP地址不固定

如图8-22所示，FW_A为总部网关，FW_B为分支网关，分支用户必须经过NAT设备才能访问总部。由于FW_B转换后的公网IP地址不固定，因此无法在总部防火墙上明确指定对端IP地址。因此，总部防火墙需要使用模板方式来配置IPsec策略，同时总部和分支的防火墙上都要开启NAT穿越功能。

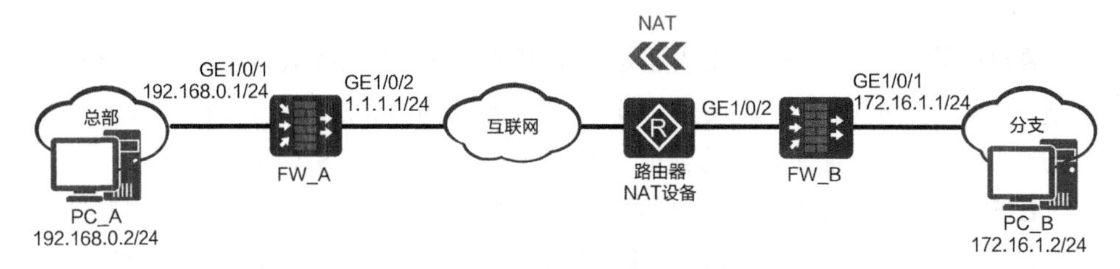

图 8-22　经过 NAT 的分支公网地址不固定

这种场景下，总部既然使用了模板方式，那就无法主动访问分支，只能由分支主动向总部发起访问。

总部和分支防火墙配置NAT穿越的示例1如表8-9所示。

表 8-9　配置 NAT 穿越的示例 1

配置项	总部 FW_A 的配置	分支 FW_B 的配置
配置 IPsec 安全提议	ipsec proposal pro1 transform esp　//采用ESP协议传输报文	ipsec proposal pro1 transform esp　//采用ESP协议传输报文
配置 IKE 对等体	ike peer fenzhi pre-shared-key test1 ike-proposal 10 nat traversal　//双方需要同时开启，默认为开启	ike peer zongbu pre-shared-key test1 ike-proposal 10 remote-address 1.1.1.1 nat traversal　//双方需要同时开启，默认为开启
配置 IPsec 策略	ipsec policy-template tem1 1 //配置模板方式 security acl 3000 proposal pro1 ike-peer fenzhi ipsec policy policy1 1 isakmp template tem1	ipsec policy policy1 1 isakmp security acl 3000 proposal pro1 ike-peer zongbu

续表

配置项	总部 FW_A 的配置	分支 FW_B 的配置
在接口上应用 IPsec 策略	interface GigabitEthernet 1/0/2 ipsec policy policy1	interface GigabitEthernet 1/0/2 ipsec policy policy1

场景二：经过NAT的分支公网IP地址固定

如图8-23所示，NAT设备位于分支网络之内，分支防火墙GE0/0/2接口的私网IP地址经过NAT设备转换后变为公网IP地址。由于转换后的公网IP地址固定，所以总部防火墙上可以使用模板方式或者使用ISAKMP方式来配置IPsec策略。

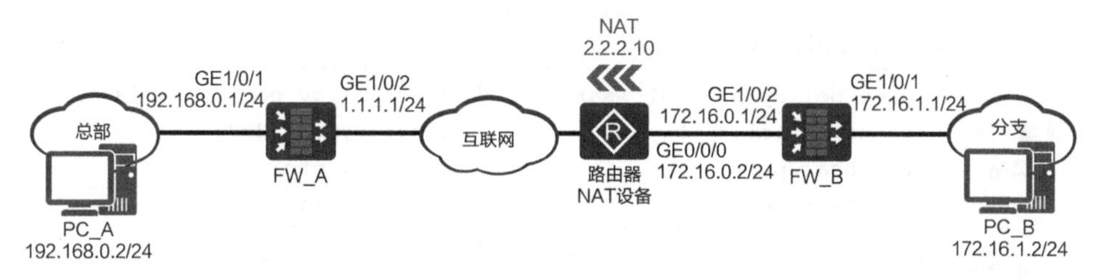

图 8-23　经过 NAT 的分支公网地址可知场景

需要注意的是，即使使用ISAKMP方式的IPsec策略，总部也无法主动与分支建立IPsec隧道。这不是IPsec的问题，而是NAT设备的问题。NAT设备只提供了源地址转换，实现分支到总部这一方向的访问。分支“隐藏”在NAT设备之后，总部无法主动访问分支。如果要实现总部主动访问分支防火墙的私网IP地址，则需要在NAT设备上配置NAT Server功能，我们会在场景三中详细介绍。

以ISAKMP方式的IPsec策略为例，总部和分支防火墙配置NAT穿越的示例2如表8-10所示。

表 8-10　配置 NAT 穿越的示例 2

配置项	总部 FW_A 的配置	分支 FW_B 的配置
配置 IPsec 安全提议	ipsec proposal pro1 transform esp　//采用ESP协议传输报文	ipsec proposal pro1 transform esp　//采用ESP协议传输报文

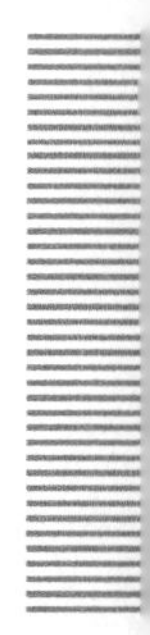

续表

配置项	总部 FW_A 的配置	分支 FW_B 的配置
配置 IKE 对等体	ike peer fenzhi pre-shared-key test1 ike-proposal 10 nat traversal //双方同时开启，默认为开启 remote-address 2.2.2.10 //对端地址为NAT后的地址。采用ISAKMP方式的IPsec策略时，由于对端地址为单个地址，所以要求NAT设备的地址池中只有一个地址。采用模板方式无此要求 remote-address authentication-address 172.16.0.1 //认证地址为NAT前的地址。采用模板方式无此要求	ike peer zongbu pre-shared-key test1 ike-proposal 10 remote-address 1.1.1.1 nat traversal //双方同时开启，默认为开启
配置 IPsec 策略	ipsec policy policy1 isakmp security acl 3000 proposal pro1 ike-peer fenzhi	ipsec policy policy1 1 isakmp security acl 3000 proposal pro1 ike-peer zongbu
应用 IPsec 策略	interface GigabitEthernet 1/0/2 ipsec policy policy1	interface GigabitEthernet 1/0/2 ipsec policy policy1

场景三：NAT设备提供NAT Server功能

如图8-24所示，NAT设备位于分支网络之内，提供NAT Server功能，对外发布的地址是2.2.2.20，映射的私网地址是分支防火墙GE0/0/2接口的地址172.16.0.1。总部防火墙上使用ISAKMP方式来配置IPsec策略，即可实现总部→分支方向的访问。

在NAT设备上配置NAT Server功能，将2.2.2.20的UDP 500端口和4500端口分别映射到172.16.0.1的UDP 500端口和4500端口，具体配置如下：

```
[NAT] nat server protocol udp global 2.2.2.20 500 inside 172.16.0.1 500
[NAT] nat server protocol udp global 2.2.2.20 4500 inside 172.16.0.1 4500
```

由于NAT设备上配置NAT Server时会生成反向Server-map表，所以分支防火墙也可以主动向总部发起访问。报文到达NAT设备后，匹配反向Server-map表，源地址转换为2.2.2.20，即可实现分支→总部方向的访问。

总部和分支防火墙配置NAT穿越的示例3如表8-11所示。

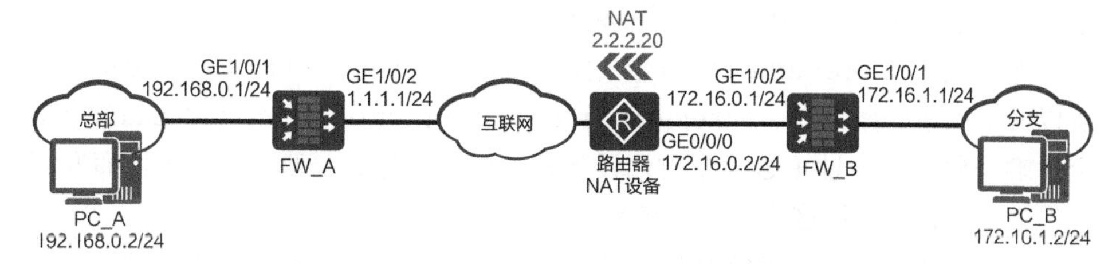

图 8-24 NAT 设备提供 NAT Server 功能场景

表 8-11 配置 NAT 穿越的示例 3

	总部 FW_A 的配置	分支 FW_B 的配置
配置 IPsec 安全提议	ipsec proposal pro1 transform esp //采用ESP协议传输报文	ipsec proposal pro1 transform esp //采用ESP协议传输报文
配置 IKE 对等体	ike peer fenzhi pre-shared-key test1 ike-proposal 10 nat traversal //双方同时开启，默认为开启 remote-address 2.2.2.20 //对端地址为服务器的全局地址 remote-address authentication-address 172.16.0.1 //认证地址为转换前的地址	ike peer zongbu pre-shared-key test1 ike-proposal 10 remote-address 1.1.1.1 nat traversal //双方同时开启，默认为开启
配置 IPsec 策略	ipsec policy policy1 isakmp security acl 3000 proposal pro1 ike-peer fenzhi	ipsec policy policy1 1 isakmp security acl 3000 proposal pro1 ike-peer zongbu
应用 IPsec 策略	interface GigabitEthernet 1/0/2 ipsec policy policy1	interface GigabitEthernet 1/0/2 ipsec policy policy1

NAT穿越场景下的配置有3点独特之处。

① 两端必须同时开启NAT穿越功能（**nat traversal**），即便是只有一端防火墙的出口是私网IP地址，也需要开启该功能。

② 由于分支防火墙出口"隐藏"在NAT设备之后，在总部防火墙"看来"隧道对端的IP地址是NAT转换后的公网IP地址。所以，在总部采用ISAKMP方式的IPsec策略时，**remote-address**命令指定的IP地址是转换后的

地址，而不是对端发起IKE协商的私网地址。

③ 由于remote-address命令指定的公网IP地址不能同时用于身份认证，所以又增加了一条命令，即remote-address authentication-address命令指定对端身份认证地址（必须是对端设备转换前的地址，是真正的IKE协商发起方的地址），本端用这个IP地址来验证对端设备。

当然，如果总部配置模板方式的IPsec策略时，一样会自动放弃主动发起访问的权利，也可以不验证对端设备，此时就可以不用配置remote-address和remote-address authentication-address命令。

下面以NAT设备部署在分支网络的场景为例，分别介绍一下采用IKEv1和IKEv2时IPsec是如何进行NAT穿越的。

8.5.2 IKEv1的NAT穿越协商（主模式）

主模式下的IKEv1的NAT穿越协商报文交互过程如下。

① NAT-T能力检测。开启NAT穿越后，建立IPsec隧道的两端通过在IKEv1协商阶段1的第1条和第2条消息中插入一个标识NAT-T能力的Vendor ID载荷来告诉对方自己对该能力的支持。如果双方都在各自的消息中包含了该载荷，说明通信双方均支持NAT-T，如图8-25所示。

```
⊟ Type Payload: Vendor ID (13) : RFC 3947 Negotiation of NAT-Traversal in the IKE
    Next payload: Vendor ID (13)
    Payload length: 20
    Vendor ID: 4a131c81070358455c5728f20e95452f
    Vendor ID: RFC 3947 Negotiation of NAT-Traversal in the IKE
⊟ Type Payload: Vendor ID (13) : draft-ietf-ipsec-nat-t-ike-02\n
    Next payload: Vendor ID (13)
    Payload length: 20
    Vendor ID: 90cb80913ebb696e086381b5ec427b1f
    Vendor ID: draft-ietf-ipsec-nat-t-ike-02\n
⊟ Type Payload: Vendor ID (13) : draft-ietf-ipsec-nat-t-ike-00
    Next payload: NONE / No Next Payload  (0)
    Payload length: 20
    Vendor ID: 4485152d18b6bbcd0be8a8469579ddcc
    Vendor ID: draft-ietf-ipsec-nat-t-ike-00
```

图8-25 Vendor ID载荷

只有双方同时支持NAT-T能力，才能继续其他协商。

② NAT网关发现。通过在第3条和第4条消息中发送NAT-D（NAT Discovery）载荷来探测NAT网关。NAT-D载荷用于探测两个要建立IPsec隧道的防火墙（IPsec网关）之间是否存在NAT网关以及NAT网关的位置，如图8-26所示。

```
⊟ Type Payload: NAT-D (RFC 3947) (20)
    Next payload: NAT-D (RFC 3947) (20)
    Payload length: 24
remote HASH of the address and port: c2954146c97839f5eb42bb0438395a42de5f6aa5
⊟ Type Payload: NAT-D (RFC 3947) (20)
    Next payload: NONE / No Next Payload  (0)
    Payload length: 24
local HASH of the address and port: 88870822cf707e8da4023106192e8489f0e684ed
```

图 8-26　NAT-D 载荷

协商双方通过NAT-D载荷向对端发送源和目的IP地址与端口的HASH值，就可以检测到地址和端口在传输过程中是否发生变化。如果接收方根据收到的报文计算出来的HASH值与对端发来的HASH值一样，则表示它们之间没有NAT设备。否则，说明传输过程中有NAT设备转换了报文的IP地址和端口。

第1条消息的NAT-D载荷为对端IP地址和端口的HASH值，第2条消息的NAT-D载荷为本端IP地址和端口的HASH值。

③ 发现NAT网关后，后续ISAKMP消息（主模式从消息5开始）的端口号转换为4500。ISAKMP报文标识了“Non-ESP Marker”，如图8-27所示。

```
⊞ User Datagram Protocol, Src Port: ipsec-nat-t (4500), Dst Port: ipsec-nat-t (4500)
⊟ UDP Encapsulation of IPsec Packets
    Non-ESP Marker
⊞ Internet Security Association and Key Management Protocol
```

图 8-27　Non-ESP Marker 标识

④ 在IKEv1阶段2，通信双方会协商是否使用NAT穿越以及NAT穿越时IPsec报文的封装模式是UDP封装隧道模式报文（UDP-Encapsulated-Tunnel）或UDP封装传输模式报文（UDP-Encapsulated-Transport）。

IPsec网关为ESP报文封装UDP报文头，UDP报文端口号为4500，如图8-28所示。当封装后的报文通过NAT设备时，NAT设备对该报文的外层IP报文头和增加的UDP报文头进行地址和端口号转换。

```
⊟ User Datagram Protocol, Src Port: ipsec-nat-t (4500), Dst Port: ipsec-nat-t (4500)
    Source port: ipsec-nat-t (4500)
    Destination port: ipsec-nat-t (4500)
    Length: 100
  ⊞ Checksum: 0x0000 (none)
  UDP Encapsulation of IPsec Packets
⊞ Encapsulating Security Payload
```

图 8-28　UDP 报文头

8.5.3 IKEv2 的 NAT 穿越协商

IKEv2的NAT穿越协商报文交互过程如下。

① 开启NAT穿越后，IPsec发送方和接收方都会在初始交换阶段的IKE_SA_INIT消息对中包含类型为NAT_DETECTION_SOURCE_IP和NAT_DETECTION_DESTINATION_IP的通知载荷，如图8-29所示。这两个通知载荷用于检测在将要建立IPsec隧道的两个防火墙之间是否存在NAT网关，以及哪个防火墙位于NAT网关之后。如果接收到的NAT_DETECTION_SOURCE_IP通知载荷没有匹配数据包IP报文头中的源IP地址和端口的HASH值，则说明对端位于NAT网关后面。如果接收到的NAT_DETECTION_DESTINATION_IP通知载荷没有匹配数据包IP报文头中的目的IP地址和端口的HASH值，则意味着本端位于NAT网关之后。

```
⊟ Type Payload: Notify (41)
    Next payload: Notify (41)
    0... .... = Critical Bit: Not Critical
    Payload length: 28
    Protocol ID: RESERVED (0)
    SPI Size: 0
    Notify Message Type: NAT_DETECTION_SOURCE_IP (16388)
    Notification DATA: 6729d884a9f751b8dbca63cab4165e6d137b7cd8
⊟ Type Payload: Notify (41)
    Next payload: NONE / No Next Payload  (0)
    0... .... = Critical Bit: Not Critical
    Payload length: 28
    Protocol ID: RESERVED (0)
    SPI Size: 0
    Notify Message Type: NAT_DETECTION_DESTINATION_IP (16389)
    Notification DATA: 908595db62cb4f3d4f782f156a6715dd03cfc6c8
```

图 8-29　NAT_DETECTION_SOURCE_IP 和 NAT_DETECTION_DESTINATION_IP 载荷

② 检测到NAT网关后，从IKE_AUTH消息对开始，ISAKMP报文端口号改为4500，报文标识“Non-ESP Marker”，如图8-30所示。

```
⊟ User Datagram Protocol, Src Port: ipsec-nat-t (4500), Dst Port: ipsec-nat-t (4500)
    Source port: ipsec-nat-t (4500)
    Destination port: ipsec-nat-t (4500)
    Length: 240
  ⊞ Checksum: 0xef30 [validation disabled]
⊟ UDP Encapsulation of IPsec Packets
    Non-ESP Marker
⊞ Internet Security Association and Key Management Protocol
```

图 8-30　Non-ESP Marker 标识

IKEv2中也使用UDP封装ESP报文，UDP报文端口号为4500，如图8-31所示。当封装后的报文通过NAT设备时，NAT设备对该报文的外层IP报文头和增加的UDP报文头进行地址和端口号转换。

```
⊟ User Datagram Protocol, Src Port: ipsec-nat-t (4500), Dst Port: ipsec-nat-t (4500)
    Source port: ipsec-nat-t (4500)
    Destination port: ipsec-nat-t (4500)
    Length: 100
  ⊞ Checksum: 0x0000 (none)
  UDP Encapsulation of IPsec Packets
⊞ Encapsulating Security Payload
```

图 8-31 UDP 报文头

8.5.4 防火墙同时作为 IPsec 网关和 NAT 网关

前面讲了IPsec穿越NAT的情况，当IPsec和NAT同时配置在一台防火墙上时，会有什么问题呢?

如图8-32所示，分支FW_B上同时配置了IPsec和NAPT，IPsec用于保护分支跟总部通信的流量，NAPT处理的是分支访问互联网的流量。总部FW_A上同时配置了IPsec和NAT Server，IPsec用于保护总部跟分支通信的流量，NAT Server处理的是互联网用户访问总部服务器的流量。

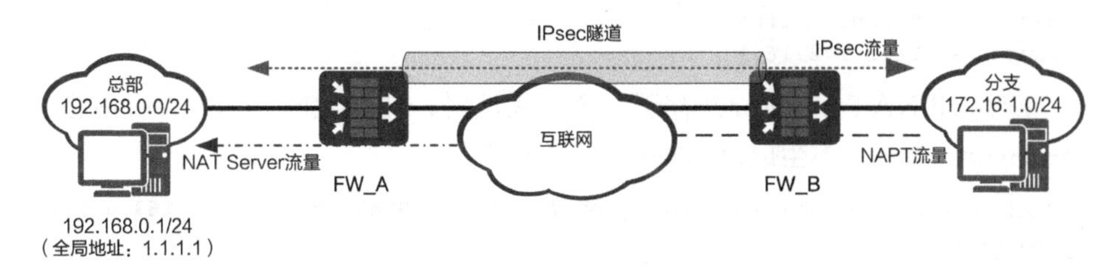

图 8-32 IPsec 与 NAT 并存于一个网关

按理说两台防火墙上IPsec流量和NAT流量应该是互不相干的，其实不然。本例中的IPsec和NAT处理的流量是有重叠的，而在防火墙的转发流程中，NAT在前，IPsec在后，所以IPsec流量难免会受到NAT处理流程的干扰。原本应该进入IPsec隧道的流量一旦命中NAT策略就会进行NAT，转换后的流量不会再匹配IPsec中的ACL了，也就不会进行IPsec处理了。所以，此时若处理不好IPsec和NAT的关系，就会出现莫名其妙的问题。

对于分支，会出现分支用户访问总部不成功的现象。经检查，发现分支用户访问总部的流量没有进入IPsec隧道，都匹配了NAT策略。

对于总部，会出现总部用户访问分支不成功的现象。总部用户访问分支用户的流量都匹配了NAT Server的反向Server-map表，无法进入IPsec隧道。

解决这两个问题的方法很简单。

IPsec和NAT并存于一个防火墙时，需要配置一条针对IPsec流量不进行地址转换的NAT策略，该策略的优先级要高于其他的策略，并且该策略中定义的流量范围是其他策略的子集。这样的话，IPsec流量会先命中不进行NAT转换的策略，地址不会被转换，也就不会影响下面IPsec环节的处理，而需要进行NAT处理的流量也可以命中其他策略正常转换。

下面给出了一段NAT策略的配置脚本，在trust区域到untrust区域配置了两条NAT策略policy_nat1和policy_nat2：

```
nat-policy
 rule name policy_nat1    //需要IPsec保护的流量不进行NAT
  action no-nat
  source-zone trust
  destination-zone untrust
  source-address 172.16.1.0 24
  destination-address 192.168.0.0 24
 rule name policy_nat2    //访问互联网的流量进行NAT
  action source-nat address-group addressgroup1
  source-zone trust
  destination-zone untrust
  source-address 172.16.1.0 24
```

IPsec和NAT Server并存于一个防火墙时，在配置NAT Server时指定no-reverse参数，不生成反向Server-map表即可。

```
[FW_A] nat server protocol tcp global 1.1.1.1 9980 inside 192.168.0.1 80
no-reverse
```

| 8.6 GRE/L2TP over IPsec |

GRE over IPsec和L2TP over IPsec是IPsec应用中常见的扩展方式，这样可以综合IPsec和GRE/L2TP VPN的优势。

IPsec本身不支持封装组播、广播和非IP报文，而GRE无法对报文进行认证加密。借助GRE over IPsec技术，可以通过GRE将组播、广播和非IP报文封装成普通的IP报文，再通过IPsec为封装后的IP报文提供安全的通信，进而可以在总部和分支之间安全地传送广播、组播业务，例如视频会议或动态路由协议消息等。

L2TP over IPsec技术通过L2TP实现用户验证和地址分配，并利用IPsec保障通信的安全性。L2TP over IPsec既可用于分支接入总部，也可用于出差员工接入总部。

无论是GRE over IPsec还是L2TP over IPsec，报文都是先进行GRE封装或L2TP封装，然后进行IPsec封装。这样分支和总部之间的通信不用改动原有的接入方式，就可以受到IPsec的保护。这种方式相当于是两种不同类型的隧道叠加。

8.6.1 分支通过 GRE over IPsec 接入总部

如图8-33所示，总部FW_A和分支FW_B已经建立了GRE隧道，现需要在GRE隧道之外再封装IPsec隧道，对总部和分支的通信进行加密保护。

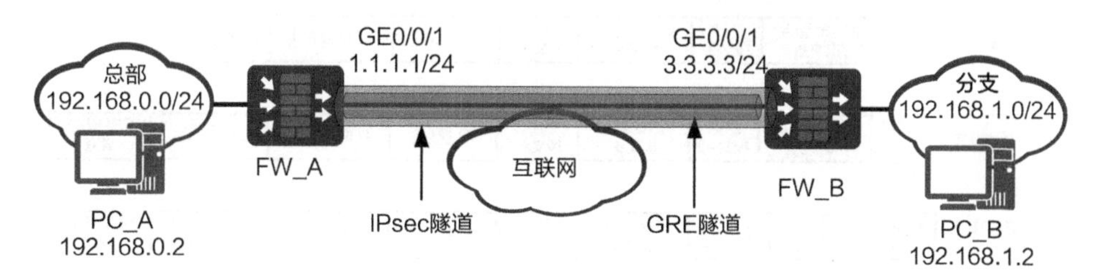

图 8-33 GRE over IPsec 组网

前面我们介绍过，IPsec有两种封装模式：传输模式和隧道模式。IPsec对GRE隧道进行封装时，这两种模式的封装效果也不尽相同。

在传输模式下，AH报文头或ESP报文头被插入GRE新IP报文头与GRE报文头之间，如图8-34所示。传输模式不改变GRE封装后的报文头，IPsec隧道的源和目的地址就是GRE封装后的源和目的地址。

在隧道模式下，AH报文头或ESP报文头被插到GRE新IP报文头之前，另外再生成一个IPsec新IP报文头放到AH报文头或ESP报文头之前，如图8-35所示。隧道模式使用IPsec新IP报文头来封装经过GRE封装后的消息，封装后的消息共有3类报文头：原始报文头、GRE报文头和IPsec报文头，互联网上的设备根据最外层的IPsec报文头来转发该消息。

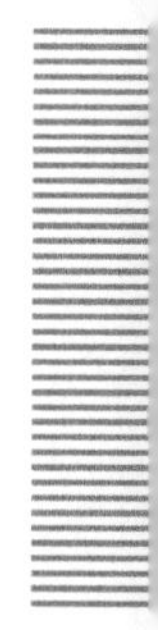

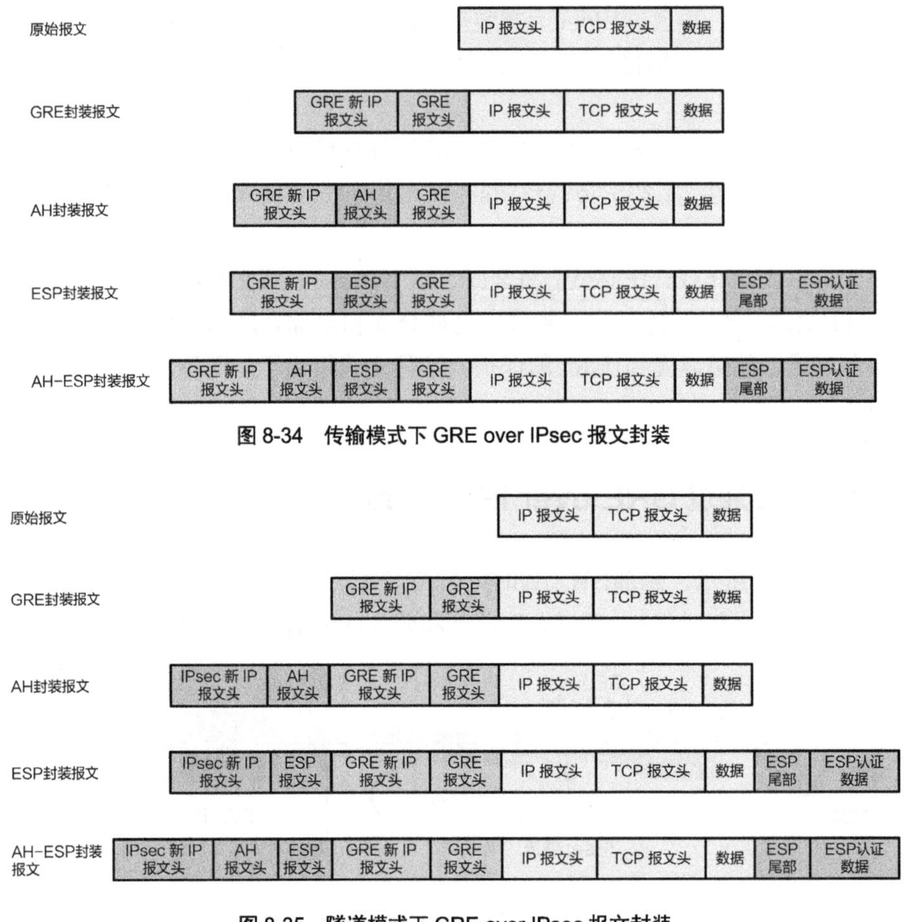

图 8-34 传输模式下 GRE over IPsec 报文封装

图 8-35 隧道模式下 GRE over IPsec 报文封装

封装GRE报文头时，源地址和目的地址可以与IPsec报文头中的源地址和目的地址相同，也就是使用公网地址来封装；也可以使用私网地址封装GRE报文头，例如，创建Loopback接口并配置私网地址，然后在GRE中借用Loopback接口的地址来封装。

在GRE over IPsec中，无论IPsec采用传输模式还是隧道模式，都可以保护两个网络之间通信的消息。这是因为GRE已经进行了一次封装，原始报文就可以是两个网络之间的报文。

说明： 隧道模式与传输模式相比增加了IPsec报文头，报文长度更长，更容易导致分片。如果网络环境要求报文不能分片，推荐使用传输模式。

下面以隧道模式下ESP封装为例，介绍对总部和分支之间的GRE隧道进行加密保护的配置。表8-12给出总部FW_A和分支FW_B的关键配置。

表 8-12 配置 GRE over IPsec VPN

配置项	总部 FW_A 的配置	分支 FW_B 的配置
配置 GRE	如果使用公网地址进行封装，进行如下配置： interface Tunnel1 ip address 10.1.1.1 255.255.255.0 tunnel-protocol gre source 1.1.1.1 //使用公网地址封装 destination 3.3.3.3 //使用公网地址封装 如果使用私网地址进行封装，进行如下配置： interface LoopBack1 ip address 172.16.0.1 255.255.255.0 interface Tunnel1 ip address 10.1.1.1 255.255.255.0 tunnel-protocol gre source LoopBack 1 destination 172.16.0.2 //FW_B的Loopback1接口地址	如果使用公网地址进行封装，进行如下配置： interface Tunnel1 ip address 10.1.1.2 255.255.255.0 tunnel-protocol gre source 3.3.3.3 //使用公网地址封装 destination 1.1.1.1 //使用公网地址封装 如果使用私网地址进行封装，进行如下配置： interface LoopBack1 ip address 172.16.0.2 255.255.255.0 interface Tunnel1 ip address 10.1.1.2 255.255.255.0 tunnel-protocol gre source LoopBack 1 destination 172.16.0.1 //FW_A的Loopback1接口地址
配置路由	ip route-static 0.0.0.0 0.0.0.0 1.1.1.2 //假设下一跳为1.1.1.2 ip route-static 192.168.1.0 255.255.255.0 Tunnel1	ip route-static 0.0.0.0 0.0.0.0 3.3.3.1 //假设下一跳为3.3.3.1 ip route-static 192.168.0.0 255.255.255.0 Tunnel1
配置需要保护的数据流	acl number 3000 rule 5 permit ip source 1.1.1.1 0 destination 3.3.3.3 0 //定义GRE封装后的源地址和目的地址 如果使用私网地址进行封装，此处的源地址应为172.16.0.1，目的地址应为172.16.0.2	acl number 3000 rule 5 permit ip source 3.3.3.3 0 destination 1.1.1.1 0 //定义GRE封装后的源地址和目的地址 如果使用私网地址进行封装，此处的源地址应为172.16.0.2，目的地址应为172.16.0.1
配置 IKE 安全提议	ike proposal 1 //使用默认参数	ike proposal 1 //使用默认参数
配置 IKE 对等体	ike peer fwb pre-shared-key Test!123 ike-proposal 1 remote-address 3.3.3.3	ike peer fwa pre-shared-key Test!123 ike-proposal 1 remote-address 1.1.1.1
配置 IPsec 安全提议	ipsec proposal 1 transform esp encapsulation-mode tunnel esp authentication-algorithm sha2-256 esp encryption-algorithm aes-256	ipsec proposal 1 transform esp encapsulation-mode tunnel esp authentication-algorithm sha2-256 esp encryption-algorithm aes-256

续表

配置项	总部 FW_A 的配置	分支 FW_B 的配置
配置IPsec策略	ipsec policy policy1 1 isakmp security acl 3000 ike-peer fwb proposal 1	ipsec policy policy1 1 isakmp security acl 3000 ike-peer fwa proposal 1
应用IPsec策略	interface GigabitEthernet0/0/1 ip address 1.1.1.1 255.255.255.0 ipsec policy policy1	interface GigabitEthernet0/0/1 ip address 3.3.3.3 255.255.255.0 ipsec policy policy1

从上面的表格可以看出，配置GRE over IPsec与单独配置GRE和IPsec没有太大的区别。唯一需要注意的地方是，通过ACL定义需要保护的数据流时，不能再以总部和分支内部私网地址为匹配条件，而是必须匹配经过GRE封装后的报文，即定义报文的源地址为GRE隧道的源地址，目的地址为GRE隧道的目的地址。

配置完成后，在分支中的PC_B可以ping通总部的PC_A。

在总部FW_A上可以查看到如下会话信息，会话信息中包括了原始的ICMP报文、第一层封装即GRE封装、第二层封装即IPsec封装，其中GRE封装和IPsec封装使用了相同的源和目的地址。

```
<FW_A> display firewall session table
Current Total Sessions : 4
  udp  VPN:public --> public 3.3.3.3:500-->1.1.1.1:500
  esp  VPN:public --> public 1.1.1.1:0-->3.3.3.3:0
  gre  VPN:public --> public 1.1.1.1:0-->3.3.3.3:0
  icmp  VPN:public --> public 192.168.1.2:2862-->192.168.0.2:2048
```

8.6.2 分支通过 L2TP over IPsec 接入总部

L2TP有3种类型，分别是Client-Initiated VPN、NAS-Initiated VPN和LAC-Auto-Initiated VPN。其中Client-Initiated VPN属于单独的移动用户远程接入，我们将在第8.6.3节的远程接入部分介绍。NAS-Initiated VPN和LAC-Auto-Initiated VPN都可以实现两个网络之间的通信，在这里我们重点以NAS-Initiated VPN为例来介绍。

如图8-36所示，总部FW_A和分支FW_B已经建立了NAS-Initiated方式的L2TP隧道，现需要在L2TP隧道之外再封装IPsec隧道，对总部和分支的通信进行加密保护。

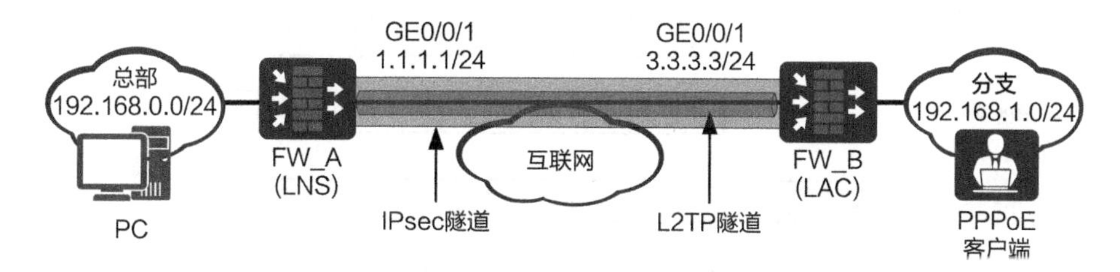

图 8-36　L2TP over IPsec 组网

IPsec对L2TP隧道进行封装时，传输模式和隧道模式的封装过程如下。

在传输模式下，AH报文头或ESP报文头被插入L2TP新IP报文头与UDP报文头之间，如图8-37所示。传输模式不改变L2TP封装后的报文头，IPsec隧道的源和目的地址就是L2TP封装后的源和目的地址。

报文类型											
原始报文						IP 报文头	TCP 报文头	数据		
L2TP封装报文	L2TP 新 IP 报文头			UDP 报文头	L2TP 报文头	PPP 报文头	IP 报文头	TCP 报文头	数据		
AH封装报文	L2TP 新 IP 报文头	AH 报文头		UDP 报文头	L2TP 报文头	PPP 报文头	IP 报文头	TCP 报文头	数据		
ESP封装报文	L2TP 新 IP 报文头		ESP 报文头	UDP 报文头	L2TP 报文头	PPP 报文头	IP 报文头	TCP 报文头	数据	ESP 尾部	ESP认证数据
AH-ESP封装报文	L2TP 新 IP 报文头	AH 报文头	ESP 报文头	UDP 报文头	L2TP 报文头	PPP 报文头	IP 报文头	TCP 报文头	数据	ESP 尾部	ESP认证数据

图 8-37　传输模式下 L2TP over IPsec 报文封装

在隧道模式下，AH报文头或ESP报文头被插到L2TP新IP报文头之前，另外再生成一个新的报文头放到AH报文头或ESP报文头之前，如图8-38所示。隧道模式使用IPsec新IP报文头来封装经过L2TP封装后的消息，封装后的消息共有3类报文头：原始报文头、L2TP报文头和IPsec报文头，互联网上的设备根据最外层的IPsec报文头来转发该消息。

在L2TP over IPsec中，由于L2TP已经进行了一次封装，原始报文就是两个网络之间的报文，所以无论IPsec采用传输模式还是隧道模式，都可以保护两个网络之间通信的消息。

说明： 隧道模式与传输模式相比增加了IPsec报文头，报文长度更长，更容易导致分片。如果网络环境要求报文不能分片，推荐使用传输模式。

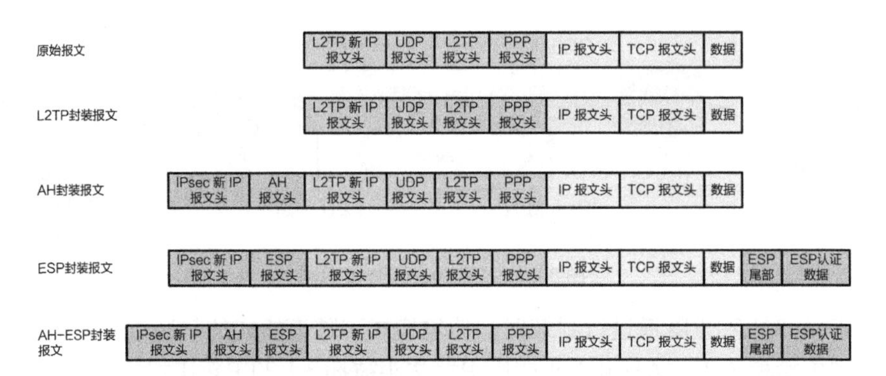

图 8-38　隧道模式下 L2TP over IPsec 报文封装

下面以隧道模式下ESP封装为例，介绍对总部和分支之间的L2TP隧道进行加密保护的配置。表8-13给出总部FW_A和分支FW_B的关键配置。

表 8-13　配置 L2TP over IPsec VPN

配置项	总部 FW_A（LNS）的配置	分支 FW_B（LAC）的配置

配置 L2TP	ip pool pool1
	 section 1 192.168.1.2 192.168.1.10
	aaa
	 authentication-scheme default
	 authentication-mode local
	 service-scheme l2tp
	  ip-pool pool1
	 domain net1
	  service-type l2tp
	  service-scheme l2tp
	  authentication-scheme default
	user-manage group /net1/ontravel
	user-manage user vpdnuser domain net1
	 parent-group /net1/ontravel
	 password Hello123
	interface Virtual-Template1
	 ppp authentication-mode chap
	 ip address 10.1.1.1 255.255.255.0
	 remote address service-scheme l2tp
	l2tp enable
	l2tp-group 1
	 tunnel authentication
	 tunnel password cipher test123
	 allow l2tp virtual-template 1
	remote lac
		l2tp enable
		l2tp-group 1
		 tunnel authentication
		 tunnel password cipher test123
		 start l2tp ip 1.1.1.1 fullusername
		l2tpuser
		 tunnel name lac

续表

配置项	总部 FW_A（LNS）的配置	分支 FW_B（LAC）的配置
配置路由	ip route-static 0.0.0.0 0.0.0.0 1.1.1.2 //假设下一跳为1.1.1.2	ip route-static 0.0.0.0 0.0.0.0 3.3.3.1 //假设下一跳为3.3.3.1
配置需要保护的数据流	acl number 3000 rule 5 permit ip source 1.1.1.1 0 destination 3.3.3.3 0 //定义L2TP封装后的源地址和目的地址	acl number 3000 rule 5 permit ip source 3.3.3.3 0 destination 1.1.1.1 0 //定义L2TP封装后的源地址和目的地址
配置 IKE 安全提议	ike proposal 1 //使用默认参数	ike proposal 1 //使用默认参数
配置 IKE 对等体	ike peer fwb pre-shared-key Admin@123 ike-proposal 1 remote-address 3.3.3.3	ike peer fwa pre-shared-key Admin@123 ike-proposal 1 remote-address 1.1.1.1
配置 IPsec 安全提议	ipsec proposal 1 transform esp encapsulation-mode tunnel esp authentication-algorithm sha2-256 esp encryption-algorithm aes-256	ipsec proposal 1 transform esp encapsulation-mode tunnel esp authentication-algorithm sha2-256 esp encryption-algorithm aes-256
配置 IPsec 策略	ipsec policy policy1 1 isakmp security acl 3000 ike-peer fwb proposal 1	ipsec policy policy1 1 isakmp security acl 3000 ike-peer fwa proposal 1
应用 IPsec 策略	interface GigabitEthernet0/0/1 ip address 1.1.1.1 255.255.255.0 ipsec policy policy1	interface GigabitEthernet0/0/1 ip address 3.3.3.3 255.255.255.0 ipsec policy policy1

和GRE over IPsec类似，在L2TP over IPsec中定义ACL时，不能再以总部和分支内部私网地址为匹配条件，而是必须匹配经过L2TP封装后的报文，即定义报文的源地址为L2TP隧道的源地址，目的地址为L2TP隧道的目的地址。

配置完成后，分支中的PPPoE客户端发起拨号访问，分支FW_B和总部FW_A先进行IPsec协商，建立IPsec隧道，然后在IPsec隧道的保护下进行L2TP协商，建立L2TP隧道。同样，在互联网上抓包也只能看到加密后的信息，无法获取L2TP隧道中传输的消息。

8.6.3 移动办公用户通过 L2TP over IPsec 接入总部

在L2TP中，Client-Initiated VPN方式专门适用于移动办公用户远程接入的场景。在此基础上，使用IPsec来对L2TP隧道进行加密保护也是一种L2TP over IPsec的应用。

如图8-39所示，总部网关（LNS）和L2TP客户端已经建立了Client-Initiated VPN方式的L2TP隧道，现需要在L2TP隧道之外再封装IPsec隧道，对总部和出差员工之间的通信进行加密保护。

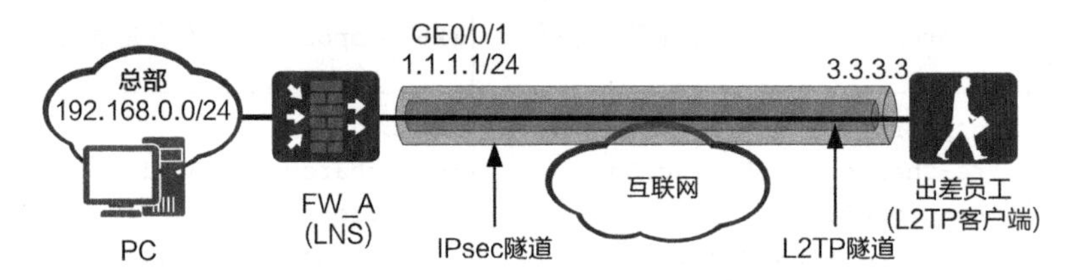

图 8-39 移动用户使用 L2TP over IPsec 远程接入组网

出差员工可以使用Windows系统自带的客户端来拨号，也可以使用第三方的拨号软件来拨号。IPsec对Client-Initiated VPN方式的L2TP隧道的封装效果与上文介绍过的NAS-Initiated VPN方式相同，此处不再赘述。

下面以使用Windows 10系统自带的客户端拨号接入总部为例，给出出差员工使用L2TP over IPsec远程接入的关键配置，如表8-14所示。

表 8-14 配置出差员工使用 L2TP over IPsec 远程接入

FW_A（LNS）的配置	L2TP 客户端的配置

# 配置L2TP 	
ip pool pool1
 section 1 192.168.1.2 192.168.1.10
aaa
 authentication-scheme default
 authentication-mode local
 service-scheme l2tp
  ip-pool pool1
 domain net1
  service-type l2tp
  service-scheme l2tp
  authentication-scheme default
user-manage group /net1/ontravel
user-manage user vpdnuser domain net1
 parent-group /net1/ontravel
	互联网地址：1.1.1.2
	用户名：vpdnuser
	密码：Hello123
	预共享密钥：Admin@123

续表

FW_A（LNS）的配置	L2TP 客户端的配置
password Hello123 l2tp enable interface Virtual-Template1 ppp authentication-mode chap ip address 10.1.1.1 255.255.255.0 remote address service-scheme l2tp l2tp-group 1 //使用l2tp-group 1 undo tunnel authentication //关闭隧道验证 allow l2tp virtual-template 1 //在l2tp-group 1中无须设置隧道对端名称 # 配置需要保护的数据流 acl number 3000 rule 5 permit udp source-port eq 1701 //定义L2TP封装后的源端口 # 配置IKE安全提议 ike proposal 1 authentication-method pre-share authentication-algorithm SHA2-256 encryption-algorithm AES-256 dh group2 # 配置IKE对等体 ike peer client pre-shared-key Admin@123 ike-proposal 1 # 配置IPsec安全提议 ipsec proposal 1 transform esp encapsulation-mode transport //使用传输模式 esp authentication-algorithm sha2-256 esp encryption-algorithm aes-256 # 配置IPsec策略 ipsec policy-template tem1 1 security acl 3000 ike-peer client proposal 1 ipsec policy policy1 1 isakmp template tem1 # 应用IPsec策略 interface GigabitEthernet0/0/1 ip address 1.1.1.1 255.255.255.0 ipsec policy policy1	互联网地址：1.1.1.2 用户名：vpdnuser 密码：Hello123 预共享密钥：Admin@123

因为出差员工都是在互联网上动态接入，公网IP地址不确定，所以在总部网关上定义ACL时，以源端口1701来匹配经过L2TP封装后的报文。此外，由于Windows系统自带的客户端不支持隧道验证，所以还需要在总部FW_A上关闭L2TP的隧道验证功能。

配置完成后，出差员工就可以使用Windows系统自带的客户端随时随地接入总部，在IPsec隧道的保护下处理事务。在互联网上抓包只能看到加密后的信息，无法获取L2TP隧道中传输的消息。

至此，IPsec的主要应用场景都介绍完毕。借助IPsec，我们解决了一个又一个的问题，终于搭建起涵盖分支接入、移动用户远程接入的加密通信网络。网络虽然搭建起来，但是还面临运行不稳定的问题，下面我们就来介绍IKE对等体检测以及IPsec智能选路等提高IPsec链路可靠性的方法。

8.7 对等体检测

网络中应用了IPsec后，通信安全得到保障。当突发网络问题时，比如路由器发生故障、对端设备重启等，会导致IPsec通信中断或时断时续，那么如何才能快速地检测到故障并迅速恢复IPsec通信呢？这就需要用到IKE对等体检测机制和IPsec链路可靠性机制了。

当两个对等体之间采用IKE和IPsec进行通信时，对等体之间可能会由于路由问题、IPsec对等体设备重启或其他原因导致连接断开。由于IKE协议本身没有提供对等体状态检测机制，两个IKE对等体一旦发生一端不响应的情况，另一端由于无法感知到对端变化仍会继续发送IPsec流量，只能等待安全联盟的生存周期到期才停止发送流量。生存周期到期之前，对等体之间的安全联盟将一直存在，安全联盟连接的对等体不可达将引发“黑洞”，导致数据流被丢弃。只有快速识别和检测到这些“黑洞”，才可以尽快恢复IPsec通信。

下面我们来看一下由于对端设备重启导致IPsec中断的情况，其组网如图8-40所示。

FW_A与FW_B之间建立IPsec隧道。重启FW_B后，查看两端设备上IPsec隧道情况。

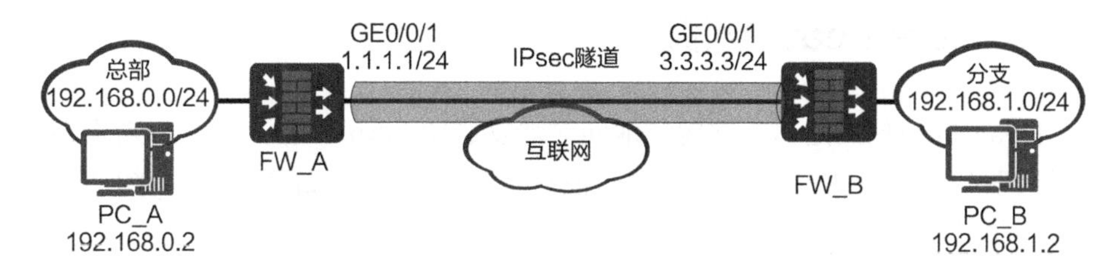

图 8-40　IKE/IPsec VPN 组网

① FW_A上的IPsec隧道还存在。

```
<FW_A> display ike sa
IKE SA information :
    Conn-ID      Peer              VPN    Flag(s)  Phase  RemoteType  RemoteID
  ---------------------------------------------------------------------------
    40015      3.3.3.3/500       public RD        v1:2   IP          3.3.3.3
    40014      3.3.3.3/500       public RD        v1:1   IP          3.3.3.3

  Number of IKE SA : 2
  ---------------------------------------------------------------------------

  Flag Description:
  RD--READY   ST--STAYALIVE   RL--REPLACED   FD--FADING   TO--TIMEOUT
  HRT--HEARTBEAT   LKG--LAST KNOWN GOOD SEQ NO.   BCK--BACKED UP
  M--ACTIVE   S--STANDBY   A--ALONE  NEG--NEGOTIATING
```

② FW_B重启后其上的IPsec隧道不存在了。

```
<FW_B> display ike sa
```

这样就会出现以下两种情况：无法通信和可以正常通信。

总部的PC_A先访问分支的PC_B，无法通信。原因就在于FW_A上的安全联盟还存在，但FW_B上的安全联盟已经不存在了。从PC_A访问PC_B会采用原有的安全联盟，而无法触发FW_A与FW_B之间建立新的安全联盟。从而导致访问失败。

分支的PC_B先访问总部的PC_A，可以正常通信。因为FW_B上不存在安全联盟，因此可以触发建立安全联盟。安全联盟建立后，双方可以正常通信。

这种问题的解决办法就是开启IKE对等体检测机制来帮助IKE协议检测故障。开启IKE对等体检测机制后，当一端设备发生故障后，另一端设备的安全联盟也同时删除隧道。**对等体检测机制虽然不是必配项，但对IPsec故障恢复有益，推荐大家在配置IKE时一定配置其中一种检测机制。**

目前华为防火墙支持两种IKE对等体检测机制。

8.7.1 Heartbeat检测机制

Heartbeat检测是指本端定时地向对端发送Heartbeat报文来告知对端自己处于活动状态。若本端超过规定时间没有收到Heartbeat报文，则认为对端不可达，此时将删除对等体间的安全联盟（IKE SA和IPsec SA）。

Heartbeat检测机制默认关闭，配置相应参数后，Heartbeat检测机制生效。

实际应用中很少使用Heartbeat检测机制，主要是因为Heartbeat检测机制存在如下缺陷：启用Heartbeat检测将消耗CPU资源来处理IKE存活消息，这限制了可建立的IPsec会话的数量；没有统一标准，不同厂商的设备可能无法对接；仅IKEv1协议支持Heartbeat检测。

8.7.2 DPD机制

DPD（Dead Peer Detection，失效对等体检测）机制不会周期性发送Hello消息，而是通过IPsec流量的状态来决定是否发送对等体状态检测报文。如果本端可以收到对端发来的流量，则认为对方处于活动状态，不会发送DPD报文。只有当一定时间间隔内没有收到对端发来的流量时，才会发送DPD报文探测对端的状态。如果发送几次DPD报文后一直没有收到对端的回应，则认为对端不可达，此时将删除该IKE SA及由它协商的IPsec SA。

DPD报文中含有通知载荷（notify）和HASH载荷（hash），两端对等体发送的DPD报文中的载荷顺序必须一致，否则对等体存活检测功能无效。华为防火墙默认的载荷顺序是HASH载荷在前，通知载荷在后，可以使用**ike dpd msg**命令或**dpd msg**命令设置DPD报文的载荷顺序。

华为防火墙根据命令**dpd type**或**ike dpd type**设置检测模式并开启DPD功能，DPD有如下两种检测模式。

周期型（**periodic**）：如果当前距离最后一次收到对端的IPsec报文或DPD请求报文的时长已超过DPD空闲时间（**idle-time**），则本端按照重传周期（**retransmit-interval**）向对端循环发送DPD检测报文。如果期间收到对端的DPD响应报文，那么本次DPD流程结束，进入新的DPD检测周期。如果期间没有收到对端的响应报文，则会进行DPD请求报文重传。根据重传次数进行重传后，如果仍然没有收到对端的DPD响应报文，则认为对端离线，删除本端的IKE SA和IPsec SA，重新执行隧道新建流程。

按需型（on-demand）：如果本端没有发送IPsec报文，那么是不会发送DPD报文的，这是和周期型检测模式最大的区别。如果本端需要向对端发送IPsec报文，并且在发送IPsec报文后在DPD空闲时间（idle-time）内没有收到对端的IPsec报文，那么就会以重传周期（retransmit-interval）向对端发送DPD请求报文。如果期间收到对端的DPD响应报文，那么本次DPD流程结束，进入新的DPD检测周期。如果期间没有收到对端的响应报文，则会进行DPD请求报文重传。根据重传次数进行重传后，如果仍然没有收到对端的DPD响应报文，则认为对端离线，删除本端的IKE SA和IPsec SA，重新执行隧道新建流程。

| 8.8　IPsec 链路可靠性 |

IPsec可靠性可以分为设备可靠性和链路可靠性。设备可靠性主要是双机热备，由于双机热备非常复杂，我们有专门的章节进行讲解（参见第3.7.3节）。本节讲解的重点是链路可靠性。

为了缓解带宽压力，同时提高网络可靠性，总部通常会通过两条或多条链路与分支建立IPsec连接。如何在一条链路发生故障后将流量及时切换到其他链路，以保证业务的正常运行就成为需要解决的问题。

8.8.1　IPsec 智能选路

分支网关可以通过配置IPsec智能选路功能实现多条IPsec隧道的动态切换。IPsec智能选路功能按照链路切换机制的不同有两种使用场景，一种是基于链路质量探测结果切换链路，另一种是基于路由状态变化切换链路。

1. 基于链路质量探测结果切换链路

如图8-41所示，分支网关有多个公网接口，网关设备之间存在多条可通信的链路。通过在FW_B上配置IPsec智能选路功能，可以实现分支和总部之间多条IPsec隧道动态切换。使用其中一条链路建立IPsec隧道后，网关设备会实时

检测已有IPsec隧道的时延或丢包率。在时延或丢包率高于设定的阈值时，动态切换到备用链路上重新建立IPsec隧道。

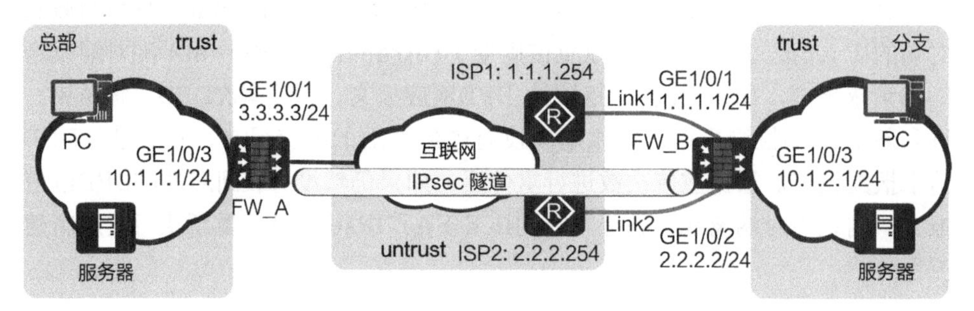

图 8-41　基于链路质量探测结果切换链路

在FW_B上配置IPsec智能选路功能后，FW_B首先使用Link1与总部建立IPsec隧道。而后FW_B通过发送ICMP报文检测IPsec隧道的时延或丢包率。当隧道的时延或丢包率高于设定的阈值时，FW_B会拆除当前的IPsec隧道，并切换到Link2建立新的IPsec隧道。新的隧道建立后，FW_B继续检测隧道的时延或丢包率，如果时延或丢包率仍然高于设定的阈值，FW_B会继续切换链路，直至隧道的时延和丢包率达标或者循环切换次数达到设定的上限值时停止。这样就能确保分支和总部之间始终使用满足质量要求的IPsec隧道通信。

总部和分支的关键配置如表8-15所示。

表 8-15　IPsec 智能选路（基于链路质量探测结果切换链路）配置

配置项	总部 FW_A 的配置	分支 FW_B 的配置
配置IPsec智能选路		ipsec smart-link profile pro1 link1 interface GigabitEthernet1/0/1 local 1.1.1.1 nexthop 1.1.1.254 remote 3.3.3.3 link2 interface GigabitEthernet1/0/2 local 2.2.2.2 nexthop 2.2.2.254 remote 3.3.3.3 link-quality-detection interval 1 number 10 auto-switch cycles 3 link-quality-threshold loss 30 link-quality-threshold delay 500

续表

配置项	总部 FW_A 的配置	分支 FW_B 的配置
配置需要保护的数据流	acl 3000 rule 5 permit ip source 10.1.1.0 0.0.0.255 destiantion 10.1.2.0 0.0.0.255 rule permit icmp source 3.3.3.3 0 destination 1.1.1.1 0 rule permit icmp source 3.3.3.3 0 destination 2.2.2.2 0 //为了让ICMP链路探测报文也能通过IPsec隧道传输，在ACL中还要配置两条带ICMP的规则	acl 3000 rule permit ip source 10.1.2.0 0.0.0.255 destination 10.1.1.0 0.0.0.255
配置IPsec安全提议	ipsec proposal tran1 encapsulation-mode tunnel transform esp esp authentication-algorithm sha2-256 esp encryption-algorithm aes-256	ipsec proposal tran1 encapsulation-mode tunnel transform esp esp authentication-algorithm sha2-256 esp encryption-algorithm aes-256
配置IKE安全提议	ike proposal 10 authentication-method pre-share authentication-algorithm sha2-256 integrity-algorithm aes-xcbc-96 hmac-sha2-256	ike proposal 10 authentication-method pre-share authentication-algorithm sha2-256 integrity-algorithm aes-xcbc-96 hmac-sha2-256
配置IKE对等体	ike peer zongbu ike-proposal 10 pre-shared-key Admin@123	ike peer fenzhi ike-proposal 10 remote-address 3.3.3.3 pre-shared-key Admin@123
配置IPsec策略	ipsec policy-template map_temp 1 security acl 3000 proposal tran1 ike-peer zongbu route inject dynamic preference 65 ipsec policy map1 10 isakmp template map_temp	ipsec policy map1 10 isakmp security acl 3000 proposal tran1 ike-peer fenzhi smart-link profile pro1　//引用IPsec智能选路规则 route inject dynamic //引用了IPsec智能选路规则的IPsec策略不需要应用到接口。当FW选中了某条链路来建立IPsec隧道时，会将引用了IPsec智能选路规则的IPsec策略应用到该链路的本端接口上
应用IPsec策略	interface GigabitEthernet1/0/0 ip address 3.3.3.3 24 ipsec policy map1	

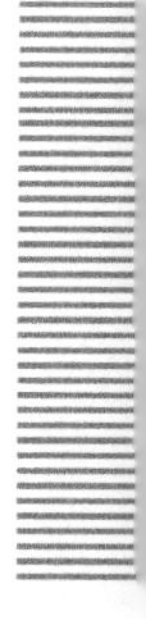

配置完成后，FW_A和FW_B之间建立IPsec隧道。

① 从分支PC_B ping总部PC_A，然后在FW_B上执行**display ipsec smart-link profile**命令，可以查看到分支首先使用Link1（1.1.1.1→3.3.3.3）建立IPsec隧道。

```
<FW_B> display ipsec smart-link profile name pro1
==============================================
Name                        :pro1
Detection number            :10
Detection interval          :1
Detection source IP         :1.1.1.1
Detection destination IP    :3.3.3.3
Cycles                      :3
Switched times              :0
Switch mode                 :detection-based
State                       :enable
IPsec policy alias          :map1
link list:
ID local-address    remote-address   loss(%) delay(ms)   state
1  1.1.1.1          3.3.3.3          0       0           active
2  2.2.2.2          3.3.3.3          0       0           inactive
==============================================
```

② 将分支网关FW_B的GE0/0/1接口shutdown后，在FW_B上执行**display ipsec smart-link profile**命令，可以看到FW_B已经自动切换到Link2（2.2.2.2→3.3.3.3）上建立IPsec隧道。

```
<FW_B> display ipsec smart-link profile name pro1
 ==============================================
  Name                        :pro1
  Detection number            :10
  Detection interval          :1
  Detection source IP         :2.2.2.2
  Detection destination IP    :3.3.3.3
  Cycles                      :3
  Switched times              :0
  Switch mode                 :detection-based
  State                       :enable
  IPsec policy alias          :map1
  link list:
  ID local-address    remote-address   loss(%) delay(ms)   state
  1  1.1.1.1          3.3.3.3          50      0           inactive
  2  2.2.2.2          3.3.3.3          0       0           active
 ==============================================
```

2. 基于路由状态变化切换链路

如图8-42所示，总部和分支通过FW_A和FW_B连接到互联网。FW_A通过一条链路接入互联网，FW_B通过两条链路Link1和Link2接入互联网，FW_B和互联网之间运行动态路由协议（此处以OSPF为例）。在FW_B上配置IPsec智能选路功能，可以实现分支和总部之间多条IPsec隧道的动态切换。

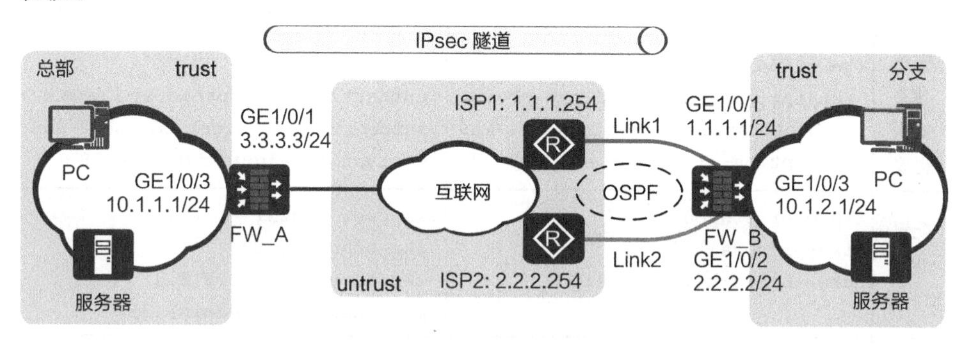

图 8-42 基于路由状态变化切换链路

Link1和Link2链路状态都正常的情况下，FW_B会选择一条链路建立IPsec隧道，例如选择Link1链路。当Link1链路出现故障时，通过Link1到达FW_A的路由就会消失，于是FW_B会根据路由变化自动将IPsec隧道切换到Link2上。

总部和分支的关键配置如表8-16所示。

表 8-16 IPsec 智能选路 （基于路由状态变化切换链路） 配置

配置项	总部 FW_A 的配置	分支 FW_B 的配置
配置IPsec智能选路		ipsec smart-link profile pro1 link-switch-mode route-based link1 interface GigabitEthernet1/0/1 local 1.1.1.1 nexthop 1.1.1.254 remote 3.3.3.3 link2 interface GigabitEthernet1/0/2 local 2.2.2.2 nexthop 2.2.2.254 remote 3.3.3.3
配置需要保护的数据流	acl 3000 rule 5 permit ip source 10.1.1.0 0.0.0.255 destiantion 10.1.2.0 0.0.0.255	acl 3000 rule permit ip source 10.1.2.0 0.0.0.255 destination 10.1.1.0 0.0.0.255

续表

配置项	总部FW_A的配置	分支FW_B的配置
配置IPsec安全提议	ipsec proposal tran1 encapsulation-mode tunnel transform esp esp authentication-algorithm sha2-256 esp encryption-algorithm aes-256	ipsec proposal tran1 encapsulation-mode tunnel transform esp esp authentication-algorithm sha2-256 esp encryption-algorithm aes-256
配置IKE安全提议	ike proposal 10 authentication-method pre-share authentication-algorithm sha2-256 encryption-algorithm aes-128	ike proposal 10 authentication-method pre-share authentication-algorithm sha2-256 encryption-algorithm aes-128
配置IKE对等体	ike peer zongbu ike-proposal 10 pre-shared-key Admin@123	ike peer fenzhi ike-proposal 10 remote-address 3.3.3.3 pre-shared-key Admin@123
配置IPsec策略	ipsec policy-template map_temp 1 security acl 3000 proposal tran1 ike-peer zongbu route inject dynamic ipsec policy map1 10 isakmp template map_temp	ipsec policy map1 10 isakmp security acl 3000 proposal tran1 ike-peer fenzhi smart-link profile pro1 //引用IPsec智能选路规则 route inject dynamic //引用了IPsec智能选路规则的IPsec策略不需要应用到接口。当FW选中了某条链路来建立IPsec隧道时，会将引用了IPsec智能选路规则的IPsec策略应用到该链路的本端接口上
应用IPsec策略	interface GigabitEthernet1/0/0 ip address 3.3.3.3 24 ipsec policy map1	
配置OSPF路由		ospf 1 area 0.0.0.0 network 1.1.1.0 0.0.0.255 network 2.2.2.0 0.0.0.255

配置完成后，FW_A和FW_B之间建立IPsec隧道。

① 从分支PC_B ping总部PC_A，然后在FW_B上执行**display ipsec smart-link profile**命令，可以查看到分支首先使用Link1（1.1.1.1→3.3.3.3）建立IPsec隧道。

```
<FW_B> display ipsec smart-link profile name pro1
============================================
 Name                        :pro1
 Switch mode                 :route-based
 State                       :enable
 IPsec policy alias          :map1-10
 link list:
 ID local-address     remote-address   loss(%)  delay(ms)   state
 1  1.1.1.1           3.3.3.3          --       --          active
 2  2.2.2.2           3.3.3.3          --       --          inactive
============================================
```

② 将分支网关FW_B的GE0/0/1接口shutdown后，在FW_B上执行**display ipsec smart-link profile**命令，可以看到FW_B已经自动切换到Link2（2.2.2.2→3.3.3.3）上建立IPsec隧道。

```
<FW_B> display ipsec smart-link profile name pro1
============================================
 Name                    :pro1
 Switch mode             :route-based
 State                   :enable
 IPsec policy alias      :map1-10
 link list:
 ID local-address     remote-address   loss(%)  delay(ms)   state
 1  1.1.1.1           3.3.3.3          --         --        inactive
 2  2.2.2.2           3.3.3.3          --         --        active
============================================
```

8.8.2 IPsec 主备链路备份

总部采用双链路与分支通信，采用IPsec主备链路备份方式的典型组网如图8-43所示。

FW_B上配置两个Tunnel接口（借用GE1/0/0接口的IP地址）分别与FW_A的主链路GE1/0/0接口和备链路GE1/0/1接口进行IPsec对接。其配置的关键在于必须配置IP-Link，并采用IP-Link检测主链路的状态。

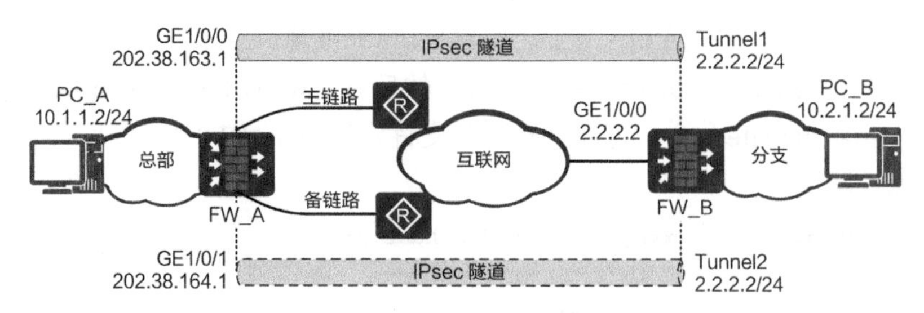

图 8-43 IPsec 主备链路备份组网

如果不配置IP-Link，当FW_A的主链路发生故障时，FW_B无法感知。因此FW_B上的路由表不会变化，其出接口仍然是与主链路对接的Tunnel1。这会导致IPsec隧道建立失败，如图8-44所示。

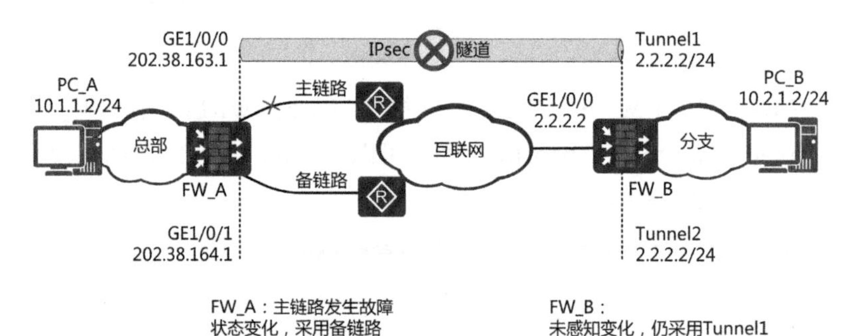

图 8-44 未配置 IP-Link 时，主链路发生故障导致 IPsec VPN 建立失败

配置IP-Link后，FW_B可以感知FW_A上的主链路状态的变化。当FW_A的主链路发生故障时，FW_B上的路由表也会同步发生改变。此时流量可以触发备份链路建立IPsec隧道，恢复通信。为了总部和分支同步切换链路，两侧防火墙上都要配置IP-Link，如图8-45所示。

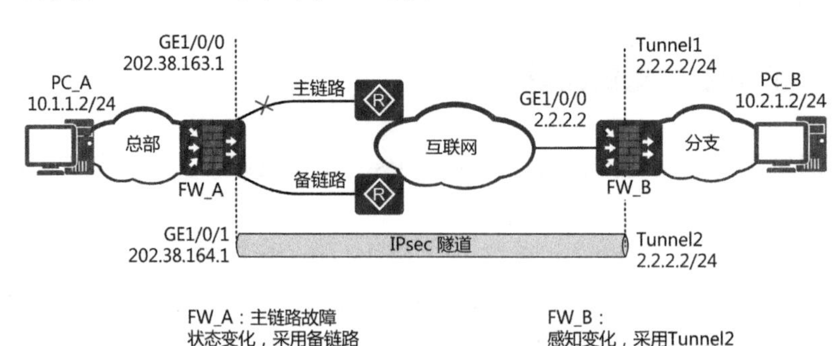

图 8-45 配置 IP-Link 时，主链路发生故障触发备份链路建立 IPsec VPN

总部和分支的关键配置如表8-17所示。

表8-17 主备链路备份的配置

配置项	总部FW_A的配置	分支FW_B的配置
配置IP-Link，用于监控主链路的情况	ip-link check enable ip-link name n1 destination 2.2.2.2 interface GigabitEthernet1/0/0 mode icmp next-hop 202.38.163.2	ip-link check enable ip-link name n1 destination 202.38.163.1 interface GigabitEthernet1/0/0 mode icmp next-hop 2.2.2.1
配置路由	ip route-static 10.2.1.0 24 202.38.163.2 preference 10 track ip-link n1 //到分支的路由，GE1/0/0出口的链路为主链路 ip route-static 10.2.1.0 24 202.38.164.2 preference 20 //到分支的路由，GE1/0/1出口的链路为备链路 ip route-static 0.0.0.0 0.0.0.0 202.38.163.2 preference 10 track ip-link n1 //默认路由，GE1/0/0出口的链路为主链路 ip route-static 0.0.0.0 0.0.0.0 202.38.164.2 preference 20 //默认路由，GE1/0/1出口的链路为备链路	ip route-static 10.1.1.0 255.255.255.0 Tunnel 1 preference 10 track ip-link n1 //Tunnel1与主链路对接 ip route-static 10.1.1.0 255.255.255.0 Tunnel 2 preference 20 //Tunnel2与备链路对接 ip route-static 0.0.0.0 0.0.0.0 2.2.2.1 //配置默认路由，下一跳为2.2.2.1
配置被保护的数据流，定义两个ACL，配置相同的规则	acl 3000 rule 5 permit ip source 10.1.1.0 0.0.0.255 destiantion 10.2.1.0 0.0.0.255 acl 3001 rule 5 permit ip source 10.1.1.0 0.0.0.255 destiantion 10.2.1.0 0.0.0.255	acl 3000 rule 5 permit ip source 10.2.1.0 0.0.0.255 destiantion 10.1.1.0 0.0.0.255 acl 3001 rule 5 permit ip source 10.2.1.0 0.0.0.255 destiantion 10.1.1.0 0.0.0.255
配置IPsec安全提议	ipsec proposal pro1	ipsec proposal pro1
配置IKE安全提议	ike proposal 10	ike proposal 10

续表

配置项	总部 FW_A 的配置	分支 FW_B 的配置
配置 IKE 对等体	ike peer fenzhi pre-shared-key Admin@123 ike-proposal 10 remote-address 2.2.2.2	ike peer a1 pre-shared-key Admin@123 ike-proposal 10 remote-address 202.38.163.1 //原有链路的出接口IP地址 ike peer a2 pre-shared-key Admin@123 ike-proposal 10 remote-address 202.38.164.1 //原有链路的出接口IP地址
创建两条 IPsec 策略	ipsec policy map1 10 isakmp security acl 3000 proposal pro1 ike-peer fenzhi ipsec policy map2 10 isakmp security acl 3001 proposal pro1 ike-peer fenzhi	ipsec policy map1 10 isakmp security acl 3000 proposal pro1 ike-peer a1 ipsec policy map2 10 isakmp security acl 3001 proposal pro1 ike-peer a2
在两个接口上分别应用 IPsec 策略	interface GigabitEthernet1/0/0 ip address 202.38.163.1 24 ipsec policy map1 interface GigabitEthernet1/0/1 ip address 202.38.164.1 24 ipsec policy map2	interface Tunnel1 ip address unnumbered interface GigabitEthernet1/0/0 //借用物理接口GE1/0/0接口的IP地址 tunnel-protocol ipsec ipsec policy map1 interface Tunnel2 ip address unnumbered interface GigabitEthernet1/0/0 //借用物理接口GE1/0/0接口的IP地址 tunnel-protocol ipsec ipsec policy map2

配置完成后，FW_A与FW_B之间建立IPsec隧道。

① 从分支PC_B ping总部 PC_A，可以ping通，然后查看IKE SA的状态。以FW_B为例，出现以下显示说明IKE SA建立成功。

```
<FW_B> display ike sa
IKE SA information :
Conn-ID     Peer            VPN    Flag(s)   Phase  RemoteType RemoteID
----------------------------------------------------------------------------
40003      202.38.163.1           RD|ST|A   v2:2   IP         202.38.163.1
```

```
3          202.38.163.1           RD|ST|A  v2:1    IP          202.38.163.1
Number of IKE SA : 2
-----------------------------------------------------------------------
Flag Description:
RD--READY   ST--STAYALIVE   RL--REPLACED   FD--FADING   TO--TIMEOUT
HRT--HEARTBEAT   LKG--LAST KNOWN GOOD SEQ NO.   BCK--BACKED UP
M--ACTIVE   S--STANDBY   A--ALONE   NEG  NEGOTIATING
```

② 查看FW_B上的路由表（只给出静态路由）。

```
<FW_B> display ip routing-table
Route Flags: R - relay, D - download to fib
-----------------------------------------------------------------------

Destination/Mask Proto      Pre  Cost  Flags NextHop  Interface
0.0.0.0/0        Static     60   0     RD    2.2.2.1  GigabitEthernet1/0/0
10.1.1.0/24      Static     10   0     D     2.2.2.2  Tunnel1
```

③ 断开FW_A的主链路后，从分支PC_B再ping总部PC_A，可以ping通。查看IKE SA建立情况如下。

```
<FW_B> display ike sa
IKE SA information :
Conn-ID  Peer             VPN    Flag(s)   Phase   RemoteType   RemoteID
-----------------------------------------------------------------------
40009    202.38.164.1            RD|ST|A   v2:2    IP           202.38.164.1
9        202.38.164.1            RD|ST|A   v2:1    IP           202.38.164.1
Number of IKE SA : 2
---------------------------------------------------------------------------
   Flag Description:
RD--READY   ST--STAYALIVE   RL--REPLACED   FD--FADING   TO--TIMEOUT
HRT--HEARTBEAT   LKG--LAST KNOWN GOOD SEQ NO.   BCK--BACKED UP
M--ACTIVE   S--STANDBY   A--ALONE   NEG--NEGOTIATING
```

说明IP-Link检测到主链路发生故障后，FW_B上会重新协商创建一条新的IPsec隧道。

④ 再查看FW_B上的路由表（只给出静态路由）。

```
<FW_B> display ip routing-table
Route Flags: R - relay, D - download to fib
-----------------------------------------------------------------------
Destination/Mask   Proto  Pre   Cost Flags NextHop    Interface
0.0.0.0/0          Static 60    0    RD    2.2.2.1    GigabitEthernet1/0/0
10.1.1.0/24        Static 20    0    D     2.2.2.2    Tunnel2
```

说明IP-Link检测到主链路发生故障后，FW_B上的出接口为Tunnel1的路由失效，出接口为Tunnel2的路由被激活。

8.8.3 IPsec隧道化链路备份

注意：本节中介绍的案例在现网中部署可能会出现主备链路无法正常切换的问题。问题的根本原因不在于防火墙的IPsec功能，而在于运营商网络，我们保留了这部分内容，意在帮助大家了解IPsec链路备份的方法。网络部署须谨慎，设备调试多思量。

IPsec主备链路备份需要分别在两个物理接口上应用IPsec策略，配置复杂；且需要通过IP-Link跟踪路由状态，以便正确地进行IPsec隧道切换。那能否不直接在物理接口上应用IPsec策略呢，这样是否就可以避免隧道切换的问题呢？

当然是可以的。方法就是将IPsec策略应用到一个虚拟的隧道接口上。由于策略不是应用到实际物理接口，那么IPsec并不关心有几条链路可以到达对端，也不关心哪条链路发生故障，只要到对端路由可达，IPsec通信就不会中断。

这种提高可靠性的方式叫做IPsec隧道化链路备份。总部采用双链路与分支通信，采用IPsec隧道化链路备份组网如图8-46所示。

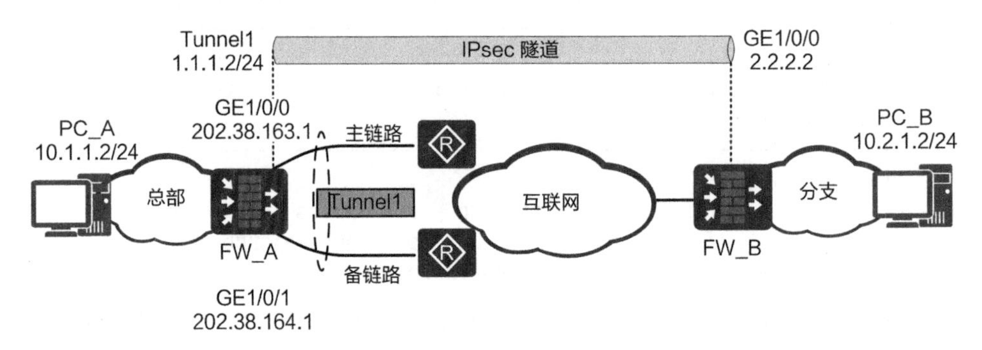

图8-46 IPsec隧道化链路备份组网

下面我们来介绍IPsec隧道化链路备份时报文是如何封装和解封装的，FW_A上报文封装的过程如图8-47所示。

① FW_A收到原始IP报文（明文）后，将收到的IP报文明文送到转发模块进行处理。

② 转发模块查找路由，发现路由出接口为Tunnel1接口。转发模块依据路由查询结果将IP报文明文发送到Tunnel1接口。

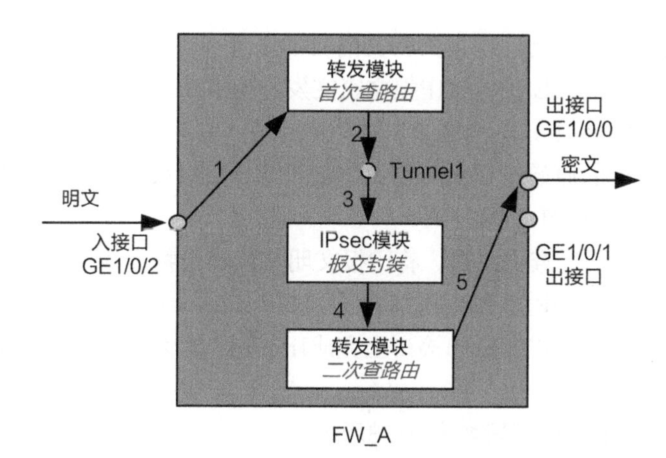

图 8-47　IPsec 隧道化链路备份时 IPsec 报文的封装过程

③ 由于Tunnel1接口应用了IPsec策略，报文在Tunnel1接口上进行IPsec封装。封装后的IPsec报文的源IP地址和目的IP地址分别为两端Tunnel接口的IP地址。

④ 封装后的IPsec报文被送到转发模块进行处理。转发模块再次对IPsec报文（密文）查找路由，发现路由下一跳为物理接口。

⑤ 转发模块根据路由的优先级等选择合适的路由，将IPsec报文从设备的某个实际物理接口转发出去。

FW_A上报文解封装的过程如图8-48所示。

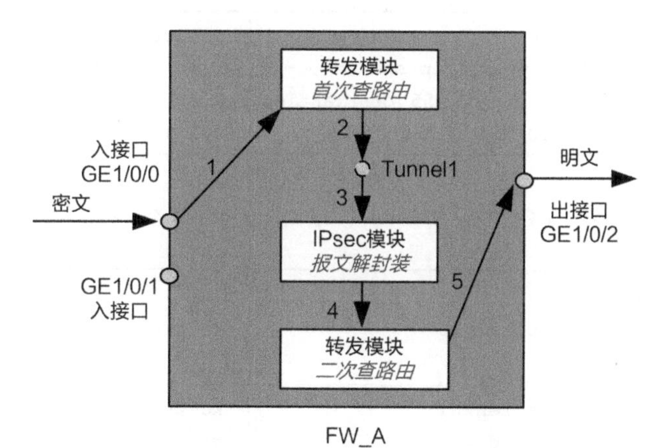

图 8-48　IPsec 隧道化链路备份时 IPsec 报文的解封装过程

① FW_A收到IPsec报文（密文）后送到转发模块进行处理。

② 转发模块识别到此IP报文密文的目的地址为本设备Tunnel1接口的IP地址且IP协议号为AH或ESP，将IP报文密文发送到Tunnel1接口。

③ IPsec报文在Tunnel1接口上进行解封装。

④ 解封装后的原始IP报文（明文）被再次送到转发模块进行处理。转发模块再次对明文查找路由。

⑤ 转发模块通过查找路由，将IP报文明文从实际物理接口转发出去。

与在物理接口上建立IPsec隧道相比，基于Tunnel接口的IPsec隧道建立过程有两点不同：一是在Tunnel接口上完成IPsec封装/解封装；二是多了一步路由查找的过程。

总部和分支的关键配置如表8-18所示。

表 8-18　隧道化链路备份的配置

配置项	总部 FW_A 的配置	分支 FW_B 的配置
配置路由	ip route-static 10.2.1.0 24 tunnel1 //到分支网络的路由 ip route-static 2.2.2.2 32 202.38.163.2 preference 10 //到分支FW_B的主用路由 ip route-static 2.2.2.2 32 202.38.164.2 preference 20 //到分支FW_B的备用路由	ip route-static 10.1.1.0 255.255.255.0 2.2.2.1//到总部网络的路由 ip route-static 1.1.1.2 255.255.255.0 2.2.2.1 //到总部FW_A的Tunnel1接口的路由
配置被保护的数据流	acl 3000 rule 5 permit ip source 10.1.1.0 0.0.0.255 destiantion 10.2.1.0 0.0.0.255	acl 3000 rule 5 permit ip source 10.2.1.0 0.0.0.255 destiantion 10.1.1.0 0.0.0.255
配置 IPsec 安全提议，其余参数采用默认配置	ipsec proposal pro1	ipsec proposal pro1
配置 IKE 安全提议，其余参数采用默认配置	ike proposal 10	ike proposal 10
配置 IKE 对等体	ike peer fenzhi pre-shared-key test1 ike-proposal 10	ike peer zongbu pre-shared-key test1 ike-proposal 10 remote-address 1.1.1.2 //Tunnel接口的IP地址

续表

配置项	总部 FW_A 的配置	分支 FW_B 的配置
配置 IPsec 策略	ipsec policy-template tem1 1 //配置模板方式 security acl 3000 proposal pro1 ike-peer fenzhi ipsec policy policy1 1 isakmp template tem1	ipsec policy policy1 1 isakmp security acl 3000 proposal pro1 ike-peer zongbu
应用 IPsec 策略	interface Tunnel1 ip address 1.1.1.2 24 tunnel-protocol ipsec ipsec policy policy1	interface GigabitEthernet1/0/0 ip address 2.2.2.2 24 ipsec policy policy1

配置完成后，FW_A与FW_B之间建立IPsec隧道。

① 从分支PC_B ping总部PC_A，可以ping通，然后在FW_B上查看IKE SA的状态。

```
<FW_B> display ike sa
IKE SA information :
Conn-ID    Peer            VPN   Flag(s)  Phase  RemoteType  RemoteID
----------------------------------------------------------------------
40003      1.1.1.2               RD|ST|A  v2:2   IP          1.1.1.2
3          1.1.1.2               RD|ST|A  v2:1   IP          1.1.1.2
Number of IKE SA : 2
----------------------------------------------------------------------
Flag Description:
RD--READY   ST--STAYALIVE   RL--REPLACED   FD--FADING   TO--TIMEOUT
HRT--HEARTBEAT   LKG--LAST KNOWN GOOD SEQ NO.   BCK--BACKED UP
M--ACTIVE   S--STANDBY   A--ALONE   NEG--NEGOTIATING
```

② 在主链路正常的情况下，查看FW_A上的路由表（只给出静态路由）。

```
<FW_A> display ip routing-table
Route Flags: R - relay, D - download to fib
----------------------------------------------------------------------
Destination/Mask Proto Pre Cost Flags NextHop        Interface
2.2.2.2/0        Static 10  0    RD    202.38.163.1   GigabitEthernet1/0/0
2.2.2.2/0        Static 20  0    RD    202.38.164.2   GigabitEthernet1/0/1
10.2.1.0/24      Static 60  0    D     1.1.1.2        Tunnel1
```

总部FW_A收到PC_A响应的IP报文（源地址为10.1.1.2，目的地址为10.2.1.2），匹配目的地址为10.2.1.0/24出接口为Tunnel1接口的路由，然后IP报文在Tunnel1接口上进行IPsec封装（源地址变为1.1.1.2，目的地址

变为2.2.2.2）。封装后的IPsec报文二次匹配目的地址为2.2.2.2/0出接口为202.38.163.1的路由，然后从相应的物理接口发送出去。

③ 主链路中断后，查看FW_A上的路由表（只给出静态路由）。

```
<FW_A> display ip routing-table
Route Flags: R - relay, D - download to fib
----------------------------------------------------------------------
Destination/Mask Proto  Pre Cost Flags NextHop     Interface
2.2.2.2/0        Static 20  0    RD   202.38.164.2 GigabitEthernet1/0/1
10.2.1.0/24      Static 60  0    D    1.1.1.2      Tunnel1
```

④ 从分支PC_B ping 总部PC_A，然后查看IKE SA的状态。

```
<FW_B> display ike sa
IKE SA information :
Conn-ID      Peer                VPN    Flag(s)  Phase  RemoteType  RemoteID
----------------------------------------------------------------------
40003       1.1.1.2                     RD|ST|A  v2:2   IP          1.1.1.2
3           1.1.1.2                     RD|ST|A  v2:1   IP          1.1.1.2
Number of IKE SA : 2
--------------------------------------------------------------------
Flag Description:
RD--READY   ST--STAYALIVE   RL--REPLACED   FD--FADING   TO--TIMEOUT
HRT--HEARTBEAT   LKG--LAST KNOWN GOOD SEQ NO.   BCK--BACKED UP
M--ACTIVE   S--STANDBY   A--ALONE   NEG--NEGOTIATING
```

由于分支是与总部Tunnel1接口的IP地址建立IPsec隧道，所以在总部FW_A上断开GE1/0/0接口所属链路后不会导致原有IPsec隧道中断，故在FW_B上查看IKE SA时可以看到对端的IP地址还是隧道接口的IP地址1.1.1.2。

从上述过程来看，IPsec隧道化链路备份的表现明显优于IPsec主备链路备份。但是这个案例在现网应用中出了点意外。如图8-49所示，FW_A两个出接口分别连接中国联通和中国电信两个ISP，Tunnel1和GE1/0/0接口使用中国联通地址，GE1/0/1接口使用中国电信地址。

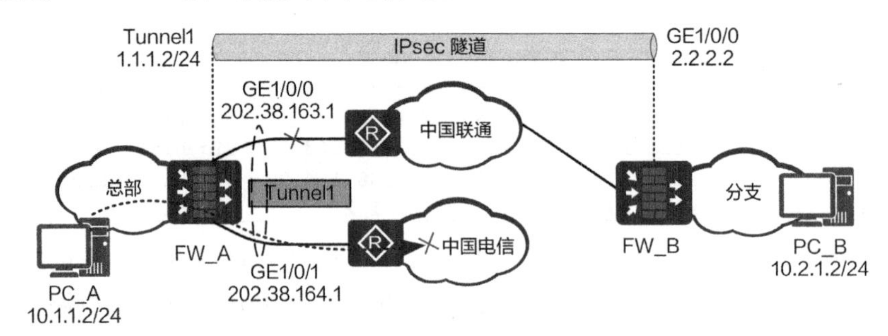

图 8-49 IPsec 隧道化链路备份实际应用

正常情况下，总部FW_A的Tunnel1与分支FW_B的GE1/0/0接口之间建立IPsec隧道，报文从FW_A的GE1/0/0接口发送没有问题。但FW_A主链路发生故障后，IPsec报文从GE1/0/1接口发送。由于中国电信网络接入设备会对收到的报文源地址进行检查，发现IPsec报文的源地址（Tunnel1接口地址）是中国联通地址，进而会将报文丢弃，导致主备链路切换无法实现。

不仅在防火墙连接不同运营商网络时会出现这种问题，连接同一个运营商时也可能出现类似情况，例如主备两条链路跨区域连接到一个运营商的不同接入路由器上，如果运营商侧设备没有配合进行配置的话，也可能出现一样的问题。所以大家在应用这种方案时一定要先测试一下，看看实际网络环境是否允许主备链路切换，以免后续出现问题。

总结一下IPsec隧道化链路备份与IPsec主备链路备份的区别，如表8-19所示。

表 8-19 IPsec 隧道化链路备份与主备链路备份的区别

对比项	IPsec 主备链路备份	IPsec 隧道化链路备份
配置	复杂	简单
平滑切换	IPsec 隧道切换，需重新协商隧道	不需要隧道切换
适用场景	双链路	双链路或多链路
限制	无	需要确保链路切换后其上游网络能够正常转发 IPsec 报文

8.9 IPsec 场景下的安全策略配置思路

IPsec VPN场景下的安全策略配置有许多特别之处，不仅仅要允许穿过防火墙的流量通过，还要允许IPsec报文通过。本节从3个典型场景介绍IPsec VPN的精细化安全策略的配置方法。

8.9.1 点到点 IPsec VPN

在典型的IPsec VPN应用中，VPN网关（即FW_A和FW_B）之间首先通过IKE协议协商安全联盟，然后使用协商出的AH协议或ESP协议来提供认证或加密传输，如图8-50所示。其中，ISAKMP消息用于IKE协商，使用UDP报文封装，端口号为500。ESP协议提供认证和加密功能，AH协议仅支持认证功能，因此通常使用ESP协议。

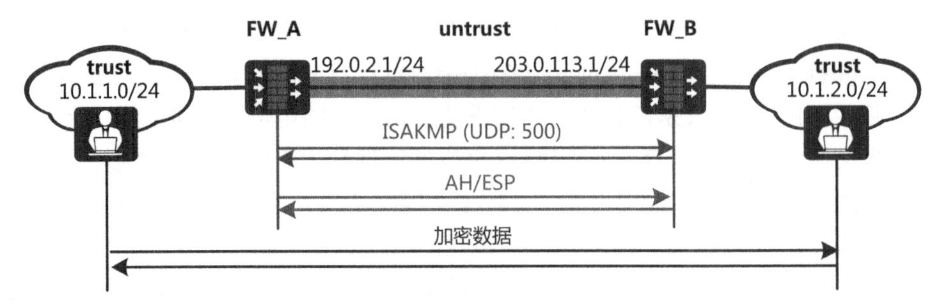

图 8-50　点到点 IPsec VPN

一般情况下，点到点VPN隧道两端的子网都可能会主动发起业务访问，因此，FW_A和FW_B都可能会主动发起IKE协商。典型的安全策略配置如表8-20所示，FW_A侧安全策略与FW_B侧安全策略互为镜像。

表 8-20　安全策略配置示例——点到点 IPsec VPN

设备	序号	名称	源安全区域	目的安全区域	源地址 / 地区	目的地址 / 地区	服务	动作
FW_A	101	Allow ISAKMP message to peer	local	untrust	192.0.2.1/32	203.0.113.1/32	isakmp (UDP: 500)	permit
	102	Allow ISAKMP message from peer	untrust	local	203.0.113.1/32	192.0.2.1/32	isakmp (UDP: 500)	permit
	103	Allow IPsec from peer	untrust	local	203.0.113.1/32	192.0.2.1/32	esp (50) ah (51)	permit
	104	Allow intranet from peer	untrust	trust	10.1.2.0/24	10.1.1.0/24	any	permit
	105	Allow intranet to peer	trust	untrust	10.1.1.0/24	10.1.2.0/24	any	permit
FW_B	101	Allow ISAKMP message to peer	local	untrust	203.0.113.1/32	192.0.2.1/32	isakmp (UDP: 500)	permit
	102	Allow ISAKMP message from peer	untrust	local	192.0.2.1/32	203.0.113.1/32	isakmp (UDP: 500)	permit
	103	Allow IPsec from peer	untrust	local	192.0.2.1/32	203.0.113.1/32	esp (50) ah (51)	permit
	104	Allow intranet from peer	untrust	trust	10.1.1.0/24	10.1.2.0/24	any	permit
	105	Allow intranet to peer	trust	untrust	10.1.2.0/24	10.1.1.0/24	any	permit

需要说明的是，防火墙接收对端的IPsec加密报文，需要配置安全策略（序号103），从防火墙发出的IPsec加密报文不需要配置安全策略。如果采用手工方式配置IPsec VPN，防火墙不需要使用ISAKMP消息协商安全联盟，因此，不需要配置相应的安全策略（序号101、102）。待加密流量进入IPsec隧道（序号为105的安全策略），其源安全区域是报文发起方所属的区域（此处为Trust），其目的安全区域为建立IPsec隧道的接口所属的安全区域，即应用IPsec策略组的接口或应用IPsec安全框架的虚拟隧道接口（Tunnel接口）。以FW_A侧主动发起业务访问为例，其源安全区域和目的安全区域的关系如图8-51所示。当使用Tunnel接口建立IPsec隧道时，请特别注意配置正确的安全区域。

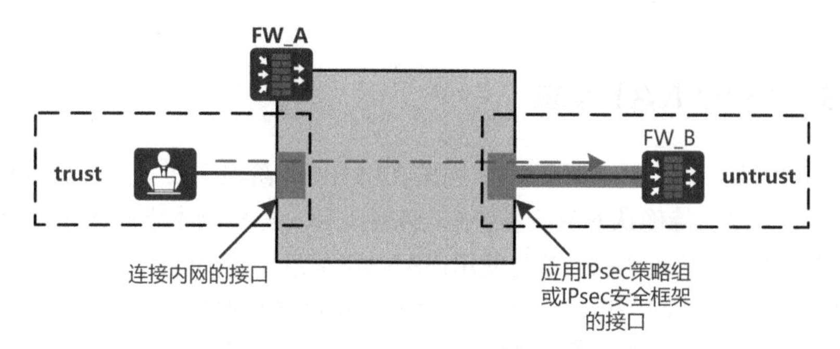

图 8-51　FW_A 侧发起业务访问的域间关系

8.9.2　点到多点 IPsec VPN

在点到多点场景中，通常由分支站点向中心站点发起访问，则分支站点和中心站点的安全策略配置如表8-21所示。

表 8-21　安全策略配置示例——点到多点 IPsec VPN

设备	序号	名称	源安全区域	目的安全区域	源地址 / 地区	目的地址 / 地区	服务	动作
FW_A，分支站点，本端主动发起访问	101	Allow ISAKMP message to peer	local	untrust	192.0.2.1/32	203.0.113.1/32	isakmp (UDP: 500)	permit
	102	Allow IPsec from peer	untrust	local	203.0.113.1/32	192.0.2.1/32	esp (50) ah (51)	permit
	103	Allow intranet to peer	trust	untrust	10.1.1.0/24	10.1.2.0/24	any	permit

续表

设备	序号	名称	源安全区域	目的安全区域	源地址 / 地区	目的地址 / 地区	服务	动作
FW_B，中心站点，接收对端访问	201	Allow ISAKMP message from peer	untrust	local	192.0.2.1/32	203.0.113.1/32	isakmp (UDP: 500)	permit
	202	Allow IPsec from peer	untrust	local	192.0.2.1/32	203.0.113.1/32	esp (50) ah (51)	permit
	203	Allow intranet from peer	untrust	trust	10.1.1.0/24	10.1.2.0/24	any	permit

如果中心站点需要主动向分支站点发起访问，则点到多点场景下的安全策略配置与点到点场景完全一致，可参考表8-20。

8.9.3 IPsec NAT 穿越

为了顺利实现NAT穿越，VPN网关在IKE协商阶段需要首先检测对端是否支持NAT穿越；待确认对端支持NAT穿越以后，再检测本端与对端之间是否存在NAT网关。这两个检测都是使用ISAKMP消息来实现的。

确认存在NAT网关后，VPN网关使用UDP报文头封装ISAKMP消息和ESP报文，来实现NAT穿越。在传输模式下，VPN网关在原报文的IP报文头和ESP报文头间增加一个标准的UDP报文头；在隧道模式下，VPN网关在新IP报文头和ESP报文头间增加一个标准的UDP报文头。UDP报文头的端口号默认是4500。这样，当ESP报文经过NAT网关时，NAT网关转换该报文的外层IP报文头和增加的UDP报文头的地址和端口号。图8-52是NAT穿越的典型场景，FW_A位于企业私网，向FW_B发起IPsec VPN必须先经过NAT网关。

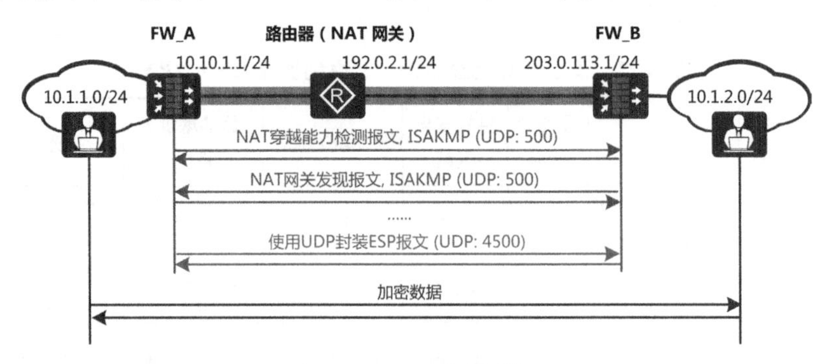

图 8-52　NAT 穿越场景

安全策略配置如表8-22所示。

表 8-22 安全策略示例——IPsec VPN NAT 穿越

设备	序号	名称	源安全区域	目的安全区域	源地址/地区	目的地址/地区	服务	动作
FW_A，分支站点，本端主动发起访问	101	Allow ISAKMP message to peer	local	untrust	10.10.1.1/32	203.0.113.1/32	isakmp (UDP: 500/4500)	permit
	102	Allow IPsec from peer	untrust	local	203.0.113.1/32	10.10.1.1/32	UDP: 4500	permit
	103	Allow intranet to peer	trust	untrust	10.1.1.0/24	10.1.2.0/24	any	permit
FW_B，中心站点，接收对端访问	201	Allow ISAKMP message from peer	untrust	local	192.0.2.1/32	203.0.113.1/32	isakmp (UDP: 500/4500)	permit
	202	Allow IPsec from peer	untrust	local	192.0.2.1/32	203.0.113.1/32	UDP: 4500	permit
	203	Allow intranet from peer	untrust	trust	10.1.1.0/24	10.1.2.0/24	any	permit

8.10 IPsec 故障排除

IPsec故障有3种典型现象：IPsec隧道建立失败、IPsec隧道建立成功后业务异常以及IPsec隧道异常中断。本章我们讲讲IPsec主要的故障排除思路和步骤。图8-53以及下面几节中介绍的故障排除思路和步骤，可以解决华为防火墙产品之间建立IPsec VPN时绝大部分的故障。

但对于华为防火墙与其他厂商防火墙产品对接建立IPsec VPN的场景，这些排障思路和步骤可能就不适用了。因为不同厂家的IPsec实现是有差异的，比如默认配置不一致（可见的配置）、系统默认参数不一致（不可见的参数）、IKE协商机制不一致、SA超时机制不一致等，这些都可能导致IKE协商失败或

IKE协商成功后IPsec隧道不稳定，解决这类问题一般需要用到IPsec功能中众多的不常用配置命令。本书重点不在于此，不进行深入探讨，建议大家到华为企业网站的案例库中学习这些案例。

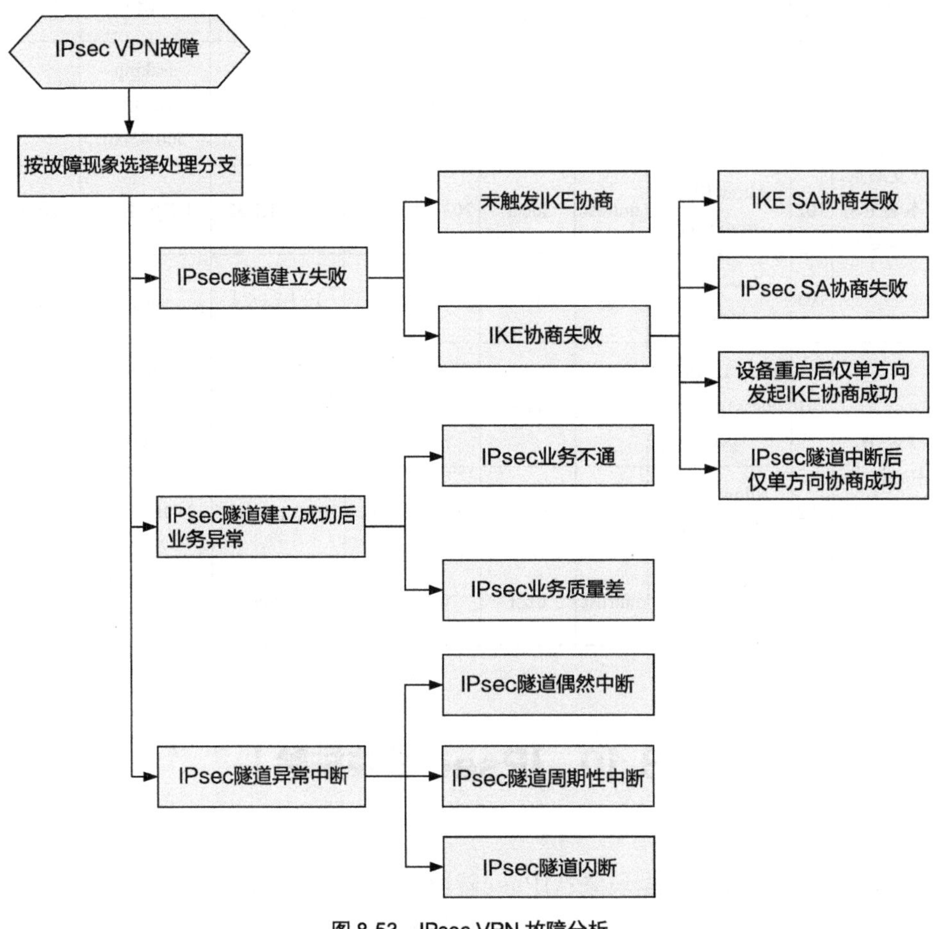

图 8-53　IPsec VPN 故障分析

8.10.1　没有数据流触发 IKE 协商的故障分析

没有数据流触发IKE协商就相当于“自来水”还没有流到家中，即使装了再高级的净水设备也没用。此时在发起端设备上查看指定对端的IKE SA时，看不到任何信息。

造成这种情况的原因不外乎两种可能：一是待加密保护的数据报文没有送达防火墙；二是数据报文送达了防火墙但还没有进入IPsec处理模块。按照由远及近、自底向上的原则，我们可以先排除网络问题，再排除防火墙本身的问题，具体可参照图8-54所示思路一步步排查。

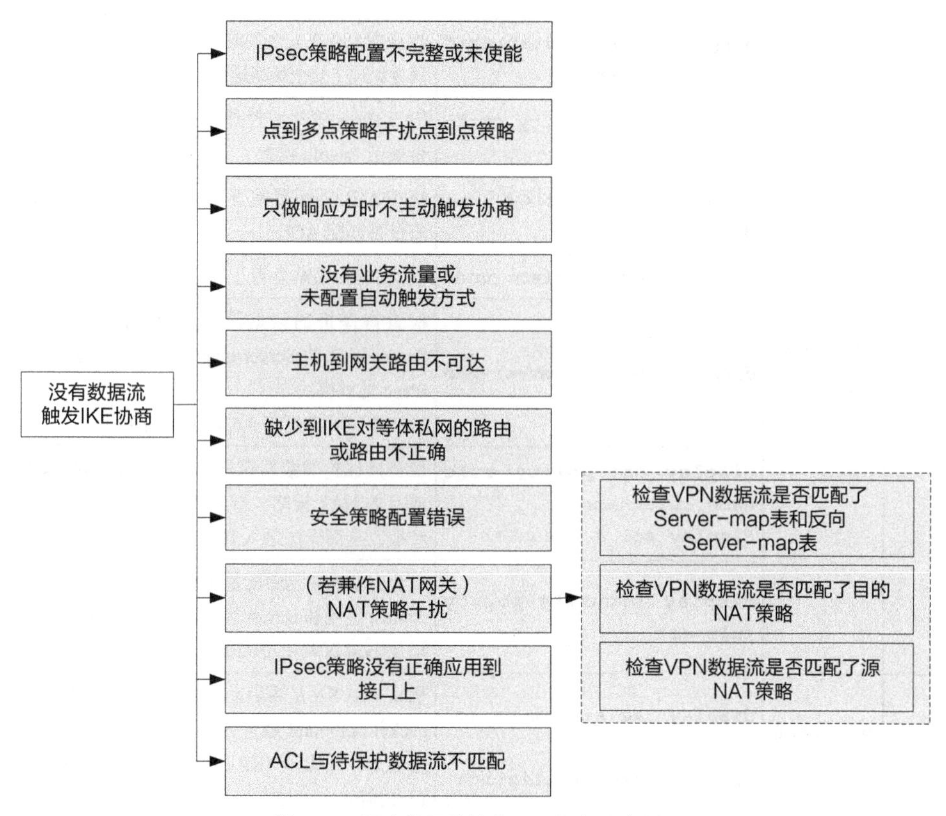

图 8-54　没有数据流触发 IKE 协商故障分析

具体排查方法可参考表8-23。

表 8-23　没有数据流触发 IKE 协商故障排除步骤

步骤	故障定界	命令	作用
1	确定数据报文是否能够送达防火墙内网接口	**display interface**	排除接口及链路问题
		display ip routing-table **ping** *host*	排除内网路由问题

续表

步骤	故障定界	命令	作用
2	确定数据报文是否能够进入IPsec模块	**display ip routing-table** **ping -a** *source-ip-address host**	检查是否有到对端私网的路由。只有这条路由能将报文引导到应用了IPsec策略的接口
		display firewall statistic system discard	检查是否存在安全策略导致的丢包。数据报文只有先过了安全策略这关后才能送达IPsec模块
		display ipsec policy ctrl-plane	检查IPsec策略配置是否完整及IPsec策略是否处于Enable状态
		display ipsec policy **display acl all**	检查ACL的配置是否正确，以及待保护数据流是否匹配ACL
		display ipsec interface brief	检查IPsec策略是否正确应用在接口上
		display firewall server-map	检查待保护的数据流是否由于匹配了NAT Server建立的Server-map表，导致无法进入IPsec处理模块。 详细原理可参见第8.5.4节的介绍
		display nat-policy rule name *rule-name* **display acl** *acl-number*	检查待保护的数据流是否匹配了源NAT策略或目的NAT策略，导致报文源/目的地址被转换，从而无法进入IPsec处理模块
		display security-policy rule all	检查安全策略是否配置正确，防火墙上需要放开trust区域和untrust区域之间的域间安全策略以及local区域和untrust区域之间的安全策略
3	确认故障是否排除	**display ike sa remote** *ip-address* **display ipsec statistics**	确认IKE SA是否启动协商，统计信息中IKE packet outbound是否为0。如果IKE SA有状态显示，本端有IKE报文发出，说明该故障已经排除

注：我们在排查本端防火墙到对端防火墙的路由是否可达时，常常使用带源地址的**ping**命令触发IKE协商。**ping**命令中的*source-ip-address*和*host*应与本端上的安全ACL的规则匹配，否则ping报文无法进入IPsec模块触发IKE协商。

在防火墙上执行ping命令时，报文是从local区域发往untrust区域的。如果防火墙上未开启local区域到untrust区域的安全策略，请开启后再进行ping操作。

8.10.2 IKE协商失败的故障分析

有数据流触发IKE协商，不代表协商就能顺利完成，IKE协商失败可以通过查看IKE SA的状态来确认。IKE协商的两个阶段都可能出现异常。

阶段1中IKE SA协商不成功现象如下。在发起端执行**display ike sa**命令查看IKE SA信息。

```
<FW> display ike sa
IKE SA information :
Conn-ID      Peer              VPN   Flag(s)   Phase  RemoteType  RemoteID
-------------------------------------------------------------------------
1342         0.0.0.0                 NEG|A     v2:1
Number of IKE SA : 0
-------------------------------------------------------------------------
Flag Description:
RD--READY   ST--STAYALIVE   RL--REPLACED   FD--FADING   TO--TIMEOUT
HRT--HEARTBEAT   LKG--LAST KNOWN GOOD SEQ NO.   BCK--BACKED UP
M--ACTIVE   S--STANDBY   A--ALONE  NEG--NEGOTIATING
```

IKE SA显示中，**Flag**一列显示阶段1为**NEG**状态，但过几十秒后，SA数量显示为0，表示IKE SA协商失败。

阶段2中IPsec SA协商不成功现象如下。在隧道两端的网关上执行**display ike sa**命令查看IKE SA信息，发现隧道两端都显示阶段1为RD|ST，阶段2为NEG或没有显示。执行**display ipsec sa**命令无对应的IPsec SA状态信息，表明没有建立IPsec SA，导致IPsec隧道建立失败。

```
<FW> display ike sa
IKE SA information :
Conn-ID      Peer              VPN   Flag(s)    Phase  RemoteType  RemoteID
-------------------------------------------------------------------------
1342         0.0.0.0                 NEG|A      v2:2
1341         1.1.1.1                 RD|ST|A    v2:1   IP        1.1.1.1

Number of IKE SA : 1
-------------------------------------------------------------------------
Flag Description:
RD--READY   ST--STAYALIVE   RL--REPLACED   FD--FADING   TO--TIMEOUT
HRT--HEARTBEAT   LKG--LAST KNOWN GOOD SEQ NO.   BCK--BACKED UP
M--ACTIVE   S--STANDBY   A--ALONE  NEG--NEGOTIATING
```

对等体两端的IPsec协商不成功，故障原因可以概括为3类：本端配置原因、中间网络原因、对端配置原因，具体排查思路可参考图8-55。

可以先执行**display ike error-info**命令查看IKE协商失败的原因（**error-reason**字段）来快速定位故障，如果没有失败原因记录，再按表8-24来定位故障。

常见的协商失败原因介绍如下。

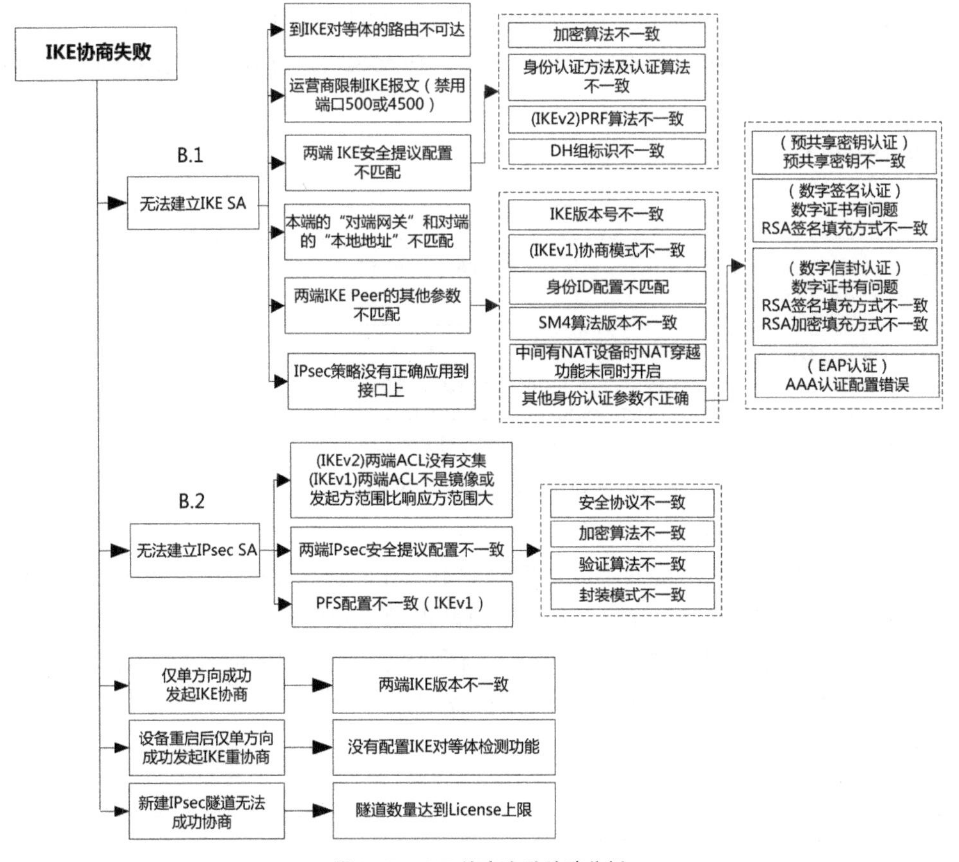

图 8-55　IKE 协商失败故障分析

phase1 proposal mismatch：表示两端IKE安全提议的参数不匹配，包括加密算法、验证算法、身份认证方法、认证算法、DH组标识和PRF（Pseudo Random Function，伪随机数算法）算法。查看两端的IKE安全提议参数配置，并执行相应的命令将不匹配的参数修改一致。

phase2 proposal or pfs mismatch：表示两端IPsec安全提议参数或PFS算法不匹配。该错误可能是本端校验相关参数出错，也可能是对端校验相关参数出错后发送通知消息给本端，区分方法如下：执行**display ike error-info verbose**命令，**detail**显示项中带**receive**字样即表示对端校验参数失败，否则表示本端校验相关参数出错。请检查两端IPsec安全提议参数、PFS算法配置。此外，如果与第三方设备对接时出现此错误信息，且是对端校验出错，有可能是对端匹配ACL失败。因此，还需检查两端ACL配置是否正确。

encapsulation mode mismatch：表示两端IPsec安全提议参数中encapsulation-mode参数配置不匹配，请检查两端IPsec安全提议参数。

flow or peer mismatch：表示两端Security ACL不匹配，或者匹配到错误的IKE Peer（即IKE Peer中地址不匹配）。请检查两端感兴趣流配置是否正确，通过**display ike error-info verbose**命令可以界定该错误的产生者。

route limit：表示当设备配置动态路由注入功能后，由于路由注入的数目达到规格导致隧道建立失败。

请检查设备IPsec UNR规格，执行**display ip routing-table protocol unr**命令查看当前路由表中UNR数量，诊断视图下执行**display ipsec route-info**命令查看IPsec的UNR数量是否达到规格，若达到规格，请更换规格更高的设备。

license or specification limited：表示建立新的IPsec隧道时，总隧道数已经达到License规格或设备规格，新隧道建立失败。

请执行**display ipsec statistics tunnel-number**命令查看设备已建立隧道数和设备规格。若确实达到规格，请更换规格更高的设备。

netmask mismatch：当设备开启IPsec掩码过滤功能后，ACL掩码不匹配导致隧道建立失败，请检查两端ACL配置是否正确。

flow confict：表示当设备未开启重复流接入功能时，新隧道协商的ACL与其他对端已建立的隧道ACL相同导致ACL冲突，隧道建立失败。请排查各个对端的ACL配置是否存在相同的情况，若存在相同的情况，请按照实际网络规划对ACL进行细化，确保不同的对端使用不同的ACL。

proposal mismatch or use sm in ikev2：表示IPsec安全提议不匹配或者IKEv2使用了SM算法。该错误一般是IKEv2协商时，本端接收到对端的NO_PROPOSAL_CHOZEN消息时记录的。请检查两端的IPsec安全提议、PFS算法等配置。如果与第三方设备对接时出现此错误，还需检查两端ACL配置是否正确。

ikev2 not support sm in ipsec proposal ikev2：表示采用IKEv2协商时，IKEv2不支持SM算法，但IPsec安全提议中配置了SM算法，请检查IPsec安全提议是否配置SM算法，若配置了SM算法，请更换IKE协商版本或者更换IPsec安全提议算法。

表8-24中主要给出了图8-55中B.1和B.2两个故障分支的排查步骤，另外3个分支的故障原因比较简单，根据故障分析图解决即可。

表 8-24　IKE 协商不成功故障排查步骤

步骤	故障定界	命令	作用
1	确认 IPsec 对等体两端公网路由是否可达	**display interface**	排除接口及链路问题
		display ip routing-table **ping**	执行 **undo ipsec policy**，然后在没有 IPsec VPN 的情况下排除公网路由问题
2	确认运营商网络是否有限制	**debugging ip icmp**	在没有 IPsec VPN 的情况下，通过 debugging 消息观察中间网络是否对 AH 协议、ESP 协议或 UDP 的端口 500/4500 进行了限制
3	确认 IKE 配置是否有问题	**display ike peer**	检查两端 **remote-address/remote-domain/remote-id** 配置是否匹配。 检查两端 IKE Peer 其他参数配置是否一致
		display ike proposal	检查两端 IKE 安全提议配置是否一致
4	确认 IPsec 配置是否有问题	**display ipsec policy** **display acl all**	检查两端 ACL 配置是否匹配
		display ipsec proposal	排除两端 IPsec 安全提议配置不一致问题
		display ipsec policy	对于 IKEv1 方式的 IPsec，排除两端 PFS 配置不一致
5	继续定位故障点	**debugging ip icmp**	若以上步骤无法定位故障点，可以继续分析 debugging 消息
6	确认故障排除	**display ike sa remote** *ip-address* **display firewall session table**	IKE SA 两个阶段的状态都正常，会话也正常建立，说明 IKE 协商成功

8.10.3　IPsec VPN 业务不通的故障分析

业务不通是指IPsec VPN已经协商成功，但VPN两端的私网业务互通有问题，这类问题一般发生在复杂网络的调试阶段。该类问题可能是部分业务不通，可能单方向不通，可能是分支用户访问总部正常，但不同分支用户之间互访不通。

要想确定以上问题的症结所在，我们得先搞清楚总部、分支用户通过IPsec VPN互访时的业务流程，下面以图8-56为例说明一下PC_A和PC_B的互访过程。

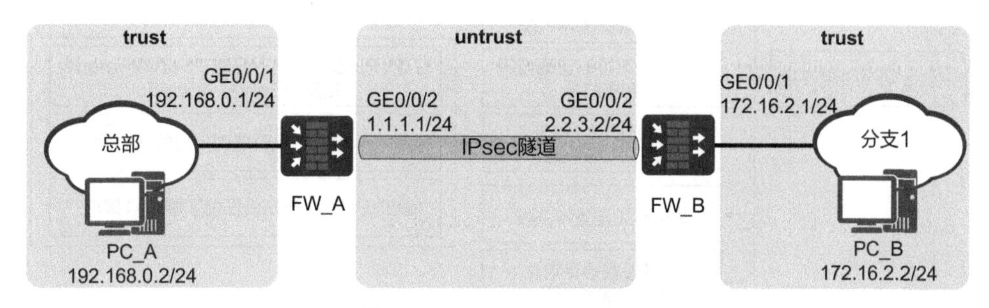

图 8-56　IKE/IPsec VPN 组网

① PC_A发出的报文能到达FW_A，要求PC_A到FW_A内网接口的路由可达。

② PC_A发出的报文能通过FW_A的安全策略检查，要求FW_A满足如下条件：FW_A上有到达PC_B所在网段的路由，路由的出接口为应用了IPsec策略的接口；FW_A开放了IPsec VPN对应的local区域和untrust区域的域间安全策略，允许IKE协商报文（UDP+端口500）通过；FW_A上开放了IPsec VPN对应的trust区域和untrust区域的域间安全策略，允许业务报文通过。

③ 报文顺利进入IPsec处理模块，要求报文没有被IPsec模块之前的其他模块"劫持"。报文在进入IPsec处理模块前要先经过NAT处理模块（源NAT、目的NAT），可能会被NAT模块"劫持"，即匹配了NAT安全策略，导致报文没能进入IPsec处理模块。

④ 报文顺利通过运营商网络，要求IPsec报文没有被运营商网络丢弃，有些运营商会限制UDP+端口500/4500、AH报文、ESP报文。

⑤ 到达FW_B的报文能够达到PC_B。FW_B上当然也要有报文能够匹配的正确的路由和安全策略。

从PC_B返回PC_A的报文处理流程正好相反，不再详述。

因为IPsec SA可以成功建立，所以我们不用再检查IKE协商的具体参数了，只要关注业务报文处理过程中的关键环节即可。如图8-57所示，图中总结出了IPsec VPN业务不通的主要原因。

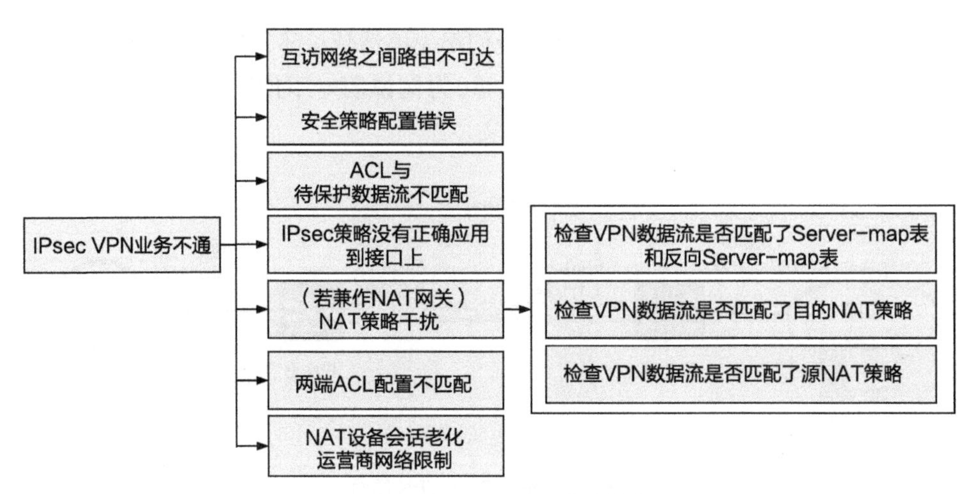

图 8-57　IPsec VPN 业务不通故障分析

在实际网络中这类故障不太好排查，主要原因是在于“总部—分支”这种组网中，分支的数量可能会比较多，总部和分支、分支和分支之间需要通过VPN互通的网段也比较多，再加上有些场景下还要求分支通过总部防火墙的NAT上网，这种情况下路由、ACL、安全策略、NAT策略的配置都会比较复杂，非常可能出现配置冲突或配置遗漏。

在网络调试阶段遇到这种情况，建议大家先清空已经建立的IPsec隧道（reset ipsec sa和reset ike sa）和会话（reset firewall session table），然后再针对有问题的网络单独触发IKE协商，观察IPsec SA建立过程和一段时间内的运行情况，找出故障点。具体的故障排除手段跟前两节用到的手段是一样的，这里不再详细列出。

8.10.4　IPsec VPN 业务质量差的故障分析

IPsec业务质量差指VPN业务的访问速度和质量下降，严重时可能出现业务时断时续，或部分业务不通。这类问题比较难定位，不可知的原因非常多。尤其是在华为防火墙跟其他厂商设备对接的情况下，定位故障原因简直跟大海捞针差不多。这里我们采用排除法，先给出最常见的原因。

1. 由于对等体检测或 SA 超时导致 IPsec 反复进行隧道协商

网络运行一段时间后，出现有规律地通信中断，可以按表8-25进行排查。

表 8-25　由于网络问题或生存周期超时导致 IPsec 隧道不稳定的故障排除步骤

步骤	故障定界	命令	作用
1	确认问题是否由于生存周期配置导致	**display ipsec statistics**	查看 IPsec 累计发生的超时次数或 DPD 操作次数
2		**display ike sa remote** *ip-address*	查看 IPsec SA 隧道协商状态
3		**display ipsec sa remote** *ip-address*	查看 IPsec SA 建立的时间和生存周期剩余的时间 / 字节
4		**sa duration { traffic-based** *kilobytes* **| time-based** *seconds* **}**	增加 IPsec SA 超时时间，观察隧道中断现象是否改变、是否消失
5	确认问题是否由于运营商网络质量差导致	**undo ipsec policy** **ping**	取消 IPsec VPN，然后排除运营商网络质量问题

为了帮助大家理解以上思路，我们再回顾一下IPsec隧道维护机制。

① Heartbeat和DPD

Heartbeat和DPD是用来检测对等体可达性的。运营商网络质量较差或者运营商网络对某些报文进行了限制（比如限制大包）的时候，可能会被Heartbeat或DPD检测到，从而删除IKE SA和IPsec SA，导致IPsec隧道中断。这时需要考虑排除运营商网络故障。

② 安全联盟生存周期（也称为SA超时时间）

安全联盟生存周期有两种定义方式：基于时间的生存周期和基于流量的生存周期。默认情况下二者同时开启，哪个先超时哪个参数生效。

IPsec VPN两个协商阶段都有各自的生存周期，默认情况下IKE SA超时时间为一天，IPsec SA超时时间为一小时。看似没有问题，但因为IPsec SA还有一个流量超时在起作用，所以容易出现以下两个问题。

其他厂商设备可能不支持基于流量的生存周期（流量超时），当收到流量超时字段时可能会触发隧道重协商。所以在与不支持流量超时功能的设备对接时最好关闭本端防火墙的流量超时功能。

在“总部—分支”组网中，总部发往分支的流量很大，可能引起总部IPsec SA流量超时。同时由于总部配置了模板方式的IPsec策略，不会主动发起重协商。总部流量超时删除IPsec SA，但分支的IPsec SA仍存在，导致VPN业务中断。关闭两端设备的流量超时功能或者把流量超时参数调到最大值即可解决问题。

2. 由于防火墙性能不够导致IPsec业务质量下降

防火墙在网络上运行了几年后，随着业务流量的持续增长可能出现性能不够的情况，可以按照表8-26进行排查。

表8-26 由于防火墙性能不够导致IPsec隧道不稳定的故障排除步骤

步骤	故障定界	命令	作用
1	确认是否出现性能瓶颈问题	**display cpu-usage**	检查数据面的CPU占用率是否超过80%
2	确认问题是否由于内容安全、攻击防范等特性导致	**display current-configuration configuration**	若配置了这些功能可以先将其关闭，然后再检查CPU占用率
3	确认问题是否由分片报文导致	**display firewall statistic system transmitted**	查看分片报文统计情况

关于分片报文对IPsec性能的影响，这里详细解释一下：一条链路所能传输的最大报文长度被称为MTU，MTU大小与接口类型有关（例如以太网口默认MTU为1500字节），链路MTU由这条链路上MTU最小的接口决定。当待发送的报文尺寸超过接口MTU时，设备会先对加密后的报文进行分片再发送。接收端收到一个IP报文的所有分片后需要先进行重组再解密。分片及重组都需要消耗CPU资源。

从IPsec报文的封装过程来看，IPsec对原始IP报文的每次封装都会增加新的开销。每封装一层增加的开销与封装的协议有关，请参见表8-27。

表8-27 协议开销

协议	增加的开销
ESP	默认为56字节。 ESP报文增加的开销跟使用的加密算法和是否使用验证算法有关
AH	24字节
GRE	24字节
NAT-T	8字节
L2TP	12字节
PPPoE	8字节
IPsec隧道模式	20字节
TCP	8字节

假设IPsec处理流程中新增开销总计为80字节，大于1420字节的报文经IPsec封装后将超过1500字节，发送前需要进行分片。当数据流中的报文大多数是超过1420的大包时，CPU资源消耗剧增，IPsec VPN业务的访问速度和业务质量也会因此而大大下降。此时若能改变网络结构，减少报文封装层级（比如将L2TP over IPsec改为IPsec VPN），性能问题可能会暂时缓解。

防火墙自身性能限制导致的问题有两种解决办法：一是关闭性能消耗大的业务；二是升级设备硬件。是否能关闭内容安全、攻击防范等功能，需要考虑网络环境和网络安全要求，重要、高安全级别的网络中不能关闭。所以，一旦出现防火墙性能瓶颈问题，最好的解决方案就是升级硬件。网络设备要跟随业务需求不断向前发展，否则无法从根本上解决问题，就像我们为了体验最新功能迫不及待地更新换代手机是一样的道理。

8.10.5 IPsec隧道建立后频繁中断的故障分析

图8-58展示了一个IPsec组网案例，在FW上执行display ike offline-info remote命令存在频繁的隧道中断记录，查看设备日志告警，存在频繁的隧道建立和中断记录；在FW上执行display ipsec sa remote命令发现隧道持续时间（Holding time）不正常。

图8-58 IPsec组网

由于业务配置、对端行为、业务运行状况、网络状态等因素的影响，从隧道建立到中断的时间间隔可能存在规律，也可能毫无规律。时间间隔可能是几秒，几分钟或者几十分钟，也可能是几小时或者几天。当隧道反复快速地建立和中断时，通常伴随着出现业务不通或业务质量差等故障。

IPsec隧道建立后频繁中断的原因如图8-59所示。

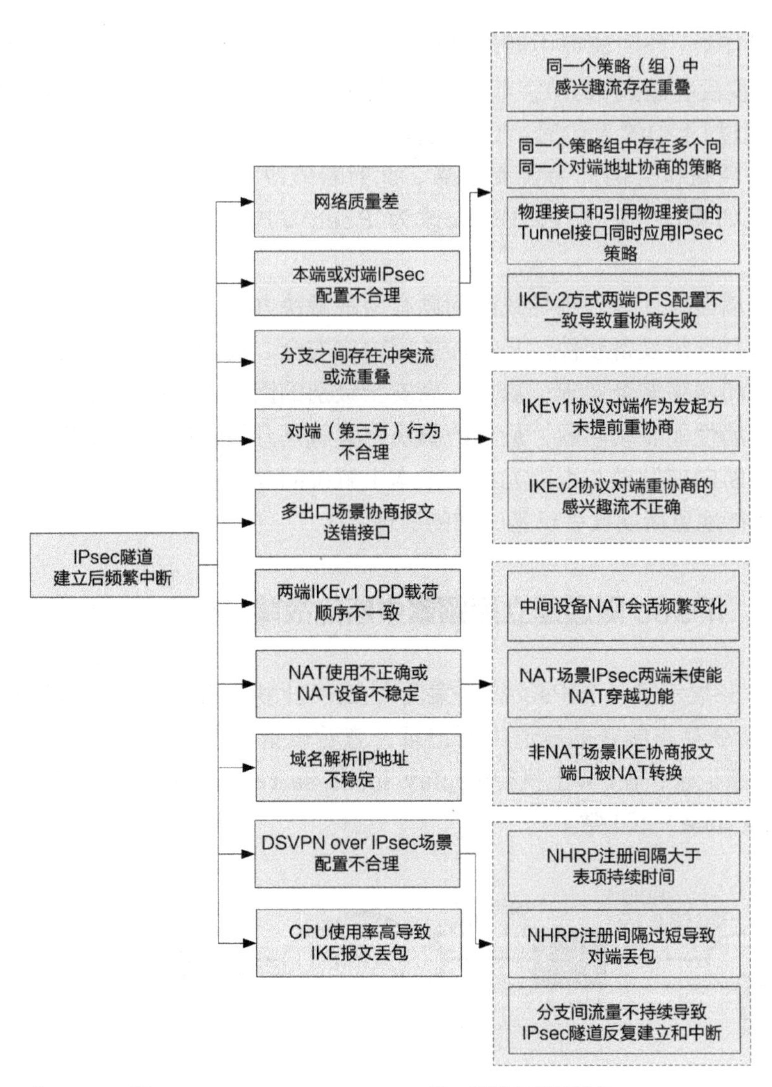

注：NHRP 即 Next Hop Resolution Protocol，下一跳地址解析协议。

图 8-59 IPsec 隧道建立后频繁中断故障分析

具体排查方法如下。

（1）查看IPsec隧道中断原因和频率，初步定界问题。

在FW上执行**display ike offline-info**命令查看最近200条IPsec隧道中断原因记录，根据记录的中断原因进行具体分析。表8-28列举了常见的隧道中断原因及其处理建议。

表 8-28　常见的隧道中断原因和处理建议

offline-reason 字段可能取值	原因及处理建议
dpd timeout	DPD 探测超时。 **处理建议：** ① 通过 ping 或抓包方式测试公网链路是否正常，若链路存在丢包或不通，请排查并解决链路问题，若链路丢包无法解决且丢包率较小，可以调大 DPD 重传次数和重传间隔，减少 DPD 中断频率，此类场景隧道中断频率无规律。 ② 若公网链路正常，请检查是否为多出口场景，确保路由正确，多出口等价路由方式造成隧道中断频率无规律。 ③ 若以上都正常，检查两端配置的 DPD 载荷顺序是否一致，若不一致，请修改为一致并重新建立隧道后观察隧道状态，此问题导致的隧道中断频率固定
peer request	对端发送删除消息。 **处理建议：** 请在对端分析 IPsec 隧道故障的原因
config modify or manual offline	修改配置导致 SA 被删除或者手动清除 SA。 **处理建议：** ① 请确认是否修改 IPsec 相关配置或者手动执行 **reset ike sa**、**reset ipsec sa** 命令。 ② 对于 V5R5 之前的版本，若配置未变更，也未执行 SA 清除命令，请检查 IKE 对等体中 **remote-address** 是否配置为域名，可能是域名解析的 IP 发生变化
phase1 hard expiry	协商阶段 1 硬超时（没有新的 SA 协商成功）。 **处理建议：** ① 请检查公网链路是否正常，若链路存在丢包或不通，请排查并解决链路问题，链路丢包造成隧道中断频率无规律。 ② 若链路正常，请检查是否为多出口场景，确保路由正确，多出口等价路由方式造成隧道中断频率无规律。 ③ 若以上都正常，检查两端 PFS 配置是否一致，若不一致，请修改为一致，PFS 导致隧道中断频率固定
phase2 hard expiry	协商阶段 2 硬超时。 **处理建议：** ① 请检查公网链路是否正常，若链路存在丢包或不通，请排查并解决链路问题，链路丢包造成隧道中断频率无规律。 ② 若链路正常，请检查是否为多出口场景，确保路由正确，多出口等价路由方式造成隧道中断频率无规律。 ③ 若链路和路由都正常，检查两端 PFS 配置是否一致，若不一致，请修改为一致，PFS 导致隧道中断频率固定

续表

offline-reason 字段可能取值	原因及处理建议
heartbeat timeout	Heartbeat 探测超时。 **处理建议：** ① 请检查公网链路是否正常，若链路存在丢包或不通，请排查并解决链路问题，链路丢包造成隧道中断频率无规律。 ② 若链路正常，请检查是否为多出口场景，确保路由正确，多出口等价路由方式造成隧道中断频率无规律。 ③ 若链路和路由都正常，请检查两端配置，确保两端同时开启或关闭 **ike heartbeat** 功能，功能配置不正确造成隧道中断频率固定
re-auth timeout	重认证超时导致 SA 被删除
aaa cut user	AAA 模块强制用户下线导致 SA 被删除
ip address syn failed	IP 地址同步失败
hard expiry triggered by port mismatch	NAT 端口不匹配导致硬超时。 **处理建议：** ① 请确认是否为 NAT 场景，若不是 NAT 场景，请执行 **display ipsec sa remote** 命令查看最终协商的 NAT 结果，若 **UDP encapsulation used for NAT traversal** 显示为 **Y**，请检查 FW 的 NAT 策略是否将 IKE 协商报文做了 NAT。 ② 若是 NAT 场景，请执行 **display ipsec sa remote** 命令查看最终协商的 NAT 结果，若 **UDP encapsulation used for NAT traversal** 显示为 **N**，则请同时开启两端 NAT 穿越功能。 ③ 若 NAT 协商结果正常，则请检查 NAT 设备会话表项是否正常，若表项频繁刷新，请修改表项保活时间
kick old sa with same flow	相同的流接入时删除旧的 SA。 **处理建议：** ① 请确认该记录是否在多个对端地址中存在，若存在，请检查这些对端的感兴趣流配置，若感兴趣流配置一致，请按照实际网络规划对感兴趣流进行细化，确保不同的对端使用不同的感兴趣流。 ② 若此中断原因记录的是同一个对端，则可能是 NAT 场景下端口号发生变化导致的，请检查设备的日志、告警信息中记录的 IPsec 隧道建立、删除时的端口是否发生了变化，若发生变化，则请检查 NAT 设备会话表项是否正常，若表项频繁刷新，请修改表项保活时间
cpu table updated	插拔 SPU（Service Processing Unit，业务处理单元）板时删除非本 CPU 的 SA。 **处理建议：** ① 请确认是否进行过插拔 SPU 板、上下电 SPU 等操作，若操作过，则该记录正常。 ② 若未手动插拔过 SPU 板，请检查 SPU 板是否出现过异常

续表

offline-reason 字段可能取值	原因及处理建议
flow overlap	加密流中的 IP 地址与对端的 IP 地址冲突。 **处理建议：** ① 若感兴趣流重叠不影响业务，在防火墙上执行 **undo ipsec flow-overlap check enable** 命令关闭流重叠检测功能。 ② 若感兴趣流重叠会影响业务，请查看设备日志告警信息，隧道中断告警中记录了流重叠的对端信息，检查对端的感兴趣流配置，需要用户梳理设备的组网环境，重新规划并配置合理的感兴趣流
spi conflict	SPI 冲突
phase1 sa replace	新 IKE SA 替换旧的 IKE SA
phase2 sa replace	新 IPsec SA 替换旧的 IPsec SA
nhrp notify	NHRP 通知删除 SA。 **处理建议：** 查看设备日志告警，分析 NHRPPEERDELETE 告警信息中记录的 NHRP 表项删除原因
receive backup delete info	备机收到主机的 SA 备份删除消息。 **处理建议：** 请在 HRP_M 设备上分析隧道中断原因
eap delete old sa	对端设备重复进行 EAP 认证时本端设备删除老的 SA
receive invalid spi notify	收到无效 SPI 通知
dns resolution status change	DNS 解析状态发生改变。 **处理建议：** ① 请检查设备与 DNS 服务器链路是否正常。 ② 请确保 DNS 服务器的服务正常。 ③ 请确保 **remote-address** *host-name* 命令配置的域名正确
ikev1 phase1-phase2 sa dependent offline	设备删除 IKEv1 SA 时删除其关联的 IPsec SA。 **处理建议：** ① 检查两端安全策略配置是否正确，若相同策略组下配置了两个策略，向同一个对端协商隧道，会导致对端协商阶段 1 SA 冲突。 ② 若配置正常，请执行 **undo ikev1 phase1-phase2 sa dependent** 命令取消协商阶段 1 和阶段 2 SA 关联状态
exchange timeout	报文交互超时
hash gene adjusted	调整 HASH 因子导致 IPsec 隧道被删除

需要注意的是，display ike offline-info记录的条目数量有限，可能需要

分析的隧道中断记录被覆盖了，或者出现记录不全、不准确等情况，无法准确分析隧道中断原因和频率。此时可以收集设备的log文件，分析log文件中的IPsec告警日志，告警条目中记录了真实的隧道中断原因。

（2）若以上方法均没有定位出问题所在，请收集以下信息，并联系技术支持人员。

① 收集配置信息和上述步骤的操作结果，并记录到文件中。

② 执行debugging命令收集IPsec隧道建立过程中的信息。

```
<sysname> terminal monitor
<sysname> terminal debugging
<sysname> debugging ikev1 all    //采用IKEv1协商时收集的debugging信息
<sysname> debugging ikev2 all    //采用IKEv2协商时收集的debugging信息
<sysname> debugging ipsec all
```

③ 关闭debugging后，一键式收集设备的所有诊断信息并导出文件。

执行**display diagnostic-information** *file-name*命令采集设备诊断信息并保存为文件。

```
<sysname> display diagnostic-information dia-info.txt
Now saving the diagnostic information to the device
 100%
Info: The diagnostic information was saved to the device successfully
```

当诊断信息文件生成之后，读者可以通过TFTP等方式将其从设备上导出。读者可以在用户视图下执行**dir**命令，确认文件是否正确生成。

④ 收集设备的日志和告警信息并导出文件。

执行**save logfile**命令，将缓冲区的日志和告警信息保存为文件。当日志和告警信息文件生成之后，读者可以通过TFTP等方式将其从设备上导出。

```
<sysname> save logfile all
Info: Save logfile successfully.
Info: Save diagnostic logfile successfully.
```

⑤ 收集接口的报文信息，通过TFTP等方式将其从设备上导出。获取报文头后，请删除其相关配置。

```
<sysname> system-view
[sysname] acl 3100
[sysname-acl-adv-3100] acl 3100    //定义数据流
[sysname-acl-adv-3100]  rule 5 permit ip source 172.16.1.1 0 destination
192.168.0.1 0
[sysname-acl-adv-3100]  rule 5 permit ip source 192.168.0.1 0 destination
172.16.1.1 0
```

```
[sysname-acl-adv-3100] quit
[sysname] packet-capture ipv4-packet 3100 interface GigabitEthernet 0/0/1
[sysname] packet-capture startup packet-num 1500    //开启获取报文头信息功能
[sysname] packet-capture queue 0 to-file 1.cap     //将获取的报文头信息保存到设备上
```

8.11　习题

第9章　SSL VPN

SSL VPN是通过SSL协议实现远程安全接入的VPN技术。该技术主要应用于远程用户通过互联网安全访问企业内部资源的场景。

华为防火墙提供了文件共享、Web代理、端口转发和网络扩展4种业务，用来精细化控制远程用户的资源访问权限。本章主要围绕这4种业务介绍SSL VPN的原理和配置。

| 9.1 SSL VPN 简介 |

9.1.1 SSL VPN 的优势

随着互联网的高速发展，如今可谓已“无处不网络，随时可接入”，PC、笔记本计算机已成为常用设备，但它们的厚重受到消费者的嫌弃，智能手机或平板计算机更成为人们随时随地上网的必备工具。时代始终不断变迁，科技始终不断进步，不变的是以人为本的理念——人们追求的是更便捷、更简单、更安全的上网方式。在远程接入内网这一具体应用场景中，传统VPN巨头IPsec也暴露出一些短板：IPsec VPN通常要求两端分别部署专门的VPN网关，因此部署复杂度高；IPsec对用户的访问控制不够严格，只能进行网络层的控制，无法进行细粒度的、应用层资源的访问控制；如果需要调整企业组网，则需要调整原有IPsec配置，调整难度大，组网不灵活。

所谓车到山前必有路，有问题就会有解决办法，一种新的技术开始登上历史舞台——SSL VPN作为新型的轻量级远程接入方案，有效地解决了上述问题，在远程接入场景中应用非常广泛。

SSL VPN同时支持C/S架构和B/S架构，只要简单安装客户端或使用支持SSL的标准浏览器即可远程访问内网，部署更简单。

说明：SSL VPN特性对浏览器和操作系统的类型、版本有明确要求，具体要求请查阅产品手册。

相对于IPsec网络层的控制，SSL VPN的所有访问控制都基于应用层，其控制程度可以达到URL或文件级别，可以大大提高企业远程接入的安全级别。此外SSL VPN还可以对接入终端进行主机检查，保证接入终端满足安全要求。

SSL VPN工作在传输层和应用层之间，不会改变IP报文头和TCP报文头，不会影响原有网络拓扑。如果网络中部署了防火墙，只需放行传统的HTTPS端口（443）即可。

9.1.2　SSL VPN 应用场景

所谓SSL VPN技术，实际是VPN设备厂商创造的名词，指的是远程接入用户（简称远程用户）利用标准Web浏览器内嵌的SSL封包处理功能访问企业内网资源的技术。远程用户首先连接企业内部的SSL VPN服务器，SSL VPN服务器将报文转给特定的内部服务器，从而使得远程用户可以访问内网特定的服务器资源。其中，远程用户与SSL VPN服务器之间的通信，采用标准的SSL协议对传输的数据包进行加密，这相当于在远程用户与SSL VPN服务器之间建立起了隧道。

一般来说，SSL VPN服务器通常部署在企业出口防火墙之后，SSL VPN典型应用场景如图9-1所示。

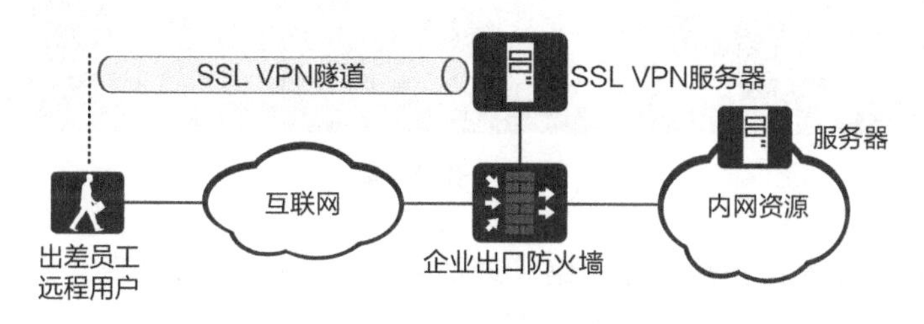

图 9-1　SSL VPN 典型应用场景

华为USG6000E系列防火墙提供SSL VPN功能，可直接作为SSL VPN服务器，节省网络建设和管理成本。

下面先看一下登录SSL VPN服务器的步骤，直观感受下SSL VPN的便捷。

远程用户访问SSL VPN服务器的步骤非常简单，大致需要如下4个步骤。

步骤一，打开浏览器，输入“https://SSL VPN服务器的地址:端口”或“https://域名:端口”，发起连接。

步骤二，Web页面可能会提示即将访问的网站安全证书有问题，我们选择“继续浏览该网站”，如图9-2所示。

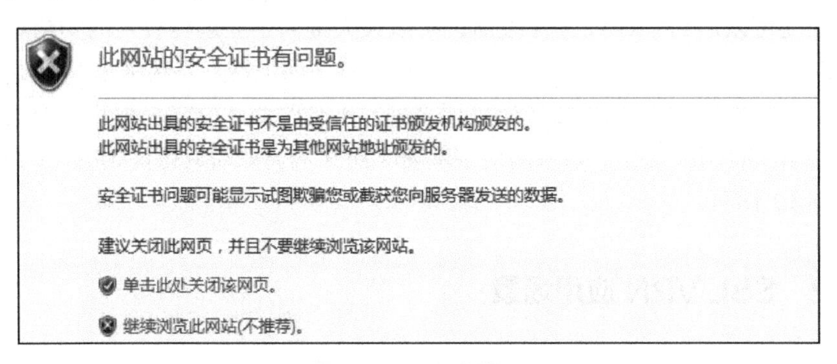

图 9-2　Web 页面提示

步骤三，成功出现SSL VPN服务器登录界面，界面右侧提示输入用户名/密码，如图9-3所示。

图 9-3　登录界面

步骤四，输入预先从企业网络管理员处获得的用户名/密码，成功登录SSL VPN服务器，进入访问内网资源页面，如图9-4所示。

这几个步骤就能保证SSL VPN建立、保证访问安全？为什么会提示“安全证书有问题”？大家心中可能已经产生许多疑问。带着这些疑问，我们来研究一下这简短的几个步骤中，远程用户是如何与SSL VPN服务器进行报文交互的。

图 9-4　访问内网资源页面

主要有两个关键之处，亦是SSL VPN技术基本安全性的体现。

传输过程安全。在上文SSL VPN定义中，我们提到，远程用户与SSL VPN服务器之间的通信，采用标准的SSL协议对传输的数据包进行加密。从用户使用浏览器访问SSL VPN服务器开始，SSL协议就已经开始运行以保证传输过程安全。我们将在后续章节介绍SSL连接的建立过程，帮助大家理解传输过程安全。

用户身份安全。远程用户访问SSL VPN服务器登录界面时，SSL VPN服务器要求输入用户名/密码。这实际是SSL VPN服务器要求对用户身份进行认证。SSL VPN服务器往往支持多种用户认证方式，来保证访问的安全性、合法性。华为防火墙支持用户名/密码的本地认证、服务器认证、证书认证、用户名/密码+证书双重因素认证等多种认证方式。

9.1.3　SSL 协议

SSL协议是一种在客户端和服务器之间建立安全通道的协议，是网景公司提出的基于Web应用的安全协议。它为基于TCP/IP连接的应用程序协议（如HTTP、Telenet和FTP等）提供数据加密、服务器认证、消息完整性校验以及可选的客户端认证，SSL协议具备如下特点：所有要传输的数据信息都是加密传输的，第三方无法窃听；具有校验机制，信息一旦被篡改，通信双方会立刻发现；配备身份证书，防止身份被冒充。

SSL协议自1994年被提出以来一直在不断发展。网景公司发布的SSL2.0和SSL3.0版本得到了大规模应用。互联网标准化组织基于SSL3.0版本推出了TLS1.0协议（又称SSL3.1），之后又推出了TLS1.1、TLS1.2和TLS1.3版本。当前，华为防火墙设备支持TLS1.0、TLS1.1和TLS1.2版本。

SSL协议结构分为两层，底层为SSL记录协议，上层为SSL握手协议、SSL密码变化协议、SSL警告协议，如图9-5所示。

图 9-5　SSL 协议结构

SSL协议各部分的作用如下。

SSL记录协议： 建立在可靠的传输协议（如TCP）之上，负责压缩上层的数据分块，并在尾部加上HMAC（保证数据的完整性），最后使用握手协议协商好的参数加密。

SSL握手协议： 用于在实际的数据传输开始前，通信双方进行身份认证、协商加密算法、交换加密密钥等。相当于完成所有传输准备工作，比较复杂。

SSL密码变化协议： 这个协议只包含一条消息（ChangeCipherSpec）。客户端和服务器双方都可以发送，目的是通知对方后面发送的数据将启用新协商的算法和密钥。

SSL警告协议： 用于传递SSL的相关警告。如果在通信过程中某一方发现任何异常，就需要给对方发送一条警告消息。

可见，SSL连接的建立主要依靠SSL握手协议。简短一句话就可以概括SSL握手协议的基本设计思路：**采用公钥加密算法进行密文传输。** 也就是说，服务器将其公钥告诉客户端，然后客户端用服务器的公钥加密信息，服务器收到密文后，用自己的私钥解密。

对于SSL握手协议的设计思路，读者可能有如下两个疑问。

① 服务器将其公钥告诉客户端时，如何保证该公钥不被篡改？

答：引入数字证书。将服务器公钥放入服务器证书中，由服务器将证书传给客户端。只要证书可信，公钥就可信。

② 公钥加密算法安全性高，但也由于两端各自用私钥解密，导致算法较复

杂、加解密计算量大，如何提升效率？

答：引入一个新的“会话密钥”。客户端与服务器采用公钥加密算法协商出此“会话密钥”，而后续的数据报文都使用此“会话密钥”进行加密和解密（即对称加密算法）。对称加密算法运算速度很快，这样就大大提升了加解密运算效率。“会话密钥”实际上就是一台服务器和客户端共享的密钥，叫“会话密钥”是因为引入了会话（Session）的概念，就是基于TCP的每个SSL连接与一个会话相关联，会话由SSL握手协议来创建，为每个连接提供完整的传输加密，即握手过程包含在会话之中。

SSL握手协议通过服务器与客户端的4次通信来实现上述设计思路，从而保证握手阶段之后能够进行高效、安全的加密报文传输。握手的具体过程请参见第9.2.1节。

9.1.4　配置 SSL VPN

在防火墙中配置SSL VPN的流程如图9-6所示。

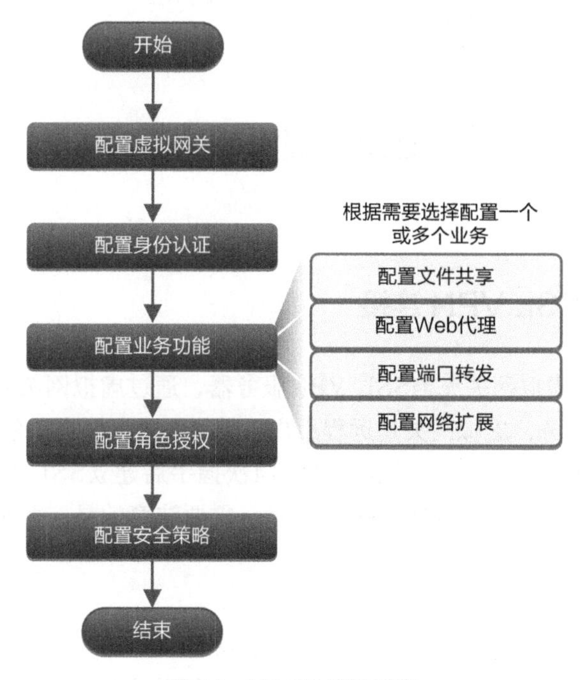

图 9-6　SSL VPN 配置流程

① 配置虚拟网关

防火墙使用虚拟网关充当SSL VPN服务器，通过虚拟网关向远程用户提供SSL VPN接入服务。虚拟网关是远程用户访问企业内网资源的统一入口。因此需要先配置虚拟网关，以保证客户端能够与其成功建立SSL VPN连接。

② 配置身份认证

远程用户成功登录虚拟网关后才能使用企业内网资源，因此需要配置身份认证以保证远程用户能够合法登录虚拟网关。

③ 配置业务功能

防火墙提供了文件共享、Web代理、端口转发、网络扩展4种业务，这4种业务相互独立，企业可以根据实际业务需求选择配置一个或多个业务。

④ 配置角色授权

配置角色授权控制远程用户对文件共享、Web代理、端口转发、网络扩展业务的权限，实现对资源访问的细粒度控制。

⑤ 配置安全策略

配置安全策略以保证防火墙允许远程用户访问文件共享、Web代理、端口转发、网络扩展业务的请求。

9.2 虚拟网关

9.2.1 建立 SSL VPN 连接

防火墙使用虚拟网关充当SSL VPN服务器，通过虚拟网关向远程用户提供SSL VPN接入服务，虚拟网关是远程用户访问企业内网资源的统一入口。

客户端（远程用户）与虚拟网关经过4次握手后建立SSL VPN连接，SSL握手涉及的4次通信具体内容如图9-7所示。需要注意的是，此阶段的所有通信都是明文的。

① 客户端发出请求（Client Hello）

客户端（通常是浏览器）首先向服务器发出加密通信的请求，此步主要向服务器提供以下信息：支持的协议版本，比如TLS 1.2版；一个由客户端生成的随机数，稍后用于生成“会话密钥”。

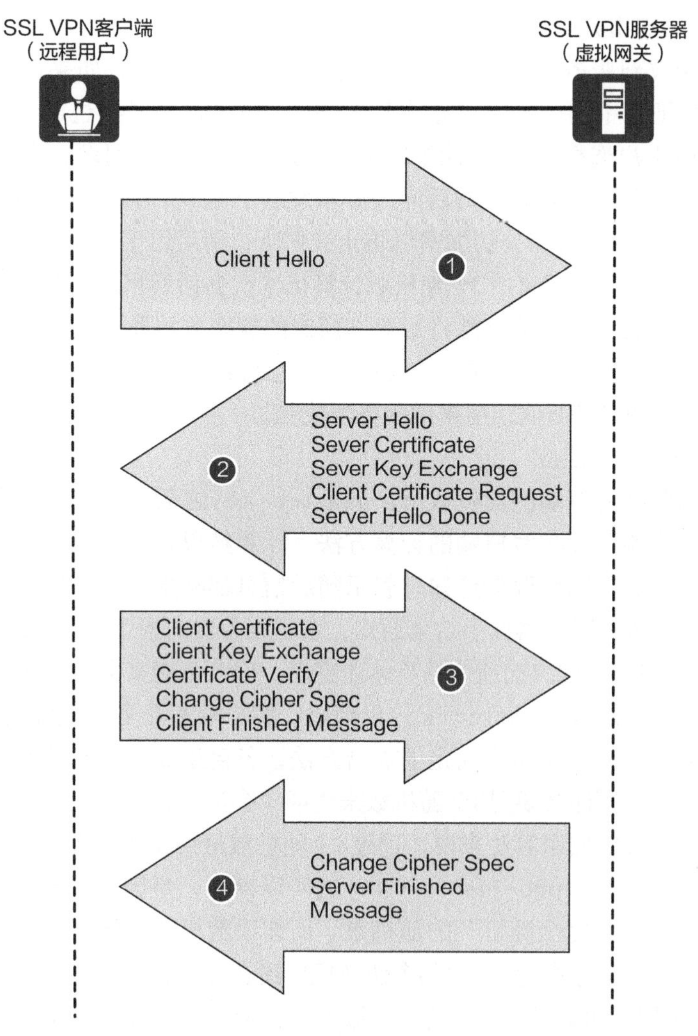

图 9-7　SSL 握手过程

② 服务器回应（Server Hello）

服务器收到客户端请求后，向客户端发出回应，此步包含以下信息：确认使用的加密通信协议版本，如TLS 1.2版本，如果浏览器与服务器支持的版本不一致，则服务器关闭加密通信；一个由服务器生成的随机数，稍后用于生成"会话密钥"；确认加密套件；服务器证书，包含服务器公钥。

说明：SSL握手协议支持客户端与服务器双向认证。如果服务器需要验证客户端，这一步还将包含对客户端的证书验证请求。

③ 客户端回应

客户端收到服务器回应以后，首先验证服务器证书。如果证书不是可信机构颁布、证书中的域名与实际域名不一致，或者证书已经过期，就会显示一个警告，由用户选择是否还要继续通信。如果证书没有问题，客户端就会从证书中取出服务器的公钥，然后向服务器发送下面3项信息：一个随机数pre-master-key，用服务器公钥加密以防止被窃听，稍后用于生成“会话密钥”，此时客户端使用已经拥有的3个随机数计算出本次会话所用的“会话密钥”；编码改变通知，表示随后信息都将用双方商定的加密方法和会话密钥来发送；客户端握手结束通知，表示客户端的握手阶段已经结束，这一项同时也是前面发送的所有内容的HASH值，用来供服务器校验。

④ 服务器最后回应

服务器收到客户端的随机数pre-master-key之后，计算生成本次会话所用的“会话密钥”（与客户端的计算方法、计算结果相同）。然后向客户端最后发送下列信息：编码改变通知，表示随后信息都将用双方商定的加密方法和会话密钥来发送；服务器握手结束通知，表示服务器的握手阶段已经结束。

看完SSL握手协议4次通信的具体内容后，读者可能又会产生两个疑问。

① 当随机数pre-master-key出现时，客户端和服务器已经同时有了3个随机数，接着双方就用事先商定的加密方法，各自生成本次会话所用的同一把“会话密钥”。为什么要用3个随机数来生成“会话密钥”呢?

答：对于公钥加密算法来说，通过3个随机数最终得出一个对称密钥，显然是为了增强安全性。pre-master-key之所以存在，是因为SSL协议不信任每个主机都能产生“完全随机”的随机数。而如果随机数不随机，就有可能被猜测出来，安全性就存在问题。而3个伪随机数凑在一起就十分接近随机了。

② SSL握手协议第2次通信中，服务器回应（Sever Hello）时发出了自己的证书，而客户端马上会对服务器的证书进行验证，也就是说客户端验证服务器的合法性。这是否与演示登录SSL VPN服务器时，第2步中遇到的一个警告——“此网站的安全证书有问题”有关联?

答：其实从第1步客户端（远程用户）通过HTTPS访问SSL VPN服务器起，SSL协议已开始运行。第2步的提示恰恰与SSL握手协议的第2次通信相对应：此时服务器将自己的本地证书传给了客户端，客户端要对服务器的证书进行认证。提示警告，说明客户端认为该服务器证书不可信。如果平时我们访问网银等界面出现此提示时，要提高警惕，防止误入钓鱼网站。而此时，我们选择相信该网站。

那么需要满足哪些条件，客户端才认为服务器证书可信？需要满足如下3个条件。

① 客户端已安装服务器CA证书，用来认证服务器证书，且服务器CA证书、服务器证书是由同一CA机构颁发的。

② 服务器证书在有效期内。

③ 服务器证书的Common name字段为虚拟网关的IP地址或域名（即该服务器证书的确为颁发给该服务器的身份证，不是冒用别人的）。

9.2.2 配置虚拟网关

虚拟网关是实现SSL VPN的基础。配置虚拟网关以保证客户端能够与其成功建立SSL VPN连接。主要包括两部分配置：虚拟网关基本信息，包括对外提供的地址、域名等参数，客户端向虚拟网关的地址或域名发起连接请求；虚拟网关SSL配置，包括SSL版本、加密套件、本地证书等参数，虚拟网关在SSL握手过程中需要向客户端回应SSL版本、加密套件、本地证书等信息。

虚拟网关基本信息的具体配置如图9-8所示。主要配置参数如表9-1所示。

网关名称	gateway *	
类型	◉ 独占型　○ 共享型	
网关地址	GE0/0/21 * 1.1.1.1 * 端口 443	<1024-50000>或443 ⊕
	提示：为保证用户登录网关，需要开启安全策略。[新建安全策略]	
域名 ⓘ	example.huawei.com	
用户认证		
客户端CA证书	default	[多选]
证书认证方式 ⓘ	-- NONE --	
认证域	请选择认证域	
DNS服务器		
首选DNS服务器 ⓘ	10.10.10.10	
备选DNS服务器 1		⊕
快速通道端口号 ⓘ	443	<1-49999>
最大用户数	150	<1-1990>
最大并发用户数	100	<1-1000>
最大资源数 ⓘ	1024	<1-1024>（系统总资源：12800，剩余：10752）

图 9-8　虚拟网关基本信息配置

表 9-1　虚拟网关基本信息参数说明

参数	说明
类型	独占型：单个虚拟网关独占配置的 IP 地址和域名。用户可以通过 IP 地址和端口号，或域名和端口号访问虚拟网关。 共享型：多个虚拟网关共享配置的 IP 地址和域名。用户可以通过 IP 地址和不同端口号（多个虚拟网关共用了一个 IP 地址，但端口号不同）访问虚拟网关，或不同子域名和端口号（多个虚拟网关共用了一个父域名，但子域名不同）访问虚拟网关
网关地址	虚拟网关的 IP 地址，一般是公网地址，用户使用此 IP 地址登录虚拟网关
端口	虚拟网关使用的端口，用户使用此端口登录虚拟网关
域名	可选，虚拟网关的域名。 如果在公网的 DNS 服务器中有此域名与“网关地址”的映射关系，用户可以使用此域名登录虚拟网关
DNS 服务器	内网 DNS 服务器的 IP 地址。 如果内网资源以域名方式对远程用户提供服务，则需要配置 DNS 服务器地址，当远程用户登录虚拟网关并访问内网资源时，将向 DNS 服务器请求域名对应的 IP 地址
快速通道端口号	当远程用户通过 SSL VPN 客户端软件登录虚拟网关时，如果 SSL VPN 客户端软件的隧道模式配置为“快速传输模式”，需要配置此参数，指定 SSL VPN 客户端软件向虚拟网关发送业务报文的 UDP 端口号，默认为 443
最大用户数	虚拟网关允许配置的最大用户数
最大并发用户数	虚拟网关允许同时接入的最大用户数
最大资源数	Web 代理、文件共享和端口转发资源的总个数

虚拟网关SSL配置如图9-9所示。主要配置参数如表9-2所示。

SSL版本　TLS 1.0　TLS 1.1　TLS 1.2
公钥算法切换为SM2将会导致使用RSA算法的VPN客户端无法登录，请使用支持SM2算法的VPN客户端，并且公钥算法的切换也会造成对应网关的所有用户下线。
公钥算法　RSA　SM2
本地证书　default
加密套件　256-bit AES encryption with RSA and a SHA MAC
128-bit AES encryption with RSA and a SHA MAC
会话超时时间　5　<1-1440>分钟 默认为5
生命周期无限制
生命周期　1440　<60-2880>分钟 默认为1440

图 9-9　虚拟网关 SSL 配置

表 9-2　虚拟网关 SSL 配置参数说明

参数	说明
SSL 版本	虚拟网关支持的 SSL 版本
公钥算法	虚拟网关的公钥算法，可选择 RSA 或 SM2（国密）作为虚拟网关的公钥算法
本地证书	虚拟网关的本地证书（服务器证书），代表虚拟网关的身份。请向权威机构申请此证书
加密套件	虚拟网关的加密套件
会话超时时间	用户的会话超时时间。 用户如果在会话超时时间内没有任何操作，则会自动退出虚拟网关，返回虚拟网关登录界面
生命周期无限制	启用后，用户登录虚拟网关后一直处于在线状态，无最大在线时间限制
生命周期	用户登录虚拟网关后的最大在线时间

9.3　身份认证

9.3.1　身份认证方式

为了保证SSL VPN远程用户的合法性、提升系统安全性，防火墙可采用以下方式对用户进行身份认证。

用户名/密码的本地认证：在防火墙上配置用户名/密码并存储，用户输入与之匹配的用户名/密码即可成功登录。

用户名/密码的服务器认证：将用户名/密码存储在第三方认证服务器上，用户输入用户名/密码后，防火墙将其转至认证服务器认证。当前支持的认证服务器类型包括：RADIUS、HWTACACS、AD、LDAP。

证书匿名认证：用户的客户端配备客户端证书，防火墙通过验证客户端的证书来认证用户身份。

证书挑战认证：服务器通过用户名/密码+客户端证书双重因素认证用户身份。此方式保证只有指定用户、使用导入证书的客户端登录虚拟网关，才能访问内网资源。

MAC认证： 防火墙在完成上述任一种认证后，额外再对用户终端的MAC地址进行认证，目的是让用户使用企业指定的合法终端接入网络。

用户名/密码的本地认证和服务器认证，是最为常见的用户认证方式，MAC认证则是在前4种认证方式的基础上，额外再对用户终端的MAC地址进行认证，此处都不再赘述。

下面主要介绍一下两种证书认证方式。证书挑战认证比证书匿名认证多了一次用户名/密码认证，原理基本一致，可以一并讲解。

防火墙通过验证客户端证书、用户密码来认证用户身份，流程如图9-10所示。

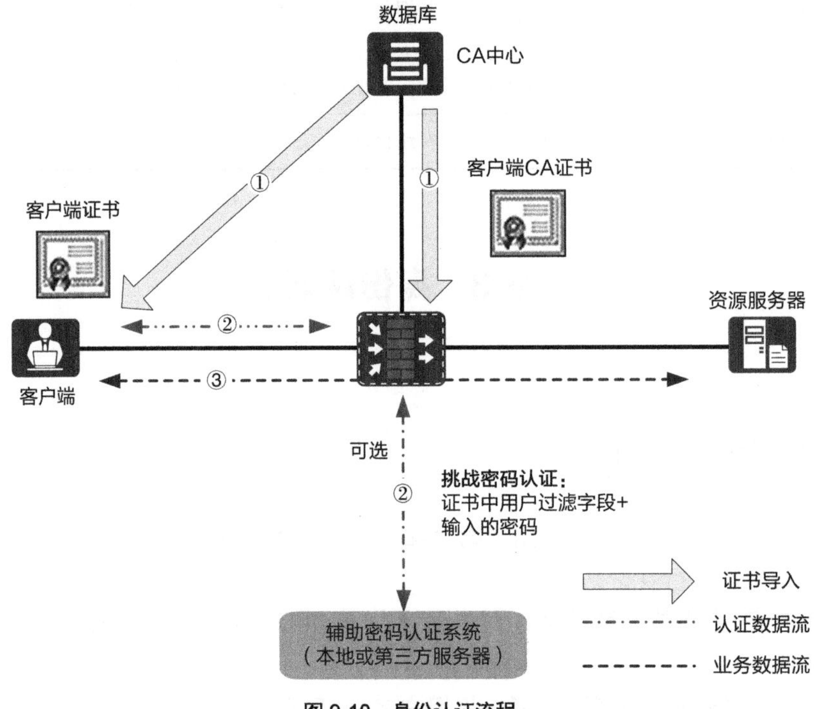

图 9-10　身份认证流程

防火墙通过验证客户端证书、用户密码来认证用户身份，流程如下。

① 用户、防火墙分别导入由同一CA机构颁发的客户端证书和客户端CA证书。

② 用户（客户端）将自己的证书、用户密码发给防火墙，防火墙对该证书、用户密码进行认证。满足以下几个条件，则认证通过。

- 客户端证书与防火墙上导入的客户端CA证书由同一CA颁发。

- 客户端证书在有效期内。
- 客户端证书的用户过滤字段的取值是防火墙上已经配置并存储的用户名。例如，客户端证书的用户过滤字段CN=user000019，那么防火墙上已经配置对应的用户名user000019。
- 对于证书挑战认证，还要求用户输入的密码认证成功。

③ 用户通过防火墙的身份认证后，会成功登录资源界面，可以访问内网的指定资源。

9.3.2 配置身份认证

我们以证书挑战认证为例介绍如何在防火墙中配置身份认证。假设用户名为user000019，所属用户组为research，大致的配置方法如下。

（1）向权威机构申请客户端证书、客户端CA证书。本例中申请到的客户端证书、客户端CA证书分别为user.p12、ca.crt。

在客户端证书user.p12中，使用主题-CN（Common name）字段的取值user000019作为用户名、主题-OU（Organizational unit）字段的取值research作为用户组名。

（2）在远程用户办公PC的浏览器中导入客户端证书user.p12。

（3）在防火墙中创建用户组research、用户user000019，分别如图9-11、图9-12所示。

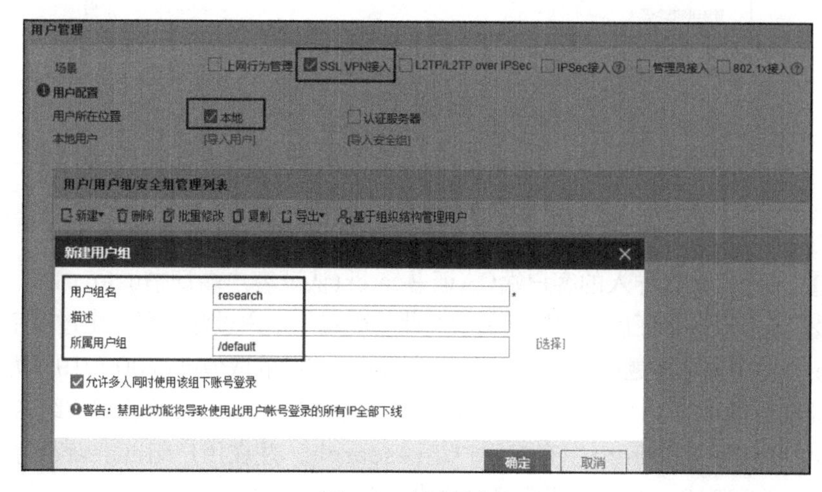

图 9-11　创建用户组

图 9-12　创建用户

（4）在防火墙中配置用户认证，如图9-13所示。配置完成后，远程用户登录虚拟网关时，虚拟网关按照如下方式处理。

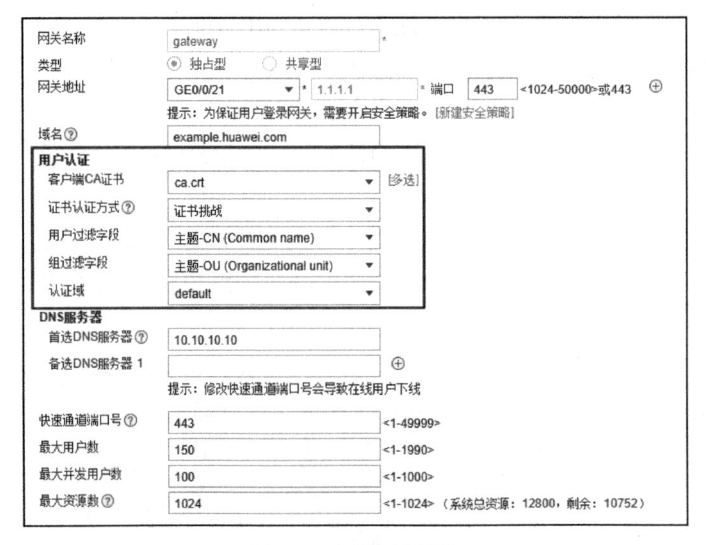

图 9-13　配置用户认证

① 先使用此处导入的客户端CA证书ca.crt认证客户端证书user.p12。

② 证书通过认证后，虚拟网关按照此处配置的用户过滤字段、组过滤字段，从user.p12中抽取主题-CN（Common name）字段的取值user000019作为用户名，抽取主题-OU（Organizational unit）字段的取值research作为用户组名。

③ 在认证域default中查找用户组research，并在用户组research中认证用户user000019，通过认证后用户将成功登录虚拟网关。

9.4 文件共享

9.4.1 文件共享应用场景

SSL VPN的文件共享功能是通过将文件共享协议转换成基于SSL的超文本传输协议（HTTPS），实现对内网文件服务器的Web方式访问。简单来说，就是能够让远程用户直接通过浏览器安全访问企业内部的文件服务器，而且支持新建、修改、上传、下载等常见的文件操作，如图9-14所示。

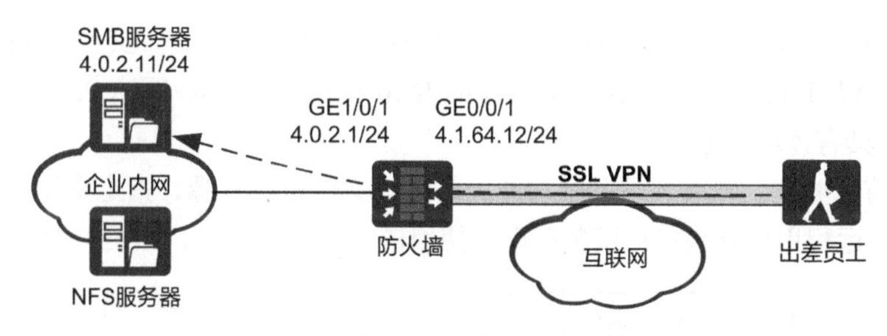

图 9-14 SSL VPN 文件共享的应用场景

目前，在企业中较为流行的文件共享协议包括SMB（Server Message Block，服务器信息块）协议和NFS（Network File System，网络文件系统）协议，前者主要应用于Windows操作系统，后者主要应用于Linux操作系统。华为防火墙的SSL VPN兼容这两种协议。下面以SMB协议为例，结合域控制器这种常用的认证方式，介绍文件共享的交互过程。

如图9-15所示，可以看出防火墙作为代理设备，与客户端之间的通信始终是通过HTTPS（HTTP+SSL）加密传输。当加密报文抵达防火墙后，防火墙对其解密并进行协议转换。然后，防火墙作为SMB客户端，向SMB文件服务器发起请求，其中还包含了文件服务器的认证过程。从通信所使用协议的角度，以上过程可以概括为两个阶段：远程用户作为Web客户端与防火墙作为Web服务器之间的HTTPS交互；防火墙作为SMB客户端与文件服务器作为SMB服务器之间的SMB交互。

下面我们详细介绍一下文件共享的配置方式和实现原理。

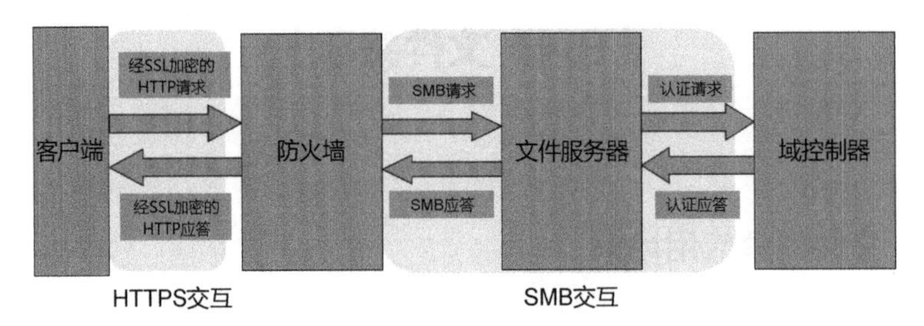

图 9-15　SSL VPN 文件共享的处理流程

9.4.2　配置文件共享

我们首先假设在SMB文件服务器（以Windows Server 2008为例）中已配置好文件共享资源，并在域控制器中配置好权限分配。资源访问地址为//4.0.2.11/huawei。使用者权限分配为admin具有读取/写入权限，分配为usera仅具有读取权限。

在防火墙上，开启文件共享功能，并新建文件共享资源，指定资源路径和协议类型。远程用户登录虚拟网关后即可使用该文件共享资源，如图9-16所示。

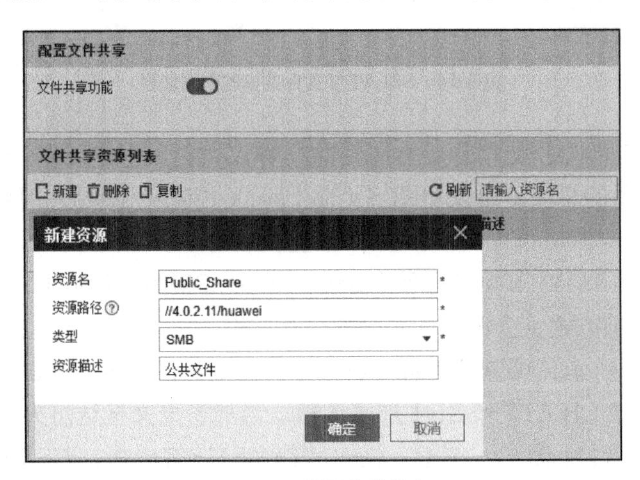

图 9-16　配置文件共享

9.4.3　远程用户与防火墙之间的交互

远程用户登录虚拟网关后，该用户可访问的资源都会在此界面上体现。将鼠标悬停于资源上，在浏览器的状态栏中可以看到此资源对应的URL地址，包含了需要向防火墙请求的页面和需要传递的参数，如图9-17所示。此URL代表了远程用户请求的文件资源信息以及相应的操作指令，不同的目录和操作，均会对应不同的URL。

注：地址为 https://4.1.64.12/protocoltran/Login.html?VTID=0&UserID=4&SessionID=2141622535&ResourceType=1&ResourceID=4&PageSize=20&%22,1)

图 9-17　SSL VPN 登录界面——文件共享

看到这里读者可能会问，上文提到的文件共享资源地址“//4.0.2.11/huawei”为什么看不到？

因为防火墙已经将其隐藏，使用ResourceID来唯一确定资源的地址，ResourceID与资源地址的对应关系保存在防火墙的内存中，这样便可以隐藏内网服务器的真实地址，保护服务器安全。

对这个URL地址进行深入剖析，除去4.1.64.12是虚拟网关地址外，链接剩余部分的结构可以分为3个部分。

protocoltran，文件共享的专属目录。从字面意思来看是protocol+transform，表示将HTTPS协议和SMB/NFS协议相互转换。

Login.html，请求的页面，通常情况下不同的操作会对应不同的请求页面，我们整理了所有可能用到的请求页面和请求结果页面，如表9-3所示。

表 9-3　文件共享请求页面和请求结果页面

页面名称	含义
login.html loginresult.html	SMB 文件服务器认证页面
dirlist.html	显示文件共享资源的详细列表，文件夹结构
downloadresult.html downloadfailed.html	下载文件

续表

页面名称	含义
create.html result.html	创建文件夹
deleteresult.html result.html	删除文件、文件夹
rename.html result.html	重命名文件、文件夹
upload.html uploadresult.html	上传文件

?VTID=0&UserID=4&SessionID=2141622535&ResourceType=1&ResourceID=4&PageSize=20&%22,1），向请求页面传递的参数，如表9-4所示，此表除了给出上述URL涵盖的参数外，还包括了其他操作的请求参数，供大家对照理解。

表 9-4 请求页面参数说明

参数	含义
VTID	虚拟网关 ID，用以区分同一台防火墙上的多个虚拟网关
UserID	用户 ID，标识当前登录用户。为了安全起见，同一用户每次登录的 ID 不同，防止中间攻击人伪造假的数据包
SessionID/RandomID	会话 ID，同一次登录虚拟网关的所有会话 ID 均相同
ResourceID	资源 ID，标识每个文件共享资源
CurrentPath	当前操作所在的文件路径
MethodType	操作类型。 1：删除文件夹 2：删除文件 3：显示目录 4：重命名目录 5：重命名文件 6：新建目录 7：上传文件 8：下载文件
ItemNumber	操作对象数量
ItemName1	操作对象名称，可以包含多个操作对象，例如删除多个文件

续表

参数	含义
ItemType1	操作对象类型。 0：文件 1：文件夹
NewName	新名称
ResourceType	资源类型。 1：SMB 资源 2：NFS 资源
PageSize	每页显示资源条目数量

为了让大家对文件共享功能的全景有所了解，下面我们将结合文件共享的具体功能对以上各种操作指令进行逐一验证。

（1）首次访问文件共享资源，要先通过文件服务器的认证

这里所说的认证一定要和登录虚拟网关时的认证区分开。在登录阶段，远程用户首先要通过虚拟网关的认证；而此时要访问文件共享资源，当然要看文件服务器是否应答。在点击资源列表中的“Public_Share”时会弹出认证页面，如图9-18所示。

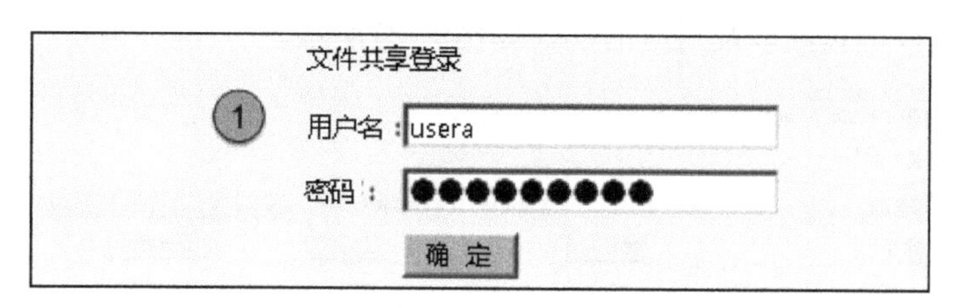

图 9-18　文件共享登录

认证通过后显示文件资源页面，如图9-19所示。

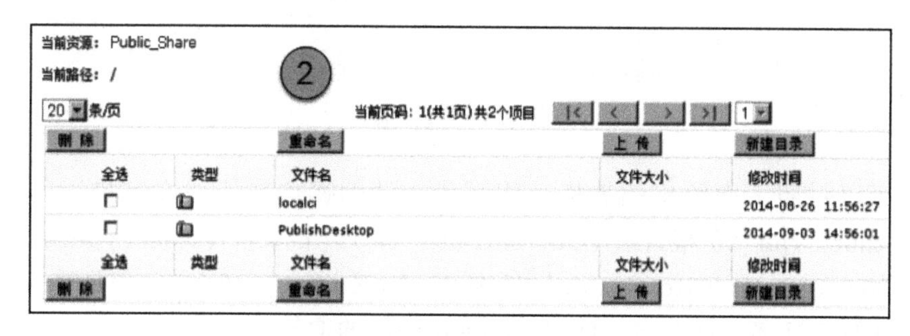

图 9-19　文件共享的文件操作

上面的访问过程，可以分解为认证和显示文件夹两个阶段，那么真正的交互过程是否是这样呢？抓包分析交互过程如图9-20所示。

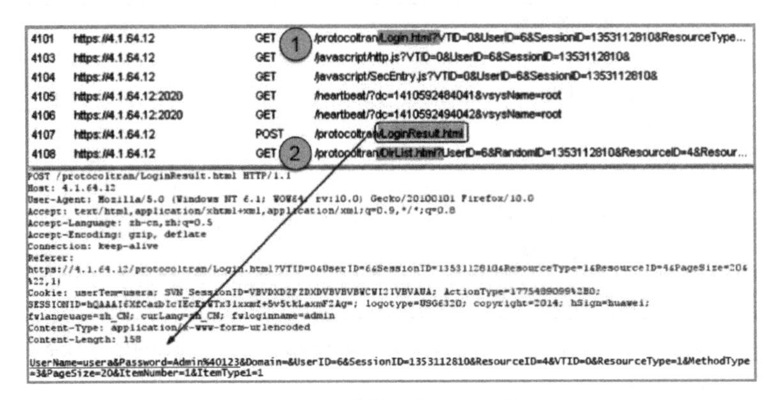

图 9-20　抓包分析交互过程

没错，我们的理解是正确的，Login.html/LoginResult.html均是认证的页面。将加密报文解密后，LoginResult.html还包括了待文件服务器认证的用户名和密码。另外的Dirlist.html正是显示文件夹结构的页面。

（2）下载文件的验证

下载文件的页面以及对应的URL如图9-21所示。

当前资源：Public_Share

当前路径：/

20 条/页　　当前页码：1(共1页)共4个项目

删 除　重命名　上 传　新建目录

全选	类型	文件名	文件大小	修改时间
□		localci		2014-08-26 11:56:27
□		PublishDesktop		2014-09-03 14:56:01
□		readme_11	0.01 KB	2014-09-11 12:10:08
□		userb		2014-09-11 21:21:40

```
GET
/protocoltran/DownloadResult.html?
VTID=0&UserID=6&SessionID=1353112810&ResourceID=4&CurrentPath=2F&Parameter=&MethodTyp
e=8&ItemNumber=1&ItemName1=%r%e%a%d%m%e_%1%1&ItemType1=0&NewName=& HTTP/1.1
```

图 9-21　下载文件

可以对照上面给出的表格，将下载文件的操作转换成文字描述：下载（MethodType=8）根目录（CurrentPath=2F）下的文件（ItemType1=0），名称为readme_11（ItemName1=%r%e%a%d%m%e_%1%1）。但是要注意，这里涉及URL解码的内容，例如CurrentPath的取值2F解码之后是/，表示当前资源的根目录。

（3）重命名文件夹的验证

重命名文件夹的页面如图9-22所示。

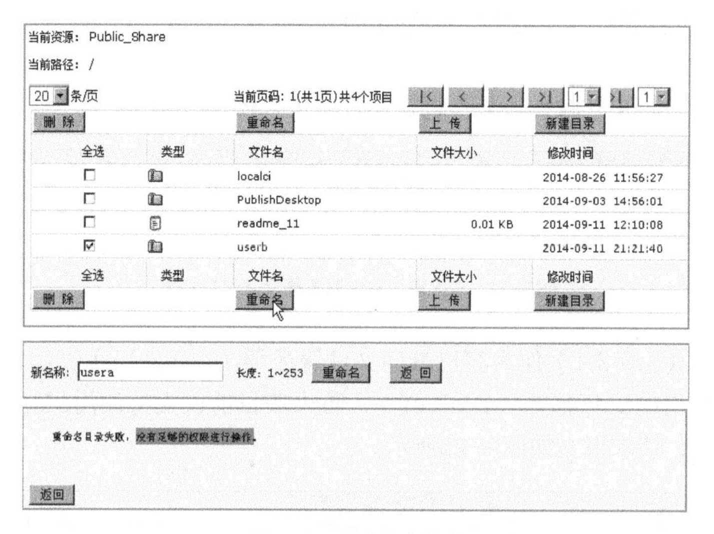

图 9-22　重命名文件夹

这里因为用户usera只有可读的权限，所以提示失败了，但不妨碍我们继续验证：重命名（MethodType=4）根目录（CurrentPath=2F）下的文件夹（ItemType1=1）userb（ItemName1=%u%s%e%r%b）为usera（NewName=%u%s%e%r%a），对应的URL如图9-23所示。

```
POST
/protocoltran/Result.html?
VTID=0&UserID=6&SessionID=1353112810&CurrentPath=2F&ItemName1=%u%s%e%r
%b&ResourceID=4&ResoureType=1&MethodType=4&ItemNumber=1&ItemType1=1& HTTP/1. 1
Host: 4.1.64.12
User-Agent: Mozilla/5.0 (Windows NT 6.1; WOW64; rv:10.0) Gecko/20100101 Firefox/10.0
Accept: text/html, application/xhtml+xml, application/xml;q=0.9,*/*;q=0.8
Accept-Language: zh-cn, zh;q=0.5
Accept-Encoding: gzip, deflate
Connection: keep-alive
Referer:
https://4.1.64.2/protocoltran/Rename.html?
VTID=0&UserID=6&SessionID=1353112810&ReSourceID=4&Parameter=2F,%u%s%e%r
%b,1&ResourceType=1&ItemNumber=1&
Cookie: userTem=usera; SVN_SessionID=VBVDXDZFZDXDVBVBVBMCMI2IVBVAUA;
ActionType=17754B9099%2BO;
SESSIONID=hQAAAIEXfCazbIcIEcEtWTx31xxmf+5v5tkLaxmF2Ag=; logotype=USG6320E;
copyright=2014; hSign=huawei;
fwlangeuage=zh_ CN; curLang=zh_CN; fwloginname=admin
Content-Type: text/plain
Content-Length:  172

RenameParam=VTID=0&UserID=6&SessionID=1353112810&CurrentPath=2F&ItemName1=%u%s%e%r%b
&ResourceID=4&ResourceType=1&MethodType=4&ItemNumber=1&ItemType1=1&NewName=%u%s%e%r%a&
```

图 9-23　重命名文件夹操作对应的 URL

通过以上介绍相信大家已经明白，防火墙构建这些链接，首先是为了隐藏真实的内网文件资源路径（//4.0.2.11/huawei），再者就是作为SSL VPN网关为远程用户访问牵线搭桥：作为SMB客户端向SMB服务器发起文件访问（明确访问的文件对象和操作）。

9.4.4 防火墙与文件服务器的交互

在防火墙与文件服务器交互过程抓包结果如图9-24所示。

```
112 10:58:10.456 4.0.2.1   4.0.2.11  SMB  105 Negotiate Protocol Request
113 10:58:10.456 4.0.2.11  4.0.2.1   SMB  181 Negotiate Protocol Response
114 10:58:10.457 4.0.2.1   4.0.2.11  SMB  268 Session Setup AndX Request, User: ?\admin; Tree Connect AndX, Path: \\4.0.2.11\huawei
115 10:58:10.459 4.0.2.11  4.0.2.1   SMB  296 Session Setup AndX Response; Tree Connect AndX
116 10:58:10.459 4.0.2.1   4.0.2.11  SMB  154 Trans2 Request, FIND_FIRST2, Pattern: \userb\*
117 10:58:10.459 4.0.2.11  4.0.2.1   SMB  330 Trans2 Response, FIND_FIRST2, Files: . ..
118 10:58:10.460 4.0.2.1   4.0.2.11  SMB   95 Find Close2 Request
119 10:58:10.460 4.0.2.11  4.0.2.1   SMB   93 Find Close2 Response
```

图 9-24 防火墙与文件服务器交互过程抓包

防火墙（4.0.2.1）作为客户端向文件服务器（4.0.2.11）发起协商请求，首先协商使用的SMB版本（Dialect），防火墙目前仅支持使用SMB1.0与服务器进行交互，请求报文如图9-25所示。

```
112 10:58:10.456 4.0.2.1   4.0.2.11  SMB  105 Negotiate Protocol Request
113 10:58:10.456 4.0.2.11  4.0.2.1   SMB  181 Negotiate Protocol Response
114 10:58:10.457 4.0.2.1   4.0.2.11  SMB  268 Session Setup AndX Request, User: ?\admin; Tree Connect AndX, Path: \\4.0.2.11\huawei
115 10:58:10.459 4.0.2.11  4.0.2.1   SMB  296 Session Setup AndX Response; Tree Connect AndX
116 10:58:10.459 4.0.2.1   4.0.2.11  SMB  154 Trans2 Request, FIND_FIRST2, Pattern: \userb\*
117 10:58:10.459 4.0.2.11  4.0.2.1   SMB  330 Trans2 Response, FIND_FIRST2, Files: . ..
118 10:58:10.460 4.0.2.1   4.0.2.11  SMB   95 Find Close2 Request
119 10:58:10.460 4.0.2.11  4.0.2.1   SMB   93 Find Close2 Response

⊞ Frame 112: 105 bytes on wire (840 bits), 105 bytes captured (840 bits) on interface 0
⊞ Ethernet II, Src: HuaweiTe_a2:39:bb (70:54:f5:a2:39:bb), Dst: HuaweiTe_e8:75:de (f8:4a:bf:e8:75:de)
⊞ Internet Protocol Version 4, Src: 4.0.2.1 (4.0.2.1)      Dst: 4.0.2.11 (4.0.2.11)
⊞ Transmission Control Protocol, Src Port: 10137 (10137), Dst Port: microsoft-ds (445), Seq: 1, Ack: 1, Len: 51
⊞ NetBIOS Session Service
⊟ SMB (Server Message Block Protocol)
  ⊞ SMB Header
  ⊟ Negotiate Protocol Request (0x72)
      Word Count (WCT): 0
      Byte Count (BCC): 12
    ⊟ Requested Dialects
      ⊞ Dialect: NT LM 0.12
```

图 9-25 防火墙发起协商请求

服务器响应信息中包含接下来使用的认证方式以及16位挑战随机数。这里使用了一种安全的认证机制：NTLM（New Technology LAN Manager，新技术局域网管理器）询问/应答身份认证协议，响应协商请求如图9-26所示。

认证过程大致如下：

① 服务器产生一个16位随机数字发送给防火墙，作为挑战随机数。

② 防火墙使用HASH算法生成用户密码的HASH值，并对收到的挑战随机数进行加密。然后，防火墙将用户名和加密后的挑战随机数一起返回给服务器。

③ 服务器将用户名、挑战随机数和防火墙返回的加密后的挑战随机数，发送给域控制器。

```
  112 10:58:10.456 4.0.2.1   4.0.2.11  SMB  105 Negotiate Protocol Request
  113 10:58:10.456 4.0.2.11  4.0.2.1   SMB  181 Negotiate Protocol Response
  114 10:58:10.457 4.0.2.1   4.0.2.11  SMB  268 Session Setup AndX Request, User: ?\admin; Tree Connect AndX, Path: \\4.0.2.11\huawei
  115 10:58:10.459 4.0.2.11  4.0.2.1   SMB  296 Session Setup AndX Response; Tree Connect AndX
  116 10:58:10.459 4.0.2.1   4.0.2.11  SMB  154 Trans2 Request, FIND_FIRST2, Pattern: \userb\*
  117 10:58:10.459 4.0.2.11  4.0.2.1   SMB  330 Trans2 Response, FIND_FIRST2, Files: . ..
  118 10:58:10.460 4.0.2.1   4.0.2.11  SMB   95 Find Close2 Request
  119 10:58:10.460 4.0.2.11  4.0.2.1   SMB   93 Find Close2 Response

⊞ Frame 113: 181 bytes on wire (1448 bits), 181 bytes captured (1448 bits) on interface 0
⊞ Ethernet II, Src: HuaweiTe_e8:75:de (f8:4a:bf:e8:75:de), Dst: HuaweiTe_a2:3b:7b (70:54:f5:a2:3b:7b)
⊞ Internet Protocol Version 4, Src: 4.0.2.11 (4.0.2.11), Dst: 4.0.2.1 (4.0.2.1)
⊞ Transmission Control Protocol, Src Port: microsoft-ds (445), Dst Port: 10137 (10137), Seq: 1, Ack: 52, Len: 127
⊞ NetBIOS Session Service
⊟ SMB (Server Message Block Protocol)
  ⊞ SMB Header
  ⊟ Negotiate Protocol Response (0x72)
      Word Count (WCT): 17
      Selected Index: 0: NT LM 0.12
    ⊟ Security Mode: 0x03
        .... ...1 = Mode: USER security mode
        .... ..1. = Password: ENCRYPTED password. Use challenge/response
        .... .0.. = Signatures: Security signatures NOT enabled
        .... 0... = Sig Req: Security signatures NOT required
      Max Mpx Count: 50
      Max VCs: 1
      Max Buffer Size: 16644
      Max Raw Buffer: 65536
      Session Key: 0x00000000
    ⊞ Capabilities: 0x0001e3fc
      System Time: Sep 12, 2014 10:58:33.803746600
      Server Time Zone: -480 min from UTC
      Key Length: 8
      Byte Count (BCC): 54
      Encryption Key: 00d1c20882204c11
```

图 9-26 服务器响应协商请求

④ 域控制器首先按用户名在密码管理库中找到用户密码的HASH值，也用它来加密挑战随机数。然后，域控制器比对两个加密后的挑战随机数，如果相同，则认证成功。

认证通过后用户就可以访问指定的文件或文件夹了。

综上，我们可以看出防火墙在文件共享功能中的作用其实就是代理，作为远程用户和SMB服务器的中介：在HTTPS阶段，作为Web服务器接收远程用户的文件访问请求，并翻译为SMB请求；在SMB阶段，作为SMB客户端发起请求、接收应答，并翻译给远程用户。有了文件共享功能，远程用户访问内网文件服务器就像访问普通Web网页一样方便，不用安装文件共享客户端、也不用记住服务器的IP地址。

9.5 Web代理

9.5.1 Web代理应用场景

Web代理是指通过防火墙做代理访问内网的Web服务器资源（也就是URL

资源）。说到这里大家可能会问：这不就是普通的代理功能吗？防火墙做代理跟普通代理的实现一样吗？答案是不完全一样，防火墙在整个过程中不仅做了代理，而且对真实的URL进行了改写处理，从而达到隐藏真实的内网URL的目的，进一步保护了内网Web服务器的安全。

远程用户通过Web代理方式来访问内网Web服务器的业务处理流程如图9-27所示。

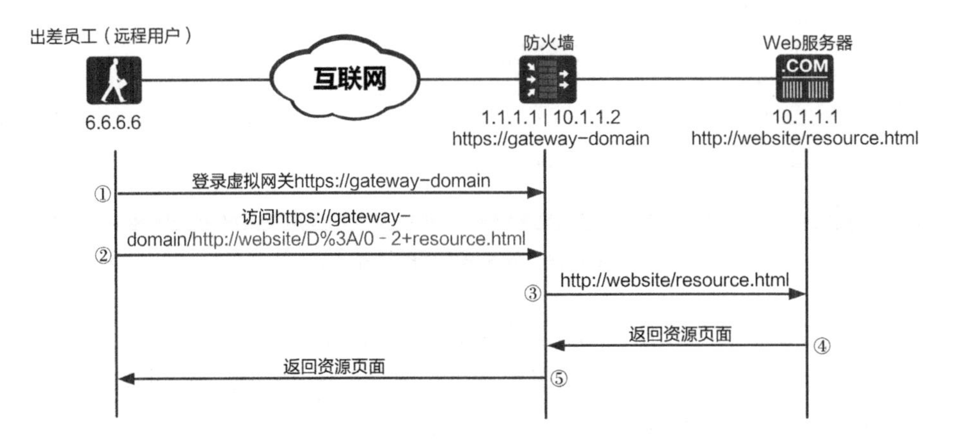

图 9-27　Web 代理处理流程　（Web 改写）

① 远程用户通过域名（https://gateway-domain）访问虚拟网关。

② 登录虚拟网关成功后，远程用户会在虚拟网关中看到自己有权访问的Web资源列表，然后单击要访问的资源链接。

防火墙将内网资源（http://website/resource.html）呈现给远程用户时，会改写该资源的URL。远程用户点击资源链接后，发送给防火墙的HTTPS链接请求就是虚拟网关改写以后的URL，改写后的URL实质上是由https://gateway-domain和http://website/resource.html这两个URL拼接而成的。

③ 防火墙收到上述URL后，会向Web服务器重新发起一个HTTP请求，这个HTTP请求就是Web资源实际的URL（http://website/resource.html）。

④ Web服务器以HTTP方式向防火墙返回资源页面。

⑤ 虚拟网关将Web服务器返回的资源页面经过HTTPS方式转发给远程用户。

从业务处理流程可以看出，Web代理功能的基本实现原理是将远程用户访问Web服务器的过程分成了两个阶段。首先是远程用户与防火墙之间建立

HTTPS会话，然后防火墙再与Web服务器建立HTTP会话。防火墙在远程用户访问企业内网Web服务器中起到了改写、转发Web请求的作用。

9.5.2 配置 Web 代理资源

假设企业已架设好Web服务器，并对企业内网提供了Portal门户地址：http://portal.test.com:8081/，希望通过Web代理功能为远程用户提供访问。

与文件共享资源一样，为了细化访问控制粒度到URL级别，需要配置相应的Web代理资源，如图9-28所示。

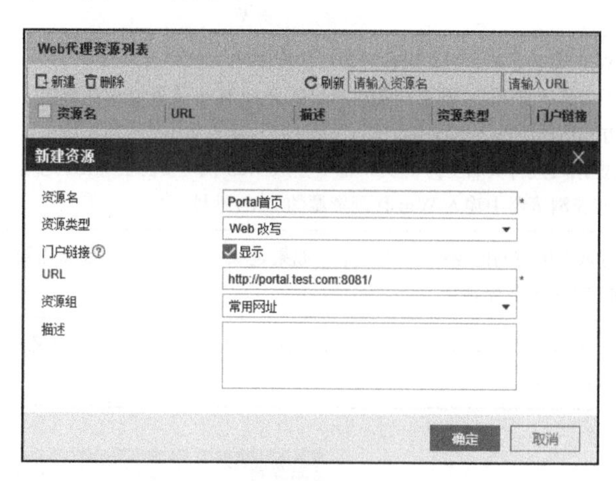

图 9-28　Web 代理资源列表——新建资源

在以上配置中，最重要的参数要属资源类型，它定义了Web代理方式。代理方式包括Web改写和Web-Link，二者的差异如表9-5所示。

说明： Web-Link的业务流程与Web改写的业务流程（如图9-27所示）类似。不同的是，Web-Link不会对资源URL进行改写。

表 9-5　Web 改写和 Web-Link 对比

对比项	Web 改写	Web-Link
安全性	对真实的 URL 进行改写，隐藏内网服务器地址，安全性较高	不会改写 URL，直接转发 Web 请求和响应，会暴露内网服务器的真实地址
易用性	不依赖 IE 控件，在非 IE 环境的浏览器中可以正常使用	依赖 IE 控件，在非 IE 环境中无法正常使用

续表

对比项	Web 改写	Web-Link
兼容性	由于 Web 技术发展非常迅速，防火墙对于各类 URL 的改写无法做到面面俱到，可能会出现图片错位、字体显示不正常等问题	不用对 URL 进行改写，由防火墙直接对请求和响应进行转发，所以没有页面兼容性的问题

在表9-6中还列出了其他参数的含义。

表 9-6　Web 代理参数说明

参数	说明
门户链接	选择 Web 代理资源是否显示在登录后的虚拟网关首页上。 如果不勾选“显示”，虚拟网关首页会隐藏此 Web 代理资源的链接，用户可以通过如下两种方式访问 Web 代理资源。 • 在虚拟网关首页右上方的文本框中输入 Web 代理资源的 URL 地址，如图 9-29 所示。 • 直接在浏览器中输入 Web 代理资源的 URL 地址
URL	内网可以直接访问的 Web 应用地址。如果是域名形式的话，那么需要在虚拟网关中配置相应的 DNS 服务器地址
资源组	相当于 Web 应用地址的自定义分类，远程用户登录后可以通过资源组筛选需要的资源，如图 9-30 所示

图 9-29　Web 代理资源 URL 地址输入框

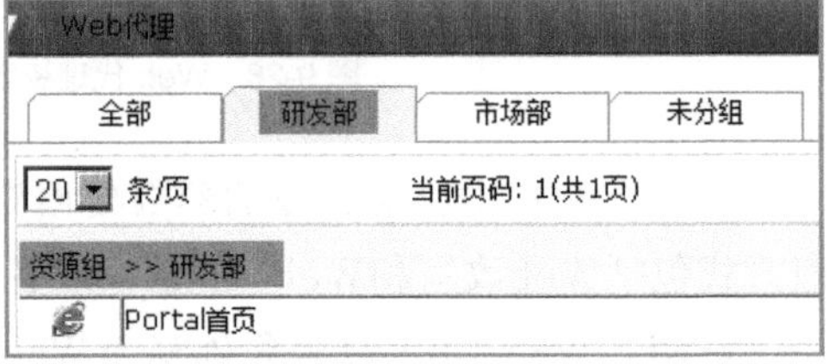

图 9-30　资源组

9.5.3　对 URL 地址的改写

远程用户在虚拟网关页面中看到的URL地址，并不是前面管理员配置的Web代理资源URL地址。这个URL地址是改写后的地址，如图9-31所示。

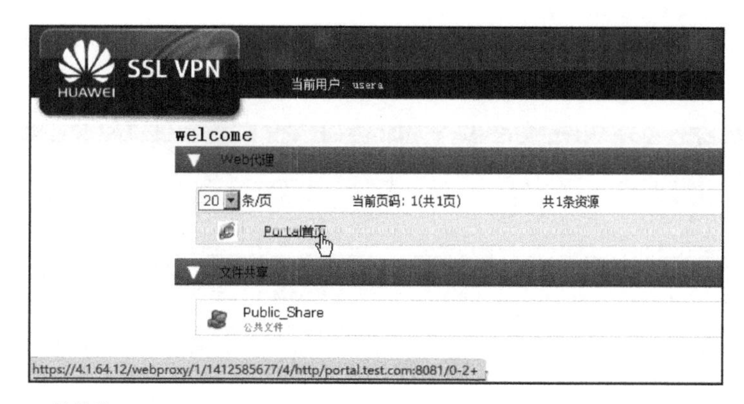

注：URL 地址为 https://4.1.64.12/webproxy/1/1412585677/4/http/portal.test.com:8081/0-2+。

图 9-31　SSL VPN 登录界面——Web 代理

改写后的URL地址中，4.1.64.12为虚拟网关地址，其余部分大致可以分为以下3个部分。

webproxy：Web代理的专属目录。

1/1412585677/4：UserID/SessionID/ResourceID，这几个参数在介绍文件共享的时候已经提到过，不再重复。

http/portal.test.com:8081/0-2+：原始URL地址的变形。

当用户访问改写后的地址时，发生了如下交互。

远程用户向防火墙请求改写后的URL地址，如图9-32所示。请求报文到达防火墙之前均为加密状态，图9-32是经过解密处理后的报文，所以也可以理解为防火墙收到的真实请求。

```
Stream Content
GET /webproxy/3/1960926419/4/http/portal.test.com:8081/0-2+ HTTP/1.1
Host: 4.1.64.12
User-Agent: Mozilla/5.0 (Windows NT 6.1; WOW64; rv:10.0) Gecko/20100101 Firefox/10.0
Accept: text/html,application/xhtml+xml,application/xml;q=0.9,*/*;q=0.8
Accept-Language: zh-cn,zh;q=0.5
Accept-Encoding: gzip, deflate
Connection: keep-alive
Referer: https://4.1.64.12/service.html?
VTID=0&UserID=3&RandomID=1960926419&PageIndex=1&PageSize=20&
Cookie: userTem=usera; SVN_SessionID=VBVJ3J0G0AUA3J3CWC0G0EYEVBVJ3J;
ActionType=1412585677%2B0; SESSIONID=EAEAAA0r5VTUScl0rGMgK/9RTJWGIMTi9qW3Q/NZXVs=;
logotype=USG6320; copyright=2014; hSign=huawei; fwlangeuage=zh_CN; curLang=zh_CN;
fwloginname=admin
```

图 9-32　请求改写后的 URL 地址

防火墙对收到的报文进行解密后，向内网服务器发送请求之前，继续对原始报文进行如下处理，如图9-33所示。

① 删除原始报文头中的Accept-Encoding字段，否则Web服务器可能会将响应报文加密发给防火墙，而防火墙对其无法解密处理，无法进行进一步的

转发。在图9-33中，可见防火墙已经将原始报文中的Accept-Encoding字段删除了。

```
 91 22:03:53.592 4.0.2.1      4.0.2.11     HTTP    567 GET / HTTP/1.1
 92 22:03:53.593 4.0.2.11     4.0.2.1      HTTP    265 HTTP/1.1 304 Not Modified
669 22:03:53.654 4.0.2.1      4.0.2.11     HTTP    512 GET /static/img/retweet.png HTTP/1.1
670 22:03:53.654 4.0.2.11     4.0.2.1      HTTP    948 HTTP/1.1 200 OK  (PNG)
701 22:03:53.857 4.0.2.1      4.0.2.11     TCP      60 10030 → sunproxyadmin [ACK] Seq=972 Ack=1106 Wi
702 22:03:53.858 4.0.2.1      4.0.2.11     HTTP    473 GET /static/img/favicon.ico HTTP/1.1

⊞ Frame 91: 567 bytes on wire (4536 bits), 567 bytes captured (4536 bits) on interface 0
⊞ Ethernet II, Src: HuaweiTe_a2:39:bb (70:54:f5:a2:39:bb), Dst: HuaweiTe_e8:75:de (f8:4a:bf:e8:75:de)
⊞ Internet Protocol Version 4, Src: 4.0.2.1 (4.0.2.1), Dst: 4.0.2.11 (4.0.2.11)
⊞ Transmission Control Protocol, Src Port: 10030 (10030), Dst Port: sunproxyadmin (8081), Seq: 1, Ack: 1, Len: 513
⊟ Hypertext Transfer Protocol
  ⊟ GET / HTTP/1.1\r\n
    ⊞ [Expert Info (Chat/Sequence): GET / HTTP/1.1\r\n]
      Request Method: GET
      Request URI: /
      Request Version: HTTP/1.1
    User-Agent: Mozilla/5.0 (Windows NT 6.1; WOW64; rv:10.0) Gecko/20100101 Firefox/10.0\r\n
    Accept: text/html,application/xhtml+xml,application/xml;q=0.9,*/*;q=0.8\r\n
    Accept-Language: zh-cn,zh;q=0.5\r\n
    Connection: keep-alive\r\n
    Cookie: SESSIONID=EAEAAA0r5VTUSclOrGMgK/9RTJWGIMTi9qW3Q/NZXVs=; logotype=USG6320; copyright=2014; hSign=huawei;
    If-None-Match: "e3fb613ddfd0cf1:0"\r\n
    If-Modified-Since: Mon, 15 Sep 2014 12:19:04 GMT\r\n
    Host: portal.test.com:8081\r\n
    \r\n
    [Full request URI: http://portal.test.com:8081/]
    [HTTP request 1/3]
```

图 9-33　处理原始报文

② 将Host字段替换为真实的内网Web资源地址。

③ 修改与此Web资源相关的一些URL的Referer字段为真实的内网Web资源地址，如图9-34所示。

```
669 22:03:53.654 4.0.2.1      4.0.2.11     HTTP    512 GET /static/img/retweet.png HTTP/1.1
670 22:03:53.654 4.0.2.11     4.0.2.1      HTTP    948 HTTP/1.1 200 OK  (PNG)
702 22:03:53.858 4.0.2.1      4.0.2.11     HTTP    473 GET /static/img/favicon.ico HTTP/1.1
703 22:03:53.860 4.0.2.11     4.0.2.1      HTTP2  1454 HEADERS, HEADERS, Unknown type (22), Unknown type
710 22:03:53.894 4.0.2.1      4.0.2.11     HTTP    509 GET /static/img/icon.png HTTP/1.1
714 22:03:53.895 4.0.2.1      4.0.2.11     HTTP    508 GET /static/img/app.png HTTP/1.1
715 22:03:53.895 4.0.2.11     4.0.2.1      HTTP    771 HTTP/1.1 200 OK  (PNG)

⊞ Frame 669: 512 bytes on wire (4096 bits), 512 bytes captured (4096 bits) on interface 0
⊞ Ethernet II, Src: HuaweiTe_a2:39:bb (70:54:f5:a2:39:bb), Dst: HuaweiTe_e8:75:de (f8:4a:bf:e8:75:de)
⊞ Internet Protocol Version 4, Src: 4.0.2.1 (4.0.2.1), Dst: 4.0.2.11 (4.0.2.11)
⊞ Transmission Control Protocol, Src Port: 10030 (10030), Dst Port: sunproxyadmin (8081), Seq: 514, Ack: 212, Len: 458
⊟ Hypertext Transfer Protocol
  ⊟ GET /static/img/retweet.png HTTP/1.1\r\n
    ⊞ [Expert Info (Chat/Sequence): GET /static/img/retweet.png HTTP/1.1\r\n]
      Request Method: GET
      Request URI: /static/img/retweet.png
      Request Version: HTTP/1.1
    User-Agent: Mozilla/5.0 (Windows NT 6.1; WOW64; rv:10.0) Gecko/20100101 Firefox/10.0\r\n
    Accept: image/png,image/*;q=0.8,*/*;q=0.5\r\n
    Accept-Language: zh-cn,zh;q=0.5\r\n
    Connection: keep-alive\r\n
    Referer: http://portal.test.com:8081/\r\n
    Cookie: SESSIONID=EAEAAA0r5VTUSclOrGMgK/9RTJWGIMTi9qW3Q/NZXVs=; logotype=USG6320; copyright=2014; hSign=huawei; fw
    Host: portal.test.com:8081\r\n
    \r\n
    [Full request URI: http://portal.test.com:8081/static/img/retweet.png]
    [HTTP request 2/3]
    [Prev request in frame: 91]
    [Response in frame: 670]
```

图 9-34　修改 URL 的 Referer 字段

防火墙作为Web客户端将改写后的数据发送给真实的Web服务器。接下来就是正常的HTTP交互了，此处不再赘述。

9.5.4　对 URL 中资源路径的改写

防火墙接收到的响应报文，也就是需要呈现给用户的页面（以首页http://portal.test.com:8081/为例），对于页面中的一些资源路径也需要进行改写。如果不对资源路径进行改写，客户端就会使用错误/不存在的地址获取资源，最终导致相应的内容无法正常显示。目前防火墙支持对如下页面资源进行改写：HTML属性、HTML事件、JavaScript、VBScript、ActiveX、CSS、XML。

9.5.5　对 URL 包含文件的改写

第9.5.4节已经对文件的改写作了一部分介绍，但均是基于所请求页面的资源改写，也就是说所改写的内容是用户不用关心的，用户所关心的是页面是否能正常显示、Web的功能是否正常。接下来要说的正是用户切实关心的文件的改写，包括PDF文件、Java Applet和Flash文件。

以PDF文件为例，我们将a.pdf内嵌到http://portal.test.com:8081/中，以链接的形式供用户下载使用。PDF文件中的内容如图9-35所示，包括只有在内网可以访问的链接（http://support.test.com/enterprise）。如果防火墙不对其进行改写，远程用户打开下载后的PDF文件并访问其中的链接，会无法访问。

介绍如何获取华为技术有限公司 Huawei Technologies Co., Ltd.的技术支持。

华为技术有限公司 Huawei Technologies Co., Ltd.提供了丰富的技术支持渠道。如果您是我们的客户，并且拥有技术支持网站账号，您可以在线访问我们的工具和资源。

- 查阅产品文档：进入技术支持网站，在产品支持版块中选择产品。
- 下载最新的软件版本，查阅版本文档：进入技术支持网站，在软件下载版块中选择产品。
- 在知识库中查找答案：进入技术支持网站，在快速链接中选择知识库。

http://support.test.com/enterprise

图 9-35　URL 中包含文件

而通过虚拟网关下载Web代理资源中的PDF文件，本地打开后显示如图9-36所示，可见文件中原来的内网URL已经被改写，改写后的URL以虚拟网关地址开头。这样，远程用户就可以访问内嵌在PDF文件中的内网资源。

图 9-36　对 URL 中包含的文件进行改写

9.6　端口转发

9.6.1　端口转发应用场景

端口转发使用专门的端口转发客户端程序在远程用户侧获取用户的访问请求，再通过虚拟网关转发用户访问请求，从而实现对内网指定资源的访问。

端口转发的应用场景如图9-37所示，远程用户可以通过端口转发实现对Telnet、FTP、Email等基于TCP的非Web应用的访问。

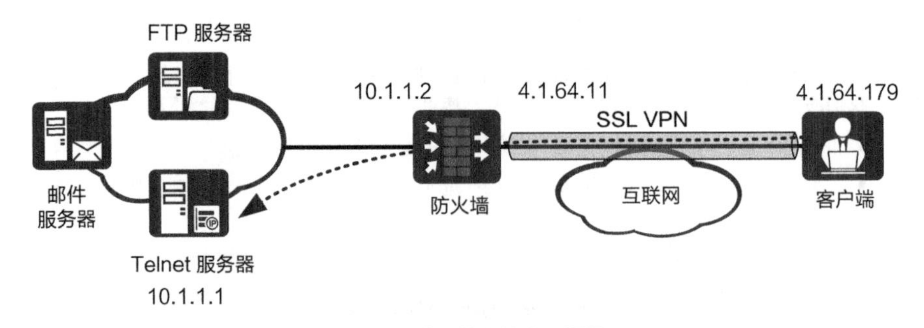

图 9-37　端口转发的应用场景

端口转发的数据处理流程相对复杂，下面以最常见的Telnet访问为例进行介绍，大致流程如图9-38所示，后文将对各个阶段逐一介绍。

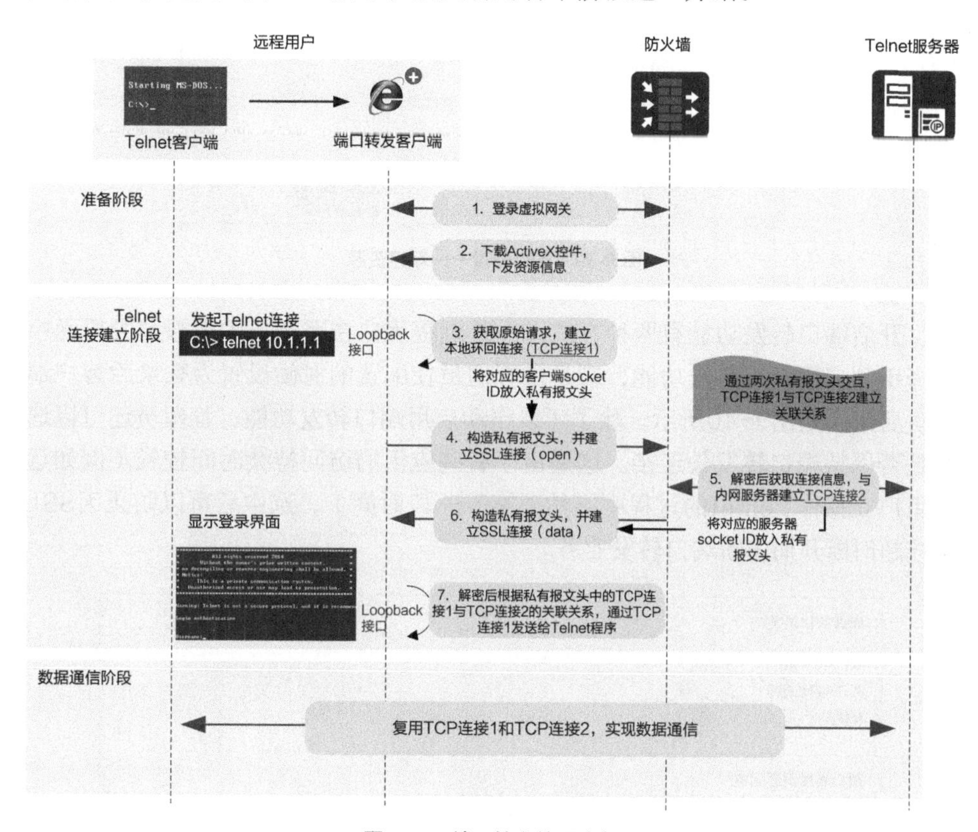

图 9-38　端口转发处理流程

说明：

- 这里的端口转发客户端包含了SSL VPN客户端功能，只是为了强调端口转发业务才特地如此称呼。
- 当前仅IE浏览器支持使用端口转发功能。

9.6.2　配置端口转发

使用端口转发功能访问应用前，首先要在虚拟网关中添加相应的资源。以Telnet为例，在虚拟网关中配置Telnet服务器的IP地址和端口即可，如图9-39所示。

新建资源

资源名 Telnet *
主机地址类型 主机IP地址
主机IP地址 10.1.1.1 *
端口 23 *<0-65535>
资源描述 Telnet应用

确定 取消

图 9-39 端口转发——新建资源

开启端口转发功能有两种方式，一是远程用户在登录后的虚拟网关界面中选择手动启用端口转发功能，二是由管理员在配置的时候设置为登录后客户端自动启用，如图9-40所示。除了可以自动启用端口转发功能，管理员还可以选择是否保持端口转发长连接。这是由于有些应用的访问持续时间较长（例如远程用户在操作Telnet的过程中突然要离开一段时间），选中后可以防止因SSL连接超时断开而中断端口转发业务。

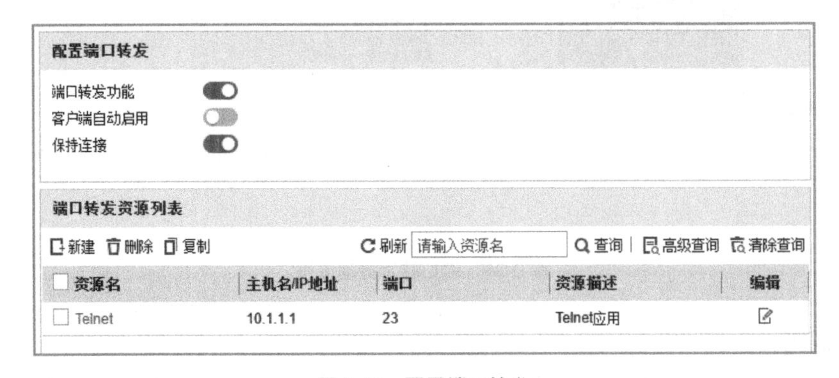

图 9-40 配置端口转发

9.6.3 准备阶段

1. 登录 SSL VPN

此过程在第9.1.2节中已经介绍，不再赘述。

另外需要大家注意的是，在第9.6.2节中，我们是围绕URL展开介绍的；

而围绕端口转发的介绍将有所不同。尽管远程用户也登录了虚拟网关，但因为端口转发是针对非Web类应用的，所以对应用资源的访问也不再使用Web，而是借助其他应用程序，如PuTTY（Telnet/SSH工具）、FileZilla（FTP工具）、Foxmail（邮件程序）等。这时就需要思考一个问题：非Web应用程序是如何利用已经建立的SSL VPN连接的呢?

2. 端口转发客户端进入聆听状态

使用非Web应用程序进行数据访问时，看似与SSL VPN没什么关系，但实际上，端口转发的关键技术就在于：用户使用Windows系统的IE浏览器登录虚拟网关后，会在本地PC的IE浏览器上自动运行端口转发客户端（ActiveX控件）。这个客户端将“聆听”其他程序的所有请求，并将远程用户发给内网服务器的请求“拦截”下来，然后通过SSL连接发送给虚拟网关。客户端“聆听”到请求后，将根据虚拟网关下发的指令“拦截”请求，那么指令是什么呢?

前面配置的端口转发资源，实际上就是虚拟网关给端口转发客户端下发的指令——“有用户要访问这些资源，请你协助他们完成访问任务”。在端口转发功能中，下发的指令便是**目的主机IP地址+目的端口**，此信息可以唯一确定远程用户要访问的应用信息。

如图9-41所示，远程用户手动启用端口转发功能后，端口转发客户端会自动向虚拟网关请求资源信息，客户端将请求到的资源信息保存在远程用户PC的内存中，用于选择“拦截”哪些请求。

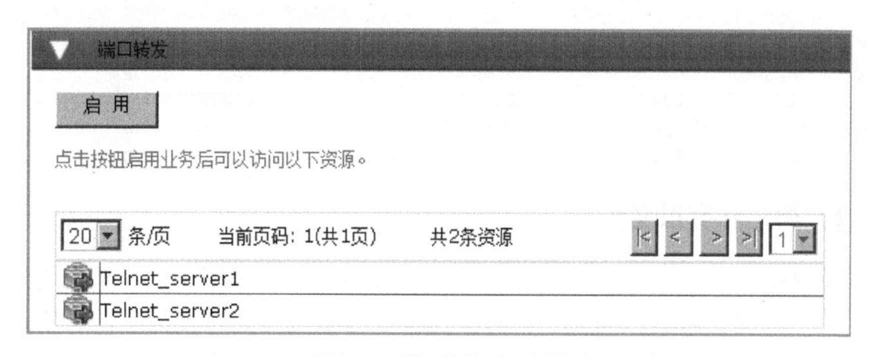

图 9-41　端口转发——启用

为了不暴露内网服务器的地址，用户无法在端口转发客户端上查看具体资源信息，也无法直接点击菜单中的资源，只有简单的提示功能。

9.6.4 Telnet连接建立阶段

1. 端口转发客户端精准拦截

当用户使用Telnet程序对10.1.1.1的端口23请求连接时（发送一个TCP SYN报文），端口转发客户端发现与虚拟网关下发的资源信息（目的IP地址+目的端口号）匹配，立即将此TCP SYN报文“拦截”。按照通常的做法，这时就可以将请求报文转发给虚拟网关了。但如果直接发送给虚拟网关，将导致每个Telnet请求（即每条TCP连接）都会建立一条新的SSL连接，这样不但会占用过多的系统资源，而且响应速度也会降低。

为了节省虚拟网关的会话和内存资源，提高用户体验，端口转发客户端采用“集中代理，一条SSL连接搞定”的方式，模拟接收Telnet业务请求（TCP连接），以减轻虚拟网关的压力。端口转发客户端接收到Telnet请求后，先对报文进行改造，将原来要发送给10.1.1.1的请求改为发送给自己（127.0.0.1），这样就等于自己代替Telnet服务器接受了请求，同时记录改造前后的对应关系，便于后续可以代替Telnet服务器应答真正的用户（4.1.64.179）。

端口转发客户端与自己建立了TCP连接1（也叫本地环回连接），使用netstat命令验证如下。

```
C:\> netstat -anp tcp

活动连接
协议   本地地址              外部地址             状态
TCP    127.0.0.1:1047        0.0.0.0:0            LISTENING
TCP    127.0.0.1:1047        127.0.0.1:7319       ESTABLISHED
TCP    127.0.0.1:7319        127.0.0.1:1047       ESTABLISHED
```

2. 构造私有报文头

模拟接收Telnet业务请求后，端口转发客户端根据用户的请求构造私有报文头，并提交给虚拟网关。私有报文头中必须包含用户要请求的目的地址（10.1.1.1）和端口号（23），以及命令字（建立连接、传输数据报文或关闭连接等），这样虚拟网关才能进一步处理。

此处要注意：由于端口转发客户端自己模拟接收方建立了TCP连接1，所以私有报文头中必须对该TCP连接做一个标记（TCP连接1的socket ID，称为客户端socket ID），只有这样虚拟网关响应端口转发客户端时，端口转发客户端才能根据标记找到TCP连接1，将返回结果发给对应的Telnet客户端。

私有报文头字段的说明如表9-7所示。这里仅以Telnet请求连接的报文为例，对私有报文头的主要字段进行说明。Telnet连接建立阶段报文载荷为空，所以传输时只有私有报文头，在数据传输阶段报文才会有载荷。

表 9-7　私有报文头字段的说明

字段名称	说明
用户标识	标识用户身份，虚拟网关自动为用户分配
命令字	• Open- 新建连接 • Data- 数据命令 • Close- 关闭连接
业务类型	• 端口转发 • Web-Link Web-Link 实际上就是 HTTP/HTTPS 的端口转发业务，也就是说 Web-Link 资源同样也可以配置为端口转发资源。但是请注意，在 Web-Link 资源中知名端口可以不指定，例如 http://www.huawei.com/，但是在端口转发的配置中端口号是必选，例如 HTTP 的知名端口号是 80，HTTPS 的知名端口号是 443
源 IP 地址	原始请求中的源 IP 地址，本例中为远程用户客户端的地址：4.1.64.179
目的 IP 地址	原始请求中的目的 IP 地址，本例中为内网 Telnet 地址：10.1.1.1
协议类型	TCP
目的端口	原始请求中的目的端口，本例中为内网 Telnet 端口：23
客户端 socket ID	远程用户与防火墙建立连接使用的 socket ID，用于标识此次会话，后续的报文会继续使用这个 socket ID
服务器 socket ID	防火墙作为 Telnet 客户端与内网服务器建立连接使用的 socket ID，作用与客户端 socket ID 一样，均用来标识会话

端口转发客户端将私有报文头整理完成后通过SSL连接加密发送给虚拟网关。

3. 虚拟网关与内网服务器建立连接

虚拟网关收到加密后的报文，对其进行解密，在私有报文头中获取

Telnet真实的目的IP地址、端口号、命令字等信息，此时虚拟网关将作为Telnet客户端与内网服务器建立Telnet连接。查看防火墙的会话表，可以看到防火墙随机启用了端口10010向10.1.1.1:23发起访问请求，建立了TCP连接2。

```
telnet  VPN:public --> public 10.1.1.2:10010-->10.1.1.1:23
```

4. 内网服务器响应报文返回 Telnet 客户端

虚拟网关收到内网服务器的响应报文，在发给远程客户之前，虚拟网关依然会构造私有报文头， 填写TCP连接2的socket ID（服务器socket ID），这样便可以与TCP连接1建立对应关系。最终，虚拟网关把经过SSL加密后的私有报文头+数据发送给端口转发客户端；端口转发客户端根据私有报文头中客户端socket ID找到TCP连接1，再找到Telnet客户端真实IP地址，最终返回真实的数据。

9.6.5 数据通信阶段

后续的Telnet数据报文会继续使用之前建立的TCP连接1和TCP连接2，然后通过私有报文头将两个连接进行关联，最终打通“Telnet客户端-端口转发客户端-虚拟网关-Telnet服务器”之间的传输通道，实现数据通信。

Telnet应用的端口转发流程就介绍到这里。Telnet协议只是最简单的单通道协议，除此之外，端口转发还支持如下类型应用。

多通道协议，支持FTP和Oracle SQLNet。在实际的配置中，对于FTP只要指定控制通道的端口21，协商后的数据端口会被自动“聆听”，不需要额外的配置。

多协议应用。有些应用需要多个协议支持，例如Email，需要在配置端口转发业务前，确定发送协议（SMTP:25）和接收协议（POP3:110或者IMAP:143）的端口号，并为每一种协议配置一条端口转发资源。

多IP地址固定端口应用。例如IBM Lotus Notes，对应的数据库存在于多台服务器上，但是对外提供服务时，均使用端口1352。这类应用在配置端口转发业务时，无须遍历配置所有服务器，只需要在“主机地址类型”中选择“任意IP地址”即可。

9.7 网络扩展

9.7.1 网络扩展应用场景

用户通过文件共享业务访问文件资源，通过Web代理业务访问Web资源，通过端口转发业务访问Telnet、FTP、Email等TCP资源，那么网络扩展业务在什么场景下使用呢？

网络扩展也是远程用户访问内网资源的一个使用场景，通过此业务可以满足远程用户访问企业内网全部IP资源。如图9-42所示，远程用户需要访问企业内部的语音服务器参加电话会议，远程用户与语音服务器之间采用SIP（Session Initiation Protocol，会话起始协议）通信，此时就可以通过网络扩展实现此需求。

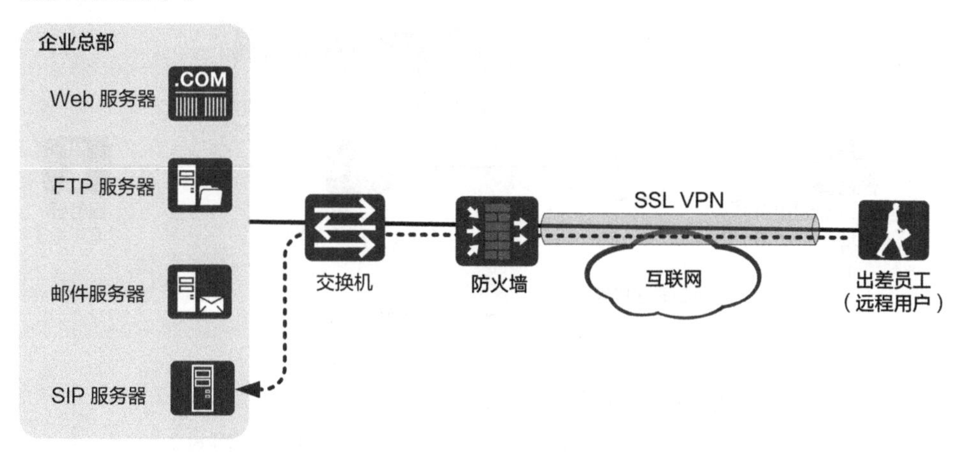

图 9-42　网络扩展应用场景

或许读者对于网络扩展业务可以满足远程用户访问企业内网全部IP资源这个说法还不是很理解，可以结合图9-43再说明一下。

从图9-42可以看出，用户的业务系统种类繁多，不胜枚举。但无论用户上层的业务系统有多少，它终究还是要依赖下层的协议为其提供通信支持，只是不同的业务系统所使用的底层协议类型不同罢了。Web代理只能支持基于HTTP的应用；文件共享只支持SMB、NFS协议的应用；端口转发支持基于TCP的应用。而网络扩展直接支持到了IP层，所以网络扩展业务提供给远程用户的资源类型更丰富。

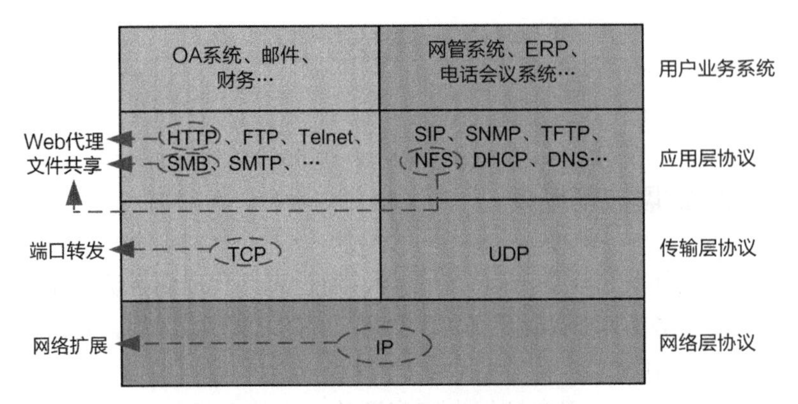

图 9-43 网络扩展位于的网络层次

9.7.2 网络扩展处理流程

远程用户使用网络扩展功能访问内网资源时，其交互过程如图9-44所示。

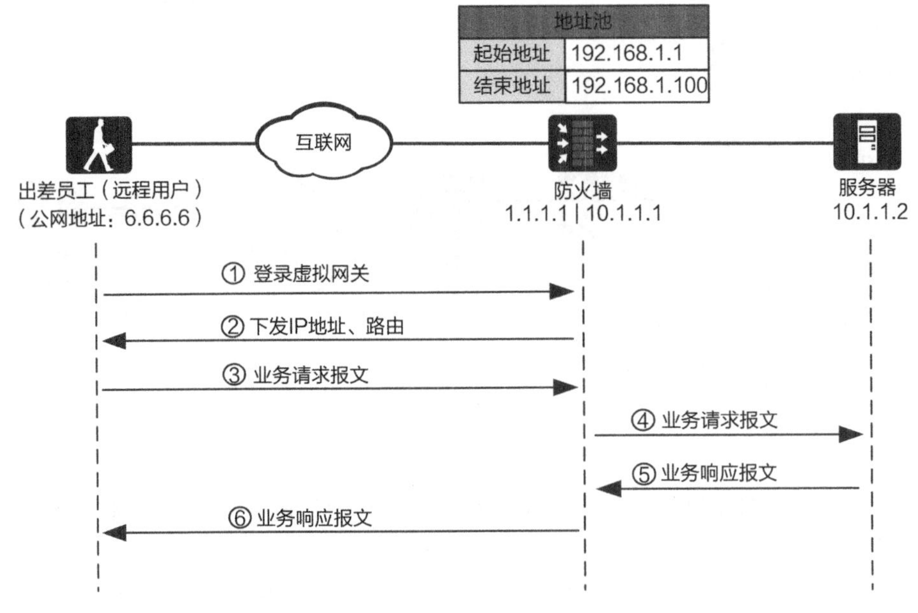

图 9-44 网络扩展处理流程

① 远程用户通过Web浏览器登录虚拟网关。

② 成功登录虚拟网关后启用网络扩展功能。启用网络扩展功能会触发以下几个动作。

- 远程用户与虚拟网关之间会建立一条SSL VPN隧道。
- 远程用户本地PC会自动生成一个虚拟网卡。虚拟网关从地址池中随机选择一个IP地址分配给远程用户的虚拟网卡，远程用户使用该地址与企业内网服务器通信。有了该私网IP地址，远程用户就如同企业内网用户一样可以方便地访问内网IP资源。
- 虚拟网关向远程用户下发到达企业内网服务器的路由信息。

③ 远程用户向企业内网的服务器发送业务请求报文，该报文通过SSL VPN隧道到达虚拟网关。

④ 虚拟网关收到报文后进行解封装，并将解封装后的业务请求报文发送给内网服务器。

⑤ 内网服务器响应远程用户的业务请求。

⑥ 响应报文到达虚拟网关后进入SSL VPN隧道，远程用户收到响应报文后进行解封装，并取出其中的响应报文。

以上就是远程用户通过网络扩展业务访问企业内网IP资源的基本过程。我们对比一下网络扩展与其他3个SSL VPN业务的实现方式，不难发现，Web代理、文件共享、端口转发这3个业务实现机制大体是相同的，即将企业网络的内部资源映射到防火墙上，然后由防火墙呈现给远程用户。从这个角度来看，防火墙只是做了一个安全代理设备罢了，远程用户实际并没有接入企业的内网。

网络扩展则有所不同。在网络扩展业务中，远程用户从防火墙中获取了一个企业内部的私网IP地址，并以该IP地址来访问企业网络的内部资源。互联网上的用户有了企业的私网地址，用户本身就如同置身于企业网络内部一样。换个角度来看，就相当于企业网络的边界已经延伸到了远程用户那里，如图9-45中灰色虚线边框所围成的区域就可以看作是企业网络在互联网上的延伸，所以这个业务叫网络扩展也就不难理解了。

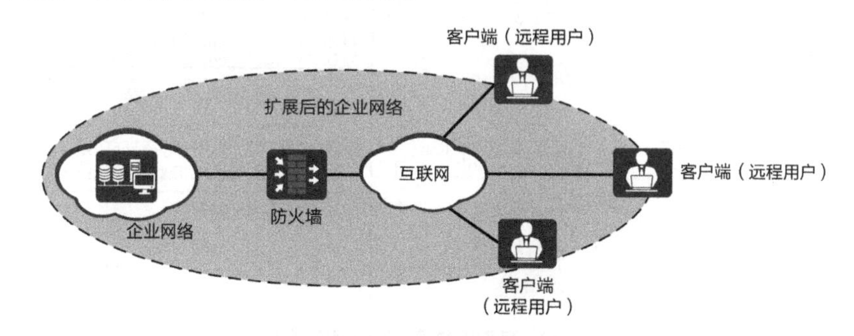

图 9-45　网络扩展示意图

9.7.3 传输模式

网络扩展功能建立SSL VPN隧道的方式有两种：可靠传输模式和快速传输模式。可靠传输模式中，SSL VPN采用TCP作为传输协议；快速传输模式中，SSL VPN采用UDP作为传输协议。在网络环境不稳定的情况下推荐使用可靠传输模式。在网络环境比较稳定的情况下，推荐使用快速传输模式，这样数据传输的效率更高。

1. 可靠传输模式

图9-46是采用可靠传输模式进行报文封装的过程，可以看出，远程用户与企业内网服务器（图中以远程用户访问SIP服务器为例）之间通信的源地址（192.168.1.1）就是虚拟网卡的IP地址。交互过程中的报文经过往复的加解密之后安全到达通信双方。远程用户访问SIP服务器时，内层报文的源端口是5880（随机），目的端口是5060，传输协议基于UDP。外层报文采用的封装协议是SSL，传输协议是TCP。

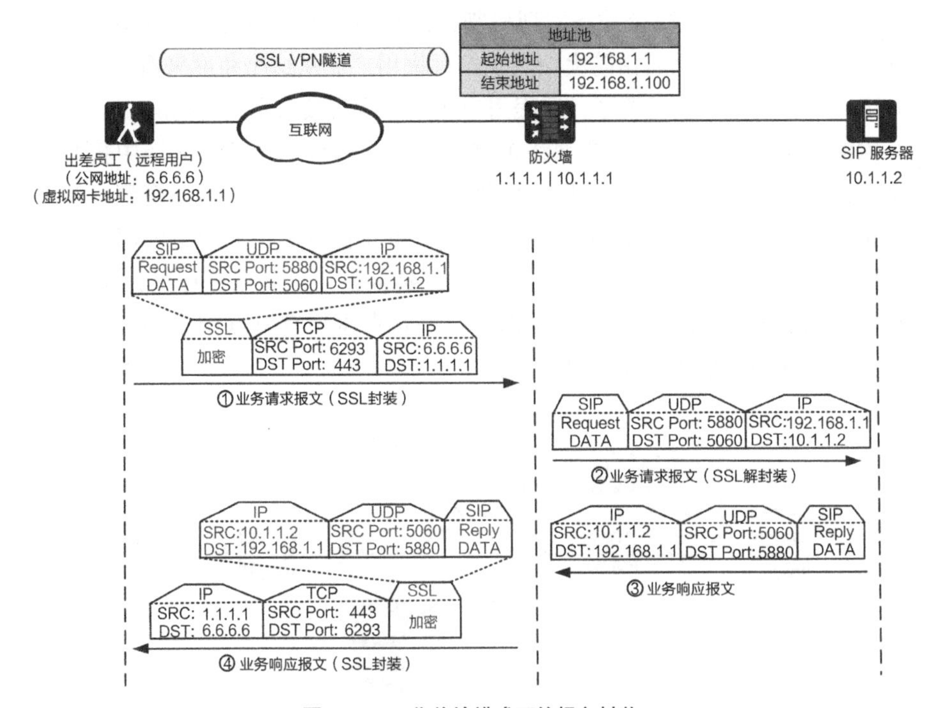

图 9-46 可靠传输模式下的报文封装

2. 快速传输模式

图9-47是采用快速传输模式进行报文封装的过程。该模式下报文的封装原理和可靠传输模式下报文封装原理是一样的，只是外层报文的传输协议由TCP改为了UDP。

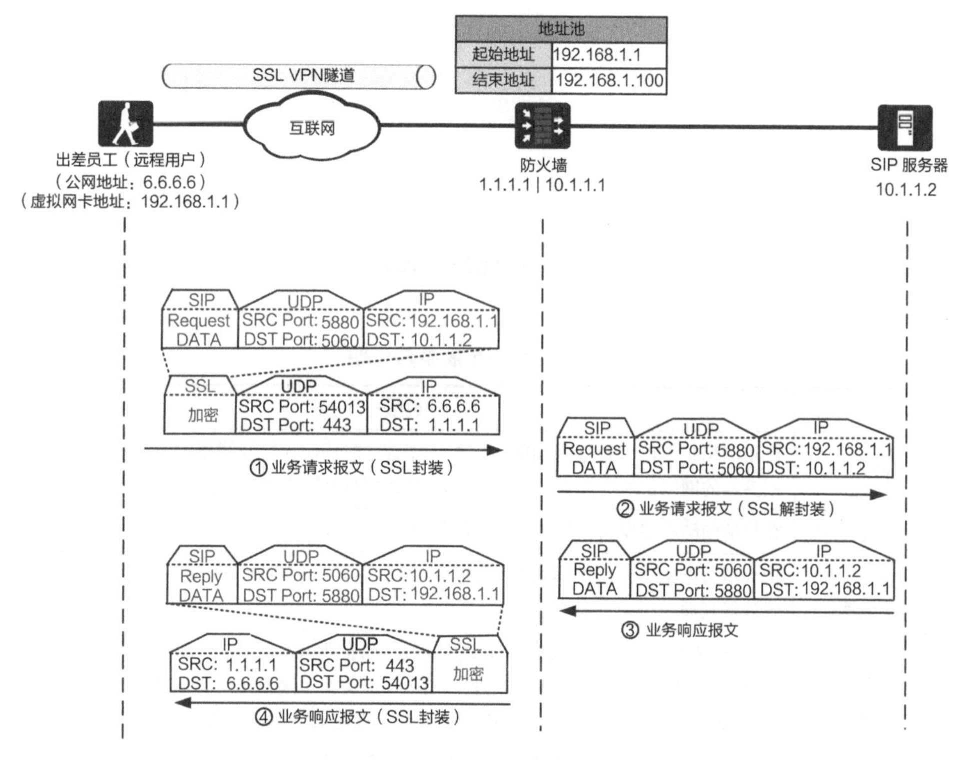

图 9-47　快速传输模式下的报文封装

9.7.4 配置网络扩展

网络扩展业务的具体配置界面如图9-48所示。主要配置参数如表9-8所示。

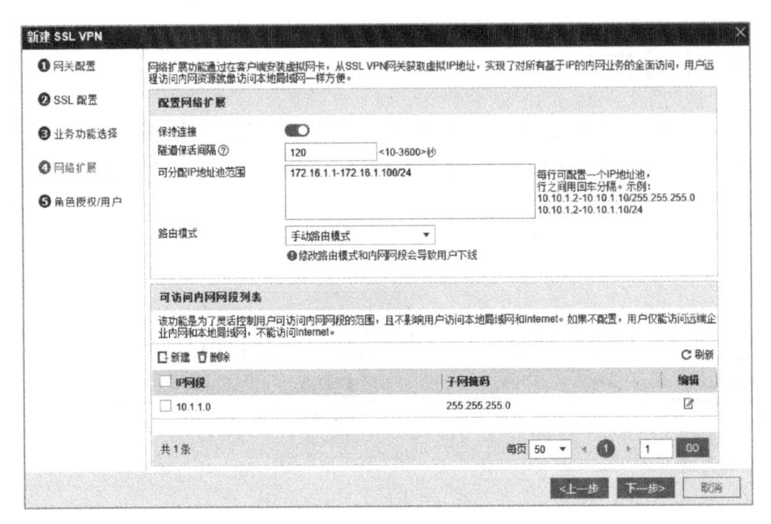

图 9-48　网络扩展配置

表 9-8　网络扩展参数说明

参数	说明
保持连接	启用网络扩展的保持连接功能后，客户端会定时向防火墙发送报文，客户端和内网服务器的网络扩展连接不会因为在 SSL 会话超时时间内没有流量通过而断开
隧道保活间隔	客户端向防火墙发送保活报文的时间间隔
可分配 IP 地址池范围	防火墙分配给客户端的虚拟 IP 地址的范围，客户端使用此处配置的 IP 地址与内网服务器互通
路由模式	• 分离路由模式：用户只能访问本地局域网和企业内网，不能访问互联网。 • 全路由模式：用户只能访问企业内网，不能访问本地局域网和互联网。 • 手动路由模式：管理员必须在防火墙侧手动配置“可访问内网网段”，当客户端识别到前往该网段的数据时，交由虚拟网卡转发。在此模式下，客户端可以访问远端企业内网特定网段的资源，同时不影响访问互联网和本地局域网
可访问内网网段	当选择“手动路由模式”时才需要配置该参数。 若“可访问内网网段”与“可分配 IP 地址池范围”不在同一网段，则需要在内网服务器上配置到“可分配 IP 地址池范围”的路由

表9-8所列的3种路由模式本质上都是通过防火墙下发策略修改用户侧的路由表来实现的。路由模式决定了用户可以访问的资源范围。

假设防火墙分配给客户端的虚拟IP地址为172.16.1.1/24，本地局域网为192.168.2.0/24。下面我们结合用户侧的路由表来介绍一下3种路由模式。

1. 分离路由模式

分离路由模式下，默认路由的出接口IP地址被修改为虚拟网卡的IP地址，本地局域网的路由则保持不变。

因此，用户仍然可以访问本地局域网，这些数据由真实网卡转发。访问企业内网和互联网的流量都将根据默认路由转发。这些数据经过虚拟网卡处理，其源IP地址为虚拟IP地址。也就是说，访问互联网的流量也将进入SSL VPN隧道。分离路由模式下，用户只能访问本地局域网和企业内网，不能访问互联网。

```
IPv4 Route Table
===========================================================================
Active Routes:
Network Destination        Netmask          Gateway       Interface  Metric
        0.0.0.0            0.0.0.0          On-link       172.16.1.1    1
//访问企业内网和互联网的路由
     172.16.1.0        255.255.255.0        On-link       172.16.1.1   257
     172.16.1.1    255.255.255.255        On-link       172.16.1.1   257
   172.16.1.255    255.255.255.255        On-link       172.16.1.1   257
    192.168.2.0      255.255.255.0    192.168.2.1    192.168.2.1    11
//访问本地局域网的路由
===========================================================================
```

2. 全路由模式

全路由模式下，修改后的路由表如下所示。

```
IPv4 Route Table
===========================================================================
Active Routes:
Network Destination        Netmask          Gateway       Interface  Metric
        0.0.0.0            0.0.0.0          On-link       172.16.1.1    1
//访问企业内网和互联网的路由
     172.16.1.0        255.255.255.0        On-link       172.16.1.1   257
     172.16.1.1    255.255.255.255        On-link       172.16.1.1   257
   172.16.1.255    255.255.255.255        On-link       172.16.1.1   257
    192.168.2.0      255.255.255.0    192.168.2.1    192.168.2.1    11
//原有访问本地局域网的路由
    192.168.2.0      255.255.255.0        On-link       172.16.1.1    1
//新增的访问本地局域网的路由
===========================================================================
```

首先，除了本地局域网的路由，其他所有路由的出接口IP地址都被修改为虚拟网卡的IP地址，这意味着采用这些路由进行转发的流量都将进入SSL VPN

隧道。

其次，路由表中新增了一条到192.168.2.0/24的路由，其出接口IP地址为虚拟网卡的IP地址，且Metric值为1（优先级高）。因此，原有本地局域网的路由不再生效，用户访问本地局域网的流量也将进入SSL VPN隧道。

因此，全路由模式下，无论客户端访问什么资源，数据一概被虚拟网卡截获，转发给虚拟网关处理。用户只能访问企业内网，不能访问本地局域网和互联网。

3. 手动路由模式

假设防火墙上添加的可访问内网网段为10.1.1.0/24，用户侧将新增一条到10.1.1.0/24的路由，其出接口IP地址为虚拟网卡的IP地址，访问企业内网的流量将进入SSL VPN隧道。其他路由则保持不变。这样，访问互联网的业务将按照默认路由转发，访问本地局域网业务将按照局域网路由转发。用户可以同时访问企业内网、本地局域网和互联网。

```
 IPv4 Route Table
 ===========================================================================
 Active Routes:
 Network Destination        Netmask          Gateway       Interface  Metric
    0.0.0.0              0.0.0.0          192.168.2.1   192.168.2.1  10
//访问互联网的路由
    172.16.1.1           255.255.255.255  On-link       172.16.1.1   257
    10.1.1.0             255.255.255.0    On-link       172.16.1.1   1
     //访问企业内网的路由
    10.1.1.255           255.255.255.255  On-link       172.16.1.1   257
    192.168.2.0          255.255.255.0    192.168.2.1   192.168.2.1  11
//访问本地局域网的路由
 ===========================================================================
```

9.8 角色授权

在SSL VPN业务中，企业管理员可以为不同用户分配不同的权限，实现对资源访问的控制。在华为防火墙中，资源的访问控制是通过角色授权完成的。一个角色中的所有用户拥有相同的权限。角色是连接用户/用户组与业务资源的桥梁，管理员可以将权限相同的用户或用户组加入某个角色，然后在角色中关联业务资源。

如图9-49所示，角色中可以包含多个用户/用户组，同时还可以关联多个业务资源。

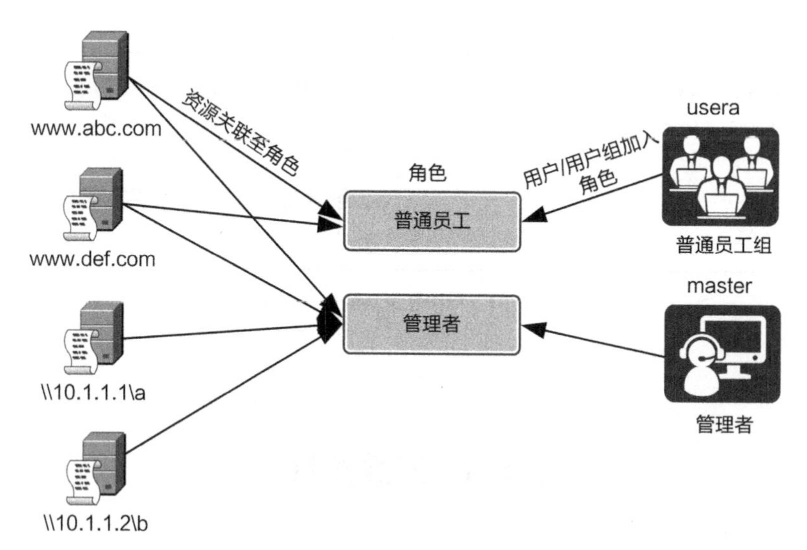

图 9-49　角色、用户 / 用户组与资源的关系

其中，角色可以关联的具体控制项如下。

业务授权（启用）： 指定角色内用户可以使用的业务，包括Web代理、文件共享、端口转发和网络扩展。

资源授权： 在启用某个业务的前提下，指定具体可以访问的资源。如果不指定具体资源，角色内用户无法访问任何资源。

按照以上思路，我们为普通员工和管理者创建不同的角色，然后为其指定不同资源，这样就可以实现按“角色”进行细粒度资源访问控制，如图9-50所示。

普通员工角色组		管理者角色组	
角色	user *	角色	manager *
关联用户（组）	master,/default/user [多选]	关联用户（组）	master [多选]
业务启用	☑Web代理 ☐文件共享 ☐端口转发 ☐网络扩展	业务启用	☑Web代理 ☑文件共享 ☐端口转发 ☐网络扩展
资源授权列表	选择 删除 资源名称 描述 Web代理 abc def	资源授权列表	选择 删除 资源名称 描述 文件共享 10_a 10_b

图 9-50　配置角色授权

完成以上配置后，普通员工和管理者登录虚拟网关后就会看到各自的资源界面，如图9-51所示。

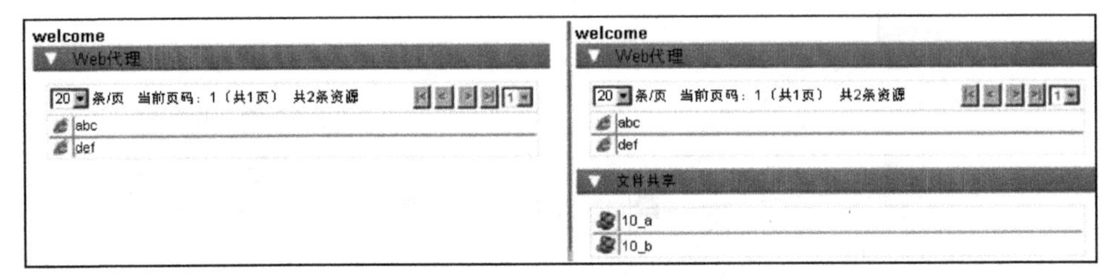

图 9-51 用户登录后的资源界面

9.9 安全策略

下面我们针对文件共享/Web代理/端口转发场景和网络扩展场景，分别给出安全策略的配置过程。

文件共享、Web代理、端口转发3种业务的交互流程类似。如图9-52所示，远程用户首先通过HTTPS登录防火墙上的虚拟网关，然后浏览并访问业务资源。防火墙作为业务代理，通过HTTP、TCP、SMB/NFS协议跟服务器交互。

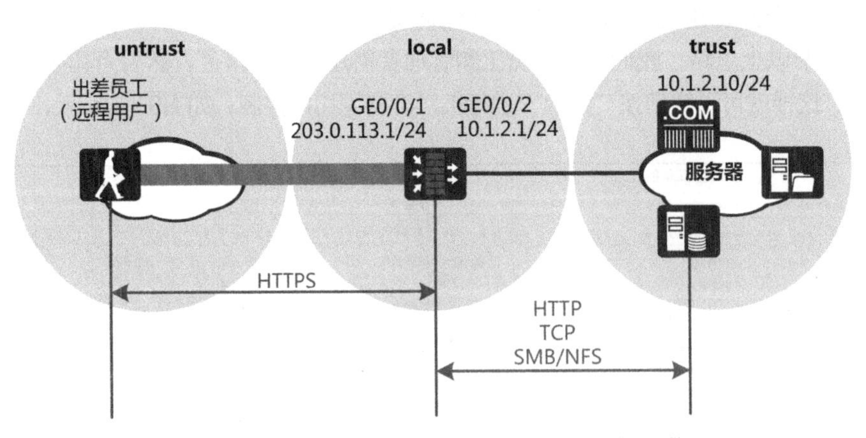

图 9-52 文件共享、Web 代理、端口转发业务交互流程

因此，首先要允许远程用户通过HTTPS从公网访问虚拟网关，然后开放防火墙到内网业务资源之间的业务访问。需要配置的安全策略如表9-9所示。

表 9-9 安全策略示例——文件共享、Web 代理、端口转发

序号	名称	源安全区域	目的安全区域	源地址/地区[1]	目的地址/地区	服务	动作
101	Allow SSL tunnel	untrust	local	any	203.0.113.1/32	https (TCP: 443)	permit
102	Allow web proxy	local	trust	any	10.1.2.10/32	http (TCP: 80)	permit
103	Allow port forwarding	local	trust	any	10.1.2.11/32	telnet (TCP: 23)[2]	permit
104	Allow file sharing	local	trust	any	10.1.2.12/32	smb (TCP: 445) netbios-session (TCP: 139)[3]	permit

注：① 对于 SSL 隧道，其源地址是远程用户的公网地址，范围不可控，因此设置为 any。从防火墙访问服务器的源地址是防火墙自身地址，指定为 any 即可。

② 此处以 Telnet 业务为例示意端口转发的安全策略。

③ 此处以 Windows 平台下 SMB 文件共享为例，需要开放 TCP 端口 139、TCP 端口 445。如果访问 UNIX-like 平台下 NFSv4，则需要开放 TCP 端口 2049。

网络扩展场景下，远程用户首先需要通过HTTPS登录虚拟网关，并启用网络扩展功能。启用网络扩展功能以后，远程办公设备与虚拟网关之间会建立一条SSL VPN隧道，远程办公设备从虚拟网关地址池中获得一个私网IP地址，用于访问内网资源。远程用户的访问请求被封装在SSL中，发送到虚拟网关。虚拟网关解封装以后，再查找路由和安全策略，发送给服务器。根据客户端的配置，SSL VPN隧道有两种。

可靠传输模式：使用TCP作为传输协议，SSL作为封装协议，即TCP端口443。

快速传输模式：使用UDP作为传输协议，SSL作为封装协议，即UDP端口443。

图9-53以可靠传输模式为例，简单示意了网络扩展业务的报文处理过程，其中报文结构以发送方向的报文为例。

因此，首先要允许远程用户通过HTTPS登录虚拟网关，建立SSL隧道。根据客户端配置，SSL隧道可能使用TCP端口443或者UDP端口443。然后，允许解封装之后的报文访问服务器。需要配置的安全策略如表9-10所示。

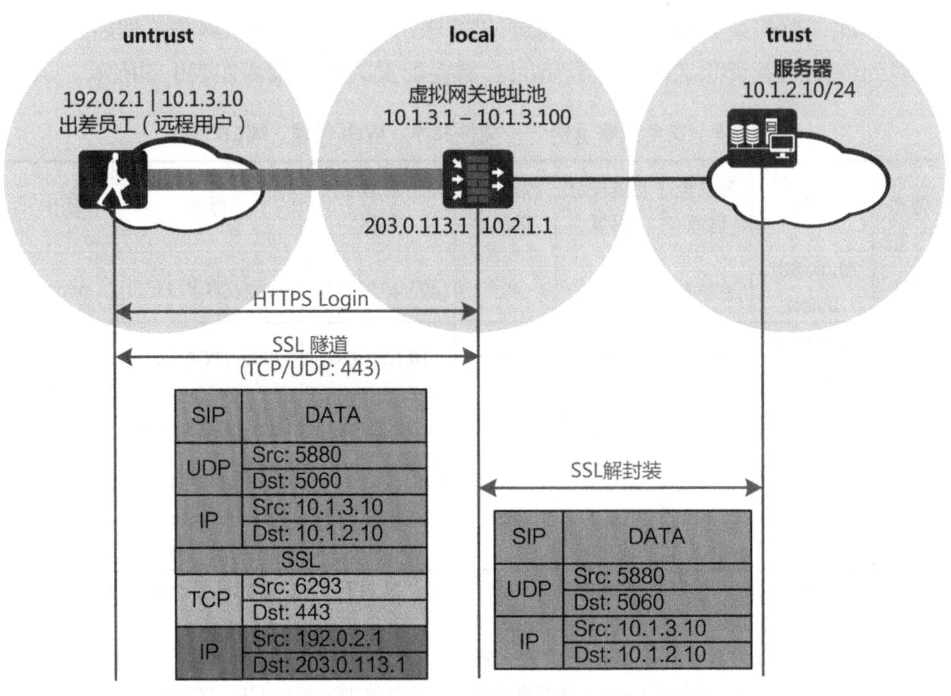

图 9-53　网络扩展业务交互流程　（可靠传输模式）

表 9-10　安全策略示例——网络扩展

序号	名称	源安全区域	目的安全区域	源地址 / 地区	目的地址 / 地区	服务	动作
101	Allow SSL tunnel	untrust①	local	any	203.0.113.1/32	https (TCP: 443；UDP: 443②)	permit
102	Allow network extension	untrust	trust	10.1.3.1-10.1.3.100③	10.1.2.10/24	any④	permit

注：① 网络扩展业务内层报文的源安全区域是远程用户访问的公网端口所在的安全区域。如果远程用户从多个公网线路访问虚拟网关，则需要同时指定多个安全区域。

② 仅当客户端选择快速传输模式时，才需要开放 UDP 端口 443。TCP 端口 443 在任何情况下都需要开放。如果修改了虚拟网关端口号和快速通道端口号，请以实际配置为准。

③ 网络扩展业务内层报文的源地址，是移动办公设备获取的虚拟网关地址池的地址。

④ 安全策略中指定的服务与具体的网络扩展业务有关，请根据实际业务配置。如果服务器需要主动访问远程办公设备，还需要开放反向安全策略。

9.10　SSL VPN 的综合应用

看完网络扩展以后，大家可能会有这样的困惑，既然网络扩展这么厉害，那不管用户想访问什么类型的内网资源，直接为其开通网络扩展业务就可以了，还要搞Web代理、文件共享做什么呢？

这个问题很关键，SSL VPN之所以提供这么多不同层面、不同粒度的业务，就是为了控制远程用户对内网系统的访问权限，说到底就是为了安全。使用网络扩展业务以后，意味着远程用户就能访问企业内网所有类型的资源了，这虽然方便了用户，但也无疑增大了内网资源的管控风险。如何在满足用户需求的同时将权限控制做到恰到好处，这就需要根据用户的需求为其配置不同的业务，从而规避上述问题。

假设某企业部署了防火墙，为企业出差员工提供SSL VPN业务，其网络如图9-54所示。

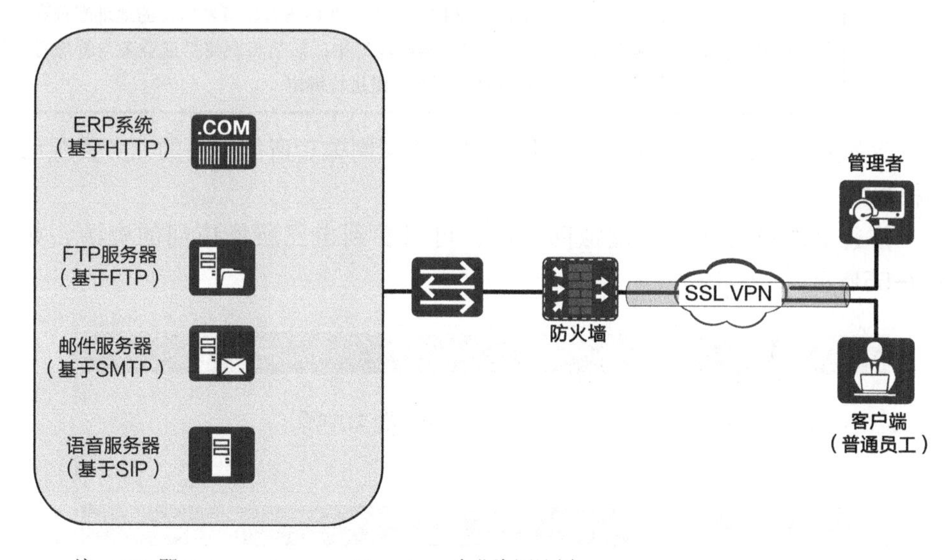

注：ERP 即 Enterprise Resource Planning，企业资源计划。
SMTP 即 Simple Mail Transfer Protocol，简单邮件传送协议。

图 9-54　SSL VPN 综合应用

远程用户访问内网的需求以及在防火墙上为出差员工开通SSL VPN业务的规划如表9-11所示。

表 9-11 SSL VPN 业务规划

出差员工身份	访问需求	业务类型	角色授权
普通员工	访问 ERP 系统	Web 代理	在 Web 代理业务中创建 ERP 这条资源，将此资源与普通员工或普通员工所属的组进行绑定
	访问 FTP 服务器	文件共享	在文件共享业务中创建一条文件服务器资源，将此资源与普通员工或普通员工所属的组进行绑定
管理者	访问 ERP 系统	Web 代理	在 Web 代理业务中创建 ERP 这条资源（已创建），将此资源与管理者或管理者所属的组进行绑定
	访问 FTP 服务器	文件共享	在文件共享业务中创建一条文件服务器资源，将此资源与管理者或管理者所属的组进行绑定
	使用企业的邮件系统收发邮件	端口转发	在端口转发业务中创建一条邮件服务器资源，并将邮件服务器资源与管理者或管理者所属的组进行绑定
	召开电话会议	网络扩展	启用网络扩展功能，并将语音服务器所在的地址配置到“可访问内网网段”中，然后将网络扩展业务与管理者或管理者所在的组进行绑定

业务配置完成后，不同身份的用户登录虚拟网关后所能看到的业务资源也不相同。

普通出差员工在登录虚拟网关后，可以看到自己所能访问的资源，如图9-55所示。

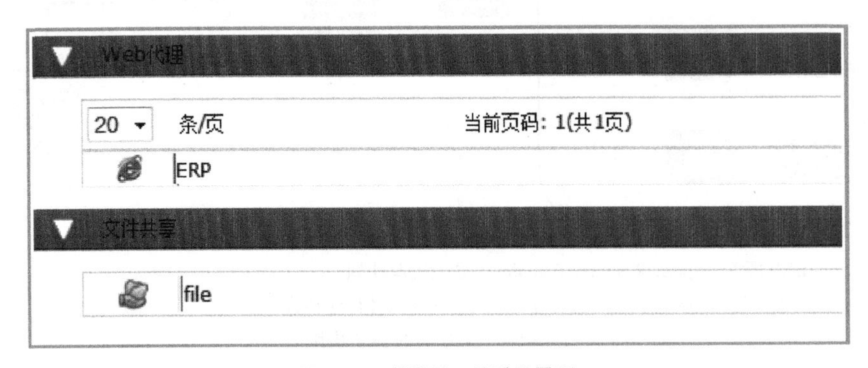

图 9-55 普通员工的登录界面

出差的管理者在登录虚拟网关后可以看到图9-56所示界面。

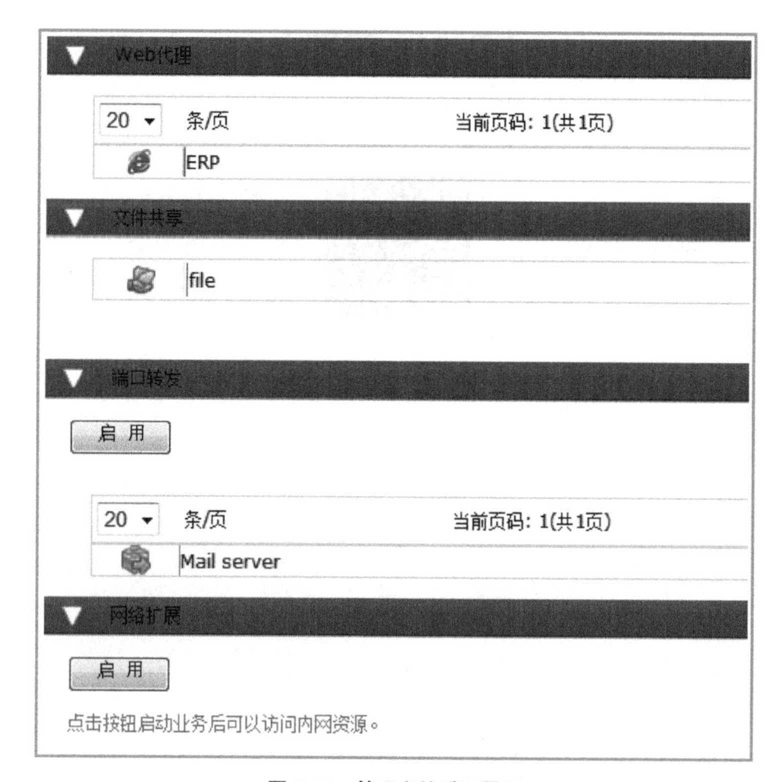

图 9-56　管理者的登录界面

远程用户访问企业内网的需求与防火墙上开启何种SSL VPN业务之间的对应关系可以归纳成两点。

远程用户访问企业内网的资源类型（Web资源、文件资源、TCP、IP）决定了网络管理员应该选择SSL VPN的何种业务。例如，出差员工只需要访问Web资源和文件资源，就为该用户启用Web代理和文件共享两种业务；而管理者需要访问4种类型的资源，那就需要为其开启4种业务。需要说明的是，网络扩展由于兼备了前3种业务的功能，如果说为了配置方便，也可以只为管理者开启网络扩展业务，让管理者可以访问内网所有的IP资源。

远程用户是否拥有对某一资源的访问权限，这是通过角色授权配置来决定的。为了避免为每个员工逐一配置业务授权，可以建立普通员工和管理者两个组，然后将这两类员工都加入相应的组中，再为这两个组进行业务授权即可。

9.11 习题

缩略语表

英文缩写	英文全称	中文全称
3DES	Triple Data Encryption Standard	三重数据加密标准
AAA	Authentication，Authorization and Accounting	认证、授权和计费
ACL	Access Control List	访问控制列表
AES	Advanced Encryption Standard	高级加密标准
AH	Authentication Header	认证头
API	Application Program Interface	应用程序接口
APT	Advanced Persistent Threat	高级持续性威胁
ARP	Address Resolution Protocol	地址解析协议
ASPF	Application Specific Packet Filter	应用层包过滤
BFD	Bidirectional Forwarding Detection	双向转发检测
BGP	Border Gateway Protocol	边界网关协议
C&C	Command and Control	命令控制
CA	Certificate Authority	证书授权中心
CAR	Committed Access Rate	承诺接入速率
CGI	Common Gateway Interface	通用网关接口
CHAP	Challenge-Handshake Authentication Protocol	挑战握手认证协议

续表

英文缩写	英文全称	中文全称
CLI	Command Line Interface	命令行接口
CPU	Central Processing Unit	中央处理器
CRL	Certificate Revocation List	证书吊销列表
DES	Data Encryption Standard	数据加密标准
DHCP	Dynamic Host Configuration Protocol	动态主机配置协议
DMZ	Demilitarized Zone	非军事区
DNS	Domain Name Service	域名服务
DPD	Dead Peer Detection	失效对等体检测
DS	Dual-Stack	双栈
DSCP	Differentiated Services Code Point	区分服务码点
DSVPN	Dynamic Smart Virtual Private Network	动态智能虚拟专用网
DTLS	Datagram Transport Layer Security	数据传输层安全
EAP	Extensible Authentication Protocol	可扩展认证协议
ERP	Enterprise Resource Planning	企业资源计划
ESP	Encapsulating Security Payload	封装安全载荷
FIB	Forwarding Information Base	转发信息库
FTP	File Transfer Protocol	文件传送协议
GRE	Generic Routing Encapsulation	通用路由封装协议
HA	High Availability	高可靠性
HMAC	Hash-based Message Authentication Code	基于 HASH 算法的消息验证码
HRP	Huawei Redundancy Protocol	华为冗余协议
HTTP	Hypertext Transfer Protocol	超文本传送协议
HTTPS	Hypertext Transfer Protocol Secure	超文本传送安全协议
IAE	Intelligent Awareness Engine	智能感知引擎
ICCN	Incoming-Call-Connected	呼入连接成功

续表

英文缩写	英文全称	中文全称
ICMP	Internet Control Message Protocol	互联网控制报文协议
ICRP	Incoming-Call-Reply	呼入连接响应
ICRQ	Incoming-Call-Request	呼入连接请求
ICV	Integrity Check Value	完整性校验值
IETF	Internet Engineering Task Force	因特网工程任务组
IKE	Internet Key Exchange	互联网密钥交换协议
ILS	Internet Locator Server	互联网定位器服务器
IMAP	Interactive Mail Access Protocol	交互邮件访问协议
IP	Internet Protocol	互联网协议
IPCP	Internet Protocol Control Protocol	互联网协议控制协议
IPS	Intrusion Prevention System	入侵防御系统
IPsec	Internet Protocol Security	互联网络层安全协议
ISAKMP	Internet Security Association and Key Management Protocol	互联网安全联盟和密钥管理协议
ISDN	Integrated Services Digital Network	综合业务数字网
ISP	Internet Service Provider	互联网服务提供商
L2TP	Layer 2 Tunneling Protocol	二层隧道协议
LAC	L2TP Access Concentrator	L2TP 访问集中器
LACP	Link Aggregation Control Protocol	链路聚合控制协议
LAN	Local Area Network	局域网
LCP	Link Control Protocol	链路控制协议
LDP	Label Distribution Protocol	标签分发协议
LLDP	Link Layer Discovery Protocol	链路层发现协议
LNS	L2TP Network Server	L2TP 网络服务器
MAC	Medium Access Control	介质访问控制

续表

英文缩写	英文全称	中文全称
MD5	Message Digest 5	信息摘要算法第五版
MED	Multi-Exit Discriminator	多出口区分
MRU	Maximum Receive Unit	最大接收单元
MTU	Maximum Transmission Unit	最大传输单元
NAPT	Network Address and Port Translation	网络地址端口转换
NAS	Network Access Server	网络访问服务器
NAT	Network Address Translation	网络地址转换
NAT-T	NAT-Traversal	NAT 穿越
NBMA	Non-Broadcast Multiple Access	非广播多路访问
NETCONF	Network Configuration Protocol	网络配置协议
NFS	Network File System	网络文件系统
NHRP	Next Hop Resolution Protocol	下一跳地址解析协议
NTLM	New Technology LAN Manager	新技术局域网管理器
OSI	Open System Interconnection	开放系统互连
OSPF	Open Shortest Path First	开放最短路径优先
P2P	Peer-to-Peer	对等网络
P2MP	Point-to-Multipoint	点到多点
PADI	PPPoE Active Discovery Initiation	PPPoE 激活发现起始分组
PADO	PPPoE Active Discovery Offer	PPPoE 激活发现阶段服务报文
PADR	PPPoE Active Discovery Request	PPPoE 激活发现阶段请求报文
PADS	PPPoE Active Discovery Session-confirmation	PPPoE 激活发现会话确认分组
PAP	Password Authentication Protocol	密码验证协议
PAT	Port Address Translation	端口地址转换
PBR	Policy Based Route	策略路由
PC	Personal Computer	个人计算机

续表

英文缩写	英文全称	中文全称
PCI DSS	Payment Card Industry Data Security Standard	支付卡行业数据安全标准
PCP	Port Control Protocol	端口控制协议
PFS	Perfect Forward Secrecy	完美向前保密
PKI	Public Key Infrastructure	公共密钥基础设施
PPP	Point-to-Point Protocol	点到点协议
PPPoE	Point-to-Point Protocol over Ethernet	以太网承载点到点协议
PRF	Pseudo Random Function	伪随机数算法
PSTN	Public Switched Telephone Network	公共交换电话网
RADIUS	Remote Authentication Dial-In User Service	远程身份认证拨号用户服务
RD	Route Distinguisher	路由标识
RDP	Remote Desktop Protocol	远程桌面协议
RIP	Routing Information Protocol	路由信息协议
SA	Security Association	安全联盟
SCCCN	Start-Control-Connection-Connected	开始控制连接成功
SCCRP	Start-Control-Connection-Reply	开始控制连接响应
SCCRQ	Start-Control-Connection-Request	开始控制连接请求
SCP	Secure Copy	安全复制
SCTP	Stream Control Transmission Protocol	流控制传输协议
SFTP	Secure File Transfer Protocol	安全文件传送协议
SHA	Secure Hash Algorithm	安全散列算法
SIP	Session Initiation Protocol	会话起始协议
SLB	Server Load Balance	服务器负载均衡
SMB	Server Message Block	服务器信息块
SMTP	Simple Mail Transfer Protocol	简单邮件传送协议
SNMP	Simple Network Management Protocol	简单网络管理协议

续表

英文缩写	英文全称	中文全称
SPI	Security Parameter Index	安全参数索引
SPU	Service Processing Unit	业务处理单元
SSH	Secure Shell	安全外壳
SSL	Secure Socket Layer	安全套接字层
TCP	Transmission Control Protocol	传输控制协议
TFTP	Trivial File Transfer Protocol	简单文件传送协议
TLS	Transport Layer Security	传输层安全协议
TTL	Time To Live	生存时间
UDP	User Datagram Protocol	用户数据报协议
UNR	User Network Route	用户网络路由
URL	Uniform Resource Locator	统一资源定位符
VGMP	VRRP Group Management Protocol	VRRP 组管理协议
VLAN	Virtual Local Area Network	虚拟局域网
VNI	VXLAN Network Identifier	VXLAN 网络标识
VPDN	Virtual Private Dial Network	虚拟专用拨号网
VPN	Virtual Private Network	虚拟专用网
VRF	Virtual Routing and Forwarding	虚拟路由转发
VRRP	Virtual Router Redundancy Protocol	虚拟路由冗余协议
VT	Virtual Template	虚拟模板
XML	eXtensible Markup Language	可扩展标记语言
WAN	Wide Area Network	广域网
WSUS	Windows Server Update Services	Windows Server 更新服务